# 에너지관리기능사

## 필기+실기 10일 완성

PREFACE

# 머리말

기술의 발전과 함께 보일러의 사용이 점점 간편해지고 있지만, 보일러의 구조나 시공, 정비, 보수에 있어서는 날로 새롭고 난이도 있는 기술을 필요로 하게 된다. 또한 자동화와 함께 단순한 보일러 운전업무에서 더 나아가 부대시설 및 연료에 대한 효과적 관리가 중요해진다.

이러한 시대적 변화에 따라 해당 분야의 전문인력에 대한 자격기준 역시 변화할 수밖에 없을 것이다. 따라서 관련 분야 종사자라면 최신 변화를 빨리 읽고 그에 맞추어 준비를 하는 것이 필요하다.

이 책은 이러한 변화와 함께 2014년부터 보일러기능사에서 에너지관리기능사로 자격증 명칭이 개정되면서 바뀌거나 새롭게 추가된 내용들을 철저히 분석하고 반영하여 새로운 출제기준에 맞춘 필기시험교재로 새롭게 편찬한 것이다.

**| 이 책의 구성 |**

제1편 핵심요점 총정리
제2편 에너지법과 에너지이용 합리화법
제3편 과년도 기출문제
제4편 CBT 실전모의고사
제5편 실기 작업형

그동안 관련 분야의 책들을 출간할 때마다 성원을 보내주신 독자들께 보답하는 마음으로 최선을 다해 준비하였다. 정성껏 교정을 보았으나 미진한 부분에 대해서는 필자가 운영하고 있는 네이버 카페 "가냉보열(가스, 냉동, 보일러, 열관리)"에 그때그때 수정하여 올려놓을 예정이다.

아무쪼록 이 책과 함께 필자가 운영하는 카페를 요긴하게 활용하여 목적한 자격증 취득을 수월하게 이루길 바란다.

권오수

FOREWORD

# 추천사

스무살 초반, 아파트에서 출동경비업체 직원으로 일할 때, 보이지 않는 음지에서 묵묵히 일하는 기관실 직원들의 모습은 제게 동경의 대상이었습니다. 아무도 알아주지 않고, 심지어는 그 존재조차 모르지만 저는 늘 그들을 바라보며 미래의 제 모습으로 그려왔습니다. 이것이 바로, 제가 에너지 관련 자격증을 취득하고 기관실에 입문하게 된 계기입니다.

그저 그 모습이 저에겐 선망의 대상이었기에, 저도 그들처럼 되고 싶어서 에너지관리기능사(당시 보일러기능사)와 가스기능사를 취득하였습니다. 이론서부터 차근차근 이해하고 공부하며, 겨우내 실기연습에 임하여 자격증을 취득했지만 그 어느 곳도 여자인 저를 채용해 주는 곳은 없었습니다.

그러나 포기하지 않고 꾸준히 도전한 끝에 드디어 꿈에 그리던 기관실에서 일할 수 있는 기회가 주어졌고 지금까지 수많은 고비와 어려움이 있었지만, 한 번도 전직을 하지 않고 꾸준히 자기계발을 하며 한길만을 걸어왔습니다. 동시에 다양한 현장경험을 쌓으며 다수의 국가기술자격증도 취득하였습니다.

제가 국가기술자격증에 도전할 때마다 늘 도움이 되었던 것은 바로 권오수 선생님의 수험서였습니다. 현장경험을 바탕으로 한 핵심이론과 과년도 문제마다의 정확한 해설 및 요약은 자격증을 준비하는 모든 수험생들에게도 큰 도움이 되리라 여겨집니다. 또한 권오수 선생님께서는 자격증 관련 기술카페를 운영하여 다양한 정보와 기술을 공유하며 후배들을 위해 아낌없이 도움을 주고 계십니다.

2009년 에너지관리기능사 취득 때부터 지금까지 언제나 저에 대한 격려와 응원을 아낌없이 해주시는 권오수 선생님의 《에너지관리기능사 10일 완성》의 출간을 축하하며 자격증을 준비하는 모든 분들에게 적극 추천하는 바입니다.

여성기능장 **신지희**

자격증취득 : 에너지관리기능장, 배관기능장, 에너지관리산업기사, 에너지관리기능사, 가스기능사, 공조냉동기계기능사, 공조냉동기계산업기사, 용접기능사

I N F O R M A T I O N

# 최신 출제기준 (필기)

| 직무 분야 | 환경 · 에너지 | 중직무 분야 | 에너지 · 기상 | 자격 종목 | 에너지관리기능사 | 적용 기간 | 2023. 1. 1~2025. 12. 31 |
|---|---|---|---|---|---|---|---|
| 직무내용 : 에너지 관련 열설비에 대한 기기의 설치, 배관, 용접 등의 작업과 에너지 관련 설비를 정비, 유지관리 하는 직무이다. | | | | | | | |

| 필기검정방법 | 객관식 | 문제수 | 60 | 시험시간 | 1시간 |
|---|---|---|---|---|---|

| 필기 과목명 | 문제수 | 주요항목 | 세부항목 | 세세항목 |
|---|---|---|---|---|
| 열설비 설치, 운전 및 관리 | 60 | 1. 보일러 설비 운영 | 1. 열의 기초 | 1. 온도 2. 압력<br>3. 열량 4. 비열 및 열용량<br>5. 현열과 잠열 6. 열전달의 종류 |
| | | | 2. 증기의 기초 | 1. 증기의 성질<br>2. 포화증기와 과열증기 |
| | | | 3. 보일러 관리 | 1. 보일러 종류 및 특성 |
| | | 2. 보일러 부대설비 설치 및 관리 | 1. 급수설비와 급탕설비 설치 및 관리 | 1. 급수탱크, 급수관 계통 및 급수내관<br>2. 급수펌프 및 응축수 탱크<br>3. 급탕 설비 |
| | | | 2. 증기설비와 온수설비 설치 및 관리 | 1. 기수분리기 및 비수방지관<br>2. 증기밸브, 증기관 및 감압밸브<br>3. 증기헤더 및 부속품<br>4. 온수 설비 |
| | | | 3. 압력용기 설치 및 관리 | 1. 압력용기 구조 및 특성 |
| | | | 4. 열교환장치 설치 및 관리 | 1. 과열기 및 재열기<br>2. 급수예열기(절탄기)<br>3. 공기예열기<br>4. 열교환기 |
| | | 3. 보일러 부속설비 설치 및 관리 | 1. 보일러 계측기기 설치 및 관리 | 1. 압력계 및 온도계<br>2. 수면계, 수위계 및 수고계<br>3. 수량계, 유량계 및 가스미터 |
| | | | 2. 보일러 환경설비 설치 | 1. 집진장치의 종류와 특성<br>2. 매연 및 매연 측정장치 |
| | | | 3. 기타 부속장치 | 1. 분출장치<br>2. 수트 블로어 장치 |
| | | 4. 보일러 안전장치 정비 | 1. 보일러 안전장치 정비 | 1. 안전밸브 및 방출밸브<br>2. 방폭문 및 가용마개<br>3. 저수위 경보 및 차단장치<br>4. 화염검출기 및 스택스위치<br>5. 압력제한기 및 압력조절기<br>6. 배기가스 온도 상한 스위치 및 가스누설 긴급 차단밸브 |

| 필기 과목명 | 문제수 | 주요항목 | 세부항목 | 세세항목 |
| --- | --- | --- | --- | --- |
| | | | | 7. 추기장치<br>8. 기름 저장탱크 및 서비스 탱크<br>9. 기름가열기, 기름펌프 및 여과기<br>10. 증기 축열기 및 재증발 탱크 |
| | | 5. 보일러 열효율 및 정산 | 1. 보일러 열효율 | 1. 보일러 열효율 향상 기술<br>2. 증발계수(증발력) 및 증발배수<br>3. 전열면적 계산 및 전열면 증발률, 열부하<br>4. 보일러 부하율 및 보일러 효율<br>5. 연소실 열발생률 |
| | | | 2. 보일러 열정산 | 1. 열정산 기준<br>2. 입출열법에 의한 열정산<br>3. 열손실법에 의한 열정산 |
| | | | 3. 보일러 용량 | 1. 보일러 정격용량 2. 보일러 출력 |
| | | 6. 보일러 설비 설치 | 1. 연료의 종류와 특성 | 1. 고체연료의 종류와 특성<br>2. 액체연료의 종류와 특성<br>3. 기체연료의 종류와 특성 |
| | | | 2. 연료설비 설치 | 1. 연소의 조건 및 연소형태<br>2. 연료의 물성(착화온도, 인화점, 연소점)<br>3. 고체연료의 연소방법 및 연소장치<br>4. 액체연료의 연소방법 및 연소장치<br>5. 기체연료의 연소방법 및 연소장치 |
| | | | 3. 연소의 계산 | 1. 저위 및 고위 발열량<br>2. 이론산소량<br>3. 이론공기량 및 실제공기량<br>4. 공기비<br>5. 연소가스량 |
| | | | 4. 통풍장치와 송기장치 설치 | 1. 통풍의 종류와 특성<br>2. 연도, 연돌 및 댐퍼<br>3. 송풍기의 종류와 특성 |
| | | | 5. 부하의 계산 | 1. 난방 및 급탕부하의 종류<br>2. 난방 및 급탕부하의 계산<br>3. 보일러의 용량 결정 |
| | | | 6. 난방설비 설치 및 관리 | 1. 증기난방 2. 온수난방<br>3. 복사난방 4. 지역난방<br>5. 열매체난방 6. 전기난방 |
| | | | 7. 난방기기 설치 및 관리 | 1. 방열기<br>2. 팬코일유니트<br>3. 콘백터 등 |

INFORMATION

# 최신 출제기준

| 필기 과목명 | 문제수 | 주요항목 | 세부항목 | 세세항목 |
| --- | --- | --- | --- | --- |
| | | | 8. 에너지절약장치 설치 및 관리 | 1. 에너지절약장치 종류 및 특성 |
| | | 7. 보일러 제어설비 설치 | 1. 제어의 개요 | 1. 자동제어의 종류 및 특성<br>2. 제어 동작<br>3. 자동제어 신호전달 방식 |
| | | | 2. 보일러 제어설비 설치 | 1. 수위제어<br>2. 증기압력제어<br>3. 온수온도제어<br>4. 연소제어<br>5. 인터록 장치<br>6. $O_2$ 트리밍 시스템(공연비 제어장치) |
| | | | 3. 보일러 원격제어장치 설치 | 1. 원격제어 |
| | | 8. 보일러 배관설비 설치 및 관리 | 1. 배관도면 파악 | 1. 배관 도시기호<br>2. 방열기 도시<br>3. 관 계통도 및 관 장치도 |
| | | | 2. 배관재료 준비 | 1. 관 및 관 이음쇠의 종류 및 특징<br>2. 신축이음쇠의 종류 및 특징<br>3. 밸브 및 트랩의 종류 및 특징<br>4. 패킹재 및 도료 |
| | | | 3. 배관 설치 및 검사 | 1. 배관 공구 및 장비<br>2. 관의 절단, 접합, 성형<br>3. 배관지지<br>4. 난방 배관 시공<br>5. 연료 배관 시공 |
| | | | 4. 보온 및 단열재 시공 및 점검 | 1. 보온재의 종류와 특성<br>2. 보온효율 계산<br>3. 단열재의 종류와 특성<br>4. 보온재 및 단열재 시공 |
| | | 9. 보일러 운전 | 1. 설비 파악 | 1. 증기 보일러의 운전 및 조작<br>2. 온수 보일러의 운전 및 조작 |
| | | | 2. 보일러 가동 준비 | 1. 신설 보일러의 가동 전 준비<br>2. 사용 중인 보일러의 가동 전 준비 |
| | | | 3. 보일러 운전 | 1. 기름 보일러의 점화<br>2. 가스 보일러의 점화<br>3. 증기 발생 시의 취급 |
| | | | 4. 보일러 가동 후 점검하기 | 1. 정상 정지 시의 취급<br>2. 보일러 청소<br>3. 보일러 보존법 |
| | | | 5. 보일러 고장 시 조치하기 | 1. 비상 정지 시의 취급 |

| 필기 과목명 | 문제수 | 주요항목 | 세부항목 | 세세항목 |
|---|---|---|---|---|
| | | 10. 보일러 수질 관리 | 1. 수처리설비 운영 | 1. 수처리 설비 |
| | | | 2. 보일러수 관리 | 1. 보일러 용수의 개요<br>2. 보일러 용수 측정 및 처리<br>3. 청관제 사용방법 |
| | | 11. 보일러 안전관리 | 1. 공사 안전관리 | 1. 안전일반<br>2. 작업 및 공구 취급 시의 안전<br>3. 화재 방호<br>4. 이상연소의 원인과 조치<br>5. 이상소화의 원인과 조치<br>6. 보일러 손상의 종류와 특징<br>7. 보일러 손상 방지대책<br>8. 보일러 사고의 종류와 특징<br>9. 보일러 사고 방지대책 |
| | | 12. 에너지 관계법규 | 1. 에너지법 | 1. 법, 시행령, 시행규칙 |
| | | | 2. 에너지이용 합리화법 | 1. 법, 시행령, 시행규칙 |
| | | | 3. 열사용기자재의 검사 및 검사면제에 관한 기준 | 1. 특정열사용기자재<br>2. 검사대상기기의 검사 등 |
| | | | 4. 보일러 설치시공 및 검사 기준 | 1. 보일러 설치시공기준<br>2. 보일러 설치검사기준<br>3. 보일러 계속사용 검사기준<br>4. 보일러 개조검사기준<br>5. 보일러 설치장소변경 검사기준 |

INFORMATION

# 최신 출제기준 (실기)

| 직무 분야 | 환경 · 에너지 | 중직무 분야 | 에너지 · 기상 | 자격 종목 | 에너지관리기능사 | 적용 기간 | 2023. 1. 1~2025. 12. 31 |
|---|---|---|---|---|---|---|---|

• 직무내용
에너지 관련 열설비에 대한 기기의 설치, 배관, 용접 등의 작업과 에너지 관련 설비를 정비, 유지관리 하는 직무이다.

• 수행준거
1. 보일러설비, 증기설비, 난방설비, 급탕설비 등을 설치할 수 있다.
2. 보일러 설비의 효율적인 운영을 위하여 유체를 이송하는 배관설비를 설계도서에 따라 적합하게 설치할 수 있다.
3. 보일러 및 흡수식 냉온수기 등과 관련된 설비를 안전하고 효율적으로 운전할 수 있다.
4. 열원을 이용한 급수, 급탕, 증기, 온수, 열교환장치, 압력용기, 펌프류 등을 효율적으로 운영할 수 있다.
5. 보일러 및 관련 설비에 설치된 열회수장치, 계측기기 및 안전장치를 점검할 수 있다.
6. 보일러 및 관련 설비의 효율적인 운영을 위하여 유체를 이송하는 배관설치 상태와 보온상태를 점검할 수 있다.
7. 보일러 및 관련 설비 취급 시 발생할 수 있는 안전사고를 사전에 예방할 수 있다.

| 필기검정방법 | 작업형 | 시험시간 | 3시간 정도 |
|---|---|---|---|

| 실기 과목명 | 주요항목 | 세부항목 | 세세항목 |
|---|---|---|---|
| 열설비취급 실무 | 1. 보일러 설비 설치 | 1. 급수설비 설치하기 | 1. 급수 방식을 파악하고 급수설비의 배관재료, 시공법을 파악할 수 있다.<br>2. 급수설비의 설계도서 및 도면을 파악할 수 있다.<br>3. 급수설비 설치에 따른 장비와 공구 및 자재를 파악하고 준비할 수 있다.<br>4. 급수배관을 설계도서대로 설치하고 배관 및 용접, 기밀시험, 보온 등을 할 수 있다. |
| | | 2. 연료설비 설치하기 | 1. 사용하는 연료(위험물 및 LNG, LPG, 도시가스 등)의 특성 및 위험성을 확인하여 공급방식과 시공방법을 파악할 수 있다.<br>2. 연료설비의 설계도서 및 도면을 파악할 수 있다.<br>3. 연료설비 설치에 따른 장비와 공구 및 자재를 파악하고 준비할 수 있다.<br>4. 연료설비를 설계도서대로 설치하고 배관 및 용접, 기밀시험, 보온 등을 할 수 있다. |
| | | 3. 통풍장치 설치하기 | 1. 통풍방식에 따른 현장 설치여건 및 설계도서를 파악할 수 있다.<br>2. 통풍장치 설치에 따른 장비와 공구 및 자재를 파악하고 준비할 수 있다.<br>3. 통풍장치를 설계도서대로 설치하고 설계의 적합성을 검토할 수 있다.<br>4. 송풍기 및 덕트, 연돌 등의 설치에 따른 문제점을 사전에 검토할 수 있다. |
| | | 4. 송기장치 설치하기 | 1. 증기의 특성을 파악할 수 있다.<br>2. 송기장치의 시공방법 및 설계도서를 파악할 수 있다.<br>3. 송기장치 설치에 따른 장비와 공구 및 자재를 파악하고 준비할 수 있다. |

| 실기 과목명 | 주요항목 | 세부항목 | 세세항목 |
|---|---|---|---|
| | | | 4. 송기장치를 설계도서대로 설치하고 배관 및 용접, 기밀시험, 보온 등을 할 수 있다. |
| | | 5. 증기설비 설치하기 | 1. 압력에 따른 증기의 특성을 확인하고 증기설비의 시공방법 및 설계도서를 파악할 수 있다.<br>2. 증기설비 설치에 따른 장비와 공구 및 자재를 파악하고 준비할 수 있다.<br>3. 증기설비를 설계도서대로 설치하고 배관 및 용접, 기밀시험, 보온 등을 할 수 있다.<br>4. 응축수발생에 따른 문제점을 사전에 검토할 수 있다. |
| | | 6. 난방설비 설치하기 | 1. 각 난방방식의 특성과 시공법을 확인하고 난방설비의 설계도서를 파악할 수 있다.<br>2. 난방설비 설치에 따른 장비와 공구 및 자재를 파악하고 준비할 수 있다.<br>3. 난방설비를 설계도서대로 설치하고 배관 및 용접, 기밀시험, 보온 등을 할 수 있다. |
| | | 7. 급탕설비 설치하기 | 1. 급탕방식 및 배관방식을 확인하고 급탕설비의 배관재료 및 시공방법을 파악할 수 있다.<br>2. 급탕설비 설치에 따른 장비와 공구 및 자재를 파악하고 준비할 수 있다.<br>3. 급탕탱크 및 펌프, 배관 등을 설계도서대로 설치하고 배관 및 용접, 기밀시험, 보온 등을 할 수 있다. |
| | | 8. 에너지절약장치 설치하기 | 1. 각종 에너지절약장치의 특성을 확인하고 현장 설치여건을 파악할 수 있다. |
| | 2. 보일러 설비 운영 | 1. 보일러 관리하기 | 1. 보일러의 본체, 연소장치, 부속장치 등에 대하여 파악할 수 있다.<br>2. 보일러의 종류를 파악하고 특성에 맞게 운영 및 관리할 수 있다.<br>3. 보일러 관리 내용을 연료관리, 연소관리, 열사용관리, 작업 및 설비 관리, 대기오염, 수처리 관리 등으로 분류하여 효율적으로 수행할 수 있다.<br>4. 에너지이용 합리화법, 시행령, 시행규칙 등 관련 법규를 파악할 수 있다.<br>5. 보일러 구조물과의 거리, 연료 저장 탱크와 거리, 각종 밸브 및 관의 크기, 안전밸브 크기 등 설치기준을 파악하고 관리할 수 있다.<br>6. 보일러 용량별 열효율 및 성능 효율에 대해 파악하고 관리할 수 있다. |
| | | 2. 급탕탱크 관리하기 | 1. 급탕탱크의 배관방식에 맞는 관리방법을 파악하여 점검 및 관리할 수 있다.<br>2. 온수의 오염 및 부식상태를 점검하고 유량조정변의 조정 및 신축계수의 기능을 확인하여 보존 및 관리할 수 있다. |

I N F O R M A T I O N

# 최신 출제기준

| 실기 과목명 | 주요항목 | 세부항목 | 세세항목 |
|---|---|---|---|
| | | | 3. 급탕탱크의 고장상태에 따라 원인을 파악할 수 있다.<br>4. 배관과 구배관의 신축, 관의 지지철물, 관의 부식에 대한 고려, 관의 마찰손실, 보온, 수압시험, 팽창관과 팽창수조, 저탕조급수관 등에 대하여 전체적으로 관리할 수 있다.<br>5. 저탕조 배관 부속품 감압밸브, 증기트랩, 스트레이너, 온도조절밸브, 벨로우즈 등 기능을 확인하여 보수 및 교체할 수 있다. |
| | | 3. 증기설비 관리하기 | 1. 증기의 특성을 파악하여 증기량과 압력에 따라 배관구경을 결정할 수 있다.<br>2. 응축수량을 산출하여 배관구경을 결정할 수 있다.<br>3. 증기배관 구경에 따라 선도를 보고 증기통과량을 구할 수 있다.<br>4. 배관에서 증기의 장해 워터 해머링에 대해 파악하고 방지할 수 있다.<br>5. 증기배관의 감압밸브, 증기트랩, 스트레이너 등의 작동상태를 점검할 수 있다.<br>6. 증기배관 신축장치 볼트 너트를 견고하게 설치하고, 정상 작동 여부를 확인할 수 있다.<br>7. 증기배관 및 밸브의 손상, 부식, 자동밸브, 계기류 작동상태를 점검 및 확인할 수 있다.<br>8. 증기배관의 보온상태 점검 및 확인할 수 있다. |
| | | 4. 부속장비 점검하기 | 1. 보일러 부속장치의 종류와 기능 및 역할에 대하여 구분하고 파악할 수 있다.<br>2. 송기장치, 급수장치, 폐열회수장치 등의 특성을 파악하여 기능을 점검할 수 있다.<br>3. 분출장치의 필요성, 분출시기, 분출할 때 주의사항, 분출방법 등을 파악할 수 있다.<br>4. 수면계 부착위치, 수면계 점검시기, 점검순서, 수면계 파손원인, 수주관 역할 등을 확인하고 점검할 수 있다.<br>5. 급수펌프의 구비조건에 대해서 파악할 수 있다.<br>6. 보일러 프라이밍, 포밍, 기수공발의 장해에 대해 파악 조치사항을 수행할 수 있다. |
| | | 5. 보일러 가동 전 점검하기 | 1. 난방설비운영 및 관리기준, 보일러 가동 전 점검사항에 대하여 확인할 수 있다.<br>2. 가동 전 스팀배관의 밸브 개폐상태를 점검할 수 있다.<br>3. 스팀헤더를 점검하여 응축수가 있을 경우 배출하여 워터해머를 방지할 수 있다.<br>4. 가스누설여부를 점검하고 배관개폐상태를 점검할 수 있다.<br>5. 주증기밸브의 개폐상태를 확인하고 자체압력의 이상 유무를 확인할 수 있다.<br>6. 수면계의 정상 유무를 확인하고 수측 밸브 개폐상태, 수량계 이상 유무를 확인할 수 있다. |

| 실기 과목명 | 주요항목 | 세부항목 | 세세항목 |
|---|---|---|---|
| | | | 7. 보일러 컨트롤 판넬의 각종 스위치 상태 확인 MCC 판넬의 ON 확인, 기동상태를 점검할 수 있다. |
| | | 6. 보일러 가동 중 점검하기 | 1. 보일러 운전 순서를 파악하고 수행할 수 있다.<br>2. 보일러 점화가 불착화하는 경우 원인을 파악할 수 있다.<br>3. 수면계, 압력계 등의 정상 여부를 확인 및 점검할 수 있다.<br>4. 급수펌프의 정상 작동 여부, 수위 불안정이 있는지 확인하고 점검할 수 있다.<br>5. 송풍기 가동상태, 화염상태를 확인할 수 있다.<br>6. 헤더 및 배관 수격작용은 없는지 점검 및 확인할 수 있다.<br>7. 응축수탱크의 상태를 확인하고 경수연화장치의 정상 작동 여부에 대하여 점검 및 확인할 수 있다.<br>8. 급수펌프 가동 시 소음, 누수 여부와 각종 제어판넬 상태를 점검, 확인할 수 있다.<br>9. 보일러 정지순서를 파악할 수 있다. |
| | | 7. 보일러 가동 후 점검하기 | 1. 보일러 컨트롤 판넬은 OFF 상태로 되어 있는지 점검 및 확인할 수 있다.<br>2. 수면계 수위상태를 파악하여 압력이 남아있는 경우 계속 급수 여부를 확인할 수 있다.<br>3. 가스공급계통 연료밸브의 개폐 여부를 확인할 수 있다.<br>4. 보일러실의 각종 밸브류를 확인할 수 있다.<br>5. 보일러 운전일지를 기록하고 특이사항을 인수인계할 수 있다. |
| | | 8. 보일러 고장 시 조치 | 1. 수면계의 수위 부족에도 불구하고 버너가 정지하지 않을 경우 즉시 정지하고 스위치 불량 원인을 제거할 수 있다.<br>2. 수위 부족에도 버너가 정지하지 않고 계속 운전되어 본체가 과열로 판단될 경우 버너를 정지, 본체를 냉각시킬 수 있다.<br>3. 정상운전 중 정전 발생 시 버너 순환펌프 스위치를 정지시키고, 전기가 공급되면 수위확인 후 운전을 개시할 수 있다.<br>4. 연료가 불착화 시 원인을 파악하여 조치할 수 있다.<br>5. 모터가 정지될 경우 원인을 파악하여 조치할 수 있다.<br>6. 온도 과열장치가 작동될 경우 온도 조절 스위치가 불량임을 확인할 수 있다.<br>7. 저수위차단 팽창탱크에 부착된 수위조절기, 보급수 전자변이 이상이 생기면 연료공급차단 전자변이 닫히고 버너가 정지되는 것을 확인할 수 있다.<br>8. 가스 압력 이상 발생될 경우 원인을 파악하고 조치할 수 있다. |
| | 3. 보일러 배관설비 설치 | 1. 배관도면 파악하기 | 1. 배관도면의 열원 흐름도를 보고 시스템을 파악할 수 있다.<br>2. 배관 도면의 도시기호를 파악할 수 있다. |

| 실기 과목명 | 주요항목 | 세부항목 | 세세항목 |
|---|---|---|---|
| | | | 3. 배관용도에 따른 배관 및 부속품, 밸브 등의 재질을 파악할 수 있다.<br>4. 배관에 연결되는 장비사양과 배관 접속구경 등을 파악할 수 있다.<br>5. 배관도면의 밸브, 부속품 등의 설치방법과 용도를 파악할 수 있다. |
| | | 2. 배관재료 준비하기 | 1. 배관도면을 보고 재질과 규격에 따라 배관, 배관부속품, 밸브 등을 산출할 수 있다.<br>2. 배관시공에 따른 배관 지지장치, 보온재, 용접봉 등 각종 소모품을 산출할 수 있다.<br>3. 배관재료의 입고 시 자재를 검수하고 품질을 확인할 수 있다.<br>4. 배관재료를 재질, 용도, 규격별로 품질을 유지하며, 보관할 수 있다. |
| | | 3. 배관 설치하기 | 1. 배관설치에 필요한 장비 및 공구를 준비하고 사용할 수 있다.<br>2. 배관재질에 따른 이음방법에 따라 나사배관을 할 수 있다.<br>3. 배관재질에 따른 이음방법에 따라 땜이음, 용접이음 등을 할 수 있다.<br>4. 설계도서에 따라 현장여건을 고려하여 배관 및 밸브장치 등을 설치할 수 있다.<br>5. 설계도서에 따라 현장여건을 고려하여 배관지지와 보온재를 설치할 수 있다. |
| | | 4. 배관설치 검사하기 | 1. 배관의 수평, 수직, 기울기 등의 배관설치 상태를 확인할 수 있다.<br>2. 배관재질에 따른 이음상태와 장비와의 결합상태 등을 확인할 수 있다.<br>3. 배관의 지지간격, 지지상태 등을 확인할 수 있다.<br>4. 육안검사와 수압시험 등을 통해 배관의 누설 여부를 확인할 수 있다.<br>5. 배관 보온재의 사용과 보온재 설치상태를 확인할 수 있다.<br>6. 설계도서에 따라 배관설치가 적합하게 되었는지 확인할 수 있다. |
| | 4. 보일러 운전 | 1. 설비 파악하기 | 1. 설비의 정상적인 운전을 위해 설계도면을 파악할 수 있다.<br>2. 설비의 정상적인 운전을 위해 장비의 특성과 설비시스템을 파악할 수 있다.<br>3. 장비와 관련 설비의 운전매뉴얼과 설명서 등을 파악할 수 있다.<br>4. 설비의 안전한 운전을 위하여 관련 법규 규정을 파악할 수 있다. |
| | | 2. 보일러 가동 준비하기 | 1. 보일러 수위 유지를 위한 급수설비를 점검할 수 있다.<br>2. 연료의 완전연소를 위한 연료공급설비, 연소설비, 통풍 |

| 실기 과목명 | 주요항목 | 세부항목 | 세세항목 |
|---|---|---|---|
| | | | 장치, 연돌설비 등을 점검할 수 있다.<br>3. 보일러 설비의 정상가동을 위한 부속장치를 점검할 수 있다.<br>4. 보일러 설비의 정상가동을 위한 부대설비를 점검할 수 있다.<br>5. MCC판넬, 제어판넬 등의 제어설비를 점검할 수 있다.<br>6. 보일러 가동 시 발생할 수 있는 문제점을 사전에 파악하고 예방할 수 있다. |
| | | 3. 보일러 운전하기 | 1. 보일러 운전 시 밸브나 댐퍼 등의 개폐상태를 정상으로 유지할 수 있다.<br>2. 보일러 가동에 필요한 급수, 연료, 공기 등을 정상적으로 공급할 수 있다.<br>3. 보일러 및 관련 설비를 운전 매뉴얼에 따라 정상적으로 운전할 수 있다.<br>4. 운전 중 보일러의 수위, 연소상태, 압력, 온도 등을 정상적으로 유지할 수 있다.<br>5. 설비운전에 따른 고장 발견 시 원인을 파악하고 조치할 수 있다.<br>6. 운전일지를 작성하고 결과를 분석하여 에너지를 효율적으로 사용할 수 있다. |
| | | 4. 흡수식 냉온수기 운전 | 1. 냉매 및 흡수제 계통과 냉각수 계통을 정상 운전할 수 있다.<br>2. 연료, 공기 또는 증기, 냉 · 온수, 냉각수 등의 정상적인 공급을 확인할 수 있다.<br>3. 흡수식 냉온수기 및 냉각탑 등 관련 설비를 정상적으로 운전할 수 있다.<br>4. 운전 중 연소상태, 압력, 온도, 액면, 진공상태 등을 안정적으로 유지할 수 있다.<br>5. 설비운전에 따른 고장 발견 시 원인을 파악하고 조치할 수 있다.<br>6. 운전일지를 작성하고 결과를 분석하여 에너지를 효율적으로 사용할 수 있다. |
| | 5. 보일러 부대설비 관리 | 1. 급수설비 관리하기 | 1. 급수설비에 관련된 급수장치의 기능과 특성을 파악할 수 있다.<br>2. 급수설비의 정상운영을 위해 사전점검을 할 수 있다.<br>3. 급수설비에 설치된 급수장치의 작동상태를 파악할 수 있다.<br>4. 급수설비의 이상발생 시 조치할 수 있다. |
| | | 2. 급탕설비 관리하기 | 1. 급탕설비의 구조, 작동원리 및 공급방식 등을 파악할 수 있다.<br>2. 급탕설비에 부착된 계측기기 등을 파악할 수 있다.<br>3. 급탕설비의 성능과 이상 원인을 파악하고 조치할 수 있다. |

| 실기 과목명 | 주요항목 | 세부항목 | 세세항목 |
|---|---|---|---|
| | | 3. 증기설비 관리하기 | 1. 증기설비의 구조, 작동원리 및 공급방식 등을 파악할 수 있다.<br>2. 증기설비에 부착된 각종 밸브류를 점검할 수 있다.<br>3. 증기설비에 연결된 트랩장치 등을 점검할 수 있다.<br>4. 증기설비에서 발생한 응축수를 회수할 수 있다.<br>5. 증기설비의 성능과 이상 원인을 파악하고 조치할 수 있다. |
| | | 4. 온수설비 관리하기 | 1. 온수설비의 구조, 작동원리 및 공급방식 등을 파악할 수 있다.<br>2. 온수를 사용처에 적합한 온도로 공급할 수 있다.<br>3. 안전장치, 계측기기 등을 점검하여 이상 유무를 판단하고 조치할 수 있다.<br>4. 점검일지를 작성할 수 있다. |
| | | 5. 압력용기 관리하기 | 1. 압력용기의 구조, 작동원리 등을 파악할 수 있다.<br>2. 압력용기 내의 유체 특성을 파악할 수 있다.<br>3. 압력용기에 부착된 안전장치, 계측기기 등의 이상 유무를 점검하고 조치할 수 있다.<br>4. 압력용기에 부착된 밸브류의 작동 여부를 확인할 수 있다.<br>5. 압력용기의 단열상태를 점검할 수 있다.<br>6. 관련 법규에 따른 자체검사 실시와 정기검사 준비를 할 수 있다. |
| | | 6. 열교환장치 관리하기 | 1. 열교환장치의 종류별 특성, 구조 및 작동원리 등을 파악할 수 있다.<br>2. 열교환장치의 안전장치, 계측기기 및 유량조절기 등을 점검하고 이상 유무를 기록할 수 있다.<br>3. 열교환 매체(유체)의 특성에 따른 열교환 효율을 파악할 수 있다.<br>4. 열교환장치의 부식상태를 확인할 수 있다.<br>5. 열교환장치의 성능저하 원인을 점검하고 세관 등 유지에 필요한 조치를 할 수 있다.<br>6. 열교환장치의 보온상태를 파악할 수 있다. |
| | | 7. 펌프류 관리하기 | 1. 보일러 및 관련 설비 펌프류의 기능, 특성, 구조, 작동원리 등을 파악할 수 있다.<br>2. 펌프의 이상상태 발생 시 조치할 수 있다.<br>3. 펌프의 소모품 교체주기를 파악하고 교체할 수 있다. |
| | 6. 보일러 부속장치 관리 | 1. 열회수장치 관리하기 | 1. 열회수장치의 구조와 작동원리를 파악할 수 있다.<br>2. 열회수장치의 이상발생 시 안전하게 조치할 수 있다. |
| | | 2. 계측기기 관리하기 | 1. 계측기기의 측정원리를 파악할 수 있다.<br>2. 계측기기별 유지관리 기준, 매뉴얼을 파악할 수 있다.<br>3. 계측기기를 점검하여 이상 시 조치할 수 있다. |
| | | 3. 안전장치 관리하기 | 1. 안전장치의 기능, 특성을 파악하고 작동점검을 실시할 수 있다. |

| 실기 과목명 | 주요항목 | 세부항목 | 세세항목 |
|---|---|---|---|
| | | | 2. 안전장치의 점검항목, 점검기준을 파악할 수 있다.<br>3. 안전장치의 점검 주기를 정하고, 안전점검을 실시할 수 있다.<br>4. 안전장치는 정기적, 수시 점검 후 조치할 수 있다. |
| | 7. 보일러 배관설비 관리 | 1. 배관상태 점검하기 | 1. 설비에 따른 배관방식과 관련 부속품의 용도를 파악할 수 있다.<br>2. 배관의 수평, 수직, 기울기, 지지간격, 지지상태 등을 확인할 수 있다.<br>3. 배관의 각종 연결부의 누설을 확인할 수 있다.<br>4. 배관의 부식상태, 파손상태 등을 확인할 수 있다. |
| | | 2. 보온상태 점검하기 | 1. 배관 계통별로 보온상태를 확인할 수 있다.<br>2. 시공되어진 보온상태의 불량 등을 보완할 수 있다.<br>3. 열손실이 발생될 수 있는 부분을 보완할 수 있다. |
| | | 3. 배관설비 관리하기 | 1. 배관설치 · 정비에 따른 배관 시방서 및 도면을 파악할 수 있다.<br>2. 장비, 밸브, 부속품 등의 기능을 파악할 수 있다.<br>3. 보수를 위한 배관, 밸브, 부속품 등의 자재물량을 파악하고 준비할 수 있다. |
| | 8. 보일러 안전관리 | 1. 법정 안전검사하기 | 1. 관련 설비의 안전 관련 법규를 파악할 수 있다.<br>2. 법정 안전검사 대상 기기의 종류와 검사항목을 파악할 수 있다.<br>3. 법정 안전검사를 대비하여 사전 자체검사를 실시할 수 있다.<br>4. 관련법 규정에 의한 정기안전, 성능검사 등 일정에 맞게 검사준비를 할 수 있다. |
| | | 2. 보수공사 안전관리하기 | 1. 작업별 안전사고 발생 시 대처할 수 있다.<br>2. 작업자에게 안전관리교육을 실시할 수 있다.<br>3. 작업전 현장을 점검하여 안전사고를 예방할 수 있다.<br>4. 공정별 위험요소를 예측하여 안전사고를 예방 조치할 수 있다. |

CBT 전면시행에 따른

# CBT PREVIEW

한국산업인력공단(www.q-net.or.kr)에서는 실제 컴퓨터 필기시험 환경과 동일하게 구성된 자격검정 CBT 웹 체험을 제공하고 있습니다. 또한, 예문사 홈페이지(http://yeamoonsa.com)에서도 CBT 형태의 모의고사를 풀어볼 수 있으니 참고하여 활용하시기 바랍니다.

## 수험자 정보 확인

시험장 감독위원이 컴퓨터에 나온 수험자 정보와 신분증이 일치하는지를 확인하는 단계입니다. 수험번호, 성명, 주민등록번호, 응시종목, 좌석번호를 확인합니다.

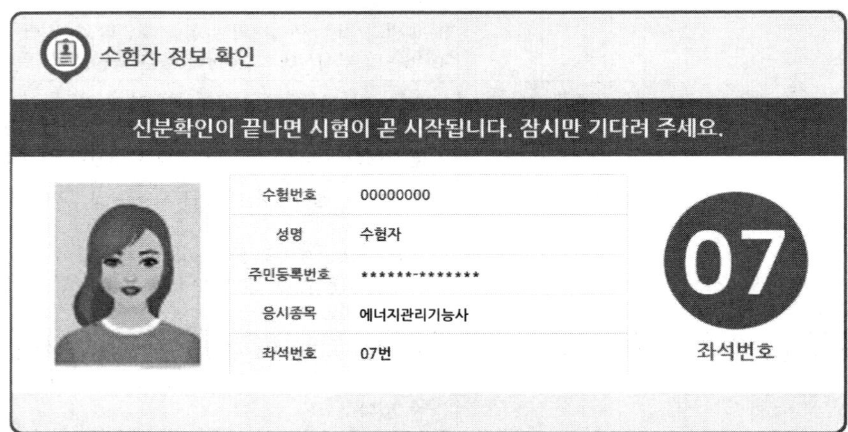


## 안내사항

시험에 관련된 안내사항이므로 꼼꼼히 읽어보시기 바랍니다.

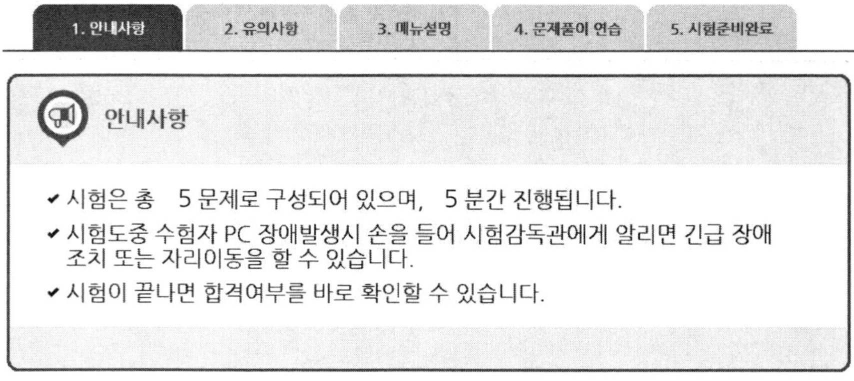

## 유의사항

부정행위는 절대 안 된다는 점, 잊지 마세요!

유의사항 - [1/3]

• **다음과 같은 부정행위가 발각될 경우 감독관의 지시에 따라 퇴실 조치되고, 시험은 무효로 처리되며, 3년간 국가기술자격검정에 응시할 자격이 정지됩니다.**

✔ 시험 중 다른 수험자와 시험에 관련한 대화를 하는 행위
✔ 시험 중에 다른 수험자의 문제 및 답안을 엿보고 답안지를 작성하는 행위
✔ 다른 수험자를 위하여 답안을 알려주거나, 엿보게 하는 행위
✔ 시험 중 시험문제 내용과 관련된 물건을 휴대하여 사용하거나 이를 주고받는 행위

다음 유의사항 보기 ▶

## 문제풀이 메뉴 설명

문제풀이 메뉴에 대한 주요 설명입니다. CBT에 익숙하지 않다면 꼼꼼한 확인이 필요합니다. (글자크기/화면배치, 전체/안 푼 문제 수 조회, 남은 시간 표시, 답안 표기 영역, 계산기 도구, 페이지 이동, 안 푼 문제 번호 보기/답안 제출)

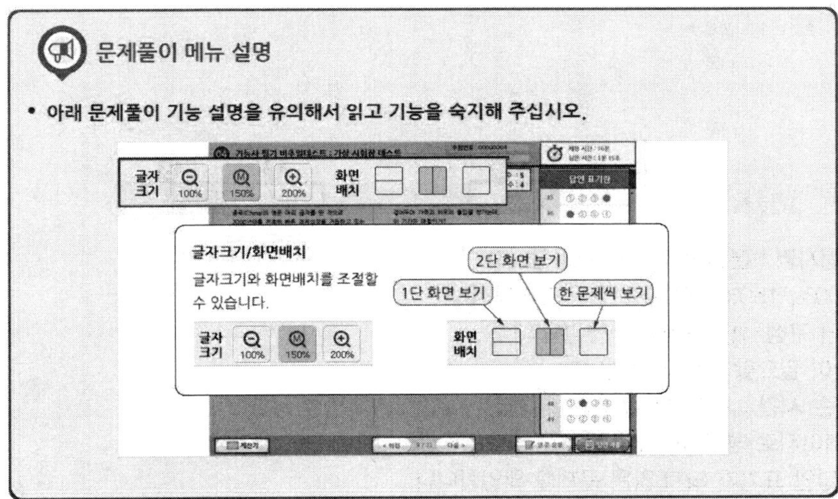

CBT 전면시행에 따른

# CBT PREVIEW

## 시험준비 완료!

이제 시험에 응시할 준비를 완료합니다.

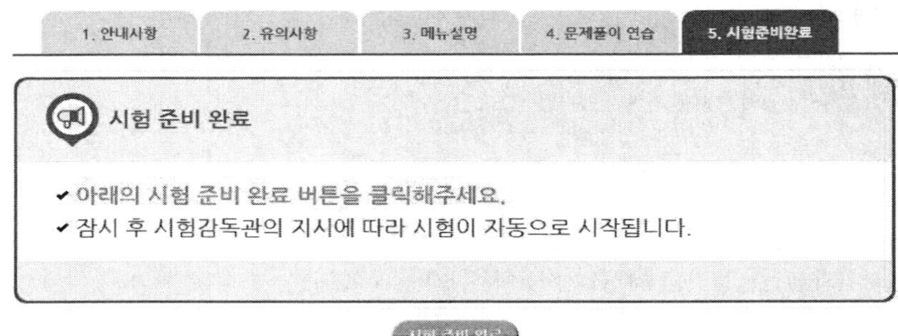


## 시험화면

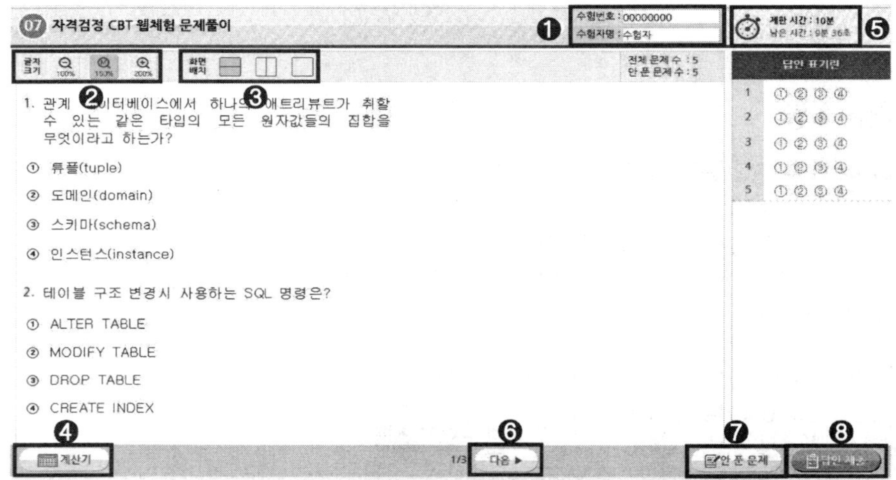


❶ 수험번호, 수험자명 : 본인이 맞는지 확인합니다.
❷ 글자크기 : 100%, 150%, 200%로 조정 가능합니다.
❸ 화면배치 : 2단 구성, 1단 구성으로 변경합니다.
❹ 계산기 : 계산이 필요할 경우 사용합니다.
❺ 제한 시간, 남은 시간 : 시험시간을 표시합니다.
❻ 다음 : 다음 페이지로 넘어갑니다.
❼ 안 푼 문제 : 답안 표기가 되지 않은 문제를 확인합니다.
❽ 답안 제출 : 최종답안을 제출합니다.

## 답안 제출

문제를 다 푼 후 답안 제출을 클릭하면 다음과 같은 메시지가 출력됩니다.
여기서 '예'를 누르면 답안 제출이 완료되며 시험을 마칩니다.

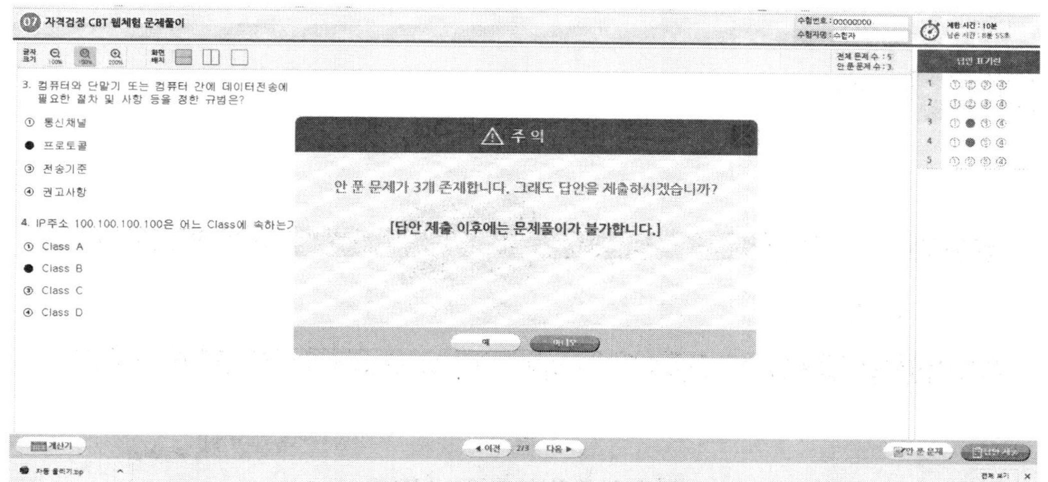


## 알고 가면 쉬운 CBT 4가지 팁

**1. 시험에 집중하자.**
기존 시험과 달리 CBT 시험에서는 같은 고사장이라도 각기 다른 시험에 응시할 수 있습니다. 옆 사람은 다른 시험을 응시하고 있으니, 자신의 시험에 집중하면 됩니다.

**2. 필요하면 연습지를 요청하자.**
응시자의 요청에 한해 시험장에서는 연습지를 제공하고 있습니다. 연습지는 시험이 종료되면 회수되므로 필요에 따라 요청하시기 바랍니다.

**3. 이상이 있으면 주저하지 말고 손을 들자.**
갑작스럽게 프로그램 문제가 발생할 수 있습니다. 이때는 주저하며 시간을 허비하지 말고, 즉시 손을 들어 감독관에게 문제점을 알려주시기 바랍니다.

**4. 제출 전에 한 번 더 확인하자.**
시험 종료 이전에는 언제든지 제출할 수 있지만, 한 번 제출하고 나면 수정할 수 없습니다. 맞게 표기하였는지 다시 확인해보시기 바랍니다.

# CBT 모의고사 이용 가이드

• 인터넷에서 [예문사]를 검색하여 홈페이지에 접속합니다.

• PC, 휴대폰, 태블릿 등을 이용해 사용이 가능합니다.

## STEP 1 회원가입 하기

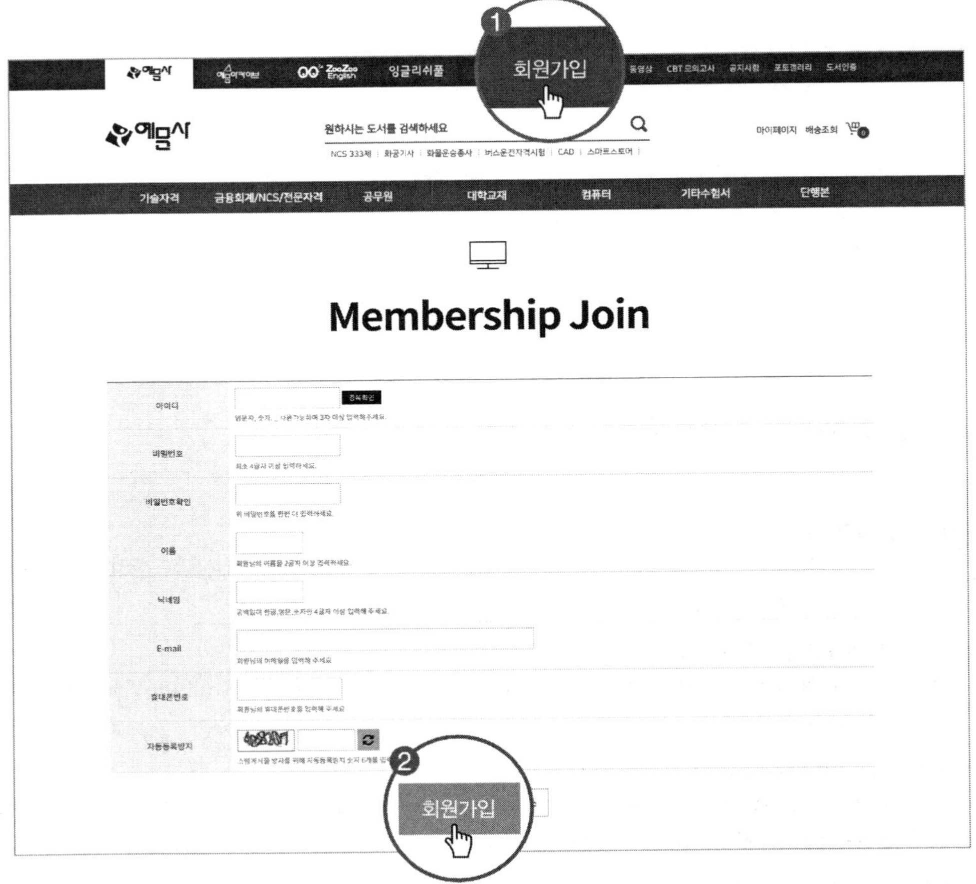


1. 메인 화면 상단의 [회원가입] 버튼을 누르면 가입 화면으로 이동합니다.
2. 입력을 완료하고 아래의 [회원가입] 버튼을 누르면 **인증절차 없이 바로 가입**이 됩니다.

## STEP 2 시리얼 번호 확인 및 등록

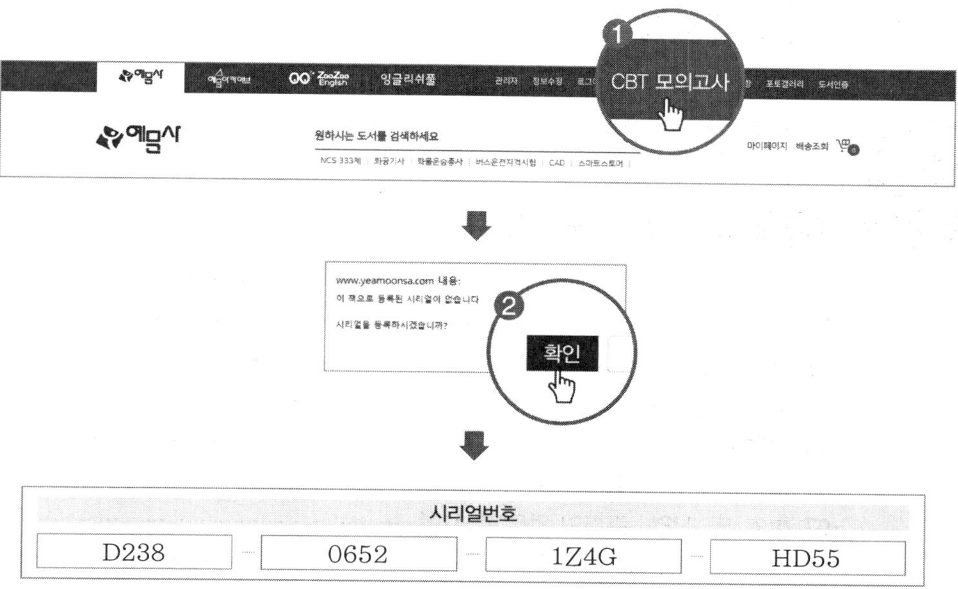


1. 로그인 후 메인 화면 상단의 [CBT 모의고사]를 누른 다음 **수강할 강좌를 선택**합니다.
2. 시리얼 등록 안내 팝업창이 뜨면 [확인]을 누른 뒤 **시리얼 번호를 입력**합니다.

## STEP 3 등록 후 사용하기

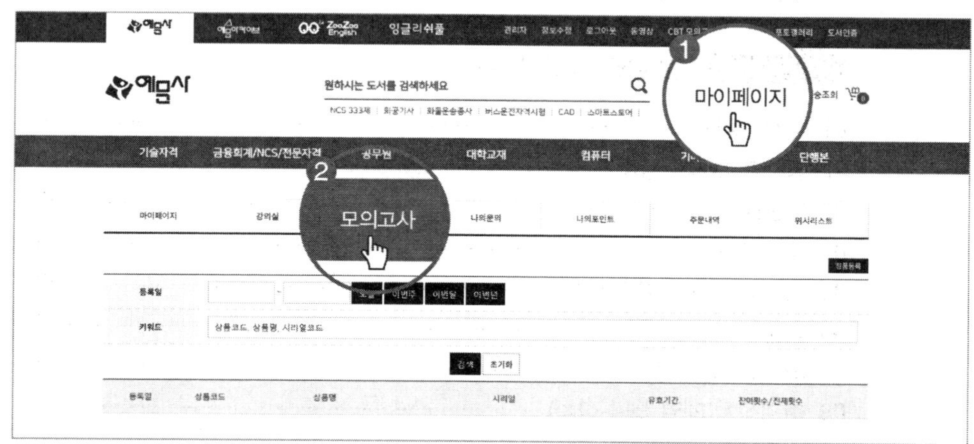


1. 시리얼 번호 입력 후 [마이페이지]를 클릭합니다.
2. 등록된 CBT 모의고사는 [모의고사]에서 확인할 수 있습니다.

C O N T E N T S

# 이책의 차례

## 제1편 핵심요점 총정리

### CHAPTER. 01 열 및 증기열역학



### CHAPTER. 02 보일러의 구조 및 종류



### CHAPTER. 03 보일러 부속장치

## CHAPTER. 04 연료의 종류



## CHAPTER. 05 연소 및 연소장치와 소화



## CHAPTER. 06 육용보일러의 열정산방식



## CHAPTER. 07 자동제어



## CHAPTER. 08 난방부하 및 난방설비

C O N T E N T S

# 이책의 차례

# 제2편 에너지법과 에너지이용 합리화법

## CHAPTER. 01 에너지법



## CHAPTER. 02 에너지이용 합리화법



# 제3편 과년도 기출문제

## 2012년



## 2013년



## 2014년

C O N T E N T S

# 이책의 차례

## 2015년



## 2016년



**2016년 이후부터는 한국산업인력공단에서 시험문제를 제공하지 않으니 참고하시기 바랍니다.**

## 제4편 CBT 실전모의고사

# 제5편 실기 작업형

에너지관리기능사 필기+실기 10일 완성
CRAFTSMAN ENERGY MANAGEMENT

PART

# 01

# 핵심요점 총정리

01 | 열 및 증기열역학
02 | 보일러의 구조 및 종류
03 | 보일러 부속장치
04 | 연료의 종류
05 | 연소 및 연소장치와 소화
06 | 육용보일러의 열정산방식
07 | 자동제어
08 | 난방부하 및 난방설비
09 | 배관일반
10 | 보일러 설치 검사기준 등
11 | 보일러의 안전관리

CHAPTER 01 열 및 증기열역학



# SECTION 01 열역학 기초

## 1 온도

### 1) 섭씨온도

0℃, 760mmHg 상태에서 물의 빙점을 0℃, 비점을 100℃로 정하고 100등분하여 1개의 눈금을 1℃로 한 온도

### 2) 화씨온도

0℃, 760mmHg 상태에서 물의 빙점을 32°F, 비점을 212°F로 정하고 180등분하여 1개의 눈금을 1°F로 한 온도

## 2 화씨온도와 섭씨온도의 관계 환산

1) 섭씨온도(℃) : $\frac{5}{9}$(화씨온도 − 32) = (°F − 32) ÷ 1.8

2) 화씨온도(°F) : $\frac{9}{5}$ × 섭씨온도 + 32 = ℃ × 1.8 + 32

## 3 절대온도

열역학적 정의의 눈금이며 −273.15℃에서 모든 물체의 운동이 정지하는 순간을 0℃로 기준 삼는 온도

1) 켈빈의 절대온도(K) : 섭씨온도 + 273.15

2) 랭킨의 절대온도(°R) : 화씨온도 + 460

3) $K = t℃ + 273 = \frac{t°R}{1.8}$

4) $°R = t°F + 460 = K \times 1.8$

## SECTION 02 압력

압력이란 단위면적당 작용하는 힘의 크기로 ($kgf/cm^2$), (Pa), ($N/m^2$) 등이 있다.

### 1 표준대기압(atm)

공기가 누르는 힘이며 0℃, 760mmHg 상태의 압력

1atm = 760mmHg = 10.33$mH_2O$ = 1.033$kgf/cm^2$ = 1,013mb = 14.7psi = 101,325Pa ≒ 102kPa

### 2 공학기압(at)

1$cm^2$의 면적에 1kg의 힘이 작용하는 압력

1at = 1$kgf/cm^2$ = 10$mH_2O$ = 735.6mmHg = 14.2psi = 98,066.5Pa ≒ 98kPa

### 3 절대압력(abs, ata)

완전 진공상태를 기준으로 하여 측정한 압력이다. 즉, 게이지 압력에 표준대기압을 더한 압력이다.

- 대기압 + 게이지압
- 대기압 − 진공압

### 4 게이지 압력(atg)

계기에 나타낸 압력, 즉 대기압을 0으로 계산한 압력

### 5 진공압(atv)

대기압에서 절대압력을 뺀 값(760 − $p$), 진공상태를 나타내는 정도

$$진공도 = \frac{진공압}{대기압} \times 100\%$$

### 6 수두압

물의 높이에 따라 정비례한다.

1) 1$mmH_2O$ = 1$kgf/m^2$ = 0.0001$kgf/cm^2$
2) 100mAq($mmH_2O$) = 10$kgf/cm^2$
3) 1mAq = 0.1$kgf/cm^2$
4) 10$mH_2O$ = 1$kgf/cm^2$

## SECTION 03 열량의 단위

### 1 칼로리(cal)

순수한 물 1g을 14.5~15.5℃, 즉 1℃ 올리는 데 소요된 열량

| 1kcal=1,000cal=3.968BTU=427kg · m=4.2kJ |
|---|

### 2 B.T.U

순수한 물 1 lb를 60~61°F, 즉 1°F 올리는 데 소요되는 열량

| • 1 lb(파운드)=453g=0.453kg | • 1썸=10만 BTU | • 1BTU=0.252kcal |
|---|---|---|

### 3 C.H.U

순수한 물 1 lb를 14.5~15.5℃, 즉 1℃ 올리는 데 소요되는 열량

| 1CHU=1.8BTU=0.454kcal |
|---|

## SECTION 04 열의 용량 및 비열

### 1. 열용량

어떤 물질의 온도를 1℃ 올리는 데 소요되는 열량이며 cal/℃이다. 즉, 비열×질량이다.

### 2. 비열

어떤 단위물질 1g을 1℃ 올리는 데 소요되는 열량이며 cal/g℃이다.

**참고 기체의 비열**

- 정압비열($C_P$) : 압력을 일정하게 유지시킨 후의 비열
- 정적비열($C_V$) : 체적(부피)이 일정한 상태에서의 비열
- 비열비($K$) : 정압비열과 정적비열의 비

$K=\dfrac{C_P}{C_V}>1$(비열비는 항상 1보다 크다.)

※ 공기의 비열비($K$)는 약 1.4이다.

### 3 총 열량

어떤 물질의 전체 열량=질량($G$)×비열($C$)×온도차($t_2-t_1$)=kcal

## SECTION 05 열역학의 법칙

### 1 열역학 제0법칙(열의 평형법칙)

고온의 물체와 저온의 물체가 혼합되면 시간이 경과 후 온도가 같아진다.

### 2 열역학 제1법칙(에너지 보존의 법칙)

1) 열은 본질상 일과 같이 에너지의 형태이다.
2) 열은 일, 일은 열로 변화가 가능하다.
3) $A$(일의 열당량)$=\dfrac{1}{427}$kcal/kg · m이다.
4) $J$(열의 일당량)=427kg · m/kcal이다.
5) 내부 에너지와 엔탈피이다.
6) 1HP(마력)$=76\text{kg}\cdot\text{m/s}\times(60\times60)\times\dfrac{1}{427}=641\text{kcal}$
7) $1\text{PS-h}=75\times60\times60\times\dfrac{1}{427}=632\text{kcal}$
8) 1kW=102kg · m/sec
9) $1\text{kW-h}=102\times60\times60\times\dfrac{1}{427}=860\text{kcal}$

### 3 열역학 제2법칙(영구기관제작 불가능 법칙)

1) 일은 열로 바꿀 수 있다.
2) 열은 일로 전부 바꿀 수 없다.
3) 저온의 유체에서 고온의 유체로는 이동이 안 된다.
4) 일을 할 수 있는 능력을 표시하는 엔트로피의 정의가 있다.
5) 가역 과정에서 엔트로피는 0이다.
6) 비가역 과정에서 엔트로피의 변화량은 항상 증가한다.

엔트로피($\Delta S$) 변화량 계산$=\dfrac{\Delta Q}{T}=\dfrac{\text{열량변화량}}{\text{절대온도}}$

## 4 열역학 제3법칙(절대온도에 이를 수 없는 법칙)

1) 어떤 방법으로도 절대온도에 이를 수 없다.

2) 100%의 열효율 기관은 불가능하다.

# SECTION 06 증기에 관한 사항

**용어정리** 증기

- 건포화증기 : 수분이 없는 건조된 증기
- 습포화증기 : 증기 속에 수분이 존재하는 증기
- 과열증기 : 포화증기의 온도를 상승시킨 증기(압력변동은 없다.)

**용어정리** 포화 및 임계

- 포화수 : 비등상태에 있는 물
- 비등 : 포화수가 끓어오르는 상태
- 포화온도 : 포화상태의 포화수의 온도
- 건조도($x$) : 습증기 속의 증기의 건도
- 임계온도 : 374.15℃
- 임계압력 : 225.56kg/cm²
- 임계점 : 물을 가열하여 압력과 온도를 높이면 어느 지점에서 물이 증기로 변하면서 증발잠열이 0이 되는 지점(액체와 기체의 구별이 없는 상태)

## 1 습포화증기

증기 속에 수분을 내포한 증기이다.

## 2 건포화증기

증기 속에 수분이 없고 증발잠열을 완전히 흡수한 증기이다.

## 3 과열증기

습포화증기를 건포화증기로 만든 후 그 당시의 증기압력상태에서 온도만 증가시킨 증기이다.

1) **최고사용 과열증기** : 600℃까지 사용(금속의 재질상 그 이상의 온도 사용은 금물)

2) **사용증기** : 200~450℃(일반적 사용)

3) 과열도 : 과열증기 온도에서 발생증기 온도를 뺀 값

### 4 증기 건조도($x$)

습포화증기 속의 증기의 비율이며

$x+Y=1$(건증기)

건조도+수분=1(습증기)

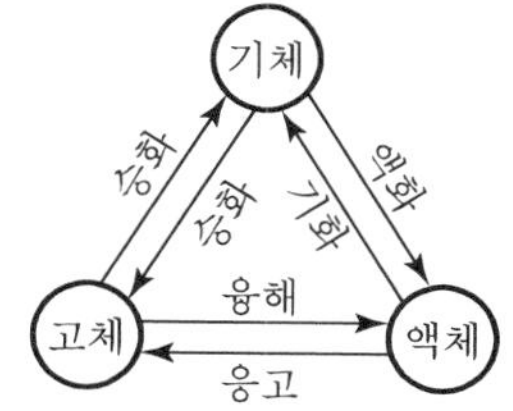


## SECTION 07 현열 및 잠열, 증기의 엔탈피 사항

### 1 현열

물질의 상태변화 없이 어떤 물체의 온도변화에 따른 소요열량이다.

$Q=G\times C_P(t_2-t_1)=\text{kcal}$

$Q$=질량(kg)×정압비열(kcal/kg℃)×(온도차)=kcal(kJ)

### 2 증발잠열과 융해잠열

온도의 변화는 없고 물질의 상태변화 시에 소요되는 열량이다.

1) 0℃의 얼음이 0℃의 물로 되려면 80cal/g의 융해열이 필요하다.

2) 100℃의 포화수가 100℃의 건조증기로 되려면 539cal/g의 증발잠열이 필요하다.

### 3 증기의 엔탈피(증기의 전열량)

1) 포화증기 엔탈피 : $h''=h'+r$(kcal/kg=kJ/kg)

2) 습포화증기 엔탈피 : $h_2=h'+rx$(kcal/kg), $h_2=h''-(1-x)r$(kcal/kg=kJ/kg)

3) 과열증기 엔탈피 : $h_c''=h'+r+c(t_2-t_1)$(kcal/kg=kJ/kg)

여기서, $h'$ : 포화수 엔탈피, $r$ : 증기의 증발잠열, $x$ : 증기의 건조도
$t_2$ : 과열증기온도, $t_1$ : 포화증기온도, $c$ : 증기의 비열

### 4 증발

계속해서 물을 가열하면 온도가 100℃에 달하고 그 이후는 아무리 가열하여도 온도가 오르지 않고 물의 일부가 수증기로 변해서 증기가 발생되는 현상

# SECTION 08 열의 전열(전도, 대류, 복사)

## 1 열전도 전열(고체 중의 열이동)

열이 물체를 지나서 물질의 이동이 없는 상태에서 다른 한쪽으로 열만 흐르는 작용이며 푸리에의 전도법칙에 따른다.

## 2 대류의 전열

기체 또는 액체와 같은 유체가 밀도차에 의해서 유동으로 말미암아 열이 전달되면서 주로 액체와 고체 표면과의 열전달이 이루어진다. 종류는 강제대류와 자연대류로 구분된다.

## 3 열통과(열관류)

유체가 고체 벽을 통과하여 다른 유체에 전달되는 열량이며, 유체가 고체 벽에 열전달을 일으키고 고체 벽에서 열전도가 일어나서 또다시 고체 외벽에서 타 유체로 열이 전달되는 과정으로 열관류율의 단위는 $kcal/m^2 \cdot h \cdot ℃$이다.

## 4 복사 전열

열파장의 복사선이 전자파 형태로 방출되며 스테판－볼츠만의 법칙에 따른다. 즉, 흑체 복사정수는 $4.88 \times 10^{-8} kcal/m^2 \cdot h \cdot K^4$이다.(스테판－볼츠만 정수 $\sigma = 5.669 \times 10^{-8} W/m^2 \cdot K^4$, 흑체 복사정수 $C_b = 5.669 W/m^2 \cdot K^4$)

## 5 열전도율

고체에서 열전도에 의해 열이 이동하는 비율로서 길이 1m, 단위시간당 $1m^2$의 단면을 전도하는 것으로 단위는 $kcal/m \cdot h \cdot ℃(W/m \cdot ℃)$이다.

## 6 열전달률

고온의 유체에서 저온의 고체 표면이나 고온의 고체 표면에서 저온의 유체로 이동하는 열량의 비율로 단위는 $kcal/m^2 \cdot h \cdot ℃(kW/m^2 \cdot ℃ = W/m^2 \cdot ℃)$이다.

# CHAPTER 02 보일러의 구조 및 종류

## SECTION 01 보일러의 구성

### 1 보일러

밀폐된 용기의 내부에 물이나 열의 매체를 넣고서 연료를 연소시켜 연소열을 전달하여 대기압보다 높은 증기를 발생시키는 기구이다.

### 2 보일러 3대 구성요소

#### 1) 본체

동(드럼)이라 하며 내부에 물이나 열매체를 넣고 연소열을 전해서 내부의 유체를 가열한 후 소요압력의 온수 또는 증기를 발생시키는 부분이다.

#### 2) 연소장치

연료를 공급하여 연소시켜서 열을 발생시키는 연소실 등을 포함해서 연소장치라 한다.

#### 3) 부속기구장치

보일러의 가동에 도움을 주며 생성된 증기를 사용처에 보내기 위한 보조기구로, 급수장치, 송기장치, 폐열회수장치, 제어장치, 분출장치, 안전장치, 처리장치 등이 있다.

## SECTION 02 보일러의 용량과 전열면적

### 1 보일러의 용량 표시방법

#### 1) 정격용량

100℃의 포화수를 100℃의 건조된 증기로 발생시켰을 때를 말하며 상당증발량(환산증발량)으로 표시한다.

(1) 상당증발량 $= \dfrac{\text{시간당 실제 증기발생량}(h_2 - h_1)}{539} = \text{kgf/hr}$

(2) **상당증발량** $= \dfrac{\text{시간당 급수사용량}(h_2 - h_1)}{539(\text{또는 } 2{,}256)} = \text{kgf/hr}$

여기서, $h_2$ : 포화증기엔탈피
$h_1$ : 급수엔탈피
잠열 : 539kcal/kg = 2,256kJ/kg

(3) **상당증발량** = 실제 증기발생량 × 증발계수 = kgf/hr

**2) 전열면적**

전열면적이란 한쪽 면이 연소가스와 접촉되며 다른 면이 물 또는 열매체에 접촉되는 것이며, 보일러 용량은 마력으로 표시함에 있어 그 전열면적으로 환산하는 것이다.

(1) **노통 보일러** : 전열면적 $0.465\text{m}^2 = 1$마력

(2) **연관 보일러 · 수관 보일러** : 전열면적 $0.929\text{m}^2 = 1$마력

## 2 보일러의 전열면적 계산

전열이란 한쪽 면이 연소가스와 접촉되고 다른 면이 물 또는 열매체에 접촉되는 면으로 전열면적의 계산은 연소가스가 접촉되는 면을 기준으로 한다.

1) **연관** : $\pi dLn(\text{m}^2)$

2) **수관** : $\pi DLn(\text{m}^2)$

여기서, $\pi = 3.14$
$D$ : 연관 내경(m)
$L$ : 관의 길이(m)
$n$ : 관의 개수

3) **보일러 마력** : 시간당 100℃의 포화수 15.65kg을 100℃의 건포화증기로 발생시키는 능력을 보일러 1HP(마력)라 한다. 또한 열량으로 환산하면 15.65kg/hr × 539kcal/kg = 8,435kcal/hr

4) **정격출력** : 정격용량을 열량으로 표시한 것이며 시간당 증기나 온수가 가지고 나오는 열량(kcal/hr)을 말한다.

(1) 539kcal/kg × 정격용량(kg/hr) = kcal/hr(kJ/hr)

(2) 매시 실제증발량$(h_2 - h_1)$ = kg/hr

(3) 매시 급수사용량(출탕온도 − 급수온도) × 급수의 비열 = kg/hr

5) **E.D.R(상당 방열면적)** : 난방용 보일러에서 매시간 방열된 양을 방열기의 방열면적으로 환산하여 나타내는 방식

# SECTION 03 보일러의 구조 및 특징

## 1 본체의 구조

1) 동판 2) 경판 3) 관판
4) 버팀(스테이) 5) 수관 및 연관 6) 연소실 및 노통

## 2 본체의 구조 각 기기의 해설

### 1) 리벳 조인트

(1) 랩 조인트(겹친이음)
(2) 버트 조인트(맞댄이음)

### 2) 경판

(1) 반구형 경판(아주 강하다.)
(2) 반타원형 경판(강하다.)
(3) 접시형 경판(양호하다.)
(4) 평형 경판(약하다.)

(a) 평형 경판

(b) 접시형 경판

(c) 반타원형 경판

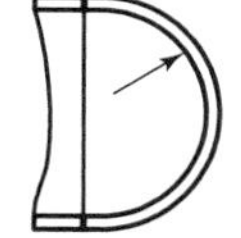
(d) 반구형 경판

| 경판의 모양 |

**3) 관판** : 관이나 노통을 지지해 주는 판이며 보일러 동체 내부에 부착된다.

### 4) 버팀(스테이)

(1) **경사버팀** : 경판과 동판이나 관판과 동판을 지지하는 보강재이다.
(2) **거싯버팀** : 평경판이나 접시형 경판에 사용하며 경판과 동판 또는 관판이나 동판의 지지 보강대로서 판에 접속되는 부분이 크다.
(3) **관버팀(튜브 스테이)** : 연관의 팽창에 따른 관판이나 경판의 팽출에 대한 보강재이다.
(4) **막대버팀(바 스테이)** : 진동, 충격 등에 따른 동체의 진동(움직임)의 방지 목적이며, 화실 천장의 압궤 방지를 위한 가로버팀이며, 관판이나 경판 양측을 보강하는 행거스테이(매달림)라 한다.
(5) **나사버팀(볼트 스테이)** : 기관차 보일러의 화실 측면과 경판의 압궤를 방지하기 위한 버팀이다.
(6) **나막신버팀(거더 스테이)** : 화실 천장 과열 부분의 압궤현상을 방지하는 버팀이다.
(7) **도그 스테이** : 맨홀 뚜껑의 보강재 버팀이다.

### 5) 노통(원통형 보일러의 연소실)

(1) 평형노통

① 고압력에 견디기 어렵다.

② 구조가 간단하고 제작이 용이하다.

③ 접합부가 손상에 의해 누설을 일으키기 쉽다.

(2) 파형노통

① 고열에 의한 노통의 이상 신축 현상을 흡수, 완화시킨다.

② 전열면적을 넓힐 수 있다.

③ 보일러 압력에 크게 견딜 수 있다.

④ 구조가 복잡하고 설비가 비싸다.

⑤ 제작이 까다롭다.

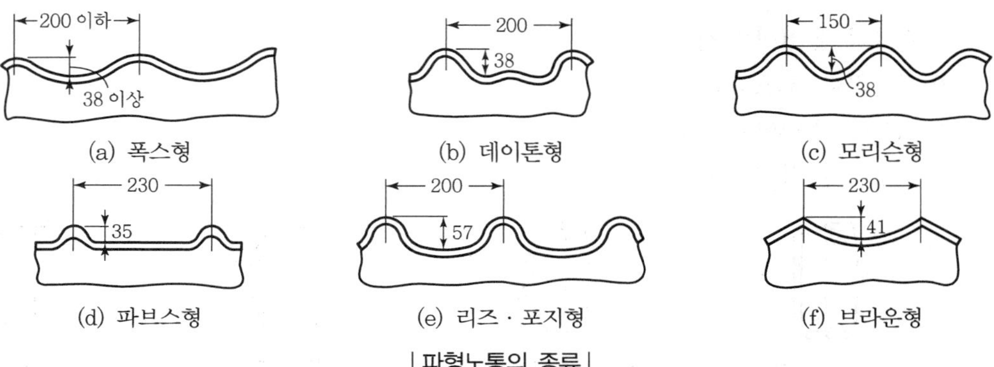


| 파형노통의 종류 |

### 6) 애덤슨 조인트

평형노통의 약한 단점을 보완하기 위하여 약 1m 정도의 노통거리마다 접합한다.

(1) 이상신축을 방지한다.

(2) 리벳을 보호한다.

(3) 사용압력에 견디는 힘이 강하다.

### 7) 노벽의 종류

(1) **벽돌의 벽** : 벽돌로 구축되며 방산 열손실과 클링커의 형성 및 균열이 쉬운 노벽이다.

(2) **공냉노벽** : 벽돌벽이 이중으로 되어 그 공간 사이에 공기를 넣어서 냉각시키는 벽이며, 연소용 공기가 예열되면서 노벽 전후면의 온도구배가 적어 노재의 손상이 적은 벽이나 많이 쓰지는 않는다.

(3) **수냉노벽** : 연소실의 주위벽에 수관을 다수 배치하여 복사열을 흡수하며 노벽을 보호함으로써 노재의 과열을 방지하고 노의 기밀을 유지하며 수명을 길게 한다. 또한 가압연소 및 연소실의 열부하를 높일 수 있는 노벽이다.

## SECTION 04 원통형 보일러

### 1 수직형 보일러

동이 직립형(입형)이며 연소실이 하부에 자리잡고 있다. 내분식 보일러이며 화염이 위로 상승하는 형태이다.

#### 1) 종류

(1) **입형 보일러(입형 횡관 보일러) : 횡관(갤러웨이 튜브) 설치상의 이점**
- ① 전열면적이 증가한다.
- ② 화실벽의 강도를 보강한다.
- ③ 관수(순환을 양호하게 한다, 횡관은 1~4개 정도 설치)

(2) **입형 다관식(연관식) 보일러**
- ① 다수의 연관을 사용한다.
- ② 상부 관판이나 연관은 부식되기 쉽다.

(3) **코크란 보일러**
- ① 입형 보일러 중 열효율이 가장 높다.
- ② 입형 보일러 중 전열면적이 가장 크다.
- ③ 입형 보일러 중 가장 고압에 잘 견딘다.

(4) **스파이럴 보일러**

#### 2) 장점

(1) 구조가 매우 간단하다.
(2) 설치면적이 작다.
(3) 벽돌의 쌓음이 필요 없다.

#### 3) 단점

(1) 전열면적이 작다.
(2) 전체 열효과가 적다.
(3) 소용량의 보일러다.
(4) 내부 청소가 까다롭다.
(5) 수면부가 적어 습증기가 배출된다.
(6) 연소실이 작아서 불완전연소가 된다.

**참고 횡관(갤러웨이관)의 특징**

- 전열면적의 증가
- 물의 순환 양호
- 노통의 강도보강

## 2 노통 보일러

### 1) 종류

(1) **랭커셔 보일러** : 노통이 2개

(2) **코니시 보일러** : 노통이 1개(횡치형이면서 동내에 노통을 구비한 둥근 보일러)

### 2) 장점

(1) 구조가 간단하고 제작이 간편하다.

(2) 청소나 검사가 용이하다.

(3) 부하 변동에 적응하기 쉽다.

(4) 급수처리가 그다지 까다롭지 않다.

### 3) 단점

(1) 증기 발생시간이 길다(가동 후부터).

(2) 파열 시 보유수량이 많아 피해가 크다.

(3) 고압이나 대용량에는 사용상 문제가 있다.

(4) 전열면적에 비해 보유수량이 많아서 습증기 발생이 많다.

(5) 연소실의 크기가 제한되어 연료의 선택 및 연료사용량이 제한된다.

## 3 연관식 보일러

노통 보일러에서 다소 개량된 보일러이며 기관차 보일러, 기관차형(케와니) 보일러, 횡연관 보일러 등이 있다.

### 1) 종류

(1) **외분식 횡연관 보일러(외분식의 대표적 보일러, 연소실에 외부설치)**

① **최고사용압력** : 5~12kg/cm$^2$(0.5~1.2MPa)

② **증발량** : 4ton/h 연관의 외경 65~102A의 강관

(2) **기관차 보일러** : 철도차량용 보일러

① **최고사용압력** : 16~18kg/cm$^2$(1.6~1.8MPa)

② 보일러의 중량이 가볍다.

③ 우톤형과 클램프톤형이 있다.

(3) **기관차형 보일러(케와니 보일러)** : 기관차 보일러를 개조(내분식 보일러)

① **최고사용압력** : 10kg/cm$^2$(1MPa)

② **증발량** : 4t/h

③ 난방용, 취사용으로 사용한다.

### 2) 장점

(1) 노통 보일러에 비하여 전열면적이 커서 전열효과가 좋다.
(2) 외분식 연소실일 경우 연소실의 증축은 자유로이 할 수 있어 저질 연료도 연소가 가능하다.
(3) 급수처리가 그다지 까다롭지 않다.
(4) 노통 보일러에 비해 부하 변동에 응하기가 쉽다.

### 3) 단점

(1) 외분식은 열손실이 크다.
(2) 연관이 가열되어 늘어지기가 쉽다.
(3) 연관과 관판의 접속부에 손상을 일으키기 쉽다.
(4) 노통 보일러에 비해 내부 청소가 다소 불편하다.
(5) 연관의 길이에 제한을 받고 대용량 설비에는 부적당하다.

## 4 노통연관 보일러(패키지형)

연관 보일러의 단점을 보완한 것이며 조립하여 패키지형으로 많이 제작하고 있다. 즉, 보일러 동내에 노통과 연관을 조립하여 설치한 이상적인 둥근 보일러의 대표급이다.

### 1) 종류

(1) **박용 보일러(노통연관식)** : 박용 보일러는 선박에서 많이 쓰는 보일러이며 선박(배)의 특수한 구조에 의해 몸통의 직경은 크고 길이는 짧은 마치 둥근 북 모양을 한 바다의 선박에 많이 쓰는 보일러이며 대표적인 스코치 보일러이다.

**참고 웨트백식(습연실 보일러 : 박용 스코치 보일러)**

- 선박용 동력 보일러 • 일면 · 양면 보일러
- 최고사용압력 18kg/cm$^2$ 정도(보일러의 효율 60~75%)
- 전열면적＝노통＋연소실＋연관(전열면적의 총 85% 차지)
- 노통의 수는 동체의 직경에 따라서 1~4개까지 설치(3개가 가장 많이 사용)

(2) **박용 건연실 보일러(노통연관식)**
① 하우드 존슨 보일러
② 부르동 카프스 보일러

(3) **육용강제 패키지 보일러**
① 열효율이 85~90%로 높다.
② 산업용, 난방용으로 가장 많이 사용한다.
③ 육지에서 사용하는 노통연관식 보일러이다.

### 2) 장점

(1) 전열효율이 좋다.
(2) 증발 속도가 빠르다.
(3) 벽돌의 쌓음이 없어도 된다.
(4) 운반이나 장착 부착이 용이하다.
(5) 노의 구조가 밀폐되어서 가압 연소가 가능하다.
(6) 둥근 보일러 중 효율이 85~90% 정도로 가장 높다.

### 3) 단점

(1) 관수의 농축 속도가 급격하여 급수를 좋게 해야 한다.
(2) 구조가 복잡하고 내부가 좁아서 청소작업이 곤란하다.
(3) 증기급수요에는 용이하나 보유수가 적어서 부하 변동에 적응이 힘들다.
(4) 대용량 보일러에는 조금 부적당하다.
(5) 연관 등에 불순물 및 클링커가 부착되기 쉽다.

# SECTION 05 수관식 보일러

## 1 직관식 수관 보일러(자연순환식)

곧은 수관을 동이나 렛터에 연결하여 만든 보일러이다.

### 1) 종류

(1) **밥콕 보일러** : 수관식 섹셔널 보일러, 1개의 동과 분할식 헤드 수관 등으로 구성

① **종류**

- CTM형 : 동판에 직접 수관연결(고압용)
- WIF형 : 동판에 크로스박스를 설치하여 크로스박스에 수관연결(저압용)
  ⇨ (1개 헤드에 7개 정도 수관연결)

② **특징**

- 수관이 수평에서 15°의 경사이다.
- 물드럼 대신 교환이 용이한 헤더를 설치한다.
- 수관의 외경은 89~102A의 강관이 사용된다.

(2) **하이네 보일러** : 폐열 보일러의 일종(연소실이 없다.)
① 관모음 헤더가 일체식이다.
② 수관은 직관이며 수평이다.
③ 드럼이 1~2개이며 15° 정도 경사져 있다.

(3) **쓰네기찌 보일러** : 경사수관식＝직관식
① 관의 경사는 30°이며 수관은 직관이다.
② 수관이 경판에 부착되어 있다(수관은 경판 크기에 제한을 받는다).
③ 4t/h 이하의 소형 난방용에 주로 사용된다.

**참고** 드럼의 길이가 짧으며 수관이 경판에 부착(증기드럼과 물드럼이 받침대 위에 놓여 있어서 수관의 신축을 자유롭게 허용)

(4) **다쿠마 보일러**
① 경사도가 45°이다.
② **강수관** : 열가스의 접촉을 방지하고 물의 하강을 원활히 하기 위해 관 주위는 2중관으로 구성한다. → 승수관보다 직경이 크다(저온부에 설치).
③ **승수관** : 가열된 물이 증기드럼으로 상승하는 관

### 2) 장점

(1) 수관의 청소가 용이하다.
(2) 구조가 간단하여 제작 시 간편하다.
(3) 관의 교체가 용이하다.
(4) 원통형 보일러에 비하여 고압, 대용량 보일러이다.

### 3) 단점

(1) 관수의 순환이 불량하다.
(2) 관모음(헤더)이 필요하다.
(3) 고압 대용량에는 적당하지 못하다(곡관식, 강제순환 수관 보일러에 비하여).
(4) 관의 열팽창에 대한 무리가 발생하기 쉽다.
(5) 수관식 보일러는 원통형 보일러에 비하여 고압, 대용량 보일러로서 제작이 까다롭다.

## 2 곡관식 수관 보일러(자연순환식)

관이 휘어 곡관으로 된 보일러이며 연소실의 방사전열면인 수관군의 배치를 멤브레인 휠의 구조로 된 보일러이다. 또한 노 내의 기밀이 유지되어 가압 연소가 가능하다.

### 1) 종류

(1) 단동형 곡관식 보일러

(2) **2동 D형 곡관식 보일러** : 수관군을 수직 또는 수직선에서 15° 경사지게 결합

① 증발량 최고 50t/h

② 효율은 약 80~90% 정도

### 2) 장점

(1) 방산열의 손실을 줄일 수 있다.

(2) 고압이나 대용량에 적당하다.

(3) 관수의 순환상태가 양호하다.

(4) 고부하의 연소가 가능하다.

(5) 보일러 효율이 85~95% 정도로 높다.

(6) 전열면이 커서 급수의 증발속도가 빠르다.

(7) 관의 배치 모양에 따라 연소실 구조를 마음대로 제작할 수 있다.

### 3) 단점

(1) 관의 과열이 우려된다.

(2) 곡관이라 내부 청소가 불편하다.

(3) 직관식 보일러에 비해 제작이 까다롭다.

(4) 관 외면에 클링커의 생성이 일어나기 쉽다.

(5) 연소실의 구조가 복잡하여 통풍의 저항이 뒤따를 수 있다.

## 3 강제 순환식 수관 보일러

보일러에서 압력이 높아지면 포화수의 온도가 상승하여 증기와 포화수 간의 비중차가 적어지며 하강하는 강수와 상승하는 승수와의 비중차가 많지 않아 보일러관수의 순환이 불량해진다. 강제 순환식 수관 보일러는 이것을 노즐이나 순환펌프를 사용하여 강제로 순환시키는 보일러이다.

### 1) 종류

(1) 라몬트 노즐 보일러

(2) **베록스 보일러** : 2.5~3kgf/cm$^2$의 가업 연소 및 유속 200~300m/s의 배기가스 속도로 연소하며 시동시간은 6~7분 정도이다.

### 2) 장점

(1) 관수의 순환이 좋다.

(2) 증기의 생성 속도가 빠르다.

(3) 관경을 작게 하여도 무방하다.
(4) 관의 두께가 적어도 되며 전열효과가 높다.
(5) 단위시간당 전열면의 열부하가 매우 높다.
(7) 수관의 배치가 자유로워서 보일러 설계가 용이하다.

### 3) 단점

(1) 관수의 농축속도가 빨라서 급수처리가 까다롭다.
(2) 노즐이나 순환펌프가 있어야 한다.
(3) 관수의 흐름이 일정치 못하면 관의 파열이 온다.
(4) 각기 수관을 흐르는 관수의 속도가 일정하게 유지되어야 한다.

**참고** 자연순환의 한계압력은 180kgf/cm$^2$ 이하이다.

## 4 관류보일러

하나의 긴 관 등을 휘어서 만든 배관만의 보일러이며 보일러의 압력이 고압이 되어 동드럼이 견딜 수 없을 시에 이러한 편리한 관만으로 구성된 보일러를 제작한다. 수관에 급수를 행하여 가열, 증발, 과열 등의 순서로 증기를 생산하는 강제순환식 보일러의 일종이다.

### 1) 종류

벤슨 보일러, 슐처 보일러, 램진 보일러

### 2) 장점

(1) 증기 드럼이 필요 없다.
(2) 고압 보일러로서 적당하다.
(3) 증발 속도가 매우 빠르다.
(4) 임계압력 이상의 고압에 적당하다.
(5) 증기의 가동 발생시간이 매우 짧다.
(6) 보일러 효율이 95% 정도로 매우 높다.
(7) 콤팩트하게 관을 자유로이 배치할 수 있다.
(8) 연소실의 구조를 임의대로 할 수 있어 연소효율을 높일 수 있다.

### 3) 단점

(1) 예민한 급수처리가 요망된다.
(2) 스케일로 인한 관의 폐색이 쉽다.
(3) 부하 변동에 적응이 어려워서 자동제어가 필요하다.

## 5 방사 보일러

발전용 보일러로서 많이 사용하며 미분탄과 중유의 혼합연료를 많이 소모시키며 하나의 드럼에서 강수관을 보일러 하단부 헤더에 연결하여 보일러 자연순환을 순조롭게 한 보일러이다. 또 65%의 방사열이 흡수를 하며 500~550℃의 고온의 증기 생성이 가능한 수관식 보일러로서 노벽전면이 수냉노벽으로 이루어져 있다.

## 6 주철제 보일러

보일러 용량에 따라 섹션을 5~18개 정도 니플로 조합하여 만든 보일러이며 강도가 낮고 취성이 강하여 낮은 압력에만 사용한다. 온수 사용 시는 수두압 30mAq 이하에서 사용하고 증기난방 시는 압력 0.1MPa 이하의 저압에 사용하는 저압 보일러이다.

### 1) 종류

증기 난방용, 온수 난방용

### 2) 장점

(1) 설치장소가 작아도 된다.
(2) 급수처리가 까다롭지 않다.
(3) 내식성 및 내열성이 우수하다.
(4) 구조가 복잡하여도 제작이 용이하다.
(5) 섹션의 증감에 따라 용량조절이 이루어진다.

### 3) 단점

(1) 청소나 검사 시에 불편하다.
(2) 연소효율 및 전열효율이 좋지 않다.
(3) 대용량 보일러에는 매우 부적당하다.
(4) 강도가 약하고 취성이 강해서 고압에 부적당하다.
(5) 열에 의한 부동 팽창으로 인하여 균열의 발생이 쉽다.

### 4) 특징

(1) 온수 보일러의 부착계기는 온도계, 수고계, 일수관만 필요하다.
(2) 난방용 온수 보일러는 방열기 주철제 표준 방열량이 450kcal/$m^2$h(=0.53kW)이다.
(3) 난방용 증기보일러의 방열기 주철제 표준 방열량은 650kcal/$m^2$h(=0.76kW)이다.

## 7 특수보일러

### 1) 열매체 보일러

압력을 올리지 않고서도 고온의 증기를 얻기 위하여 특수한 유체를 가지고서 증기를 발생시키는 보일러이다. 즉, 비점이 낮은 매체를 이용하며 저압에서도 고온의 증기가 발생하나 물이 필요 없어서 급수처리 및 내부의 청관제 약품 사용이 필요 없고 겨울에는 동파의 위험이 없는 특수 보일러이다.

[종류]

- 다우삼 A, B
- 수은
- 카네크롤

### 2) 특수 연료 보일러(산업폐기물 이용)

(1) **바크 보일러** : 나무껍질을 건조하여 연료로 사용

(2) **바케스 보일러** : 쓰레기, 사탕수수 찌꺼기, 펄프의 폐액 등을 연료로 사용하는 보일러

**참고** 흑액(펄프의 폐액), 진개(쓰레기)

### 3) 폐열 보일러

연소장치가 필요 없고 용광로나 가열로 가스 터빈 등에서 나오는 배기가스를 이용하여 대류열을 이용한 보일러이다. 그러나 폐가스의 더스트나 그을음이 전열면에 부착하기 쉬우므로 매연분출장치나 기타 불순물 제거장치가 필요하다.

[종류]

- 하이네 보일러
- 리보일러

### 4) 간접가열 보일러(2중 증발 보일러)

증발부가 2개이며 1차 증발부에 있는 급수는 완전히 불순물을 제거한 급수이며 1차 증발부의 발생된 증기가 2차 증발부에 있는 관수를 가열하여서 사용증기를 발생시키는 소형 보일러이다. 주로 수질이 불량한 화학공장에서 사용한다.

# SECTION 06 보일러의 성능시험

## 1 성능시험 종류

- 정부하 성능시험 : 정격부하, 과부하, 경제부하(정격부하의 60~80%)
- 특성을 구하는 성능시험 : 각 부하별로 정부하시험 실시
- 정상조업의 성능시험 : 평균성적을 구하는 시험이며 일반적으로 행하는 보일러의 성능시험이다.

### 1) 안전밸브의 작동시험

안전밸브의 분출압력은 최고사용압력의 6%를 최고사용압력에 더한 압력을 초과해서는 안 된다.

### 2) 안전방출 밸브의 온수 보일러 작동시험

온수 보일러의 안전방출 밸브의 분출압력은 최고사용압력의 10%를 최고사용압력에 더한 압력 이하에서 작동이 실시되어야 한다.

### 3) 배기가스 온도

유류 보일러는 배기가스의 온도가 정격부하 시 상온과의 차가 315deg 이하이어야 한다. 다만, 열매체 보일러는 출구의 열매체와 배기가스의 온도차가 150deg 이하이어야 한다.

단, 배기가스의 온도는 보일러 전열면의 최종출구나 공기예열기가 있으면 공기예열기 출구로 한다.

**참고** 소용량 보일러는 제외된다.

### 4) 배기가스의 성분

유류 보일러에서 배기가스 속에 $CO_2$는 12% 이상이 되어야 하며, 다만 경유 보일러나 소용량 시에는 10% 이상이면 된다. 또한, $CO_2$와 CO의 비율은 0.02% 이하이어야 한다.

### 5) 주위벽의 온도

보일러 주위의 벽온도는 상온보다 30deg를 초과하여서는 안 된다.

### 6) 저수위 안전장치

(1) 연료차단 전에 경보기가 울려야 한다.
(2) 온수 보일러의 온도 및 연소제어장치는 120℃ 이내에서 연료가 차단되어야 한다.

### 7) 열정산 기준

(1) 보일러의 증발량은 사용부하로 조정하며 가동 후 1~2시간부터 측정한다.
(2) 측정시간은 1시간 이상 해야 한다.
(3) 열계산은 연료 1kg에 대하여 한다.
(4) 벙커C유의 열량은 9,750kcal/L로 한다.

(5) 연료의 비중은 0.963kg/L로 한다.
(6) 증기의 건도는 0.98로 한다.
(7) 압력의 변동은 ±7% 이내로 한다.
(8) 측정은 10분마다 한다.

### 8) 보일러 성능의 계산

#### (1) 보일러의 연소에 관한 성능계산

① **매시 연료소비량** $= \dfrac{\text{시험 중 전 연료소비량(kgf)}}{\text{시험시간(h)}}(\text{kgf/h, Nm}^3\text{/h})$

② **버너 연소율**(버너 1대당 연료의 연소량) $= \dfrac{\text{매시 연료소비량(kgf/h)}}{\text{가동 버너수}}(\text{kgf/h, Nm}^3\text{/h})$

③ **화격자 연소율**($1\text{m}^2$당 석탄연료의 연소량) $= \dfrac{\text{매시 연료소비량(kgf/h)}}{\text{화격자면적(m}^2\text{)}}(\text{kgf/m}^2 \cdot \text{h})$

④ **연소실 열발생률**(연소실 열부하) : 연소실 용적 $1\text{m}^3$당 1시간에 발생된 열량

$$= \frac{\text{매시 연료소비량(kg/h)}\{H_e + Q_a + Q_f\}}{\text{연소실용적(m}^3\text{)}}(\text{kcal/m}^3 \cdot \text{h} = \text{kW/m}^3)$$

여기서, $H_e$ : 연료의 저위발열량(kcal/kg)
$Q_f$ : 연료의 현열(kcal/kg)
$Q_a$ : 공기의 현열(kcal/kg)

#### (2) 보일러의 증발량 또는 열부하에 관한 성능계산

① **매시 실제증발량**

보일러로부터 1시간에 발생된 증기량으로서 급수량과 동일하게 취급한다.

$$= \frac{\text{시험 중 전급수량(kg)}}{\text{시험시간(h)}}(\text{kg/h})$$

② **매시 환산(상당) 증발량**

보일러의 실제증발량을 기준증발량으로 환산한 것으로서, 기준증발량이란 100℃의 포화수를 100℃의 건포화증기로 발생시킨 것을 말한다.

$$= \frac{\text{매시 실제증발량} \times (h'' - h')}{539}(\text{kg/h})$$

여기서, $\dfrac{(h''-h')}{539}$는 증발계수로서 실제증발일 때의 증발열과 기준증발일 때의 증발열의 비이다.
$h''$ : 발생증기의 엔탈피(kcal/kg=kJ/kg)
$h'$ : 급수의 엔탈피(kcal/kg=kJ/kg)

(3) **보일러의 열출력** : 열매체가 보일러로부터 1시간 동안 갖고 나오는 열량

① 증기 보일러의 열출력 = 매시 실제증발량($h''-h'$) 또는 환산증발량 × 539(kcal/h)

② 온수 보일러의 열출력 = 매시 온수발생량 × $H_c \times (t_2 - t_1)$(kcal/h)

여기서, $t_1$ : 보일러 급수의 온도(℃)
$t_2$ : 보일러 출구 온수의 온도(℃)
$H_c$ : 온수의 평균비열(kcal/kg · ℃ = W/kg · ℃)

(4) **보일러의 전열면(환산) 증발률** : 보일러의 전열면 $1m^2$당 실제증발량(또는 환산증발량)

$$= \frac{\text{매시 실제(환산)증발량}}{\text{보일러 증발전열면적}}(\text{kg/m}^2 \cdot \text{h})$$

(5) **전열면 열부하** : 매시 증기발생열량을 전열면적으로 나눈 값

$$= \frac{\text{매시 실제증발량}(h''-h')}{\text{증발전열면적}}(\text{kcal/m}^2 \cdot \text{h} = \text{kW/m}^2)$$

**참고** 온수 보일러의 전열면 열부하 $= \dfrac{\text{매시 온수발생량} \times H_c \times (t_2 - t_1)}{\text{전열면적}}$

$$= \frac{\text{온수보일러의 열출력}}{\text{전열면적}}(\text{kcal/m}^2 \cdot \text{h})$$

(6) **폐열 회수장치의 열부하** : 각 장치의 전열면 $1m^2$당 열발생률

① 과열기의 열부하 $= \dfrac{\text{매시 과열증기량}(h_x - h'')}{\text{과열기 전열면적}}(\text{kcal/m}^2 \cdot \text{h})$

② 절탄기의 열부하 $= \dfrac{\text{매시 급수량}(h_e - h')}{\text{절탄기 전열면적}}(\text{kcal/m}^2 \cdot \text{h})$

③ 공기예열기의 열부하 $= \dfrac{\text{공기의 평균비열} \times \text{시간당 공기투입량}(t_n - t_a)}{\text{공기예열기 전열면적}}(\text{kcal/m}^2\text{h})$

여기서, $h_x$ : 과열증기의 엔탈피
$h''$ : 발생증기 엔탈피
$h_e$ : 절탄기 출구의 급수 엔탈피
$h'$ : 절탄기 입구의 급수 엔탈피
$t_n$ : 공기예열기 출구의 온도
$t_a$ : 공기예열기 입구의 온도(보일러실온도)

(7) **환산증발배수** : 연료 1kg(또는 $1Nm^3$)당의 환산증발량

$$= \frac{\text{매시 환산증발량}}{\text{매시 연료소모량}}\text{kgf/kg(kgf/Nm}^3)$$

(8) **부하율** : 보일러의 정격용량과 실제 증발량과의 비율 $= \dfrac{\text{매시 실제증발량}}{\text{매시 최대연속증발량}} \times 100(\%)$

**참고** 매시 최대연속증발량이란 보일러의 최대용량으로서 정격용량과 같다.

(9) **보일러의 효율** : 보일러에 공급되는 열량과 실제 사용할 수 있는 유효열과의 비율로서 일반적으로 공급열은 연료의 저위발열량 $H_l$을 취한다.

① 온수 보일러의 효율 $= \dfrac{\text{매시 온수발생량} \times \text{온수의 비열}(t_2 - t_1)}{\text{매시 연료소비량} \times H_l} \times 100(\%)$

② 증기 보일러의 효율 $= \dfrac{\text{매시 실제증발량}(h'' - h')}{\text{매시 연료소비량} \times H_l} \times 100(\%)$

$= \dfrac{\text{상당증발량} \times 539}{\text{매시 연료소비량} \times \text{연료의 저위발열량}} \times 100(\%)$

여기서, 상당증발량($We$) : 환산증발량(kgf/h)
연료의 저위발열량($H_l$) : kcal/kg, kcal/$Nm^3$
온수의 비열($C_p$) : kcal/kg℃(W/kg℃)
온수의 출구온도($t_2$) : ℃
보일러수 입구온도($t_1$) : ℃
발생증기엔탈피($h''$) : kcal/kg(kJ/kg)
급수엔탈피($h'$) : kcal/kg(kJ/kg)

**참고**

- 열전도율 : W/m · ℃=W/m · K=kcal/m · h · ℃
- 열관류율 : W/$m^2$ · ℃=W/$m^2$ · K=kcal/$m^2$ · h · ℃
- 열전달률 : W/$m^2$ · ℃=W/$m^2$ · K=kcal/$m^2$ · h · ℃
- 열저항 : $m^2$ · ℃/W=$m^2$ · K/W=$m^2$ · ℃/K · mL
- 비열 : kcal/kg · K · ℃=kJ/kg · ℃=W/kg · ℃
- 열량(열유속) : W/$m^2$=kW/$m^2$=kcal/$m^2$ · h
- 1W=1J/s, 1kW=1kJ/s=860kcal/kWh=3,600kJ/kWh
- 860kcal=3,600kJ
- 1kW=$10^3$W=1,000W
- 1kcal=4.186kJ
- 539kcal/kg=2,256~2,257kJ/kg

CHAPTER 03

# 보일러 부속장치

## SECTION 01 안전장치

보일러 내의 압력 상승이나 유사시에 기계적으로 압력초과 및 여러 가지 장해 요인을 사전에 막아 주어서 기관 자체의 악영향을 미연에 방지하기 위한 것

### 1 안전밸브

**1) 종류** : 스프링식, 지렛대식(레버식), 추식

(1) 안전밸브의 설치개수

① 증기 보일러 : 2개 이상

② 전열면적 50m$^2$ 이하 증기보일러 : 1개 이상

(2) 안전밸브의 부착 시 주의사항

① 본체에 직접 부착시킨다.

② 밸브 축을 수직으로 세운다.

(3) 안전밸브의 크기 : 보일러 최대 증발량을 분출할 수 있게 크기를 정하여야 한다.

(4) 안전밸브의 초과범위

① 처음의 것은 최고 사용압력 이하에서 분출되어야 한다.

② 나중의 보조 안전밸브는 최고 사용압력 1.03배 이내에서 분출되어야 한다.

(5) 안전밸브의 호칭 크기

① 호칭 지름 25mm 이상이어야 한다.

② 다만 소용량 보일러는 20mm 이상일 수도 있다.

**2) 안전밸브의 KSB 6216에 의거하여야 한다(스프링식 안전밸브).**

(1) 저양정식 : 양정이 밸브디스크 지름의 1/40~1/15의 것

(2) 고양정식 : 양정이 밸브디스크 지름의 1/15~1/7의 것

(3) 전양정식 : 양정이 밸브디스크 지름의 1/7 이상인 것

(4) 전양식 : 밸브시트구에 있어서 증기의 통로면적이 다른 최소의 단면적(밸브의 목 부분)의 통로면적보다 큰 것(변좌지름이 목부지름의 1.15배 이상)

## 2 고저 수위 경보기

증기 보일러 및 모든 보일러에서 보일러를 안전하게 쓸 수 있는 최저수위(일반 저수위) 및 최고수위와 온수 보일러에서 120℃ 이상이 넘기 직전에 자동적으로 경보가 울리는 장치이며 이 경보가 울린 후 50~100초 이내에 자동적으로 연료공급이 차단된다. 기계식(맥도널드식, 자석식), 전극식(전기 플로트식) 등이 있다.

## 3 방출밸브

온수 보일러에서 최고 사용압력의 초과 시에 보일러를 안전하게 유지하기 위한 고온수 배출기구의 안전장치

### 1) 120℃ 이하 온수 보일러

(1) 방출밸브 지름은 20mm 이상

(2) 온수 보일러 최고 사용압력에 그 10%를 더한 값을 초과하지 않게 설정한다(단, 10%가 0.35 kgf/cm$^2$ 미만일 때는 0.35kgf/cm$^2$로 한다).

### 2) 120℃ 초과 온수 보일러

안전밸브를 설치하고 지름은 20mm 이상

▼ 방출관의 크기

| 전열면적(m$^2$) | 방출관의 안지름(mm) | 전열면적(m$^2$) | 방출관의 안지름(mm) |
|---|---|---|---|
| 10 미만 | 25 이상 | 15 이상~20 미만 | 40 이상 |
| 10 이상~15 미만 | 30 이상 | 20 이상 | 50 이상 |

## 4 가용전(가용마개)

관수의 이상 감수 시 보일러 수위가 안전 저수위 이하로 내려갈 때 과열로 인한 동의 파열이나 압궤 등 사고를 미연에 방지하기 위하여 설치한 안전장치기구이다. 그 재질은 주석과 납의 합금 등으로 되어 있다.

| 주석 : 납 | 용융온도(℃) | 주석 : 납 | 용융온도(℃) |
|---|---|---|---|
| 3 : 10<br>10 : 3 | 250<br>150 | 3 : 3 | 200 |

## 5 방폭문

연소실 내 미연가스(CO)에 의한 폭발이나 역화의 발생 시 그 폭발을 외부로 배출시켜서 보일러 손상 및 안전사고를 사전에 방지하기 위한 장치

#### 1) 스프링식(밀폐식)

압입통풍에 많이 사용하며 일반적으로 노통연관 보일러 등에 설치

#### 2) 스윙식(개방식)

자연통풍 시에 많이 사용하며 주철제 보일러 등에 설치하며 충격 진동 등에 의한 주철의 균열방지용으로도 쓰인다.

## 6 화염검출기

연소실 내 화염의 유무를 판정하여 연소실 내 가스의 폭발 및 안정된 연소를 위하여 설치한 기구이다.

#### 1) 스택 스위치

연소실의 배기가스가 연도를 지나면서 그 연도 가스의 온도변화를 감지하여 연소상태를 검출하는 기구로서 저압보일러 또는 소형 온수기나 소형 온풍로에 많이 쓴다. 300~550℃까지 사용 가능하다.

#### 2) 광전관 검출기(플레임 아이)

광전관은 물체에 빛이 닿으면 광전자를 방출하는 현상을 이용한 화염검출기이며 전기적 신호로 변화하여 화염의 상태를 파악한다.

(1) **용도** : 기름 연소
(2) **온도** : 상온(최고온도 50℃)
(3) **수명** : 2,000시간

#### 3) 플레임 로드

내열성 금속인 스테인리스, 칸탈 등으로 된 4mm 두께 정도의 막대로 불꽃 속에 직접 넣어서 불꽃의 유무를 검출한다.

(1) **용도** : 파일럿 불꽃, 때로는 주버너의 불꽃검출에도 사용한다.
(2) **온도** : 칸탈 로드(1,100℃ 이하), 그로버 로드(1,450℃ 이하)
(3) **특징** : 불꽃의 길이, 불꽃의 강도 등을 검출할 수 있다.

#### 4) 자외선 검출기

불꽃의 파장분포 가운데서 자외선 영역의 특정파장을 압력으로 하여 동작하는 검출기다.

(1) **용도** : 기름 연소, 가스 연소
(2) **온도** : −30~60℃
(3) **특징** : 백열전구, 형광전구에는 응답하지 않는다.

## SECTION 02 급수계통(급수장치)

보일러에서는 항상 최대증기 발생량을 충족시킬 수 있는 급수펌프를 2대 이상 갖추어야 한다(다만, 소용량의 경우는 1대 이상).

### 1 급수탱크(저수조)

1) 강판으로 제작하며 용량은 1일 최대 증기사용량의 1시간분 이상의 용량이 되어야 한다.
2) 급수탱크에서는 과대급수로 인한 오버플로를 방지하기 위하여 액면의 제어용인 플로트 밸브를 설치하는 것이 좋다.

### 2 급수장치

#### 1) 종류

급수펌프, 환수탱크(리턴트랩), 인젝터(소형)

#### 2) 급수펌프의 구비조건

(1) 고온이나 고압력에 견디어야 한다.
(2) 저부하 시에도 효율이 좋아야 한다.
(3) 고속회전에 지장이 없어야 한다.
(4) 병열운전 시에 지장이 없어야 한다.
(5) 부하 변동에 적절히 대응할 수 있어야 한다.
(6) 작동이 확실하고 조작 및 취급이 간편하여야 한다.

### 3. 급수펌프의 종류

#### 1) 원심펌프

(1) 벌류트펌프

안내 날개는 설치하지 않고 벌류트(스파이럴) 케이싱 내부에 있는 임펠러에 의한 원심력을 이용한 것으로 양정 20m 이하의 저양정에 사용하는 펌프이다.

(2) 다단터빈펌프

임펠러 및 안내 날개가 있으며 물의 유통을 정돈하며 유속을 작게 하여 수압을 높여 양정 20m 이상의 고양정에 사용하는 펌프이다.

(3) 특징

① 고속회전에 적합하며 소형으로서 대용량에 적합하다.
② 토출 시 맥동이 적고 효율이 높고 안정된 성능을 얻는다.

③ 토출 시 흐름이 고르고 운전상태가 조용하다.

④ 구조가 간단하고 취급이 용이하며 보수관리가 용이하다.

⑤ 양수의 효율이 높다.

### 2) 왕복동펌프

(1) **플런저펌프**

전동기의 회전에 의해 플런저가 움직여서 왕복운동으로 급수가 된다.

(2) **워싱턴펌프**

① 토출압의 조정이 가능하다.

② 유체의 흐름에 맥동을 가져온다.

③ 비교적 고점도의 액체수송에 적합하다.

④ 증기피스톤, 급수의 피스톤이 연결되어 증기의 압력을 받아서 급수한다.

⑤ 증기 측의 피스톤 지름이 물의 피스톤 지름보다 크고 면적이 2배 정도로 설계된다.

(3) **웨어펌프**

① 고점도의 유체수송에 적합하다.

② 고압용에 적당하다.

③ 유체흐름 시 맥동이 일어난다.

④ 토출압의 조절이 용이하다.

⑤ 증기 측의 피스톤과 펌프 피스톤이 1개의 피스톤으로 연결되며 피스톤이 1조뿐이다.

### 3) 인젝터(소형 급수설비)

증기의 분사에 의해 속도에너지를 운동에너지로, 그 다음 압력에너지(진공상태)로 변화시켜서 급수를 행하는 것이다.

(1) **종류**

① **메트로폴리탄형** : 급수가 65℃ 이상이면 급수가 불능

② **Grasham형** : 급수가 50℃ 이상이면 급수가 불능

(2) **노즐**

증기노즐, 혼합노즐, 토출노즐

(3) **특징**

① 구조가 매우 간단하다.

② 매우 소형이다.

③ 장소가 좁아도 된다.

④ 동력이 필요 없다.

⑤ 급수가 예열되어 열효율이 좋다.

(4) 인젝터 작동불능의 원인

① 급수의 온도가 높을 때

② 역정지변이 고장일 때

③ 공기가 누입할 때

④ 관 속에 불순물이 투입될 때

⑤ 인젝터가 과열일 때

⑥ 증기 속에 수분이 과다할 때

⑦ 증기압이 2kg/cm$^2$ 이하이거나 10kg/cm$^2$ 이상일 때

(5) 인젝터의 정지순서

① 핸들을 닫는다.

② 증기밸브를 차단한다.

③ 급수밸브를 닫는다.

④ 정지밸브를 차단한다.

(6) 인젝터의 작동순서

① 출구 정지밸브를 연다.

② 흡수밸브를 연다.

③ 증기밸브를 연다.

④ 핸들을 연다.

## 4 급수펌프의 용량 및 양정

급수펌프는 보일러에서 최대증기 발생량의 2배 성능을 갖추어야 한다.

### 1) 급수펌프의 축마력과 축동력

(1) 마력(PS) : $\frac{rQH}{75 \times 60}$

(2) 동력(kW) : $\frac{rQH}{102 \times 60}$

여기서, $r$ : 물의 비중량(1,000kg/m$^3$)

$H$ : 양정(m)

$Q$ : 유량(m$^3$/min)

$\eta$ : 펌프효율(%)

### 2) 시간당 전장치 내의 응축수량

일반적으로 증기배관 내의 응축수량은 방열기 내 응축수량의 30%로 취하므로, 장치 내의 전응축수량 $Q_c$는

$$Q_c(\text{kgf/h}) = \frac{650}{539} \times 1.3 \times \text{상당방열면적}(\text{m}^2)$$

여기서, 650 : 방열기 상당방열량(650kcal/m² · h)
539 : 100℃ 포화수 증발열(kcal/kg=2,256kJ/kg)
1.3 : 100%+30%

### 3) 시간당 방열기 내의 응축수량

$$Q_r = \frac{\text{방열기 면적 } 1\text{m}^2\text{당 방열량}}{539} = \frac{650}{539} = 1.21\text{kgf/m}^2 \cdot \text{h}$$

표준 응축수량은 방열기 면적 1m²당 1.21kgf/m² · h로 한다.

## 5 기타 급수설비

### 1) 급수량계

보일러 급수의 양을 측정하는 계기는 대부분 용적식 유량계이며 오벌식과 루츠식의 2가지를 많이 쓴다.

(1) 특징

① 정밀도가 높다.
② 계측이 간편하다.
③ 점성이 강한 유체측정에 편리하다.
④ 80~100℃ 고온의 유체측정이 가능하다.

(2) 캐비테이션 현상(공동현상)

관 내의 유체가 급히 꺾어져 흐를 시 압력이 저하할 때 관수 중의 기포가 분리되어 오는 현상이다.

(3) 서징 현상(맥동현상)

공동현상에 의하여 발생된 기포의 흐름이 정상으로 돌아올 때 기포가 깨지고 맥동현상을 일으키는 것이다.

### 2) 환수탱크(리턴트랩)

배관 중에 모인 응축수를 회수하여 보일러의 동 내로 공급하는 것이며 응축수, 수두와 보일러의 압력이 작용하여 보일러 증기드럼 내의 압력보다 더 큰 압력이 생겨서 응축수가 공급된다.

### 3) 급수정지 밸브

보일러 내에 급수되는 급수량을 조절하고 차단하는 밸브이다. 또한 급수정지 밸브 옆에 급수의 역류 방지를 위한 역정지 밸브(체크밸브)도 함께 설치한다. 즉, 보일러 가까이는 급수정지 밸브를, 보일러에서 먼 거리에는 역정지 밸브를 단다.

### 4) 급수내관

보일러 증기드럼에 물을 급수할 때 너무 위에 급수하면 부동팽창이 일어나고 너무 낮게 급수하면 대류작용을 방해하기 때문에 안전 저수위 이하에서 물을 골고루 뿌리는 기구이다. 둥근 관 모양이며 직경 38~75mm의 강관으로 다수의 구멍이 나 있어 그 사이로 골고루 물이 급수된다. 설치 위치는 정확히 안전 저수위 하방 50mm이다.

# SECTION 03 분출장치

관수 중의 유지분이나 부유물 또는 관수 중의 불순물을 낮게 하고 pH를 조정하기 위하여 설치하는 것

## 1 종류

### 1) 수면분출장치

포밍의 현상을 방지하기 위하여 안전 저수위 선상에다 부착하며 분출관과 분출밸브 또는 분출콕으로 연결되어 있다.

### 2) 수저분출장치

관수 중의 불순물 농도를 저하시키며 또한 pH를 조절하기 위한 장치로서 분출관 분출밸브 또는 분출콕 등을 설치하여 동하부에서 불순물을 제거하는 장치

## 2 분출의 목적

1) 동저부의 스케일 부착방지
2) 관수의 pH 조절
3) 관수의 농축방지
4) 프라이밍, 포밍 방지
5) 고수위의 방지
6) 세관작업 후 불순물 제거

## 3 분출시기

1) 보일러 가동 직전
2) 연속가동 시 열부하가 가장 낮을 때
3) 비수나 프라이밍이 일어날 때

### 4 분출작업 시 주의사항

1) 가능한 신속하게 하여야 한다.
2) 작업 시는 2인 1조로 하여 이상 감수를 방지한다.
3) 불순물의 농도에 따라 분출량을 설정한다.
4) 분출 시에는 다른 작업을 하여서는 아니 된다.
5) 분출 시에는 콕을 먼저 열고 밸브를 나중에 연다.
6) 분출이 끝난 후는 밸브를 먼저 닫고 콕을 나중에 닫는다.
7) 2대의 보일러를 동시에 분출하여서는 아니 된다.

### 5 분출량의 계산

$$W = \frac{G_a(1-R)d}{r-d}$$

$$R(\%) = \frac{\text{응축수량}}{\text{실제증발량}} \times 100$$

$$\text{분출률}(K) = \frac{d}{r-d} \times 100\%$$

여기서, $W$ : 1일 분출량(L)
$G_a$ : 1일 급수량(L)
$R$ : 응축수 회수율(%)
$d$ : 급수 중의 허용고형분(ppm)
$r$ : 관수 중의 허용고형분(ppm)

## SECTION 04 급유계통

### 1 저유조(스토리지탱크, 메인탱크)

보통 10~15일분(1~2주)의 연료를 소비하는 양을 저장하는 유류탱크이다.

1) **부속장치**
   (1) 액면체
   (2) 통기관(공기빼기관)
   (3) 가열장치(점도를 낮춘다.)
   (4) 드레인밸브(응축수 배출)
   (5) 송유관(기름 송유관)
   (6) 맨홀
   (7) 오버플로관
   (8) 방유벽
2) **가열방법** : 전면가열, 국부가열, 복합가열
3) **송유관의 지상높이** : 0.1m 높이 이상
4) **열원에 의한 가열방식** : 증기식, 온수식, 전기식
5) **송유에 필요한 점도** : 800~500cst(센티스토크)
6) **송유 시의 온도** : 40~50℃ 정도

## 2 서비스 탱크

저유조에서 적당량(2시간~1일분)을 수용하여 버너에 공급하는 유류탱크이다.

1) **탱크형식** : 직립원통형, 횡치원통형, 각형, 횡치타원형
2) **설치위치** : 버너선단에서 1.5~2m 상단높이
3) **설비위치** : 보일러로부터 2m 이상의 거리
4) **보온재** : 규조토, 암면, 석면 등
5) **예열온도** : 60±5℃(60~70℃)
6) **여유용량** : 소요용량 ±10%의 여유

## 3 오일프리히터(연료예열기)

버너 입구 전에 최종적으로 전열기에 의해(또는 증기식) 연료를 가열하여 점도를 낮추어서 무화를 양호하게 하는 기구이다.

1) **종류** : 전기식, 증기식
2) **예열온도** : 80~90℃(인화점보다 5℃ 낮게)
3) **점도** : 20~40cst(센티스토크)
4) **오일프리히터 용량계산**

(1) **전기식** $= \dfrac{Gf \times f_{cp} \times (t_2 - t_1)}{860 \times \text{연료예열기의 효율}} (\text{kWh})$

여기서, $G_f$ : 보일러의 최대연료 사용량(kg/h), 1kW−h=860kcal(3,600kJ)
$f_{cp}$ : 연료의 평균비열(kcal/kg · ℃)
$t_2$ : 예열기 출구오일온도(℃)
$t_1$ : 예열기 입구오일온도(℃)

(2) **증기식** $= \dfrac{G_f \times C \times (t_2 - t_1)}{r \times \eta} (\text{kg/h})$

여기서, $r$ : 증기의 잠열(kcal/kg)
$G_f$ : 시간당 연료사용량(kg/h)
$\eta$ : 히터 효율(%)
$C$ : 연료의 비열 (kcal/kg℃=W/kg · ℃)
$t_2$ : 히터 출구오일온도(℃)
$t_1$ : 히터 입구오일온도(℃)

## 4 여과기(오일스트레너)

### 1) 특징

(1) 연료 속의 불순물 방지
(2) 유량계 및 펌프의 손상방지
(3) 버너 노즐 폐색방지

### 2) 종류

(1) U자형 여과기
(2) V자형 여과기
(3) Y형 여과기

### 3) 여과망

(1) 유량계전에는 20~30메시 사용
(2) 버너 입구에는 60~120메시 사용

## 5 오일펌프

### 1) 원심펌프

(1) 저점도의 유체에 적합
(2) 밸브의 조절이 양호
(3) 유량 및 토출압 증감이 용이함

### 2) 기어펌프

(1) 고점도의 유체수송에 적합
(2) 토출 흐름에 맥동이 없음
(3) 기계의 유압장치에 적당

### 3) 스크루 펌프

(1) 고속회전에 적합
(2) 고양정이 가능
(3) 고점도 유체에도 가능
(4) 95℃까지 고온에도 수송 가능

## SECTION 05 송기장치(증기이송장치)

### 1 비수방지관

둥근 보일러의 동 내부 증기취출구에 부착하여 송기 시 비수 발생을 막고 캐리오버 현상을 방지하기 위하여 다수의 구멍이 뚫린 횡관을 설치한 것으로서 내관의 구멍 총 면적이 주증기 정지밸브 면적의 1.5배 이상이 되도록 설계된 기구이다.

### 2 기수분리기

고압수관 보일러에서 기수 드럼 또는 배관에 부착하여 승수관을 통하여 상승하는 증기 중에 혼입된 수적을 분리하기 위한 부속기구이며 4가지 형식이 있다.

#### 1) 종류

(1) **스크레버형** : 다수의 강판을 조합하여 만든 것
(2) **사이클론형** : 원심분리기를 사용한 것
(3) **배플형** : 방향의 변화를 이용한 것
(4) **건조 스크린형** : 금속의 망을 이용한 것(금속망판)

#### 2) 장점

(1) 워터해머 방지
(2) 건증기 취출
(3) 드레인(응축수)에 의한 열손실 방지
(4) 송기의 저항감소
(5) 규산 캐리오버에 의한 증기계통의 부속장치 및 밸브의 손상방지

### 3 주증기 밸브

일반적으로 글로브앵글밸브(스톱밸브)를 사용하며 최소한 7kgf/cm$^2$ 이상의 압력에 견디어야 한다. 보일러에서 발생한 증기를 최초로 송기시킬 때 필요한 배관라인 중 가장 중요한 부분의 밸브이며 주철제 주증기 밸브는 16kgf/cm$^2$의 증기압 미만에 사용하며 주강제(강철주물)는 16kgf/cm$^2$의 이상 증기압력에 사용한다.

### 4 신축관(신축조인트)

증기나 온수의 송기 시에 고온의 열에 의한 관의 팽창으로 관 또는 증기계통의 부속기구에 악현상을 초래하는 것을 흡수 · 완화하는 것을 목적으로 설치하는 신축조인트이다.

### 1) 미끄럼형(슬리브형)

압력 5kg/cm$^2$, 10kg/cm$^2$용의 2개가 있으며 저압증기 및 온수배관의 신축이음에 적합한 실내용이다.

### 2) 파상형(벨로스형)

청동이나 스테인리스로 제작한 저압증기용, 옥내용이며 관의 온도변화에 따라 관의 신축을 벨로스의 변형에 의해 흡수시키는 것으로 종류는 5kg/cm$^2$, 10kg/cm$^2$의 것이 있다.

### 3) 루프형(만곡형)

장소를 많이 차지하며 옥외 설비용이다. 강관을 원형으로 굽혀서 제작하며 고압이 필요하고 고장이 적다.

- 곡관의 필요길이 $L(\mathrm{m}) = 0.073\sqrt{d \cdot \Delta L}$

  여기서, $d$ : 곡관에 사용되는 관의 외경(mm)
  $\Delta L$ : 흡수해야 하는 배관의 신장(mm)

### 4) 스위블이음(스윙형)

2개 이상의 엘보를 사용하여 나사의 회전에 의해 신축이 흡수되며 저압증기 및 온수난방에 사용된다.

## 5 증기헤더(증기저장고)

주증기 밸브에서 나온 증기를 잠시 저장한 후 각 소요처에 증기량을 조절하여 보내주는 설비이다. (그 크기는 주증기관 지름의 2배 이상 크기로 한다.)

## 6 증기 축열기(어큐뮬레이터)

여분의 발생증기를 일시 저장하며 잉여분의 증기를 물탱크에 저장하여 온수로 만든 후 과부하 시에 방출하여 증기의 부족량을 보충하는 기구이며 송기계통에 설치하는 변압식과 급수계통에 설치하는 정압식이 있다. 즉, 여분의 증기를 물에 저장하는 것이다.

## 7 증기트랩(스팀트랩)

증기계통이나 증기관 방열기 등에서 고인 응축수(드레인)를 연속 응축수 탱크로 배출시키는 기구이다.

### 1) 증기트랩의 구비조건

(1) 유체에 대한 마찰저항이 적을 것
(2) 공기빼기를 할 수 있을 것
(3) 작동이 확실할 것
(4) 내구력이 있을 것

(5) 내식성이 클 것

(6) 작동 시 소음이 적고 수격작용에 강할 것

### 2) 증기트랩의 부착 시 장점

(1) 워터해머(수격작용)가 방지된다.

(2) 응축수에 의한 부식을 방지한다.

(3) 열설비의 효율 저하가 감소된다.

(4) 배관계통에 저항방지

### 3) 증기트랩의 종류

(1) 기계식 트랩의 종류

① 상향 버킷식

㉠ 장점

- 작동이 확실하다.
- 증기의 손실이 없다.

㉡ 단점

- 배기의 능력이 빈약하다.
- 겨울에 동결의 우려가 있다.
- 구조가 대형이다.

② 하향 버킷식(역 버킷식)

㉠ 장점 : 배기 시 능력이 양호하다.

㉡ 단점

- 부착이 불편하다.
- 겨울에 동결 우려가 있다.
- 증기의 손실량이 많다.

③ 프리 플로트형(자유식)

㉠ 장점

- 구조가 간단하고 소형이다.
- 증기의 누출이 거의 없다.
- 연속적 배출형이다.
- 공기빼기가 필요 없다.
- 작동 시 소음이 나지 않는다.
- 플로트와 밸브시트의 교환이 매우 용이하다.

㉡ 단점
- 옥외설치 시 동결의 위험이 있다(겨울).
- 워터해머에 약하여 조치가 필요하다.

④ **레버플로트형**

㉠ 장점 : 저부하 시 양호하다.

㉡ 단점
- 수격작용에 약하다.
- 레버의 연결부에 마모로 인한 고장이 잦다.

(2) **온도조절식 트랩(응축수와 증기온도차 이용)**

① **벨로스식 트랩**

㉠ 장점
- 배기능력이 우수하다.
- 소형이라 취급이 편하다.
- 응축수의 온도 조절이 가능하다.
- 저압의 증기에 사용한다.
- 압력변동에 적응이 잘 된다.

㉡ 단점
- 워터해머에 약하다.
- 고압력에는 부적당하다.
- 과열증기에는 사용이 불가능하다.

② **바이메탈식**

㉠ 장점
- 배기능력이 우수하다.
- 고압용에 편리하다.
- 증기의 누출이 없다.
- 부착 시 수직 수평이 가능하다.
- 밸브의 폐색의 우려가 없다.

㉡ 단점
- 개폐 시 온도차가 크다.
- 과열증기에는 취급하지 못한다.
- 오래 사용하면 특성이 변한다.

(3) 열역학적 및 유체의 역학을 이용한 것

① 디스크식

㉠ 장점

- 소형이고 구조가 간단하다.
- 작동 시 효율이 높다.
- 과열증기 사용에 적합하다.
- 공기빼기가 필요 없다.
- 워터해머에 강하다.
- 증기온도와 동일한 온도의 응축수가 배출된다.

㉡ 단점

- 배압의 허용도가 50% 이하이다.
- 최저작동 압력차가 4PSI이다(0.3kgf/cm$^2$).
- 배기의 능력이 미약스럽다.
- 증기의 누출이 많다.
- 작동 시 소음이 매우 크다.

② 오리피스형(충격식)

㉠ 장점

- 설치가 자유롭다.
- 과열증기 사용에 적합하다.
- 작동 시 효율이 높다.
- 공기빼기가 필요 없다.

㉡ 단점

- 배압의 허용도가 30% 미만이다.
- 정밀한 구조로서 고장이 잦다.
- 증기의 누설이 잦다.

## 8 감압밸브

증기 통로의 면적을 증감하여 유속의 변화를 일으켜서 고압의 증기를 저압의 증기로 만드는 밸브이다.

### 1) 목적

(1) 고압의 증기를 저압으로 만든다.

(2) 고정적인 증기압력을 유지한다(부하 측의 압력을 일정하게 유지시킨다).

(3) 고압, 저압의 증기로 동시 사용이 가능하다.

### 2) 종류

스프링식, 다이어프램식, 추식

### 3) 설치 시 주의사항

(1) 감압변의 전후에 압력계를 단다.

(2) 감압변 전에는 여과기와 기수분리기를 설치한다.

(3) 감압변 뒤편에는 인크리셔와 안전변을 부착한다.

(4) 바이패스 라인을 설치한다(고장 시 대비).

(5) 바이패스 관의 직경은 주관 직경의 $\frac{1}{2}$이어야 된다.

# SECTION 06 통풍장치

## 1 통풍의 종류

### 1) 자연통풍

(1) 장점

① 소음이 안 난다.

② 동력소비가 없다.

③ 소용량에 적당하다.

(2) 단점

① 통풍의 효율이 낮다.

② 통풍력은 연돌의 높이, 배기가스 및 외기의 온도에 영향을 받는다.

③ 연소실 구조가 복잡한 곳에는 부적당하다.

**참고** 배기가스의 유속은 3~4m/sec이다.

### 2) 강제통풍(인공통풍)

(1) 특징

① 통풍의 효율이 높다.

② 통풍의 조절이 양호하다.

③ 동력의 소비가 많다.

④ 소음이 많이 난다.

⑤ 연돌의 높이가 낮아도 된다.

⑥ 외기온도나 배기가스온도의 영향을 받지 않는다.

(2) 종류

① **압입통풍**

㉠ 장점

- 연소용 공기가 예열된다.
- 가압연소가 가능하다.
- 연소실 열부하를 높일 수 있다.
- 노내압 정압이 유지된다.
- 보일러 효율을 높일 수 있다.

㉡ 단점 : 열부하가 높아서 노벽의 수명이 단축된다.

**참고** 배기가스의 유속은 6~8m/sec이다.

② **흡입통풍(유인통풍)**

㉠ 장점 : 압입식에 비해 통풍력이 높다.

㉡ 단점

- 소요동력이 많이 든다.
- 연소가스에 의한 부식이 많다.
- 연소효율이 낮다(연소실 온도 저하로).
- 송풍기의 수명이 짧다.
- 보수 관리가 불편하다(배풍기).
- 배기가스에 의한 마모가 많다.
- 대형의 배풍기가 필요하다.
- 연도에 설치해야 한다.

**참고** 배기가스의 유속은 10m/sec이다.

③ **평형통풍** : 보일러 전면, 후면에 각 송풍기 및 배풍기를 부착한 병용식 통풍방식

㉠ 장점

- 연소실의 구조가 복잡하여도 통풍이 양호하다.
- 통풍력이 강해서 대형 보일러에 적합하다.
- 노 내 압력의 조절이 용이하다.

㉡ 단점

- 설비비나 유지비가 많이 든다.
- 설치 시 소음이 매우 크다.

## 2 풍량 및 통풍조절

송풍기에 의하여 유입된 공기량을 말하며 0℃, 760mmHg의 표준상태에서 풍량의 단위는 $Nm^3/min$ (즉, 분당의 풍량)을 기준으로 한다.

### 1) 전동기의 회전수에 의한 조절방법

(1) 제작 시에 경비가 많이 든다.

(2) 부착 시에 면적을 많이 차지한다.

(3) 저부하 시에 제어가 용이하다.

### 2) 댐퍼의 조절에 의한 조절방법

(1) 운전효율이 나쁘다.

(2) 불필요한 동력이 낭비된다.

(3) 조절방식이 매우 간단하다.

### 3) 섹션 베인의 개도에 의한 방식

(1) 제작비가 적게 든다.

(2) 조작이나 취급이 용이하다.

(3) 설치 시 면적을 적게 차지한다.

(4) 가동 시 효율이 가장 좋다.

(5) 풍량의 제어에 적합하다(약 60~70% 정도).

## 3 통풍력 계산(자연통풍력의 상승조건)

1) 배기가스의 온도가 높을수록

2) 외기의 온도가 저하될수록

3) 연돌의 높이가 높을수록

4) 연돌의 단면적이 클수록

## 4 송풍기의 종류(통풍기)

### 1) 원심형

(1) 시로크형(다익형이며 전향 날개형)

(2) 터보형(후향 날개형)

(3) 플레이트형(경향 날개형)

### 2) 축류형

디스크형, 프로펠러형

## 5 송풍기의 성능

### 1) 원심형 송풍기

(1) 풍량은 송풍기의 회전수에 비례

(2) 풍압($mmH_2O$)은 송풍기 회전수의 제곱에 비례

(3) 풍마력(PS)은 송풍기 회전수의 세제곱에 비례

### 2) 송풍기의 회전수 증가에 따른 풍압을 구하는 공식

(1) 풍량($M$)$= M_1 \times \left(\frac{N_2}{N_1}\right) = (\mathrm{m^3/min})$

(2) 풍압($P$)$= P_1 \times \left(\frac{N_2}{N_1}\right)^2 = (\mathrm{mmH_2O})$

(3) 풍동력($PS$)$= HP_1 \times \left(\frac{N_2}{N_1}\right)^3 = (\mathrm{PS})$

여기서, $N_1$, $N_2$ : 처음과 나중의 회전수, $M_1$ : 처음의 풍량($\mathrm{m^3/min}$)
$P_1$ : 처음의 풍압($\mathrm{mmH_2O}$), $HP_1$ : 처음의 동력(PS)

## 6 송풍기의 소요마력($B \cdot PS$) 및 소요동력($B \cdot kW$) 계산

$B \cdot PS = \frac{PS \times Q}{75 \times 60}(\mathrm{PS})$, 동력으로 구하려면 $B \cdot kW = \frac{PS \times Q}{120 \times 60}(\mathrm{kW})$

여기서, $B \cdot PS$ : 송풍기의 필요마력(HP)
$B \cdot kW$ : 송풍기의 필요동력(kW)
$PS$ : 송풍기에서 발생하는 정압($\mathrm{mmH_2O}$)
$\eta s$ : 송풍기의 정압효율(%)
$Q$ : 송풍량($\mathrm{m^3/min}$)

# SECTION 07 매연과 집진장치

## 1 매연의 종류

1) 연소에 의해 발생하는 유황산 산화물
2) 연소 시 발생하는 매진 및 분진
3) 기타 처리과정에서 카드뮴, 염소, 불화수소 등

## 2 매연농도와 측정

### 1) 링겔만(Ringelman)의 매연농도표

0도에서 5도까지 6종으로 나타낸 것이며 연기의 색깔과 비교하여 측정한다(백색 바탕에 10mm 간격으로 검은 선을 그어 만든다).

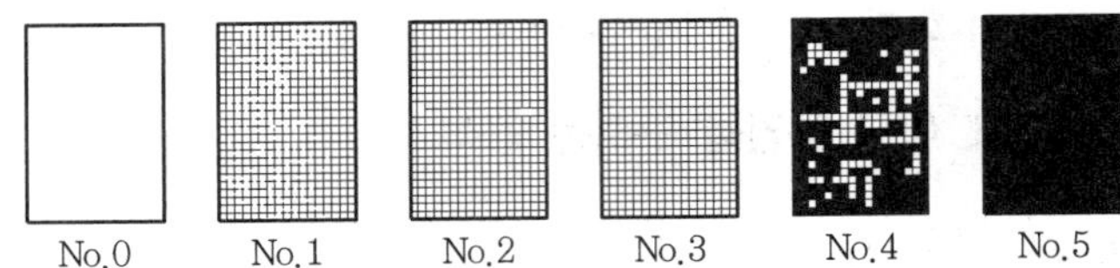


| 14×21(cm) 크기로 제작 |

| No | 0 | 1 | 2 | 3 | 4 | 5 |
|---|---|---|---|---|---|---|
| 농도율 | 0 | 20% | 40% | 60% | 80% | 100% |
| 흑선(mm) | – | 1 | 2.3 | 3.7 | 5.5 | 전흑 |
| 백선(mm) | 전백 | 9 | 7.7 | 6.3 | 4.5 | – |
| 연기색 | 무색 | 엷은 회색 | 회색 | 엷은 흑색 | 흑색 | 암흑색 |

### 2) 링겔만 매연농도의 측정방식

(1) 측정하는 굴뚝에서 39m 떨어진 곳에서 측정한다.

(2) 매연농도표는 측정자 위치에서 굴뚝 쪽으로 16m의 거리에 측정자의 눈의 위치와 동일한 높이로 설치한다.

(3) 연기의 측정 시 측정기준은 연돌 정상에서 30~40cm의 높이를 기준으로 한다.

(4) 태양의 직접광선을 피한 방향에서 실시한다.

(5) 타의에 의해 연기의 색깔이 어두워지는 것을 피한다.

(6) 몇 회 반복하여 평균을 낸다(10초의 간격).

**참고 매연발생의 원인**

- 무리하게 연소할 때
- 기술이 미숙할 때
- 저질연료가 연소할 때
- 매연의 농도율($R$) 공식

$$R=\frac{\text{총 매연값}}{\text{측정 총 시간(분)}}\times 20(\%)$$

- 유온 및 유압이 부족할 때
- 연소기구가 불량할 때
- 통풍력이나 산소공급이 부족할 때

## 3 매연농도계

### 1) 광전관식 매연농도계

표준전구와 광전관을 부착하여 연기의 색도에 따라서 표준전구로부터 투과된 방사관의 양을 광전관에 의해 농도를 측정

### 2) 매연포집 중량법

연도가스를 여과지(석면이나 암면 기타의 내열성광 물질이 섬유)를 통과시켜 부착된 매연의 양으로 매연 농도율을 측정

### 3) 바카라치 스모그 테스트기

매연포집 중량법과 비슷하며 색도로서 매연농도를 측정

## 4 집진장치

열의 설비 시 연소에 의해 배출되는 가스가 대기의 오염에 심각한 영향을 주는 것을 방지하기 위하여 설치되는 기구이다.

### 1) 집진장치 설치 시 설치기구 선정 유의사항

(1) $SO_3$의 농도
(2) 배기가스양과 온도 및 습도
(3) 사용연료의 종류 및 연소방식
(4) 입자의 전기저항이나 친수성 및 흡수성
(5) 배기나 분진의 입자크기 및 비중과 성분조성 파악

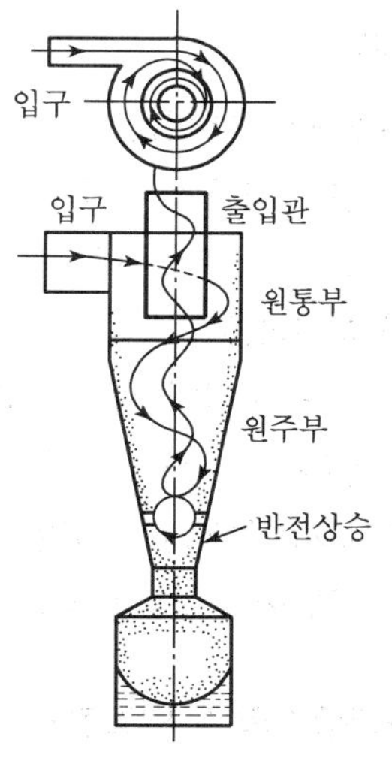

| 사이클론식 |

### 2) 집진장치의 종류

(1) 건식
① 관성식
② 중력식
③ 음파진동식
④ 사이클론식(원심식)
⑤ 여과식

(2) 습식 : 저유수식, 가압수식, 회전식
(3) 전기식 : 코트렐식

### 3) 가압수식 집진장치

물을 가압 분사시킨 후 연소가스를 투입시켜 충돌이나 확산시켜 포집하는 방식(세정식)이며 집진 시 배기가스의 압력손실이 400~850mm$H_2O$이다.

① 벤투리 스크레버식(성능이 우수하다.)
② 사이클론 스크레버식
③ 제트 스크레버식
④ 충전탑

## SECTION 08 여열장치(폐열 회수장치)

연도로 배출되는 배기가스의 폐열을 이용하여 발생된 동작유체의 능력을 높이고 보일러의 열효율을 향상시키는 장치이다.

• 과열기 → 재열기 → 절탄기 → 공기예열기 → 굴뚝

### 1 과열기

동에서 발생된 습포화증기의 수분을 제거한 후 압력은 올리지 않고 건도만 높인 후 온도를 올리는 기구이다.

#### 1) 종류

(1) 방사(복사)과열기

연도 입구의 노벽에 설치하며 화염의 방사 전열을 이용한다. 단점이라면 증기 생성량에 따라 과열도가 저하된다.

(2) 접촉과열기

연도에 설치하는 과열기이며 고온의 배기가스 대류 전열을 이용한 것이다. 증기 생성량에 따라 (증가 시) 과열의 온도가 증가된다.

(3) 복사(방사)접촉 과열기

균일한 과열도를 얻으며 노벽과 연도 입구 사이에 부착하는 방사와 접촉 과열기의 중간 형식이다.

#### 2) 과열증기의 온도조절방식

① 연소가스양의 증감에 의한 방식

② 과열 저감기 사용방식

③ 연소실 화염의 위치이동 방식

⑤ 절탄기 출구의 저온 배기가스를 연소실 내로 재순환시켜 온도를 증가시키는 방식

#### 3) 과열 저감기의 해설

과열기에 급수를 분산시키거나 과열증기의 일부분을 냉각수와 열교환시켜 증기의 온도가 상용온도에 맞게끔 만드는 방식

#### 4) 과열기의 부착 시 장점

① 보일러 열효율 증대

② 증기의 마찰손실 감소

③ 부식의 방지

## 2 재열기

과열증기가 고압터빈 등에서 열을 방출한 후 온도의 저하로 팽창되어 포화온도까지 하강한 과열증기를 고온의 열가스나 과열증기로 재차 가열시켜서 저온의 과열증기로 만든 후 저압터빈 등에서 다시 이용하는 장치이다.

## 3 절탄기(이코노마이저)

폐가스(배기가스)의 여열을 이용하여 보일러에 급수되는 급수의 예열기구이다.

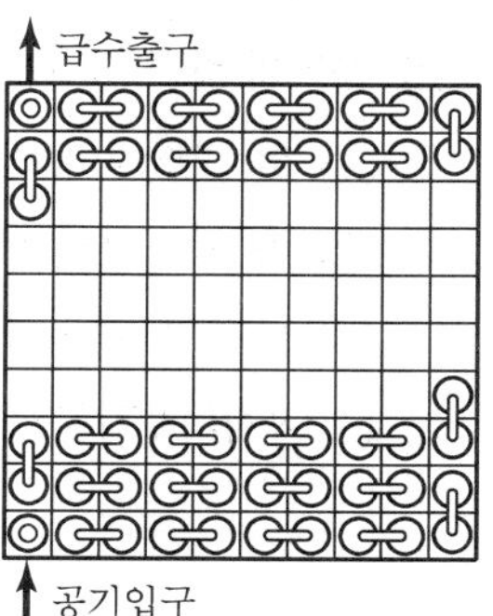

| 주철관형 절탄기 |

### 1) 종류

(1) 주철제
① 저압용(2~3.5MPa)
② 플랜지형과 평활관형이 있다.

(2) 강관형
① 고압용(3.5MPa 이상)
② 플랜지형과 평활관형이 있다.

### 2) 부착 시 장점

(1) 부동팽창의 방지
(2) 보일러 증발능력 증대
(3) 일시 불순물 및 경도성분 와해
(4) 보일러 효율 및 증발력 증대
(5) 연료의 절약

### 3) 절탄기 내로 보내는 급수의 온도

(1) 전열면의 부식을 방지하기 위하여 35~40℃ 정도로 유지한다.
(2) 보일러의 포화수 온도보다 20~30℃ 낮게 한다.

## 4 공기예열기

배기가스의 여열을 이용하여 연소실에 투입되는 공기를 예열한다.

### 1) 종류(열원에 의한 방식)

(1) **전열식** : 연소가스와 공기를 연속적으로 접촉시켜 전열을 행하며 강관형과 강판형으로 나뉜다.
(2) **재생식** : 금속에 일정기간 배기가스를 투입시켜 전열을 한 후 별도로 공기를 불어넣어 교대시키면서 공기를 예열하는 기구이다(일명 축열식).

① 종류 : 회전식, 고정식

② 장점

㉠ 전열효율이 전열식의 24배이다.

㉡ 소형으로도 가능하다.

③ 단점 : 공기와 가스의 누설이 있다.

### 2) 공기예열기 설치 시 장점

(1) 노 내의 온도상승으로 연소가 잘된다.

(2) 저질 연료의 연소도 가능하다.

(3) 보일러 효율이 향상된다.

(4) 과잉 공기량을 줄여도 된다.

## SECTION 09 수면계

보일러 속 관수의 수위를 나타내는 기구로서 저수위, 고수위, 기준수위 등 수면의 높이를 보고 보일러를 안전하게 가동하는 데 필요한 안전기구의 일종이다.

### 1 유리 수면계(구형 수면계)

일반적으로 저압(0.1MPa 이하)에 사용하는 수면계로서 모세관의 현상을 방지하기 위하여 수면계의 직경을 10mm 이상으로 하여야 하는 수면계이다. 수면계의 최상부는 최고수위와 일치하며 수면계의 하단부는 안전 저수위에 해당한다.

### 2 평형반사식 수면계

금속테 속에 경질의 평형유리를 끼워서 만든 것이며 유리 내면에 삼각의 세로 홈이 있다. 여기에 투과된 빛을 난반사시켜 관수가 있는 부분은 검게 보이게 하고 증기부는 흰 부분으로 나타내도록 구성되어 있다. 사용압력에 따라 1.6MPa 이하용, 2.5MPa 이하용이 있다.

### 3 평형투시식 수면계

평형반사식보다 측정을 용이하게 만든 수면계로서 발전소 발전용이나 고압 대용량으로 만든 보일러의 수면계이 평형반사식과 마찬가지로 사용압력에 따라 45kg/cm$^2$ 이하용, 75kg/cm$^2$ 이하용이 있다.

### 4 멀티포트식 수면계

초고압용 보일러 등에 사용하는 수면계이며 구조가 고압력에 견딜 수 있도록 유리판의 외부를 강판의 케이싱에 세로로 2열의 둥근 구멍을 내어서 수위의 높이가 표시되도록 한 수면계이다(사용압력은 210kg/cm$^2$ 이하).

### 5 차압식 수면계

U자관(마노미터)의 형식으로 만들어졌으며 내부에 수은을 봉입하여 수은의 차압을 측정하여 만든 수면계이고 원격지시를 할 수 있도록 설계되어 있다.

### 6 2색 수면계

평형투시식 수면계보다 수위 판별이 쉽도록 하기 위해 2매의 경질 평유리와 적색, 녹색의 두 장의 색유리와 광원의 위치를 연구하여 액상의 빛 굴절률의 차를 이용하여 증기부가 적색, 수부가 녹색으로 보이도록 한 수면계이다. 발전용이나 고압, 대용량 보일러 등에 사용된다.

**참고** 수면계의 부착위치 : 원통상의 수주에 수면계를 부착하고 수면계 유리판 최하단부는 보일러 안전 저수위와 일치시킨다.

## SECTION 10 기타 장치

### 1 맨홀

보일러 내부의 청소 및 검사 시 대비하는 설치구경을 맨홀이라 한다.

### 2 점화장치(착화버너)

주버너를 착화시키기 위하여 사용한다. 변압기는 전압 5,000~15,000V의 고압으로 승압시켜 착화한다.

**참고** 오일버너 : 10,000~15,000V, 가스버너 : 5,000~7,000V

### 3 수트블로어(그을음의 불기)

연소가 시작되면 분진, 회, 클링커, 탄화물, 카본, 그을음 등의 부착으로 열전도가 방해되어 매연분출기로 그을음을 불어내기 위한 기구이다. 대표적으로 관형의 공기예열기에 부착된 에어히터 크리너형이 있다.

### 1) 종류

(1) **고온 전열면 블로어** : 롱 리트랙터블형
(2) **연소노벽 블로어** : 쇼트 리트랙터블형
(3) **전열면 블로어** : 건타입형
(4) **저온 전열면 블로어** : 로터리형
(5) **공기예열기 크리너** : 롱 리트랙터블형, 트래블링, 포레임형

### 2) 사용 시의 주의사항

(1) 부하가 50% 이하인 때는 수트 블로어를 사용하면 안 된다.
(2) 소화 후에는 수트 블로어를 사용하면 안 된다(폭발위험).
(3) 분출 시에는 유인 통풍을 증가시킨다.
(4) 분출 전에는 분출기 내부에 드레인을 제거한다.
(5) 분출횟수와 시기는 연료종류, 분출위치, 증기온도 등에 따라 결정한다.

## SECTION 11 가스공급장치(가스트레인)

1. LNG 저장탱크
2. LNG 기화장치
3. 대형가스 정압기
4. 가스공급배관
5. 중간지역 정압기
6. 가스중간공급배관
7. 가스내관
8. 소형 정압기
9. 가스자동 또는 수동차단밸브
10. 가스미터기(막식, 터빈식)
11. 가스압력계(저압용)
12. 가스정압기(가버너)
13. 가스안전차단밸브
14. 가스누설경보장치
15. 가스버너
16. 압송기 등

CHAPTER 04

# 연료의 종류

## SECTION 01 고체연료

[연소의 3대 요건]

- 가연성 물질
- 산소 공급원
- 점화원

[연료의 요소]

- 주성분 : C, H(기본성분 : 발생열을 좌우한다.)
- 불순물 : O, N, S, W, A, P
- 가연성분 : C, H, S(탄소, 수소, 황)

### 1 장단점

#### 1) 장점

(1) 연소장치가 간단하다.

(2) 저장 취급이 용이하다.

(3) 구입하기 쉽고 가격이 저렴하다.

(4) 특수 목적에 사용된다.

(5) 노천야적이 가능하다(특별한 장소가 필요하지 않다).

#### 2) 단점

(1) 완전연소가 곤란하다.

(2) 회분이 많다.

(3) 연소조절이 어렵다.

(4) 재처리가 곤란하다.

(5) 착화 소화가 어렵다.

(6) 배관 수송이 곤란하다.

(7) 연소효율이 낮고 고온을 얻기가 힘들다.

## 2 석탄의 탄화과정 및 성분

### 1) 탄화도

석탄의 성분이 변화되는 진행 정도

### 2) 석탄화 작용

산소, 수소의 감소로 탄소가 증가하여 가는 과정

### 3) 탄화도가 클수록 진행되는 현상

(1) 고정탄소가 증가하여 발열량이 커진다.

(2) 연료비가 증가하고 연소속도가 늦어진다.

(3) 착화온도가 높아진다.

### 4) 고체연료에 함유되어 있는 각 성분

(1) 수분

① 착화성이 저하된다.

② 기화열을 소비하여 열손실을 초래한다.

(2) 회분

① 발열량이 저하된다.

② 연소효율이 저하된다.

(3) 휘발분

① 화염이 길어진다.

② 검은 매연이 발생한다.

(4) 고정탄소

① 발열량이 증가한다.

② 불꽃이 짧아진다.

### 5) 점결성에 따른 분류

(1) 강점결탄 : 굳은 코크스를 얻는다(고도역청탄).

(2) 약점결탄 : 취약한 코크스를 얻는다(반역청탄, 저도역청탄).

(3) 비점결탄 : 전혀 융합되지 않는다(무연탄, 반무연탄, 갈탄).

### 6) 물리적 성질

(1) 비중

① 참비중 : 석탄질 자체의 비중

② 겉보기비중 : 기공을 포함한 비중

(2) 비열
① 탄화도가 강해짐과 동시에 감소한다.
② 회분이 많고 수분이 적을수록 감소한다.
③ 비열은 회분 수분의 비율에 대개 비례한다.

### 7) 코크스

역청탄을 고온 건류하여 얻는다.

(1) 건류 : 공기의 공급이 없이 가열하여 열분해를 시키는 조작

(2) 고온건류 : 1,000℃ 내외, 저온건류 : 500~600℃ 내외

(3) 용도
① 코크스 강도를 중요시하는 경우 : 야금용
② 반응성을 중요시하는 경우 : 제철, 제선, 가스제조

### 8) 석탄의 풍화작용

석탄을 오랫동안 저장하면 공기 중의 산소와 산화작용에 의해 변질되는 현상이다.

(1) 장해
① 질이 물러져 분탄이 되기 쉽다.
② 휘발분과 점결성이 감소한다.
③ 발열량이 저하한다.
④ 석탄 고유의 광택을 잃고 표면은 붉게 녹이 슨다.

(2) 원인
① 수분이 많을수록
② 휘발분이 많을수록
③ 입자가 작을수록
④ 외기온도가 높을수록
⑤ 새로 캐낸 석탄일수록

### 9) 석탄의 자연발화

탄층 내부 온도가 60℃ 이상이면 스스로 점화하여 연소하는 현상이다.

(1) 방지법
① 공기유통을 좋게 하여 실내온도를 60℃ 이하로 유지한다.
② 탄층은 적당한 높이로 쌓아올린다(옥외 4m, 옥내 2m 이하).
③ 저장일은 30일이 넘지 않도록 한다.
④ 수입시기, 탄종마다 구분 저장한다.
⑤ 탄 중간에 파이프를 삽입하여 통기성을 높인다.

### 10) 미분탄(입자 150~200메시 이하, 연소시간 2초 정도)

(1) 장점

① 연료의 선택범위가 넓다.

② 대규모 보일러에 적합하다.

③ 적은 과잉공기로 완전연소가 된다(20~40%).

④ 연소효율이 크고, 쉽게 고온을 얻을 수 있다.

⑤ 연소 조절이 자유로워 부하의 급변화에 응할 수 있다.

ⓑ 열등탄도 유용하게 연소시킬 수 있다(회분이 40% 이상인 탄).

(2) 단점

① 설비비 및 유지비가 많이 든다(1t당 10~20kWh 소비).

② 연소실이 고온이므로 노재가 상하기 쉽다.

③ 재, 회분 등의 비산이 심하여 집진기가 필요하다.

④ 취급부주의로 역화의 위험성이 크다.

⑤ 소규모 보일러에는 부적당하다.

## SECTION 02 액체연료

### 1 구성성분

탄소(C), 수소(H), 산소(O), 유황(S), 질소(N), 수분(W), 회분(A)

### 2 비중과 용적

온도 1℃ 상승 ┌ 체적 : 0.0007 증가
└ 비중 : 0.00065 감소

### 3 비중이 크면

1) 연료의 연소 시 온도가 낮다.

2) 점도가 증가한다.

3) 발열량이 감소한다(중량당).

4) 연료의 체적이 줄어든다.

5) 화염의 휘도가 커진다(중유가 가장 크다).

6) 탄화수소비$\left(\frac{C}{H}\right)$가 커진다(중유 > 경유 > 등유 > 가솔린).

7) 인화점이 높아진다(중유 60~150℃, 경유 50~70℃, 등유 30~60℃, 가솔린 −43~−20℃).

## 4 점도

비중이 작을수록, 온도가 높을수록 낮다.

## 5 유동점

1) 유동점은 응고점보다 2.5℃ 높다.

2) 배관수송 중 연료유를 유동시킬 수 있는 최저온도(액체가 흐를 수 있는 최저온도)

## 6 인화점

1) **인화점** : 불씨 접촉에 의해 불이 붙는 최저온도

2) **연소점** : 인화 후 연소가 계속되는 온도(인화점보다 7~10℃ 높다.)

3) 인화점이 높으면 착화가 곤란하고, 낮으면 역화의 위험이 있으므로 예열온도는 인화점보다 5℃ 낮게 조정한다.

4) 비중이 낮으면 일반적으로 인화점도 낮다.

## 7 착화점

불씨 접촉 없이 그 산화열로 인해 스스로 불이 붙는 최저온도

### 1) 착화온도

(1) 발열량이 높을수록 낮아진다.

(2) 분자구조가 간단할수록 낮아진다.

(3) 산소농도가 짙을수록 낮아진다.

(4) 압력이 높을수록 낮아진다.

### 2) 발화점

인화점 온도 이상으로 올리면 증기발생이 더욱 격심해지고 되고 불꽃으로 점화시킬 때 연소가 계속되는 온도(인화점보다 20~30℃ 높은 것이 보통이나 일정한 관계가 없다.)

# SECTION 03 기체연료

## 1 특징

- 액체연료에 비하여 용적당 보유 열량이 적다.
- 저장이나 수송 등이 불편하다.
- 항상 폭발의 위험성을 갖고 있다.
- 연소 공해는 타 연료보다 훨씬 낮아서 연료로 많이 채택된다.

## 2 기체연료의 주성분

### 1) 탄화수소

(1) 발열량의 증가
(2) 그을음 생성의 증가

### 2) 황화수소

(1) 배출 시 유독가스의 증가
(2) 비중량 등의 증가

### 3) 탄산가스

(1) 연소속도의 저하
(2) 발열량의 저하

### 4) 수소

(1) 연소속도의 증가
(2) 이론 연소온도의 증가

### 5) 일산화탄소

(1) 연소속도의 증가
(2) 착화온도의 상승

### 6) 질소

(1) 그을음 생성의 저하
(2) 발열량의 저하

## 3 기체연료의 호칭

### 1) 천연가스

유전가스, 가스전가스, 탄전가스 등의 가연성 가스

### 2) 액화석유가스(LPG)

석유정제 공업과정에서 유동접촉분해, 수소화분해 등의 공정 시 부생된 가스를 액화시킨 것

### 3) 석탄계 가스

석탄의 건류 시 또는 연소 시 배출되는 가스로서 석탄건류가스, 석탄계 가스화가스, 고로가스 등이 있다.

### 4) 석유계 가스화가스

정유소의 폐가스 등을 말하며 오프가스, 가스화가스 등이 있다.

### 5) 도시가스

수소, 일산화탄소 등의 연소속도가 빠른 가스와 메탄, 저급탄화수소, 탄산가스, 질소 등의 혼합가스

# SECTION 04 기체연료의 저장과 관리사항

## 1 구입

### 1) 검량

부피($Nm^3$)로 계산하며, 온도와 압력을 측정하고 LPG, LNG는 보통 kg으로 계량을 한다.

### 2) 품질검사

보통 발열량을 측정하며, 필요에 따라서는 일반성분 및 특수성분의 분석 등도 한다. 액화석유가스(LPG)는 용도에 따라 황분, 불포화분, 수분, 증기압 등을 시험한다.

## 2 가스의 저장

### 1) 유수식 홀더

수조 속에 밑이 있는 원통을 거꾸로 놓은 것으로 가스로가 단조로 된 단식과 여러 층으로 신축되는 복식이 있다. 가스조를 승강시키는 구조에 따라 유수식과 무수식이 있고 가스양에 따라 부피가 변화하며, 보통 300mm$H_2O$ 이하의 압력으로 저장된다. 일반적으로 가스양이 3,000$m^3$ 정도 이상이 되면 복식을 쓴다.

### 2) 무수식 홀더

원통형 또는 다각형의 외통과 그 내벽을 위아래로 움직이는 평반상의 피스톤과 밑판 및 지붕판으로 구성된다. 가스는 피스톤의 아래쪽에 저장되어 가스의 증감에 따라 피스톤이 위아래로 움직이고, 내벽과 피스톤 사이의 기밀은 콜타르 또는 특수 광물유 등에 의하거나 합성고무막을 쓴 것도 있다. 저장압력 한도는 600m$H_2O$ 정도이며 부식이 적고, 건조상태로 저장되며, 가스압의 변동이 없고, 유수식에 비해서 건설비가 싸나, 관리가 복잡하다.

### 3) 고압식 홀더

원통형 또는 구형의 내압홀더도 보통 가스는 수기압으로 저장되고, 저장량은 가스의 압력변화로 증감한다. 저장 가스는 수분이 없는 장점이 있고, 저압식과 비교하면 소형이고 가스의 누출이 없으며, 관리가 쉽고 가스의 배출에 홀더의 압력이 쓰이며, 자재면적이 적고, 건설비가 싸다.

## 3 액화석유가스(LPG)의 저장

### 1) 가압식

가스를 상온에서 가압, 액화시켜 저장하는 것으로 가동식 용기와 탱크가 있다.

(1) **가동식 용기** : 용접 용기가 쓰이며, 일반용기(1, 5, 10, 20, 50kg형)와 탱크 롤러용 등 대형용기(500, 600kg형)가 있다. 용기 외면은 회색으로 도색하고, 규격에 정한 부속품 및 글씨를 써야 한다.

(2) **탱크** : 저장량이 30톤 이하인 경우는 누운 형을 쓰고, 50톤 이상인 경우에는 구형을 쓴다. 특별한 경우를 제외하고, 일반적으로 10~500kg 용기와 횡형의 탱크가 쓰인다.

### 2) 저온식

가스를 저온으로 냉각시켜 액화시킨 다음 상압에서 보냉, 저장하는 것으로 대체로 3,000톤 이상 저장하는 경우에 쓰이며, 지상저장과 지하저장이 있다.

## 4 안전 관리

### 1) 가스 홀더의 관리

(1) 가스 홀더에는 전임 책임자를 둔다.

(2) 가스 홀더는 기내 건축물로부터 10m 이상 떨어져야 하며, 특히 목조물이나 화재의 염려가 있는 것은 멀리한다.

(3) 점검을 정기적으로 하고 조사, 기록, 보관한다.

(4) 가스로 전체에 가스의 누출이 없는지 주의한다.

(5) 홀더 부근에서의 화기 사용, 전기설비 취급에 주의한다.

### 2) 액화석유가스(LPG) 용기의 관리

(1) 떨어졌을 때나 쓰러졌을 때의 충격, 밸브 파손에 대한 예방조치를 강구한다.

(2) 저장 중 항상 40℃ 이내로 실내를 유지한다.

(3) 운반 · 사용 중에는 항상 40℃ 이하로 유지하고 용기, 밸브 및 도관을 가열할 때는 40℃ 이하로 온수를 쓴다.

(4) 통풍이 잘되는 곳에 저장하고, 주위 2m 이내의 곳에는 화기, 인화성 또는 발화성 물질을 놓지 않는다.

(5) 밸브는 천천히 열고 닫는다.

### 3) 액화천연가스(LNG) 용기의 관리

(1) LNG의 저장과 기화 LNG는 냉동탱크에서 꺼낸 다음 도시가스 발전용 등의 공급으로 대량 저장하므로 큰 문제가 된다.

(2) 경제성, 건설기술 및 안정성을 이유로 단열구조의 지상식, 2중금속제 보냉탱크, 콘크리트제 보냉탱크가 많이 쓰인다.

(3) 해안에 가까울 때에는 재가스화가 필요한 해수가열방법이 쓰인다.

## 5 각 연료의 연소방식

### 1) 고체연료

화격자 연소방식, 미분탄 연소방식, 유동층 연소방식

### 2) 액체연료

증발(기화) 연소방식, 분무 연소방식

### 3) 기체연료

확산 연소방식, 예혼합 연소방식

CHAPTER 05

# 연소 및 연소장치와 소화

## SECTION 01 연소

### 1 연소의 정의

급격한 산화반응에 의하여 빛과 열을 수반하는 현상으로서 발열에 의한 온도상승이 나타난다.

### 2 연소의 조건

- 가연물
- 산소공급원
- 점화원

### 3 정상연소

열의 발생과 일산이 평형을 유지하면서 정상적으로 연소가 진행되는 연소

### 4 비정상연소

연소로 인하여 발생속도가 일산속도를 능가하는 것(예 폭발)

### 5 가연물질의 연소형태

#### 1) 확산연소

기체연료 중 가연성 가스분자와 공기분자의 확산 혼합에 의하여 불꽃을 형성하며 연소하는 것

#### 2) 증발연소

중유를 제외한 액체연료가 액면에서 증발하여 가연성 증기로 되고 착화되어 화염을 내고 증발이 촉진되면 연소하는 것

#### 3) 분해연소

고체가 가열되어 열의 분해가 일어나고 가연성 가스가 발생하여 공기의 산소와 혼합하여 연소하는 것

#### 4) 표면연소

숯 · 코크스 · 금속 등이 표면의 고온을 유지하면서 표면에서 내부로 연소가 진행되는 고체연료의 연소

#### 5) 자기연소

화약, 폭약 등과 같이 공기 속의 산소는 필요 없이 고체 자체가 분해되어 연소하면서 내부로 연소가 진행되는 것

## 6 인화점과 발화점

1) **인화점** : 불씨에 의해 불이 붙는 최저온도

2) **발화점** : 주위의 산화열에 의하여 불이 붙는 최저온도

3) **자연발화점** : 물질이 서서히 산화되면서 축적된 산화열이 발화되는 최저 온도

## 7 불완전연소

### 1) 그을음의 생성

(1) 연소의 온도가 낮을수록
(2) 산화하기 어려운 연료가 연소할 때
(3) 산화 매체와의 혼합이 조화를 이루지 못할 때
(4) 연소 시 주위의 조건 및 압력이 적당치 못할 때
(5) 탄화수소비$\left(\frac{C}{H}\right)$가 큰 연료일수록

### 2) 일산화탄소(CO)의 생성

(1) 산소의 농도가 불충분할 때
(2) 고온으로 배기가스 중의 $CO_2$가 해리하여 CO로 발생, 즉 산화반응에 의해 생성된 물질이 다시 환원. 흡열반응에 의해 CO가 발생

# SECTION 02 각 연료의 연소방법

## 1 기체연료의 연소

공기와의 혼합속도가 빨라 일반적으로 확산 연소를 하며 고체나 액체연료와 같이 분쇄나 분무를 할 필요가 없는 연료이다. 기체연료는 무색이 거의 대부분이며 연소의 속도가 급격하여 부주의하면 폭발이 일어나므로 주의를 요한다.

### 1) 기체연료 연소의 장단점

(1) 장점

① 자동제어 연소에 적합하다.
② 노 내의 온도분포가 균일하게 유지된다.

③ 이론 공기량에 가까워도 완전연소가 가능하다.

④ 연소 시 매연 발생이 거의 없고 대기오염이 적다.

⑤ 예혼합연소가 이루어져서 고부하 연소가 가능하다.

(2) 단점

① 대규모 연료사용 시 경제적 여건이 고려된다.

② 소규모로 사용하지 않을 경우 배관 설비비가 많이 든다.

③ 연료를 예열하지 않을 경우 방사열이 적어 액체연료보다 연소실의 온도가 낮다.

④ 독성 가스는 적으나 질식의 우려가 있고 가스누설 시 폭발의 주의가 요망된다.

### 2) 연소방식

(1) **확산연소방식** : 공기와 가스연료를 각각 연소실로 분사하여 난류 및 자연 확산에 의해 연소하는 외부혼합 연소방식으로 역화의 위험이 다소 적고 부하의 조절 범위가 크다.

(2) **예혼합 연소방식** : 버너 내에서 공기와 가스연료를 미리 혼합시킨 후 연소실에 분사시켜 연소하며 화염이 짧고 고온의 화염을 얻을 수 있는 연소방식이나 역화의 위험이 항상 따른다.

## 2 액체연료 연소

### 1) 액체연료 연소의 장단점

(1) 장점

① 석탄연료에 비해 매연발생이 적다.

② 그을음 부착이 매우 적고 전열효율의 저하가 적다.

③ 단위 중량당 발열량이 높아서 용량이 큰 설비에 적합하다.

④ 연소 시 효율이 높고 완전연소가 용이하며 고온도를 얻는다.

⑤ 점화나 소화가 용이하며 연소 시 조절이 쉬운 편이며 부하변동 시 조정 범위가 넓다.

(2) 단점

① 버너분무 시 소음이 발생된다.

② 기화연소 시 기화하는 시간지연 및 매연발생이 우려된다.

③ 분무연소 시 입경이 원활치 못하면 역화나 폭발이 우려된다.

④ 연소 시 온도가 높아 열 설비의 손상이 오고 국부가열을 일으키기 쉽다.

### 2) 연소형태

(1) **증발연소** : 열분해보다 비점이 낮은 액체연료의 연소형태로서 액면에서 기화된 기름의 증기가 공기와 혼합되어 연소한다(예 휘발유, 등유).

(2) **분해연소** : 열분해보다 비점이 높은 연료의 연소형태로서 연료가 증발되기 전 열분해가 일어나서 탄소를 배출하여 연소된다(예 중유, 타르).

### 3) 액체연료의 연소방식

(1) **분무연소방식** : 연료를 세공으로 분사시켜 회전체 등에 의하여 연소실 내로 분무시켜 연소하는 기계식 연소방식이다.

① **특징**

㉠ 무화 시 유적의 평균 직경은 50~100$\mu$ 정도이다.

㉡ 분무속도는 100~300m/sec 정도가 양호하다.

㉢ 주위 공기와의 확산 및 혼합의 양부에 의하여 연소상태가 결정된다.

㉣ 연료의 예열온도는 인화점 온도보다 5℃ 낮게 하는 것이 좋다(그 이상이면 기화하여 역화현상이 일어난다).

㉤ 연료의 점도는 낮게 할수록 좋다(높으면 송유의 불합리 및 무화가 잘 안 된다).

㉥ 연료의 분무 시 압력은 5~20kgf/cm$^2$이 최적이다.

② **무화방식의 종류**

㉠ 이류체 무화식 : 증기나 공기 등의 분무매체로 무화시킨다.

㉡ 선회류 무화식 : 와실에서 선회운동을 주어 무화신킨다.

㉢ 회전이류체 무화식 : 회전체의 원심력에 의해 무화시킨다.

㉣ 유압 무화식 : 기름에 압력을 주어서 무화시킨다.

㉤ 충돌 무화식 : 금속판에 연료를 고속으로 충돌시켜 무화시킨다.

㉥ 진동 무화식 : 음의 파장에 의하여 연료를 진동시켜 무화시킨다.

(2) **기화연소방식** : 고온의 유체를 액체연료에 접촉시키거나 연료를 고온에 충돌시켜 연료가 증기 발생을 하여 연소시키는 것으로서 기화성이 농후한 가벼운 경질유의 액체연료에 적합하다. 그러나 온도가 너무 고온이 되면 연료의 열분해가 이루어져 가스화하여 역화나 폭발의 위험이 있으므로 조심하여야 한다.

## 3 고체연료의 연소

### 1) 고체연료의 연소성의 장단점

(1) 장점

① 역화나 폭발 등의 염려가 없다.

② 연소 시 소음이 별로 나지 않는다.

③ 화염에 의한 국부가열이 없어 노재가 안전하다.

④ 연소 시 발생된 슬러그를 용융시켜 방사열의 이용이 이루어진다.

(2) 단점

① 연소실이 커야 한다.

② 연소 후 회분처리가 많다.

③ 사용 부하 시 연소조절이 곤란하다.

④ 단위당 발열량이 타 연료에 비해 낮다.

### 2) 분해연소형태

연료가 외부의 열원에 의하여 표면이 적색으로 되며 산소가 연료 표면에 확산해 가면서 연소된다.

### 3) 투입방법에 따른 연소방식

(1) **상입식** : 연료가 화격자(로스터) 위에 투탄되며 화층의 위에 연료가 투입되어 석탄의 열분해가 일어나서 층상으로부터 매연이나 불완전연소가 되기 쉽다.

(2) **하입식** : 연료가 화층의 하부로 공급되는 것으로 상입식에 비해 매연발생이 적다.

### 4) 연료의 입경(입도)에 따른 연소방식

(1) **화격자연소** : 화격자 위에 고체연료 자체 그대로 얹어서 연소시키는 것

(2) **미분탄연소** : 석탄연료를 미세화하여(약 200메시) 버너로 분사시켜 노 내의 대류 및 방사열로 착화시켜 완전연소에 가깝게 연소시키는 것

(3) **세분탄연소** : 큰 고체연료를 세분화하여 연소시키는 것

## SECTION 03 각 연료의 연소장치

**[연소장치의 구비조건]**

- 취급이나 보수가 용이하여야 한다.
- 보일러 연소실 구조에 적합하여야 한다.
- 사용부하에 따라 조작범위가 넓어야 한다.
- 사용연료에 따라 완전연소가 되는 것이어야 한다.

### 1 기체연료의 연소장치

#### 1) 특징

(1) 특수한 점화장치가 필요 없다.

(2) 상압버너 사용 시에는 배관설비와 버너, 송풍기 혼합기가 필요하다.

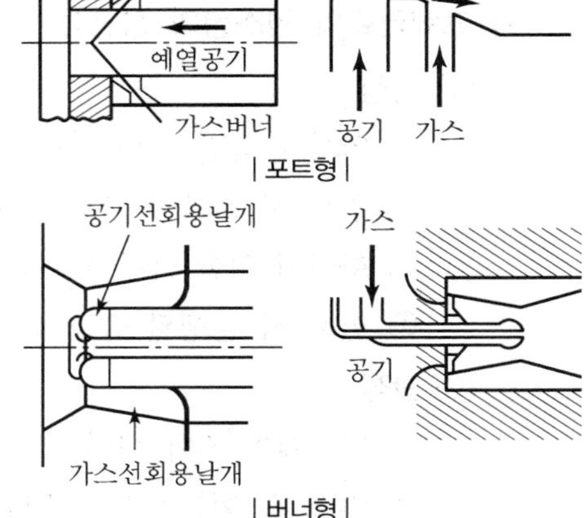

| 포트형 |
| 버너형 |

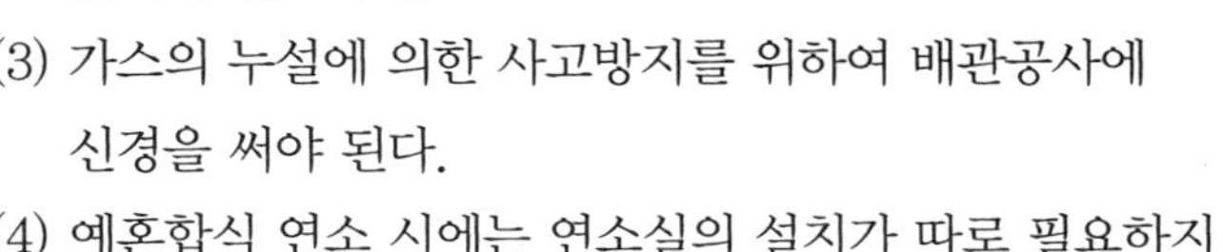

(3) 가스의 누설에 의한 사고방지를 위하여 배관공사에 신경을 써야 된다.

(4) 예혼합식 연소 시에는 연소실의 설치가 따로 필요하지 않고 가열실 공간이 연소에 이용된다.

### 2) 확산형 가스버너

(1) **포트형** : 내화재로 구성된 화구에서 공기와 가스를 각각 송입하여 공기와 가스연료를 고온으로 예열할 수 있는 형태로 연소하며 발생로가스 등을 연소시키는 형식이다.

(2) **버너형** : 공기와 가스연료를 가이드베인을 통하여 혼합 연소시키는 형태로서 구조의 모양과 설비에 따라서 연료 선택의 사용범위가 넓다.

### 3) 예혼합형 가스버너

(1) **저압버너** : 송풍기가 필요 없고 노 내를 부압으로 하여 공기를 흡입시켜 연소한다. 가스의 압력이 70~160mm$H_2O$ 정도면 충분히 공기의 흡입이 가능하며 도시가스 등의 연료가 투입된다.

(2) **고압버너** : 노 내의 압력을 정압으로 하여서 고온의 분위기를 얻을 수 있는 버너로서 연료로는 LPG나 압축도시가스 등을 사용하며 가스연료의 압력은 2kgf/$cm^2$ 정도로 한다.

(3) **송풍버너** : 연소용 공기를 노즐에 의하여 가압 분사시켜 연료의 가스를 흡인 후 혼합, 연소시키는 형태의 버너이다. 고압버너와 동일한 방식이며 노 내의 압력이 정압상태이며 고온의 노 내 분위기가 이루어진다.

## 2 액체연료의 연소장치

### 1) 증발식 버너

기화성이 양호한 경질 액체연료에 사용하는 버너로서 난방용이나 온수가열용이다. 연소속도가 완만하여 고부하 연소는 불합리화하며 포트형 · 심지형 · 월프레임형이 있다.

(1) **포트형 버너** : 접시모양의 용기에 연료를 투입하고 노 내의 열이나 방사열로서(노벽방사열) 증발시켜 연소하는 버너

(2) **심지형 버너** : 심지에 모세관 현상에 의해 연료통 속의 기름을 흡입시켜 연소하는 버너

(3) **월프레임형 버너** : 회전하는 연료 노즐에서 기름을 수평으로 방사하여 히터 코일이나 노 내의 열로 가열되어 있는 화정에 접촉시켜 증발이 일어나 연소하는 방식이다.

### 2) 분무식 버너

증기나 공기 등의 분무매체를 사용하여 연료에 분무시키거나 연료 자체에 압력을 주어서 분무시키는 형식이며 분무압의 조절이 간편하고 연소 시 연소속도가 빨라 고부하 연소를 행하는 형식이다.

(1) 유압식 버너

기름펌프로 연료 자체에 높은 압력을 가하여 작은 분사구에서 분사하여 무화시키는 버너

① 유압은 0.5~2MPa이다.

② 고점도의 기름은 무화가 불량하다.

③ 유량은 유압의 평방근에 비례한다.

④ 유량의 조절범위는 1 : 1.5~1 : 4 정도이다.

⑤ 구조가 간단하고 부하변동이 적은 곳에 적당하다.

⑦ 연료를 되돌리는 방식에 따라 환유형과 비환유형으로 나눈다.

⑧ 주위 공기의 흡인효과가 적으므로 착화를 안정화하는 기구가 필요하다.

(2) **회전식 버너**

고속의 회전하는 Atomizer컵(무화컵)의 원심력에 의하여 연료유를 비산시켜 무화하는 형식의 버너이다.

① 연료의 유압은 적어도 된다.

② 점도가 높은 유류에 적합하다.

③ 분무각도는 40~80° 정도이다.

④ 유량이 적으면 무화가 불량해진다.

⑤ 전동기의 장치에 따라 직접식과 간접식으로 나눈다.

⑥ 연소실의 구조에 따라 화염의 형상을 조절할 수 있다.

(3) **기류식 버너**

증기나 공기 등의 분무매체에 압력으로 분사 · 무화시켜 연소시키는 버너이며 분무 매체의 압력에 따라 고압과 저압 기류식으로 나뉜다.

① **고압기류식 버너** : 공기나 증기에 0.2~0.7MPa의 압력을 주어서 고속에 의해 연료를 무화시킨다.

㉠ 연소 시 소음이 난다.

㉡ 분무 광각도가 30° 정도이다.

㉢ 유량의 조절범위가 1 : 10 정도이다.

㉣ 노즐의 직경이 크면 고점도의 유체도 무화가 순조롭다.

㉤ 외부 혼합식보다 내부 혼합식의 버너가 양호한 무화가 된다.

㉥ 무화 시 무화매체를 증기로 하면 연료가 예열되어 연소효율을 높일 수 있다.

② **저압기류식 버너** : 분무매체인 공기를 200~1,500mmAq정도의 압력으로 연료를 분무 · 분사시켜 연소하는 버너이다.

㉠ 유량조절 범위가 1 : 5 정도이다.

㉡ 구조상 소용량 보일러에 적당하다.

㉢ 무화 시 공기압력에 따라 공기량을 증감할 수 있다.

㉣ 공기와 연료의 공급에 따라 연동형과 비연동형 저압기류식 공기버너가 있다.

## 3 고체연료의 연소장치

### 1) 수분식(화격자) 연소장치

(1) 장점

① 부하변동에 용이하게 응할 수 있다.

② 구조가 간단하고 시설 유지비가 적게 든다.

③ 연료에 관계없이 쉽게 연소가 이루어진다.

(2) 단점

① 대용량 설비 시에는 부적당하다.

② 수동식 연소라서 인력이 많이 든다.

③ 연료의 두께가 불균일하여 CO 발생이 많다.

④ 연료 보유열의 유효한 이용이 불가능하다.

⑤ 재처리가 신속치 못해 노 내의 열손실이 따른다.

(3) 종류

① 고정수평 화격자

㉠ 화격자의 $\frac{1}{20}$ 정도로 크다.

㉡ 일반적으로 많이 사용한다.

㉢ 공기의 통로가 통풍저항을 좌우한다.

㉣ 공기 통로의 면적은 화격자 면적의 30~80%이다.

㉤ 주철제 봉으로 일정한 간격으로 배열된 화격자이다.

② 계단식 화격자

㉠ 저질 연탄의 연소에 적합하다.

㉡ 화격자가 30~40°의 계단식 장치로 되어 있다.

③ 가동 화격자

㉠ 화격자봉을 좌우로 회전할 수 있다.

㉡ 화층에 고인 재를 꺼내기가 용이하다.

㉢ 불갈음 시 시간과 노력이 단축된다.

④ 중공 화격자

㉠ 화상 전면에 통풍을 고르게 한 화격자이다.

㉡ 화격자 봉을 빈 것으로 하고 연소용 공기를 송입하여 화격자 상부에 세공으로부터 분출시킨다.

### 2) 기계분(스토커) 화격자

탄의 송입과 재의 처리가 기계적으로 자동화되어 있는 화격자이다.

(1) 장점

① 대용량 설비에 적당하다.

② 저질 연료라도 양호한 연소가 이루어진다.

③ 기계에 의해 연소되므로 인건비가 절약된다.

④ 연속적으로 급탄이 이루어져서 양호한 연소가 된다.

⑤ 화층이 균일하고 완전연소 및 연소상태가 양호하다.

(2) 단점

① 동력이 소요된다.

② 취급자의 기술을 요한다.

③ 설비비, 유지비가 많이 든다.

④ 부하 변동 시 적응성이 좋지 않다.

⑤ 연료의 품질에 대한 적응성이 좋지 않다.

(3) 종류

① 상입식 스프레더 스토커

㉠ 양질의 연료를 필요로 하는 스토커이며 회분과 저휘발분이 많은 탄의 연소에는 부적당하다.

㉡ 투탄방식은 스프레더에 의한 것으로 쇄상 스토커와 이상 스토커가 있다.

② 하입식 스크루휘드 스토커

화격자 밑에서 스크루에 의해 연료가 밑에서 방수로 투탄되는 방식이며 사용연료에 대한 연료제한이 까다롭고 통풍과 연료가 한 방향에서 진입되기 때문에 화상이 냉각되기 쉽다.

③ 계단식(경사식) 스토커

호퍼에서 공급되는 연료가 화격자 위로 굴러 떨어져서 경사가 30~40°로 만들어진 계단 밑으로 내려가면서 연소가 진행되는 방식이며 저질탄 연료의 연소에 이상적이다.

### 3) 미분탄(석탄가루) 연소장치

석탄을 150~200메시로 분쇄하여 공기와 혼합시켜서 버너에서 연소시키는 방식이다.

(1) 선회식 버너

미분탄 노즐이 2중관이며 그 사이에 중유버너를 장치하고 1차 공기와 미분탄 혼합기는 2중관 사이에서 선회운동하면서 전면의 환상노즐로부터 뿜어나와서 2차 공기와 혼합 후 연소된다.

(2) 교차형 버너(편평류 버너)

1차 공기와 미분탄의 혼합기가 중심의 가늘고 긴 홈으로부터 분사되고 2차 공기는 그 양측에 교대로 마련된 구멍으로부터 서로 교차하여 혼합 연소되는 형태의 버너로서 연소시간을 단축할 수 있다.

## SECTION 04 보염장치(화염보호장치)

### 1 윈드박스

연소 시 압입통풍을 하는 경우 버너장착의 벽면에 설치한 밀폐상자로서 덕트를 통하여 연소용 공기를 받아서 동압 상태의 공기를 정압으로 바꿔 노 내에 보내는 작용을 하며 윈드박스 내에 부착된 가이드베인에 의해 공기가 선회류를 형성하여 공기와 연료의 분무 혼합을 촉진시키는 기구이다.

### 2 스태빌라이저(보염기)

버너 선단에 디퓨저(선회기)를 부착한 것과 슬리트(보염판)를 부착한 형식의 두 가지가 있다. 공급된 공기를 버너 선단에서 난류를 부여하여 선회기에 의해 공기의 유속과 방향을 조절하여 착화 연소를 용이하게 하고 화염의 안정과 연소상태의 개선을 도모한다. 주로 유압식 버너 장착 시 주위 공기의 흡인력이 부족할 경우 많이 이용된다.

(a) 축류식 선화기

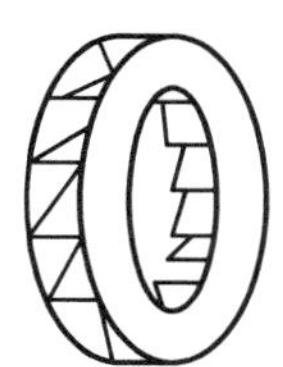
(b) 반경류식 선화기

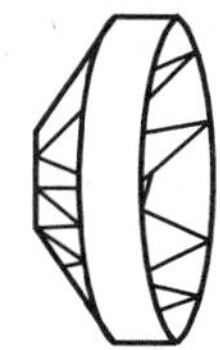
(c) 혼류식 선화기

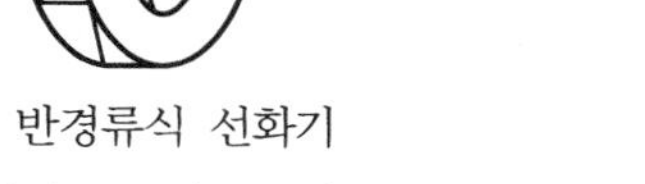
| 스태빌라이저(보염기) |

### 3 콤버스트

버너타일과 연소실 입구에 설치한 원통의 금속제이다. 분무된 연료의 착화를 돕고 저온 시에도 연소의 안정을 도모한다. 중유 연소 시 분무 입자의 열분해를 촉진시켜 완전연소를 도모하는 기구이다.

### 4 버너 타일

버너 주위에 내화 벽돌을 둥글게 쌓은 것이며 기류식 버너와 같이 분무 시 주위 공기의 흡인력이 클 때 화염의 현장을 연소실의 구조에 알맞게 하여 착화를 양호하게 해주는 역할을 한다. 이때 탄화물 퇴적의 부착을 막으려면 버너 타일의 각도를 너무 작게 하지 말아야 한다.

# SECTION 05 연소장치의 용량

## 1 화격자 용량

사용하는 보일러의 최대 출력을 발생시키는 능력의 연소량을 가져야 한다.

1) 화격자 면적 $= \dfrac{\text{정격출력}}{H_l \times \text{화격자 연소율}} (\mathrm{m}^2)$

2) 화격자 연소율 $= \dfrac{\text{매시간당 연료 소비량}}{\text{화격자 면적}} (\mathrm{kgf/m^2h})$

## 2 버너 용량

보일러 최대 열출력을 발생시킬 수 있는 능력이 되어야 한다.

$$\frac{\text{정격용량} \times 539}{\text{연료의 저위발열량}(H_l)} = \frac{\text{정격출력}}{H_l} (\mathrm{L/h})$$

# SECTION 06 최근 기체연료의 연소장치

기체연료의 연소방식은 연소용 공기의 공급방식에 따라 두 가지가 있다.

## 1 확산 연소방식

화구로부터 가스와 연소용 공기를 각각 연소실에 분사하고, 이것이 난류와 자연확산에 의한 가스와 공기의 혼합에 의해 연소하는 방식이다.

1) 외부 혼합식이다.
2) 역화의 위험성이 적다.
3) 불꽃의 길이가 긴 편이다.
4) 부하에 따른 조작범위가 넓다.
5) 가스와 공기를 예열할 수 있다.
6) 고로가스나 발생로가스 등 탄화수소가 적은 가스연소에 유리하다.

## 2 예혼합 연소방식

기체연료와 연소용 공기를 사전에 버너 내에서 혼합하여 연소실 내로 분사시켜 연소를 일으키는 연소방식이며 완전 혼합형, 부분 혼합형의 두 가지가 있다.

1) 내부 혼합식이다.
2) 연소실 부하가 높다.
3) 불꽃의 길이가 짧다.
4) 역화의 위험성이 크다.
5) 고온의 화염을 얻을 수 있다.

## 3 기체연료의 연소성 특징

1) 연소속도가 빠르다.
2) 연소성이 좋고, 연소가 안정된다.
3) 완전연소가 가능하다.
4) 연소실 용적이 작아도 된다.
5) 대기오염의 발생이 적다.
6) 회분이 거의 없다.
7) 과잉공기가 적어도 된다.

## 4 버너의 종류

### 1) 확산 연소방식의 버너

(1) 포트형(Port Type)

넓은 단면의 화구로부터 가스를 고속으로 노 내로 확산하면서 공기와 혼합 연소하는 형식의 버너이다.

① 발생로가스나 고로가스 등의 탄화수소가 적은 연료를 사용한다.
② 가스와 공기를 고온으로 예열할 수 있다.
③ 가스와 공기의 속도를 크게 잡을 수 없다.

(2) 선회형 버너(Guid Vane)

가이드 베인으로 가스와 공기를 혼합하여 그 혼합가스를 연소실로 확산시켜서 연소하는 버너이다. 주로 고로가스(용광로가스 등), 저품위의 연료가 사용된다.

(3) 방사형 버너

천연가스와 같은 고발열량의 가스를 연소시키는 버너이며 연소방식은 선회형 버너와 비슷하다.

### 2) 연소용 공기의 공급방식에 따른 분류

▼ 가스버너의 종류

| 버너형식 | | | 1차 공기량(%) | 예 |
|---|---|---|---|---|
| 유압 혼합식 | 적화(赤火)식 | | 0 | ① Pipe 버너<br>② 어미식(魚尾式) 버너<br>③ 충염 버너 |
| | 분젠식 | 세미분젠식 | 40 | |
| | | 분젠식 | 50~60 | ① Ring 버너<br>② Slit 버너 |
| | | 전일차 공기식 | 100 이상 | ① 적외선버너<br>② 중압분젠버너 |
| 강제 혼합식 | 내부 혼합식 | | 90~120 | ① 고압버너<br>② 표면연속 버너<br>③ Ribbon 버너 |
| | 외부 혼합식 | | 0 | ① 고속버너<br>② 혼소버너<br>③ 액중 연소버너<br>④ 휘염버너<br>⑤ 보일러용 버너<br>⑥ Radient Tube 버너 |
| | 부분 혼합식 | | | |

# CHAPTER 06

# 육용보일러의 열정산방식

## SECTION 01 열정산의 조건(육지용도형 보일러)

### 1 열정산의 조건

1) 보일러의 열정산은 원칙적으로 정격부하 이상에서 정상상태(Steady State)로 적어도 2시간 이상의 운전결과에 따라 한다. 다만, 액체 또는 기체연료를 사용하는 소형 보일러에서는 인수 · 인도당사자 간의 협정에 따라 시험시간을 1시간 이상으로 할 수 있다. 시험부하는 원칙적으로 정격부하 이상으로 하고, 필요에 따라 3/4, 2/4, 1/4 등의 부하로 한다. 최대출열량을 시험할 경우에는 반드시 정격부하에서 시험을 한다. 측정결과의 정밀도를 유지하기 위하여 급수량과 증기배출량을 조절하여 증발량과 연료의 공급량이 일정한 상태에서 시험을 하도록 최대한 노력하고, 급수량과 연료공급량의 변동이 불가피한 경우에는 가능한 한 그 변동량이 작은 상태에서 시험을 한다.
2) 보일러의 열정산 시험은 미리 보일러 각부를 점검하여, 연료, 증기 또는 물의 누설이 없는가를 확인하고, 시험 중 실제 사용상 지장이 없는 경우 블로다운(Blow Down), 그을음불어내기(Soot Blowing) 등은 하지 않는다. 또한 안전밸브를 열지 않은 운전상태에서 하며 안전밸브가 열린 때는 시험을 다시 한다.
3) 시험은 시험보일러를 다른 보일러와 무관한 상태로 하여 실시한다.
4) 열정산 시험 시 연료 단위량은 고체 및 액체 연료의 경우 1kg, 기체 연료의 경우 표준상태(온도 0℃, 압력 101.3kPa)로 환산한 $1Nm^3$에 대하여 열정산을 하는 것으로 하고, 단위시간당 총 입열량(총 출열량, 총 손실열량)에 대하여 열정산을 하는 경우에는 그 단위를 명확히 표시한다. 혼소(混燒)보일러 및 폐열보일러의 경우에는 단위시간당 총 입열량에 대하여 실시한다.
5) 발열량은 원칙적으로 사용 시 연료의 고발열량(총발열량)으로 한다. 저발열량(진발열량)을 사용하는 경우에는 기준발열량을 분명하게 명기해야 한다.
6) 열정산의 기준온도는 시험 시의 외기온도를 기준으로 하나, 필요에 따라 주위 온도 또는 압입송풍기출구 등의 공기온도로 할 수 있다.
7) 열정산을 하는 보일러의 표준적인 범위를 그림에 나타낸다. 과열기, 재열기, 절탄기 및 공기예열기를 갖는 보일러는 이들을 그 보일러에 포함시킨다. 다만, 인수 · 인도당사자 간의 협정에 의해 이 범위를 변경할 수 있다.
8) 이 표준에서 공기란 수증기를 포함하는 습공기로 하며, 연소가스란 수증기를 포함하지 않은 건조가스로 하는 경우와 연소에 의하여 발생한 수증기를 포함한 습가스로 하는 경우가 있다. 이들의

단위량은 어느 것이나 연료 1kg(또는 $Nm^3$)당으로 한다.

9) 증기의 건도는 98% 이상인 경우에 시험함을 원칙으로 한다(건도가 98% 이하인 경우에는 수위 및 부하를 조절하여 건도를 98% 이상으로 유지한다).

10) 보일러효율의 산정방식은 다음 (1) 및 (2)의 방법에 따른다.

(1) **입출열법**

$$\eta_1 = \frac{Q_s}{H_h + Q} \times 100$$

여기서, $\eta_1$ : 입출열법에 따른 보일러 효율

$Q_s$ : 유효 출열

$H_h + Q$ : 입열 합계

(2) **열손실법**

$$\eta_2 = \left(1 - \frac{L_h}{H_h + Q}\right) \times 100$$

여기서, $\eta_2$ : 열손실법에 따른 보일러 효율

$L_h$ : 열손실 합계

(3) 보일러의 효율산정방식은 입출열법과 열손실법으로 실시하고, 이 두 방법에 의한 효율의 차가 과대한 경우에는 시험을 다시 실시한다. 다만, 입출열법과 열손실법 중 어느 하나의 방법에 의하여 효율을 측정할 수밖에 없는 경우에는 그 이유를 분명하게 명기한다.

11) 온수 보일러 및 열매체보일러의 열정산은 증기보일러의 경우에 준하여 실시하되, 불필요한 항목(예 증기의 건도 등)은 고려하지 않는다.

12) 폐열보일러의 열정산은 증기보일러의 경우에 준하여 실시하되, 입열량을 보일러에 들어오는 폐열과 보조연료의 화학에너지로 하고, 단위시간당 총 입열량(총 출열량, 총 손실열량)에 대하여 실시한다.

13) 전기에너지는 1kW당 860kcal/h로 환산한다.

14) 증기보일러 열출력 평가의 경우, 시험 압력은 보일러 설계 압력의 80% 이상에서 실시한다. 온수 보일러 및 열매체 보일러의 열출력 평가 시에는 보일러 입구온도와 출구온도의 차에 민감하기 때문에 설계온도와의 차를 ±1℃ 이하로 조절하고 시험을 실시한다. 이 조건을 만족하지 못하는 경우에는 그 이유를 명기한다.

# SECTION 02 측정방법

보일러의 열정산에서 측정항목은 다음과 같다. 입출열법에 따른 보일러 효율을 구하는 경우에는 연료의 사용량과 발열량 등의 입열 및 발생 증기의 흡수열을, 또한 열손실법에 따른 보일러 효율을 구하는 경우에는 연료 사용량과 발열량 등에 의한 입열 및 각부의 열손실을 구할 필요가 있다.

## 1 기준온도

기준온도는 햇빛이나 기기의 복사열을 받지 않는 상태에서 측정한다.

## 2 연료사용량의 측정

### 1) 고체연료

고체연료는 측정 후 수분의 증발을 피하기 위해 가능한 한 연소 직전에 측정하고, 그때마다 동시에 시료를 채취한다. 측정은 보통 저울을 사용하나, 콜미터나 그 밖의 계측기를 사용할 때에는 지시량을 정확하게 보정한다. 측정의 허용오차는 보통 ±1.5%로 한다.

### 2) 액체연료

(1) 액체연료는 중량 탱크식 또는 용량 탱크식 혹은 용적식 유량계로 측정한다. 측정의 허용오차는 원칙적으로 ±1.0%로 한다.

(2) 용량 탱크식 또는 용적식 유량계로 측정한 용적 유량은 유량계 가까이에서 측정한 유온을 보정하기 위해 다음 방법으로 중량유량으로 환산한다. 중유의 경우에는 다음과 같은 온도보정계수를 사용하고, 중유 이외 연료의 온도보정계수는 1로 한다.

$$F = d \times k \times V_t$$

여기서, $F$ : 연료 사용량(kg/h)
$d$ : 연료의 비중
$k$ : 온도보정계수(다음 표에 따른다.)
$V_t$ : 연료 사용량(kg/h)

▼ 연료(중유)의 온도($t$)에 따른 체적보정계수

| 중유 비중($d$ 15℃) | 온도 범위 | $k$값 |
|---|---|---|
| 1.000~0.966 | 15~50℃<br>50~100℃ | $1.000-0.00063\times(t-15)$<br>$0.9779-0.0006\times(t-50)$ |
| 0.965~0.851 | 15~50℃<br>50~100℃ | $1.000-0.00071\times(t-15)$<br>$0.9754-0.00067\times(t-50)$ |

### 3) 기체연료

(1) 기체연료는 용적식, 오리피스식 유량계 등으로 측정하고, 유량계 입구나 출구에서 압력, 온도를 측정하여 표준상태의 용적 $Nm^3$로 환산한다. 측정의 허용오차는 원칙적으로 ±1.6%로 한다.

(2) 표준상태로의 용적 유량 환산은 다음에 따른다. 측정값을 압력 · 온도에 따라 표준상태(0℃, 101.3kPa)로 환산한다.

$$V_0 = V \times \frac{P}{P_0} \times \frac{T_0}{T}$$

여기서, $V_0$ : 표준상태에서 연료 사용량($Nm^3$)
$V$ : 유량계에서 측정한 연료 사용량($m^3$)
$P$ : 연료 가스의 압력(Pa, mmHg, mbar 등)
$P_0$ : 표준상태의 압력(Pa, mmHg, mbar 등)
$T$ : 연료 가스의 절대온도(K)
$T_0$ : 표준상태의 절대온도(K)

## 3 급수

### 1) 급수량 측정

(1) 급수량 측정은 중량 탱크식 또는 용량 탱크식 혹은 용적식 유량계, 오리피스 등으로 한다. 측정의 허용오차는 일반적으로 ±1.0%로 한다.

(2) 측정한 급수의 일부를 보일러에 넣지 않은 경우에는 그 양을 보정하여야 한다. 과열기 및 재열기에 증기 온도 조절을 위하여 스프레이 물을 넣는 경우에는 그 양을 측정한다.

(3) 용적 유량을 측정한 경우에는 유량계 부근에서 측정한 온도에 따른 비체적을 증기표에서 찾아 다음 방법으로 급수량을 중량으로 환산한다.

$$W = \frac{W_0}{V_1}$$

여기서, $W$ : 환산한 급수량(kg/h)
$W_0$ : 실측한 급수량(L/h)
$W_1$ : 측정 시 급수 온도에서 급수의 비체적(L/kg)

### 2) 급수 온도의 측정

급수 온도는 절탄기 입구에서(필요한 경우에는 출구에서도) 측정한다. 절탄기가 없는 경우에는 보일러 몸체의 입구에서 측정한다. 또한 인젝터를 사용하는 경우에는 그 앞에서 측정한다.

## 4 연소용 공기

### 1) 공기량의 측정

(1) 연료의 조성(액체 연료와 고체 연료는 원소 분석값, 기체 연료는 성분 분석값)에서 이론 공기량($A_0$)을 계산하고, 배기가스 분석 결과에 의해 공기비를 계산하여 실제 공기량($A$)을 계산한다.

$A = mA_0$

여기서, $A$ : 실제 공기량($Nm^3/h$)
$m$ : 공기 비
$A_0$ : 이론 공기량(연소 프로그램에서 계산)($Nm^3/h$)

(2) 필요한 경우에는 압입 송풍기의 출구에서 오리피스, 피토관 등을 사용하여 측정한다. 공기 예열기가 있는 경우에는 그 출구에서 측정한다(KS B 6311 참조).

### 2) 예열 공기 온도의 측정

공기 온도는 공기 예열기의 입구 및 출구에서 측정한다. 터빈 추기 등의 외부 열원에 의한 공기 예열기를 병용하는 경우는 필요에 따라 그 전후의 공기 온도도 측정한다.

### 3) 공기의 습도 측정

송풍기 입구 부근에서 건습구 온도계를 이용하여 건구 온도와 습구 온도를 측정하거나 습도계를 사용하여 상대습도 또는 절대습도를 측정한다.

## 5 연료 가열용 또는 노 내 취입 증기

1) 연료 가열용 증기량 측정은 유량계로 측정하나 증기 트랩이 있는 연료 가열기의 경우에는 트랩의 응축수량을 측정할 수도 있다.
2) 노 내 취입 증기량은 증기 유량계로 측정한다.

## 6 발생 증기

### 1) 발생 증기량의 측정

(1) 발생 주증기량은 일반적으로 급수량으로부터 수위 보정(시험 개시 및 종료 시에 있어 보일러 수면의 위치변화를 고려한 급수량의 보정)을 통해 산정한다. 증기 유량계가 설비되어 있는 경우는 그 측정값을 참고값으로 한다.

(2) 발생증기의 일부를 연료 가열, 노 내 취입 또는 공기 예열에 사용하는 경우 등에는 그 양을 측정하여 급수량에서 뺀다.

(3) 재열기 입구 증기량은 주증기량에서 증기 터빈의 그랜드 증기량 및 추기 증기량을 빼서 구한다.

(4) 과열기와 재열기 출구 증기량은 그 입구 증기량에 과열 저감기에서 분사한 스프레이양을 더하여 구한다.

### 2) 과열 증기 및 재열 증기 온도의 측정

(1) 과열기 출구온도는 과열기 출구에 근접한 위치에서 측정하지만, 출구에 온도조절장치가 있는 경우에는 그 뒤에서 측정한다.

(2) 재열기 출구온도는 재열기 출구에 근접한 위치에서 측정하지만, 출구에 온도조절장치가 있는 경우에는 그 뒤에서 측정한다. 재열기의 경우는 그 입구에서도 측정한다.

### 3) 증기 압력의 측정

(1) 포화 증기의 압력은 보일러 몸체 또는 그에 상당하는 부분(노통 연관식 보일러의 경우, 동체의 증기부)에서 측정한다.

(2) 과열 증기 및 재열 증기의 압력은 그 온도를 측정하는 위치에서 측정한다.

(3) 압력 취출구와 압력계 사이에 높이의 차가 있는 경우는 연결관 내의 수주에 따라 압력을 보정한다.

### 4) 포화 증기의 건도 측정

(1) 포화 증기의 건도는 원칙적으로 보일러 몸체 출구에 근접한 위치 또는 그에 상당하는 부분에서 복수 열량계, 스로틀 열량계 등을 사용하여 측정한다.

(2) 건도계의 온도 측정에는 정밀급 열전대 또는 정밀급 저항 온도계, 정밀급 수은 봉상 온도계를 사용하여 측정하고, 교축 열량계의 경우에는 다음에 의해 건도를 환산한다.

$$x = \frac{[(0.46 \times (t_1 - 99.09) + 638.81 - h')]}{\gamma} \times 100$$

여기서, $x$ : 증기 건도(%)

$t_1$ : 건도 계출구 증기 온도(℃)

$h'$ : 측정압에서의 포화 엔탈피(kcal/kg)

$\gamma$ : 측정압력에 대한 증발 잠열(kcal/kg)

(3) 증기의 건도 측정이 불가능한 경우 강제 보일러의 건도는 0.98, 주철제 보일러는 0.97로 한다. 이 경우에는 측정이 불가능한 사유를 명기한다.

## 7 배기가스(연소가스)

### 1) 배기가스 온도의 측정

(1) 배기가스 온도는 보일러의 최종 가열기 출구에서 측정한다. 가스 온도는 각 통로 단면의 평균 온도를 구하도록 한다.

(2) 배기가스 중의 수증기 일부가 응축되는 절탄기나 공기 예열기의 경우에는 그 전후에서 온도를 측정한다. 또한 응축이 일어나지 않는 경우에도 필요에 따라 보일러 본체 출구 및 과열기, 재열기, 절탄기 및 공기 예열기의 입구 및 출구에서 온도를 측정한다.

### 2) 배기가스 성분 분석

(1) 배기가스의 시료 채취 위치는 절탄기 출구(절탄기가 없는 경우에는 보일러 본체 또는 과열기 출구)로 한다. 또한 공기 예열기가 있는 경우에는 그 출구에서도 측정한다. 시료 채취방법은 일반적으로 KS I 2202에 따른다. 배기 댐퍼의 조절이 가능한 경우에는 조절하여 배기가스 성분 분석을 위한 시료 채취 위치에 음압이 걸리지 않도록 한다.

(2) 배기가스의 성분 분석은 일반적으로 오르자트 가스 분석기, 전기식 또는 기계식 가스 분석기를 사용한다. 가스 분석기는 센서나 시약의 수명관리를 위해 표준가스(Standard Gas)로 교정하여 사용하여야 한다. 교정을 위한 표준가스는 분석하고자 하는 배기가스의 성분과 유사한 것을 사용하도록 한다.

### 3) 공기비 측정

(1) 유류를 연료로 사용하는 보일러에서는 공기비 측정 시 보일러의 공기비 측정을 위하여 바카라치 Smoke Scale을 기준으로 사용하여 다음 조건의 배기가스 분석값 중 $O_2$ 농도나 $CO_2$ 농도를 이용하여 공기비를 계산한다(다만, 다음 조건을 만족하지 못하는 경우에는 그 이유를 명기한다).

① 중유 연소 보일러 : 바카라치 스모크 No.4 이하

② 경유 연소 보일러 : 바카라치 스모크 No.3 이하

(2) 유류 연료의 경우, (1)의 바카라치 Smoke Scale을 만족하는 경우에도 배기가스 중 CO 농도가 300ppm 이상인 경우에는 CO 농도 300ppm 이하로 공기비를 조정하여 배기가스 분석값 중 $O_2$ 농도나 $CO_2$ 농도를 이용하여 공기비를 계산한다(다만, 이 조건을 만족하지 못하는 경우에는 그 이유를 명기한다).

(3) 가스 보일러의 경우에는 배기가스 중의 CO 농도가 300ppm 이하인 경우의 배기가스 분석값 중 $O_2$ 농도나 $CO_2$ 농도를 이용하여 공기비를 계산한다.

(4) 공기비 계산은 배기가스 분석값 중 $O_2$ 농도나 $CO_2$ 농도를 이용하여 다음과 같이 계산한다.

**① 배기가스 중의 산소($O_2$) 농도에서 계산하는 경우**

$$m = \frac{21}{21-(O_2)}$$

여기서, $m$ : 공기비, $(O_2)$ : 건 배기가스 중의 산소분(체적 %)

**② 배기가스 중의 탄산가스($CO_2$) 농도에서 계산하는 경우**

$$m = \frac{(CO_2)_{max}}{(CO_2)}$$

여기서, $m$ : 공기비, $(CO_2)_{max}$ : 건 배기가스 중의 이산화탄소분 최댓값(체적%)
$(CO_2)$ : 건 배기가스 중의 이산화탄소분(체적 %)

## 8 송풍압

필요에 따라 송풍압(정압)을 측정한다. 정압 측정방법은 KS B 6311에 따른다.

### 1) 송풍압(정압)의 측정

송풍압은 수주 압력계 등을 사용하여 압입 송풍기 토출구에서 측정한다. 필요에 따라 공기 예열기의 입구 및 출구 또는 버너 윈드박스 등에서도 측정한다.

### 2) 배기가스의 압력 측정

배기가스의 압력은 수주 압력계 등을 사용하여 최종 가열기를 나온 위치에서 측정한다. 필요에 따라 노 내, 보일러 본체 출구, 절탄기, 공기 예열기, 흡출 송풍기의 입구 및 출구에서도 측정한다.

## 9 측정 시간 간격

연료 시료의 채취, 증기, 공기, 배기가스의 압력 및 온도 등의 측정은 기록식 계기를 사용하는 경우 이외에는 각각 일정 시간 간격마다 한다. 대표적으로 다음과 같다.

1) **석탄의 시료 채취** : 시험 시간 중 가능한 한 횟수를 많이 한다(KS E ISO 589 참조).
2) **액체, 기체 연료의 시료 채취 및 증기의 건도 측정** : 시험 시간 중 2회 이상
3) **증기 압력 및 온도와 급수 온도** : 10~30분마다
4) **급수 유량 및 연료 사용량** : 5~10분마다
5) **공기, 배기가스 등의 압력 및 온도** : 15~30분마다
6) **배기가스의 시료 채취** : 30분마다(수동식 급탄 연소의 경우에는 되도록 횟수를 많이 한다.)

# CHAPTER 07 자동제어

## SECTION 01 자동제어

### 1 자동제어

어떤 규정치의 목적에 적합하도록 필요한 조작을 기계가 스스로 작동하여 제어동작을 행하는 장치

#### 1) 자동제어의 종류

(1) 시퀀스 제어

다음 단계로 나아갈 제어동작이 정해져 있고 이전 단계가 완료된 후 일정 시간이 경과하면 다음 동작으로 행하여지는 제어이다. 즉, 미리 정해진 순서에 입각하여 제어의 각 단계가 순차적으로 시작되는 자동제어이다(예 자동 엘리베이터, 전기세탁기, 자동판매기, 교통신호, 전기밥솥 등).

(2) 피드백 제어

자동제어의 기본이며 출력의 신호를 입력의 상태로 되돌려주는 제어, 피드백에 의하여 제어할 양의 값을 목표치와 비교하여 일치되도록 동작을 행하는 제어이다.

#### 2) 자동제어의 목적

보일러의 안전운전 및 온도나 증기의 압력을 일정하게 유지시키며 자동화에 의한 인원의 절감, 시간 낭비 등을 줄이며 경제적인 열효율 향상 대책에 부응하기 위한 것이다.

#### 3) 피드백 제어의 블록선도

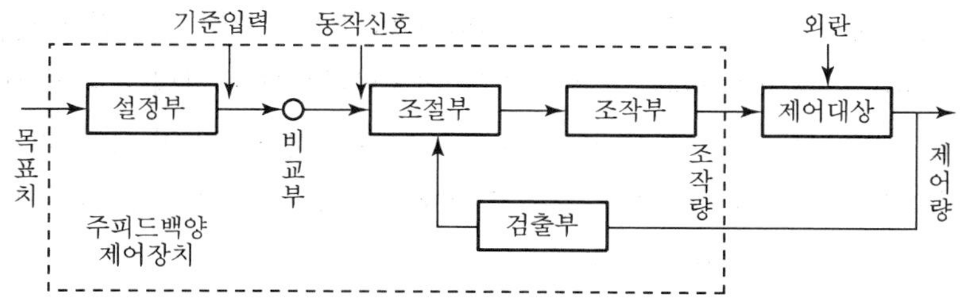


| 피드백 제어의 기본회로(블록선도) |

(1) **목표치** : 입력이라 하며 목푯값이다. 자동제어는 이 목푯값을 벗어나지 않으려고 제어한다. 피드백 제어계에서는 기준입력 요소가 된다.

(2) **비교부** : 현재의 상태가 목푯값과 얼마의 차이가 있는가를 구분하는 부서이다.

(3) **조절부** : 비교부에 의하여 목푯값과의 차이가 나면 여러 가지 제어동작으로 조작신호를 만들어 조작부에 하달하는 부서이다.

(4) **조작부** : 조작신호를 조작량으로 변환하여 제어대상에 작용시키는 부서이다.

(5) **검출부** : 제어량의 현재 상태를 알기 위하여 목푯값 또는 기준입력 요소와 비교가 되도록 검출하는 부서이다.

(6) **외란** : 제어계의 상태를 혼란시키는 외부의 작용이다.

## 2 피드백 제어의 종류

### 1) 제어량의 성질에 따른 분류

(1) **프로세스 제어** : 공장에서 원료를 물리적 · 화학적으로 처리하여 목적하는 제품을 만드는 과정의 제어이며 압력, 온도, 유량, 농도, pH 등의 상태량을 생산공정에 알맞게 자동 조절하는 자동제어이며 프로세스에 가해지는 외란의 억제를 주목적으로 한다.

(2) **서보 기구** : 선박, 비행기 등 물체의 위치, 방위, 자세 등의 기계적 변위를 제어량으로 하는 제어계이며 목푯값의 임의의 변화 시 추종하도록 구성되어 있다.

(3) **자동조정** : 제어량의 속도, 회전속도, 장력, 전압, 전류 등의 공업적 자동제어를 조정한다.

(4) **다변수 제어** : 발생된 증가량에 따라 부하변동을 일정하게 유지시키는 것이 자동제어이나 각 제어량 사이의 매우 복잡한 자동제어를 조정한다.

### 2) 목푯값의 성질에 따른 분류

(1) **정치제어** : 목푯값이 시간적으로 변화하지 않는 제어, 즉 목푯값이 일정한 것

(2) **추치제어** : 목푯값이 변화할 때 그것을 제어량에 따라서 관계하는 제어, 즉 목표치가 변화하면 목표치를 측정하면서 제어량을 목표치에 맞추는 제어로서 3가지로 구분한다.

① 추종제어 : 목표치가 임의적으로 변화하는 제어(자기조정제어)

② 프로그램제어 : 목표치가 정하여진 계획에 따라서 시간적으로 변화하는 제어

③ 비율제어 : 목표치가 다른 양과 일정한 비율관계에서 변화되는 추치제어

(3) **캐스케이드제어** : 프로세스 제어계에서 시간 지연이 크거나 외란이 심한 경우 사용하며 일명 측정제어라고도 한다. 외란의 영향을 줄이고 전체시간 지연을 적게 하는 효과가 있어 출력 측에 낭비시간이 큰 프로세스 제어에 이용된다.

### 3) 조절부의 제어동작

(1) 불연속동작

① **2 위치 동작(On–off)** : 제어량이 설정값에 차이가 나면 조작부를 전폐 또는 전개하여 시동하는 동작이며 반응속도가 빠른 프로세스에서 시간지연과 부하변화가 크며 빈도가 많은

경우에 적합한 동작

② **다위치 동작** : 제어량의 변화 시 제어장치의 조작 위치가 3위치 이상이 있어 제어량에 따라 그중 하나를 택하는 동작

③ **불연속 속도동작(부동제어)** : 제어량 편차에 따라 조작단을 일정한 속도로 정작동이나 역작동 방향으로 움직이게 하는 동작

(2) 연속동작

① **비례동작(P 동작)** : 제어에서 편차의 양이 검출되면 그 양만큼에 비례하여 조작량을 가감하는 조절동작이다. 이때 제어량은 목표치의 설정치보다 조금 못 미치는 값으로 일단의 균형이 잡힌다(잔류편차가 발생된다).

$m = K_p \cdot e + m_o$

② **적분동작(I 동작)** : 제어편차의 크기와 지속시간에 비례하는 출력

제어편차($e$)가 0에서 $e_o$로 계단변화를 하게 되면 출력 $m$은 직선을 따라 변한다. 여기서 적분시간은 출력이 제어편차의 변화량과 크기가 같아지는 데 걸리는 시간을 의미한다.

③ **미분동작(D 동작)** : 제어편차의 변화속도에 비례하는 출력

D 동작은 단속으로 사용하지 않고 비례동작과 함께 사용한다.

④ 비례 적분동작(PI 동작)

⑤ 비례 미분동작(PD 동작)

⑥ 비례 · 적분 · 미분동작(PID 동작)

## 3 보일러 피드백 자동제어 특징

### 1) 피드백 제어의 장점

(1) 설비시설 수명연장 및 원가의 절감이 가능하다.

(2) 생산속도 및 생산량이 증대된다.

(3) 원료 및 연료 동력, 인건비를 절약할 수 있다.

(4) 작업조건이 안전하다.

(5) 생산품질의 향상 및 균일한 제품을 얻는다.

### 2) 피드백 제어의 단점

(1) 설비 시 고가의 금액 및 고도의 기술이 필요하다.

(2) 숙련된 기술이 필요하다.

(3) 일부 고장 시에도 전체 생산에 영향을 미친다.

### 3) 보일러 점화 자동제어

시퀀스 제어사용

## 4 조절기의 신호전달방식 비교

| 종류 | 장점 | 단점 | 비고 |
|---|---|---|---|
| 공기식 | ① 위험성이 적다.<br>② 온도제어 등에 적합하다.<br>③ 배관이 용이하다.<br>④ 보존이 쉽다.<br>⑤ 내열성이 우수하다. | ① 압축성이므로 신호전달에 지연이 있다.<br>② 희망 특성을 살리기 어렵다.<br>③ 전송거리가 100~150m 정도로 짧다. | ① 0.2~1kgf/cm$^2$의 압력으로 조작한다.<br>② P. I. D 동작에 사용 가능하다. |
| 유압식 | ① 전송의 지연이 적다.<br>② 조작력이 크다.<br>③ 희망 특성을 살리기 쉽다.<br>④ 부식이 발생하지 않는다.<br>⑤ 조작속도 및 응답이 빠르다. | ① 인화의 위험이 크다.<br>② 고압의 유압이 필요하다.<br>③ 전송거리가 300m로 짧다. | |
| 전기식 | ① 배선이 용이하다.<br>② 신호전달에 지연이 없다.<br>③ 컴퓨터와 조합이 용이하다.<br>④ 전송거리는 300m~10km까지 가능하다.<br>⑤ 대규모에 적합하다. | ① 값이 비싸다.<br>② 기술을 요한다.<br>③ On-off 동작은 쉬우나 미적분 비례는 복잡한 장치가 필요하다. | ① 4~20mA.DC<br>② 10~50mA.DC |

**참고 보일러 자동제어(ABC : Automatic Boiler Control)**

- 연소제어(ACC : Automatic Combustion Control)
- 급수제어(FWC : Feed Water Control)
- 증기온도 제어(STC : Steam Temperature Control)

| 제어장치 | 제어량 | 조작량 |
|---|---|---|
| 자동연소 | 증기압력 | 연료량, 공기량 |
| | 노내압력 | 연소가스양 |
| 자동급수 | 보일러 수위 | 급수량 |
| 증기온도 | 증기온도 | 전열량 |

## 5 보일러 운전 중 인터록(안전장치)

현재 진행 중인 제어동작이 다음 단계로 미리 옮겨 가지 못하게 차단시키는 장치이다. 즉, 전동작(前動作)이 끝나지 않은 상태에서 후동작의 연결로 넘어가지 못하게 하는 장치이다.

1) **저수위 인터록** : 소정의 수위가 저수위 이하 시에 전자밸브의 차단으로 연소를 저지한다.
2) **압력초과 인터록** : 증기압 초과 시에 전자밸브 차단과 동시에 연소를 저지한다.
3) **불착화 인터록** : 연료분사 후 착화가 되지 않으면 전자밸브 차단과 동시에 연료 공급을 중지한다.

4) **프리퍼지 인터록(환기장치 인터록)** : 대형 보일러인 경우 송풍기 미작동 시 전자밸브가 열리지 않고 점화가 저지된다.

5) **저연소 인터록** : 연소 초기에 저연소(총 부하의 약 30%)상태가 되지 않으면 연소가 중지된다.

## 6 보일러 급수제어

1) **단요소식** : 수위
2) **2요소식** : 수위, 증기량
3) **3요소식** : 수위, 증기량, 급수량

## 7 과열증기 온도제어

1) 과열저감기를 사용한다.
2) 열가스 흐름유량을 댐퍼로 조절한다.
3) 연소실 연소가스 화염의 위치를 바꾼다.
4) 배기가스 폐가스를 연소실로 재순환시킨다.

CHAPTER 08

# 난방부하 및 난방설비

## SECTION 01 난방부하

난방에 있어서 부하(負何)라 함은 열손실을 말하는 것이다. 난방부하 손실은 크게 다음과 같이 나눌 수 있다.

- 외벽, 지붕, 바닥 난방을 하지 않은 방과의 칸막이나 천장을 통한 온도차로 인한 열손실량
- 창문의 틈새 및 환기를 위한 외부공기 유입 등이 있고 벽이나 지붕을 통하여 전도되는 전도 열손실량

### 1 열의 이동속도

$$\frac{\text{추진력}(\Delta t)}{\text{열저항}(R)}(\text{kcal/m}^2\text{h}=\text{kW/m}^2)$$

### 2 통과된 열량

$$Q = K \cdot F \cdot \Delta t$$

여기서, $F$ : 열전달면적($\text{m}^2$), $K$ : 열관류율($\text{kcal/m}^2\text{h}℃=\text{kW/m}^2℃=\text{W/m}^2℃$), $\Delta t$ : 온도차(℃)

### 3 열관류율($K$)

$$\frac{1}{R}$$

### 4 전열저항계수($R$)

$$\frac{\frac{1}{a_1}+\frac{b_1}{\lambda}+\frac{1}{a_2}}{1}(\text{m}^2\text{h}℃/\text{kcal}=\text{m}^2℃/\text{W})$$

### 5 난방부하 계산

#### 1) 상당방열면적(EDR)으로부터 계산

(1) EDR : 상당방열면적이라고 하며 표준방열량을 말한다. 방열면적 1$\text{m}^2$를 1EDR이라 한다. 온수난방의 경우 450$\text{kcal/m}^2\text{h}$(=0.53kW), 증기난방의 경우 650$\text{kcal/m}^2\text{h}$(=0.76kW)이다.

(2) 주철제 방열기의 온수 평균온도가 80℃, 실내온도가 18.5℃인 경우에 온수난방 시 표준방열량은 450kcal/m²h(=0.53kW)이다.

(3) 표준방열량과 상당방열면적

| 구분 | 방열기 내의 평균온도 | 난방온도 | 온도차 | 방열계수 | 표준방열량(kcal/kg) |
|---|---|---|---|---|---|
| 온수난방 | 80℃ | 18.5℃ | 61.5℃ | 7.31 | 450 |
| 증기난방 | 102℃ | 18.5℃ | 83.5℃ | 7.78 | 650 |

일반적으로 증기온도는 실내온도 21℃(102℃−81℃)로 본다.

(4) 방열량 계산

① 방열기의 방열량(kcal/m²h=kW/m²) 계산

㉠ 방열기의 방열계수×온도차

㉡ 표준방열량×방열량 보정계수

② 온도차 계산(℃) $= \dfrac{\text{방열기입구온도} + \text{방열기출구온도}}{2} - \text{실내온도}$

(5) 난방부하 계산(kcal/h=kW)

① 난방부하=EDR×방열기의 표준방열량

② 난방부하=방열기의 소요방열면적×방열기의 방열량

(6) 방열기의 소요방열면적(m²) 계산 $= \dfrac{\text{난방부하}(\text{kcal/h} = \text{kW})}{\text{방열기의 방열량}(\text{kcal/m}^2\text{h} = \text{kW/m}^2)}$

(7) 상당방열면적(EDR) 계산 $= \dfrac{\text{난방부하}}{\text{표준방열량}}$

# SECTION 02 보일러의 용량계산

## 1 보일러의 효율계산과 난방부하계산

구멍탄 보일러나 온수 보일러에서 보일러의 효율계산은 기본적으로 같다.

### 1) 효율

$$(\eta) = \frac{G_w \cdot C_p(t_2 - t_1)}{G_0 \cdot H_l} \times 100(\%)$$

여기서, $G_w$ : 온수출탕량(kg/h), $C_p$ : 물의 평균비열(≒1kcal/kg℃=4.186kJ/kg℃)

$t_2$ : 온수의 평균출구온도(℃), $t_1$ : 온수의 평균입구온도(℃)

$G_0$ : 연료 소비량(kg/h), $H_l$ : 연료의 저위발열량(kcal/kg=kJ/kg)

### 2) 온수 보일러 난방출력

난방출력$= G_h \cdot C_p(th_2 - th_1)$[kcal/h=kW]

여기서, $G_h$ : 출탕량 또는 급수량(kg/h), $C_p$ : 물의 평균비열(kcal/kg℃=4.186kJ/kg℃)
$th_2$ : 난방출구온도(℃), $th_1$ : 난방입구온도(℃)

### 3) 온수 보일러 연속 급탕출력

급탕출력$= G_h \cdot C_p(th_2 - th_1)$

여기서, $G_h$ : 급탕량 또는 급수량(kg/h), $C_p$ : 물의 평균비열(kcal/kg℃=4.186kJ/kg℃)
$th_2$ : 급탕 평균온도(℃), $th_1$ : 급수온도(℃)

### 4) 구멍탄 보일러 효율

$$(\eta) = \frac{\text{보일러 출력} \times 24}{\text{연소통 수} \times \text{통당 연탄 사용개수} \times \text{연탄의 무게} \times \text{탄의 발열량}} \times 100\%$$

여기서, 보일러 출력(kcal/h), 구멍탄의 무게(kg)
탄의 발열량 : 4,400~4,600kcal/kg(18,419~19,256kJ/kg)
통당 연탄사용개수 : 1일 사용개수

## 2 난방용 보일러의 출력계산

- 정격출력(보일러 용량) : $H_m = H_1 + H_2 + H_3 + H_4$
- 상용출력 : $H_1 + H_2 + H_3$
- 방열기 부하 : $H_1$

여기서, $H_1$ : 난방부하(kcal/h=kW), $H_2$ : 급탕부하(kcal/h=kW)
$H_3$ : 배관부하(kcal/h=kW), $H_4$ : 시동부하(kcal/h=kW)

### 1) 난방부하계산($H_1$)

(1) 상당방열면적으로부터 계산

① 상당방열면적을 EDR이라 한다.

② 난방부하=EDR×방열기의 방열량

㉠ 증기의 경우 : 650kcal/m²h=0.76kW

㉡ 온수의 경우 : 450kcal/m²h=0.53kW

▼ 표준방열량과 상당방열면적의 비교

| 구분 | 방열기 내의 평균온도 | 난방온도 | 온도차 | 방열계수 | 표준방열량 |
|---|---|---|---|---|---|
| 증기 | 102℃ | 18.5℃ | 83.5℃ | 7.78 | 650 |
| 온수 | 80℃ | 18.5℃ | 61.5℃ | 7.31 | 450 |

(2) 손실열량으로부터 계산(Q)

$Q = K \cdot F \cdot \Delta t \cdot Z$ [kcal/h=kW]

$K = \dfrac{1}{R}$

여기서, $F$ : 벽체, 바닥 등의 총면적($m^2$), $\Delta t$ : 실내 · 실외의 온도차(℃)
$Z$ : 방위에 따른 부가계수, $K$ : 열관류율(kcal/$m^2$h℃=kW/$m^2$℃)
$R$ : 전열저항계수(열저항)($m^2$h℃/kcal=$m^2$℃/kW)

$$K = \frac{1}{\frac{1}{a_1} + \frac{b}{\lambda} + \frac{1}{a_2}} \text{(kcal/m}^2\text{h℃)}$$

$$R = \frac{\frac{1}{a_1} + \frac{b}{\lambda} + \frac{1}{a_2}}{1} \text{(m}^2\text{h℃/kcal)}$$

여기서, $a_1$ : 실내측 열전달률(kcal/$m^2$h℃=kW/$m^2$℃)
$a_2$ : 실외측 열전달률(kcal/$m^2$h℃=kW/$m^2$℃)
$\lambda$ : 벽체의 열전도율(kcal/mh℃=kW/$m^2$℃)
$b$ : 벽체의 두께(m)

### 2) 급탕 및 취사 부하계산($H_2$)

보일러에서 급탕이란 급수를 공급하여 온수를 만들어서 사용하는 것이다.

$H_2 = G \cdot C_p \cdot \Delta t$ [kcal/h]

여기서, $G$ : 시간당 급탕사용량(kg/h)
$C_p$ : 물의 평균비열(kcal/kg℃=W/kg℃)
$\Delta t$ : 출탕온도에서 급수온도를 뺀 값의 온도(℃)

일반적으로 급탕온도와 급수온도가 없으면 60kcal/h(=1,252kJ/h)로 계산된다.

### 3) 배관부하($H_3$)

배관부하는 배관에서 생기는 열손실이며 난방, 급탕 등의 목적으로 온수를 배관을 통하여 공급하는 경우에 온수의 온도와 배관 주위의 공기와 접하는 온도차로 인하여 많은 열손실이 생긴다. 그러나 배관부하는 작을수록 좋다.

### 4) 시동부하(예열부하 $H_4$)

보일러 가동 전 냉각된 보일러를 운전온도가 될 때까지 가열하는 데 필요한 열량으로 보일러, 배관 등의 전철의(보일러, 배관의 총 중량) 무게가 예열되는 데 필요한 열량과 보일러 내부의 보유수의 물을 가열하는 데 소비되는 총 열량을 시동부하라 한다.

(1) $H_4 = (C \cdot W + U \cdot C_p)(t_2 - t_1)$[kcal = kW]

여기서, $C$ : 철의 비열(kcal/kg℃ = kW/kg℃), $W$ : 철의 무게(kg)
$C_p$ : 물의 비열(kcal/kg℃ = kW/kg℃), $t_2$ : 보일러 가동상태의 물의 온도(℃)
$t_1$ : 보일러 가동 전 물의 온도(℃), $U$ : 물의 무게(kg)

(2) $H_4 = (H_1 + H_2 + H_3) \times (0.25 \sim 0.35)$

### 5) 정격출력계산(보일러 용량 계산)

정격출력($H_m$)= $\dfrac{(H_1 + H_2)(1+a)B}{K}$[kcal/h = kW]

여기서, $H_1$ : 난방부하(kcal/h = kW), $H_2$ : 급탕부하(kcal/h = kW)
$a$ : 배관부하율(0.25~0.35)
$B$ : 예열부하(여력계수 : 1.40~1.65), $K$ : 출력저하계수

### 4) 보일러 예열에 필요한 시간(hr)

$$hr = \frac{H_4}{H_m - \frac{1}{2}(H_1 + H_3)}$$

여기서, $H_4$ : 예열부하(kcal/h = kW), $H_m$ : 정격출력(kcal/h = kW), $H_1$ : 난방부하(kcal/h = kW)
$H_3$ : 배관부하(kcal/h), $\frac{1}{2}(H_1 + H_3)$ : 예열시간 중의 평균열손실(kcal/h = kW)

### 5) 방열기

(1) 방열기의 방열량(kcal/m²h = kW/m²)
방열기의 방열계수(kcal/m²h℃ = kW/m²℃) × (방열기 내의 평균온수온도 − 실내온도)
(2) 사용방열면적(m²) = 난방부하(kcal/h = kW) ÷ 450(또는 실제 방열기의 방열량)
(3) 방열기에 의한 난방부하(kcal/h = kW) = 소요방열면적 × 방열기의 방열량
(4) 방열기의 쪽수계산(온수난방 시)

$$\frac{\text{난방부하}}{450 \times \text{쪽당 표면적}}(\text{쪽})$$

**참고** 증기난방 시에는 450 대신 650을 사용

### 6) 온수순환량 계산(kg/h)

$$\frac{\text{시간당 난방부하(kcal/h = kW)}}{\text{온수의 비열(kcal/kg℃ = kW/kg℃)} \times (\text{송수온도} - \text{환수온도})(℃)}$$

### 7) 자연순환수두(가득수두계산, mmAq)

1,000 × (보일러 가동 전 물의 밀도 − 보일러 운전 중 물의 밀도) × 배관의 수직높이

**참고** 보일러 물의 밀도(kg/L), 배관의 높이(m)

#### 8) 온수 팽창량의 계산

$$\text{보일러 내의 물의 양(L)} \times \left( \frac{1}{\text{송수의 밀도}} - \frac{1}{\text{보일러 가동 전 물의 밀도}} \right) \text{(L)}$$

여기서, $\rho$ : 밀도(kg/L)

#### 9) 개방식 팽창탱크의 용량계산($V_1$)

$V_1$ = 온수팽창량(L) × 2~2.5배(L)

#### 10) 밀폐식 팽창탱크 용량계산($V_2$)

$$V_2 = \frac{\text{온수팽창량}}{\frac{1}{1+0.1 \times h} - \frac{1}{\text{절대압력}(abs)}} \text{(L)}$$

여기서, $h$ : 배관 최고 높이의 수직거리(m)
$abs$ : 보일러게이지 압력+1

## SECTION 03 난방방식의 분류

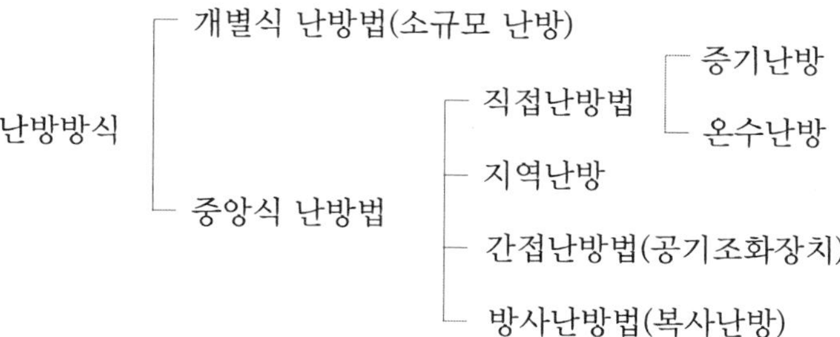


### 1 온수난방법(Hot Water Heating System)

#### 1) 온수난방이 증기난방보다 우수한 점

(1) 난방부하의 변동에 따라 온도조절이 용이하다.
(2) 가열시간은 길지만 잘 식지 않아서 증기난방에 비해 배관의 동결우려가 없다.
(3) 방열기의 표면온도가 낮아서 화상의 염려가 없고 실내의 쾌감도 높다.
(4) 보일러의 취급이 용이하고 소규모 주택에 적당하다.
(5) 연료비도 비교적 적게 든다.

### 2) 온수난방의 분류

온수난방은 증기난방에 비해 우수한 점들이 많아 일반주택용으로 많이 이용된다.

| 분류기준 | 종류 |
|---|---|
| 온수온도 | ① 보통온수식 : 보통 85~90℃의 온수 사용, 개방식 팽창탱크<br>② 고온수식 : 보통 100℃ 이상의 고온수 사용, 밀폐식 팽창탱크 |
| 온수 순환방법 | ① 중력순환식 : 중력작용에 의한 자연순환<br>② 강제순환식 : 펌프 등의 기계력에 의한 강제순환 |
| 배관방법 | ① 단관식 : 송탕관과 복귀탕관이 동일 배관<br>② 복관식 : 송탕관과 복귀탕관이 서로 다른 배관 |
| 온수 공급 방법 | ① 상향공급식 : 송탕주관을 최하층에 배관, 수직관을 상향 분기<br>② 하향공급식 : 송탕주관을 최상층에 배관, 수직관을 하향 분기 |

### 3) 온수의 순환방법에 따른 분류

(1) 중력순환식 온수난방

① 온수의 온도가 저하되면 무거워지는 것을 이용하여 자연적으로 순환시킨다(밀도차를 이용).

② 보일러 설치는 최하위의 방열기보다 낮은 곳에 설치하여야 한다(그러나 소규모일 때에는 보일러와 방열기를 같은 층에 설비하는 동층 온수난방, 일명 동계 같은 층 온수난방을 할 수 있다).

(2) 강제순환식 온수난방

순환펌프 등에 의해 온수를 강제 순환시키는 방법으로 대규모 난방용으로 적당하다.

• **순환펌프** : 센트리퓨걸 펌프, 축류형 펌프, 하이드로레이터 펌프 등이 있다.

## 2 증기난방법

### 1) 중력환수식 증기난방

(1) 단관 중력환수식 증기난방

① 저압보일러용이다.

② 난방이 불완전하다.

③ 환수관이 없어서 난방을 용이하게 하기 위해 공기빼기장치가 반드시 필요하다.

④ 방열기의 밸브는 방열기 하부 태핑에 장착하고 공기빼기 밸브는 상부 태핑에 장착한다.

⑤ 개폐에 의한 증기량 조절이 되지 않는다.

⑥ 배관경은 크고 길이는 짧게 할 수 있다.

⑦ 증기와 응축수가 관 내에서 역류하므로 증기의 흐름이 방해가 된다.

⑧ 소규모 주택 등의 난방에 사용된다.

(2) 복관 중력환수식 증기난방

증기와 응축수가 각각 다른 관을 통해 공급되는 난방이므로 일반적으로 방열기 밸브는 위로 설치하고 반대편 하부 태핑에 열동식 트랩을 장치한다.

**참고** 통기의 배기방법 : 에어리턴식(Air Return), 에어벤트식(Air Vent)

### 2) 기계환수식 증기난방

응축수를 일단 탱크 내에 모아서 펌프를 사용하여 보일러에 급수하는 난방이다.

(1) 응축수가 중력환수가 되지 않는 보일러에 사용된다.
(2) 탱크(수주탱크)는 최하위의 방열기보다 낮은 곳에 설치한다.
(3) 방열기에는 공기빼기가 불필요하다.
(4) 방열기 밸브의 반대편 하부 태핑에 열동식 트랩을 단다.
(5) 응축수 펌프는 저양정의 센트리퓨걸 펌프가 사용된다.
(6) 탱크 내에 들어온 공기는 자동 공기드레인 밸브에 의하여 공기 속으로 배기된다.
(7) 펌프의 압력은 0.3~1.4kg/$cm^2$ 정도이다.

### 3) 진공환수식 증기난방

대규모 난방에 사용되며 환수관의 끝에서 보일러 바로 앞에 진공펌프를 설치하여 난방시킨다. 즉, 환수관 내의 응축수와 공기를 펌프로 빨아내고 관 내를 100~250mmHg 정도의 진공상태로 유지하여 응축수를 빨리 배출시킨다.

(1) 증기의 회전이 제일 빠른 난방이다.
(2) 환수관의 직경이 작아도 된다.
(3) 방열기 설치장소에 제한을 받지 않는다.
(4) 방열량이 광범위하게 조절된다.

▼ 증기난방 분류

| 분류기준 | 분류 |
|---|---|
| 증기압력 | ① 고압식(증기압력 1kg/$cm^2$ 이상)<br>② 저압식(증기압력 0.15~0.35kg/$cm^2$) |
| 배관방법 | ① 단관식(증기와 응축수가 동일 배관)<br>② 복관식(증기와 응축수가 서로 다른 배관) |
| 증기공급법 | ① 상향공급식<br>② 하향공급식 |
| 응축수 환수법 | ① 중력환수식(응축수를 중력작용으로 환수)<br>② 기계환수식(펌프로 보일러에 강제환수)<br>③ 진공환수식(진공펌프로 환수 내 응축수와 공기를 흡입순환) |
| 환수관의 배관법 | ① 건식환수관식(환수주관을 보일러 수면보다 높게 배관)<br>② 습식환수관식(환수주관을 보일러 수면보다 낮게 배관) |

## 3 복사난방법(Panel Heating System)

벽 속에 가열코일을 묻어서 그 코일 내에 온수를 보내어 그 복사열로 난방을 하는 것이다.

### 1) 복사난방의 장단점

(1) 장점

① 실내온도가 균일하여 쾌감도가 높다.
② 천장이 높은 집에 난방이 적당하다.
③ 동일 방열량에 대해 열손실이 대체로 적다.
④ 공기의 대류가 적어서 공기의 오염도가 적다.
⑤ 평균온도가 낮아서 열손실이 적다.
⑥ 방열기의 설치가 불필요하여 바닥면의 이용도가 높다.

(2) 단점

① 단열재의 시공이 필요하다.
② 외기 온도변화에 따른 조작이 어렵다.
③ 배관을 벽 속에 매설하기 때문에 시공이 어렵다.
④ 고장 시 발견이 어렵고 벽 표면이나 시멘모르타르 부분에 균열이 발생한다.

### 2) 복사난방의 패널

(1) 패널의 종류

① **바닥패널** : 패널면적이 커야 한다.
② **천장패널** : 패널면적이 작아도 된다.
③ **벽패널** : 시공이 곤란하여 활용가치가 없다.

(2) 패널의 재료

① 강관
② 동관
③ 폴리에틸렌관

(3) **열전도율의 순서** : 동관>강관>폴리에틸렌관

(4) **패널의 한 조당 길이** : 코일길이는 40~60m 정도이다.

## 4 지역난방

지역난방은 1개소 또는 수 개소의 보일러실에서 어떤 지역 내의 건물에 증기 또는 온수를 공급하는 난방방식이다. 공장이나 병원 또는 학교, 집단, 주택 등의 난방에서 시가지 전 지역에 걸쳐서 난방하는 것을 지역난방이라 한다.

### 1) 지역난방의 장점

(1) 인건비가 경감된다.

(2) 각 건물의 난방운전이 합리적으로 된다.

(3) 설비의 고도화에 따라 도시 매연이 감소된다.

(4) 각 건물에 보일러실 연돌이 필요 없으므로 건물의 유효면적이 증대된다.

(5) 각 개의 건물에 보일러를 설치하는 경우에 비해 대규모 설비로 완전히 관리할 수 있어 열효율이 좋고 연료비가 절감된다.

### 2) 지역난방의 열매체

(1) **증기** : 게이지 압력 1kgf/cm$^2$에서 15kgf/cm$^2$까지 사용된다.

(2) **온수** : 주로 100℃ 이상의 고온수가 사용된다(약 102~115℃).

### 3) 지역난방의 열매체 사용상의 특징

1) 증기 사용

① 응축수 펌프가 필요하다.

② 증기트랩의 고장이 있다.

③ 각종 기기의 보수 관리에 노력이 많이 든다.

2) 온수 사용

① 연료의 절약이 가능하다.

② 난방부하에 따라 보일러의 가동이 가감된다.

③ 외기의 온도변화에 따라 온수의 온도가 가감된다.

④ 지형의 고저가 있어도 온수순환펌프에 의해 순환이 가능하다.

⑤ 열용량이 커서 연속운전이 아니면 시동 시 예열부하 손실이 크다.

⑥ 증기에 비해 관 내 저항손실이 커서 넓은 지역난방에서는 사용이 불편하다.

## SECTION 04 배관시공법

### 1 온수난방 시공(배관구배)

온수배관은 공기밸브나 팽창탱크를 향하여 상향구배로 하여 에어포켓(Air Pocket)을 만들지 않게 배관한다. 일반적으로 구배는 1/250로 하고 배수밸브를 향하여 하향구배를 한다.

### 1) 단관 중력순환식

메인 파이프에 선단하향구배를 하고 공기는 모두 팽창탱크에서 배제하도록 한다. 온수주관은 끝내림 구배를 준다.

### 2) 복관 중력환수식

(1) 하향공급식 : 공급관이나 복귀관 다 같이 선단하향구배이다.

(2) 상향공급식

① 공급관을 선단상향구배

② 복귀관을 선단하향구배

### 3) 강제순환식

(1) 배관의 구배는 선단상향, 하향과는 무관하다.

(2) 배관 내에 에어포켓을 만들어서는 안 된다.

## 2 증기난방 시공

### 1) 배관구배

(1) 단관 중력식 증기난방

단관식의 경우는 가급적 구배를 크게 하여 하향식 · 상향식 모두 증기와 응축수가 역류되지 않게 한다. 그러기 위하여 선단하향구배(끝내림 구배)를 준다.

① 순류관 구배 : 증기가 응축수와 동일 방향으로 흐르며 구배는 1/100~1/200 정도이다.

② 역류관(상향공급식)에서 구배는 1/50~1/100 정도이다.

(2) 복관 중력식 증기난방

복관식의 경우 환수관이 건식과 습식에서는 시공법이 다르지만 증기 메인 파이프는 어느 경우도 구배가 1/200 정도의 선단하향구배이다.

① 건식 환수관 : 1/200 정도의 선단하향구배로 보일러실까지 배관하고 환수관의 위치는 보일러 표준수위보다 650mm 높은 위치에 시공하여 급수에 지장이 없도록 한다. 또한 증기관과 환수관이 연결되는 곳에는 반드시 증기트랩을 설치하여 증기가 환수관으로 흐르지 않도록 방지한다.

① 습식 환수관 : 증기관 내의 응축수를 환수관에 배출할 때 트랩장치를 사용하지 않고 직접 배출이 가능하다. 또 환수관 말단의 수면이 보일러 수면보다 응축수의 마찰손실 수면이 높아지므로 증기주관을 환수관의 수면보다 450mm 이상 높게 하고 이 설비가 불가능하면 응축수 펌프를 설비하여 보일러에 급수한다.

(3) 진공환수식 증기난방

진공환수식에서 환수관은 건식 환수관을 사용한다. 또한 증기주관은 1/200~1/300 하향구배(끝내림)를 만들고 방열기, 브랜치관 등에서 선단에 트랩장치를 가지고 있지 않은 경우에는 1/50~1/100의 역구배를 만들고 응축수를 증기주관에 역류시킨다. 그리고 저압증기 환수관이 진공펌프의 흡입구보다 저위치에 있을 때 응축수를 끌어올리기 위한 설치로 리프트 피팅을 시공하는 경우에는 환수주관보다 1~2mm 정도의 작은 치수를 사용하고 1단의 흡상높이는 1.5m 이내로 한다. 리프트 피팅의 그 사용개수는 가급적 적게 하고 급수펌프의 가까이에서 1개소만 설비하도록 한다.

### 2) 하트포드 접속법(Hartford Connection)

보일러의 물이 환수관에 역류하여 보일러 속의 수면이 저수위 이하로 내려가는 경우가 있는데 이것을 방지하기 위하여 증기관과 환수관 사이에 균형관(밸런스관)을 설치하여 증기압력과 환수관의 균형을 유지시켜 환수족관에서 흘러나오는 물이 보일러로 들어가지 않게 방지하는 역할을 한다.

### 3) 방열기 지관

스위블 이음을 적용해 따내고 지관의 구배는 증기관은 끝올림, 환수관은 끝내림으로 한다. 주형 방열기는 벽에서 50~60mm 떼어서 설치한다. 또한 벽걸이형은 방바닥에서 150mm 높게 설치하여야 한다.

### 4) 감압밸브의 설치

감압밸브의 설치 시에는 배관에는 유체가 흐르는 입구 쪽에서부터 압력계(고압측), 글로브밸브, 여과기, 감압밸브, 인크래서(Increaser), 슬루스밸브, 안전밸브, 저압측 압력계의 순으로 설치된다. 감압밸브에서 파일럿관을 이을 때에는 감압밸브에서 3m 떨어진 유체의 출구 쪽에 접속하고 밸브는 글로브밸브를 설치한다.

### 5) 리프트 피팅(Lift Fitting) 설치

리프트 피팅에서 응축수를 끌어올리는 높이가 1.5m 이하일 때에는 1단 리프트 피팅을 하고, 3m 이하일 때는 2단 리프트 피팅을 한다.

### 6) 드레인 포켓

증기주관에서 응축수를 건식 환수관에 배출하려면 주관과 동경으로 100mm 이상 내리고 하부로 150mm 이상 연장해 드레인 포켓을 만들어 준다.

# SECTION 05 방열기(Radiator)

방열기(라디에이터)는 주로 대류난방에 사용되며 재료상 주철제, 강판제, 강관제, 알루미늄제가 있다.

## 1 방열기의 종류

### 1) 주형 방열기(Column Radiator)

(1) 종류 : 2주형(Ⅱ), 3주형(Ⅲ), 3세주형(3), 5세주형(5)

(2) 방열면적 : 한쪽(Section)당 표면적으로 나타낸다.

### 2) 벽걸이 방열기(Wall Radiator)

주철제로서 횡형과 종형이 있다(바닥에서 150mm 이상 높이에 설치).

(1) 횡형(W-H)　　(2) 종형(W-V)

### 3) 길드 방열기(Gilled Radiator)

1m 정도의 주철제로 된 파이프가 방열기이다.

### 4) 대류 방열기(Convector)

강판제 캐비닛 속에 핀튜브형의 가열기가 들어 있는 방열기이며 캐비닛 속에서 대류작용을 일으켜 난방한다. 특히 높이가 낮은 대류 방열기를 베이스 보드 히터라 하며, 베이스 보드 히터는 바닥 면에서 최대 90mm 정도의 높이로 설치한다.

## 2 방열기의 배치

1) **설치장소** : 외기와 접한 창밑에 설치한다.

2) **배치거리** : 벽에서 50~60mm 떨어진 곳에 설치한다.

## 3 방열기의 호칭

### 1) 종별-형×쪽수(벽걸이 방열기)

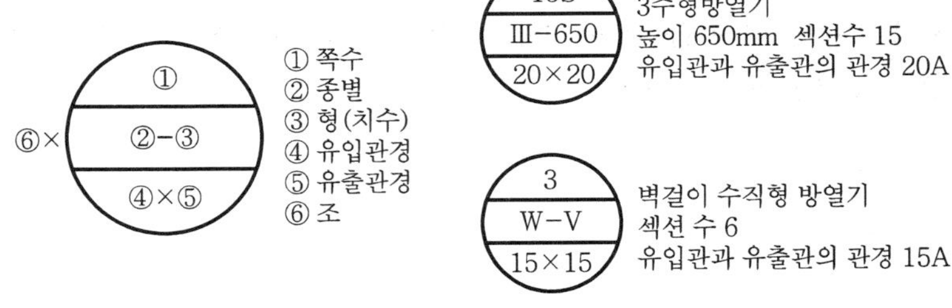


| 방열기 도시법 |

## 2) 기타 방열기의 도시기호

### (1) 벽걸이형(수직형, 수평형) 방열기

예

4

W-V

20×15

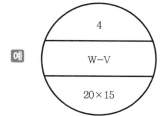

### (2) 길드형 방열기

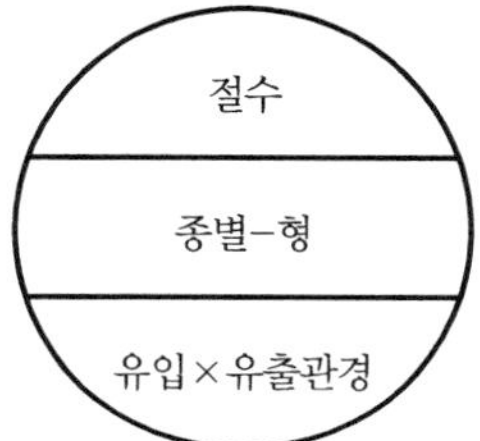


예

4

G-S

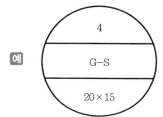

20×15

### (3) 캐비닛 히터

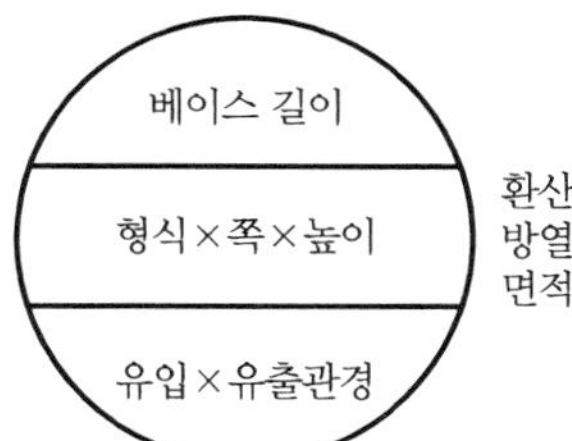


예

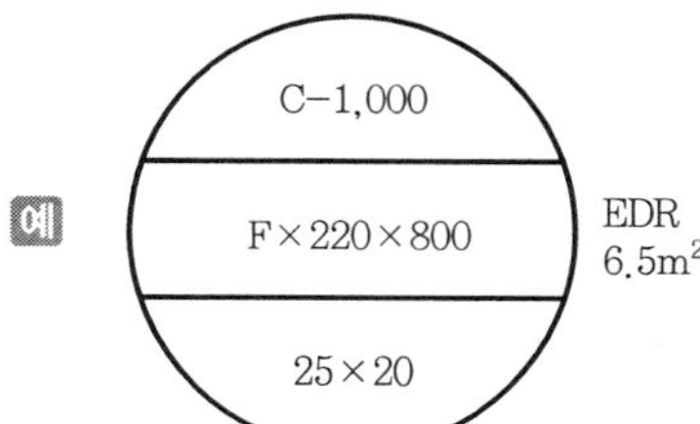


### (4) 베이스 보드 히터

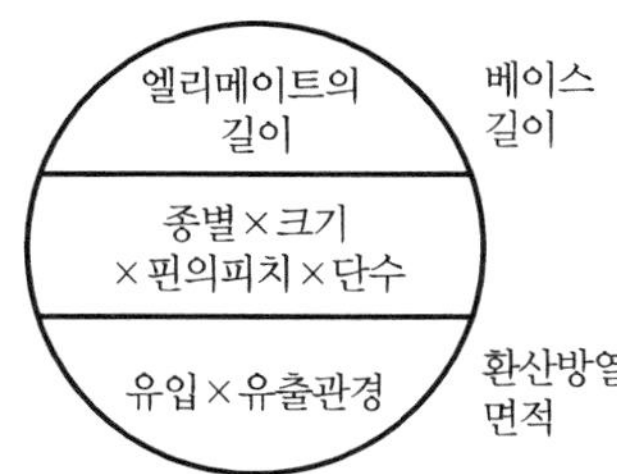


예

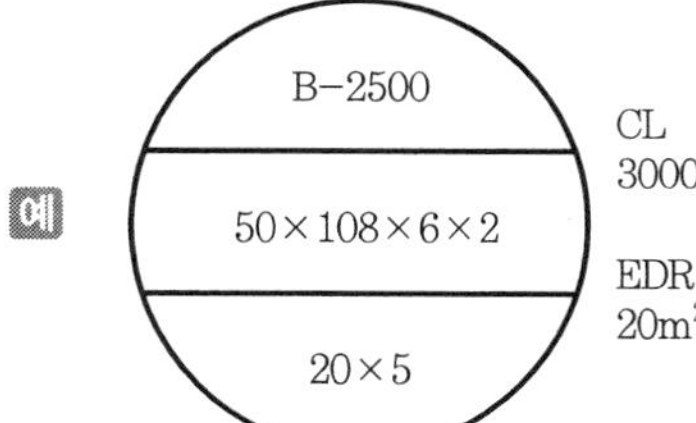

## 4 방열기의 부속

### 1) 방열기 밸브

방열기 입구에 설치해서 증기나 온수의 유량을 수동으로 조절한다. 일명 팩리스 밸브(Packless Valve)라고 한다.

### 2) 방열기 트랩

방열기 출구에 설치하는 열동식 트랩(Thermostatic Trap)이며 에테르 등의 휘발성 액체를 넣은 벨로스를 부착하여 이것에 접촉되는 열의 고저에 의한 팽창이나 수축작용으로 벨로스 하부의 밸브가 개폐됨으로써 응축수를 환수관으로 보내는 역할을 한다.

## 5 방열면적 계산(온수난방)

### 1) 소요방열면적

$$\frac{\text{시간당 난방부하}}{\text{방열기의 방열량}}(\mathrm{m^2})$$

### 2) 상당방열면적 EDR

$$\frac{\text{시간당 난방부하}}{450}(\mathrm{m^2})$$(단, 증기난방에서는 650kcal/m²h로 나눈다.)

## 6 방열기 쪽수계산

### 1) 소요방열 쪽수계산(쪽수)

$$\frac{\text{시간당 난방부하}}{\text{방열기의 방열량}\times\text{쪽당 방열표면적}}(\text{쪽})$$

### 2) 방열기 쪽수계산(온수난방)

$$\frac{\text{시간당 난방부하}}{450\times\text{쪽당 방열표면적}}(\text{쪽})$$

### 3) 방열기 쪽수계산(증기난방)

$$\frac{\text{시간당 난방부하}}{650\times\text{쪽당 방열표면적}}(\text{쪽})$$

여기서, 시간당 난방부하 : kcal/h
방열기의 방열량 : kcal/$m^2$h
쪽당 방열표면적 : $m^2$/섹션당

# SECTION 06 팽창탱크

팽창탱크는 온수 보일러의 안전장치로서 온수의 온도가 상승하여 온수체적의 증가로 수압의 상승에 의한 보일러의 파열사고를 방지하기 위해 설치된다.

## 1 설치목적

1) 보일러 운전 중 장치 내의 온도상승에 의한 체적팽창이나 이상팽창의 압력을 흡수한다.
2) 운전 중 장치 내를 소정의 압력으로 유지한다.
3) 팽창한 물의 배출을 방지하여 장치 내의 열손실을 방지한다.
4) 보충수를 공급하여 준다.
5) 공기를 배출하고 운전정지 후에도 일정압력이 유지된다.

## 2 팽창탱크의 종류

- 구조에 따라 ┌ 개방식 / └ 밀폐식
- 재질에 따라 ┌ 강철제 / └ 내열성 합성수지

### 1) 개방식 팽창탱크

일반주택 등에서 저온수 난방 시에 주로 사용되며, 대기에 개방된 개방관은 팽창탱크에 두고 온수팽창에 의한 팽창압력을 외부로 배출한다.

### 2) 밀폐식 팽창탱크

주로 고온수 난방에 사용되며 설치위치에 관계없이 설비가 가능하다. 팽창압력을 압축공기 등으로 흡수해야 하기 때문에 몇몇의 부대장치가 필요하다.

**[밀폐식 팽창탱크 부대장치]**

| (1) 수위계 | (2) 방출밸브 | (3) 압력계 |
|---|---|---|
| (4) 압축공기관 | (5) 급수관 | (6) 배수관 |

### 3) 팽창탱크(L) 용량계산

(1) 개방식($\Delta V$)

$$\Delta V(\mathrm{L}) = a \cdot V \cdot \Delta t,\ \Delta V = \left(\frac{1}{\rho_2} - \frac{1}{\rho_1}\right) \times V$$

여기서, $a$ : 물의 팽창계수 $0.5 \times 10^{-3}$/℃
$V$ : 보유수량(전수량), $\Delta V$ : 온수팽창량(L)
$\Delta t$ : 온도상승(℃)(운전온도−시동 전 온도)
$\rho_1$ : 시동 전 물의 밀도(비중), $\rho_2$ : 운전 중 물의 밀도(비중)

(2) 밀폐식($E \cdot T$)

$$E \cdot T(\mathrm{L}) = \frac{\Delta V}{\dfrac{P_a}{P_a + 0.1h} - \dfrac{P_a}{P_1}}$$

여기서, $\Delta V$ : 온수팽창량(L), $P_a$ : 대기압(kgf/cm$^2$) = 1kgf/cm$^2$(1.0332kgf/cm$^2$a)
$h$ : 팽창탱크로부터 최고부까지 높이(m), $P_1$ : 보일러의 최고허용압력(kgf/cm$^2$ abs)

(3) 밀폐식 팽창탱크에 필요한 공기압($H_T$)

$$H_T = h + H_t + (1/2)h_p + 2$$

여기서, $H_T$ : 필요한 공기압(m$H_2O$)
$h$ : 최고부까지의 높이(m)
$H_t$ : 온수온도에 상당하는 포화증기압(m$H_2O$)
$h_p$ : 펌프의 양정(m)

# SECTION 07 급수설비

## 1 급수배관법

### 1) 직결식(직접급수법)

(1) 우물직결식 : 우물 근처에 펌프를 설치하여 물을 끌어올린 후 급수한다.

(2) 수도직결식 : 수도원관의 수압을 이용하여 직접 건물에 급수하는 방식이다. 사용처는 일반 주택 및 소규모 건축물에 쓰인다. 연결은 수도 본관에 지관을 붙여서 급수관을 연결한 후 급수 수전계량기를 설치한다.

### 2) 고가탱크식(옥상탱크) 급수법

수도 본관의 수압이 부족하여 물이 건물의 최상층까지 도달하지 못하거나 오히려 수압이 과다하여 배관부속품이 파손될 우려가 있을 때 탱크를 옥상 높은 곳에 설치하여 펌프로 물을 퍼올려 하향 급수관으로 물을 급수시킨다.

### 3) 압력탱크식 급수법

지상에 강판제 밀폐탱크를 설치하여 펌프로 탱크 속에 압입하고, 탱크 속의 공기를 3kg/cm$^2$ 압축하여 30m 정도 높은 곳에 물을 급수시킨다.

## 2 펌프(Pump)

### 1) 원심식 펌프

원심력에 의해서 급수할 수 있으므로 왕복식에 비하여 다음과 같은 이점이 있어서 널리 사용된다.

(1) 센트리퓨걸펌프(Centrifugal Pump) : 벌류트 펌프 사용처는 주로 15m 내외의 낮은 양정에 사용되며 펌프 내에 플라밍하여 임펠러가 회전하면서 원심력에 의하여 양수한다.

(2) 터빈펌프(Turbine Pump) : 벌류트 펌프의 임펠러 외측에 안내 날개(Guide Vane)를 장치하고 있어 물의 흐름을 조절하여 양정 20m 이상에 사용한다.

### 2) 왕복식 펌프

(1) 피스톤펌프 : 일반 우물용 펌프로 사용된다.

(2) 플런저펌프 : 물이나 기타 액체고압용에 사용된다.

(3) 워싱턴펌프 : 증기를 이용하여 고압용에 사용된다.

### 3) 심정펌프(Deep Well Pump)

깊이 7m 이상의 깊은 물에 사용되는 펌프로서 보아홀 펌프 등 3가지 종류가 있다.

# SECTION 08 급탕설비방법

급탕을 필요로 하는 개소에는 세면기, 욕조, 샤워, 요리 싱크대 등이 있고, 특히 호텔이나 병원 등에서도 급탕설비는 반드시 되어 있다. 온수의 온도는 용도별로 차이가 있지만 보통 70~80℃의 온수를 공급하여 사용장소에서 냉수를 혼합하여 적당한 온도로 용도에 맞게 사용한다.

## 1 개별식 급탕법(Local Hot Water Supply System)

가스나 전기, 증기 등을 열원으로 하여 욕실이나 싱크대, 세면기 등 더운 물이 필요한 곳에 탕비기를 설치하여 짧은 배관시설로 기구급탕전에 연결하여 사용하는 간단한 방법이다.

1) 배관길이가 짧아서 열손실이 적다.
2) 필요한 장소에 간단하게 설비가 가능하다.
3) 급탕개소가 적을 때는 설비비가 싸다.
4) 소규모 설비에 급탕이 용이하다.

## 2 중앙식 급탕법(Central Hot Water Supply System)

이 방식은 건물의 지하실 등 일정한 장소에 탕비장치를 설치하여 배관으로 사용처에 급탕하며 열원은 증기, 석탄, 중유 등이 사용된다.

## SECTION 01 배관의 관재료

- 철금속관 : 강관, 주철관
- 비철금속관 : 동관, 연관, 알루미늄관, 스테인리스관 등
- 비금속관 : PVC관, 석면시멘트관, 철근콘크리트관, 원심력철근콘크리트관, 도관 등

### 1 강관(Steel Pipe)

#### 1) 특징

(1) 관의 접합작용이 용이하다.
(2) 내충격성, 내굴요성이 크다.
(3) 연관 주철관보다 가격이 저렴하다.
(4) 연관 주철관에 비해 가볍고 인장강도가 크다.

#### 2) 강관의 종류와 용도

| 종류 | | 규격 | | 주요 용도와 기타 사항 |
|---|---|---|---|---|
| | | KS | JIS | |
| 배관용 | 배관용 탄소강관 | SPP | SGP | 사용압력이 비교적 낮은 (10kg/cm² 이하) 배관에 사용. 흑관과 백관이 있으며, 호칭지름 6~500A |
| 배관용 | 압력배관용 탄소강관 | SPPS | STPG | 350℃ 이하의 온도에서 압력 10~100kg/cm² 까지의 배관에 사용. 호칭은 호칭지름과 두께(스케줄 번호)에 의함, 호칭지름 6~500A |
| 배관용 | 고압배관용 탄소강관 | SPPH | STS | 350℃ 이하의 온도에서 압력 100kg/cm² 이상의 배관에 사용. 호칭은 SPPS관과 동일, 호칭지름 6~500A |
| 배관용 | 고온배관용 탄소강관 | SPHT | STPT | 350℃ 이상의 온도에서 사용하는 배관용 호칭은 SPPS관과 동일. 호칭지름 6~500A |
| 배관용 | 배관용 아크용접 탄소강관 | SPW | STPY | 사용압력 10kg/cm² 이하의 배관에 사용. 호칭지름 350~1,500A |
| 배관용 | 배관용 합금강관 | SPA | STPA | 주로 고온도의 배관에 사용. 호칭은 SPPS관과 동일. 호칭지름 6~300A |
| 배관용 | 배관용 스테인리스 강관 | STS×T | SUS－TP | 내식용, 내열용, 고온용, 저온용에 사용, 호칭은 SPPS관과 동일, 호칭지름 6~500A |
| 배관용 | 저온 배관용 강관 | SPLT | STPL | 빙점 이하의 특히 저온도 배관에 사용. 호칭은 SPPS관과 동일. 호칭지름은 6~500A |

| 종류 | | 규격 KS | 규격 JIS | 주요 용도와 기타 사항 |
|---|---|---|---|---|
| 수도용 | 수도용 아연 도금 강관 | SPPW | SGPW | SPP관에 아연 도금을 실시한 관으로 정수두 100m 이하의 수도 배관에 사용. 호칭지름 6~500A |
| 수도용 | 수도용 도복장 강관 | STPW | | SPP관 또는 아크 용접 탄소 강관에 피복한 관으로 정수두 100m 이하의 수도용에 사용. 호칭지름 80~1,500A |
| 열전달용 | 보일러 열교환기용 탄소강관 | STH<br>STBH | STB | 관의 내외면에서 열의 접촉을 목적으로 하는 장소에 사용하는 탄소강관을 말한다. |
| 열전달용 | 보일러 열교환기용 합금강관 | STHB | STBA | 관의 내외에서 열의 교환을 목적으로 하는 곳에 사용(보일러의 수관, 연관, 과열관, 공기예열관, 화학공업이나 석유공업의 열교환기관, 콘덴서관, 촉매관, 가열로관 등) 관 지름 15.9~139.8mm, 두께 1.2~12.5mm |
| 열전달용 | 보일러 열교환기용 스테인리스 강관 | STS×TB | SUS×TB | |
| 열전달용 | 저온 열교환기용 강관 | STLT | STBL | 빙점 이하의 특히 낮은 온도에 있어서 관의 내외에서 열의 교환을 목적으로 하는 관(열교환기관, 콘덴서관) |
| 구조용 | 일반구조용 탄소강관 | SPS | STK | 토목, 건축, 철탑, 발판, 지주, 비계, 말뚝 기타의 구조물에 사용. 관지름 21.7~1,016mm, 관두께 1.9~16.0mm |
| 구조용 | 기계구조용 탄소강관 | SM | STKM | 기계, 항공기, 자동차, 자전거, 가구, 기구 등의 기계 부품에서 사용 |
| 구조용 | 구조용 합금강관 | STA | STKS | 항공기, 자동차, 기타 구조물에 사용 |

## 2 주철관(Cast Iron Pipe)

주철관은 내압성, 내마모성이 우수하고, 특히 강관에 비하여 내식성, 내구성이 뛰어나므로 수도용 급수관, 가스공급관, 광산용 양수관, 화학공업용 배관, 통신용 지하 매설관, 건축물의 오수배관 등에 광범위하게 사용된다.

관의 제조방법은 수직법과 원심력법의 2종류가 있다. 수직법은 주형을 관의 소켓 쪽 아래로 하여 수직으로 세우고 여기에 용선(溶銑)을 부어서 만드는 방법이며, 원심력은 주형을 회전시키면서 용융 선철을 부어 만드는 방법이다.

### 1) 특징

(1) 내구력이 크다.

(2) 내식성이 강해 지중매설 시 부식이 적다.

(3) 다른 관보다 강도가 크다.

### 2) 용도

급수관, 배수관, 통기관, 케이블매설관, 오수관, 가스공급관, 광산용 양수관, 화학공업용

### 3) 종류

(1) 수도용 수직형 주철관 : 보통압관(95m 이하), 저압관(45m 이하)

(2) 수도용 원심력 사형 주철관 : 고압관(100m 이하), 보통압관(75m 이하), 저압관(45m 이하)

(3) 원심력 수도용 극형 주철관 : 고압관(최대 사용정수두 100m 이하), 보통압관(75m 이하)

(4) 이 외에 원심력 모르타르 라이닝 주철관, 수도용 원심력 덕타일 주철관(구상흑연 주철관), 배수용 주철관이 있다.

**참고** 괄호 안 최대 사용 정수두

## 3 비철금속관

### 1) 동 및 동합금관(Copper-Pipes and Copper Alloy Pipe)

동은 전기 및 열의 전도율이 좋고 내식성이 뛰어나며 전성 · 연성이 풍부하여 가공도 용이하며, 판, 봉, 관으로 제조되어 전기재료, 열교환기, 급수관 등에 널리 사용되고 있다.

순도가 높은 동은 지나치게 연하여 기계적 성질이 강하지 못하므로 경질 또는 반경질로 가공 경화시켜 사용한다. 동관에는 이음매 없는 인성(Tough Pitch)동관, 무산소동관, 인탈산동관이 있다. 동에 아연, 주석, 규소, 니켈 등의 원소를 첨가하여 기계적 성질을 개량시켜 내열성, 내식성을 증가시킨 황동, 청동, 니켈 동합금 등의 동합금관이 있다.

(1) 특징

① 마찰저항 손실이 적다.

② 무게가 가볍고 매우 위생적이다.

③ 외부충격에 약하고 가격이 비싸다.

④ 유연성이 커서 가공하기가 용이하다.

⑤ 담수에 내식성은 크나 연수에는 부식된다.

⑥ 가성소다, 가성칼리 등 알칼리성에 내식성이 강하다.

⑦ 아세톤, 에테르, 프레온가스, 휘발유 등 유기약품에는 침식되지 않는다.

⑧ 암모니아수, 습한 암모니아가스, 초산, 진한 황산에는 심하게 침식된다.

⑨ 경수에는 아연화동, 탄산칼슘의 보호피막이 생성되므로 동의 용해가 방지된다.

⑩ 상온공기 속에서는 변하지 않으나 탄산가스를 포함한 공기 중에는 푸른 녹이 생긴다.

(2) 동관의 분류

| 구분 | 종류 |
|---|---|
| 사용된 소재에 따른 분류 | • 인탈산동관(Phosphorous Deoxidized Copper) : 일반배관재료 사용<br>• 터프피치 동관(Tough Pitch Copper) : 순도 99.9% 이상으로 전기기기 재료<br>• 무산소동관(Oxygen Free Copper) : 순도 99.96% 이상<br>• 동합금관(Copper Alloy Tube) : 용도 다양 |
| 질별 분류 | • 연질(O) : 가장 연하다.<br>• 반연질(OL) : 연질에 약간의 경도 강도 부여<br>• 반경질(1/2H) : 경질에 약간의 연성 부여<br>• 경질(H) : 가장 강하다. |
| 두께별 분류 (표준 치수) | • K Type(Heavy Wall) : 의료배관, 가장 두껍다.<br>• L Type(Medium Wall) : 의료배관, 냉난방, 두껍다.<br>• M Type(Light Wall) : L형과 같다, 보통 두께<br>• N Type : 얇은 두께(KS 규격은 없음) |
| 용도별 분류 | • 워터 튜브(순동제품) : 물에 사용, 일반배관용<br>• ACR 튜브(순동제품) : 열교환용 코일(에어콘, 냉동기)<br>• 콘덴서 튜브(동합금 제품) : 열교환기류의 열교환용 코일 |
| 형태별 분류 | • 직관(15~150A=6m, 200A 이상=3m) : 일반배관용<br>• 코일(L/W : 300m, B/C : 50, 70, 100m), P/C=15, 30m) : 상수도, 가스 등 장거리 배관<br>• PMC-808 : 온돌난방전용 |

(3) 용도

열교환기용관, 급수관, 압력계관, 급유관, 냉매관, 급탕관, 기타 화학공업용

### 2) 스테인리스 강관(Austenitic Stainless Pipe)

(1) 내식성이 우수한 스테인리스 강관의 건축설비배관에 이용도가 날로 증대하고 있다.

(2) 보통 스테인리스강은 절대 녹지 슬지 않는다고 생각하는 사람이 많으나, 사실은 글자대로 녹 또는 더러움(Stain)이 보다 적은(Less) 것으로 비교적 녹이 잘 슬지 않는 강을 말한다.

수돗물이나 100℃의 열탕과 같은 조건하에서는 거의 녹이 슬지 않는다. 즉, 스테인리스강 자체가 내식성이 있는 것이 아니고 스테인리스강에도 여러 종류가 있어 강의 종류에 따라 특정 환경에서 우수한 내식성을 가지고 있다.

(3) 스테인리스강은 철에 12~20% 정도의 크롬을 함유한 것을 바탕(Base)으로 만들어졌기 때문에 크롬이 산소나 수산기(-OH)와 결합하여 강의 표면에 얇지만 강한 피막을 형성하고, 만일 보호막이 파손되더라도 주위에 산소($O_2$)와 수산기(-OH)가 있으면 재생되어 부식을 방지한다.

(4) 스테인리스 강관의 특성

① 내식성이 우수하여 계속 사용 시 내경의 축소, 저항증대 현상이 없다.

② 위생적이어서 적수, 백수, 청수의 염려가 없다.

③ 강관에 비해 기계적 성질이 우수하고 두께가 얇아 운반 및 시공이 쉽다.
④ 저온 충격성이 크고 한랭지 배관이 가능하며 동결에 대한 저항은 크다.
⑤ 나사식, 용접식, 몰코식, 플랜지이음법 등의 특수 시공법으로 시공이 간단하다.

### 3) 연관(Lead Pipe)

(1) 연관(鉛管)은 오래 전부터 급수관 등에 이용되어 온 관이며 재질이 부드럽고 전성 및 연성이 풍부하여 상온 가공이 용이하며 타 금속에 비하여 특히 내식성이 뛰어난 성질을 가지고 있다. 연관은 건조한 공기 속에서는 침식되지 않고 해수나 천연수에도 관 표면에 불활성탄산연막(不活性炭酸鉛膜)을 만들어 납의 용해와 부식을 방지하므로 안전하게 사용할 수 있다.

(2) 납은 초산, 농염산, 농초산 등에는 잘 침식되고 증류수에도 다소 침식된다.

(3) 연관은 콘크리트 속에 직접 매설하면 시멘트에서 유리된 석회석에 침식되므로 방식 피막 처리한 후에 매설한다. 현재는 가격 때문에 연관으로 대용하는 것이 많으므로 가정용 수도인입관, 기구배수관, 가스배관, 화학공업배관 등 다른 재료로 대응되지 않는 곳에 사용되며 KS에는 순수한 연관, 합금연관, 배수용 연관이 규정되어 있다.

(4) 장단점

① 장점
㉠ 부식성이 적다.
㉡ 산에는 강하지만 알칼리에는 약하다.
㉢ 전연성이 풍부하고 굴곡이 용이하다.
㉣ 신축성이 매우 좋다.
㉤ 관의 용해나 부식이 방지된다.

② 단점
㉠ 중량이 크다.
㉡ 횡주배관에서 휘어 늘어지기 쉽다.
㉢ 가격이 비싸다(강관의 약 3배).
㉣ 산에 강하나 알칼리에 부식된다.

### 4) 알루미늄관(Aluminium Pipe)

(1) 알루미늄은 동 다음으로 전기 및 열전도성이 양호하고 비중은 2.7로서 실용금속 중에서는 Na, Mg, Ba 다음으로 가벼운 금속이다. 동이나 스테인리스보다 값이 싸며, 전성, 연성이 풍부하고 가공도 용이하며 판, 관, 봉, 선으로 제조하여 건축 재료와 화학 공업용 재료로 널리 사용하고 있다.

(2) 알루미늄은 활성 금속이기 때문에 순도가 높은 것은 내식성이 뛰어나 대기 중에서 표면에 엷은 산화피막이 생긴다. 이 산화피막은 극히 엷으며, 그 이상 침식되지 않고 오히려 부식을 방지하는

작용을 함으로써 내식성을 높여 준다. 알루미늄은 공기와 증기 · 물에는 강하며, 아세톤 · 아세틸렌 · 유류에는 침식되지 않으나 알칼리에는 약하다. 특히 해수 · 염산 · 황산 · 가성소다 등에 약하다.

(3) 관 재료로는 알루미늄 합금 이음매 없는 관과 알루미늄 합금 용접관 등이 있다. 알루미늄 합금 이음매 없는 관은 알루미늄, 동, 마그네슘, 규소, 망간 등 몇 종류의 원소를 첨가하여 내식성과 강도를 개선한 관으로서 화학 성분에 따라 압출관 17종류, 인발관 14종류로 나뉘고, 용접관에는 6종류가 있다. 어느 것이나 치수 허용의 정도에 따라 보통급과 특수급으로 구분된다.

## 4 비금속관

### 1) 합성수지관(Plastic Pipe)

합성수지관은 석유, 석탄, 천연가스 등으로부터 얻어지는 에틸렌($C_2H_6$), 프로필렌($C_3H_6$), 아세틸렌($C_2H_2$), 벤젠 등을 원료로 만들어진다. 합성수지관은 크게 경질염화비닐과 폴리에틸렌관으로 나누어진다. 주로 관, 판, 기계부품, 필름, 도료 접착제 등으로 공업용 재료로는 건축재료, 전기부품 등에 광범위하게 이용되고 있다. 합성수지의 일반적 특성은 다음과 같다.

- 가소성이 크고 가공이 용이하다.
- 비중이 작고 강인하며 투명 또는 착색이 자유롭다.
- 내수(耐水), 내유(耐油), 내약품성(耐藥品性)이 크며 특히 산 · 알칼리에 강하다.
- 쉽게 타지는 않으나 내열성은 금속에 비하여 낮다.
- 전기 절연성이 좋다.

#### (1) 경질염화비닐관(Rigid Polyvinyl Chloride Pipes for Industry)

대표적인 플라스틱(합성수지)관으로 급수용, 배수용은 물론 내약품성에 뛰어난 성질을 지니고 있어, 지금까지의 강관, 연관, 동관 대신에 사용되고 있으며 사용온도는 0~5℃ 정도이다.

① 장점

㉠ 내식성이 크고 염산, 황산, 가성소다 등 산, 알칼리 등의 부식성 약품에 대해 거의 부식되지 않는다.

㉡ 비중은 1.43으로 알루미늄이 약 1/2, 철의 1/5, 납의 1/8 정도로 대단히 가벼워 운반과 취급에 편리하다. 인장력은 20℃에서 500~550kg/cm$^2$으로 기계적 강도도 비교적 크고 튼튼하다.

㉢ 전기 절연성이 크고 금속관과 같은 전식작용(電蝕作用)을 일으키지 않으며 열의 불량도체로 열전도율은 철의 1/350 정도이다.

㉣ 관절단 구부림 접합 용접 등의 가공이 용이하다.

㉤ 다른 종류의 관에 비하여 가격이 저렴하다.

② 단점

㉠ 열에 약하고 온도 상승에 따라 기계적 강도가 약해지며, 약 75℃에서 연화한다.

㉡ 저온에 약하며 한랭지에서는 외부로부터 조금만 충격을 주어도 파괴되기 쉽다.

㉢ 열팽창률이 크기 때문에(강관의 7~8배) 온도변화에 신축이 심하다.

㉣ 용재에 약하고 특히 방부제(크레오소트액)의 아세톤에 약하며, 또 파이프 접착제에도 침식된다.

㉤ 50℃ 이상의 고온 또는 저온 장소에 배관하는 것은 부적당하다. 온도변화가 심한 노출부의 직선 배관에는 10~20m마다 신축 조인트를 만들어야 한다.

(2) 폴리에틸렌관(Polyethylene Pipes for General Purpose)

① 에틸렌을 원료로 하여 만든 관으로 화학적, 전기적 성질은 염화비닐관보다 우수하고 비중도 0.92~0.96(염화비닐의 약 2/3배)으로 가볍고 유연성이 있으며, 약 90℃에서 연화하지만 저온에 강하고 −60℃에서도 취하하지 않으므로 한랭지 배관에 알맞다. 결점으로는 질이 부드럽기 때문에 외부 손상을 받기 쉽고 인장강도가 적다.

② 우유색으로서 햇빛에 바래면 산화막이 벗겨져 연화하므로 카본블랙(Carbon Black)을 혼입해서 흑색으로 만들어 급수관에 널리 사용한다.

2) 콘크리트관(Concrete Pipe)

(1) 원심력 철근콘크리트관(Centrifugal Reinforced Concrete Pipe)

① 원심력 철근콘크리트관은 상 · 하수도 수리, 배수 등에 널리 사용되고 있다.

② 원형으로 조립된 철근을 강재형(鋼材型) 형틀에 넣고 원심기의 차륜에 올려놓은 다음 회전시키면서 소정량의 콘크리트를 투입하여 원심력을 이용해 콘크리트를 균일하게 다져 관을 제조한다. 성형 후에는 증기 양생을 실시하여 평균한 경화를 촉진한다.

③ 배수관에 사용되는 보통 압관과 송수관 등에 사용하는 압력관의 2종류가 있다. 관 이음재의 형상에 따라 A형(칼라 이음쇠), B형(소켓 이음쇠), C형(삽입 이음쇠)의 3종류가 있으며 C형은 보통 압관에만 사용한다.

(2) 철근콘크리트관(Reinforced Concrete Pipe)

철근콘크리트관은 철근을 넣은 수제 콘크리트관이며 주로 옥외 배수관으로서 사용된다. 소켓부분관의 주위에 시멘트 모르타르를 채워 접합한다.

# SECTION 02 강관 이음쇠

강관용 이음쇠(Steel Pipe Fittings)에는 이음방법에 따라 나사식, 용접식, 플랜지식이 있다.

## 1 나사식 이음쇠

물, 증기, 기름, 공기 등의 저압용 일반 배관에 사용하되 심한 마모, 충격, 진동, 부식 및 균열 등이 생길 우려가 있는 곳에는 나사식 이음쇠를 사용하지 않는 것이 좋다. KS에서는 가단 주철제(KS B 1531), 강관제(KS B 5133), 배수관용(KS B 5132) 이음쇠 등으로 구분된다.

### 1) 가단 주철제관 이음쇠

배관용 탄소강관을 나사 이음할 때 사용하는 이음쇠로서 흑심가단주철을 1종으로 만든다.
이음쇠의 나사는 KS B 0222에 규정한 관용 테이퍼나사로 하며, 멈춤너트(Lock Nut)는 KS B 0221에 규정한 관용평행나사로 한다.

**[사용목적에 따른 분류]**

① 관의 방향을 바꿀 때 : 엘보(Elbow), 밴드(Bend) 등
② 관을 도중에서 분기할 때 : 티(T), 와이(Y), 크로스(Cross) 등
③ 같은 지름(동경)의 관을 직선 연결할 때 : 소켓(Socket), 유니온(Union), 플랜지(Flange), 니플(Nipple) 등
④ 이경관을 연결할 때 : 이경 엘보, 이경 소켓, 이경 티, 부싱(Bushing) 등
⑤ 관의 끝을 막을 때 : 캡(Cap), 플러그(Plug)
⑥ 관의 분해 수리 교체가 필요할 때 : 유니언, 플랜지 등

### 2) 강관제 관 이음쇠

배관용 탄소강관과 같은 재질로 만든 이음쇠로 물, 증기, 기름, 공기 등의 일반배관에 사용한다.

## 2 동관 이음재

동관용 이음재에는 관과 동일한 재질로 만들어진 것과 동합금 주물로 만들어진 것이 있다. 접속방법에 따라 땜접합(납땜, 황동납땜, 은납땜)에 쓰이는 슬리브식 이음재와 관 끝을 나팔끝 모양으로 넓혀 플레어너트(Flare Nut)로 죄어서 접속하는 플레어식 이음재가 있다.

### 1) 순동 이음재

주물 이음재의 결점을 보완하기 위하여 개발되었으며 모두 동관을 성형 가공시킨 것으로 주로 엘보, 티, 소켓, 리듀서 등이다. 순동 이음재는 냉온수 배관은 물론 도시가스 의료용 산소 등 각종 건축용 동관의 이음에 널리 사용되고 있으며 특징은 다음과 같다.

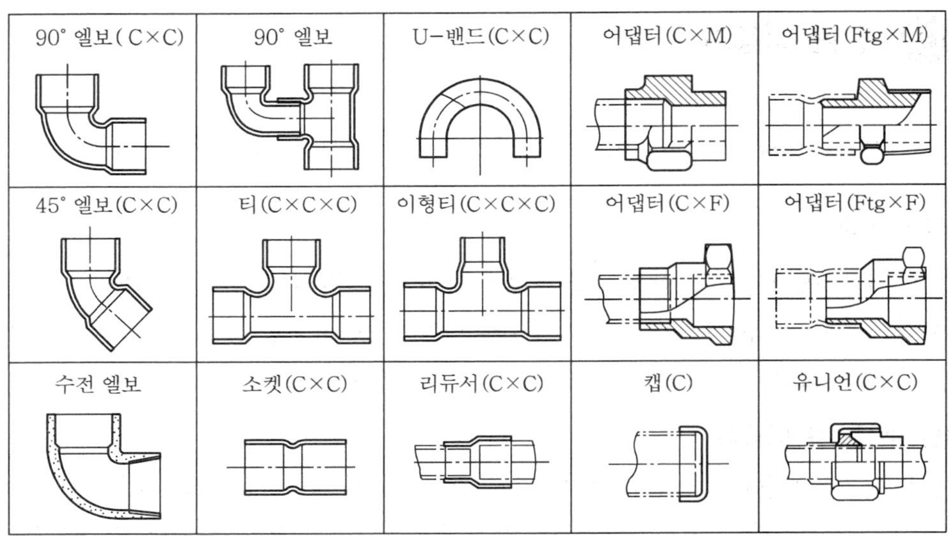


주) C : 이음쇠 내로 관이 들어가 접합되는 형태(Female Solder Cup)
Ftg : 이음쇠 외로 관이 들어가 접합되는 형태(Male Solder Cup)
F : Ans I 규격 관형나사가 안으로 난 나사이음용 이음쇠(Female Npt Thread)
M : Ans I 규격 관형나사가 밖으로 난 나사이음용 이음쇠(Male Npt Thread)

(1) 용접 시 가열시간이 짧아 공수절감을 가져온다.
(2) 벽 두께가 균일하므로 취약 부분이 적다.
(3) 재료가 동관과 같은 순동이므로 내식성이 좋아 부식에 의한 누수의 우려가 없다.
(4) 내면이 동관과 같아 압력 손실이 적다.
(5) 외형이 크지 않은 구조이므로 배관 공간이 적어도 된다.
(6) 다른 이음쇠에 의한 배관에 비해 공사비용을 절감할 수 있다.

동관의 이음은 모세관 현상을 이용한 야금적 접합 방법을 사용하므로 겹친 부위의 틈새를 일정하게 유지하는 것이 가장 중요하다. 이에 외경과 내경의 기준 치수는 규격 이상으로 공차를 규정하고 있다.

## 3 스테인리스 강관 이음재

스테인리스강이 보급되기 시작한 것은 불과 40년의 역사를 가지고 있으며 보급 당시의 스테인리스강은 녹슬지 않은 귀금속으로서 화학장치, 의료기기, 원자력 배관 등 특수 분야에만 쓰였으나, 근래에는 대중화되어 주방기기, 난간, 지하철 및 건물의 내 · 외장재, 냉난방 위생용 배관재 등으로 우리 생활과 밀접한 관계를 가지고 있다.

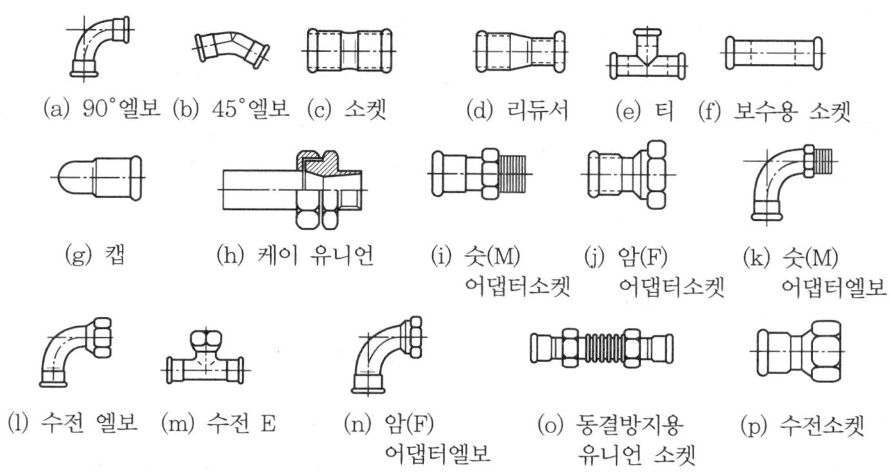


| 몰코 조인트(Molco Joint) 이음쇠의 종류 |

## 4 신축 이음쇠(Expansion Joints)

- 관 속을 흐르는 유체의 온도와 관 벽에 접하는 외부 온도의 변화에 따라 관은 팽창 또는 수축한다. 이때 신축의 크기는 관의 길이와 온도의 변화에 직접 관계가 있으며, 관의 길이 팽창은 일반적으로 관 지름의 크기에는 관계없고 길이에만 영향이 있다. 철의 선팽창계수 ($\alpha = 1.2 \times 10^{-5}$)이므로 강관인 경우 온도차 1℃일 때 1m당 0.012mm만큼 신축하게 된다.
- 직선거리가 긴 배관에서는 관 접합부나 기기의 파손이 생길 염려가 있다. 이러한 사고를 예방하기 위하여 배관의 도중에 설치하는 이음용 재료를 신축 이음쇠라 한다. 신축 이음쇠의 종류에는 슬리브형, 벨로스형, 루프형, 스위블형 등이 있다.

### 1) 슬리브형 신축 이음쇠(Sleeve Type Expansion Joint)

슬리브형 신축 이음쇠는 호칭경 50A 이하일 때는 청동제 이음쇠이고, 호칭경 65A 이상일 때는 슬리브 파이프는 청동제이며 본체는 일부가 주철제이거나 전부가 주철제로 되어 있다. 슬리브와 본체 사이에 패킹을 넣어 온수 또는 증기가 누설되는 것을 방지하며 패킹에는 석면을 흑연 또는 기름으로 처리한 것이 사용된다. 물 또는 압력 8kg/cm$^2$ 이하의 포화증기, 공기, 가스, 기름 등의 배관에 사용된다.

(1) 신축량이 크고 신축으로 인한 응력이 생기지 않는다.

(2) 직선으로 이음하므로 설치 공간이 루프형에 비해 적다.

(3) 배관에 곡선 부분이 있으면 신축 이음쇠에 비틀림이 생겨 파손의 원인이 된다.

(4) 장시간 사용 시 패킹의 마모로 누수의 원인이 된다.

### 2) 벨로스형 신축 이음쇠(Bellows Type Expansion Jiont)

일명 팩리스(Packless) 신축 이음쇠라고도 하며 인청동제 또는 스테인리스제가 있다. 이음방법에 따라 나사 이음식 및 플랜지 이음식이 있다. 벨로스형은 패킹 대신 벨로스로 관 내 유체의 누설을 방지한다. 신축량은 벨로스의 산수 피치 등의 구조에 따라 다르다.

(1) 설치공간을 넓게 차지하지 않는다.

(2) 고압배관에는 부적당하다.

(3) 자체 응력 및 누설이 없다.

(4) 벨로스는 부식되지 않는 스테인리스, 청동제품 등을 사용한다.

### 3) 루프형 신축 이음쇠(Loop Type Expansion Joint)

신축곡관이라고도 하며 강관 또는 동관 등을 루프(Loop)모양으로 구부려, 구부림을 이용하여 배관의 신축을 흡수하는 것이다. 구조는 곡관에 플랜지를 단 모양과 같으며 강관제는 고압에 견디고 고장이 적어 고온 고압용 배관에 사용되며 곡률반경은 관 지름의 6배 이상이 좋다.

(1) 설치공간을 많이 차지한다.

(2) 신축에 따른 자체 응력이 생긴다.

(3) 고온고압의 옥외 배관에 많이 사용된다.

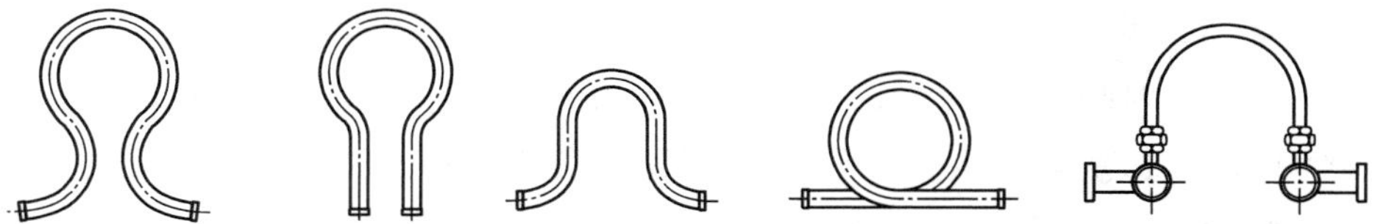

| 루프형 신축 이음쇠의 종류 |

### 4) 스위블형 신축 이음쇠(Swivel Type Expansion Joint)

(1) 주로 증기 및 온수 난방용 배관에 많이 사용된다.

(2) 2개 이상의 엘보를 사용하여 이음부의 나사 회전을 이용해서 배관의 신축을 이 부분에서 흡수한다.

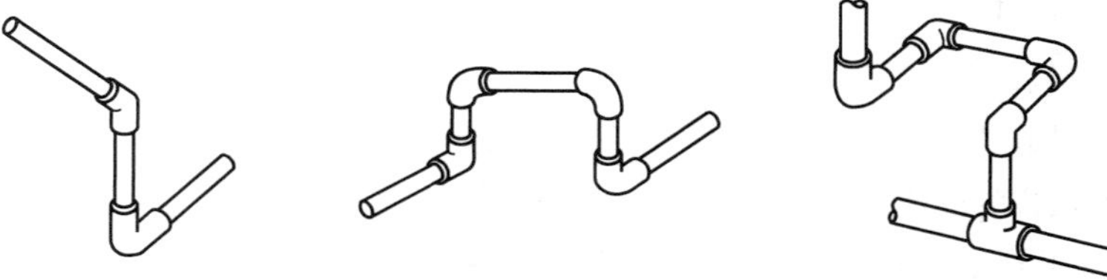

| 스위블형 신축 이음쇠의 종류 |

(3) 스위블 이음의 결점은 굴곡부에서 압력 강하를 가져오는 점과 신축량이 너무 큰 배관에서는 나사 이음부가 헐거워져 누설의 염려가 있다. 그러나 설치비가 싸고 쉽게 조립해서 만들 수 있는 장점이 있다.

(4) 흡수할 수 있는 신축의 크기는 회전관의 길이에 따라 정해지며 직관길이 30m에 대하여 회전관 1.5m 정도로 조립하면 된다.

① 굴곡부에서 압력 강하를 가져온다.

② 신축량이 큰 배관에는 부적당하다.

③ 설치비가 싸고 쉽게 조립할 수 있다.

## 5 밸브의 종류와 용도

밸브는 배관 도중에 설치하여 유체의 유량조절, 흐름의 단속, 방향전환, 압력 등을 조절하는 데 사용한다. 밸브의 구조는 흐름을 막는 밸브 디스크(Disk)와 시트(Seat) 및 이것이 들어 있는 밸브 몸체와 이를 조정하는 핸들의 4부분으로 되어 있다.

### 1) 정지밸브(Stop Valve)

(1) 글로브 밸브(Globe Valve)

글로브 밸브는 밸브가 구형이며 직선 배관 중간에 설치한다. 이 밸브는 유입 방향과 유출 방향은 같으나, 유체가 밸브의 아래로부터 유입하여 밸브시트의 사이클을 통해 흐르게 되어 있다. 따라서 유체의 흐름이 갑자기 바뀌기 때문에 유체에 대한 저항은 크나 개폐가 쉽고 유량조절이 용이하다. 보통 50A 이하는 포금제 나사형, 65A 이상은 밸브디스크와 시트는 청동제, 본체는 주철(주강) 플랜지 이음형이다. 밸브 디스크의 모양은 평면형, 반구형, 원뿔형 등의 형상이 있다(유량조절용 밸브).

(2) 슬루스 밸브(Sluice Valve)

① 게이트 밸브(Gate Valve)라고도 하며 유체의 흐름을 단속하는 대표적인 밸브로서 배관용으로 가장 많이 사용된다. 밸브를 완전히 열면 유체 흐름의 단면적 변화가 없어서 마찰저항이 없다. 그러나 리프트(Lift)가 커서 개폐(開閉)에 시간이 걸리며 더욱이 밸브를 절반 정도 열고 사용하면 와류(渦流)가 생겨 유체의 저항이 커지기 때문에 유량 조절이 적당하지 않다.

② 일반적으로 65A 이상의 스템은 강재, 동체는 주철제, 디스크 및 시트는 포금제이다. 50A 이하는 전부 포금제 나사 이음형이 보통이다.

(3) 체크밸브(Check Valve)

유체를 일정한 방향으로만 흐르게 하고 역류를 방지하는 데 사용한다. 밸브의 구조에 따라 리프트형, 스윙형, 풋형이 있다.

① **리프트형 체크밸브(Lift Type Check Valve)** : 글로브 밸브와 같은 밸브 시트의 구조로서 유체의 압력에 밸브가 수직으로 올라가게 되어 있다. 밸브의 리프트는 지름의 1/4 정도이며 흐름에 대한 마찰저항이 크므로 구조상 수평배관에만 사용된다.

② **스윙형 체크밸브(Swing Type Check Valve)** : 시트의 고정 핀을 축으로 회전하여 개폐됨으로써 유수에 대한 마찰저항이 리프트형보다 적고 수평·수직 어느 배관에도 사용할 수 있다.

③ **풋형 체크밸브(Foot Type Check Valve)** : 개방식 배관의 펌프 흡입관 선단에 부착하여 사용하는 체크밸브로서 펌프 운전 중에 흡입관 속을 만수상태로 만들도록 고려된 것이다.

(4) 콕(Cock)

① 콕은 원뿔에 구멍을 뚫은 것으로 90° 회전함에 따라 구멍이 개폐되어 유체가 흐르고 멈추게 되어 있는 일종의 간단한 밸브이다.

② 유로의 면적이 단면적과 같고 일직선이 되기 때문에 유체의 저항이 적고 구조도 간단하다.

③ 기밀성이 나빠 고압의 유량에는 적당하지 않다.

## 6 패킹의 종류와 용도

배관이나 밸브 등에 사용되는 패킹재의 경우 패킹의 결합은 기계의 원활한 운전을 저해할 뿐만 아니라, 공장 내의 오염, 화재, 열손실 재해의 원인이 되므로 적절한 패킹을 선정해야 한다.

패킹 재료를 선택할 때 고려해야 할 사항은 다음과 같다.

- 관 속에 흐르는 유체의 물리적인 성질 : 압력, 온도, 밀도, 점도 상태
- 관 속에 흐르는 유체의 화학적인 성질 : 부식성, 용해 능력, 휘발성, 인화성, 폭발성 등
- 기계적인 조건 : 교체의 난이, 진동의 유무, 내압과 외압 등을 살펴본다.

### 1) 플랜지 패킹(Flange Packing)

(1) 고무 패킹

① 천연고무의 특징은 탄성이 크며 흡수성이 없고 맑은 산이나 알칼리에 침식되기 어려우나, 열과 기름에 극히 약하기 때문에 100℃ 이상의 고온을 취급하는 배관이나 기름을 사용하는 배관에는 사용할 수 없다. 또한 −55℃에서 경화 변질된다.

② 합성 고무제품인 네오프렌(Neoprene)은 천연 고무제품을 개선한 것으로 내유(耐油), 내후, 내산화성이며 기계적 성질이 우수하다. 내열도가 −60~121℃ 사이이므로 120℃ 이하의 배관에 거의 사용할 수 있다.

(2) 섬유 패킹 : 섬유 패킹에는 식물성·동물성·광물성 섬유 패킹으로 구분한다.

① **식물성 섬유류** : 식물성 패킹 중에 대표적인 것은 오일시트(Oil Sheet) 패킹이다. 오일시트 패킹은 한지를 여러 겹 붙여서 일정한 두께로 하여 내유가공(耐油加工)한 것으로 내유성은 있으나 내열도가 작아 용도에 제한을 받는다. 펌프, 기어박스 및 유류 배관에 사용된다.

② 동물성 섬유류

㉠ 동물성 섬유류의 패킹에는 가죽과 펠트(Felt)가 있다. 가죽은 동물의 껍질을 화학 처리하여 수분 기타 불순물을 제거한 것으로 강인하고 장기 보존에 적합한 장점이 있다.

㉡ 다공질(多孔質)로서 관 속의 유체가 투과되어 새는 결점이 있으므로 사용할 때는 동물성 기름이나 고무 합성수지 등을 충진하여 사용하는 것이 좋다.

㉢ 가죽은 기계적 성질은 뛰어나지만 내열도가 낮고 알칼리에 용해되며 내약품성이 떨어지는 결점이 있다.

㉣ 펠트는 가죽에 비하면 극히 거친 섬유 제품이지만 강인하기 때문에 압축성이 풍부하다.

㉤ 약산에는 잘 견디나 알칼리에 용해되며 내유성이 크므로 기름 배관에 적합하다.

③ 광물성 섬유류

내열온도가 큰 것이 특징이다. 석면은 유일한 광물성 천연 섬유로 질이 섬세하고 질기며 450℃ 고온에 사용된다. 특히 석면 섬유에 천연 또는 합성 고무를 섞어서 판 모양으로 가공한 과열 석면(Super Heat Asbestos)은 450℃ 이하의 증기 온수 고온의 기름 배관에 많이 쓰인다.

(3) 합성 수지류

합성 수지류 패킹 중 가장 많이 사용되는 것은 테플론(Teflon)이다. 기름이나 약품에도 침식되지 않으나 탄성이 부족하기 때문에 석면, 고무, 파형 금속관 등으로 표면 처리하여 사용하고 있다. 내열범위는 －260~260℃이다.

(4) 금속 패킹

① 금속 패킹에는 철, 구리, 납, 알루미늄, 크롬강 등이 사용되며 주로 강이나 납이 많이 쓰이고 고온 · 고압의 배관에는 철, 구리, 크롬강으로 제조된 패킹이 사용된다.

② 금속 패킹의 결점은 고무와 같은 탄성이 없기 때문에 한번 강하게 죄어진 볼트가 온도 때문에 팽창하거나 진동 때문에 약간 헐거워지면 일정한 압력을 유지하기가 어렵다.

## 2) 나사용 패킹

(1) 페인트(Paint)

페인트의 광면단을 혼합하여 사용하며 고온의 기름 배관을 제외하고는 모든 배관에 사용할 수 있다.

(2) 일산화연(Lithrage)

일산화연은 냉매 배관에 많이 사용하며 빨리 굳기 때문에 페인트에 일산화연을 조금 섞어서 사용한다.

(3) 액상 합성수지

액상 합성수지는 약품에 강하고 내유성이 크며 내열범위는 －30~130℃이다. 증기 기름 약품배관에 사용한다.

### 3) 글랜드 패킹(Gland Packing)

글랜드 패킹은 회전이나 왕복 운동용 축의 누설 방지 장치로 널리 사용되는데 패킹박스(Packing Box)에 패킹을 밀어 넣고 패킹 누르개(Packing Gland)를 조이도록 되어 있다.

(1) 석면 각형 패킹

석면실을 각형으로 짜서 흑연과 윤활유를 침투시킨 패킹이며 내열 · 내산성이 좋아 대형 밸브에 사용한다.

(2) 석면 얀 패킹

석면 실을 꼬아서 만든 것으로 소형 밸브의 글랜드에 사용한다.

(3) 아마존 패킹

면포와 내열 고무 콤파운드를 가공하여 만든 것으로 압축기의 글랜드에 사용한다.

(4) 몰드 패킹

석면, 흑연, 수지 등을 배합 성형하여 만든 것으로 밸브 펌프 등에 사용한다.

## 7 배관 도장 재료(도료의 종류와 용도)

- 도장공사는 도장면의 미관이나 방식을 목적으로 하는 것, 색깔 분별에 의한 식별을 목적으로 하는 것, 기타 방음, 방열, 방습 등 특별한 목적을 갖고 있는 것들이 있다.
- 방식을 주로 해서 고려하는 도장을 방청공사, 미관이나 식별을 고려한 도장을 도장공사라 흔히 부른다.

### 1) 광명단 도료

(1) 연단을 아마인유와 혼합하여 만들며 녹을 방지하기 위해 페인트 밑칠 및 다른 착색 도료의 초벽(Under Coating)으로 우수하다.

(2) 밀착력이 강하고 도막(途膜)도 단단하여 풍화에 강하므로 방청도료로서 기기류의 도장 밑칠에 널리 사용한다.

### 2) 합성수지 도료

(1) 프탈산(Phthal Acid)

상온에서 도막을 건조시키는 도료이다. 내후성, 내유성이 우수하며 내수성은 불량하고 특히 5℃ 이하의 온도에서 건조가 잘 안 된다.

(2) 요소(尿素) 멜라민(Melamine)

내열 · 내유 · 내수성이 좋다. 특수한 부식에서 금속을 보호하기 위한 내열도료로 사용되고 내열도는 150~200℃ 정도이며 베이킹 도료로 사용된다.

(3) 염화비닐계

내약품성, 내유 · 내산성이 우수하며 금속의 방식도료로서도 우수하다. 부착력과 내후성이 나쁘며 내열성이 약한 결점이 있다.

(4) 실리콘 수지계

요소 멜라민계와 같이 내열도료 및 베이킹 도료로 사용된다.

### 3) 알루미늄 도료

(1) 알루미늄 분말에 유성 바니스를 섞어 만든 도료로서 알루미늄 도막은 금속 광택이 있으며 열을 잘 반사한다. 400~500℃의 내열성을 지니고 있어 난방용 방열기 등의 외면에 도장한다.

(2) 은분이라고도 하며 수분이나 습기가 통하기 어려우므로 내구성이 풍부한 도막이 형성된다.

# SECTION 03 배관 공작

## 1 강관 공작용 공구와 기계

### 1) 강관 공작용 공구

(1) 파이프 바이스(Pipe Vise)

관의 절단과 나사절삭 및 조합 시 관을 고정시키는 데 사용되며, 파이프 바이스의 크기는 고정 가능한 관경의 치수로 나타낸다. 대구경관에는 체인을 이용한 체인바이스(Chain Vise)를 사용하며 관의 구부림 작업에는 기계바이스(평바이스)를 사용한다.

(2) 파이프 커터(Pipe Cutter)

관을 절단할 때 사용되며 1개의 날에 2개의 롤러가 장착되어 있는 것과 3개의 날로 되어 있는 것이 있다. 크기는 관을 절단할 수 있는 관경으로 표시한다.

(3) 쇠톱(Hack Saw)

관과 환봉 등의 절단용 공구로 피팅 홀(Fiting Hole)의 간격에 따라 200mm, 250mm, 300mm의 3종류가 있다. 톱날의 산 수는 재질에 따라 알맞은 것을 선택 사용하여야 한다.

▼ 재질별 톱날의 산 수

| 재질 | 톱날의 산 수(inch당) |
|---|---|
| 동합금, 주철, 경합금 | 14 |
| 경강, 동, 납, 탄소강 | 18 |
| 강관, 합금강, 형강 | 24 |
| 박판, 구도용 강관, 소경합금강 | 32 |

(4) 파이프 리머(Pipe Reamer)

관 절단 후 관 단면의 안쪽에 생기는 거스러미(Burr)를 제거하는 공구이다.

(5) 파이프 렌치(Pipe Wrench)

관을 회전시키거나 나사를 죌 때 사용하는 공구이다. 크기는 사용할 수 있는 최대의 관을 물었을 때의 전 길이로 표시하며, 호칭치수로 표시한다(체인식 파이프 렌치는 200mm 이상의 관 물림에 사용된다).

(6) 나사 절삭기

수동으로 나사를 절삭할 때 사용하는 공구로서 오스터형(Oster Type)과 리드형(Reed Type)으로 나눌 수 있으며 그 외에 비비형, 드롭 헤드형 등이 있다.

① 오스터형 나사 절삭기

오스터형 나사 절삭기(Oster Type Die Stock)는 4개의 날이 1조로 되어 있는데 15~20A는 나사산이 14산, 25~250A는 나사산이 11산으로 되어 있다.

② 리드형 나사 절삭기

리드형 나사 절삭기(Reed Type Die Stock)는 2개의 날이 1조로 되어 있는데, 날의 뒤쪽에는 4개의 조로 파이프의 중심을 맞출 수 있는 스크롤(Scroll)이 있다.

### 2) 강관 공작용 기계

(1) 동력 나사 절삭기(Pipe Machine)

동력을 이용하여 나사를 절삭하는 기계로 오스터를 이용한 것, 다이헤드(Die Head), 호브(Hob) 등을 이용한 것 등이 있다.

① 오스터식

동력으로 관을 저속 회전시키며 나사 절삭기를 밀어 넣는 방법으로 나사가 절삭되며 50A 이하 작은 관에 주로 사용한다.

② 다이헤드식

관의 절단, 나사 절삭, 거스러미 제거 등의 일을 연속적으로 할 수  있기 때문에 다이헤드를 관에 밀어 넣어 나사를 가공한다. 관지름 15~100A, 25~150A의 것이 사용되고 있다.

③ 호브형

나사 절삭 전용 기계로서 호브를 100~180rpm의 저속으로 회전시키면 관은 어미나사와 척의 연결에 의해 1회전할 때마다 1피치만큼 이동나사가 절삭된다. 관지름 50A 이하, 65~150A, 80~200A의 나사내기 종류가 있다.

(2) 기계톱(Hack Sawing Machine)

관 또는 환봉을 절단하는 기계로서 절삭 시에는 톱날의 하중이 걸리고 귀환 시에는 하중이 걸리지 않는다. 작동 시 단단한 재료일수록 톱날의 왕복운동은 천천히 한다. 절단이 진행되는 시점부터 절삭유의 공급을 필요로 한다.

(3) 고속 숫돌 절단기(Abrasive Cut Off Machine)

① 고속 숫돌 절단기는 두께 0.5~3mm 정도의 얇은 연삭 원판을 고속 회전시켜 재료를 절단하는 기계로서 커터 그라인머신이라 부르기도 한다. 연삭 숫돌은 알런덤(Alumdum), 카보런덤(Carborundum) 등의 입자를 소결한 것이다.

② 절단할 수 있는 관의 지름은 100mm까지이고 연삭절단기의 회전수는 약 200~230rev/min 정도이다. 절단 시 갑작스런 절삭량 증대는 숫돌의 파손 원인이 된다.

(4) 파이프 벤딩기(Pipe Bending Machine)

① 램식(Ram Type) : 현장용으로 많이 쓰이며 수동식(유압식)은 50A, 모터를 부착한 동력식은 100A 이하의 관을 굽힐 수 있다.

② 로터리식(Rotary Type)

㉠ 공장에서 동일 모양의 벤딩 제품을 다량 생산할 때 적합하다. 관에 심봉을 넣고 구부리므로 관의 단면 변형이 없고 두께에 관계없이 강관, 스테인리스 강관, 동관 등을 쉽게 굽힐 수 있는 장점이 있다.

㉡ 관의 구부림 반경은 관경의 2.5배 이상이어야 한다.

③ 수동 롤러식(Hand Roller Type) : 32A 이하의 관을 구부릴 때 관의 크기와 곡률 반경에 맞는 포머(Former)를 설치하고 롤러와 포머 사이에 관을 삽입하고 핸들을 서서히 돌려서 180°까지 자유롭게 굽힐 수 있다.

## 2 주철관, 동관, 연관 등 배관용 공구와 기계

### 1) 주철관용 공구

(1) 납 용해용 공구세트 : 납 남비, 파이어포트, 납 국자, 산화납 제거기 등이 있다.

(2) 클립(Clip) : 소켓이음 작업 시 용해된 납물의 비산을 방지하는 데 사용한다.

(3) 링크형 파이프 커터(Link Type Pipe Cutter) : 주철관 전용 절단 공구로서 75~150A용은 8개의 날, 75~200A용은 10개의 날로 구성되어 있다.

(4) 고킹정(Chisels) : 소켓 이음 시 얀(Yarn)을 박아 넣거나 다지는 공구로 1번 세트에서 7번 세트가 있고 얇은 것부터 순차적으로 사용한다.

### 2) 동관용 공구

(1) **사이징 툴(Sizing Tool)** : 동관의 끝 부분을 진원으로 정형하는 공구
(2) **나팔관 확관기(Flaring Tool Set)** : 동관의 끝을 나팔형으로 만들어 압축 이음 시 사용하는 공구 (플레어링 툴 셋)
(3) **굴관기(Bender)** : 동관의 전용 굽힘 공구
(4) **확관기(Expander)** : 동관 끝의 확관용 공구(익스팬더)
(5) **파이프 커터(Pipe Cutter)** : 동관의 전용 절단 공구
(6) **티뽑기(Extractors)** : 직관에서 분기관 성형 시 사용하는 공구
(7) **리머(Reamer)** : 파이프 절단 후 파이프 가장자리의 거치른 거스러미(Burr) 등을 제거하는 공구

### 3) 연관용 공구

(1) **토치 램프(Torch Lamp)** : 납관의 납땜, 구리관의 냅땜 이음, 배관 및 배선공사의 국부 가열용으로 많이 사용되며 휘발유, 등유용으로 구분된다.
(2) **연관 톱(Plumber Saw)** : 납관을 절단하는 데 사용하는 톱
(3) **봄볼(Bome Ball)** : 주관에서 분기관의 따내기 작업 시 구멍을 뚫을 때 사용
(4) **드레서(Dresser)** : 연관 표면의 산화물을 제거하는 공구
(5) **벤드 벤(Bend Ben)** : 연관을 굽힐 때나 펼 때 사용
(6) **턴 핀(Turn Pin)** : 연관의 끝 부분을 원뿔형으로 넓히는 데 사용하는 공구
(7) **맬릿(Mallet)** : 턴 핀을 때려 박거나 접합부 주위를 오므리는 데 사용하는 나무로 만든 해머

### 4) 합성수지관 접합용 공구

(1) **가열기(Heater)** : 토치 램프에 가열기에 부착시켜, 경질 염화 비닐관, 폴리에틸렌관 등을 이음하기 위해 가열할 때 사용한다.
(2) **열풍 용접기(Hot Jet)** : 경질염화비닐관의 접합 및 수리를 위한 용접 시 사용한다.
(3) **커터(Cutter)** : 경질염화비닐관 전용으로 쓰이며 관을 절단할 때 사용한다.

# SECTION 04 강관 이음

## 1 관용나사(Pipe Thread)

주로 배관용 탄소강 강관을 이음하는 데 사용되는 나사로서 나사산의 형태에 따라 평행나사(PF)와 테이퍼 나사(PT)가 있다.

## 2 관의 나사부 길이 산출방법

배관 도면에는 일반적으로 중심선만 표시되어 있고 나사부분의 길이는 표시되어 있지 않다. 그러므로 나사이음을 할 때에는 나사부의 길이를 알아야 하는데 나사부의 길이는 관의 지름에 따라 다르다.

▼ 관지름에 따른 나사부 길이와 나사가 물리는 길이

| 관지름(A) | 15 | 20 | 25 | 32 | 40 | 50 | 65 | 80 | 100 | 125 | 150 |
|---|---|---|---|---|---|---|---|---|---|---|---|
| 나사부 길이(mm) | 15 | 17 | 19 | 21 | 23 | 25 | 28 | 30 | 32 | 35 | 37 |
| 나사가 물리는 길이(a) | 11 | 13 | 15 | 17 | 19 | 20 | 23 | 25 | 28 | 30 | 33 |

배관의 중심선 길이 $L$, 관의 길이 $l$, 이음쇠(Joint)의 중심선에서 단면까지의 치수 $A$, 나사길이를 $a$라 하면 다음과 같은 직선 길이 산출식이 정리된다.

$$L = l + 2(A - a)$$

$$l = L - 2(A - a)$$

$$l' = L - (A - a)$$

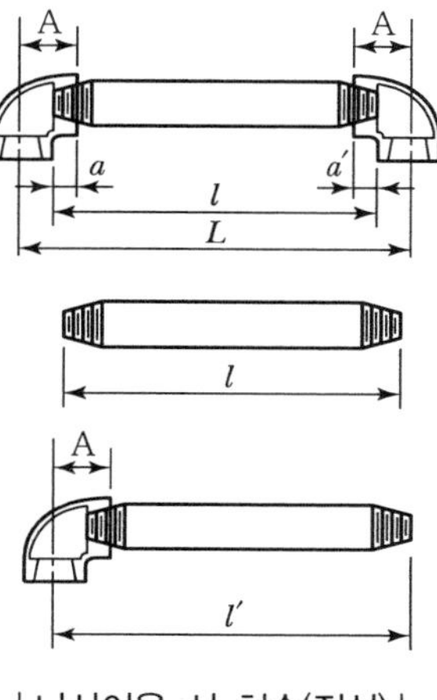


| 나사이음 시 치수(직선) |

# SECTION 05 배관 등 지지장치

## 1 지지장치의 분류

1) 배관은 길이가 길어 관 자체의 무게와 적설하중, 열에 의한 신축 유체의 흐름에서 발생하는 진동이 배관에 작용한다. 이러한 하중 · 진동 · 신축은 관로에 접속된 기계 및 계측기의 노즐에도 작용하여 변형을 일으켜 기기의 성능을 저하시킨다. 이것을 방지하기 위하여 지지물을 만들어 관을 지지한다.
2) 관계 지지장치는 화학플랜트를 위시하여 화력 · 원자력 발전 · 플랜트 · 선박 · 가스 · 터빈 및 플랜트 등에 널리 사용되고 있으며 그 용도도 사용조건에 따라 다종다양한 형식, 구조가 있으나 그 기능을 용도별로 구별하면 다음과 같다.

▼ 관 지지 금구의 분류

| 대구경용 | | 소구경용 | | 비고 |
|---|---|---|---|---|
| 명칭 | 용도 | 명칭 | 용도 | |
| 서포트(Support) 또는 행거(Hanger) | 배관계 중량을 지지하는 장치(위에서 달아 매는 것을 행거(Hanger) 밑에서 지지하는 것을 서포트(Support)라 함 | 리지드 행거(Rigid Hanger) | 수직방향 변위가 없는 곳에 사용 | 부하용량 35~1,400kg |
| | | 버리어블 행거 또는 스프링 행거 | 변위가 작은 개소에 사용 | |
| | | 콘스탄트 행거 | 변위가 큰 개소에 사용 | |
| 리스트 레인트(Restraint) | 열팽창에 의한 배관 관계의 자유로운 움직임을 구속하거나 제한하기 위한 장치 | 앵커(Anchor) | 완전히 배관관계 일부를 고정하는 장치 | |
| | | 스톱(Stop) | 관의 회전은 되지만 직선운동을 방지하는 장치 | |
| | | 가이드(Guide) | 관이 회전하는 것을 방지하기 위한 장치 | |
| 브레이스(Brace) | 열팽창 및 중력에 의한 힘 이외의 외력에 의한 배선이동을 제한하는 장치 | 방진구(防振具) | 주로 진동을 방지하거나 감쇠시키는 장치 | 리스트 레인트식 스프링식 유압식 리지드식 |
| | | 완충기 | 주로 진동 Water Hammering, 안전밸브 토출반력 등에 의한 충격을 완화하기 위한 장치 | |

## 2 관 지지의 필요조건

1) 관과 관내의 유체 및 피부재의 합계 중량을 지지하는 데 충분한 재료일 것
2) 외부에서의 진동과 충격에 대해서도 견고할 것
3) 배관 시공에 있어서 구배의 조정이 간단하게 될 수 있는 구조일 것
4) 온도 변화에 따른 관의 신축에 대하여 대응이 가능할 것
5) 관의 지지 간격에 적당할 것

# SECTION 06 배관도면

## 1 배관도의 종류

배관 제도에는 평면도, 입면도(측면 배관도), 입체도 등이 있고 이것을 조합한 것이 조립도이며, 조립도는 장치 전체의 배관을 명시하는 그림이다. 이 밖에 배관 한 개의 배관열만 표시하는 부분 조립도가 있으며, 제작 공정의 상태를 표시하는 공정도, 상세배관 계통도(PID) 등이 있다.

### 1) 평면 배관도(Plane Drawing)

(1) 평면 배관도에는 배관과 직접 관계가 없는 기기류, 가구류 등은 대략적인 외형만 표시하고 직접 관계가 있는 관 또는 기구의 지지, 트랩, 빔 등은 상세히 표시한다.

(2) 평면 배관도는 배관장치를 위에서 아래로 내려다보고 그린 그림이며, 기계제도의 평면도와 일치한다.

### 2) 입면 배관도(Side View Drawing)

배관 전체를 측면에서 그린 도면으로 소규모의 배관을 제외하고 평면도의 입면도를 동일 지면에 그리는 일은 거의 없으며, 입면도의 위치를 명확히 하기 위해 평면도에 입면도의 작도위치를 화살표로 명시한다.

### 3) 입체 배관도(Isometrical Piping Drawing)

(1) 입체 배관도는 입체 공간을 $X$축, $Y$축, $Z$축으로 나누어 입체적인 형상을 평면에 나타낸 그림이다. 일반적으로 $Y$축에는 수직 배관을 수직선으로 그리고, 수평면에 존재하는 $X$축과 $Z$축이 120°로 만나게 선을 그어 배관도를 그린다.

(2) 각각의 축에 어디까지나 평행으로 작도하기 때문에 등각투영법이라고도 한다. 도면은 축척으로 표시하는 것이 원칙이나, 입체도면은 일반적으로 척도를 기준으로 하지 않고 다만 배관의 중복으로 복합하여, 판독하기 어려운 곳만 적당한 척도로 그린다.

### 4) 부분 조립도(Isometric Each Line Drawing)

입체(조립도)에서 발생하여 상세히 그린 그림으로 각부의 치수와 높이를 기입하며, 플랜지 접속의 기계, 계기 및 배관 부품과 플랜지면 사이의 치수도 기입한다. 입체 부분도 또는 스풀 드로잉(Spool Drawing)이라고도 부른다.

### 5) 계통도(Flow Diagram)

(1) 위로 가는 입상관(立上管)이나 아래로 가는 입하관(立下管)이 많아서 평면도로서는 배관계통을 이해하기 힘들 경우 관의 접속 관계를 알기 쉽게 그린 것이 계통도이다. 도면에 나타내는 주요한 것은 각종 관의 경로, 관경, 관의 종류, 이음, 기기 및 층고 등이다.

(2) 축척은 일반적으로 사용하지 않고 No Scale로 한다.

(3) 상세 배관 계통도(PID)는 장치의 설계와 건설, 운전 및 조작에 관한 프로세스 설계의 기본계획을 전문기술자에게 정확하고 바르게 이해시키기 위한 도면으로 다음 사항을 기입한다.

① 주요 기기의 외관, 내부 구조의 개요

② 배관계의 구배, 관의 번호, 관 및 밸브 등의 호칭치수

③ 배관의 재질 구분과 보온의 필요성 유무

④ 물, 기름 등 기타 유체에 관한 부식 · 방식 억제재의 주입방법

### 6) 공정도(Block Diagram)

제작공정과 제조의 상태를 표시한 도면으로, 특히 제조 공정도를 플랜트 공정도(Plant Diagram)라 한다.

### 7) 배치도(Plot Plan)

(1) 건물과 대지 및 도로와의 관계 등을 평면으로 그린 것을 배치도라 한다.
도면에 나타내는 주요한 것은 형상, 지면의 고저, 인접지와의 경계선, 도로의 폭, 대지 면적의 계산표, 건물의 위치와 크기, 방위, 옥외 급 · 배수관 계통 및 연료 탱크의 위치 등이다(전체도 또는 옥외 배관도라고도 한다).

(2) 부근 겨냥도를 같이 그려서 여기에 대지의 지명, 번지, 방위, 부근의 목표물 등을 기입해서 그 장소를 알기 쉽게 한 것도 있다. 방향 표시로 지도상의 북방을 표시하는 기호 CN(Construction North)과 장치에만 사용되는 북방표시 기호 PN(Plant North)이 있다.

## 2 치수기입법

배관도면의 평면도에는 가로 · 세로를 표시하는 치수만 치수선에 기입하고, 입면도와 입체도에는 높이를 표시하는 치수만을 기입하는데 이를 EL(Elevation)로 표시한다.

### 1) 치수표시

치수는 mm 단위를 원칙으로 하며, 치수선에는 숫자만 기입한다. 각도는 일반적으로 도(°)를 표시하며, 필요에 따라 도 · 분 · 초로 나타내기도 한다.

### 2) 높이표시

(1) EL(Elevation Line) 또는 CEL(Center Line of Pipe Elevation) : 배관의 높이를 표시할 때 기준선으로 기준선에 의해 높이를 표시하는 법으로 EL 표시법이라 하며 약호 다음에 치수 숫자를 기입한다.
기준선(Base Line)은 평균 해면에서 측량된 어떤 기준선이며, 옥외 배관 장치에서의 기준선은 지반면이 반드시 수평이 되지 않으므로, 지반면의 최고 위치를 기준으로 하여 150~200mm 정

도의 상부를 기준선이라 하며, 배관에서의 베이스라인은 EL±0으로 한다(기준선에서 상부(+), 하부(−)).

**참고** EL+5,500 : 관의 중심이 기준면보다 5,500 높은 장소에 있다.
EL−650BOP : 관의 밑면이 기준면보다 650 낮은 장소에 있다.
EL−350TOP : 관의 윗면이 기준면보다 350 낮은 장소에 있다.

(2) BOP(Bottom of Pipe) : EL에서 관 외경의 밑면까지를 높이를 표시할 때
(3) TOP(Top of Pipe) : EL에서 관 외경의 윗면까지를 높이로 표시할 때
(4) GL(Ground Level) : 지면의 높이를 기준으로 할 때 사용하고 치수 숫자 앞에 기입
(5) FL(Floor Level) : 건물의 바닥면을 기준으로 하여 높이를 표시할 때

## 3 배관도면의 표시법

### 1) 관의 도시법

관은 하나의 실선으로 표시하며 동일 도면에서 다른 관을 표시할 때도 같은 굵기선으로 표시함을 원칙으로 한다.

• 유체의 종류 · 상태 · 목적 표시 기호
문자로 표시하되 관을 표시하는 선 위에 표시하거나 인출선에 의해 도시한다.

▼ 유체의 종류와 기호 및 도시법

| 유체의 종류 | 기호 |
|---|---|
| 공기 | A |
| 가스 | G(증기) |
| 유류 | O |
| 수증기 | S |
| 물 | W |

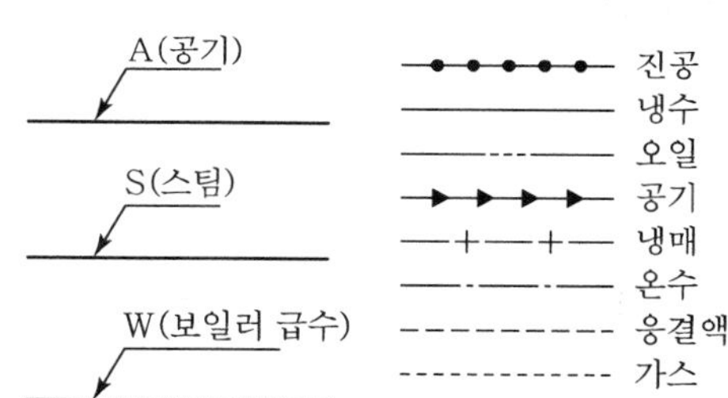


### 2) 관의 굵기와 재질 표시

관의 굵기 또는 종류를 표시할 때는 관의 굵기를 표시하는 문자 또는 관의 종류를 표시하는 문자, 혹은 기호를 표시하는 것을 원칙으로 한다(단, 관의 굵기 및 종류별 동시에 표시하는 경우에는 관의 굵기를 표시하는 문자 다음에 관의 종류를 표시하는 문자 또는 기호를 기입한다). 다만, 복잡한 도면에서 오해를 초래할 염려가 있는 경우에는 지시선을 사용하여 표시해도 무방하다.

## SECTION 07 단열재의 종류와 용도

• 단열은 열절연이라고도 하며 고온도 유체에서 저온도 유체로의 열 이동을 차단하는 것을 말한다. 단열재는 그 사용목적에 따라 보온재, 보냉재, 단열재 등으로 구별해서 부를 때도 있으나 일괄해서 보온재라 부를 때가 많다.

• 보온재의 종류에는 유기질 보온재와 무기질 보온재로 나누며 유기질 보온재는 펠트, 탄화코르크, 기포성 수지 등이고, 무기질 보온재는 석면, 암면, 규조토, 탄산마그네슘, 유리섬유, 슬래그 섬유, 글라스 울, 폼 등이 있다. 무기질은 일반적으로 높은 온도에서 사용할 수 있으며 유기질은 비교적 낮은 온도에서 사용한다.

### 1 유기질 보온재

#### 1) 펠트(Felt)

재료에는 양모, 우모 등 동물성 섬유로 만든 것과 삼베, 면, 그 밖의 식물성 섬유를 혼합하여 만든 것이 있다(열전도율 : 0.042~0.050kcal/mh℃).

동물성 펠트는 100℃ 이하의 배관에 사용하며 아스팔트와 아스팔트 천을 이용하여 방습가공한 것은 −60℃ 정도까지의 보랭용으로 사용한다.

#### 2) 코르크(Cork)

천연 코르크를 압축 가공하여 만든 것으로 액체 또는 기체의 침투력을 방지하며 보온 · 보랭 효과가 좋다. 탄화 코르크는 판형, 원통형의 모형으로 압축한 다음 300℃로 가열하여 만든 것인데, 재질이 여리고 굽힘성이 없어 곡면에 사용하면 균열이 생기기 쉽다. 냉수 · 냉매배관, 냉각기, 펌프 등의 보랭용에 사용된다(안전사용온도 : 130℃, 열전도율 : 0.046~0.049kcal/mh℃).

#### 3) 기포성 수지

합성수지 또는 고무질 재료를 사용하여 다공질 제품으로 만든 것이다. 이것은 열전도율이 낮고 가벼우며, 부드럽고 불연성이기 때문에 보온 · 보랭 재료로서 효과가 좋다.

#### 4) 폼류

(1) 안전사용온도 : 80℃ 이하

(2) 종류 : 경질 폴리우레탐폼, 폴리스티렌폼, 염화비닐폼 등

## 2 무기질 보온재

### 1) 석면

석면은 아스베스토스(Asbestos)를 주원료로 하여 만든 것인데 400℃ 이하의 파이프, 탱크, 노벽 등의 보온재로 적합하다. 400℃ 이상에서는 탈수 분해하고 800℃에서는 강도와 보온성을 잃게 된다. 석면은 사용 중에 부서지거나 뭉그러지지 않아서 진동이 있는 장치의 보온재로 많이 사용된다(열전도율 : 0.048~0.065kcal/mh℃).

### 2) 암면

안산암(Andesite), 현무암(Basalt)에 석회석을 섞어 용융하여 섬유 모양으로 만든 것이다. 석면에 비해 섬유가 거칠고 굳어서 부서지기 쉬운 결점이 있다. 암면은 식물성, 내열성 합성수지 등의 접착제를 써서 띠모양, 판모양, 원통형으로 가공하여 400℃ 이하의 파이프, 덕트, 탱크 등의 보온재로 사용한다(열전도율 : 0.039~0.048kcal/mh℃).

### 3) 규조토

(1) 규조토는 광물질의 잔해 퇴적물로 좋은 것은 순백색이고 부드러우나 일반적으로 사용되고 있는 것은 불순물을 함유하고 있어 황색이나 회녹색을 띠고 있다. 단독으로 성형할 수 없고 점토 또는 탄산마그네슘을 가하여 형틀에 압축 성형한다.

(2) 규조토는 다른 보온재에 비해 단열 효과가 떨어지므로 두껍게 시공해야 하는데 500℃ 이하의 파이프, 탱크 노벽 등의 보온에 사용한다. 접착성은 좋으나 철사망 등으로 보강재를 사용한다(열전도율 : 0.083~0.0977kcal/mh℃).

### 4) 탄산마그네슘($MgCO_3$)

염기성 탄산마그네슘 85%, 석면 15%를 배합한 것으로 물에 개어서 사용하는 보온재이다. 열전도율이 가장 낮으며 300~320℃에서 열분해한다. 방습 가공한 것은 옥외나 암거배관의 습기가 많은 곳에 사용하며 250℃ 이하 파이프 탱크 등의 보랭용으로도 사용한다(열전도율 : 0.05~0.07kcal/mh℃).

### 5) 유리섬유(글라스울)

용융유리를 압축공기나 원심력을 이용하여 섬유 형태로 제조한 것이다. 열전도율은 0.036~0.054kcal/mh℃이고 안전사용온도는 300℃ 이하이나 방수처리된 것은 600℃ 이하이다. 단, 흡수성이 크기 때문에 방수처리가 필요하다.

### 6) 규산칼슘보온재

규산질 재료, 석회질 재료, 암면 등을 혼합하여 수열 반응시켜 규산칼슘을 주원료로 하는 결정체 보온재이다. 열전도율은 0.053~0.065kcal/mh℃이고 안전사용온도는 650℃이다.

### 7) 실리카 파이버 및 세라믹 파이버

(1) 열전도율 : 0.035~0.06kcal/mh℃

(2) 안전사용온도 : 실리카 파이버(1,100℃), 세라믹 파이버(1,300℃)

### 8) 펄라이트

(1) 열전도율 : 0.05~0.065kcal/mh℃

(2) 안전사용온도 : 650℃

## 3 금속질 보온재

금속 특유의 복사열 반사특성을 이용한다.

**[알루미늄박]**

- 알루미늄판 또는 박(泊)을 사용하여 공기층을 중첩시킨 것이다.
- 알루미늄박의 공기층 두께는 10mm 이하일 때 효과가 제일 좋다.

CHAPTER 10

# 보일러 설치 검사기준 등

## SECTION 01 설치장소

### 1 옥내 설치

보일러를 옥내에 설치하는 경우에는 다음 조건을 만족시켜야 한다.

1) 보일러는 불연성물질의 격벽으로 구분된 장소에 설치하여야 한다. 다만, 소용량 강철제보일러, 소용량 주철제보일러, 가스용 온수 보일러, 소형 관류보일러(이하 "소형 보일러"라 한다)는 반격벽으로 구분된 장소에 설치할 수 있다.
2) 보일러 동체 최상부로부터(보일러의 검사 및 취급에 지장이 없도록 작업대를 설치한 경우에는 작업대로부터) 천장, 배관 등 보일러 상부에 있는 구조물까지의 거리는 1.2m 이상이어야 한다. 다만, 소형 보일러 및 주철제보일러의 경우에는 0.6m 이상으로 할 수 있다.
3) 보일러 동체에서 벽, 배관, 기타 보일러 측부에 있는 구조물(검사 및 청소에 지장이 없는 것은 제외)까지 거리는 0.45m 이상이어야 한다. 다만, 소형 보일러는 0.3m 이상으로 할 수 있다.
4) 보일러 및 보일러에 부설된 금속제의 굴뚝 또는 연도의 외측으로부터 0.3m 이내에 있는 가연성 물체에 대하여는 금속 이외의 불연성 재료로 피복하여야 한다.
5) 연료를 저장할 때에는 보일러 외측으로부터 2m 이상 거리를 두거나 방화격벽을 설치하여야 한다. 다만, 소형 보일러의 경우에는 1m 이상 거리를 두거나 반격벽으로 할 수 있다.
6) 보일러에 설치된 계기들을 육안으로 관찰하는 데 지장이 없도록 충분한 조명시설이 있어야 한다.
7) 보일러실은 연소 및 환경을 유지하기에 충분한 급기구 및 환기구가 있어야 하며 급기구는 보일러 배기가스 덕트의 유효단면적 이상이어야 하고 도시가스를 사용하는 경우에는 환기구를 가능한 한 높이 설치하여 가스가 누설되었을 때 체류하지 않는 구조이어야 한다.

### 2 옥외 설치

보일러를 옥외에 설치할 경우에는 다음 조건을 만족시켜야 한다.

1) 보일러에 빗물이 스며들지 않도록 케이싱 등의 적절한 방지설비를 하여야 한다.
2) 노출된 절연재 또는 레깅 등에는 방수처리(금속커버 또는 페인트 포함)를 하여야 한다.
3) 보일러 외부에 있는 증기관 및 급수관 등이 얼지 않도록 적절한 보호조치를 하여야 한다.
4) 강제 통풍팬의 입구에는 빗물방지 보호판을 설치하여야 한다.

## 3 보일러의 설치

보일러는 다음 조건을 만족시킬 수 있도록 설치하여야 한다.

1) 기초가 약하여 내려앉거나 갈라지지 않아야 한다.
2) 강 구조물은 접지되어야 하고 빗물이나 증기에 의하여 부식이 되지 않도록 적절한 보호조치를 하여야 한다.
3) 수관식 보일러의 경우 전열면을 청소할 수 있는 구멍이 있어야 하며, 구멍의 크기 및 수는 보일러 제조 검사기준에 따른다. 다만, 전열면의 청소가 용이한 구조인 경우에는 예외로 한다.
4) 보일러에 설치된 폭발구의 위치가 보일러기사의 작업장소에서 2m 이내에 있을 때에는 해당되는 보일러의 폭발가스를 안전한 방향으로 분산시키는 장치를 설치하여야 한다.
5) 보일러의 사용압력이 어떠한 경우에도 최고사용압력을 초과할 수 없도록 설치하여야 한다.
6) 보일러는 바닥 지지물에 반드시 고정되어야 한다. 소형 보일러의 경우는 앵커 등을 설치하여 가동 중 보일러의 움직임이 없도록 설치하여야 한다.

## 4 배관

보일러 실내의 각종 배관은 팽창과 수축을 흡수하여 누설이 없도록 하고, 가스용 보일러의 연료배관은 다음에 따른다.

### 1) 배관의 설치

(1) 배관은 외부에 노출하여 시공하여야 한다. 다만, 동관, 스테인리스 강관, 기타 내식성 재료로서 이음매(용접이음매를 제외한다) 없이 설치하는 경우에는 매몰하여 설치할 수 있다.

(2) 배관의 이음부(용접이음매를 제외한다)와 전기계량기 및 전기개폐기와의 거리는 60cm 이상, 굴뚝(단열조치를 하지 아니한 경우에 한한다) · 전기점멸기 및 전기접속기와의 거리는 30cm 이상, 절연전선과의 거리는 10cm 이상, 절연조치를 하지 아니한 전선과의 거리는 30cm 이상의 거리를 유지하여야 한다.

### 2) 배관의 고정

배관은 움직이지 아니하도록 고정 부착하는 조치를 하되 그 관경이 13mm 미만의 것에는 1m마다, 13mm 이상 33mm 미만의 것에는 2m마다, 33mm 이상의 것에는 3m 마다 고정장치를 설치하여야 한다.

### 3) 배관의 집합

(1) 배관을 나사접합으로 하는 경우에는 KS B 0222(관용 테이퍼나사)에 의하여야 한다.

(2) 배관의 접합을 위한 이음쇠가 주조품인 경우에는 가단주철제이거나 주강제로서 KS표시허가제품 또는 이와 동등 이상의 제품을 사용하여야 한다.

#### 4) 배관의 표시

(1) 배관은 그 외부에 사용가스명 · 최고사용압력 및 가스흐름방향을 표시하여야 한다. 다만, 지하에 매설하는 배관의 경우에는 흐름방향을 표시하지 아니할 수 있다.

(2) 지상배관은 부식방지 도장 후 표면색상을 황색으로 도색한다. 다만, 건축물의 내 · 외벽에 노출된 것으로서 바닥(2층 이상의 건물의 경우에는 각 층의 바닥을 말한다)에서 1m의 높이에 폭 3cm의 황색 띠를 2중으로 표시한 경우에는 표면 색상을 황색으로 하지 아니할 수 있다.

### 5 가스버너

가스용 보일러에 부착하는 가스버너는 액화석유가스의 안전 및 사업관리법 제21조의 규정에 의하여 검사를 받은 것이어야 한다.

## SECTION 02 급수장치

### 1 급수장치의 설치기준

1) 급수장치를 필요로 하는 보일러에는 주펌프(인젝터를 포함한다. 이하 동일)세트 및 보조펌프세트를 갖춘 급수장치가 있어야 한다. 다만, 전열면적 12m$^2$ 이하의 보일러, 전열면적 14m$^2$ 이하의 가스용 온수 보일러 및 전열면적 100m$^2$ 이하의 관류보일러에는 보조펌프를 생략할 수 있다.

2) 주펌프세트 및 보조펌프세트는 보일러의 상용압력에서 정상가동상태에 필요한 물을 각각 단독으로 공급할 수 있어야 한다. 다만, 보조펌프세트의 용량은 주펌프세트가 2개 이상의 펌프를 조합한 것일 때에는 보일러의 정상상태에서 필요한 물의 25%이상이면서 주펌프세트 중의 최대펌프의 용량 이상으로 할 수 있다.

3) 주펌프세트는 동력으로 운전하는 급수펌프 또는 인젝터이어야 한다. 다만, 보일러의 최고사용압력이 0.25MPa(2.5kgf/cm$^2$) 미만으로 화격자면적이 0.6m$^2$ 이하인 경우, 전열면적이 12m$^2$ 이하인 경우 및 상용압력 이상의 수압에서 급수할 수 있는 급수탱크 또는 수원을 급수장치로 하는 경우에는 예외로 할 수 있다.

4) 보일러 급수가 멎는 경우 즉시 연료(열)의 공급이 차단되지 않거나 과열될 염려가 있는 보일러에는 인젝터, 상용압력 이상의 수압에서 급수할 수 있는 급수탱크, 내연기관 또는 예비전원에 의해 운전할 수 있는 급수장치를 갖추어야 한다.

## 2 2개 이상의 보일러에 대한 급수장치

1개의 급수장치로 2개 이상의 보일러에 물을 공급할 경우 1개의 보일러로 간주한다.

## 3 급수밸브와 체크밸브

급수관에는 보일러에 인접하여 급수밸브와 체크밸브를 설치하여야 한다. 이 경우 급수가 밸브디스크를 밀어 올리도록 급수밸브를 부착하여야 하며, 1조의 밸브디스크와 밸브시트가 급수밸브와 체크밸브의 기능을 겸하고 있어도 별도의 체크밸브를 설치하여야 한다. 다만, 최고사용압력 0.1MPa(1kgf/$cm^2$) 미만의 보일러에서는 체크밸브를 생략할 수 있으며, 급수 가열기의 출구 또는 급수펌프의 출구에 스톱밸브 및 체크밸브가 있는 급수장치를 개별 보일러마다 설치한 경우에는 급수밸브 및 체크밸브를 생략할 수 있다.

## 4 급수밸브의 크기

급수밸브 및 체크밸브의 크기는 전열면적 10$m^2$ 이하의 보일러에서는 호칭 15A 이상, 전열면적 10$m^2$를 초과하는 보일러에서는 호칭 20A 이상이어야 한다.

## 5 급수장소

급수장소에 대해서는 '보일러제조(용접 및 구조)검사기준 구조 급수장소'항 및 다음에 따른다.

- 복수를 공급하는 난방용 보일러를 제외하고 급수를 분출관으로부터 송입해서는 안 된다.

## 6 자동급수조절기

자동급수조절기를 설치할 때에는 필요에 따라 즉시 수동으로 변경할 수 있는 구조이어야 하며, 2개 이상의 보일러에 공통으로 사용하는 자동급수조절기를 설치하여서는 안 된다.

## 7 급수처리

1) 용량 1t/h 이상의 증기보일러에는 수질관리를 위한 급수처리 또는 스케일 부착방지나 제거를 위한(이하 "수처리"라 한다) 시설을 하여야 한다. 이때, 수처리된 수질기준은 KS B 6209(보일러급수 및 보일러수의 수질) 중 총경도($CaCo_3$ppm) 성분만으로 한다.
2) 1)의 수처리시설은 국가공인시험 또는 검사기관의 성능결과를 검사기관에 제출하여 인증받은 것에 한한다.

# SECTION 03 압력방출장치

## 1 안전밸브의 개수

1) 증기보일러에는 2개 이상의 안전밸브를 설치하여야 한다. 다만, 전열면적 $50m^2$ 이하의 증기보일러에서는 1개 이상으로 한다.
2) 관류보일러에서 보일러와 압력방출장치와의 사이에 체크밸브를 설치할 경우 압력방출장치는 2개 이상이어야 한다.

## 2 안전밸브의 부착

안전밸브는 쉽게 검사할 수 있는 장소에 밸브 축을 수직으로 하여 가능한 한 보일러의 동체에 직접 부착시켜야 하며, 안전밸브와 안전밸브가 부착된 보일러 동체 등의 사이에는 어떠한 차단밸브도 있어서는 안 된다.

## 3 안전밸브 및 압력방출장치의 용량

안전밸브 및 압력방출장치의 용량은 다음에 따른다.

1) 안전밸브 및 압력방출장치의 분출용량은 보일러제조(용접 및 구조) 검사기준의 압력 방출장치기준에 따른다.
2) 자동연소제어장치 및 보일러 최고사용압력의 1.06배 이하의 압력에서 급속하게 연료의 공급을 차단하는 장치를 갖는 보일러로서 보일러 출구의 최고사용압력 이하에서 자동적으로 작동하는 압력방출장치가 있을 때에는 동 압력방출장치의 용량(보일러의 최대증발량의 30%를 초과하는 경우에는 보일러 최대증발량의 30%)을 안전밸브용량에 산입할 수 있다.

## 4 안전밸브 및 압력방출장치의 크기

안전밸브 및 압력방출장치의 크기는 호칭지름 25A 이상으로 하여야 한다. 다만, 다음 보일러에서는 호칭 지름 20A 이상으로 할 수 있다.

1) 최고사용압력 0.1MPa($1kgf/cm^2$) 이하의 보일러
2) 최고사용압력 0.5MPa($5kgf/cm^2$) 이하의 보일러로 동체의 안지름이 500mm 이하이며 동체의 길이가 1,000mm 이하의 것
3) 최고사용압력 0.5MPa($5kgf/cm^2$) 이하의 보일러로 전열면적 $2m^2$ 이하의 것
4) 최대증발량 5t/h 이하의 관류보일러
5) 소용량 강철제보일러, 소용량 주철제보일러

## 5 과열기 부착보일러의 안전밸브

1) 과열기에는 그 출구에 1개 이상의 안전밸브가 있어야 하며 그 분출용량은 과열기의 온도를 설계온도 이하로 유지하는 데 필요한 양(보일러의 최대증발량의 15%를 초과하는 경우에는 15%) 이상이어야 한다.
2) 과열기에 부착되는 안전밸브의 분출용량 및 수는 보일러 동체의 안전밸브의 분출용량 및 수에 포함시킬 수 있다. 이 경우 보일러의 동체에 부착하는 안전밸브는 보일러의 최대증발량의 75% 이상을 분출할 수 있는 것이어야 한다. 다만, 관류보일러의 경우에는 과열기 출구에 최대증발량에 상당하는 분출용량의 안전밸브를 설치할 수 있다.

## 6 재열기 또는 독립과열기의 안전밸브

재열기 또는 독립과열기에는 입구 및 출구에 각각 1개 이상의 안전밸브가 있어야 하며 그 분출용량의 합계는 최대통과증기량 이상이어야 한다. 이 경우 출구에 설치하는 안전밸브의 분출용량의 합계는 재열기 또는 독립과열기의 온도를 설계온도 이하로 유지하는 데 필요한 양(최대통과증기량의 15%를 초과하는 경우에는 15%) 이상이어야 한다. 다만, 보일러에 직결되어 보일러와 같은 최고사용압력으로 설계된 독립과열기에서는 그 출구에 안전밸브를 1개 이상 설치하고 그 분출용량의 합계는 독립과열기의 온도를 설계온도 이하로 유지하는 데 필요한 양(독립과열기의 전열면적 $1m^2$당 30kg/h로 한 양을 초과하는 경우에는 독립과열기의 전열면적 $1m^2$당 30kg/h로 한 양) 이상으로 한다.

## 7 안전밸브의 종류 및 구조

1) 안전밸브의 종류는 스프링 안전밸브로 하며 스프링 안전밸브의 구조는 KS B 6216(증기용 및 가스용 스프링 안전밸브)에 따라야 하며, 어떠한 경우에도 밸브시트나 본체에서 누설이 없어야 한다. 다만, 스프링 안전밸브 대신에 스프링 파일럿 밸브부착 안전밸브를 사용할 수 있다. 이 경우 소요분출량의 1/2 이상이 스프링 안전밸브에 의하여 분출되는 구조의 것이어야 한다.
2) 인화성 증기를 발생하는 열매체 보일러에서는 안전밸브를 밀폐식 구조로 하든가 또는 안전밸브로부터의 배기를 보일러실 밖의 안전한 장소에 방출시키도록 한다.
3) 안전밸브는 산업안전보건법 제33조 제3항의 규정에 의한 성능검사를 받은 것이어야 한다.

## 8 온수발생보일러(액상식 열매체보일러 포함)의 방출밸브와 방출관

1) 온수발생보일러에는 압력이 보일러의 최고사용압력(열매체 보일러의 경우에는 최고사용압력 및 최고사용온도)에 달하면 즉시 작동하는 방출밸브 또는 안전밸브를 1개 이상 갖추어야 한다. 다만, 손쉽게 검사할 수 있는 방출관을 갖출 때는 방출밸브로 대응할 수 있다. 이때 방출관에는 어떠한 경우든 차단장치(밸브 등)를 부착하여서는 안 된다.

2) 인화성 액체를 방출하는 열매체 보일러의 경우 방출밸브 또는 방출관은 밀폐식 구조로 하든가 보일러 밖의 안전한 장소에 방출시킬 수 있는 구조이어야 한다.

### 9 온수발생보일러(액상식 열매체보일러 포함)의 방출밸브 또는 안전밸브의 크기

1) 액상식 열매체보일러 및 온도 393K(120℃) 이하의 온수발생보일러는 방출밸브를 설치하여야 하며, 그 지름은 20mm 이상으로 하고, 보일러의 압력이 보일러의 최고사용압력에 그 10%[그 값이 0.035MPa(0.35kgf/$cm^2$) 미만인 경우에는 0.035MPa(0.35kgf/$cm^2$)로 한다]를 더한 값을 초과하지 않도록 지름과 개수를 정하여야 한다.
2) 온도 393K(120℃)를 초과하는 온수발생보일러에는 안전밸브를 설치하여야 하며, 그 크기는 호칭지름 20mm 이상으로 적용한다. 다만, 환산증발량은 열출력을 보일러의 최고사용압력에 상당하는 포화증기의 엔탈피와 급수엔탈피의 차로 나눈 값(kg/h)으로 한다.

### 10 온수발생보일러(액상식 열매체보일러 포함) 방출관의 크기

방출관은 보일러의 전열면적에 따라 다음 표의 크기로 하여야 한다.

▼ 방출관의 크기

| 전열면적($m^2$) | 방출관의 안지름(mm) | 전열면적($m^2$) | 방출관의 안지름(mm) |
|---|---|---|---|
| 10 미만 | 25 이상 | 15 이상~20 미만 | 40 이상 |
| 10 이상~15 미만 | 30 이상 | 20 이상 | 50 이상 |

## SECTION 04 수면계

### 1 수면계의 개수

1) 증기보일러에는 2개(소용량 및 소형 관류보일러는 1개) 이상의 유리수면계를 부착하여야 한다. 다만, 단관식 관류보일러는 제외한다.
2) 최고사용압력 1MPa(10kgf/$cm^2$) 이하로서 동체 안지름이 750mm 미만인 경우에 있어서는 수면계 중 1개는 다른 종류의 수면측정장치로 할 수 있다.
3) 2개 이상의 원격지시 수면계를 시설하는 경우에 한하여 유리수면계를 1개 이상으로 할 수 있다.

### 2 수면계의 구조

유리수면계는 보일러의 최고사용압력과 그에 상당하는 증기온도에서 원활히 작용하는 기능을 가지며, 또한 수시로 이것을 시험할 수 있는 동시에 용이하게 내부를 청소할 수 있는 구조로서 다음에 따른다.

1) 유리수면계는 KS B 6208(보일러용 수면계유리)의 유리를 사용하여야 한다.
2) 유리수면계는 상 · 하에 밸브 또는 콕을 갖추어야 하며, 한눈에 그것의 개 · 폐 여부를 알 수 있는 구조이어야 한다. 다만, 소형 관류보일러에서는 밸브 또는 콕을 갖추지 아니할 수 있다.
3) 스톱밸브를 부착하는 경우에는 청소에 편리한 구조로 하여야 한다.

## SECTION 05 계측기

### 1 압력계

보일러에는 KS B 5305(부르동관 압력계)에 따른 압력계 또는 이와 동등 이상의 성능을 갖춘 압력계를 부착하여야 한다.

#### 1) 압력계의 크기와 눈금

(1) 증기보일러에 부착하는 압력계 눈금판의 바깥지름은 100mm 이상으로 하고 그 부착높이에 따라 용이하게 지침이 보이도록 하여야 한다. 다만, 다음의 보일러에 부착하는 압력계에 대하여는 눈금판의 바깥지름을 60mm 이상으로 할 수 있다.
① 최고사용압력 0.5MPa(5kgf/cm$^2$) 이하이고, 동체의 안지름 500mm 이하 동체의 길이 1,000mm 이하인 보일러
② 최고사용압력 0.5MPa(5kgf/cm$^2$) 이하로서 전열면적 2m$^2$ 이하인 보일러
③ 최대증발량 5t/h 이하인 관류보일러
④ 소용량 보일러

(2) 압력계의 최고눈금은 보일러의 최고사용압력의 3배 이하로 하되 1.5배보다 작아서는 안 된다.

#### 2) 압력계의 부착

증기보일러의 압력계 부착은 다음에 따른다.

(1) 압력계는 원칙적으로 보일러의 증기실에 눈금판의 눈금이 잘 보이는 위치에 부착하고, 얼지 않도록 하며, 그 주위의 온도는 사용상태에 있어서 KS B 5305(부르동관압력계)에 규정하는 범위 안에 있어야 한다.
(2) 압력계와 연결된 증기관은 최고사용압력에 견디는 것으로서 그 크기는 황동관 또는 동관을 사용할 때는 안지름 6.5mm 이상, 강관을 사용할 때는 12.7mm 이상이어야 하며, 증기온도가 483K(210℃)를 초과할 때에는 황동관 또는 동관을 사용하여서는 안 된다.
(3) 압력계에는 물을 넣은 안지름 6.5mm 이상의 사이펀관 또는 동등한 작용을 하는 장치를 부착하여 증기가 직접 압력계에 들어가지 않도록 하여야 한다.
(4) 압력계의 콕은 그 핸들을 수직인 증기관과 동일방향에 놓은 경우에 열려있는 것이어야 하며 콕

대신에 밸브를 사용할 경우에는 한눈으로 개 · 폐 여부를 알 수가 있는 구조로 하여야 한다.

(5) 압력계와 연결된 증기관의 길이가 3m 이상이며 내부를 충분히 청소할 수 있는 경우에는 보일러의 가까이에 열린 상태에서 봉인된 콕 또는 밸브를 두어도 좋다.

(6) 압력계의 증기관이 길어서 압력계의 위치에 따라 수두압에 따른 영향을 고려할 필요가 있을 경우에는 눈금에 보정을 하여야 한다.

## 2 수위계

1) 온수발생 보일러에는 보일러 동체 또는 온수의 출구 부근에 수위계를 설치하고, 이것에 가까이 부착한 콕을 닫을 경우 이외에는 보일러와의 연락을 차단하지 않도록 하여야 하며, 이 콕의 핸들은 콕이 열려 있을 경우에 이것을 부착시킨 관과 평행되어야 한다.

2) 수위계의 최고눈금은 보일러의 최고사용압력의 1배 이상 3배 이하로 하여야 한다.

## 3 온도계

아래 부분에는 KS B 5320(공업용 바이메탈식 온도계) 또는 이와 동등 이상의 성능을 가진 온도계를 설치하여야 한다. 다만, 소용량 보일러 및 가스용 온수 보일러는 배기가스온도계만 설치하여도 좋다.

1) 급수 입구의 급수 온도계

2) 버너 급유입구의 급유온도계(다만, 예열을 필요로 하지 않는 것은 제외한다.)

3) 절탄기 또는 공기예열기가 설치된 경우에는 각 유체의 전후 온도를 측정할 수 있는 온도계(다만, 포화증기의 경우에는 압력계로 대신할 수 있다.)

4) 보일러 본체 배기가스온도계(다만, 3)의 규정에 의한 온도계가 있는 경우에는 생략할 수 있다.)

5) 과열기 또는 재열기가 있는 경우에는 그 출구 온도계

6) 유량계를 통과하는 온도를 측정할 수 있는 온도계

## 4 유량계

용량 1t/h 이상의 보일러에는 다음의 유량계를 설치하여야 한다.

1) 급수관에는 적당한 위치에 KS B 5336(고압용 수량계) 또는 이와 동등 이상의 성능을 가진 수량계를 설치하여야 한다. 다만, 온수발생보일러는 제외한다.

2) 기름용 보일러에는 연료의 사용량을 측정할 수 있는 KSB 5328(오일미터) 또는 이와 동등 이상의 성능을 가진 유량계를 설치하여야 한다. 다만, 2t/h 미만의 보일러로서 온수발생보일러 및 난방전용 보일러에는 $CO_2$ 측정장치로 대신할 수 있다.

3) 가스용 보일러에는 가스사용량을 측정할 수 있는 유량계를 설치하여야 한다. 다만, 가스의 전체 사용량을 측정할 수 있는 유량계를 설치하였을 경우는 각각의 보일러마다 설치된 것으로 본다.

(1) 유량계는 당해 도시가스 사용에 적합한 것이어야 한다.

(2) 유량계는 화기(당해 시설 내에서 사용하는 자체 화기를 제외한다)와 2m 이상의 우회거리를 유지하는 곳으로서 수시로 환기가 가능한 장소에 설치하여야 한다.

(3) 유량계는 전기계량기 및 전기개폐기와의 거리는 60cm 이상, 굴뚝(단열조치를 하지 아니한 경우에 한한다) · 전기점멸기 및 전기접속기와의 거리는 30cm 이상, 절연조치를 하지 아니한 전선과의 거리는 15cm 이상의 거리를 유지하여야 한다.

4) 각 유량계는 해당온도 및 압력범위에서 사용할 수 있어야 하고 유량계 앞에 여과기가 있어야 한다.

## 5 자동연료차단장치

1) 최고사용압력 0.1MPa(1kgf/cm²)를 초과하는 증기보일러에는 다음 각 호의 저수위 안전장치를 설치해야 한다.
   (1) 보일러의 수위가 안전을 확보할 수 있는 최저수위(이하 "안전수위"라 한다)까지 내려가기 직전에 자동적으로 경보가 울리는 장치
   (2) 보일러의 수위가 안전수위까지 내려가는 즉시 연소실 내에 공급하는 연료를 자동적으로 차단하는 장치
2) 열매체보일러 및 사용온도가 393K(120℃) 이상인 온수발생보일러에는 작동유체의 온도가 최고사용온도를 초과하지 않도록 온도-연소제어장치를 설치해야 한다.
3) 최고사용압력이 0.1MPa(1kgf/cm²)(수두압의 경우 10m)를 초과하는 주철제 온수 보일러에는 온수온도가 388K(115℃)를 초과할 때에는 연료공급을 차단하거나 파일럿연소를 할 수 있는 장치를 설치하여야 한다.
4) 관류보일러는 급수가 부족한 경우에 대비하기 위하여 자동적으로 연료의 공급을 차단하는 장치 또는 이에 대신하는 안전장치를 갖추어야 한다.
5) 가스용 보일러에는 급수가 부족한 경우에 대비하기 위하여 자동적으로 연료의 공급을 차단하는 장치를 갖추어야 하며, 또한 수동으로 연료공급을 차단하는 밸브 등을 갖추어야 한다.
6) 유류 및 가스용 보일러에는 압력차단장치를 설치하여야 한다.
7) 동체의 과열을 방지하기 위하여 온도를 감지하여 자동적으로 연료공급을 차단할 수 있는 온도상한스위치를 보일러 본체에서 1m 이내인 배기가스출구 또는 동체에 설치하여야 한다.
8) 폐열 또는 소각보일러에 대해서는 7)의 온도상한스위치를 대신하여 온도를 감지하여 자동적으로 경보를 울리는 장치와 송풍기 가동을 멈추는 장치가 설치되어야 한다.

## 6 공기유량 자동조절기능

가스용 보일러 및 용량 5t/h(난방전용은 10t/h) 이상인 유류보일러에는 공급연료량에 따라 연소용 공기를 자동조절하는 기능이 있어야 한다. 이때 보일러용량이 MW(kcal/h)로 표시되었을 때에는 0.6978MW(600,000kcal/h)를 1t/h로 환산한다.

## 7 연소가스 분석기

6의 적용을 받는 보일러에는 배기가스성분($O_2$, $CO_2$ 중 1성분)을 연속적으로 자동 분석하여 지시하는 계기를 부착하여야 한다. 다만, 용량 5t/h(난방전용은 10t/h) 미만인 가스용 보일러로서 배기가스온도 상한스위치를 부착하여 배기가스가 설정온도를 초과하면 연료의 공급을 차단할 수 있는 경우에는 이를 생략할 수 있다.

## 8 가스누설 자동차단장치

가스용 보일러에는 누설되는 가스를 검지하여 경보하며 자동으로 가스의 공급을 차단하는 장치 또는 가스누설 자동차단기를 설치하여야 하며 이 장치의 설치는 도시가스사업법 시행규칙 [별표 7]의 규정에 따라 산업통상자원부장관이 고시하는 가스사용시설의 시설기준 및 기술기준에 따라야 한다.

## 9 압력조정기

보일러실 내에 설치하는 가스용 보일러의 압력조정기는 액화석유가스의 안전 및 사업관리법 제21조 제2항 규정에 의거 가스용품 검사에 합격한 제품이어야 한다.

# SECTION 06 스톱밸브 및 분출밸브

## 1 스톱밸브의 크기와 개수

1) 증기의 각 분출구(안전밸브, 과열기의 분출구 및 재열기의 입구 · 출구를 제외한다)에는 스톱밸브를 갖추어야 한다.
2) 맨홀을 가진 보일러가 공통의 주증기관에 연결될 때에는 각 보일러와 주증기관을 연결하는 증기관에는 2개 이상의 스톱밸브를 설치하여야 하며, 이들 밸브 사이에는 충분히 큰 드레인밸브를 설치하여야 한다.
3) 스톱밸브의 호칭압력(KS규격에 최고사용압력을 별도로 규정한 것은 최고사용압력)은 보일러의 최고사용압력 이상이어야 하며 적어도 0.7MPa(7kgf/$cm^2$) 이상이어야 한다.
4) 65mm 이상의 증기스톱밸브는 바깥나사형의 구조 또는 특수한 구조로 하고 밸브 몸체의 개폐를 한눈에 알 수 있는 것이어야 한다.

## 2 밸브의 물빼기

물이 고이는 위치에 스톱밸브가 설치될 때에는 물빼기를 설치하여야 한다.

## 3 분출밸브의 크기와 개수

1) 보일러 아랫부분에는 분출관과 분출밸브 또는 분출콕을 설치해야 한다. 다만, 관류보일러에 대해서는 이를 적용하지 않는다.
2) 분출밸브의 크기는 호칭지름 25mm 이상의 것이어야 한다. 다만, 전열면적이 $10m^2$ 이하인 보일러에서는 호칭지름 20mm 이상으로 할 수 있다.
3) 최고사용압력 0.7MPa(7kgf/$cm^2$) 이상의 보일러(이동식 보일러는 제외한다)의 분출관에는 분출밸브 2개 또는 분출밸브와 분출콕을 직렬로 갖추어야 한다. 이 경우에는 적어도 1개의 분출밸브는 닫힌 밸브를 전개하는 데 회전축을 적어도 5회전하는 것이어야 한다.
4) 1개의 보일러에 분출관이 2개 이상 있을 경우에는 이것들을 공동의 어미관에 하나로 합쳐서 각각의 분출관에는 1개의 분출밸브 또는 분출콕을, 어미관에는 1개의 분출밸브를 설치하여도 좋다. 이 경우 분출밸브는 닫힌 상태에서 전개하는데 회전축을 적어도 5회전하는 것이어야 한다.
5) 2개 이상의 보일러에서 분출관을 공동으로 하여서는 안 된다.
6) 정상 시 보유수량 400kg 이하의 강제순환보일러에는 닫힌 상태에서 전개하는 데 회전축을 적어도 5회전 이상 회전을 요하는 분출밸브 1개를 설치하여야 좋다.

## 5 분출밸브 및 콕의 모양과 강도

1) 분출밸브는 스케일 그 밖의 침점물이 퇴적되지 않는 구조이어야 하며 그 최고사용압력은 보일러 최고사용압력의 1.25배 또는 보일러의 최고사용압력에 1.5MPa(15kgf/$cm^2$)를 더한 압력 중 작은 쪽의 압력 이상이어야 하고, 어떠한 경우에도 0.7MPa(7kgf/$cm^2$)[소용량 보일러, 가스용 온수 보일러 및 주철제보일러는 0.5MPa(5kgf/$cm^2$)] 이상이어야 한다.
2) 주철제의 분출밸브는 최고사용압력 1.3MPa(13kgf/$cm^2$) 이하, 흑심가단 주철제는 1.9MPa(19 kgf/$cm^2$) 이하의 보일러에 사용할 수 있다.
3) 분출콕은 글랜드를 갖는 것이어야 한다.

## 6 기타 밸브

보일러 본체에 부착하는 기타의 밸브는 그 호칭압력 또는 최고사용압력이 보일러의 최고사용압력 이상이어야 한다.

# CHAPTER 11

# 보일러의 안전관리

## SECTION 01 부속장치의 취급

### 1 압력계, 수면계 등

#### 1) 압력계

(1) 취급상 주의사항

① 80℃ 이상의 온도가 되지 않게 해야 한다.

② 연락관에 콕을 붙혀 콕의 핸들이 관의 방향과 일치할 때 개통되게 하여야 한다.

③ 한랭 시 동결하지 않도록 사이펀관에 물을 제거하여야 한다.

④ 표준 압력계를 준비하여 때에 따라 비교한다.

(2) 시험시기

① 성능검사 시

② 오랫동안 휴지 후 사용 직전

③ 압력계 지시치에 의심이 날 때

④ 포밍 · 프라이밍이 유발하였을 때

⑤ 안전밸브가 취출 시 압력이 다를 때

#### 2) 수면계

(1) 취급상 주의사항

① 조명을 충분히 하고 항상 깨끗하게 청소하여 준다.

② 수면계 기능 점검은 매일 행한다.

③ 콕(Cock)은 빠지기 쉬우므로 6개월마다 분해 정비하여 준다.

④ 수주 연락관 도중에 있는 정지밸브로 개폐를 오인하지 않게 한다.

⑤ 수주 연락관은 경사 및 굴곡을 피하여 부착한다.

(2) 수면계 유리 파손 원인

① 유리가 열화되었을 때

② 유리에 충격을 가했을 때

③ 상하 콕의 중심이 일치하지 않을 때

④ 유리를 오래 사용하여 노화되었을 때

⑤ 상하 콕의 패킹용 너트를 너무 조였을 때

(3) 유리관 교체 순서

① 낡은 유리관과 패킹(Packing)을 제거하고 청소한다.

② 양단에 패킹을 끼워 교체 준비한다.

③ 콕은 상단부터 넣고 하단에 넣는다.

④ 하부에 패킹을 붙이고 가볍게 손으로 너트를 조인 후 상부 패킹을 조인다.

⑤ 드레인 콕을 열고 위의 증기 콕을 조금 열어서 증기를 소량 통하게 하고 유리관을 따뜻이 하여 상하의 패킹 누르기 너트를 공구로 고르게 천천히 더 조인다.

⑥ 드레인 콕을 닫아 물 콕을 열고 증기 콕과 물 콕을 열어 수위를 안전하게 한다.

⑦ 수면계 기능을 점검한다.

(4) 수면계 시험시기

① 보일러 가동 직전

② 가동 후 압력이 오르기 시작할 때

③ 2조의 수면계 수위가 차이가 날 때

④ 포밍 · 프라이밍이 유발될 때

⑤ 수면계 교체 또는 보수 후

⑥ 수위의 요동이 심할 때

⑦ 담당자가 교대되었을 때

(5) 수면계 점검 순서

① 물 콕, 증기 콕을 닫고 드레인 콕을 연다.

② 물 콕을 열어 통수관을 확인한다.

③ 물 콕을 닫고 증기 콕을 열고 통기관을 확인한다.

④ 드레인 콕을 닫고 물 콕을 연다.

### 3) 안전밸브

(1) 증기 누설

① 밸브와 밸브시트 사이에 이물질이 부착되었을 때

② 밸브와 밸브시트의 마찰이 불량할 때

③ 밸브바와 중심이 벗어나 밸브를 누르는 힘이 불균일할 때

(2) 작동불량 원인

① 스프링이 지나치게 조여 있을 때

② 밸브시트 구경과 로드가 밀착되었을 때

③ 밸브시트 구경과 로드가 틀어져서 심하게 고착될 때

#### 4) 도피관(온수용)

(1) 온수 보일러용의 도피관은 동결하지 않도록 보온재로 피복한다.

(2) 일수(Overflow)의 판단이 보이도록 한다.

(3) 내면이 녹이나 물속의 이물질 때문에 막힐 때가 있으므로 항상 주의하여 보살핀다.

## SECTION 02 보일러 보존

### 1 만수보존, 건조보존

#### 1) 일상 보존

(1) 점검 항목

① 압력, 수위 등 : 압력, 수위, 안전밸브, 취출장치, 급수밸브, 증기밸브, 기타

② 자동 제어장치 관계 : 수위 검출기, 화염 검출기, 인터록의 양부

③ 급수 관계 : 수위, 급수온도, 급수장치, 기타 상태

④ 연료 관계 : 수송 배관, 유가열기, 스트레이너, 연소장치, 착화장치의 상태

⑤ 통풍 관계 : 댐퍼의 개도, 통풍기 기타

(2) 계측 항목

① 증기 : 압력, 유량온도

② 보일러수 : 수위, 취출량

③ 통풍 : 댐퍼개도, 통풍계

④ 연료 : 연료량, 기름의 가열온도, 유압

⑤ 연소가스 : 온도, $CO_2$%, 매연농도 등

⑥ 급수 : 압력, 온도, 급수량, 복수의 회수량 등

#### 2) 휴지 중의 보일러 보존

(1) 만수보존(단기보존)

휴지 기간이 6개월 이내일 때 사용하는 방법으로 보일러 내부를 완전히 청소한 후 물을 가득 채운 뒤 약을 첨가하는 방법이다.

① 저압 보일러(60kg/cm$^2$ 이하)

㉠ 가성소다(NaOH) 300ppm : 관수 1,000kg에 가성소다 0.3kg 투입

㉡ 잔류 아황산소다($Na_2SO_3$) 100ppm : 급수 중 용해 산소량을 예상하여 투입

② 고압 보일러

㉠ 암모니아($NH_3$) 0.25ppm : 관수 1,000kg에 30% 암모니아수 0.83g 투입

㉡ 잔류 히드라진($NH_2$) 100ppm : 급수 중 용해 산소량을 예상하여 투입

(2) 건조보존(장기보존)

휴지 기간이 장기간이거나 1년 이상 또는 동결의 위험이 있는 경우 보존하는 방법

① 보일러수를 전부 배출하여 내외면을 청소한 후 저온으로 예열시켜 건조한다.

② 보일러 내에 증기나 물이 새어 들어가지 않도록 증기관, 급수관은 확실하게 외부와의 연락을 단절하여 준다.

③ 내용적 $1m^3$에 대해 흡습제인 생석회 0.25kg 또는 실리카겔(Silicagel) 1.2kg 정도 혼합액을 만든다.

④ 1~2주 후 흡습제로 점검하고 교체한다.

⑤ 본체 외면은 와이어 브러시로 청소한 다음, 그리스, 페인트, 콜타르(Coaltar) 등으로 도장이나 도포 등을 한다.

(3) 질소봉입 건조보존

99.5%의 질소를 $0.6kgf/cm^2$ 정도로 가압하여 공기와 치환하는 방법이다.

(4) 내면 페인트의 도포

도료는 흑연, 아스팔트, 타르 등을 주성분으로 희석제로 용해한 것을 사용하여 도포한다.

## 2 보일러 청소

### 1) 내면 청소 목적

(1) 스케일, 가마검댕에 의한 효율저하 방지

(2) 스케일, 가마검댕에 의한 과열의 원인을 제거하고 부식 손상을 방지

(3) 관의 폐쇄에 의한 안전장치, 자동제어장치, 기타의 운전기능 장애 방지

(4) 보일러수의 순환 저해 방지

### 2) 외면 청소 목적

(1) 그을음의 부착에 의한 효율저하 방지

(2) 재의 퇴적에 의한 통풍 저해 제거

(3) 외부 부식 방지

### 3) 보일러 청소 시 유의사항

(1) 장비는 안전성이 높은 것을 착용한다.

(2) 전등, 전기배선, 기기류는 절연 및 안전한 것을 사용한다.

(3) 증기관, 급수관은 타 보일러와의 연결을 차단한 후 실시한다.

(4) 보일러 내와 연도 내의 통풍 환기를 충분하게 실시한다.
(5) 내부 작업 중에는 출입구에 감시자를 꼭 대기시킨다.
(6) 화학 세관 작업에서는 수소가 발생하므로 화기를 조심한다.

### 4) 보일러 내에 들어갈 때 주의사항

(1) 맨홀의 뚜껑을 벗길 때는 내부의 압력을 주의하여 조심한다.
(2) 보일러 내에 공기가 유통될 수 있도록 모든 구멍 등을 개방한다.
(3) 보일러 내에 들어갈 때는 외부에 감시인을 두고 증기정지, 밸브 등에는 조작금지 표시를 꼭 실시한다.
(4) 타 보일러와의 연결되는 주증기 밸브 등을 확실하게 차단한 후 작업한다.
(5) 전등은 안전 가더(Guarder)가 붙은 것을 사용한다.

### 5) 연도 내에 들어갈 때 주의사항

(1) 노, 연도 내의 환기 및 통풍을 충분히 하기 위해 댐퍼는 개방한 채 들어간다.
(2) 타 보일러와 연도가 연결되었을 때는 댐퍼를 닫고 가스역류를 방지하는 데 신경 쓴다.
(3) 연도 내에서는 가스 중독의 위험이 많으므로 외부에 감시인을 두고 작업한다.

### 6) 기타 청소작업

(1) **워싱(Washing)법(수세법)** : pH 8~9의 용수를 대량으로 사용하여 수세한다.
(2) 특수한 방법으로서 샌드블로(Sand Blow)법이나 스틸쇼트클리닝(Steel Short Cleaning)법이 있다.

## 3 보일러 세관

### 1) 산세관

(1) **약품**
① 염산 5~10%(염산 외에 황산 인산 설파민 등이 있다.)
② 인히비터(Inhibitor) 0.2~0.6%
③ 기타 첨가제(실리카 용해제, 환원제 등)
④ 경질 스케일일 때에는 스케일 용해 촉진제도 첨가하여 준다.
(2) **관수온도** : 60℃를 유지한다.
(3) **시간** : 4~6시간을 유지한다.
(4) **수세(세척)** : 산세정이 끝난 후 pH 5 이상이 될 때까지 세척하고 소다 보일링(Boiling)이나 중화 방청처리 등을 한다.
(5) **중화방청(中和防錆)제** : 탄산소다, 가성소다, 인산소다, 히드라진, 암모니아 등의 약품이다.

### 2) 알칼리 세관

보일러 제작 후 내면의 유지류 등을 제거한다.

(1) **약제** : 알칼리 0.1~0.5% 정도

(2) **관수온도** : 70℃ 유지

(3) **가성 취화 방지제** : 탄닌, 리그닌, 질산나트륨($NaNO_3$), 인산나트륨($Na_3PO_4$)

### 3) 유기관 세관

(1) **약제** : 구연산 3% 정도(구연산의 히드록산, 의산 등)

(2) **관수온도** : 90±5℃ 유지

(3) **시간** : 4~6시간 유지

### 4) 기계적 세관

수동공구로 스케일 해머, 스크래이퍼, 와이어 브러시 등이며 내면에는 튜브 클리너가 일반적이다.

### 5) 소다 보일링(Soda Boiling)

보일러를 신설 및 수선하였을 때는 부착된 유지나 밀 스케일(Millscale) 페인트 등을 제거

- **약제** : 탄산소다($Na_2CO_2$), 가성소다(NaOH), 제3인산 소다($Na_3PO_412H_2O$), 아황산소다($Na_2SO_3$), 히드라진 암모니아 등을 단독 또는 혼합하여 사용한다.

## SECTION 03 물관리

보일러 수로수는 천연수, 수돗물, 복수 등이 있으나 일반적으로 수처리를 행하여 사용한다. 단, 상수도용 급수는 보편적으로 총경도가 50ppm 이내로서 소독용 유리염소로 제거한다.

**[급수관리의 목적]**

- 전열면에 스케일 생성을 방지한다.
- 관수의 농축을 방지한다.
- 부식의 발생을 방지한다.
- 가성 취화를 방지한다.
- 캐리오버를 방지한다(기수 공발).

## 1 물의 용어와 단위

### 1) 불순물의 농도표시

(1) ppm(parts per million) : 100만분의 1의 함유량으로 mg/L(물)을 나타낸다.

(2) ppb(parts per billion) : 10억분의 1의 함유량으로 $mg/m^3$(물)을 나타낸다.

(3) epm(equivalents per million) : 물 1L 속에 용존하는 물질의 mg 당량수로 표시한다.

(4) gpg(grain per gallon) : 1gallon 중에 탄산칼슘 1grain을 표시한다.

### 2) pH(수소 이온 지수)

물의 이온적(K) = $(H^+) \times (OH^-)$

물이 중성일 때 K값(25℃)은 $10^{-14}$이다. 중성의 물은 $(H^+)$와$(OH^-)$의 값이 같으므로

$H^+ = OH^- = 10^{-7}$이 된다.

$$pH = \log\frac{1}{H^+} = -\log H^+ = -\log_{10}^{-7} = 7$$

∴ pH > 7 : 알칼리성, pH < 7 : 산성, pH=7 : 중성이 된다.

## 2 경도

### 1) $CaCO_3$ 경도(ppm 경도)

수중의 칼슘과 마그네슘의 양을 $CaCO_3$로 환산하여 표시한다. 물 1L 속에 $CaCO_3$ 1mg 함유할 때 1도(1ppm)라 한다. $MgCO_3$는 1.4배하여 $CaCO_3$에 가한다.

$$\text{ppm경도} = \frac{CaCO_3(mg) + MgCO_3(mg) \times 1.4}{\text{물}(L)}$$

### 2) 독일 경도(CaO 경도)

수중의 칼슘과 마그네슘의 양을 CaO로 환산하고 물 100mL 속에 CaO 1mg 함유할 때를 1도(1°pH)라 한다. Mg는 MgO로 환산하여 1.4배 하여 CaO에 가한다.

$$\text{독일 경도} = \frac{CaO(mg) + MgO(mg) \times 1.4}{\text{물}(L)}$$

### 3) 경도 구분

(1) **탄산염 경도** : 중탄산염에 의한 것으로 끓이면 연화되고 제거되는 경도

(2) **비탄산염 경도** : 황산염, 염화물 등에 의한 것으로 끓여도 제거되지 않는 경도

(3) **전 경도** : 탄산염 경도와 비탄산염 경도의 합계로 일반적으로 경도라 함은 이것을 말한다.

(4) **연수** : 칼슘경도 9.5 이하로서 단물이라 한다.

(5) **적수** : 칼슘경도 9.5 이상 10.5 이하를 말하며 보일러수로 가장 양호한 물을 말한다.

(6) **경수** : 칼슘경도 10.5 이상으로서 센물이라 한다.

## 3 탁도

물속에 현탁한 불순물에 의하여 물이 탁한 정도를 표시하는 것으로 증류수 1L 속에 백도토(Kaoline) 1mg 함유했을 때 탁도 1도라 한다(또는 1ppm $SiO_2$).

## 4 색도

물의 색도를 나타내는 것으로 물 1L 속에 색도 표준용액 1mL 함유했을 때 색도 1도라 한다(또는 1ppm).

## 5 알칼리도

알칼리도는 수중에 녹아 있는 탄산수소염, 탄산수산화물, 그 외 알칼리성염 등을 중화시키는 데 요하는 산의 당량을 epm 또는 산에 대응하는 탄산칼슘의 ppm으로 환산한 것

## 6 불순물에 의한 장애

1) **스케일(Scale)** : 관벽, 드럼 등 전열면에 고착하는 것
   (1) 연질 스케일 : 인산염, 탄산염 등
   (2) 경질 스케일 : 황산염, 규산염

   **참고** 스케일 1mm가 효율을 10% 저하시킨다.

2) **가마검댕(Sludge)** : 고착하지 않고 드럼저부에 침적하는 것
   칼슘, 마그네슘의 중탄산염이 80~100℃로 가열하면 분해되어 생긴 탄산칼슘이나 수산화마그네슘과 연화를 목적으로 한 청정제를 첨가한 경우에 생기는 인산칼슘, 인산마그네슘 등의 연질 침전물(부식, 과열, 취출관 내의 폐쇄 등의 원인)

# SECTION 04 보일러 급수처리

## 1 보일러 내 처리

급수 또는 관수 중의 불순물을 화학적, 물리적 작용에 의하여 처리하는 방법

1) pH조정제 : 가성소다, 제1인산소다, 제3인산소다, 암모니아
2) 연화제 : 탄산소다, 인산소다
3) 탈산소제 : 탄닌(Tannin), 히드라진, 아황산나트륨

4) **슬러지 조정제** : 전분, 탄닌, 리그닌, 덱스트린

5) **기포 방지제** : 알코올, 폴리아미드, 고급 지방산에스테르

6) **가성취화 방지제** : 인산2나트륨, 중합인산나트륨

## 2 보일러 외 처리

### 1) 가스체의 처리

(1) **기폭법(공기노폭법)** : 주로 이산화탄소($CO_2$)의 제거에 사용되며 철분, 망간 등을 공기 중의 산소와 접촉시켜 산화를 제거한다.

(2) **탈기법(脫氣法)** : 급수 중에 용존하고 있는 산소, 탄산가스를 제거한다.

① 기계적 탈기법

㉠ 진공 탈기법 : 급수를 하는 기내를 진공으로 하여 탈기하는 것

㉡ 가열식 탈기법 : 급수를 탈기기 내에 산포하여 약 100℃로 가열하고 그 열에 의해 급수 중의 용존산소를 분리하는 방법

② 화학적 탈기법

### 2) 고형 협잡물의 처리

수중에 녹지 않고 현탁하고 있는 물질, 콜로이드(Colloid) 모양의 실리카, 불순물, 철분 등의 제거에는 일반적으로 다음의 방법을 이용하여 사용된다.

(1) **침강법** : 입자가 0.1mm 이상의 것을 처리하는 방법

① 자연침강법

② 기계적 침강법(급속침전법)

(2) **응집법** : 입자가 0.1mm 이하의 침강속도가 느린 것을 응집제(황산알루미늄, 폴리염화알루미늄)를 사용하여 물에 불용해의 부유물을 만들고 탁도 성분을 흡착 결합시켜 제거하는 방법

(3) **여과법** : 작은 입자를 제거하는 방법

① 종류
- 완속여과법
- 급속여과법
  - 개방형 : 중력식
  - 밀폐형 : 압력식

② 여과재 : 모래, 자갈, 활성탄소, 엔트라사이트

### 3) 용해 고형분의 제거

(1) **이온교환법** : 이온교환수지(일반적으로 불용성 다공질)를 이용하여 급수가 가지는 이온을 수지의 이온과 교환시켜 처리하는 방법(가장 효과가 큰 방법)

이온교환법
- 경수연화 : 단순연화(제올라이트법), 탈알칼리연화
- 전염탈염 : 복상식, 혼상식 폴리셔 붙은 전염탈염

**참고** 이온교환수지 ┌ 양이온 : $Na^+$, $H^+$, $NH^+$
└ 음이온 : $OH^-$, $Cl^-$

(2) **증류법** : 물을 가열시켜 증기를 발생시킨 후 냉각하여 응축수를 만드는 방법으로 극히 양질의 용수를 얻을 수 있으나 비경제적이다.

(3) **약품처리법** : 칼슘(Ca), 마그네슘(Mg) 등의 화합물을 약품의 첨가에 의해 소다 화합물(불용성 화합물)로 하여 침전 여과시키는 방법으로, 석회소다법, 가성소다법, 인산소다법 등이 있다.

# SECTION 05 분출작업

## 1 관수의 분출(Blow)

### 1) 목적

(1) 스케일의 부착 방지
(2) 포밍 · 프라이밍 방지
(3) 물의 순환 유지
(4) 가성 취화 방지
(5) 세관 시 폐액 제거

### 2) 취출 · 분출방법

(1) **간헐취출(1일 1회 정도)**
적당한 시기를 택하여 보일러수의 일부를 보일러의 최하부로부터 간헐적으로 배출한다.

(2) **연속취출(자동)**
동내에 설치된 취출내관으로부터 취출하고 조정밸브, 플래시 탱크(Flesh Tank), 열교환기 보일러수 농도시험기 등을 연결하여 자동적으로 농도를 조정한다.

### 3) 분출량

$$\text{분출량}(m^2/day) = \frac{W(1-R)d}{r-d}$$

$$\text{분출률}(K)(\%) = \frac{d}{r-d} \times 100$$

여기서, $w$ : 1일 증발량(급수량)($m^2$)
$R$ : 응축수 회수율(%)
$d$ : 급수 중의 고형분(ppm)
$r$ : 관수 중의 허용 고형분(ppm)

# SECTION 06 부식 및 보일러 이상상태

## 1 부식의 원인

### 1) 내면부식 원인

(1) 관수의 화학적 처리가 불량할 때
(2) 보일러 휴지 중 보존이 불량할 때
(3) 화학 세관이 불량할 때
(4) 관수의 순환불량으로 국부과열이 발생할 때

### 2) 외면부식 원인

(1) 수분, 습분이 있을 때
(2) 이음이나 뚜껑 등으로 관수가 누설될 때
(3) 연료 중 황(S) 및 바나듐(V)이 많을 때

## 2 이음의 이완(헐거움) 누설 원인

1) 이상 감수 시 계수부, 전광부가 가열된 경우
2) 누설부분 내면에 스케일이 고착하여 있는 경우
3) 급격한 가열과 냉각에 의한 신축작용을 할 때
4) 국부적으로 화염이 집중하여 열이 축적될 때
5) 공작이 불량할 경우

## 3 라미네이션(Lamination)

보일러 강판이 두 장의 층을 형성하고 있는 홈을 말한다.

## 4 블리스터(Blister)

강판이나 관 등이 두 장의 층으로 갈라지면서 화염이 접하는 부분이 부풀어 오르는 현상이다.

## 5 가성취화(알칼리열화)

관수 중에 분해되어 생긴 가성소다가 심하게 농축되면 수산이온이 많아지고 알칼리도가 높아져서, 강재와 작용하여 생성되는 수소(H) 또는 고온고압하에서 작용하여 생기는 나트륨(Na)이 강재의 결정입계를 침투하여 재질을 열화시키는 현상이다.

## 6 캐리오버(Carry Over)

증기 중에 불순물이 물방울에 섞여서 옮겨가는 현상이다.

## 7 과열의 방지대책

1) 보일러 수위를 너무 낮게 하지 않는다.
2) 관수의 순환을 양호하게 한다.
3) 화염을 국부적으로 집중시키지 않는다.
4) 과열부분의 내면에 스케일, 가마검댕이를 부착시키지 않는다.
5) 관수 속에 유지를 혼입시키거나 관수를 과도히 농축시키지 않는다.

## 8 팽출과 압괘

1) **팽출(Bulge)** : 화염이 접하는 부분이 과열되어 외부로 부풀어 오르는 현상
2) **압궤(Collapse)** : 노통이나 연관 등이 외압에 의하여 내부로 짓눌려 터지는 현상

## 9 파열

1) 압력이 초과될 때
2) 구조상 결함이 있을 때
3) 취급이 불량할 때

## 10 가스폭발(역화연상)

### 1) 원인

(1) 연료가 가스화 상태로 노 및 연도 내에 존재할 때
(2) 가스와 공기의 혼합비가 폭발한계 내일 때
(3) 혼합가스에 점화원이 존재할 때
(4) 취급자의 부주의 시

### 2) 방지법

(1) 점화원에 프리퍼지를 충분히 한다(환기작업).
(2) 점화를 실패할 때와 소화할 때는 포스트퍼지를 행한다.
(3) 연도가 길거나 사각되는 곳 및 가스포켓 등이 있을 경우 충분히 통풍시킨다.

# SECTION 07 보일러 운전조작

## 1 보일러 수위점검

1) 수면계 수위가 적당한지 점검한다.
2) 수면계의 기능을 시험하여 정상여부를 확인한다.
3) 두 조의 수면계 수위가 동일한지 확인한다.
4) 검수 콕이 있는 경우에는 수부에 있는 콕으로부터 물의 취출여부를 확인한다.
5) 수부 연락관의 정지밸브가 바르게 개통되어 있는지 확인한다.

## 2 급수장치 점검

1) 저수탱크 내의 저수량을 확인한다.
2) 급수관로의 밸브의 개폐여부, 급수장치의 기능여부를 확인한다.
3) 자동급수장치의 기능을 확인한다.

## 3 연소장치 점검

1) 기름탱크의 유량, 가스연료의 유량 압력 등을 확인한다.
2) 연료배관, 스트레이너, 연료펌프의 상태 및 밸브의 개폐를 점검한다.
3) 유가열기 기름의 온도를 적정하게 유지시켜 준다.
4) 통풍장치의 댐퍼의 기능을 점검하고 그 개도를 확인한다.

## 4 점화 전 점검사항

1) 보일러 수위의 정상여부를 확인한다.
2) 노 내 통풍 환기가 되는지 확인한다.
3) 공기와 연료의 투입 준비를 확인한다.

## 5 절탄기의 취급

연도에 바이패스(Bypass)가 있는 경우는 보일러에 급수를 시작하기까지 연소가스는 바이패스를 통하여 배출시킨다.

## 6 송기 시 주증기 밸브 개폐

워터해머(수격작용)를 방지하기 위하여 다음 순서에 따른다.

1) 증기를 집어넣는 측의 주증기관, 증기배관 등에 있는 드레인 밸브를 만개하고 드레인을 완전히 배출한다.

2) 주증기관 내에 소량의 증기를 통하여 관을 따뜻하게 한다.
3) 난관이 순조롭게 된 다음 주증기 밸브를 처음에는 약간 열고 다음에 단계적으로 서서히 연다(주증기관 밸브는 만개상태로 되면 반드시 조금 되돌려 놓는다).

**[송기 직후의 점검사항]**
- 드레인밸브, 바이패스밸브, 기타 밸브의 개폐상태가 바른지 점검한다.
- 송기하면 보일러의 압력이 강하하므로 압력계를 보면서 연소량을 조정한다.
- 수면계의 수위에 변동이 나타나므로 급수장치의 운전상태를 보면서 수위를 감시한다.
- 자동제어장치 인터록을 재점검한다.

# SECTION 08 연소관리

## 1 매연방지대책

### 1) 아황산가스 제거

(1) 황이 적은 연료를 사용한다.
(2) 연소가스 중 아황산가스를 제거한다.
(3) 연돌을 높여 대기에 의한 확산을 용이하게 만든다.

### 2) CO(일산화탄소), 검댕 분진 등 제거

(1) 발생원인
① 통풍력이 부족한 경우
② 통풍력이 과대한 경우
③ 무리한 연소를 하고 있는 경우
④ 연소실의 온도가 낮은 경우
⑤ 연소실의 용적이 작은 경우
⑥ 연소장치가 불량한 경우
⑦ 취급자의 기술이 미숙한 경우
⑧ 연료의 품질이 그 보일러에 적합하지 않은 경우

(2) 방지법

① 통풍력을 적절하게 유지할 것

② 무리한 연소를 하지 말 것

③ 연소실, 연소장치를 개선할 것

④ 적절한 연료를 선택할 것

⑤ 연소기술을 향상시킬 것

⑥ 집진시설을 설치할 것

## 2 저온부식

연소가스 중 아황산가스($SO_2$)가 산화하여 무수황산($SO_3$)이 되어 수분($H_2O$)과 화합하여 황산($H_2SO_4$)으로 된다. 이 황산 중의 산이 금속에 부착하여 부식을 촉진시킨다(노점은 150℃).

**[방지법]**

- 연료 중의 황분을 제거한다.
- 첨가제를 사용하여 황산가스의 노점을 내린다.
- 배기가스의 온도를 노점 이상으로 유지한다.
- 전열면에 보호 피막을 입힌다.
- 저온 전열면은 내식 재료를 사용하여 준다.
- 배기가스 중의 $O_2$%를 감소시켜 아황산가스의 산화를 방지한다.
- 완전연소를 시킨다.
- 연소실 및 연도에 공기누입을 방지하여 준다.

## 3 고온부식

회분에 포함되어 있는 바나듐(V)이 연소에 의하여 5산화 바나듐($V_2O_5$)으로 되어 가스의 온도가 500℃($V_2O_5$의 융점 : 620~670℃ 정도) 이상이 되면 고온 전열면에 융착하여 그 부분을 부식시킨다.

**[방지법]**

- 중유를 처리하여 바나듐, 나트륨 등을 제거한다.
- 첨가제를 사용하여 바나듐의 융점을 올려 전열면에 부착하는 것을 방지한다.
- 연소가스의 온도를 바나듐의 융점 이하로 유지한다.
- 고온 전열면에 내식 재료를 사용한다.
- 전열면 표면에 보호 피막을 사용한다.
- 전열면의 온도가 높아지지 않도록 설계한다.

# SECTION 09 운전 중의 장해

## 1 이상 감수의 원인

1) 수위의 감시불량
2) 증기의 소비과대
3) 수면계 기능불량
4) 급수불능
5) 보일러 수의 누설
6) 자동급수장치 고장

## 2 프라이밍(Priming), 포밍(Forming), 캐리오버(Carryover) 현상

### 1) 프라이밍(Priming)

과부하 등에 의해 보일러수가 몹시 불등하여 수면으로부터 끊임없이 물방울이 비산하여 기실이 충만하고 수위가 불안정해지는 현상이다.

### 2) 포밍(Forming)

보일러수가 불순물을 많이 함유하는 경우 보일러수의 불등과 함께 수면 부근에 거품의 층을 형성하여 수위가 불안정해지는 현상이다.

### 3) 캐리오버(Carryover, 기수공발)

보일러에서 증기관 쪽에 보내는 증기에 수분(물방울)이 많이 함유되는 경우(증기가 나갈 때 수분이 따라가는 현상을 캐리오버라 한다) 프라이밍이나 포밍이 생기면 필연적으로 캐리오버가 일어난다.

### 4) 프라이밍과 포밍이 유발될 때의 장해

(1) 보일러수 전체가 현저하게 동요하고 수면계의 수위를 확인하기 어렵다.
(2) 안전밸브가 더러워지거나 수면계의 통기구멍에 보일러수가 들어가 성능을 해친다.
(3) 증기과열기에 보일러수가 들어가 증기온도나 과열도가 저하하여 과열기를 더럽힌다.
(4) 증기와 더불어 보일러로부터 나온 수분이 배관 내에 고여 워터해머를 일으켜 손상을 끼치는 수가 있다.
(5) 보일러 내의 수위가 급히 내려가고 저수위 사고를 일으키는 위험이 있다.

### 5) 프라이밍과 포밍의 원인

(1) 증기 부하가 과대할 때
(2) 고수위인 때

(3) 주증기밸브를 급개할 때
(4) 관수가 농축되었을 때
(5) 관수에 유지분, 부유물, 불순물이 많을 때

### 6) 프라이밍과 포밍의 대책

(1) 연소량을 가볍게 한다.
(2) 주증기밸브를 닫고 수위의 안정을 기다린다.
(3) 관수의 일부를 취출하고 물을 넣는다.
(4) 안전밸브, 수면계, 압력계, 연락관을 시험한다.
(5) 수질검사를 실시한다.

## 3 워터해머(수격현상)

증기관 속에 고여 있는 응축수가 송기 시 고온, 고압의 증기에 밀려 관의 굴곡부분을 강하게 치는 매우 나쁜 현상

### 1) 원인

(1) 주증기변을 급개할 때
(2) 증기관 속에 응축수가 고여 있을 때
(3) 과부하를 행할 때
(4) 증기관이 냉각될 때

### 2) 방지법

(1) 주증기변을 서서히 개폐한다.
(2) 증기관 말단에 트랩을 설치한다.
(3) 증기관을 보온한다.
(4) 증기관의 굴곡을 될수록 피한다.
(5) 증기관의 경사도를 준다.
(6) 증기관을 가열한 후 송기한다.
(7) 과부하를 피한다.

## 4 가마울림

연소 중 연소실이나 연도 내에서 연속적인 울림을 내는 현상(수관, 노통, 횡연관, 보일러 등에서 일어난다.)

### 1) 원인

(1) 연료 중에 수분이 많은 경우
(2) 연도에 포켓이 있는 경우
(3) 연료와 공기의 혼합이 나빠 연소속도가 늦은 경우

### 2) 방지법

(1) 습분이 적은 연료를 사용한다.
(2) 2차 공기의 가열, 통풍의 조절을 개선한다.
(3) 연소실이나 연도를 개조한다.
(4) 연소실 내에서 연소시킨다.

# SECTION 10 보일러 운전정지

## 1 비상정지의 순서

1) 연료 공급을 정지한다.
2) 연소용 공기의 공급을 정지한다.
3) 버너의 기동을 중지하고, 연결된 보일러가 있으면 연결을 차단한다.
4) 압력의 하강을 기다린다.
5) 급수를 필요로 할 때는 급수하여 정상수위를 유지한다(주철제는 제외).
6) 댐퍼는 개방한 상태로 취출 통풍을 한다.

## 2 작업종료 시 정지순서

1) 연료 예열기의 전원을 차단한다.
2) 연료의 투입을 정지한다.
3) 공기의 투입을 정지한다.
4) 급수한 후 급수변을 닫는다.
5) 증기밸브를 닫고 드레인 밸브를 연다.
6) 포스트 퍼지를 행한 후 댐퍼를 닫고 작업을 종료한다.

에너지관리기능사 필기+실기 10일 완성

CRAFTSMAN ENERGY MANAGEMENT

PART

# 02

# 에너지법과 에너지이용 합리화법

CHAPTER 01

# 에너지법

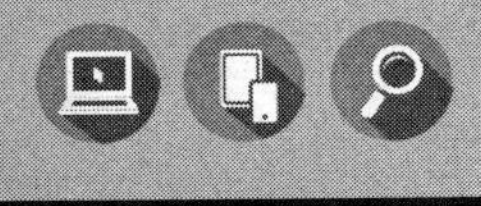



## SECTION 01 에너지법

### 1. 용어의 뜻(제2조)

1) 에너지 : 연료, 열, 전기
2) 연료 : 석유, 가스, 석탄, 그 밖에 열을 발생하는 열원(제품의 원료로 사용되는 것은 제외)
3) 에너지사용시설 : 에너지를 사용하는 공장 · 사업장 등의 시설이나 에너지를 전환하여 사용하는 시설
4) 에너지사용자 : 에너지사용시설의 소유자 또는 관리자
5) 에너지공급설비 : 에너지를 생산, 전환, 수송 또는 저장하기 위하여 설치하는 설비
6) 에너지공급자 : 에너지를 생산, 수입, 전환, 수송, 저장 또는 판매하는 사업자
7) 에너지사용기자재 : 열사용기자재나 그 밖에 에너지를 사용하는 기자재
8) 열사용기자재 : 연료 및 열을 사용하는 기기, 축열식 전기기기와 단열성 자재로서 산업통상자원부령으로 정하는 것

### 2. 지역에너지계획(제7조)

1) 수립권자 : 특별시장, 광역시장, 특별자치시장, 도지사 또는 특별자치도지사
2) 수립주기 : 5년마다
3) 계획기간 : 5년 이상 수립, 시행하여야 함

### 3. 비상시 에너지수급계획의 수립(제8조)

1) 수립권자 : 산업통상자원부장관
2) 비상계획 사항
   ① 국내외 에너지 수급의 추이와 전망에 관한 사항
   ② 비상시 에너지 소비 절감을 위한 대책에 관한 사항
   ③ 비상시 비축 에너지의 활용 대책에 관한 사항
   ④ 비상시 에너지의 할당, 배급 등 수급조정 대책에 관한 사항
   ⑤ 비상시 에너지 수급 안정을 위한 국제협력 대책에 관한 사항
   ⑥ 비상계획의 효율적 시행을 위한 행정계획에 관한 사항

### 4. 에너지기술개발계획(제11조)

1) 수립권자 : 대통령령으로 정함
2) 수립주기 : 5년마다
3) 계획기간 : 10년 이상
4) 에너지기술개발계획 사항
   ① 에너지의 효율적 사용을 위한 기술개발에 관한 사항
   ② 신재생에너지 등 환경친화적인 에너지에 관련된 기술개발에 관한 사항
   ③ 에너지 사용에 따른 환경오염을 줄이기 위한 기술개발에 관한 사항
   ④ 온실가스 배출을 줄이기 위한 기술개발에 관한 사항
   ⑤ 개발된 에너지기술의 실용화의 촉진에 관한 사항
   ⑥ 국제 에너지기술 협력의 촉진에 관한 사항
   ⑦ 에너지기술에 관련된 인력, 정보, 시설 등 기술개발자원의 확대 및 효율적 활용에 관한 사항

### 5. 한국에너지기술평가원의 사업(제13조)

1) 에너지기술개발사업의 기획, 평가 및 관리
2) 에너지기술 분야 전문인력 양성사업의 지원
3) 에너지기술 분야의 국제협력 및 국제 공동연구사업의 지원
4) 그 밖에 에너지기술 개발과 관련하여 대통령령으로 정하는 사업

## SECTION 02 에너지법 시행령

### 1. 에너지 관련 시민단체의 주된 사업(제2조)

1) 에너지 절약과 이용 효율화에 관한 사업
2) 에너지와 관련된 환경 개선에 관한 사업
3) 에너지와 관련된 환경친화적 시민운동에 관한 사업
4) 에너지와 관련된 법령과 제도의 연구, 개선에 관한 사업
5) 에너지와 관련된 사회적 갈등 조정과 예방에 관한 사업

### 2. 한국에너지기술평가원의 사업 중 대통령령으로 정하는 사업(제11조)

1) 에너지기술개발사업의 중장기 기술 기획
2) 에너지기술의 수요조사, 동향분석 및 예측

3) 에너지기술에 관한 정보 · 자료의 수집, 분석, 보급 및 지도
4) 에너지기술에 관한 정책수립의 지원
5) 에너지기술개발사업비의 운용, 관리
6) 에너지기술개발사업 결과의 실증연구 및 시범적용
7) 에너지기술에 관한 학술, 전시, 교육 및 훈련
8) 그 밖에 산업통상자원부장관이 에너지기술 개발과 관련하여 필요하다고 인정하는 사업

## SECTION 03 에너지법 시행규칙

### 1. 에너지 및 에너지자원기술, 전문인력의 양성 지원대상(제3조)

1) 지원을 할 수 있는 주체 : 산업통상자원부장관
2) 지원을 받을 수 있는 대상
   ① 국공립 연구기관
   ② 특정연구기관
   ③ 정부출연연구기관
   ④ 대학, 대학원, 산업대학, 산업대학원, 전문대학
   ⑤ 과학기술 분야 정부출연기관
   ⑥ 그 밖에 에너지 및 에너지자원기술 분야의 전문인력을 양성하기 위하여 산업통상자원부장관이 필요하다고 인정하는 기관 또는 단체

### 2. 에너지 통계자료의 제출대상(제4조)

1) 산업통상자원부장관이 자료의 제출을 요구할 수 있는 에너지사용자
   ① 중앙행정기관, 지방자치단체 및 그 소속기관
   ② 공공기관
   ③ 지방직영기업, 지방공사, 지방공단
   ④ 에너지공급자와 에너지공급자로 구성된 법인, 단체
   ⑤ 에너지다소비사업자
   ⑥ 자가소비를 목적으로 에너지를 수입하거나 전환하는 에너지사용자
2) 자료제출기한 : 60일 이내

[별표]
〈개정 2022.11.21.〉

## 에너지열량 환산기준(제5조제1항 관련)

| 구분 | 에너지원 | 단위 | 총발열량 | | | 순발열량 | | |
|---|---|---|---|---|---|---|---|---|
| | | | MJ | kcal | 석유환산톤 ($10^{-3}$toe) | MJ | kcal | 석유환산톤 ($10^{-3}$toe) |
| 석유 | 원유 | kg | 45.7 | 10,920 | 1.092 | 42.8 | 10,220 | 1.022 |
| | 휘발유 | L | 32.4 | 7,750 | 0.775 | 30.1 | 7,200 | 0.720 |
| | 등유 | L | 36.6 | 8,740 | 0.874 | 34.1 | 8,150 | 0.815 |
| | 경유 | L | 37.8 | 9,020 | 0.902 | 35.3 | 8,420 | 0.842 |
| | 바이오디젤 | L | 34.7 | 8,280 | 0.828 | 32.3 | 7,730 | 0.773 |
| | B-A유 | L | 39.0 | 9,310 | 0.931 | 36.5 | 8,710 | 0.871 |
| | B-B유 | L | 40.6 | 9,690 | 0.969 | 38.1 | 9,100 | 0.910 |
| | B-C유 | L | 41.8 | 9,980 | 0.998 | 39.3 | 9,390 | 0.939 |
| | 프로판(LPG1호) | kg | 50.2 | 12,000 | 1.200 | 46.2 | 11,040 | 1.104 |
| | 부탄(LPG3호) | kg | 49.3 | 11,790 | 1.179 | 45.5 | 10,880 | 1.088 |
| | 나프타 | L | 32.2 | 7,700 | 0.770 | 29.9 | 7,140 | 0.714 |
| | 용제 | L | 32.8 | 7,830 | 0.783 | 30.4 | 7,250 | 0.725 |
| | 항공유 | L | 36.5 | 8,720 | 0.872 | 34.0 | 8,120 | 0.812 |
| | 아스팔트 | kg | 41.4 | 9,880 | 0.988 | 39.0 | 9,330 | 0.933 |
| | 윤활유 | L | 39.6 | 9,450 | 0.945 | 37.0 | 8,830 | 0.883 |
| | 석유코크스 | kg | 34.9 | 8,330 | 0.833 | 34.2 | 8,170 | 0.817 |
| | 부생연료유1호 | L | 37.3 | 8,900 | 0.890 | 34.8 | 8,310 | 0.831 |
| | 부생연료유2호 | L | 39.9 | 9,530 | 0.953 | 37.7 | 9,010 | 0.901 |
| 가스 | 천연가스(LNG) | kg | 54.7 | 13,080 | 1.308 | 49.4 | 11,800 | 1.180 |
| | 도시가스(LNG) | $Nm^3$ | 42.7 | 10,190 | 1.019 | 38.5 | 9,190 | 0.919 |
| | 도시가스(LPG) | $Nm^3$ | 63.4 | 15,150 | 1.515 | 58.3 | 13,920 | 1.392 |
| 석탄 | 국내무연탄 | kg | 19.7 | 4,710 | 0.471 | 19.4 | 4,620 | 0.462 |
| | 연료용 수입무연탄 | kg | 23.0 | 5,500 | 0.550 | 22.3 | 5,320 | 0.532 |
| | 원료용 수입무연탄 | kg | 25.8 | 6,170 | 0.617 | 25.3 | 6,040 | 0.604 |
| | 연료용 유연탄(역청탄) | kg | 24.6 | 5,860 | 0.586 | 23.3 | 5,570 | 0.557 |
| | 원료용 유연탄(역청탄) | kg | 29.4 | 7,030 | 0.703 | 28.3 | 6,760 | 0.676 |
| | 아역청탄 | kg | 20.6 | 4,920 | 0.492 | 19.1 | 4,570 | 0.457 |
| | 코크스 | kg | 28.6 | 6,840 | 0.684 | 28.5 | 6,810 | 0.681 |
| 전기 등 | 전기(발전기준) | kWh | 8.9 | 2,130 | 0.213 | 8.9 | 2,130 | 0.213 |
| | 전기(소비기준) | kWh | 9.6 | 2,290 | 0.229 | 9.6 | 2,290 | 0.229 |
| | 신탄 | kg | 18.8 | 4,500 | 0.450 | – | – | – |

비 고

1. "총발열량"이란 연료의 연소과정에서 발생하는 수증기의 잠열을 포함한 발열량을 말한다.
2. "순발열량"이란 연료의 연소과정에서 발생하는 수증기의 잠열을 제외한 발열량을 말한다.
3. "석유환산톤"(toe : ton of oil equivalent)이란 원유 1톤(t)이 갖는 열량으로 $10^7$kcal를 말한다.
4. 석탄의 발열량은 인수식(引受式)을 기준으로 한다. 다만, 코크스는 건식(乾式)을 기준으로 한다.
5. 최종 에너지사용자가 사용하는 전력량 값을 열량 값으로 환산할 경우에는 1kWh=860kcal를 적용한다.
6. 1cal=4.1868J이며, 도시가스 단위인 $Nm^3$은 0℃ 1기압(atm) 상태의 부피 단위($m^3$)를 말한다.
7. 에너지원별 발열량(MJ)은 소수점 아래 둘째 자리에서 반올림한 값이며, 발열량(kcal)은 발열량(MJ)으로부터 환산한 후 1의 자리에서 반올림한 값이다. 두 단위 간 상충될 경우 발열량(MJ)이 우선한다.

# 에너지이용 합리화법

## SECTION 01 에너지이용 합리화법

### 1. 목적(제1조)

1) 에너지의 수급을 안정시키고 에너지의 합리적이고 효율적인 이용 증진
2) 에너지 소비로 인한 환경피해를 줄임
3) 국민경제의 건전한 발전 및 국민복지의 증진
4) 지구온난화의 최소화

### 2. 용어의 뜻(제2조)

1) 에너지경영시스템 : 에너지사용자 또는 에너지공급자가 에너지이용효율을 개선할 수 있는 경영목표를 설정하고 이를 달성하기 위하여 인적, 물적 자원을 일정한 절차와 방법에 따라 체계적이고 지속적으로 관리하는 경영활동체제
2) 에너지관리시스템 : 에너지사용을 효율적으로 관리하기 위하여 센서 · 계측장비, 분석 소프트웨어 등을 설치하고 에너지사용량을 실시간으로 모니터링하여 필요시 에너지사용을 제어할 수 있는 통합관리시스템
3) 에너지진단 : 에너지를 사용하거나 공급하는 시설에 대한 에너지 이용실태와 손실요인 등을 파악하여 에너지이용효율의 개선 방안을 제시하는 모든 행위

### 3. 에너지이용 합리화 기본계획 사항(제4조)

1) 에너지절약형 경제구조로의 전환
2) 에너지이용효율의 증대
3) 에너지이용 합리화를 위한 기술개발
4) 에너지이용 합리화를 위한 홍보 및 교육
5) 에너지원 간 대체
6) 열사용기자재의 안전관리
7) 에너지이용 합리화를 위한 가격예시제의 시행에 관한 사항
8) 에너지의 합리적인 이용을 통한 온실가스 배출을 줄이기 위한 대책
9) 기타 산업통상자원부령으로 정하는 사항

## 4. 수급안정을 위한 조치사항(제7조)

1) 지역별 · 주요 수급자별 에너지 할당
2) 에너지공급설비의 가동 및 조업
3) 에너지의 비축과 저장
4) 에너지의 도입, 수출입 및 위탁가공
5) 에너지공급자 상호 간의 에너지의 교환 또는 분배 사용
6) 에너지의 유통시설과 그 사용 및 유통경로
7) 에너지의 배급
8) 에너지의 양도 · 양수의 제한 또는 금지
9) 에너지사용의 시기, 방법 및 에너지사용기자재의 사용 제한 또는 금지 등 대통령령으로 정하는 사항
10) 그 밖에 에너지수급을 안정시키기 위하여 대통령령으로 정하는 사항

## 5. 금융, 세제상의 지원 대상(제14조)

1) 에너지절약형 시설투자
2) 에너지절약형 기자재의 제조, 설치, 시공
3) 그 밖에 에너지이용 합리화와 이를 통한 온실가스 배출의 감축에 관한 사업과 우수한 에너지절약 활동 및 성과

## 6. 효율관리기자재의 지정 고시사항(제15조)

1) 에너지의 목표소비효율 또는 목표사용량의 기준
2) 에너지의 최저소비효율 또는 최대사용량의 기준
3) 에너지의 소비효율 또는 사용량의 표시
4) 에너지의 소비효율 등급기준 및 등급표시
5) 에너지의 소비효율 또는 사용량의 측정방법
6) 그 밖에 효율관리기자재의 관리에 필요한 사항으로서 산업통상자원부령으로 정하는 사항

## 7. 효율관리기자재의 사후관리(제16조)

1) 신업통상자원부장관은 각 효율관리기자재가 고시한 내용에 적합하지 아니하면 그 효율관리기자재의 제조업자, 수입업자 또는 판매업자에게 일정한 기간을 정하여 그 시정을 명할 수 있다.
2) 산업통상자원부장관은 효율관리기자재가 고시한 최저소비효율기준에 미달하거나 최대사용량기준을 초과하는 경우에는 해당 효율관리기자재의 제조업자, 수입업자 또는 판매업자에게 그 생산이나 판매의 금지를 명할 수 있다.

3) 산업통상자원부장관은 효율관리기자재가 규정에 따라 고시한 내용에 적합하지 아니한 경우에는 그 사실을 공표할 수 있다.

## 8. 대기전력(소비전력)의 저감이 필요하다고 인정되는 에너지사용기자재의 고시사항(제18조)

1) 대기전력저감대상제품의 각 제품별 적용범위
2) 대기전력 저감기준
3) 대기전력의 측정방법
4) 대기전력 저감성이 우수한 대기전력저감대상제품
5) 그 밖에 대기전력저감대상제품의 관리에 필요한 사항으로서 산업통상자원부령으로 정하는 사항

## 9. 고효율에너지기자재의 인증(제22조)

1) 고효율에너지인증대상기자재의 고시사항
   ① 고효율에너지인증대상기자재의 각 기자재별 적용범위
   ② 고효율에너지인증대상기자재의 인증 기준, 방법 및 절차
   ③ 고효율에너지인증대상기자재의 성능 측정방법
   ④ 에너지이용의 효율성이 우수한 고효율에너지인증대상기자재의 인증 표시
   ⑤ 그 밖에 고효율에너지인증대상기자재의 관리에 필요한 사항으로서 산업통상자원부령으로 정하는 사항
2) 고효율에너지기자재의 인증 표시를 하려면 인증기준에 적합한지 여부에 대하여 산업통상자원부장관이 지정하는 시험기관의 측정을 받아 인증을 받아야 한다.
3) 고효율에너지기자재 시험기관으로 지정 신청할 수 있는 기관
   ① 국가가 설립한 시험 · 연구기관
   ② 특정연구기관육성법에 따른 특정연구기관
   ③ 국가표준기본법에 따라 시험 · 검사기관으로 인정받은 기관
   ④ ① 및 ②의 연구기관과 동등 이상의 시험능력이 있다고 산업통상자원부장관이 인정하는 기관

## 10. 고효율에너지기자재의 사후관리(제23조)

1) 거짓이나 그 밖의 부정한 방법으로 인증을 받은 경우 인증을 취소한다.
2) 고효율에너지기자재가 인증기준에 미달하는 경우 인증을 취소하거나 6개월 이내의 기간을 정하여 인증을 사용하지 못하도록 명할 수 있다.

## 11. 시험기관의 지정취소(제24조)

1) 지정을 취소하여야 하는 경우

① 거짓이나 그 밖의 부정한 방법으로 지정을 받은 경우
② 업무정지 기간 중에 시험업무를 행한 경우

2) 지정을 취소하거나 6개월 이내의 기간을 정하여 시험업무의 정지를 명할 수 있는 경우
① 정당한 사유 없이 시험을 거부하거나 지연하는 경우
② 산업통상자원부장관이 정하여 고시하는 측정방법을 위반하여 시험한 경우

## 12. 에너지절약전문기업의 지원(제25조)

정부는 제3자로부터 위탁을 받아 다음 각 호의 어느 하나에 해당하는 사업을 하는 자로서 산업통상자원부장관에게 등록을 한 자(에너지절약전문기업)가 에너지절약사업과 이를 통한 온실가스의 배출을 줄이는 사업을 하는 데에 필요한 지원을 할 수 있다.

1) 에너지사용시설의 에너지절약을 위한 관리 · 용역사업
2) 에너지절약형 시설투자에 관한 사업
3) 그 밖에 대통령령으로 정하는 에너지절약을 위한 사업

## 13. 에너지절약전문기업의 등록취소 또는 지원중단 조건(제26조)

1) 거짓이나 그 밖의 부정한 방법으로 등록을 한 경우
2) 거짓이나 그 밖의 부정한 방법으로 지원을 받거나 지원받은 자금을 다른 용도로 사용한 경우
3) 에너지절약전문기업으로 등록한 업체가 그 등록의 취소를 신청한 경우
4) 타인에게 자기의 성명이나 상호를 사용하여 사업을 수행하게 하거나 등록증을 대여한 경우
5) 등록기준에 미달하게 된 경우
6) 산업통상자원부장관, 시 · 도지사, 한국에너지공단 등에 보고를 하지 아니하거나 거짓으로 보고한 경우 또는 검사를 거부, 방해, 기피한 경우
7) 정당한 사유 없이 등록한 후 3년 이내에 사업을 시작하지 아니하거나 3년 이상 계속하여 사업수행 실적이 없는 경우

## 14. 에너지절약전문기업의 등록제한(제27조)

등록이 취소된 에너지절약전문기업은 등록취소일부터 2년이 지나지 아니하면 한국에너지공단에 등록을 할 수 없다.

## 15. 에너지 자발적 협약체결기업의 지원(제28조)

1) 정부는 에너지사용자 또는 에너지공급자로서 에너지의 절약과 합리적인 이용을 통한 온실가스의 배출을 줄이기 위한 목표와 그 이행방법 등에 관한 계획을 자발적으로 수립하여 이를 이행하기로 정부나 지방자치단체와 약속한 자가 에너지절약형 시설이나 그 밖에 대통령령으로 정하는 시설

등에 투자하는 경우에는 그에 필요한 지원을 할 수 있다.

2) 자발적 협약의 목표, 이행방법의 기준과 평가에 관하여 필요한 사항은 환경부장관과 협의하여 산업통상자원부령으로 정한다.

## 16. 에너지다소비사업자의 신고(제31조)

1) 에너지사용량이 대통령령으로 정하는 기준량 이상인 자(에너지다소비사업자)는 다음 각 호의 사항을 산업통상자원부령으로 정하는 바에 따라 매년 1월 31일까지 그 에너지사용시설이 있는 지역을 관할하는 시 · 도지사에게 신고하여야 한다.
   ① 전년도의 분기별 에너지사용량, 제품생산량
   ② 해당 연도의 분기별 에너지사용예정량, 제품생산예정량
   ③ 에너지사용기자재의 현황
   ④ 전년도의 분기별 에너지이용 합리화 실적 및 해당 연도의 분기별 계획
   ⑤ ①~④까지의 사항에 관한 업무를 담당하는 자(에너지관리자)의 현황

2) 산업통상자원부장관 및 시 · 도지사는 에너지다소비사업자가 신고한 사항을 확인하기 위하여 필요한 경우 다음 각 호의 어느 하나에 해당하는 자에 대하여 에너지다소비사업자에게 공급한 에너지의 공급량 자료를 제출하도록 요구할 수 있다.
   ① 한국전력공사
   ② 한국가스공사
   ③ 도시가스사업자
   ④ 한국지역난방공사
   ⑤ 그 밖에 대통령령으로 정하는 에너지공급기관 또는 관리기관

## 17. 에너지진단(제32조)

1) 에너지다소비사업자는 산업통상자원부장관이 지정하는 에너지진단전문기관으로부터 3년 이상의 범위에서 대통령령으로 정하는 기간마다 그 사업장에 대하여 에너지진단을 받아야 한다.

2) 산업통상자원부장관은 자체에너지절감실적이 우수하다고 인정되는 에너지다소비사업자에 대하여는 에너지진단을 면제하거나 에너지진단주기를 연장할 수 있다.

3) 산업통상자원부장관은 에너지다소비사업자가 에너지진단을 받기 위하여 드는 비용의 전부 또는 일부를 지원할 수 있다.

## 18. 진단기관의 지정취소(제33조)

1) 산업통상자원부장관은 진단기관의 지정을 받은 자가 거짓이나 그 밖의 부정한 방법으로 지정을 받은 경우에 해당하면 그 지정을 취소하여야 한다.

2) 지정을 취소하거나 그 업무를 정지할 수 있는 경우
   ① 에너지관리기준에 비추어 현저히 부적절하게 에너지진단을 하는 경우
   ② 평가 결과 진단기관으로서 적절하지 아니하다고 판단되는 경우
   ③ 지정기준에 적합하지 아니하게 된 경우
   ④ 산업통상자원부나 시 · 도지사 등에게 보고를 하지 아니하거나 거짓으로 보고한 경우 및 검사를 거부, 방해 또는 기피한 경우
   ⑤ 정당한 사유 없이 3년 이상 계속하여 에너지진단업무 실적이 없는 경우

## 19. 개선명령(제34조)

산업통상자원부장관은 에너지관리지도 결과 에너지가 손실되는 요인을 줄이기 위하여 필요하다고 인정하면 에너지다소비사업자에게 에너지손실요인의 개선을 명할 수 있다.

## 20. 목표에너지원단위의 설정(제35조)

산업통상자원부장관은 에너지의 이용효율을 높이기 위하여 필요하다고 인정하면 관계 행정기관의 장과 협의하여 에너지를 사용하여 만드는 제품의 단위당 에너지사용목표량 또는 건축물의 단위면적당 에너지사용목표량(목표에너지원단위)을 정하여 고시하여야 한다.

## 21. 폐열의 이용(제36조)

에너지사용자는 사업장 안에서 발생하는 폐열을 이용하기 위하여 노력하여야 하며, 사업장 안에서 이용하지 아니하는 폐열을 타인이 사업장 밖에서 이용하기 위하여 공급받으려는 경우에는 이에 적극 협조하여야 한다.

## 22. 냉난방온도제한건물의 지정(제36조의2)

산업통상자원부장관은 에너지의 절약 및 합리적인 이용을 위하여 필요하다고 인정하면 냉난방온도의 제한온도 및 제한기간을 정하여 다음 각 호의 건물 중에서 냉난방온도를 제한하는 건물을 지정할 수 있다.

1) 국가에서 필요한 건물
2) 지방자치단체 건물
3) 공공기관 건물
4) 에너지다소비사업자의 에너지사용시설 중 에너지사용량이 대통령령으로 정하는 기준량 이상인 건물

## 23. 특정열사용기자재(제37조~제38조)

1) 열사용기자재 중 제조, 설치 · 시공 및 사용에서의 안전관리, 위해방지 또는 에너지이용의 효율관리가 특히 필요하다고 인정되는 것으로서 산업통상자원부령으로 정하는 열사용기자재(특정열사용기자재)의 설치, 시공이나 세관을 업으로 하는 자는 건설산업기본법에 따라 시 · 도지사에게 등록하여야 한다.
2) 산업통상자원부장관은 시공업자가 고의 또는 과실로 특정열사용기자재의 설치, 시공 또는 세관을 부실하게 함으로써 시설물의 안전 또는 에너지효율 관리에 중대한 문제를 초래하면 시 · 도지사에게 그 등록을 말소하거나 그 시공업의 전부 또는 일부를 정지하도록 요청할 수 있다.

## 24. 검사대상기기 검사(제39조)

1) 검사대상기기 제조업자는 그 검사대상기기의 제조에 관하여 시 · 도지사의 검사를 받아야 한다.
2) 시 · 도지사에게 검사를 받아야 하는 자
   ① 검사대상기기를 설치하거나 개조하여 사용하려는 자
   ② 검사대상기기의 설치장소를 변경하여 사용하려는 자
   ③ 검사대상기기를 사용중지한 후 재사용하려는 자
3) 시 · 도지사는 검사에 합격된 검사대상기기의 제조업자나 설치자에게는 지체 없이 그 검사의 유효기간을 명시한 검사증을 내주어야 한다.
4) 검사의 유효기간이 끝나는 검사대상기기를 계속 사용하려는 자는 산업통상자원부령으로 정하는 바에 따라 다시 시 · 도지사의 검사를 받아야 한다.
5) 검사대상기기설치자는 다음 각 호의 어느 하나에 해당하면 산업통상자원부령으로 정하는 바에 따라 시 · 도지사에게 신고하여야 한다.
   ① 검사대상기기를 폐기한 경우
   ② 검사대상기기의 사용을 중지한 경우
   ③ 검사대상기기의 설치자가 변경된 경우

## 25. 검사대상기기관리자의 선임(제40조)

1) 검사대상기기설치자는 검사대상기기의 안전관리, 위해방지 및 에너지이용의 효율을 관리하기 위하여 검사대상기기관리자를 선임하여야 한다.
2) 검사대상기기설치자는 검사대상기기관리자를 선임한 후 시 · 도지사에게 신고하여야 한다.
3) 검사대상기기설치자는 검사대상기기관리자를 선임 또는 해임하거나 검사대상기기관리자가 퇴직한 경우에는 해임이나 퇴직 이전에 다른 검사대상기기관리자를 선임하여야 한다.

## 26. 검사대상기기 사고의 통보 및 조사(제40조의2)

검사대상기기설치자는 다음 각 호의 사고 발생 시 지체 없이 사고의 일시 · 내용 등 산업통상자원부령으로 정하는 사항을 한국에너지공단에 통보하여야 한다.

1) 사람이 사망한 사고
2) 사람이 부상당한 사고
3) 화재 또는 폭발 사고
4) 그 밖에 검사대상기기가 파손된 사고로서 산업통상자원부령으로 정하는 사고

## 27. 한국에너지공단의 사업(제57조)

1) 에너지이용 합리화 및 이를 통한 온실가스의 배출을 줄이기 위한 사업과 국제협력
2) 에너지기술의 개발, 도입, 지도 및 보급
3) 에너지이용 합리화, 신에너지 및 재생에너지의 개발과 보급, 집단에너지공급사업을 위한 자금의 융자 및 지원
4) 에너지절약전문기업의 제25조제1항 각 호의 사업
5) 에너지진단 및 에너지관리제도
6) 신에너지 및 재생에너지 개발사업의 촉진
7) 에너지관리에 관한 조사, 연구, 교육 및 홍보
8) 에너지이용 합리화사업을 위한 토지 · 건물 및 시설 등의 취득 · 설치 · 운영 · 대여 및 양도
9) 집단에너지사업의 촉진을 위한 지원 및 관리
10) 에너지사용기자재, 에너지관리기자재 효율관리 및 열사용기자재의 안전관리
11) 사회취약계층의 에너지이용 지원
12) 산업통상자원부장관, 시 · 도지사, 그 밖의 기관 등이 위탁하는 에너지이용 합리화와 온실가스의 배출을 줄이기 위한 사업

## 28. 교육(제65조)

1) 산업통상자원부장관은 에너지관리의 효율적인 수행과 특정열사용기자재의 안전관리를 위하여 에너지관리자, 시공업의 기술인력 및 검사대상기기관리자에 대하여 교육을 실시하여야 한다.
2) 에너지관리자, 시공업의 기술인력 및 검사대상기기관리자는 교육을 받아야 한다.
3) 에너지다소비사업자, 시공업자 및 검사대상기기설치자는 그가 선임 또는 채용하고 있는 에너지관리자, 시공업의 기술인력 또는 검사대상기기관리자로 하여금 교육을 받게 해야 한다.

## 29. 한국에너지공단에 위탁 가능한 업무사항(제69조)

1) 공공사업주관자, 민간사업주관자의 에너지사용계획의 검토

2) 사업주관자의 에너지사용계획의 이행 여부의 점검 및 실태 파악
3) 검사기관의 효율관리기자재의 측정결과 신고의 접수
4) 대기전력경고표지대상제품의 측정결과 신고의 접수
5) 대기전력저감대상제품의 측정결과 신고의 접수
6) 고효율에너지기자재의 인증 신청의 접수 및 인증
7) 고효율에너지기자재의 인증취소 또는 인증사용정지 명령
8) 에너지절약전문기업의 등록
9) 온실가스배출 감축실적의 등록 및 관리
10) 에너지다소비사업자 신고의 접수
11) 에너지관리진단기관의 관리, 감독
12) 에너지다소비사업자의 에너지관리지도
13) 진단기관의 관리 · 감독
14) 냉난방온도의 유지 · 관리 여부에 대한 점검 및 실태 파악
15) 검사대상기기의 검사, 검사증의 교부 및 검사대상기기 폐기 등의 신고의 접수
16) 수입업자의 검사대상기기의 검사 및 검사증의 교부
17) 검사대상기기관리자의 선임 · 해임 또는 퇴직신고의 접수 및 검사대상기기관리자의 선임기한 연기에 관한 승인

## 30. 벌칙(제72조~제76조)

1) 2년 이하의 징역 또는 2천만 원 이하의 벌금 사항
   ① 대통령령으로 정하는 에너지사용자, 에너지공급자의 에너지저장시설의 보유 또는 저장의무 부과 시 정당한 이유 없이 이를 거부하거나 이행하지 아니한 자 및 조정, 명령 등의 조치를 위반한 자
   ② 한국에너지공단에서 근무한 자로서 직무상 알게 된 비밀을 누설하거나 도용한 자
2) 1년 이하의 징역 또는 1천만 원 이하의 벌금 사항
   ① 검사대상기기의 검사를 받지 아니한 자
   ② 검사에 불합격한 검사대상기기를 사용한 자
   ③ 검사를 받지 않고 검사대상기기를 수입한 자
3) 2천만 원 이하의 벌금 사항
   효율관리기자재의 최저소비효율 위반자나 최대연료소비량을 초과한 효율관리기자재의 생산 또는 판매 금지명령을 위반한 자
4) 1천만 원 이하의 벌금 사항
   검사대상기기관리자를 한국에너지공단에 선임하지 아니한 자
5) 500만 원 이하의 벌금 사항

① 효율관리기자재 제조업자 또는 수입업자는 효율관리시험기관의 측정결과를 산업통상자원부장관에게 신고하여야 하는데, 에너지사용량의 측정결과를 신고하지 아니한 자
② 대기전력경고표지대상제품에 대한 측정결과를 신고하지 아니한 자
③ 대기전력경고표지를 하지 아니한 자
④ 대기전력저감우수제품이 아닌데도 우수제품임을 표시하거나 거짓 표시를 한 자
⑤ 대기전력저감우수제품이 대기전력저감기준에 미달하게 된 경우 제조업자 또는 수입업자에게 일정한 기간을 정하여 그 시정을 명하는데, 정당한 사유 없이 이행하지 아니한 자
⑥ 고효율에너지기자재의 인증을 받지 아니한 자가 고효율에너지기자재의 인증을 받은 것으로 허위 표시한 자

## SECTION 02 에너지이용 합리화법 시행령

### 1. 에너지이용 합리화 기본계획(제3조)

1) 에너지이용 합리화에 관한 기본계획 수립권자 : 산업통상자원부장관
2) 기본계획 수립주기 : 5년마다

### 2. 에너지이용 합리화 실시계획의 추진상황 평가업무 대행기관(제11조의2)

1) 정부출연연구기관
2) 과학 분야 정부출연기관
3) 한국에너지공단

### 3. 에너지저장의무 부과대상자(제12조)

1) 에너지저장의무 부과대상자
   ① 전기사업자
   ② 도시가스사업자
   ③ 석탄가공업자
   ④ 집단에너지사업자
   ⑤ 연간 2만 석유환산톤(2만 티오이) 이상의 에너지를 사용하는 자
2) 산업통상자원부장관이 에너지저장의무 부과 시 고시사항
   ① 대상자
   ② 저장시설의 종류 및 규모

③ 저장하여야 할 에너지의 종류 및 저장 의무량

④ 그 밖에 필요한 사항

## 4. 에너지수급 안정을 위한 조치(제13조)

산업통상자원부장관은 에너지수급의 안정을 위한 조치를 하는 경우에는 그 사유, 기간 및 대상자 등을 정하여 조치 예정일 7일 이전에 에너지사용자, 에너지공급자 또는 에너지사용기자재의 소유자와 관리자에게 예고하여야 한다.

## 5. 에너지이용 효율화 조치 등의 내용(제15조)

1) 에너지절약 및 온실가스배출 감축을 위한 제도, 시책의 마련 및 정비

2) 에너지절약 및 온실가스배출 감축 관련 홍보 및 교육

3) 건물 및 수송 부문의 에너지이용 합리화 및 온실가스배출 감축

## 6. 에너지공급자의 수요관리투자계획(제16조)

1) 대통령령으로 정하는 에너지공급자

① 한국전력공사

② 한국가스공사

③ 한국지역난방공사

④ 그 밖에 대량의 에너지를 공급하는 자로서 에너지 수요관리투자를 촉진하기 위하여 산업통상자원부장관이 특히 필요하다고 인정하여 지정하는 자

2) 투자계획에 포함되는 사항

① 장 · 단기 에너지 수요 전망

② 에너지절약 잠재량의 추정 내용

③ 수요관리의 목표 및 그 달성 방법

④ 그 밖에 수요관리의 촉진을 위하여 필요하다고 인정하는 사항

## 7. 에너지사용계획의 제출 등(제20조)

1) 사업주관자의 에너지사용계획 제출 대상 사업

① 도시개발사업

② 산업단지개발사업

③ 에너지개발사업

④ 항만건설사업

⑤ 철도건설사업

⑥ 공항건설사업
⑦ 관광단지개발사업
⑧ 개발촉진지구개발사업 또는 지역종합개발사업

2) 공공사업주관자의 에너지사용계획 제출 대상 사업
① 연간 2천5백 티오이 이상의 연료 및 열을 사용하는 시설
② 연간 1천만 킬로와트시 이상의 전력을 사용하는 시설

3) 민간사업주관자의 에너지사용계획 제출 대상 사업
① 연간 5천 티오이 이상의 연료 및 열을 사용하는 시설
② 연간 2천만 킬로와트시 이상의 전력을 사용하는 시설

## 8. 에너지사용계획의 내용(제21조)

1) 도시개발계획이나 산업단지개발사업 등 에너지사용계획에 포함사항
① 사업의 개요
② 에너지 수요예측 및 공급계획
③ 에너지 수급에 미치게 될 영향 분석
④ 에너지 소비가 온실가스의 배출에 미치게 될 영향 분석
⑤ 에너지이용 효율 향상 방안
⑥ 에너지이용의 합리화를 통한 온실가스의 배출감소 방안
⑦ 사후관리계획

2) 공공사업주관자, 민간사업주관자 등 사업주관자가 제출한 에너지사용계획 중 에너지 수요예측 및 공급계획 등 대통령령으로 정한 사항을 변경하려는 경우의 기준은 제출한 계획의 100분의 10 이상 증가하는 경우를 말한다.

## 9. 에너지사용계획 · 수립대행자의 요건(제22조)

에너지사용계획의 수립대행자의 자격은 산업통상자원부장관이 정하여 고시하는 인력을 갖춘 다음의 기관을 말한다.

1) 국공립연구기관
2) 정부출연연구기관
3) 대학부설 에너지 관계 연구소
4) 엔지니어링사업자
5) 기술사무소의 개설등록을 한 기술사
6) 에너지절약전문기업

## 10. 에너지절약형 시설투자 등(제27조)

1) 에너지절약형 시설투자, 에너지절약형 기자재의 제조 · 설치 · 시공에 해당하는 사항 중 다음 각 호의 시설투자에 한하여 금융 · 세제상의 지원이 가능하다.
   ① 노후 보일러 및 산업용 요로 등 에너지다소비 설비의 대체
   ② 집단에너지사업, 열병합발전사업, 폐열이용사업과 대체연료사용을 위한 시설 및 기기류의 설치
   ③ 그 밖에 에너지절약 효과 및 보급 필요성이 있다고 산업통상자원부장관이 인정하는 에너지절약형 시설투자, 에너지절약형 기자재의 제조, 설치, 시공
2) 그 밖에 금융 · 세제상의 지원을 받을 수 있는 사업
   ① 에너지원의 연구개발사업
   ② 에너지이용 합리화 및 이를 통하여 온실가스배출을 줄이기 위한 에너지절약시설 설치 및 에너지 기술개발사업
   ③ 기술용역 및 기술지도사업
   ④ 에너지 분야에 관한 신기술 · 지식집약형 기업의 발굴 · 육성을 위한 지원사업

## 11. 에너지절약을 위한 사업(제29조)

1) 신에너지 및 재생에너지의 개발 및 보급사업
2) 에너지절약형 시설 및 기자재의 연구개발사업

## 12. 에너지절약전문기업의 등록(제30조)

에너지절약전문기업으로 등록을 하려는 자는 산업통상자원부령으로 정하는 등록신청서를 산업통상자원부장관에게 제출하여야 한다.

## 13. 자발적 협약체결기업의 기준에서 그 밖에 대통령령으로 정하는 시설(제31조)

1) 에너지절약형 공정개선을 위한 시설
2) 에너지이용 합리화를 통한 온실가스의 배출을 줄이기 위한 시설
3) 그 밖에 에너지절약이나 온실가스의 배출을 줄이기 위하여 필요하다고 산업통상자원부장관이 인정하는 시설
4) 1)~3)의 시설과 관련된 기술개발

## 14. 온실가스배출 감축 관련 교육훈련 대상(제33조)

1) 산업계의 온실가스배출 감축 관련 업무담당자
2) 정부 등 공공기관의 온실가스배출 감축 관련 업무담당자
3) 교육훈련의 내용

① 기후변화협약과 대응 방안
② 기후변화협약 관련 국내외 동향
③ 온실가스배출 감축 관련 정책 및 감축 방법에 관한 사항

## 15. 에너지다소비사업자 중 대통령령으로 정하는 기준량 이상인 자(제35조)

연료, 열 및 전력의 연간 사용량 합계(연간 에너지사용량)가 2천 티오이(2,000TOE) 이상인 자

## 16. 에너지진단비용 지원 대상자(제38조)

1) 중소기업
2) 연간 에너지사용량이 1만 티오이 미만인 사용자

## 17. 에너지다소비사업자의 개선명령 요건 및 절차(제40조)

1) 산업통상자원부장관이 에너지다소비사업자에게 개선명령을 할 수 있는 경우는 에너지관리지도 결과 10% 이상의 에너지효율 개선이 기대되고 효율 개선을 위한 투자의 경제성이 있다고 인정되는 경우로 한다.
2) 에너지다소비사업자는 개선명령을 받은 경우에는 개선명령일부터 60일 이내에 개선계획을 수립하여 산업통상자원부장관에게 제출하여야 한다.

## 18. 냉난방온도의 제한 대상 건물(제42조의2)

1) 냉난방온도의 제한 대상 건물로서 대통령령으로 정하는 기준량 이상인 건물이란 연간 에너지사용량이 2천 티오이 이상인 건물을 말한다.
2) 산업통상자원부 고시를 하려는 경우에는 해당 고시 내용을 고시예정일 7일 이전에 통지 대상자에게 예고하여야 한다.

## 19. 시정조치 명령의 방법(제42조의3)

산업통상자원부장관은 냉난방온도제한건물의 관리기관이 냉난방온도를 적합하게 유지 · 관리하지 아니하면 필요한 조치를 하도록 권고하거나 시정조치를 명할 수 있는데, 시정조치 명령은 다음 각 호의 사항을 구체적으로 밝힌 서면으로 하여야 한다.

1) 시정조치 명령의 대상 건물 및 대상자
2) 시정조치 명령의 사유 및 내용
3) 시정기한

## 20. 권한의 위임(제50조)

산업통상자원부장관은 과태료의 부과, 징수에 관한 권한을 시 · 도지사에게 위임한다.

## 21. 업무의 위탁(제51조)

1) 산업통상자원부장관 또는 시 · 도지사는 다음 각 호의 업무를 한국에너지공단에 위탁한다.
① 사업주관자가 제출한 에너지사용계획의 검토
② 사업주관자의 이행 여부의 점검 및 실태파악
③ 효율관리기자재의 측정 결과 신고의 접수
④ 대기전력경고표지대상제품의 측정 결과 신고의 접수
⑤ 대기전력저감대상제품의 측정 결과 신고의 접수
⑥ 고효율에너지기자재 인증 신청의 접수 및 인증
⑦ 고효율에너지기자재의 인증취소 또는 인증사용 정지명령
⑧ 에너지절약전문기업의 등록
⑨ 온실가스배출 감축실적의 등록 및 관리
⑩ 에너지다소비사업자 신고의 접수
⑪ 에너지관리진단기관의 관리, 감독
⑫ 에너지다소비사업자의 에너지관리지도
⑬ 진단기관의 평가 및 그 결과의 공개
⑭ 건축물 냉난방온도의 유지 · 관리 여부에 대한 점검 및 실태 파악
⑮ 검사대상기기(보일러, 압력용기, 철금속가열로)의 검사
⑯ 검사대상기기 검사 후 검사증의 발급
⑰ 검사대상기기의 폐기, 사용 중지, 설치자 변경 및 검사의 전부 또는 일부가 면제된 검사대상기기의 설치에 대한 신고의 접수
⑱ 검사대상기기관리자의 선임, 해임 또는 퇴직신고의 접수

2) 산업통상자원부장관 또는 시 · 도지사는 다음 각 호의 업무를 한국에너지공단 또는 국가표준기본법에 따라 인정받은 시험 · 검사기관 중 산업통상자원부장관이 지정하여 고시하는 기관에 위탁한다.
① 검사대상기기의 검사
② 검사대상기기 검사 후 검사증 발급
③ 수입 검사대상기기의 검사
④ 전시회, 박람회를 위하여 수입한 검사대상기기의 검사증 발급

# SECTION 03 에너지이용 합리화법 시행규칙

## 1. 열사용기자재(제1조의2)

에너지이용 합리화법에 따른 열사용기자재 중 다음의 열사용기자재는 제외한다.

1) 전기사업법에 따른 발전소의 발전전용 보일러 및 압력용기(집단에너지사업법의 적용을 받는 경우는 열사용기자재에 포함)
2) 철도사업을 하기 위하여 설치하는 기관차 및 철도차량용 보일러
3) 고압가스법 및 액화석유가스법에 따라 검사를 받는 보일러(캐스케이드 보일러는 제외) 및 압력용기
4) 선박안전법에 따라 검사를 받는 선박용 보일러 및 압력용기
5) 전기생활용품안전법 및 의료기기법의 적용을 받는 2종 압력용기
6) 기타 산업통상자원부장관이 인정하는 수출용 열사용기자재

## 2. 공공사업주관자 및 민간사업주관자가 제출한 에너지사용계획의 검토기준(제3조)

1) 에너지의 수급 및 이용 합리화 측면에서 해당 사업의 실시 또는 시설 설치의 타당성
2) 부문별 · 용도별 에너지 수요의 적절성
3) 연료 · 열 및 전기의 공급체계, 공급원 선택 및 관련 시설 건설계획의 적절성
4) 해당 사업에 있어서 용지의 이용 및 시설의 배치에 관한 효율화 방안의 적절성
5) 고효율에너지이용 시스템 및 설비 설치의 적절성
6) 에너지이용의 합리화를 통한 온실가스(이산화탄소만 해당) 배출감소 방안의 적절성
7) 폐열의 회수 · 활용 및 폐기물 에너지이용계획의 적절성
8) 신재생에너지이용계획의 적절성
9) 사후 에너지관리계획의 적절성

## 3. 이행계획의 작성(제5조)

공공사업주관자는 이행계획을 작성하여 산업통상자원부장관에게 제출하여야 하는데, 이행계획에는 다음 사항이 포함되어야 한다.

1) 산업통상자원부장관으로부터 요청받은 조치의 내용
2) 이행 주체
3) 이행 방법
4) 이행 시기

## 4. 효율관리기자재의 종류(제7조)

1) 전기냉장고
2) 전기냉방기
3) 전기세탁기
4) 조명기기
5) 삼상유도전동기
6) 자동차
7) 그 밖에 산업통상자원부장관이 그 효율의 향상이 특히 필요하다고 인정하여 고시하는 기자재 및 설비

## 5. 효율관리기자재 자체측정의 승인신청(제8조)

효율관리기자재에 대한 자체측정의 승인을 받으려는 자는 효율관리기자재 자체승인 승인신청서에 다음 각 호의 서류를 첨부하여 산업통상자원부장관에게 제출하여야 한다.

1) 시험설비 현황(시험설비의 목록 및 사진을 포함)
2) 전문인력 현황(시험 담당자의 명단 및 재직증명서를 포함)
3) 국가표준기본법에 따른 시험 · 검사기관 인정서 사본(해당되는 경우에만 첨부)

## 6. 효율관리기자재 측정 결과의 신고(제9조)

효율관리기자재의 제조업자 또는 수입업자는 효율관리시험기관으로부터 측정 결과를 통보받은 날 또는 자체측정을 완료한 날부터 각각 90일 이내에 그 측정 결과를 한국에너지공단에 신고하여야 한다.

## 7. 평균에너지소비효율의 산정 방법(제12조)

1) 효율관리기자재의 평균에너지소비효율의 개선 기간은 개선명령을 받은 날부터 다음 해 12월 31일까지로 한다.
2) 효율관리기자재의 개선명령을 받은 자는 개선명령을 받은 날부터 60일 이내에 개선명령 이행계획을 수립하여 산업통상자원부장관에게 제출하여야 한다.
3) 개선명령이행계획을 제출한 자는 개선명령의 이행 상황을 매년 6월 말과 12월 말에 산업통상자원부장관에게 보고하여야 한다. 다만, 개선명령이행계획을 제출한 날부터 90일이 지나지 아니한 경우에는 그 다음 보고 기간에 보고할 수 있다.
4) 평균에너지소비효율의 개선계획이 미흡하다고 인정되는 경우 조정 · 보완을 요청받은 자는 정당한 사유가 없으면 30일 이내에 개선명령이행계획을 조정 · 보완하여 산업통상자원부장관에게 제출하여야 한다.

## 8. 대기전력경고표지대상제품(제14조)

프린터, 복합기, 전자레인지, 팩시밀리, 복사기, 스캐너, 오디오, DVD플레이어, 라디오카세트, 도어폰, 유무선전화기, 비데, 모뎀, 홈 게이트웨이

## 9. 대기전력 자체측정의 승인신청(제15조)

대기전력 저감(경고표지) 대상제품 자체측정 승인신청서에는 다음 각 호의 서류를 첨부하여 산업통상자원부장관에게 제출하여야 한다.

1) 시험설비 현황(시험설비의 목록 및 사진을 포함)
2) 전문인력 현황(시험 담당자의 명단 및 재직증명서를 포함)
3) 국가표준기본법에 따른 시험 · 검사기관 인정서 사본(해당되는 경우에만 첨부)

## 10. 측정 결과의 신고(제16조, 제18조)

1) 대기전력경고표지대상제품의 제조업자 또는 수입업자는 대기전력시험기관으로부터 측정 결과를 통보받은 날 또는 자체측정을 완료한 날부터 각각 60일 이내에 그 측정결과를 한국에너지공단에 신고하여야 한다.
2) 대기전력저감우수제품의 표시를 하려는 제조업자 또는 수입업자는 측정 결과를 통보받은 날 또는 자체측정을 완료한 날부터 각각 60일 이내에 그 측정 결과를 한국에너지공단에 신고하여야 한다.

## 11. 대기전력저감우수제품의 시정명령(제19조)

산업통상자원부장관은 대기전력저감우수제품이 대기전력저감기준에 미달하는 경우 제조업자 또는 수입업자에게 6개월 이내의 기간을 정하여 시정을 명할 수 있다.

## 12. 고효율에너지인증대상기자재의 종류(제20조)

1) 펌프
2) 산업건물용 보일러
3) 무정전전원장치
4) 폐열회수형 환기장치
5) 발광다이오드(LED) 등 조명기기
6) 그 밖에 산업통상자원부장관이 특히 에너지이용의 효율성이 높아 보급을 촉진할 필요가 있다고 인정하여 고시하는 기자재 및 설비

## 13. 에너지절약전문기업 등록신청(제24조~제25조)

1) 신청서의 첨부서류
   ① 사업계획서
   ② 보유장비명세서 및 기술인력명세서(자격증명서 사본을 포함)
   ③ 감정평가법인 등이 평가한 자산에 대한 감정평가서(개인인 경우만 해당)
   ④ 공인회계사가 검증한 최근 1년 이내의 재무상태표(법인인 경우만 해당)
2) 한국에너지공단은 신청을 받은 후에 등록기준에 적합하다고 인정하면 에너지절약전문기업 등록증을 신청인에게 발급하여야 한다.

## 14. 에너지사용량 신고(제27조)

에너지다소비사업자(연간 2천 티오이 이상 사용자)가 에너지사용량을 신고하려는 경우에는 신고서에 다음 각 호의 서류를 첨부하여야 한다.

1) 사업장 내 에너지사용시설 배치도
2) 에너지사용시설 현황(시설의 변경이 있는 경우로 한정)
3) 제품별 생산공정도

## 15. 냉난방온도의 제한(제31조의2~4)

1) 산업통상자원부장관은 냉난방온도제한건물의 관리기관 또는 에너지다소비업자가 건물의 냉난방온도를 제한온도에 적합하게 유지 · 관리하기 위하여 제한온도 기준을 정한다.
   ① 냉방 : 26℃ 이상(판매시설 및 공항의 경우 25℃ 이상)
   ② 난방 : 20℃ 이하
2) 냉난방온도를 제한하는 건물에서 제외되는 건물
   ① 의료기관의 실내구역
   ② 식품 등의 품질관리를 위해 냉난방온도의 제한온도 적용이 적절하지 않은 구역
   ③ 숙박시설 중 객실 내부구역
   ④ 산업직접활성화 및 공장설립에 따른 공장, 건축법에 따른 공동주택
3) 냉난방온도제한건물의 관리기관 및 에너지다소비사업자는 냉난방온도를 관리하는 책임자(관리책임자)를 지정하여야 한다.

## 16. 검사대상기기 용접검사신청서의 첨부서류(제31조의14)

1) 용접 부위도 1부
2) 검사대상기기의 설계도면 2부
3) 검사대상기기의 강도계산서 1부

## 17. 보일러 및 압력용기의 경우 검사대상기기 설치검사 신청서의 첨부서류(제31조의17)

1) 용접검사증 1부
2) 구조검사증 1부
3) 일부 검사면제가 되는 경우 검사면제 확인서 1부

## 18. 검사대상기기 계속사용검사의 신청 및 연기(제31조의19~20)

1) 검사대상기기 계속사용검사신청서는 검사유효기간 만료 10일 전까지 한국에너지공단이사장에게 신청한다.
2) 검사대상기기 계속사용검사 연기는 검사유효기간의 만료일이 속하는 연도의 말까지 연기할 수 있다. 다만, 만료일이 9월 1일 이후인 경우에는 4개월 이내에서 계속사용검사를 연기할 수 있다.
3) 계속사용검사가 연기된 것으로 보는 경우
   ① 검사대상기기의 설치자가 검사유효기간이 지난 후 1개월 이내에서 검사시기를 지정하여 검사를 받으려는 경우로서 검사유효기간 만료일 전에 검사신청을 하는 경우
   ② 기업활동 규제완화에 관한 특별조치법에 따라 계속사용검사, 성능검사를 동시에 검사를 신청하는 경우
   ③ 계속사용검사 중 운전성능검사를 받으려는 경우로서 검사유효기간이 지난 후 해당 연도 말까지의 범위에서 검사시기를 지정하여 검사유효기간 만료일 전까지 검사신청을 하는 경우

## 19. 검사통지(제31조의21)

1) 한국에너지공단이사장 또는 검사기관의 장은 검사신청을 받은 경우 검사신청인이 검사신청을 한 날부터 7일 이내의 날을 검사일로 지정하여 검사신청인에게 알려야 한다.
2) 검사에 합격한 경우 검사신청인에게 검사증을 검사일부터 7일 이내에 발급하여야 한다.
3) 검사에 불합격한 검사대상기기에 대해서는 불합격사유를 작성하여 검사일 후 7일 이내에 검사신청인에게 알려야 한다.

## 20. 검사에 필요한 조치(제31조의22)

1) 한국에너지공단이사장 또는 검사기관의 장은 검사를 받는 자에게 그 검사의 종류에 따라 다음 각 호 중 필요한 사항에 대한 조치를 하게 할 수 있다.
   ① 기계적 시험의 준비
   ② 비파괴검사의 준비
   ③ 검사대상기기의 정비
   ④ 수압시험의 준비
   ⑤ 안전밸브 및 수면측정장치의 분해, 정비

⑥ 검사대상기기의 피복물 제거
⑦ 조립식 검사대상기기의 조립 해체
⑧ 운전성능 측정의 준비

2) 검사를 받는 자는 그 검사대상기기의 관리자로 하여금 검사 시 참여하도록 하여야 한다.

## 21. 검사대상기기의 폐기신고 및 설치자 변경신고(제31조의23~24)

검사대상기기의 설치자가 사용 중인 검사대상기기를 폐기한 경우, 설치자의 변경이 된 경우에는 그 폐기한 날, 설치자가 변경된 날부터 15일 이내에 신고서를 한국에너지공단이사장에게 제출하여야 한다.

## 22. 검사면제기기의 설치신고(제31조의25)

1) 검사대상기기 중 설치검사가 면제되는 보일러를 설치신고대상기기라고 한다.
2) 설치신고대상기기의 설치자는 이를 설치한 날부터 30일 이내에 설치신고서에 첨부서류를 갖추어 한국에너지공단이사장에게 제출하여야 한다.

## 23. 검사대상기기관리자의 선임기준(제31조의27)

1) 검사대상기기(보일러, 압력용기, 철금속가열로)관리자의 선임기준은 1구역마다 1인 이상으로 한다.
2) 1구역의 기준
   ① 검사대상기기관리자가 한 시야로 볼 수 있는 범위
   ② 중앙통제 · 관리설비를 갖추어 검사대상기기관리자 1명이 통제 · 관리할 수 있는 범위
   ③ 캐스케이드 보일러 또는 압력용기의 경우 검사대상기기관리자 1명이 관리할 수 있는 범위

## 24. 검사대상기기관리자 선임신고(제31조의28)

1) 검사대상기기의 설치자는 검사대상기기관리자의 선임 · 해임 · 퇴직의 경우 신고서에 자격증수첩과 관리할 검사대상기기 검사증을 첨부하여 한국에너지공단이사장에게 제출하여야 한다.
2) 신고는 신고 사유가 발생한 날부터 30일 이내에 하여야 한다.

## 25. 검사대상기기 관리대행기관의 지정(제31조의29)

기업활동 규제완화에 관한 특별조치법에 따라 검사대상기기 관리대행기관은 지정요건을 갖추어 산업통상자원부장관의 지정을 받은 자로 한다.

## 26. 붙박이에너지사용기자재의 종류(제31조의30)

1) 전기냉장고
2) 전기세탁기

3) 식기세척기

4) 기타 산업통상자원부장관이 국토교통부장관과 협의를 거쳐 고시하는 에너지사용기자재

## 27. 검사대상기기 사고의 일시 · 내용 등 산업통상자원부령으로 정하는 사항(제31조의31)

1) 통보자의 소속, 성명 및 연락처

2) 사고 발생 일시 및 장소

3) 사고 내용

4) 인명 및 재산의 피해현황

[별표 1]
〈개정 2022.1.21.〉

## 열사용 기자재(제1조의2 관련)

| 구분 | 품목명 | 적용범위 |
| --- | --- | --- |
| 보일러 | 강철제 보일러, 주철제 보일러 | 다음 각 호의 어느 하나에 해당하는 것을 말한다.<br>1. 1종 관류보일러 : 강철제 보일러 중 헤더(여러 관이 붙어 있는 용기)의 안지름이 150밀리미터 이하이고, 전열면적이 5제곱미터 초과 10제곱미터 이하이며, 최고사용압력이 1MPa 이하인 관류보일러(기수분리기를 장치한 경우에는 기수분리기의 안지름이 300밀리미터 이하이고, 그 내부 부피가 0.07세제곱미터 이하인 것만 해당한다)<br>2. 2종 관류보일러 : 강철제 보일러 중 헤더의 안지름이 150밀리미터 이하이고, 전열면적이 5제곱미터 이하이며, 최고사용압력이 1MPa 이하인 관류보일러(기수분리기를 장치한 경우에는 기수분리기의 안지름이 200밀리미터 이하이고, 그 내부 부피가 0.02세제곱미터 이하인 것에 한정한다)<br>3. 제1호 및 제2호 외의 금속(주철을 포함한다)으로 만든 것. 다만, 소형 온수보일러 · 구멍탄용 온수보일러 · 축열식 전기보일러 및 가정용 화목보일러는 제외한다. |
| | 소형 온수보일러 | 전열면적이 14제곱미터 이하이고, 최고사용압력이 0.35MPa 이하의 온수를 발생하는 것. 다만, 구멍탄용 온수보일러 · 축열식 전기보일러 · 가정용 화목보일러 및 가스사용량이 17kg/h(도시가스는 232.6킬로와트) 이하인 가스용 온수보일러는 제외한다. |
| | 구멍탄용 온수보일러 | 「석탄산업법 시행령」 제2조제2호에 따른 연탄을 연료로 사용하여 온수를 발생시키는 것으로서 금속제만 해당한다. |
| | 축열식 전기보일러 | 심야전력을 사용하여 온수를 발생시켜 축열조에 저장한 후 난방에 이용하는 것으로서 정격(기기의 사용조건 및 성능의 범위)소비전력이 30킬로와트 이하이고, 최고사용압력이 0.35MPa 이하인 것 |
| | 캐스케이드 보일러 | 「산업표준화법」 제12조제1항에 따른 한국산업표준에 적합함을 인증받거나 「액화석유가스의 안전관리 및 사업법」 제39조제1항에 따라 가스용품의 검사에 합격한 제품으로서, 최고사용압력이 대기압을 초과하는 온수보일러 또는 온수기 2대 이상이 단일 연통으로 연결되어 서로 연동되도록 설치되며, 최대 가스사용량의 합이 17kg/h(도시가스는 232.6킬로와트)를 초과하는 것 |
| | 가정용 화목보일러 | 화목(火木) 등 목재연료를 사용하여 90℃ 이하의 난방수 또는 65℃ 이하의 온수를 발생하는 것으로서 표시 난방출력이 70킬로와트 이하로서 옥외에 설치하는 것 |
| 태양열집열기 | 태양열집열기 | |
| 압력용기 | 1종 압력용기 | 최고사용압력(MPa)과 내부 부피(㎥)를 곱한 수치가 0.004를 초과하는 다음 각 호의 어느 하나에 해당하는 것<br>1. 증기, 그 밖의 열매체를 받아들이거나 증기를 발생시켜 고체 또는 액체를 가열하는 기기로서 용기 안의 압력이 대기압을 넘는 것<br>2. 용기 안의 화학반응에 따라 증기를 발생시키는 용기로서 용기 안의 압력이 대기압을 넘는 것<br>3. 용기 안의 액체의 성분을 분리하기 위하여 해당 액체를 가열하거나 증기를 발생시키는 용기로서 용기 안의 압력이 대기압을 넘는 것<br>4. 용기 안의 액체의 온도가 대기압에서의 끓는점을 넘는 것 |

| 구분 | 품목명 | 적용범위 |
|---|---|---|
| 압력용기 | 2종 압력용기 | 최고사용압력이 0.2MPa를 초과하는 기체를 그 안에 보유하는 용기로서 다음 각 호의 어느 하나에 해당하는 것<br>1. 내부 부피가 0.04세제곱미터 이상인 것<br>2. 동체의 안지름이 200밀리미터 이상(증기헤더의 경우에는 동체의 안지름이 300밀리미터 초과)이고, 그 길이가 1천 밀리미터 이상인 것 |
| 요로(窯爐 : 고온가열장치) | 요업요로 | 연속식유리용융가마 · 불연속식유리용융가마 · 유리용융도가니가마 · 터널가마 · 도염식가마 · 셔틀가마 · 회전가마 및 석회용선가마 |
| | 금속요로 | 용선로 · 비철금속용융로 · 금속소둔로 · 철금속가열로 및 금속균열로 |

[별표 2]
〈개정 2022.1.26.〉

## 대기전력저감대상제품(제13조제1항 관련)

1. 삭제 〈2022.1.26.〉
2. 삭제 〈2022.1.26.〉
3. 프린터
4. 복합기
5. 삭제 〈2012.4.5.〉
6. 삭제 〈2014.2.21.〉
7. 전자레인지
8. 팩시밀리
9. 복사기
10. 스캐너
11. 삭제 〈2014.2.21.〉
12. 오디오
13. DVD플레이어
14. 라디오카세트
15. 도어폰
16. 유무선전화기
17. 비데
18. 모뎀
19. 홈 게이트웨이
20. 자동절전제어장치
21. 손건조기
22. 서버
23. 디지털컨버터
24. 그 밖에 산업통상자원부장관이 대기전력의 저감이 필요하다고 인정하여 고시하는 제품

[별표 3]
〈개정 2016.12.9.〉

### 에너지진단의 면제 또는 에너지진단주기의 연장 범위(제29조제2항 관련)

| 대상사업자 | 면제 또는 연장 범위 |
|---|---|
| 1. 에너지절약 이행실적 우수사업자 | |
| 가. 자발적 협약 우수사업장으로 선정된 자(중소기업인 경우) | 에너지진단 1회 면제 |
| 나. 자발적 협약 우수사업장으로 선정된 자(중소기업이 아닌 경우) | 1회 선정에 에너지진단주기 1년 연장 |
| 1의2. 에너지경영시스템을 도입한 자로서 에너지를 효율적으로 이용하고 있다고 산업통상자원부장관이 정하여 고시하는 자 | 에너지진단주기 2회마다 에너지진단 1회 면제 |
| 2. 에너지절약 유공자 | 에너지진단 1회 면제 |
| 3. 에너지진단 결과를 반영하여 에너지를 효율적으로 이용하고 있는 자 | 1회 선정에 에너지진단주기 3년 연장 |
| 4. 지난 연도 에너지사용량의 100분의 30 이상을 친에너지형 설비를 이용하여 공급하는 자 | 에너지진단 1회 면제 |
| 5. 에너지관리시스템을 구축하여 에너지를 효율적으로 이용하고 있다고 산업통상자원부장관이 고시하는 자 | 에너지진단주기 2회마다 에너지진단 1회 면제 |
| 6. 목표관리업체로서 온실가스 · 에너지 목표관리 실적이 우수하다고 산업통상자원부장관이 환경부장관과 협의한 후 정하여 고시하는 자 | 에너지진단주기 2회마다 에너지진단 1회 면제 |

비 고

1. 에너지절약 유공자에 해당되는 자는 1개의 사업장만 해당한다.
2. 제1호, 제1호의2 및 제2호부터 제6호까지의 대상사업자가 동시에 해당되는 경우에는 어느 하나만 해당되는 것으로 한다.
3. 제1호가목 및 나목에서 "중소기업"이란 「중소기업기본법」 제2조에 따른 중소기업을 말한다.
4. 에너지진단이 면제되는 "1회"의 시점은 다음 각 목의 구분에 따라 최초로 에너지진단주기가 도래하는 시점을 말한다.
   가. 제1호가목의 경우 : 중소기업이 자발적 협약 우수사업장으로 선정된 후
   나. 제2호의 경우 : 에너지절약 유공자 표창을 수상한 후
   다. 제4호의 경우 : 100분의 30 이상의 에너지사용량을 친에너지형 설비를 이용하여 공급한 후

[별표 3의3]
〈개정 2021.10.12.〉

### 검사대상기기(제31조의6 관련)

| 구분 | 검사대상기기 | 적용범위 |
|---|---|---|
| 보일러 | 강철제 보일러, 주철제 보일러 | 다음 각 호의 어느 하나에 해당하는 것은 제외한다.<br>1. 최고사용압력이 0.1MPa 이하이고, 동체의 안지름이 300밀리미터 이하이며, 길이가 600 밀리미터 이하인 것<br>2. 최고사용압력이 0.1MPa 이하이고, 전열면적이 5제곱미터 이하인 것<br>3. 2종 관류보일러<br>4. 온수를 발생시키는 보일러로서 대기개방형인 것 |
| | 소형 온수보일러 | 가스를 사용하는 것으로서 가스사용량이 17kg/h(도시가스는 232.6킬로와트)를 초과하는 것 |
| | 캐스케이드 보일러 | 별표 1에 따른 캐스케이드 보일러의 적용범위에 따른다. |
| 압력용기 | 1종 압력용기, 2종 압력용기 | 별표 1에 따른 압력용기의 적용범위에 따른다. |
| 요로 | 철금속가열로 | 정격용량이 0.58MW를 초과하는 것 |

[별표 3의4]
〈개정 2022.1.21.〉

### 검사의 종류 및 적용대상(제31조의7 관련)

| 검사의 종류 | | 적용대상 | 근거 법조문 |
|---|---|---|---|
| 제조검사 | 용접검사 | 동체 · 경판(동체의 양 끝부분에 부착하는 판) 및 이와 유사한 부분을 용접으로 제조하는 경우의 검사 | 법 제39조제1항 및 법 제39조의2제1항 |
| | 구조검사 | 강판 · 관 또는 주물류를 용접 · 확대 · 조립 · 주조 등에 따라 제조하는 경우의 검사 | |
| 설치검사 | | 신설한 경우의 검사(사용연료의 변경에 의하여 검사대상이 아닌 보일러가 검사대상으로 되는 경우의 검사를 포함한다) | 법 제39조제2항제1호 |
| 개조검사 | | 다음 각 호의 어느 하나에 해당하는 경우의 검사<br>1. 증기보일러를 온수보일러로 개조하는 경우<br>2. 보일러 섹션의 증감에 의하여 용량을 변경하는 경우<br>3. 동체 · 돔 · 노통 · 연소실 · 경판 · 천정판 · 관판 · 관모음 또는 스테이의 변경으로서 산업통상자원부장관이 정하여 고시하는 대수리의 경우<br>4. 연료 또는 연소방법을 변경하는 경우<br>5. 철금속가열로로서 산업통상자원부장관이 정하여 고시하는 경우의 수리 | |
| 설치장소 변경검사 | | 설치장소를 변경한 경우의 검사. 다만, 이동식 검사대상기기를 제외한다. | 법 제39조제2항제2호 |
| 재사용검사 | | 사용중지 후 재사용하고자 하는 경우의 검사 | 법 제39조제2항제3호 |
| 계속사용 검사 | 안전검사 | 설치검사 · 개조검사 · 설치장소 변경검사 또는 재사용검사 후 안전부문에 대한 유효기간을 연장하고자 하는 경우의 검사 | 법 제39조제4항 |
| | 운전성능 검사 | 다음 각 호의 어느 하나에 해당하는 기기에 대한 검사로서 설치검사 후 운전성능부문에 대한 유효기간을 연장하고자 하는 경우의 검사<br>1. 용량이 1t/h(난방용의 경우에는 5t/h) 이상인 강철제 보일러 및 주철제 보일러<br>2. 철금속가열로 | |

[별표 3의5]
〈개정 2023.12.20.〉

## 검사대상기기의 검사유효기간(제31조의8제1항 관련)

| 검사의 종류 | | 검사유효기관 |
|---|---|---|
| 설치검사 | | 1. 보일러 : 1년. 다만, 운전성능 부문의 경우에는 3년 1개월로 한다.<br>2. 캐스케이드 보일러, 압력용기 및 철금속가열로 : 2년 |
| 개조검사 | | 1. 보일러 : 1년<br>2. 캐스케이드 보일러, 압력용기 및 철금속가열로 : 2년 |
| 설치장소 변경검사 | | 1. 보일러 : 1년<br>2. 캐스케이드 보일러, 압력용기 및 철금속가열로 : 2년 |
| 재사용검사 | | 1. 보일러 : 1년<br>2. 캐스케이드 보일러, 압력용기 및 철금속가열로 : 2년 |
| 계속사용검사 | 안전검사 | 1. 보일러 : 1년<br>2. 캐스케이드 보일러 및 압력용기 : 2년 |
| | 운전성능검사 | 1. 보일러 : 1년<br>2. 철금속가열로 : 2년 |

비 고

1. 보일러의 계속사용검사 중 운전성능검사에 대한 검사유효기간은 해당 보일러가 산업통상자원부장관이 정하여 고시하는 기준에 적합한 경우에는 2년으로 한다.
2. 설치 후 3년이 지난 보일러로서 설치장소 변경검사 또는 재사용검사를 받은 보일러는 검사 후 1개월 이내에 운전성능검사를 받아야 한다.
3. 개조검사 중 연료 또는 연소방법의 변경에 따른 개조검사의 경우에는 검사유효기간을 적용하지 않는다.
4. 다음 각 목의 구분에 따른 검사대상기기의 검사에 대한 검사유효기간은 각 목의 구분에 따른다. 다만, 계속사용검사 중 운전성능검사에 대한 검사유효기간은 제외한다.
   가. 「고압가스 안전관리법」 제13조의2제1항에 따른 안전성향상계획과 「산업안전보건법」 제44조제1항에 따른 공정안전보고서 모두를 작성하여야 하는 자의 검사대상기기(보일러의 경우에는 제품을 제조 · 가공하는 공정에만 사용되는 보일러만 해당한다. 이하 나목에서 같다) : 4년. 다만, 산업통상자원부장관이 정하여 고시하는 바에 따라 8년의 범위에서 연장할 수 있다.
   나. 「고압가스 안전관리법」 제13조의2제1항에 따른 안전성향상계획과 「산업안전보건법」 제44조제1항에 따른 공정안전보고서 중 어느 하나를 작성하여야 하는 자의 검사대상기기 : 2년. 다만, 산업통상자원부장관이 정하여 고시하는 바에 따라 6년의 범위에서 연장할 수 있다.
   다. 「의약품 등의 안전에 관한 규칙」 별표 3에 따른 생물학적 제제 등을 제조하는 의약품제조업자로서 같은 표에 따른 제조 및 품질관리기준에 적합한 자의 압력용기 : 4년
   라. 「집단에너지사업법」 제9조에 따라 사업 허가를 받은 자가 사용하는 같은 법 시행규칙 제2조제1호가목에 따른 열발생설비 중 터빈에서 나온 열을 활용하는 보일러 : 2년
5. 제31조의25제1항에 따라 설치신고를 하는 검사대상기기는 신고 후 2년이 지난 날에 계속사용검사 중 안전검사(재사용검사를 포함한다)를 하며, 그 유효기간은 2년으로 한다.
6. 법 제32조제2항에 따라 에너지진단을 받은 운전성능검사대상기기가 제31조의9에 따른 검사기준에 적합한 경우에는 에너지진단 이후 최초로 받는 운전성능검사를 에너지진단으로 갈음한다(비고 4에 해당하는 경우는 제외한다).

[별표 3의6]
〈개정 2022.1.21.〉

## 검사의 면제대상 범위(제31조의13제1항제1호 관련)

<table>
<tr><th>검사대상 기기명</th><th>대상범위</th><th>면제되는 검사</th></tr>
<tr><td rowspan="4">강철제 보일러,<br>주철제 보일러</td><td>1. 강철제 보일러 중 전열면적이 5제곱미터 이하이고, 최고사용압력이 0.35MPa 이하인 것<br>2. 주철제 보일러<br>3. 1종 관류보일러<br>4. 온수보일러 중 전열면적이 18제곱미터 이하이고, 최고사용압력이 0.35MPa 이하인 것</td><td>용접검사</td></tr>
<tr><td>주철제 보일러</td><td>구조검사</td></tr>
<tr><td>1. 가스 외의 연료를 사용하는 1종 관류보일러<br>2. 전열면적 30제곱미터 이하의 유류용 주철제 증기보일러</td><td>설치검사</td></tr>
<tr><td>1. 전열면적 5제곱미터 이하의 증기보일러로서 다음 각 목의 어느 하나에 해당하는 것<br>가. 대기에 개방된 안지름이 25밀리미터 이상인 증기관이 부착된 것<br>나. 수두압(水頭壓)이 5미터 이하이며 안지름이 25밀리미터 이상인 대기에 개방된 U자형 입관이 보일러의 증기부에 부착된 것<br>2. 온수보일러로서 다음 각 목의 어느 하나에 해당하는 것<br>가. 유류 · 가스 외의 연료를 사용하는 것으로서 전열면적이 30제곱미터 이하인 것<br>나. 가스 외의 연료를 사용하는 주철제 보일러</td><td>계속사용검사</td></tr>
<tr><td>소형<br>온수보일러</td><td>가스사용량이 17kg/h(도시가스는 232.6kW)를 초과하는 가스용 소형 온수보일러</td><td>제조검사</td></tr>
<tr><td>캐스케이드<br>보일러</td><td>캐스케이드 보일러</td><td>제조검사</td></tr>
<tr><td rowspan="2">1종 압력용기,<br>2종 압력용기</td><td>1. 용접이음(동체와 플랜지와의 용접이음은 제외한다)이 없는 강관을 동체로 한 헤더<br>2. 압력용기 중 동체의 두께가 6밀리미터 미만인 것으로서 최고사용압력(MPa)과 내부 부피($m^3$)를 곱한 수치가 0.02 이하(난방용의 경우에는 0.05 이하)인 것<br>3. 전열교환식인 것으로서 최고사용압력이 0.35MPa 이하이고, 동체의 안지름이 600밀리미터 이하인 것</td><td>용접검사</td></tr>
<tr><td>1. 2종 압력용기 및 온수탱크<br>2. 압력용기 중 동체의 두께가 6밀리미터 미만인 것으로서 최고사용압력(MPa)과 내부 부피($m^3$)를 곱한 수치가 0.02 이하(난방용의 경우에는 0.05 이하)인 것<br>3. 압력용기 중 동체의 최고사용압력이 0.5MPa 이하인 난방용 압력용기<br>4. 압력용기 중 동체의 최고사용압력이 0.1MPa 이하인 취사용 압력용기</td><td>설치검사 및 계속사용검사</td></tr>
<tr><td>철금속가열로</td><td>철금속가열로</td><td>제조검사, 사용검사 및 계속사용검사 중 안전검사</td></tr>
</table>

[별표 3의9]
〈개정 2018.7.23.〉

## 검사대상기기관리자의 자격 및 조종범위(제31조의26제1항 관련)

| 관리자의 자격 | 관리범위 |
|---|---|
| 에너지관리기능장 또는 에너지관리기사 | 용량이 30t/h를 초과하는 보일러 |
| 에너지관리기능장, 에너지관리기사 또는 에너지관리산업기사 | 용량이 10t/h를 초과하고 30t/h 이하인 보일러 |
| 에너지관리기능장, 에너지관리기사, 에너지관리산업기사 또는 에너지관리기능사 | 용량이 10t/h 이하인 보일러 |
| 에너지관리기능장, 에너지관리기사, 에너지관리산업기사, 에너지관리기능사 또는 인정검사대상기기관리자의 교육을 이수한 자 | 1. 증기보일러로서 최고사용압력이 1MPa 이하이고, 전열면적이 10제곱미터 이하인 것<br>2. 온수발생 및 열매체를 가열하는 보일러로서 용량이 581.5킬로와트 이하인 것<br>3. 압력용기 |

비 고
1. 온수발생 및 열매체를 가열하는 보일러의 용량은 697.8킬로와트를 1t/h로 본다.
2. 제31조의27제2항에 따른 1구역에서 가스 연료를 사용하는 1종 관류보일러의 용량은 이를 구성하는 보일러의 개별 용량을 합산한 값으로 한다.
3. 계속사용검사 중 안전검사를 실시하지 않는 검사대상기기 또는 가스 외의 연료를 사용하는 1종 관류보일러의 경우에는 검사대상기기관리자의 자격에 제한을 두지 아니한다.
4. 가스를 연료로 사용하는 보일러의 검사대상기기관리자의 자격은 위 표에 따른 자격을 가진 사람으로서 제31조의26제2항에 따라 산업통상자원부장관이 정하는 관련 교육을 이수한 사람 또는 「도시가스사업법 시행령」 별표 1에 따른 특정가스사용시설의 안전관리 책임자의 자격을 가진 사람으로 한다.

[별표 4]
〈개정 2015.7.29.〉

## 에너지관리자에 대한 교육(제32조제1항 관련)

| 교육과정 | 교육기간 | 교육대상자 | 교육기관 |
|---|---|---|---|
| 에너지관리자 기본교육과정 | 1일 | 법 제31조제1항제1호부터 제4호까지의 사항에 관한 업무를 담당하는 사람으로 신고된 사람 | 한국에너지공단 |

비 고
1. 에너지관리자 기본교육과정의 교육과목 및 교육수수료 등에 관한 세부사항은 산업통상자원부장관이 정하여 고시한다.
2. 에너지관리자는 법 제31조제1항에 따라 같은 항 제1호부터 제4호까지의 업무를 담당하는 사람으로 최초로 신고된 연도(年度)에 교육을 받아야 한다.
3. 에너지관리자 기본교육과정을 마친 사람이 동일한 에너지다소비사업자의 에너지관리자로 다시 신고되는 경우에는 교육대상자에서 제외한다.

[별표 4의2]
〈개정 2018.7.23.〉

### 시공업의 기술인력 및 검사대상기기관리자에 대한 교육(제32조의2제1항 관련)

| 구분 | 교육과정 | 교육기간 | 교육대상자 | 교육기관 |
|---|---|---|---|---|
| 시공업의 기술인력 | 1. 난방시공업 제1종 기술자과정 | 1일 | 「건설산업기본법 시행령」 별표 2에 따른 난방시공업 제1종의 기술자로 등록된 사람 | 법 제41조에 따라 설립된 한국열관리시공협회 및 「민법」 제32조에 따라 국토교통부장관의 허가를 받아 설립된 전국보일러설비협회 |
| | 2. 난방시공업 제2종 · 제3종 기술자과정 | 1일 | 「건설산업기본법 시행령」 별표 2에 따른 난방시공업 제2종 또는 난방시공업 제3종의 기술자로 등록된 사람 | |
| 검사대상 기기관리자 | 1. 중 · 대형 보일러 관리자과정 | 1일 | 법 제40조제1항에 따른 검사대상기기관리자로 선임된 사람으로서 용량이 1t/h(난방용의 경우에는 5t/h)를 초과하는 강철제 보일러 및 주철제 보일러의 관리자 | 공단 및 「민법」 제32조에 따라 산업통상자원부장관의 허가를 받아 설립된 한국에너지기술인협회 |
| | 2. 소형 보일러 · 압력용기 관리자과정 | 1일 | 법 제40조제1항에 따른 검사대상기기관리자로 선임된 사람으로서 제1호의 보일러 관리자 과정의 대상이 되는 보일러 외의 보일러 및 압력용기 관리자 | |

비 고
1. 난방시공업 제1종 기술자과정 등에 대한 교육과목, 교육수수료 및 교육 통지 등에 관한 세부사항은 산업통상자원부장관이 정하여 고시한다.
2. 시공업의 기술인력은 난방시공업 제1종 · 제2종 또는 제3종의 기술자로 등록된 날부터, 검사대상기기관리자는 법 제40조제1항에 따른 검사대상기기관리자로 선임된 날부터 6개월 이내에, 그 후에는 교육을 받은 날부터 3년마다 교육을 받아야 한다.
3. 위 교육과정 중 난방시공업 제1종 기술자과정을 이수한 경우에는 난방시공업 제2종 · 제3종기술자과정을 이수한 것으로 보며, 중 · 대형 보일러 관리자과정을 이수한 경우에는 소형 보일러 · 압력용기 관리자과정을 이수한 것으로 본다.
4. 산업통상자원부장관은 제도의 변경, 기술의 발달 등 안전관리환경의 변화로 효율 향상을 위하여 추가로 교육하려는 경우에는 교육의 기관 · 기간 · 과정 등에 관한 사항을 미리 고시하여야 한다.

에너지관리기능사 필기+실기 10일 완성

CRAFTSMAN ENERGY MANAGEMENT

PART

# 03

# 과년도 기출문제

# 2012년 1회 에너지관리기능사

**01 어떤 고체연료의 저위발열량이 6,940kcal/kg이고 연소효율이 92%라 할 때 이 연료의 단위량의 실제 발열량을 계산하면 약 얼마인가?**

① 6,385kcal/kg
② 6,943kcal/kg
③ 7,543kcal/kg
④ 8,900kcal/kg

해설 실제 발열량＝저위발열량×연소효율
∴ 6,940×0.92＝6,385kcal/kg

**02 공기과잉계수(Excess Air Coefficient)를 증가시킬 때, 연소가스 중의 성분 함량이 공기 과잉계수에 맞춰서 증가하는 것은?**

① $CO_2$ ② $SO_2$
③ $O_2$ ④ CO

해설 연소 시 과잉공기가 많아지면 연소 후 공기 중 21%의 산소($O_2$)는 여유분이 생겨서 배출된다.

**03 보일러의 연소가스 폭발 시에 대비한 안전장치는?**

① 방폭문 ② 안전밸브
③ 파괴판 ④ 맨홀

해설 방폭문(안전장치)
보일러 노 내 CO가스 등 잔존가스의 폭발이 일어날 때 안전한 장소로 가스를 배출시키며 연소실 후부에 부착한다.

**04 수관식 보일러에서 건조증기를 얻기 위하여 설치하는 것은?**

① 급수 내관 ② 기수 분리기
③ 수위 경보기 ④ 과열 저감기

해설 건조증기 취출구
• 수관식 보일러 : 기수 분리기
• 원통형 보일러 : 비수 방지관

**05 절탄기에 대한 설명 중 옳은 것은?**

① 절탄기의 설치방식은 혼합식과 분배식이 있다.
② 절탄기의 급수예열온도는 포화온도 이상으로 한다.
③ 연료의 절약과 증발량의 감소 및 열효율을 감소시킨다.
④ 급수와 보일러수의 온도차 감소로 열응력을 줄여준다.

해설 절탄기(폐열회수장치)는 연도에서 배기가스의 여열로 보일러 급수를 예열시키는 보일러 열효율장치이다(열응력 감소).

**06 집진효율이 대단히 좋고, 0.5$\mu m$ 이하 정도의 미세한 입자도 처리할 수 있는 집진장치는?**

① 관성력 집진기
② 전기식 집진기
③ 원심력 집진기
④ 멀티사이크론식 집진기

해설 전기식 집진기
집집효율이 가장 높고 미세한 입자처리도 가능하며 대표적으로 코트렐식이 있다.

**07 고체연료와 비교하여 액체연료 사용 시의 장점을 잘못 설명한 것은?**

① 인화의 위험성이 없으며 역화가 발생하지 않는다.
② 그을음이 적게 발생하고 연소효율도 높다.
③ 품질이 비교적 균일하며 발열량이 크다.
④ 저장 및 운반 취급이 용이하다.

해설 액체연료는 인화점이 낮아서 위험하며 중질유는 역화의 발생을 방지하여야 한다.

**08 일반적으로 보일러 패널 내부온도는 몇 ℃를 넘지 않도록 하는 것이 좋은가?**

① 70℃ ② 60℃
③ 80℃ ④ 90℃



ANSWER | 01 ① 02 ③ 03 ① 04 ② 05 ④ 06 ② 07 ① 08 ②

해설 자동제어 패널 내부온도는 약 60℃ 이하가 이상적이다(가스는 40℃ 이하).

**09 주철제 보일러의 일반적인 특징 설명으로 틀린 것은?**

① 내열성과 내식성이 우수하다.
② 대용량의 고압보일러에 적합하다.
③ 열에 의한 부동팽창으로 균열이 발생하기 쉽다.
④ 쪽수의 증감에 따라 용량조절이 편리하다.

해설 주철제 보일러는 저압 소용량 보일러로서 증기나 온수발생이 가능하며 고압에는 부적당하다(충격에 약함).

**10 보일러 효율을 올바르게 설명한 것은?**

① 증기 발생에 이용된 열량과 보일러에 공급한 연료가 완전 연소할 때의 열량과의 비
② 배기가스 열량과 연소실에서 발생한 열량과의 비
③ 연도에서 열량과 보일러에 공급한 연료가 완전 연소할 때의 열량과의 비
④ 총 손실열량과 연료의 연소 열량과의 비

해설 보일러 효율(%)

$$\frac{\text{증기발생에 이용된 열량}}{\text{보일러에서 공급한 연료가 완전연소한 열량}} \times 100$$

**11 액체연료의 연소용 공기 공급방식에서 1차 공기를 설명한 것으로 가장 적합한 것은?**

① 연료의 무화와 산화반응에 필요한 공기
② 연료의 후열에 필요한 공기
③ 연료의 예열에 필요한 공기
④ 연료의 완전 연소에 필요한 부족한 공기를 추가로 공급하는 공기

해설 액체연료 공기
- 1차 공기 : 무화(안개방울화) 공기
- 2차 공기 : 완전연소용 공기

**12 온수 보일러의 수위계 설치 시 수위계의 최고 눈금은 보일러의 최고사용압력의 몇 배로 하여야 하는가?**

① 1배 이상 3배 이하
② 3배 이상 4배 이하
③ 4배 이상 6배 이하
④ 7배 이상 8배 이하

해설
- 온수 보일러 : 1배 이상~3배 이하
- 증기보일러 : 1.5배 이상~3배 이하

**13 보일러 부속장치 설명 중 잘못된 것은?**

① 기수분리기 : 증기 중에 혼입된 수분을 분리하는 장치
② 수트 블로어 : 보일러 동 저면의 스케일, 침전물 등을 밖으로 배출하는 장치
③ 오일스트레이너 : 연료 속의 불순물 방지 및 유량계 펌프 등의 고장을 방지하는 장치
④ 스팀 트랩 : 응축수를 자동으로 배출하는 장치

해설
- ②번은 매연분출장치 설명
- 수트 블로어 : 그을음 제거기(공기나 증기 사용)

**14 증기의 압력에너지를 이용하여 피스톤을 작동시켜 급수를 행하는 비동력 펌프는?**

① 워싱턴 펌프　② 기어 펌프
③ 볼류트 펌프　④ 디퓨저 펌프

해설 워싱턴 펌프(비동력 펌프)
왕복동 펌프(피스톤이 2개 부착)

**15 기체연료의 연소방식과 관계가 없는 것은?**

① 확산 연소방식
② 예혼합 연소방식
③ 포트형과 버너형
④ 회전 분무식

해설 회전 무화식 버너
중유 C급 연소버너(중질유 버너)로서 무화는 분무컵의 회전에 의해 조절된다.

09 ② 10 ① 11 ① 12 ① 13 ② 14 ① 15 ④ | ANSWER 

**16 보일러 급수펌프인 터빈펌프의 일반적인 특징이 아닌 것은?**

① 효율이 높고 안정된 성능을 얻을 수 있다.
② 구조가 간단하고 취급이 용이하므로 보수관리가 편리하다.
③ 토출 시 흐름이 고르고 운전상태가 조용하다.
④ 저속회전에 적합하며 소형이면서 경량이다.

해설 터빈펌프
고속회전용이며 대형, 중량인 원심식 펌프이다.

**17 다음 중 보일러에서 연소가스의 배기가 잘 되는 경우는?**

① 연도의 단면적이 작을 때
② 배기가스 온도가 높을 때
③ 연도에 급한 굴곡이 있을 때
④ 연도에 공기가 많이 침입될 때

해설 배기가스의 온도가 높으면 배기가스의 밀도(kg/m$^3$)가 낮아져서 부력이 증가하여 배기가 우수하다.

**18 건도를 $x$라고 할 때 습증기는 어느 것인가?**

① $x=0$
② $0<x<1$
③ $x=1$
④ $x>1$

해설 $x=0$(포화수)
$x=1$(건조증기)
$x=1$ 이하(습증기)

**19 분사관을 이용해 선단에 노즐을 설치하여 청소하는 것으로 주로 고온의 전열면에 사용하는 수트 블로어(Soot Blower)의 형식은?**

① 롱 레트랙터블(Long Retractable)형
② 로터리(Rotary)형
③ 건(Gun)형
④ 에어히터클리너(Air Heater Cleaner)형

해설 롱 레트랙터블형
고온의 절연면에 분사관을 이용한 그을음 제거장치

**20 건포화증기 100℃의 엔탈피는 얼마인가?**

① 639kcal/kg ② 539kcal/kg
③ 100kcal/kg ④ 439kcal/kg

해설 100℃ 건포화증기 엔탈피
• 포화수 엔탈피 : 100kcal/kg
• 물의 증발잠열 : 539kcal/kg
∴ H=100+539=639kcal/kg

**21 급수온도 30℃에서 압력 1MPa, 온도 180℃의 증기를 1시간당 10,000kg 발생시키는 보일러에서 효율은 약 몇 %인가?(단, 증기엔탈피는 664kcal/kg, 표준상태에서 가스 사용량은 500m$^3$/h, 이 연료의 저위발열량은 15,000kcal/m$^3$이다.)**

① 80.5% ② 84.5%
③ 87.65% ④ 91.65%

해설 효율($\eta$)$=\dfrac{G_a(h_2-h_1)}{G_f\times H_L}\times 100$

$=\dfrac{10,000(664-30)}{500\times 15,000}\times 100$

$=84.5\%$

**22 열정산의 방법에서 입열 항목에 속하지 않는 것은?**

① 발생증기의 흡수열
② 연료의 연소열
③ 연료의 현열
④ 공기의 현열

해설 출열
• 발생증기 흡수열
• 불완전 열손실
• 방사손실
• 배기가스 열손실
• 미연탄소분에 의한 열손실

 ANSWER | 16 ④ 17 ② 18 ② 19 ① 20 ① 21 ② 22 ①

## 23 보일러의 자동제어장치로 쓰이지 않는 것은?

① 화염검출기
② 안전밸브
③ 수위검출기
④ 압력조절기

해설 안전밸브
스프링의 장력, 중추, 레버작동에 의해 사용된다(스프링식, 중추식, 지렛대식 등).

## 24 다음 중 파형 노통의 종류가 아닌 것은?

① 모리슨형
② 아담슨형
③ 파브스형
④ 브라운형

해설 아담슨형
평형노통에서 1m마다 조인트 되는 노통 보강형 기구

## 25 다음 중 비접촉식 온도계의 종류가 아닌 것은?

① 광전관식 온도계
② 방사 온도계
③ 광고 온도계
④ 열전대 온도계

해설 열전대 온도계
접촉식 온도계로서는 가장 고온용 온도계이다.
- 백금－백금로듐 온도계
- 크로멜－알루멜 온도계
- 철－콘스탄탄 온도계
- 구리－콘스탄탄 온도계

## 26 수관식 보일러의 종류에 속하지 않는 것은?

① 자연순환식
② 강제순환식
③ 관류식
④ 노통연관식

해설 원통형 보일러
- 연관식
- 노통연관식
- 노통식
- 입형식

## 27 보일러의 마력을 옳게 나타낸 것은?

① 보일러 마력＝15.65×매시 상당증발량
② 보일러 마력＝15.65×매시 실제증발량
③ 보일러 마력＝15.65÷매시 실제증발량
④ 보일러 마력＝매시 상당증발량÷15.65

해설 $\text{보일러 마력} = \dfrac{\text{매시 상당증발량}}{15.65}$
(마력이 크면 대용량 보일러이다.)

## 28 연료의 인화점에 대한 설명으로 가장 옳은 것은?

① 가연물을 공기 중에서 가열했을 때 외부로부터 점화원 없이 발화하여 연소를 일으키는 최저온도
② 가연성 물질이 공기 중의 산소와 혼합하여 연소할 경우에 필요한 혼합가스의 농도 범위
③ 가연성 액체의 증기 등이 불씨에 의해 불이 붙는 최저온도
④ 연료의 연소를 계속시키기 위한 온도

해설 인화점
가연성 액체의 증기 등이 불씨에 의해 불이 붙는 최저온도

## 29 다음 중 매연 발생의 원인이 아닌 것은?

① 공기량이 부족할 때
② 연료와 연소장치가 맞지 않을 때
③ 연소실의 온도가 낮을 때
④ 연소실의 용적이 클 때

해설 연소실 용적($m^3$)이 크면 공기의 소통이 원활하여 완전연소가 가능하여 매연 발생이 감소한다.

23 ② 24 ② 25 ④ 26 ④ 27 ④ 28 ③ 29 ④ | ANSWER 

**30 연소시작 시 부속설비 관리에서 급수예열기에 대한 설명으로 틀린 것은?**

① 바이패스 연도가 있는 경우에는 연소가스를 바이패스 시켜 물이 급수예열기 내를 유동하게 한 후 연소가스를 급수예열기 연도에 보낸다.
② 댐퍼 조작은 급수예열기 연도의 입구 댐퍼를 먼저 연 다음에 출구 댐퍼를 열고 최후에 바이패스 연도 댐퍼를 닫는다.
③ 바이패스 연도가 없는 경우 순환관을 이용하여 급수예열기 내의 물을 유동시켜 급수예열기 내부에 증기가 발생하지 않도록 주의한다.
④ 순환관이 없는 경우는 보일러에 급수하면서 적량의 보일러수 분출을 실시하여 급수예열기 내의 물을 정체시키지 않도록 하여야 한다.

해설 ②에서는 연소 시작 시 출구댐퍼를 가장 먼저 열고 그 다음 바이패스 연도댐퍼를 연 후 마지막으로 급수예열기 연도의 입구댐퍼를 열어야 한다.

**31 난방부하 계산과정에서 고려하지 않아도 되는 것은?**

① 난방형식
② 주위환경 조건
③ 유리창의 크기 및 문의 크기
④ 실내와 외기의 온도

해설 난방부하 계산 시 고려사항
- 주위환경조건
- 유리창의 크기 및 문의 크기
- 실내와 외기의 온도
- 난방면적 및 열관류율

**32 본래 배관의 회전을 제한하기 위하여 사용되어 왔으나 근래에는 배관계의 축방향의 안내 역할을 하며 축과 직각방향의 이동을 구속하는 데 사용되는 리스트레인트의 종류는?**

① 앵커(Anchor) ② 가이드(Guide)
③ 스토퍼(Stopper) ④ 이어(Ear)

해설 가이드(Guide)
리스트레인트의 종류로서 배관계의 축방향의 안내역할을 하며 축과 직각방향의 이동을 구속한다.

**33 온수난방에서 역귀환방식을 채택하는 주된 이유는?**

① 각 방열기에 연결된 배관의 신축을 조정하기 위해서
② 각 방열기에 연결된 배관 길이를 짧게 하기 위해서
③ 각 방열기에 공급되는 온수를 식지 않게 하기 위해서
④ 각 방열기에 공급되는 유량분배를 균등하게 하기 위해서

해설 역귀환방식(리버스 리턴방식)
온수난방에서 각 방열기에 공급되는 유량 분배를 균등하게 하기 위함이다.

**34 보일러 보존 시 건조제로 주로 쓰이는 것이 아닌 것은?**

① 실리카겔
② 활성알루미나
③ 염화마그네슘
④ 염화칼슘

해설 염화마그네슘
슬러지나 스케일의 주성분

**35 온수난방의 시공법에 관한 설명으로 틀린 것은?**

① 배관 구배는 일반적으로 1/250 이상으로 한다.
② 운전 중에 온수에서 분리한 공기를 배제하기 위해 개방식 팽창탱크로 향하여 선상향 구배로 한다.
③ 수평배관에서 관지름을 변경할 경우 동심 이음쇠를 사용한다.
④ 온수 보일러에서 팽창탱크에 이르는 팽창관에는 되도록 밸브를 달지 않는다.

해설

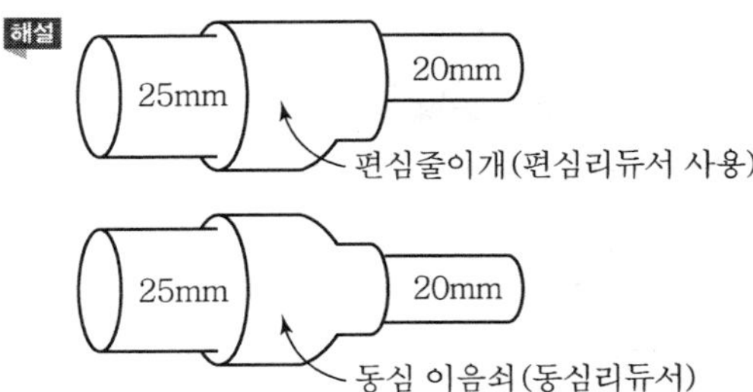

**36** 엘보나 티와 같이 내경이 나사로 된 부품을 폐쇄할 필요가 있을 때 사용되는 것은?

① 캡 ② 니플
③ 소켓 ④ 플러그

해설 엘보나 티같이 내경이 나사로 된 부품의 폐쇄 시 플러그를 사용(외경이 나사이면 캡을 사용한다.)

**37** 그림 기호와 같은 밸브의 종류 명칭은?

① 게이트 밸브 ② 체크 밸브
③ 볼 밸브 ④ 안전 밸브

해설 역류방지 체크 밸브(액체에 사용)
스윙형, 리프트형, 스모렌스키형, 판형 등이 있다.

**38** 환수관의 배관방식에 의한 분류 중 환수주관을 보일러의 표준수위보다 낮게 배관하여 환수하는 방식은 어떤 배관방식인가?

① 건식 환수 ② 중력환수
③ 기계환수 ④ 습식 환수

해설 습식 환수
환수관의 배관이 보일러 표준수면보다 낮게 배관(표준수면보다 높게 하면 건식 환수다.)

**39** 증기 트랩을 기계식 트랩(Mechanical Trap), 온도조절식 트랩(Thermostatic Trap), 열역학적 트랩(Thermodynamic Trap)으로 구분할 때 온도조절식 트랩에 해당하는 것은?

① 버킷 트랩 ② 플로트 트랩
③ 열동식 트랩 ④ 디스크형 트랩

해설
- 열동식 트랩(벨로스식), 바이메탈식은 온도조절식 트랩으로 구분한다.
- ①, ②는 기계식 트랩
- ④는 열역학적 트랩

**40** 호칭지름 15A의 강관을 굽힘 반지름 80mm, 각도 90°로 굽힐 때 굽힘부의 필요한 중심 곡선부 길이는 약 몇 mm인가?

① 126 ② 135
③ 182 ④ 251

해설 $L = 2\pi R \times \frac{\theta}{360}$

$= 2 \times 3.14 \times 80 \times \frac{90}{360} = 125.6 \fallingdotseq 126\text{mm}$

**41** 다음 보온재의 종류 중 안전사용(최고)온도(℃)가 가장 낮은 것은?

① 펄라이트 보온판 · 통
② 탄화코르크판
③ 글라스울블랭킷
④ 내화단열벽돌

해설 ① 펄라이트 보온판 : 650℃
② 탄화코르크 : 130℃
③ 글라스울 : 300℃
④ 내화단열벽돌 : 1,200℃

**42** 다음 중 유기질 보온재에 속하지 않는 것은?

① 펠트
② 세라크울
③ 코르크
④ 기포성 수지

해설 세라크울 : 무기질 보온재

**43** 다음 중 보일러의 안전장치에 해당되지 않는 것은?

① 방출밸브 ② 방폭문
③ 화염검출기 ④ 감압밸브

해설 감압밸브
증기이송장치이며 증기의 압력을 감소시킨다. 직동식, 다이어프램식 등이 있다.

**44** 난방부하가 2,250kcal/h인 경우 온수방열기의 방열면적은 몇 $m^2$인가?(단, 방열기의 방열량은 표준방열량으로 한다.)

① 3.5 ② 4.5
③ 5.0 ④ 8.3

해설 온수난방 표준방열량
450kcal/$m^2$h(증기는 650kcal/$m^2$h)
∴ 방열면적($m^2$) $= \frac{2,250}{450} = 5.0m^2$

**45** 보일러의 사고발생 원인 중 제작상의 원인에 해당되지 않는 것은?

① 용접불량
② 가스폭발
③ 강도부족
④ 부속장치 미비

해설 가스폭발
보일러 운전 전에 프리퍼지(환기)를 노 내에서 완벽하게 하면 가스폭발이 방지된다(운전취급상의 문제이다).
안전장치로서는 방폭문(폭발구)을 보일러 연소실 후부에 부착시킨다.

**46** 보일러의 검사기준에 관한 설명으로 틀린 것은?

① 수압시험은 보일러의 최고사용압력이 15kgf/$cm^2$를 초과할 때에는 그 최고사용압력의 1.5배의 압력으로 한다.
② 보일러 운전 중에 비눗물 시험 또는 가스누설검사기로 배관접속부위 및 밸브류 등의 누설유무를 확인한다.
③ 시험수압은 규정된 압력의 8% 이상을 초과하지 않도록 모든 경우에 대한 적절한 제어를 마련하여야 한다.
④ 화재, 천재지변 등 부득이한 사정으로 검사를 실시할 수 없는 경우에는 재신청 없이 다시 검사를 하여야 한다.

해설 보일러 수압시험은 규정된 압력의 6% 이상을 초과하지 않는 범위 내에서 실시한다.

**47** 동관 작업용 공구의 사용목적이 바르게 설명된 것은?

① 플레어링 툴 세트 : 관 끝을 소켓으로 만듦
② 익스팬더 : 직관에서 분기관 성형 시 사용
③ 사이징 툴 : 관 끝을 원형으로 정형
④ 튜브벤더 : 동관을 절단함

해설 ① 플레어링 툴 세트 : 동관의 압축접합용
② 익스팬더 : 동관의 관 끝 확관용
④ 튜브벤더 : 동관 벤딩용

**48** 철금속가열로란 단조가 가능하도록 가열하는 것을 주목적으로 하는 노로서 정격용량이 몇 kcal/h를 초과하는 것을 말하는가?

① 200,000 ② 500,000
③ 100,000 ④ 300,000

해설 검사대상기기 철금속가열로 기준은 0.58MW(약 50만 kcal/h) 초과 용량이어야 검사를 받는다.

**49** 배관의 신축이음 종류가 아닌 것은?

① 슬리브형 ② 벨로스형
③ 루프형 ④ 파일럿형

해설 배관의 신축이음
• 슬리브형 • 벨로스형
• 루프형 • 스윙형

**50** 급수탱크의 설치에 대한 설명 중 틀린 것은?

① 급수탱크를 지하에 설치하는 경우에는 지하수, 하수, 침출수 등이 유입되지 않도록 하여야 한다.
② 급수탱크의 크기는 용도에 따라 1~2시간 정도 급수를 공급할 수 있는 크기로 한다.
③ 급수탱크는 얼지 않도록 보온 등 방호조치를 하여야 한다.
④ 탈기기가 없는 시스템의 경우 급수에 공기 용입 우려로 인해 가열장치를 설치해서는 안 된다.

해설 탈기기가 없는 급수탱크에서는 가열장치를 설치한 경우 에어벤트를 설치하여 공기의 발생을 방지할 수 있다.

 ANSWER | 44 ③ 45 ② 46 ③ 47 ③ 48 ② 49 ④ 50 ④

**51** **다음 중 보일러 손상의 하나인 압궤가 일어나기 쉬운 부분은?**

① 수관 ② 노통
③ 동체 ④ 갤러웨이관

해설 • 압궤발생지역 : 노통
• 팽출발생지역 : 수관, 동체, 갤러웨이관

**52** **사용 중인 보일러의 점화 전 주의사항으로 잘못된 것은?**

① 연료계통을 점검한다.
② 각 밸브의 개폐 상태를 확인한다.
③ 댐퍼를 닫고 프리퍼지를 한다.
④ 수면계의 수위를 확인한다.

해설 프리퍼지(가스폭발을 방지하기 위해 점화 시에 노 내에 송풍기로 잔존가스를 배출시키는 환기)할 때는 연도댐퍼를 열고 한다.

**53** **진공환수식 증기배관에서 리프트 피팅(Lift Fitting)으로 흡상할 수 있는 1단의 최고 흡상높이는 몇 m 이하로 하는 것이 좋은가?**

① 1m ② 1.5m
③ 2m ④ 2.5m

해설 진공환수식에서 환수관이 보일러 표준수면보다 낮은 경우 1.5m마다 리프트 피팅으로 환수를 흡상한다.

**54** **열전도율이 다른 여러 층의 매체를 대상으로 정상상태에서 고온 측으로부터 저온 측으로 열이 이동할 때의 평균 열통과율을 의미하는 것은?**

① 엔탈피 ② 열복사율
③ 열관류율 ④ 열용량

해설 열관류율(kcal/m$^2$h℃)은 고온 측에서 저온 측으로 열이 고체벽을 통과하는 율이다.

**55** **온실가스 배출량 및 에너지 사용량 등의 보고와 관련하여 관리업체는 해당 연도 온실가스 배출량 및 에너지 소비량에 관한 명세서를 작성하고 이에 대한 검증기관의 검증결과를 언제까지 부문별 관장기관에게 제출하여야 하는가?**

① 해당 연도 12월 31일까지
② 다음 연도 1월 31일까지
③ 다음 연도 3월 31일까지
④ 다음 연도 6월 30일까지

해설 온실가스 배출량 관리업체는 온실가스 배출량 및 에너지소비량을 작성하고 검증기관의 검증결과를 다음 연도 3월 31일까지 부문별 관장기관에게 제출한다.

**56** **에너지이용 합리화법상 효율관리 기자재가 아닌 것은?**

① 삼상유도전동기
② 선박
③ 조명기기
④ 전기냉장고

해설 에너지이용 합리화법 시행규칙 제7조에 의해 ①, ③, ④ 외에도 전기세탁기, 자동차, 전기냉방기 등이 효율관리 기자재이다.

**57** **신축 · 증축 또는 개축하는 건축물에 대하여 그 설계 시 산출된 예상 에너지사용량의 일정 비율 이상을 신 · 재생에너지를 이용하여 공급되는 에너지를 사용하도록 신 · 재생에너지 설비를 의무적으로 설치하게 할 수 있는 기관이 아닌 것은?**

① 공기업
② 종교단체
③ 국가 및 지방자치단체
④ 특별법에 따라 설립된 법인

해설 신에너지 및 재생에너지 개발 · 이용보급촉진법 제12조에 의해 ①, ③, ④ 외에도 정부출연기관 정부출자기업체, 출자법인 등이다.

**58** **정부는 국가전략을 효율적 · 체계적으로 이행하기 위하여 몇 년마다 저탄소 녹색성장 국가전략 5개년 계획을 수립하는가?**

① 2년 ② 3년
③ 4년 ④ 5년

해설 저탄소 녹색성장 국가전략을 효율적, 체계적으로 이행하기 위하여 5년마다 국가전략계획을 수립한다.

**59** **에너지이용 합리화법의 위반사항과 벌칙내용이 맞게 짝 지어진 것은?**

① 효율관리기자재 판매금지 명령 위반 시 : 1천만 원 이하의 벌금
② 검사대상기기 조종자를 선임하지 않을 시 : 5백만 원 이하의 벌금
③ 검사대상기기 검사의무 위반 시 : 1년 이하의 징역 또는 1천만 원 이하의 벌금
④ 효율관리기자재 생산명령 위반 시 : 5백만 원 이하의 벌금

해설 검사대상기기는 검사신청을 하지 않거나 검사의 불합격 통보에도 불구하고 검사대상기기를 조종한 자는 ③항의 벌칙을 통보받는다.

**60** **에너지이용 합리화법의 목적이 아닌 것은?**

① 에너지의 수급 안정
② 에너지의 합리적이고 효율적인 이용 증진
③ 에너지소비로 인한 환경피해를 줄임
④ 에너지 소비촉진 및 자원개발

해설 에너지는 소비촉진이 아닌 절약의 의미가 크고 효율적으로 사용하여야 한다.

# 2012년 2회 에너지관리기능사

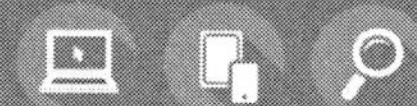

**01 주철제 보일러의 특징에 관한 설명으로 틀린 것은?**

① 내식성이 우수하다.
② 섹션의 증감으로 용량조절이 용이하다.
③ 주로 고압용에 사용된다.
④ 전열효율 및 연소효율은 낮은 편이다.

해설 주철제 보일러는 내충격성이나 인장강도가 약하여 주로 저압용 난방보일러에 적합하다.

**02 다음 중 확산연소방식에 의한 연소장치에 해당하는 것은?**

① 선회형 버너 ② 저압 버너
③ 고압 버너 ④ 송풍 버너

해설 확산연소방식 버너(가스버너)
- 포트형 버너
- 선회형 버너

**03 수트 블로어 사용에 관한 주의사항으로 틀린 것은?**

① 분출기 내의 응축수를 배출시킨 후 사용할 것
② 부하가 적거나 소화 후 사용하지 말 것
③ 원활한 분출을 위해 분출하기 전 연도 내의 배풍기를 사용하지 말 것
④ 한 곳에 집중적으로 사용하여 전열면에 무리를 가하지 말 것

해설 수트 블로어(전열면 내 그을음 제거기) 사용 시는 분출을 하기 전 연도 내의 배풍기를 작동시킬 것

**04 급수예열기(절탄기, Economizer)의 형식 및 구조에 대한 설명으로 틀린 것은?**

① 설치방식에 따라 부속식과 집중식으로 분류한다.
② 급수의 가열도에 따라 증발식과 비증발식으로 구분하며, 일반적으로 증발식을 많이 사용한다.
③ 평관급수예열기는 부착하기 쉬운 먼지를 함유하는 배기가스에서도 사용할 수 있지만 설치공간이 넓어야 한다.
④ 핀튜브급수예열기를 사용할 경우 배기가스의 먼지 성상에 주의할 필요가 있다.

해설 급수예열기 종류(부속식, 집중식)
- 주철제형
- 강관형
- 가열도에 따라 비증발식 사용이 편리하다.

**05 가장 미세한 입자의 먼지를 집진할 수 있고, 압력손실이 작으며, 집진효율이 높은 집진장치 형식은?**

① 전기식 ② 중력식
③ 세정식 ④ 사이클론식

해설 전기식 집진장치
가장 미세한 입자의 먼지를 제거집진이 가능하고 압력손실이 적으며 집진효율이 매우 높다.

**06 원통형 보일러에 관한 설명으로 틀린 것은?**

① 입형 보일러는 설치면적이 적고 설치가 간단하다.
② 노통이 2개인 횡형 보일러는 코니시 보일러이다.
③ 패키지형 노통연관 보일러는 내분식으로 방산 열손실열량이 적다.
④ 기관본체를 둥글게 제작하여 이를 입형이나 횡형으로 설치 사용하는 보일러를 말한다.

해설 코니시 노통 보일러
노통이 1개이다.

**07 액화석유가스(LPG)의 일반적인 성질에 대한 설명으로 틀린 것은?**

① 기화 시 체적이 증가한다.
② 액화 시 적은 용기에 충진이 가능하다.
③ 기체상태에서 비중이 도시가스보다 가볍다.
④ 압력이나 온도의 변화에 따라 쉽게 액화, 기화시킬 수 있다.

해설 • LPG는 도시가스보다 비중이 1.5~2배 무겁다.
• 도시가스 주성분 : 메탄가스
• LPG 주성분 : 프로판, 부탄, 프로필렌, 부틸렌

**08 다음 중 임계점에 대한 설명으로 틀린 것은?**

① 물의 임계온도는 374.15℃이다.
② 물의 임계압력은 225.65kg/cm$^2$이다.
③ 물의 임계점에서의 증발잠열은 539kcal/kg이다.
④ 포화수에서 증발의 현상이 없고 액체와 기체의 구별이 없어지는 지점을 말한다.

해설 • 표준대기압에서 물의 비등점은 100℃, 증발잠열은 539 kcal/kg이다.
• 임계점에서 증발잠열은 0kcal/kg이다.

**09 보기에서 설명한 송풍기의 종류는?**

[보기]
• 경향 날개형이며 6~12개의 철판제 직선날개를 보스에서 방사한 스포우크에 리벳죔을 한 것이며, 측판이 있는 임펠러와 축판이 없는 것이 있다.
• 구조가 견고하며 내마모성이 크고 날개를 바꾸기도 쉬우며 회진이 많은 가스의 흡출통풍기, 미분탄 장치의 배탄기 등에 사용된다.

① 터보송풍기 ② 다익 송풍기
③ 축류송풍기 ④ 플레이트 송풍기

해설 플레이트 송풍기
내마모성이 크고 날개를 교체하기가 수월하며 흡출통풍기나 미분탄 장치의 배탄기에 사용된다.

**10 미리 정해진 순서에 따라 순차적으로 제어의 각 단계가 진행되는 제어 방식으로 작동 명령이 타이머나 릴레이에 의해서 수행되는 제어는?**

① 시퀀스 제어 ② 피드백 제어
③ 프로그램 제어 ④ 캐스케이드 제어

해설 미리 정해진 순서에 따라 순차적으로 제어의 각 단계가 진행되는 제어방식은 시퀀스(정성적) 제어이다.

**11 안전밸브의 수동시험은 최고사용압력의 몇 % 이상의 압력으로 행하는가?**

① 50% ② 55%
③ 65% ④ 75%

해설 안전밸브의 수동작동시험
최고사용압력의 75% 이상에서 시행한다.

**12 액체연료 중 경질유에 주로 사용하는 기화연소방식의 종류에 해당하지 않는 것은?**

① 포트식 ② 심지식
③ 증발식 ④ 무화식

해설 무화연소식
중질유(중유 등)의 연소방식

**13 제어장치의 제어동작 종류에 해당되지 않는 것은?**

① 비례동작 ② 온오프동작
③ 비례적분동작 ④ 반응동작

해설 • 연속동작 : 비례동작, 비례적분동작, 적분동작, 미분동작, 비례적분미분동작
• 불연속동작 : 온-오프동작, 다위치동작

**14 연료유 탱크에 가열장치를 설치한 경우에 대한 설명으로 틀린 것은?**

① 열원에는 증기, 온수, 전기 등을 사용한다.
② 전열식 가열장치에 있어서는 직접식 또는 저항밀봉 피복식의 구조로 한다.
③ 온수, 증기 등의 열매체가 동절기에 동결할 우려가 있는 경우에는 동결을 방지하는 조치를 취해야 한다.
④ 연료유 탱크의 기름 취출구 등에 온도계를 설치하여야 한다.

해설 연료탱크
• 전열식 가열장치 : 저항식, 저항밀봉피복식(Sheath)이 있으며 과열방지장치가 필요하다.
• 열원 : 증기, 온수, 전기


ANSWER | 08 ③ 09 ④ 10 ① 11 ④ 12 ④ 13 ④ 14 ②

**15** **플레임 아이에 대하여 옳게 설명한 것은?**

① 연도의 가스온도로 화염의 유무를 검출한다.
② 화염의 도전성을 이용하여 화염의 유무를 검출한다.
③ 화염의 방사선을 감지하여 화염의 유무를 검출한다.
④ 화염의 이온화 현상을 이용하여 화염의 유무를 검출한다.

해설 플레임 아이(광전관식 화염검출기)
화염의 방사선을 감지하여 화염의 유무를 검출한다.

**16** **10℃의 물 400kg과 90℃의 더운 물 100kg을 혼합하면 혼합 후의 물의 온도는?**

① 26℃ ② 36℃
③ 54℃ ④ 78℃

해설 $Q_1 = 400 \times 1 \times 10 = 4,000\text{kcal}$
$Q_2 = 100 \times 1 \times 90 = 900\text{kcal}$
$\therefore t_m = \dfrac{4,000+9,000}{400 \times 1 + 100 \times 1} = 26℃$

**17** **급수탱크의 수위조절기에서 전극형만의 특징에 해당하는 것은?**

① 기계적으로 작동이 확실하다.
② 내식성이 강하다.
③ 수면의 유동에서도 영향을 받는다.
④ On-off의 스팬이 긴 경우는 적합하지 않다.

해설 관류보일러 전극식 수위조절기

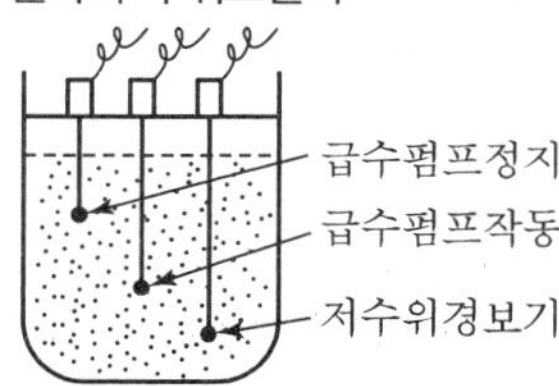


On-off의 스팬이 긴 경우는 적합하지 않다.

**18** **증기난방시공에서 관말 증기 트랩 장치에서 냉각레그(Cooling Leg)의 길이는 일반적으로 몇 m 이상으로 해주어야 하는가?**

① 0.7m ② 1.2m
③ 1.5m ④ 2.0m

해설

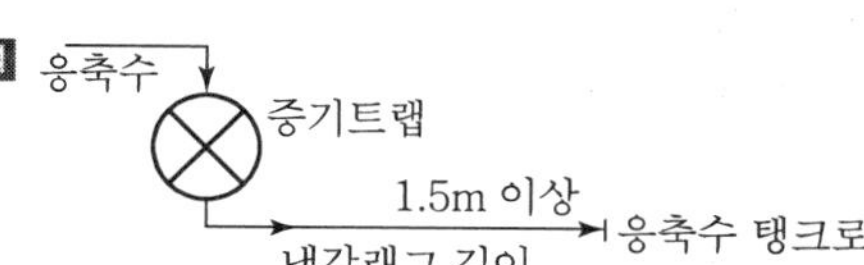


**19** **가스버너에서 종류를 유도혼합식과 강제혼합식으로 구분할 때 유도혼합식에 속하는 것은?**

① 슬리트 버너
② 리본 버너
③ 라디먼트 튜브 버너
④ 혼소 버너

해설 • 유도혼합식 버너(분젠버너) : 슬리트 버너
• 강제혼합식 버너(브라스트버너) : 원혼합식, 선혼합식 버너
※ 일종의 노즐믹서식 버너

**20** **보일러의 열정산 목적이 아닌 것은?**

① 보일러의 성능 개선 자료를 얻을 수 있다.
② 열의 행방을 파악할 수 있다.
③ 연소실의 구조를 알 수 있다.
④ 보일러 효율을 알 수 있다.

해설 연소실 구조
설계과정에서 설정되며 구조검사 시 파악된다.

**21** **보일러 마력에 대한 설명에서 괄호 안에 들어갈 숫자로 옳은 것은?**

> "표준 상태에서 한 시간에 ( )kg의 상당증발량을 나타낼 수 있는 능력이다."

① 16.56 ② 14.56
③ 15.65 ④ 13.56

해설 보일러 1마력의 크기
증기보일러 상당증발량 15.65kg/h 발생능력(8,435kcal/h)이 1마력이다.

15 ③ 16 ① 17 ④ 18 ③ 19 ① 20 ③ 21 ③ | ANSWER

**22** 급유장치에서 보일러 가동 중 연소의 소화, 압력초과 등 이상 현상 발생 시 긴급히 연료를 차단하는 것은?

① 압력조절스위치
② 압력제한스위치
③ 감압밸브
④ 전자밸브

해설 전자밸브
보일러 인터록이 발생되면 보일러 안전을 위하여 연소의 소화, 압력초과, 저수위 사고 시 긴급히 연료를 차단한다.

**23** 상당증발량 = $G_e$(kg/h), 보일러 효율 = $\eta$, 연료소비량 = $B$(kg/h), 저위발열량 = $H_l$(kcal/kg), 증발잠열 = 539(kcal/kg)일 때 상당증발량($G_e$)를 옳게 나타낸 것은?

① $G_e = \dfrac{539\ \eta H_l}{B}$　　② $G_e = \dfrac{BH_l}{539\ \eta}$

③ $G_e = \dfrac{\eta BH_l}{539}$　　④ $G_e = \dfrac{539\ \eta B}{H_l}$

해설 상당증발량$(G_e) = \dfrac{B \cdot \eta \cdot H_l}{539}$(kg/h)

**24** 보일러 실제 증발량이 7,000kg/h이고, 최대연속 증발량이 8t/h일 때 이 보일러 부하율은 몇 %인가?

① 80.5%　　② 85%
③ 87.5%　　④ 90%

해설 보일러부하율(%) $= \dfrac{\text{실제증기발생량}}{\text{최대연속증발량}} \times 100$

$\therefore \dfrac{7{,}000}{8 \times 1{,}000} \times 100 = 87.5\%$

※ 1톤 보일러 : 1,000kg/h 발생

**25** 보일러 본체에서 수부가 클 경우의 설명으로 틀린 것은?

① 부하 변동에 대한 압력 변화가 크다.
② 증기 발생시간이 길어진다.
③ 열효율이 낮아진다.
④ 보유 수량이 많으므로 파열시 피해가 크다.

해설

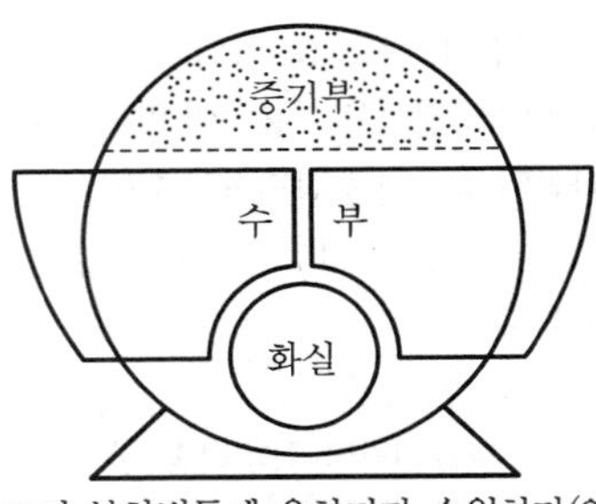


- 수부가 크면 부하변동에 응하기가 수월하다(압력변화가 적다).
- 증기부가 크면 건조증기 취출이 용이하다.

**26** 수소 15%, 수분 0.5%인 중유의 고위발열량이 10,000 kcal/kg이다. 이 중유의 저위발열량은 몇 kcal/kg 인가?

① 8,795　　② 8,984
③ 9,085　　④ 9,187

해설 저위발열량$(H_l) = H_h - 600(9\text{H} + \text{W})$
$= 10{,}000 - 600(9 \times 0.15 + 0.005)$
$= 9{,}187$kcal/kg

**27** 버너에서 연료분사 후 소정의 시간이 경과하여도 착화를 볼 수 없을 때 전자밸브를 닫아서 연소를 저지하는 제어는?

① 저수위 인터록
② 저연소 인터록
③ 불착화 인터록
④ 프리퍼지 인터록

해설 불착화 인터록
버너에서 연료분사 후 소정의 시간이 경과하여도 착화를 볼 수 없을 때 전자밸브를 닫아서 연소를 저지하는 제어

**28** 과잉공기량에 관한 설명으로 옳은 것은?

① (과잉공기량) = (실제공기량) × (이론공기량)
② (과잉공기량) = (실제공기량) ÷ (이론공기량)
③ (과잉공기량) = (실제공기량) + (이론공기량)
④ (과잉공기량) = (실제공기량) − (이론공기량)



ANSWER | 22 ④ 23 ③ 24 ③ 25 ① 26 ④ 27 ③ 28 ④

해설 과잉공기량=실제공기량−이론공기량

- 과잉공기계수(공기비) $= \frac{\text{실제공기량}}{\text{이론공기량}}$ (1보다 크다.)
- $m$(공기비) $= \frac{21}{21-(O_2)}$ (1보다 크다.)

**29 슈미트 보일러는 보일러 분류에서 어디에 속하는가?**

① 관류식
② 자연순환식
③ 강제순환식
④ 간접가열식

해설 간접가열식 보일러(2중증발보일러)
- 슈미트-하트만 보일러
- 레플러 보일러

**30 열팽창에 의한 배관의 이동을 구속 또는 제한하는 배관 지지구인 리스트레인트(Restraint)의 종류가 아닌 것은?**

① 가이드 ② 앵커
③ 스토퍼 ④ 행거

해설
- 행거, 서포트 : 배관의 상, 하부의 지지 기구
- 리스트레인트 : 앵커, 스톱, 가이드(배관의 이동 또는 구속을 제한)

**31 보일러의 옥내설치 시 보일러 동체 최상부로부터 천정, 배관 등 보일러 상부에 있는 구조물까지의 거리는 몇 m 이상이어야 하는가?**

① 0.5 ② 0.8
③ 1.0 ④ 1.2

해설

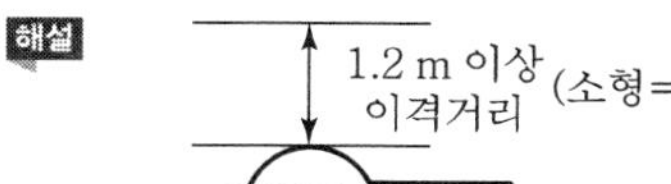


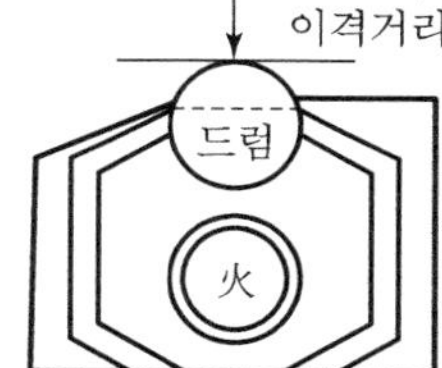


수관식 보일러

**32 보온재를 유기질 보온재와 무기질 보온재로 구분할 때 무기질 보온재에 해당하는 것은?**

① 펠트 ② 코르크
③ 글라스 폼 ④ 기포성 수지

해설 무기질
글라스 폼, 글라스 울, 석면, 규조토, 탄산마그네슘, 규산칼슘보온재 등

**33 온수난방 배관방법에서 귀환관의 종류 중 직접귀환 방식의 특징 설명으로 옳은 것은?**

① 각 방열기에 이르는 배관길이가 다르므로 마찰저항에 의한 온수의 순환율이 다르다.
② 배관 길이가 길어지고 마찰저항이 증가한다.
③ 건물 내 모든 실의 온도를 동일하게 할 수 있다.
④ 동일층 및 각층 방열기의 순환율이 동일하다.

해설 ①은 직접귀환방식이고, ③, ④항은 역귀환방식(리버스리턴방식) 온수난방 배관방법이다.

**34 보일러의 유류배관의 일반사항에 대한 설명으로 틀린 것은?**

① 유류배관은 최대 공급압력 및 사용온도에 견디어야 한다.
② 유류배관은 나사이음을 원칙으로 한다.
③ 유류배관에는 유류가 새는 것을 방지하기 위해 부식방지 등의 조치를 한다.
④ 유류배관은 모든 부분의 점검 및 보수할 수 있는 구조로 하는 것이 바람직하다.

해설 유류배관은 누설방지를 위하여 용접이음이 우수하다.

**35 온수난방 배관시공 시 배관 구배는 일반적으로 얼마 이상이어야 하는가?**

① 1/100 ② 1/150
③ 1/200 ④ 1/250

29 ④ 30 ④ 31 ④ 32 ③ 33 ① 34 ② 35 ④ | ANSWER

해설 • 증기난방 구배(기울기) : $\frac{1}{200}$

• 온수난방 구배 : $\frac{1}{250}$

**36 보일러의 증기압력 상승 시 운전관리에 관한 일반적인 주의사항으로 거리가 먼 것은?**

① 보일러에 불을 붙일 때는 어떠한 이유가 있어도 급격한 연소를 시켜서는 안 된다.
② 급격한 연소는 보일러 본체의 부동팽창을 일으켜 보일러와 벽돌 쌓은 접촉부에 틈을 증가시키고 벽돌 사이에 벌어짐이 생길 수 있다.
③ 특히 주철제 보일러는 급랭급열 시에 쉽게 갈라질 수 있다.
④ 찬물을 가열할 경우에는 일반적으로 최저 20분~30분 정도로 천천히 가열한다.

해설 증기압력 상승 시 찬물을 가열하지 말고 가능하면 60~70℃의 응축수로 급수를 보급한다.

**37 사용 중인 보일러의 점화 전에 점검해야 될 사항으로 가장 거리가 먼 것은?**

① 급수장치, 급수계통 점검
② 보일러 동내 물때 점검
③ 연소장치, 통풍장치의 점검
④ 수면계의 수위확인 및 조정

해설 보일러 동내 물때 점검은 보일러 세관 작업 전에 실시하면 편리하다.

**38 배관 이음 중 슬리브 형 신축이음에 관한 설명으로 틀린 것은?**

① 슬리브 파이프를 이음쇠 본체 측과 슬라이드시킴으로써 신축을 흡수하는 이음방식이다.
② 신축 흡수율이 크고 신축으로 인한 응력 발생이 적다.
③ 배관의 곡선부분이 있어도 그 비틀림을 슬리브에서 흡수하므로 파손의 우려가 적다.
④ 장기간 사용 시에는 패킹의 마모로 인한 누설이 우려된다.

해설 슬리브형 신축이음은 (단식, 복식) 직선배관에 설치하는 것이 이상적이다.

**39 보존법 중 장기보존법에 해당하지 않는 것은?**

① 가열건조법
② 석회밀폐건조법
③ 질소가스봉입법
④ 소다만수보존법

해설 가열건조법
보일러 최초 설치 시 화실을 건조시킬 때 사용하는 법

**40 보일러에서 포밍이 발생하는 경우로 거리가 먼 것은?**

① 증기의 부하가 너무 적을 때
② 보일러수가 너무 농축되었을 때
③ 수위가 너무 높을 때
④ 보일러수 중에 유지분이 다량 함유되었을 때

해설 포밍(보일러수의 거품발생)
유지분 등이 존재할 때 증기의 부하가 너무 클 때 발생한다.

**41 배관에서 바이패스관의 설치 목적으로 가장 적합한 것은?**

① 트랩이나 스트레이너 등의 고장 시 수리, 교환을 위해 설치한다.
② 고압증기를 저압증기로 바꾸기 위해 사용한다.
③ 온수 공급관에서 온수의 신속한 공급을 위해 설치한다.
④ 고온의 유체를 중간과정 없이 직접 저온의 배관부로 전달하기 위해 설치한다.

해설 바이패스관(우회배관)
증기트랩이나 스트레이너 등의 고장 시 수리, 교환을 위해 설치한다.

 ANSWER | 36 ④ 37 ② 38 ③ 39 ① 40 ① 41 ①

**42** 보일러 사고를 제작상의 원인과 취급상의 원인으로 구별할 때 취급상의 원인에 해당하지 않는 것은?

① 구조 불량 ② 압력 초과
③ 저수위 사고 ④ 가스 폭발

해설 제작, 구조, 설계, 시공불량
취급상이 아닌 제조자의 사고원인

**43** 글랜드 패킹의 종류에 해당하지 않는 것은?

① 편조 패킹
② 액상 합성수지 패킹
③ 플라스틱 패킹
④ 메탈 패킹

해설 액상 합성수지 패킹(태프론)
플랜지 패킹(사용용도는 −260℃~260℃로 기름에도 침해되지 않는다.)으로 사용한다.

**44** 다음 중 구상부식(Grooving)의 발생장소로 거리가 먼 것은?

① 경판의 급수구멍
② 노통의 플랜지 원형부
③ 접시형 경판의 구석 원통부
④ 보일러 수의 유속이 낮은 부분

해설 구상부식(그루빙)의 원인 발생장소는 ①, ②, ③의 장소에서 많이 발생한다.

**45** 링겔만 농도표는 무엇을 계측하는 데 사용되는가?

① 배출가스의 매연농도
② 중유 중의 유황농도
③ 미분탄의 밀도
④ 보일러 수의 고형물 농도

해설 링겔만 매연농도계(0도~5도까지 측정)는 배기가스 매연농도 측정
- 매연농도 1도당 : 매연이 20%
- 0도가 가장 우수하고 농도 5번이 매연 100%로 가장 나쁜 상태이다.

**46** 난방부하 설계 시 고려하여야 할 사항으로 거리가 먼 것은?

① 유리창 및 문 ② 천장 높이
③ 교통 여건 ④ 건물의 위치(방위)

해설 난방부하 설계 시 고려사항
①, ②, ④ 항을 고려하여 설계한다.

**47** 보일러를 비상 정지시키는 경우의 일반적인 조치사항으로 잘못된 것은?

① 압력은 자연히 떨어지게 기다린다.
② 연소공기의 공급을 멈춘다.
③ 주증기 스톱밸브를 열어 놓는다.
④ 연료 공급을 중단한다.

해설 보일러 비상정지 시에는 반드시 주증기 스톱밸브를 닫아 놓는다.

**48** 저온 배관용 탄소강관의 종류의 기호로 맞는 것은?

① SPPG ② SPLT
③ SPPH ④ SPPS

해설
- SPLT : 빙점 이하 저온도 배관용
- SPPH : 10MPa 이상 고압배관용
- SPPS : 압력배관용 탄소강 강관

**49** 배관의 신축이음 중 지웰이음이라고도 불리며, 주로 증기 및 온수 난방용 배관에 사용되나, 신축량이 너무 큰 배관에서는 나사 이음부가 헐거워져 누설의 염려가 있는 신축이음방식은?

① 루프식
② 벨로즈식
③ 볼 조인트식
④ 스위블식

해설 스위블식 신축이음
지웰이음이며 주로 저압의 증기 및 온수난방용 신축조인트(신축량이 너무 큰 배관에서는 사용 불가)

**50** **합성수지 또는 고무질 재료를 사용하여 다공질 제품으로 만든 것이며 열전도율이 극히 낮고 가벼우며 흡수성은 좋지 않으나 굽힘성이 풍부한 보온재는?**

① 펠트 ② 기포성수지
③ 하이울 ④ 프리웨브

해설 기포성수지(합성수지)
다공질 제품이며 열전도율이 극히 낮고 가볍다(흡수성은 좋지 않으나 굽힘성이 풍부하다).

**51** **다음 그림과 같은 동력 나사절삭기의 종류의 형식으로 맞는 것은?**

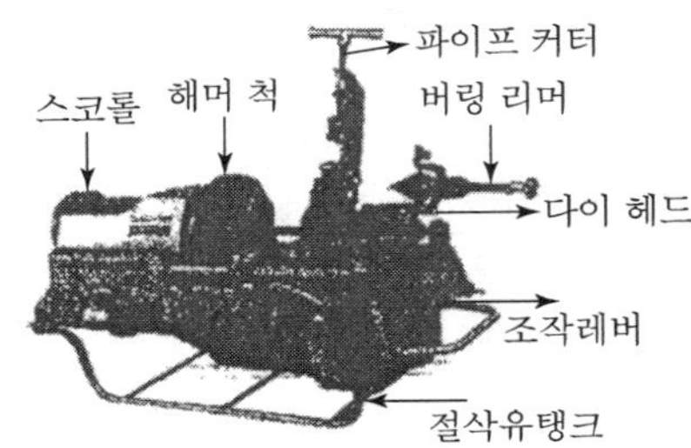


① 오스터형 ② 호브형
③ 다이헤드형 ④ 파이프형

해설 다이헤드형 동력용 나사절삭기 기능
- 나사절삭
- 거스러미 제거
- 관의 절단

**52** **보일러 운전자가 송기 시 취할 사항으로 맞는 것은?**

① 증기헤더, 과열기 등의 응축수는 배출되지 않도록 한다.
② 송기 후에는 응축수 밸브를 완전히 열어 둔다.
③ 기수공발이나 수격작용이 일어나지 않도록 한다.
④ 주증기관은 스톱밸브를 신속히 열어 열 손실이 없도록 한다.

해설 보일러 운전 중 최초 증기를 이송(송기)할 때는 기수공발(물+증기+물거품) 및 배관 내 응축수에 의해 수격작용(워터햄머)이 발생되지 않도록 한다. 또한, 송기 후 주증기밸브는 약간 조여준다.

**53** **서비스 탱크는 자연압에 의하여 유류연료가 잘 공급될 수 있도록 버너보다 몇 m 이상 높은 장소에 설치하여야 하는가?**

① 0.5m ② 1.0m
③ 1.2m ④ 1.5m

해설

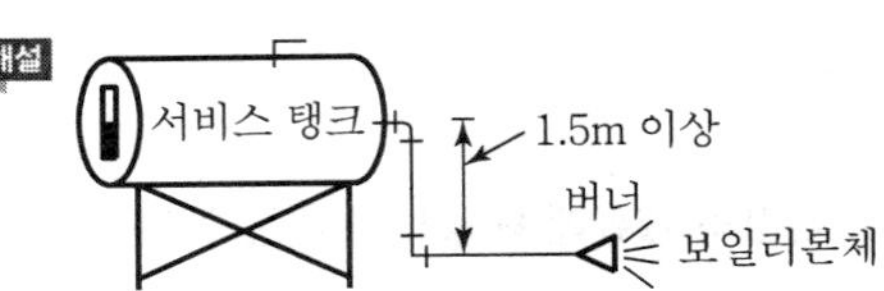


**54** **난방부하가 5,600kcal/h, 방열기 계수 7kcal/m²h℃, 송수온도 80℃, 환수온도 60℃, 실내온도 20℃일 때 방열기의 소요 방열면적은 몇 m²인가?**

① 8 ② 16
③ 24 ④ 32

해설 소요방열면적(난방부하/소요방열량) 계산

소요방열량=방열기계수×( $\frac{송수+환수}{2}$ −실내온도)

$$\therefore \text{소요 방열면적} = \frac{5,600}{7\times\left(\frac{80+60}{2}-20\right)} = 16\text{m}^2$$

**55** **에너지법에서 사용하는 "에너지"의 정의를 가장 올바르게 나타낸 것은?**

① "에너지"라 함은 석유 · 가스 · 등 열을 발생하는 열원을 말한다.
② "에너지"라 함은 제품의 원료로 사용되는 것을 말한다.
③ "에너지"라 함은 태양, 조파, 수력과 같이 일을 만들어낼 수 있는 힘이나 능력을 말한다.
④ "에너지"라 함은 연료 · 열 및 전기를 말한다.

해설 에너지법 제2조(정의)에서 제1항 에너지라 함은 연료, 열, 전기를 말한다.

 ANSWER | 50 ② 51 ③ 52 ③ 53 ④ 54 ② 55 ④

**56** **열사용기자재 관리규칙에서 용접검사가 면제될 수 있는 보일러의 대상 범위로 틀린 것은?**

① 강철제 보일러 중 전열면적이 $5m^2$ 이하이고, 최고 사용압력이 0.35MPa 이하인 것
② 주철제 보일러
③ 제2종 관류보일러
④ 온수 보일러 중 전열면적이 $18m^2$ 이하이고, 최고 사용압력이 0.35MPa 이하인 것

해설 열사용 기자재 중 제1종관류보일러
용접검사 면제

**57** **관리업체(대통령령으로 정하는 기준량 이상의 온실가스 배출업체 및 에너지소비업체)가 사업장별 명세서를 거짓으로 작성하여 정부에 보고하였을 경우 부과하는 과태료로 맞는 것은?**

① 300만 원의 과태료 부과
② 500만 원의 과태료 부과
③ 700만 원의 과태료 부과
④ 1천만 원의 과태료 부과

해설 에너지이용 합리화법 제10조1항에 의해 온실가스 등 사업장별 명세서를 거짓으로 정부에 보고하면 1천만 원 이하의 과태료를 부과한다.

**58** **에너지이용 합리화법상 검사대상기기 조종자를 반드시 선임해야 함에도 불구하고 선임하지 아니한 자에 대한 벌칙은?**

① 2천만 원 이하의 벌금
② 2년 이하의 징역 또는 2천만 원 이하의 벌금
③ 1년 이하의 징역 또는 5백만 원 이하의 벌금
④ 1천만 원 이하의 벌금

해설 에너지이용 합리화법 제 75조(벌칙)에 의해 검사대상기기 조종자를 선임하지 아니하면 1천만 원 이하 벌금

**59** **에너지사용계획의 검토기준, 검토방법, 그 밖에 필요한 사항을 정하는 영은?**

① 산업통상자원부령
② 국토교통부령
③ 대통령령
④ 고용노동부령

해설 에너지이용 합리화법 제11조에 의해 에너지사용계획의 검토기준, 검토방법, 그 밖에 필요한 사항은 산업통상자원부령으로 한다.

**60** **저탄소 녹색성장 기본법에서 국내 총소비에너지량에 대하여 신 · 재생에너지 등 국내 생산에너지량 및 우리나라가 국외에서 개발(자본 취득 포함)한 에너지량을 합한 양이 차지하는 비율을 무엇이라고 하는가?**

① 에너지 원단위
② 에너지 생산도
③ 에너지 비축도
④ 에너지 자립도

해설 저탄소 녹색성장 기본법 제2조(정의)
에너지 자립도 : 국내 총소비에너지량에 대하여 신, 재생 에너지 등 국내 생산에너지량 및 우리나라가 국외에서 개발한 에너지량을 합한 양이 차지하는 비율

# 2012년 4회 에너지관리기능사

**01 보일러에서 노통의 약한 단점을 보완하기 위해 설치하는 약 1m 정도의 노통이음을 무엇이라고 하는가?**

① 아담슨 조인트 ② 보일러 조인트
③ 브리징 조인트 ④ 라몽트 조인트

해설
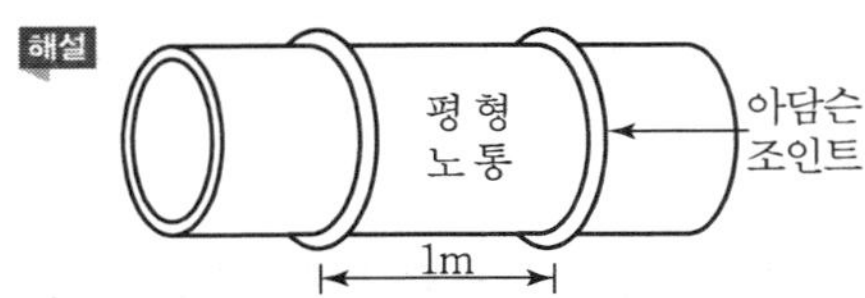


**02 연소방식을 기화연소방식과 무화연소방식으로 구분할 때 일반적으로 무화연소방식을 적용해야 하는 연료는?**

① 톨루엔 ② 중유
③ 등유 ④ 경유

해설
• 기화연소 : 등유, 경유 등(경질유)
• 무화연소 : 중유(중질유)

**03 보일러의 인터록제어 중 송풍기 작동 유무와 관련이 가장 큰 것은?**

① 저수위 인터록
② 불착화 인터록
③ 저연소 인터록
④ 프리퍼지 인터록

해설 프리퍼지 인터록
보일러 인터록제어 중 송풍기 작동이 멈추면 보일러 운전이 중지되는 안전제어 인터록

**04 보일러를 본체 구조에 따라 분류하면 원통형 보일러와 수관식 보일러로 크게 나눌 수 있다. 수관식 보일러에 속하지 않는 것은?**

① 노통 보일러 ② 다쿠마 보일러
③ 라몽트 보일러 ④ 슐처 보일러

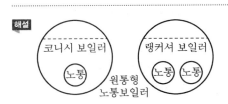

해설
코니시 보일러
노통
랭커셔 보일러
노통 노통
원통형
노통보일러

**05 수관보일러에 설치하는 기수분리기의 종류가 아닌 것은?**

① 스크레버형 ② 사이클론형
③ 배플형 ④ 벨로즈형

해설 기수분리기(증기 중 수분제거) : 건조증기 취출기
• 스크레버형(파형의 다수강판 사용)
• 사이클론형(원심분리기 사용)
• 배플형(방향변환 이용)
• 건조스크린형(금속망을 조합한 것)

**06 수관식 보일러의 일반적인 장점에 해당하지 않는 것은?**

① 수관의 관경이 적어 고압에 잘 견디며 전열면적이 커서 증기 발생이 빠르다.
② 용량에 비해 소요면적이 적으며 효율이 좋고 운반, 설치가 쉽다.
③ 급수의 순도가 나빠도 스케일이 잘 발생하지 않는다.
④ 과열기, 공기예열기 설치가 용이하다.

해설 수관식, 관류보일러는 보유수가 적고 수관에서 증발이 발생되므로 급수의 순도가 좋아야 스케일이 잘 발생되지 않는다(효율이 높다).

**07 다음 중 물의 임계압력은 어느 정도인가?**

① $100.43\text{kgf/cm}^2$
② $225.65\text{kgf/cm}^2$
③ $374.15\text{kgf/cm}^2$
④ $539.15\text{kgf/cm}^2$

해설 ㉠ 물의 임계점(증발잠열이 0kcal/kg, 물과 증기의 구별이 없다.)
㉡ 물의 임계점
- 온도(374.15℃)
- 압력(225.65kgf/cm$^2$)

**08 급수온도 21℃에서 압력 14kgf/cm$^2$, 온도 250℃의 증기를 1시간당 14,000kg을 발생하는 경우의 상당증발량은 약 몇 kg/h인가?(단, 발생증기의 엔탈피는 635kcal/kg이다.)**

① 15,948 ② 25,326
③ 3,235 ④ 48,159

해설 상당증발량$(Be) = \dfrac{G_s(h_2 - h_1)}{539}$

$= \dfrac{14,000 \times (635 - 21)}{539} = 15,948(\text{kg/h})$

**09 스프링식 안전밸브에서 저양정식인 경우는?**

① 밸브의 양정이 밸브시트 구경의 1/7 이상 1/5 미만인 것
② 밸브의 양정이 밸브시트 구경의 1/15 이상 1/7 미만인 것
③ 밸브의 양정이 밸브시트 구경의 1/40 이상 1/15 미만인 것
④ 밸브의 양정이 밸브시트 구경의 1/45 이상 1/40 미만인 것

해설 ③ 내용 : 저양정식
④ 내용 : 고양정식

**10 인젝터의 작동불량 원인과 관계가 먼 것은?**

① 부품이 마모되어 있는 경우
② 내부노즐에 이물질이 부착되어 있는 경우
③ 체크밸브가 고장난 경우
④ 증기압력이 높은 경우

해설 인젝터는 0.2MPa 초과~1MPa 이하에서는 작동이 원활하다.

**11 증기보일러에서 압력계 부착방법에 대한 설명으로 틀린 것은?**

① 압력계의 콕은 그 핸들을 수직인 증기관과 동일 방향에 놓은 경우에 열려 있어야 한다.
② 압력계에는 안지름 12.7mm 이상의 사이폰관 또는 동등한 작용을 하는 장치를 설치한다.
③ 압력계는 원칙적으로 보일러와 증기실에 눈금판의 눈금이 잘 보이는 위치에 부착한다.
④ 증기온도가 483K(210℃)를 넘을 때에는 황동관 또는 동관을 사용하여서는 안 된다.

해설

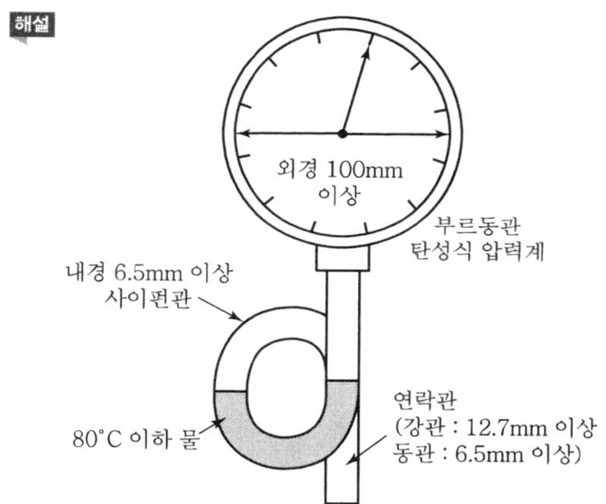


**12 보일러용 가스버너에서 외부혼합형 가스버너의 대표적 형태가 아닌 것은?**

① 분젠 형
② 스크롤 형
③ 센터파이어 형
④ 다분기관 형

해설

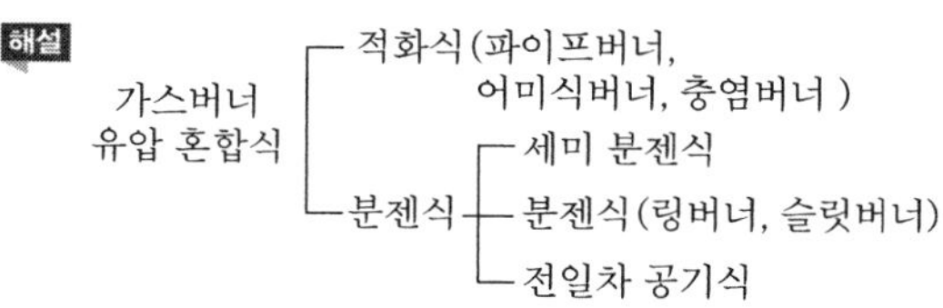


②, ③, ④ 버너 : 외부혼합형

## 13 보일러 분출장치의 분출시기로 적절하지 않은 것은?

① 보일러 가동 직전
② 프라이밍, 포밍현상이 일어날 때
③ 연속가동 시 열부하가 가장 높을 때
④ 관수가 농축되어 있을 때

**해설** 보일러 분출
연속가동 시는 부하가 가장 낮을 때 실시한다.

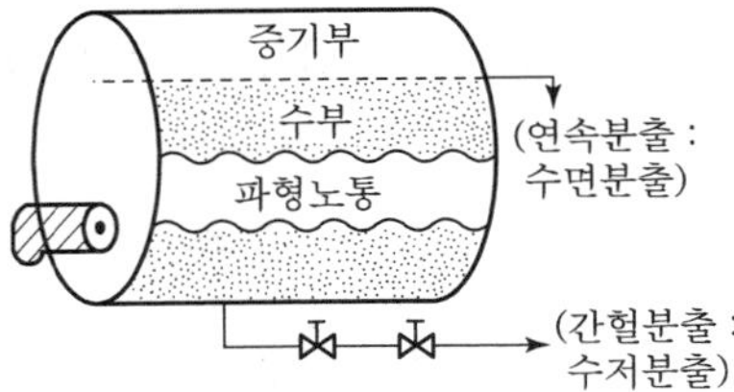


## 14 보일러 자동제어에서 신호전달방식이 아닌 것은?

① 공기압식
② 자석식
③ 유압식
④ 전기식

**해설** 자동제어 신호전달방식
- 공기압식
- 유압식
- 전기식

## 15 육상용 보일러의 열정산방식에서 환산 증발 배수에 대한 설명으로 맞는 것은?

① 증기의 보유 열량을 실제연소열로 나눈 값이다.
② 발생증기엔탈피와 급수엔탈피의 차를 539로 나눈 값이다.
③ 매시 환산 증발량을 매시 연료 소비량으로 나눈 값이다.
④ 매시 환산 증발량을 전열면적으로 나눈 값이다.

**해설** 환산증발배수(kg/kg) $= \dfrac{\text{매시 환산(상당) 증발량}}{\text{매시 연료 소비량}}$

## 16 보일러의 오일버너 선정 시 고려해야 할 사항으로 틀린 것은?

① 노의 구조에 적합할 것
② 부하변동에 따른 유량조절범위를 고려할 것
③ 버너용량이 보일러 용량보다 적을 것
④ 자동제어 시 버너의 형식과 관계를 고려할 것

**해설** 오일버너의 용량은 보일러 용량보다 커야 한다.
(단위 : L/h)

## 17 보일러 자동제어를 의미하는 용어 중 급수제어를 뜻하는 것은?

① A.B.C　② F.W.C
③ S.T.C　④ A.C.C

**해설** 보일러 자동제어(ABC)
- 자동급수제어 : FWC
- 자동연소제어 : ACC
- 자동증기온도제어 : STC

## 18 연소 시 공기비가 많은 경우 단점에 해당하는 것은?

① 배기가스양이 많아져서 배기가스에 의한 열손실이 증가한다.
② 불완전연소가 되기 쉽다.
③ 미연소에 의한 열손실이 증가한다.
④ 미연소 가스에 의한 역화의 위험성이 있다.

**해설** 공기비(과잉공기계수)가 크면 연소용 공기량의 공급이 많아서 배기가스양이 증가하고 배기가스 현열손실이 증가한다.

## 19 다음 연료 중 단위 중량당 발열량이 가장 큰 것은?

① 등유　② 경유
③ 중유　④ 석탄

**해설** 발열량
- 등유 : 9,500kcal/L
- 경유 : 9,050kcal/L
- 중유 : 9,000kcal/L
- 석탄 : 4,650kcal/L

**20** 육상용 보일러 열정산방식에서 증기의 건도는 몇 % 이상인 경우에 시험함을 원칙으로 하는가?

① 98% 이상
② 93% 이상
③ 88% 이상
④ 83% 이상

해설 열정산 증기건도
- 육용강제 보일러 : 98% 이상
- 주철제 보일러 : 97% 이상

**21** 연소에 있어서 환원염이란?

① 과잉 산소가 많이 포함되어 있는 화염
② 공기비가 커서 완전 연소된 상태의 화염
③ 과잉공기가 많아 연소가스가 많은 상태의 화염
④ 산소 부족으로 불완전 연소하여 미연분이 포함된 화염

해설 환원염

$C+\frac{1}{2}O_2 \rightarrow CO$(미연분 발생염)

**22** 보일러 급수제어방식의 3요소식에서 검출 대상이 아닌 것은?

① 수위 ② 증기유량
③ 급수유량 ④ 공기압

해설 급수제어(FWC)
- 단요소식 : 수위 측정
- 2요소식 : 수위, 증기량 검출
- 3요소식 : 수위, 증기량, 급수량 검출

**23** 물질의 온도는 변하지 않고 상(Phase)변화만 일으키는 데 사용되는 열량은?

① 잠열 ② 비열
③ 현열 ④ 반응열

해설
- 현열 : 상변화는 없고 온도만 변화할 때 필요한 감열
- 잠열 : 온도는 변화가 없고 상(相)의 변화 시 필요한 열(물의 증발열, 얼음의 융해열)

**24** 충전탑은 어떤 집진법에 해당되는가?

① 여과식 집진법
② 관성력식 집진법
③ 세정식 집진법
④ 중력식 집진법

해설 세정집진장치
- 저유수식
- 가압수식
- 회전식
- 벤투리 스크러버
- 충진탑(充塡塔) : 미립자 제거용으로 고도로 청정시킨다.

**25** 보일러에서 사용하는 급유펌프에 대한 일반적인 설명으로 틀린 것은?

① 급유펌프는 점성을 가진 기름을 이송하므로 기어펌프나 스크루펌프 등을 주로 사용한다.
② 급유탱크에서 버너까지 연료를 공급하는 펌프를 수송펌프(Supply Pump)라 한다.
③ 급유탱크의 용량은 서비스탱크를 1시간 내에 급유할 수 있는 것으로 한다.
④ 펌프 구동용 전동기는 작동유의 점도를 고려하여 30% 정도 여유를 주어 선정한다.

해설

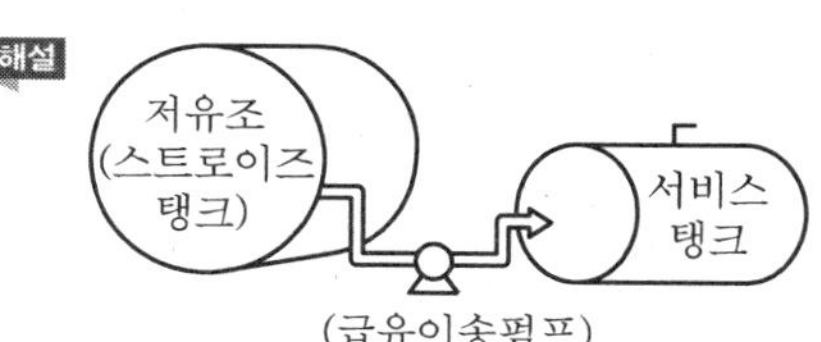


**26** 보일러 연소실 열부하의 단위로 맞는 것은?

① $kcal/m^3 \cdot h$
② $kcal/m^2$
③ kcal/h
④ kcal/kg

해설 연소실 열부하율 : $kcal/m^3h$

**27** **과열증기에서 과열도는 무엇인가?**

① 과열증기온도와 포화증기온도와의 차이다.
② 과열증기온도에 증발열을 합한 것이다.
③ 과열증기의 압력과 포화증기의 압력 차이다.
④ 과열증기온도에 증발열을 뺀 것이다.

해설 과열증기 과열도
과열증기온도 − 포화증기온도

**28** **수관식 보일러 중에서 기수드럼 2~3개와 수드럼 1~2개를 갖는 것으로 관의 양단을 구부려서 각 드럼에 수직으로 결합하는 구조로 되어 있는 보일러는?**

① 다쿠마 보일러
② 야로우 보일러
③ 스터링 보일러
④ 가르베 보일러

해설 스터링 보일러(급경사 보일러) 특징
- 수관을 동의 원통면에 직각으로 붙일 수 있으므로 동의 단면은 진원이 되고 또 제작상 곤란이 적다.
- 고압에 적응성이 크다.
- 수관이 곡관이므로 열신축에 대하여 탄력적이다.
- 최고사용압력 : 4.6MPa
- 증기발생량 : 75t/h

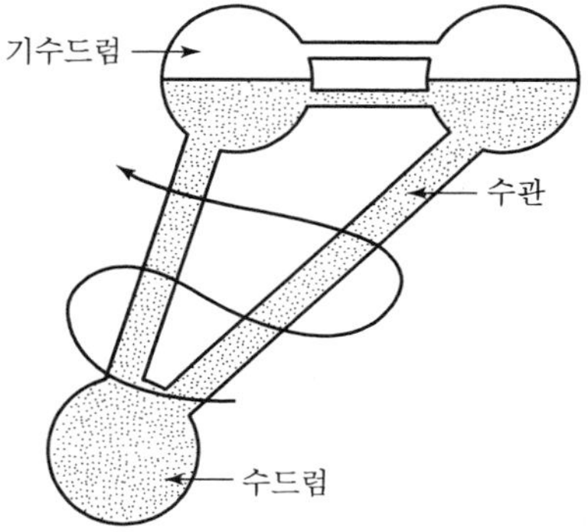

(스터링 수관식 보일러)

**29** **절탄기(Economizer) 및 공기 예열기에서 유황(S) 성분에 의해 주로 발생되는 부식은?**

① 고온부식 ② 저온부식
③ 산화부식 ④ 점식

해설 저온부식(진한 황산)
$S + O_2 \rightarrow SO_2$(아황산가스)
$SO_2 + \frac{1}{2}O_2 \rightarrow SO_3$(무수황산)
$SO_3 + H_2O \rightarrow H_2SO_4$(진한 황산)

**30** **증기난방 배관 시공에 관한 설명으로 틀린 것은?**

① 저압증기 난방에서 환수관을 보일러에 직접 연결할 경우 보일러 수의 역류현상을 방지하기 위해서 하트포드(Hartford) 접속법을 사용한다.
② 진공환수방식에서 방열기의 설치위치가 보일러보다 위쪽에 설치된 경우 리프트 피팅 이음방식을 적용하는 것이 좋다.
③ 증기가 식어서 발생하는 응축수를 증기와 분리하기 위하여 증기트랩을 설치한다.
④ 방열기에는 주로 열동식 트랩이 사용되고, 응축수량이 많이 발생하는 증기관에는 버킷트랩 등 다량트랩을 장치한다.

해설

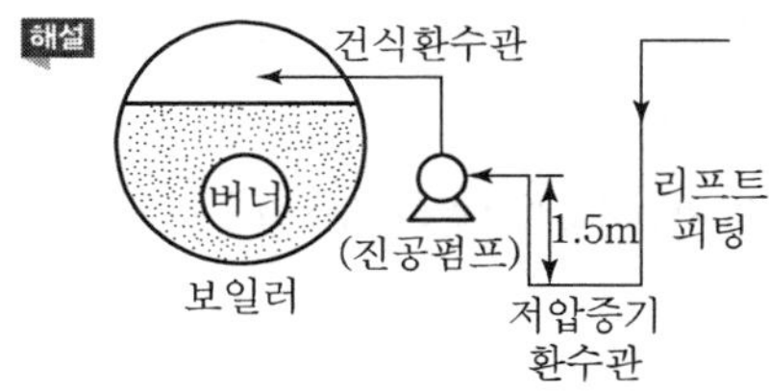


**31** **보일러 송기 시 주증기 밸브 작동요령 설명으로 잘못된 것은?**

① 만개 후 조금 되돌려 놓는다.
② 빨리 열고 만개 후 3분 이상 유지한다.
③ 주증기관 내에 소량의 증기를 공급하여 예열한다.
④ 송기하기 전 주증기 밸브 등의 드레인을 제거한다.

해설 보일러 증기 발생 시 최초로 송기 시에는 5분 정도 여유 있게 주증기 밸브를 천천히 열어서 관 내 수격작용(워터해머)을 방지한다. 만개 후 조금 되돌려 놓는다.

 ANSWER | 27 ① 28 ③ 29 ② 30 ② 31 ②

**32** 다른 보온재에 비하여 단열효과가 낮으며 500℃ 이하의 파이프, 탱크, 노벽 등에 사용하는 것은?

① 규조토 ② 암면
③ 글라스울 ④ 펠트

해설 보온재 안전사용 최고온도
- 규조토 : 500℃(석면 사용 시)까지
- 암면 : 400℃ 이하
- 글라스울 : 300℃ 이하
- 펠트 : 100℃ 이하

**33** 신설 보일러의 설치 제작 시 부착된 페인트, 유지, 녹 등을 제거하기 위해 소다보링(Soda Boiling)할 때 주입하는 약액 조성에 포함되지 않는 것은?

① 탄산나트륨
② 수산화나트륨
③ 불화수소산
④ 제3인산나트륨

해설 염산의 산 세관 시 경질스케일의 용해촉진제 : 불화수소산(HF)을 소량 첨가

**34** 회전이음, 지불이음이라고도 하며, 주로 증기 및 온수난방용 배관에 설치하는 신축이음방식은?

① 벨로스형 ② 스위블형
③ 슬리브형 ④ 루프형

해설 스위블형 신축조인트(지블이음)는 주로 저압의 증기난방 또는 온수난방의 방열기 입상관에서 많이 사용한다.

**35** 증기난방을 고압증기난방과 저압증기난방으로 구분할 때 저압증기난방의 특징에 해당하지 않는 것은?

① 증기의 압력은 약 0.15~0.35kgf/$cm^2$이다.
② 증기 누설의 염려가 적다.
③ 장거리 증기수송이 가능하다.
④ 방열기의 온도는 낮은 편이다.

해설 고압증기난방(0.1MPa 이상)은 장거리 증기수송이 가능하다.

**36** 다음 중 무기질 보온재에 속하는 것은?

① 펠트(Felt) ② 규조토
③ 코르크(Cork) ④ 기포성 수지

해설 규조토(무기질 보온재)
- 규조토 건조분말+석면 또는 삼여물 혼합 후 물반죽 시공
- 연전도율이 크다.
- 시공 후 건조시간이 길다.
- 접착성이 좋다.
- 철사망 등 보강재가 필요하다.

**37** 글라스 울 보온통의 안전사용(최고)온도는?

① 100℃ ② 200℃
③ 300℃ ④ 400℃

해설 Glass Wool
① 열전도율(0.036~0.054kcal/mh℃)
② 안전사용온도 300℃(방수처리된 것은 600℃)

**38** 관 속에 흐르는 유체의 화학적 성질에 따라 배관재료 선택 시 고려해야 할 사항으로 가장 관계가 먼 것은?

① 수송 유체에 따른 관의 내식성
② 수송 유체와 관의 화학반응으로 유체의 변질 여부
③ 지중 매설 배관할 때 토질과의 화학 변화
④ 지리적 조건에 따른 수송 문제

해설 배관재료 선택 시 유체 화학적 성질과 지리적 조건에 따른 수송문제는 고려대상이 아니다.

**39** 온수난방은 고온수 난방과 저온수 난방으로 분류한다. 저온수 난방의 일반적인 온수온도는 몇 ℃ 정도인가?

① 40~50℃ ② 60~90℃
③ 100~120℃ ④ 130~150℃

해설 온수난방
- 고온수(100℃ 이상)
- 저온수(60~90℃ 이상)

**40** **동관의 이음방법 중 압축이음에 대한 설명으로 틀린 것은?**

① 한쪽 동관의 끝을 나팔 모양으로 넓히고 압축이음쇠를 이용하여 체결하는 이음방법이다.
② 진동 등으로 인한 풀림을 방지하기 위하여 더블너트(Double Nut)로 체결한다.
③ 점검, 보수 등이 필요한 장소에 쉽게 분해, 조립하기 위하여 사용한다.
④ 압축이음을 플랜지 이음이라고도 한다.

해설 동관 압축이음(플레어링 툴셋 사용)
- 20mm 이하 동관 접합
- 해체가 가능하다.
- 관의 절단 시 동관커터, 쇠톱 사용

**41** **강철제 증기보일러의 최고사용압력이 $4kgf/cm^2$이면 수압 시험압력은 몇 $kgf/cm^2$로 하는가?**

① $2.0kgf/cm^2$
② $5.2kgf/cm^2$
③ $6.0kgf/cm^2$
④ $8.0kgf/cm^2$

해설 $4.3kg/cm^2$ 이하 보일러 수압시험
최고사용압력 × 2배 = 4 × 2 = $8kg/cm^2$(0.8MPa)

**42** **신설 보일러의 사용 전 점검사항으로 틀린 것은?**

① 노벽은 가동 시 열을 받아 과열 건조되므로 습기가 약간 남아 있도록 한다.
② 연도의 배플, 그을음 제거기 상태, 댐퍼의 개폐상태를 점검한다.
③ 기수분리기와 기타 부속품의 부착상태와 공구나 볼트, 너트, 헝겊 조각 등이 남아있는가를 확인한다.
④ 압력계, 수위제어기, 급수장치 등 본체와의 접속부 풀림, 누설, 콕의 개폐 등을 확인한다.

해설 신설 보일러 설치 시 노벽은 습기가 발생되지 않도록 건조시킨 후 사용하여야 한다.

**43** **보일러의 용량을 나타내는 것으로 부적합한 것은?**

① 상당증발량
② 보일러의 마력
③ 전열면적
④ 연료사용량

해설 보일러 용량 : ①, ②, ③ 외
- 상당방열면적
- 정격출력 등 5가지로 구분

**44** **진공환수식 증기난방에 대한 설명으로 틀린 것은?**

① 환수관의 직경을 작게 할 수 있다.
② 방열기의 설치장소에 제한을 받지 않는다.
③ 중력식이나 기계식보다 증기의 순환이 느리다.
④ 방열기의 방열량 조절을 광범위하게 할 수 있다.

해설 진공환수식(진공도 100~250mmHg)은 대규모 설비난방에서 증기의 순환 및 응결수 회수가 매우 빠른 난방이다.

**45** **열사용기자재 검사기준에 따라 안전밸브 및 압력방출장치의 규격기준에 관한 설명으로 옳지 않은 것은?**

① 소용량 강철제보일러에서 안전밸브의 크기는 호칭지름 20A로 할 수 있다.
② 전열면적 $50m^2$ 이하의 증기보일러에서 안전밸브의 크기는 호칭지름 20A로 할 수 있다.
③ 최대증발량 5t/h 이하의 관류보일러에서 안전밸브의 크기는 호칭지름 20A로 할 수 있다.
④ 최고사용압력 0.1MPa 이하의 보일러에서 안전밸브의 크기는 호칭지름 20A로 할 수 있다.

해설 ①, ③, ④ 보일러 외 증기보일러는 일반적으로 안전밸브의 크기는 25A 이상을 부착하여야 한다.

**46** **다음 중 복사난방의 일반적인 특징이 아닌 것은?**

① 외기온도의 급변화에 따른 온도조절이 곤란하다.
② 배관길이가 짧아도 되므로 설비비가 적게 든다.
③ 방열기가 없으므로 바닥면의 이용도가 높다.
④ 공기의 대류가 적으므로 바닥면의 먼지가 상승하지 않는다.


ANSWER | 40 ④ 41 ④ 42 ① 43 ④ 44 ③ 45 ② 46 ②

해설 복사난방(패널난방)은 배관길이가 길어서 설비비가 많이 든다(벽패널, 천장패널, 벽패널 사용).

**47 빔에 턴버클을 연결하여 파이프를 아래 부분을 받쳐 달아올린 것이며 수직방향에 변위가 없는 곳에 사용하는 것은?**

① 리지드 서포트 ② 리지드 행거
③ 스토퍼 ④ 스프링 서포트

해설 ㉠ 행거 : 하중을 위에서 걸어 당겨 지지한다.
㉡ 종류 : • 리지드 행거(빔에 턴버클 사용)
• 스프링 행거
• 콘스탄트 행거

**48 배관의 높이를 표시할 때 포장된 지표면을 기준으로 하여 배관장치의 높이를 표시하는 경우 기입하는 기호는?**

① BOP ② TOP
③ GL ④ FL

해설 치수기입법

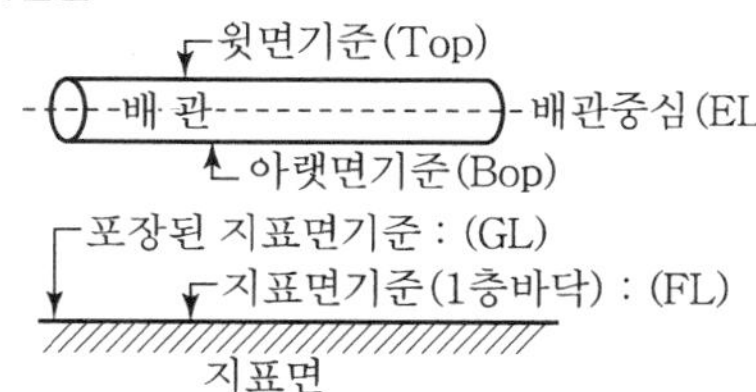


**49 기름연소 보일러의 수동점화 시 5초 이내에 점화되지 않으면 어떻게 해야 하는가?**

① 연료밸브를 더 많이 열어 연료공급을 증가시킨다.
② 연료 분무용 증기 및 공기를 더 많이 분사시킨다.
③ 점화봉은 그대로 두고 프리퍼지를 행한다.
④ 불착화 원인을 완전히 제거한 후에 처음 단계부터 재점화 조작한다.

해설 기름연소 점화시 5초 이내에 점화되지 않으면 가스폭발 우려가 있어 불착화 원인을 완전히 제거한 후에 프리퍼지(환기)하고 처음 단계부터 재점화 조작한다.

**50 보일러 수처리에서 순환계통의 처리에 관한 설명으로 틀린 것은?**

① 탁수를 침전지에 넣어서 침강분리시키는 방법은 침전법이다.
② 증류법은 경제적이며 양호한 급수를 얻을 수 있어 많이 사용한다.
③ 여과법은 침전속도가 느린 경우 주로 사용하며 여과기 내로 급수를 통과시켜 여과한다.
④ 침전이나 여과로 분리가 잘 되지 않는 미세한 입자들에 대해서는 응집법을 사용하는 것이 좋다.

해설 보일러 수처리에서 증류법은 비용이 많이 들어서 임시상태의 급수처리만 필요하고 장기간 사용 시는 부적당하다.

**51 보일러의 정격출력이 7,500kcal/h, 보일러 효율이 85%, 연료의 저위발열량이 9,500kcal/kg인 경우, 시간당 연료소모량은 약 얼마인가?**

① 1.49kg/h ② 0.93kg/h
③ 1.38kg/h ④ 0.67kg/h

해설 $\eta_1 = 85\%(0.85)$

$$85 = \frac{Q_0}{F \times H_1} \times 100$$

$$\therefore \ F = \frac{7,500}{0.85 \times 9,500} = 0.93\text{kg/h}$$

**52 철금속가열로 설치검사기준에서 다음 괄호 안에 들어갈 항목으로 옳은 것은?**

> 송풍기의 용량은 정격부하에서 필요한 이론공기량의 ( )를 공급할 수 있는 용량 이하이어야 한다.

① 80% ② 100%
③ 120% ④ 140%

해설 철금속가연로(0.58MW 초과)의 설치검사

공기비 기준 ─┬ 액체연료 1.4 이하(140%)
└ 기체연료 1.3 이하(130%)

47 ② 48 ③ 49 ④ 50 ② 51 ② 52 ④ | ANSWER

**53 보일러 과열의 요인 중 하나인 저수위의 발생 원인으로 거리가 먼 것은?**

① 분출밸브의 이상으로 보일러수가 누설
② 급수장치가 증발능력에 비해 과소한 경우
③ 증기 토출량이 과소한 경우
④ 수면계의 막힘이나 고장

해설 증기 토출량이 과대 증가하면 저수위발생 원인이 된다.

**54 중유예열기(Oil Preneater) 사용 시 가열 온도가 낮을 경우 발생하는 현상이 아닌 것은?**

① 무화상태 불량
② 그을음, 분진 발생
③ 기름의 분해
④ 불길의 치우침 발생

해설 중유예열기(오일－프리히터) 사용 시 가열온도가 너무 높으면 기름의 분해가 발생된다.

**55 에너지이용 합리화법에 따라 고효율 에너지 인증 대상 기자재에 포함되지 않는 것은?**

① 펌프
② 전력용 변압기
③ LED 조명기기
④ 산업건물용 보일러

해설 에너지이용 합리화법 시행규칙 제20조(고효율에너지 인증대상 기자재)
- 펌프
- 산업건물용 보일러
- 무정전 전원장치
- 폐열회수형 환기장치
- 발광다이오드(LED) 등 조명기기
- 기타 산업통상자원부 장관이 인정하여 고시하는 기자재 및 설비

**56 열사용기자재관리규칙상 검사대상기기의 검사 종류 중 유효기간이 없는 것은?**

① 구조검사 ② 계속사용검사
③ 설치검사 ④ 설치장소변경검사

해설 유효기간이 없는 검사
- 구조검사
- 용접검사

**57 에너지법에서 정의한 에너지가 아닌 것은?**

① 연료 ② 열
③ 풍력 ④ 전기

해설 에너지 : 연료, 열, 전기

**58 신에너지 및 재생에너지 개발 · 이용 · 보급 촉진법에서 규정하는 신 · 재생에너지 설비 중 "지열에너지 설비"의 설명으로 옳은 것은?**

① 바람의 에너지를 변환시켜 전기를 생산하는 설비
② 물의 유동에너지를 변환시켜 전기를 생산하는 설비
③ 폐기물을 변환시켜 연료 및 에너지를 생산하는 설비
④ 물, 지하수 및 지하의 열 등의 온도차를 변환시켜 에너지를 생산하는 설비

해설 신에너지 및 재생에너지 개발, 이용, 보급촉진법 시행규칙 제2조(신, 재생에너지 설비)
- 지열에너지 설비 : 물, 지하수 및 지하의 열 등의 온도차를 변환시켜 에너지를 생산하는 설비
- 신에너지 : 연료전지, 석탄액화가스화 및 중질잔사유가스화, 수소에너지
- 재생에너지 : 태양광, 태양열, 바이오, 풍력, 수력, 해양, 폐기물

**59 에너지이용 합리화법에 따라 에너지 다소비업자가 산업통상자원부령으로 정하는 바에 따라 매년 1월 31일까지 시 · 도지사에게 신고해야 하는 사항과 관련이 없는 것은?**

① 전년도의 에너지사용량 · 제품생산량
② 전년도의 에너지이용 합리화 실적 및 해당 연도의 계획
③ 에너지사용기자재의 현황
④ 향후 5년간의 에너지사용예정량 · 제품생산예정량

 ANSWER | 53 ③ 54 ③ 55 ② 56 ① 57 ③ 58 ④ 59 ④

해설 법제31조 에너지다소비사업자 신고
①, ②, ③항 외 에너지담당자(에너지관리자) 현황

**60 저탄소 녹생성장 기본법에 따라 온실가스 감축목표의 설정 · 관리 및 필요한 조치에 관하여 총괄 · 조정 기능은 누가 수행하는가?**

① 국토교통부 장관
② 산업통상자원부 장관
③ 농림부 장관
④ 환경부 장관

해설 저탄소 녹색성장 기본법에 따라 온실가스 감축목표의 설정, 관리 및 필요에 관한 조치에 관하여 총괄, 조정 기능은 환경부 장관이 수행한다.

# 2012년 5회 에너지관리기능사

**01** **다음 부품 중 전후에 바이패스를 설치해서는 안 되는 부품은?**

① 급수관 ② 연료차단밸브
③ 감압밸브 ④ 유류배관의 유량계

해설 연료차단밸브(전자밸브)는 전기에 의해 개 · 폐 역할로서 연료의 공급, 인터록 발생 시 연료차단의 작용을 하기 때문에 바이패스(우회배관)의 설치는 불필요하다.

**02** **다음 중 자동연료차단장치가 작동하는 경우로 거리가 먼 것은?**

① 버너가 연소상태가 아닌 경우(인터록이 작동한 상태)
② 증기압력이 설정압력보다 높은 경우
③ 송풍기 팬이 가동할 때
④ 관류보일러에 급수가 부족한 경우

해설 송풍기 팬이 가동하는 경우 보일러에 운전 중이므로 자동연료차단장치는 보일러 긴급 이상상태에서 인터록이 걸린 경우에 차단된다. 송풍기 팬이 가동하는 경우 정상운전상태이므로 차단장치가 작동되어서는 아니 된다.

**03** **피드백 제어를 가장 옳게 설명한 것은?**

① 일정하게 정해진 순서에 의해 행하는 제어
② 모든 조건이 충족되지 않으면 정지되어 버리는 제어
③ 출력 측의 신호를 입력 측으로 되돌려 정정 동작을 행하는 제어
④ 사람의 손에 의해 조작되는 제어

해설 피드백 제어(밀폐회로)는 출력 측의 신호를 입력 측으로 되돌려 정정동작을 행하는 제어이다.

**04** **보일러의 분류 중 원통형 보일러에 속하지 않는 것은?**

① 다쿠마 보일러 ② 랭카셔 보일러
③ 캐와니 보일러 ④ 코니시 보일러

해설 다쿠마 수관식 보일러
수관의 경사도 45°

**05** **섭씨온도(℃), 화씨온도(℉), 캘빈온도(K), 랭킨온도(°R)와의 관계식으로 옳은 것은?**

① ℃ $=1.8\times$(℉ $-32$)
② ℉ $=\dfrac{(℃+32)}{1.8}$
③ $K=\dfrac{5}{9}\times °R$
④ $°R=K\times\dfrac{5}{9}$

해설
- $K=\dfrac{5}{9}\times °R$
- $°R=\dfrac{9}{5}\times K$
- ℃ $=\dfrac{5}{9}\times$(℉ $-32$)
- ℉ $=\dfrac{9}{5}\times$ ℃ $+32$

**06** **메탄($CH_4$) $1N/m^3$ 연소에 소요되는 이론공기량이 $9.52Nm^3$이고, 실제공기량이 $11.43N/m^3$일 때 공기비($m$)는 얼마인가?**

① 1.5 ② 1.4
③ 1.3 ④ 1.2

해설 실제공기량(A) = 이론공기량 × 공기비
$공기비=\dfrac{실제공기량}{이론공기량}=\dfrac{11.43}{9.52}=1.2$

**07** **다음 중 과열기에 관한 설명으로 틀린 것은?**

① 연소방식에 따라 직접연소식과 간접연소식으로 구분된다.
② 전열방식에 따라 복사형, 대류형, 양자병용형으로 구분된다.

 ANSWER | 01 ② 02 ③ 03 ③ 04 ① 05 ③ 06 ④ 07 ④

③ 복사형 과열기는 관열관을 연소실 내 또는 노벽에 설치하여 복사열을 이용하는 방식이다.
④ 과열기는 일반적으로 직접연소식이 널리 사용된다.

해설 과열기(과열증기 생산)는 일반적으로 간접연소식이 널리 사용된다.

**08 주철제 보일러인 섹셔널 보일러의 일반적인 조합방법이 아닌 것은?**

① 전후조합 ② 좌우조합
③ 맞세움조합 ④ 상하조합

해설 주철제 보일러 조합방법
- 전후조합
- 맞세움조합
- 좌우조합

**09 보일러 통풍에 대한 설명으로 틀린 것은?**

① 자연 통풍은 일반적으로 별도의 동력을 사용하지 않고 연돌로 인한 통풍을 말한다.
② 압입 통풍은 연소용 공기를 송풍기로 노 입구에서 대기압보다 높은 압력으로 밀어넣고 굴뚝의 통풍작용과 같이 통풍을 유지하는 방식이다.
③ 평형통풍은 통풍조절은 용이하나 통풍력이 약하여 주로 소용량 보일러에서 사용한다.
④ 흡입통풍은 크게 연소가스를 직접 통풍기에 빨아들이는 직접 흡입식과 통풍기로 대기를 빨아들이게 하고 이를 이젝터로 보내어 그 작용에 의해 연소가스를 빨아들이는 간접흡입식이 있다.

해설
- 평형통풍(압입통풍+흡입통풍)은 통풍력이 강하여 주로 초대용량 보일러에 사용된다.
- ②, ③, ④ 통풍 : 강제통풍

**10 어떤 액체 1,200kg을 30℃에서 100℃까지 온도를 상승시키는 데 필요한 열량은 몇 kcal인가?(단, 이 액체의 비열은 3kcal/kg · ℃이다.)**

① 35,000 ② 84,000
③ 126,000 ④ 252,000

해설 현열 = 질량 × 비열 × (온도차)
= 1,200 × 3 × (100 − 30)
= 252,000kcal

**11 온수온도 제한기의 구성요소에 속하지 않는 것은?**

① 온도 설정 다이얼
② 마이크로 스위치
③ 온도차 설정 다이얼
④ 확대용 링게이지

해설 전기식 온수온도 제한기 구성요소
- 온도 설정 다이얼
- 마이크로 스위치
- 온도차 설정 다이얼

**12 KS에서 규정하는 육상용 보일러의 열정산 조건과 관련된 설명으로 틀린 것은?**

① 보일러의 정상 조업상태에서 적어도 2시간 이상의 운전 결과에 따른다.
② 발열량은 원칙적으로 사용 시 연료의 저발열량(진발열량)으로 하며, 고발열량(총발열량)으로 사용하는 경우에는 기준 발열량을 분명하게 명기해야 한다.
③ 최대 출열량을 시험할 경우에는 반드시 정격부하에서 시험을 한다.
④ 열정산과 관련한 시험 시 시험 보일러는 다른 보일러와의 무관한 상태로 하여 실시한다.

해설 열정산에서 연료의 발열량은 원칙적으로 고위발열량으로 한다.

**13 고압과 저압 배관 사이에 부착하여 고압 측의 압력변화 및 증기 소비량 변화에 관계없이 저압 측의 압력을 일정하게 유지시켜 주는 밸브는?**

① 감압밸브
② 온도조절밸브
③ 안전밸브
④ 플랩밸브

08 ④ 09 ③ 10 ④ 11 ④ 12 ② 13 ① | ANSWER

해설 감압밸브
- 고압과 저압배관 사이에 부착하여 증기 소비량 변화에 관계없이 저압측 압력(부하측 압력)을 일정하게 유지시켜주는 밸브
- 종류 : 직동식, 다이어프램식

**14 보일러에서 C중유를 사용할 경우 중유예열장치로 예열할 때 적정 예열 범위는?**

① 40~45℃
② 80~105℃
③ 130~160℃
④ 200~250℃

해설
- A, B 중유 : 예열이 필요없다.
- C 중유 : 보일러용이며 무화와 송유를 원활하게 하기 위하여 80~105℃로 예열시킨다(예열기 : 증기식, 온수식, 전기식).

**15 보일러 급수처리의 목적으로 거리가 먼 것은?**

① 스케일의 생성 방지
② 점식 등의 내면 부식 방지
③ 캐리오버의 발생 방지
④ 황분 등에 의한 저온부식 방지

해설
- 황분에 의한 저온부식 방지 : 보일러 외처리(외부부식의 저온부식 방지)
- 저온부식 발생 근거

$S$(황)$+O_2 \rightarrow SO_2$(아황산가스)

$SO_2+\frac{1}{2}O_2 \rightarrow SO_3$(무수황산)

$SO_3+H_2O \rightarrow H_2SO_4$(진한황산 : 저온부식)

**16 다음 중 KS에서 규정하는 온수 보일러의 용량 단위는?**

① $Nm^3/h$ ② $kcal/m^2$
③ kg/h ④ kJ/h

해설 ㉠ 온수 보일러 용량단위 : kcal/h, kJ/h
㉡ 온수 보일러 60만kcal/h : 증기보일러 1톤량/h

**17 세정식 집진장치 중 하나인 회전식 집진장치의 특징에 관한 설명으로 틀린 것은?**

① 가동부분이 적고 구조가 간단하다.
② 세정용수가 적게 들며, 급수배관을 따로 설치할 필요가 없으므로 설치공간이 적게 든다.
③ 집진물을 회수할 때 탈수, 여과, 건조 등을 수행할 수 있는 별도의 장치가 필요하다.
④ 비교적 큰 압력손실을 견딜 수 있다.

해설 세정식 중 회전식은 설치공간이 커야 하며 급수배관이 별도로 설치되어야 하며 세정용수가 일반적으로 많이 드는 집진장치이다.

**18 유류 보일러 시스템에서 중유를 사용할 때 흡입 측의 여과망 눈 크기로 적합한 것은?**

① 1~10mesh ② 20~60mesh
③ 100~150mesh ④ 300~5,000mesh

해설 중유의 여과망의 크기
약 20~60mesh 정도

**19 표준대기압 상태에서 0℃ 물 1kg이 100℃ 증기로 만드는 데 필요한 열량은 몇 kcal인가?(단, 물의 비열은 1kcal/kg · ℃이고, 증발잠열은 539kcal/kg이다.)**

① 100 ② 500
③ 539 ④ 639

해설 표준대기압(atm)상태에서 건조증기 엔탈피
=포화수 엔탈피+물의 증발잠열
=100kcal/kg+539kcal/kg
=639kcal/kg

**20 수관식 보일러의 일반적인 특징이 아닌 것은?**

① 구조상 저압으로 운용되어야 하며 소용량으로 제작해야 한다.
② 전열면적을 크게 할 수 있으므로 열효율이 높은 편이다.
③ 급수 처리에 주의가 필요하다.

④ 연소실을 마음대로 크게 만들 수 있으므로 연소상태가 좋으며 또한 여러 종류의 연료 및 연소방식이 적용된다.

해설
- 수관식 보일러 : 고압 대용량 보일러
- 원통형 보일러 : 저압 소용량 보일러

**21 기체연료의 연소방식 중 버너의 연료노즐에서는 연료만을 분출하고 그 주위에서 공기를 별도로 연소실로 분출하여 연료가스와 공기가 혼합하면서 연소하는 방식으로 산업용 보일러의 대부분이 사용하는 방식은?**

① 예증발 연소방식
② 심지 연소방식
③ 예혼합 연소방식
④ 확산 연소방식

해설
- 기체연료의 연소방식 : 확산 연소방식, 예혼합 연소방식
- 확산 연소방식 : 버너 노즐에서 연료를 분출시키고 그 주위에서 공기를 별도로 연소실로 분출하여 연료 가스와 공기가 혼합하여 연소한다.

**22 원통형 보일러의 일반적인 특징 설명으로 틀린 것은?**

① 보일러 내 보유 수량이 많아 부하변동에 의한 압력변화가 적다.
② 고압 보일러나 대용량 보일러에는 부적당하다.
③ 구조가 간단하고 정비, 취급이 용이하다.
④ 전열면적이 커서 증기 발생시간이 짧다.

해설 원통형 보일러
전열면적이 적고 보유수가 많아서 증기발생에 시간이 다소 걸리고 소용량 저압 보일러이며 파열 시 피해가 크다(열수가 많기 때문).

**23 저수위 등에 따른 이상온도의 상승으로 보일러가 과열되었을 때 작동하는 안전장치는?**

① 가용 마개 ② 인젝터
③ 수위계 ④ 증기 헤더

해설 가용마개(납+주석의 합금)
저수위 사고 등에 의해 보일러에서 이상온도 상승으로 보일러가 과열되면 용해되어 노 내 연소가 중지되는 보일러 안전장치

**24 보일러 자동제어에서 3요소식 수위제어의 3가지 검출요소와 무관한 것은?**

① 노 내 압력 ② 수위
③ 증기유량 ④ 급수유량

해설 수위제어
- 단요소식 : 수위제어
- 2요소식 : 수위, 증기량제어
- 3요소식 : 수위, 증기량, 급수량 제어

**25 매시간 1,000kg의 LPG를 연소시켜 15,000kg/h의 증기를 발생하는 보일러의 효율(%)은 약 얼마인가?(단, LPG의 총발열량은 12,980kcal/kg, 발생증기엔탈피는 750kcal/kg, 급수엔탈피는 18kcal/kg이다.)**

① 79.8 ② 84.6
③ 88.4 ④ 94.2

해설

$$\frac{\text{시간당증기발생량} \times (\text{발생증기엔탈피} - \text{급수엔탈피})}{\text{시간당 연료소비량} \times \text{연료의 발열량}} \times 100(\%)$$

$$= \frac{15{,}000 \times (750-18)}{1{,}000 \times 12{,}980} \times 100 = 84.6(\%)$$

**26 환산 증발 배수에 관한 설명으로 가장 적합한 것은?**

① 연료 1kg이 발생시킨 증발능력을 말한다.
② 보일러에서 발생한 순수 열량을 표준 상태의 증발 잠열로 나눈 값이다.
③ 보일러의 전열면적 $1m^2$당 1시간 동안의 실제 증발량이다.
④ 보일러 전열면적 $1m^2$당 1시간 동안의 보일러 열출력이다.

해설 환산증발배수(kg/kg)
연료 1kg이 발생시킨 증기 환산증발 능력이다.

21 ④ 22 ④ 23 ① 24 ① 25 ② 26 ① | ANSWER

**27 보일러용 연료 중에서 고체연료의 일반적인 주성분은?(단, 중량 %를 기준으로 한 주성분을 구한다.)**

① 탄소 ② 산소
③ 수소 ④ 질소

해설 • 고체연료의 주성분 : 탄소 > 수소 > 산소
• 고체연료의 가연성 성분 : 탄소 > 수소 > 황

**28 보일러 부속장치에 대한 설명 중 잘못된 것은?**

① 인젝터 : 증기를 이용한 급수장치
② 기수분리기 : 증기 중에 혼입된 수분을 분리하는 장치
③ 스팀 트랩 : 응축수를 자동으로 배출하는 장치
④ 수트 블로어 : 보일러 동 저면의 스케일, 침전물을 밖으로 배출하는 장치

해설 수트 블로어
전열면의 그을음 제거장치(압축공기나 보일러스팀 사용)

**29 연소의 3대 조건이 아닌 것은?**

① 이산화탄소 공급원
② 가연성 물질
③ 산소 공급원
④ 점화원

해설 연소의 3대 조건
• 가연성 물질(연료)
• 산소 공급원
• 점화원
※이산화탄소($CO_2$) : 연소 방해 물질

**30 보일러 수리 시의 안전사항으로 틀린 것은?**

① 부식부위의 해머작업 시에는 보호안경을 착용한다.
② 파이프 나사절삭 시 나사 부는 맨손으로 만지지 않는다.
③ 토치램프 작업 시 소화기를 비치해 둔다.
④ 파이프렌치는 무거우므로 망치 대용으로 사용해도 된다.

해설 파이프렌치는 망치 대용으로 사용하여서는 아니 된다(파이프렌치는 관의 결합 또는 관과 부속의 해체작업 시 사용하는 공구).

**31 보일러에서 팽창탱크의 설치 목적에 대한 설명으로 틀린 것은?**

① 체적팽창, 이상팽창에 의한 압력을 흡수한다.
② 장치 내의 온도와 압력을 일정하게 유지한다.
③ 보충수를 공급하여 준다.
④ 관수를 배출하여 열손실을 방지한다.

해설 • 분출장치(수저, 수면) : 관수를 배출하여 슬러지 제거
• 폐열회수장치(과열기, 절탄기, 공기예열기) : 열손실 방지

**32 관이음쇠로 사용되는 홈 조인트(Groove Joint)의 장점에 관한 설명으로 틀린 것은?**

① 일반 용접식, 플랜지식, 나사식 관이음 방식에 비해 빨리 조립이 가능하다.
② 배관 끝단 부분의 간격을 유지하여 온도변화 및 진동에 의한 신축, 유동성이 뛰어나다.
③ 홈 조인트의 사용 시 용접 효율성이 뛰어나서 배관 수명이 길어진다.
④ 플랜지식 관이음에 비해 볼트를 사용하는 수량이 적다.

해설 • Groove : 그루브(용접에서 접합하는 2개의 모재에 일정한 각도로 깎아놓은 홈)
• 홈 조인트의 관이음쇠 장점은 ①, ②, ④이다.

**33 보일러설치기술규격(KBI)에 따라 열매체유 팽창탱크의 공간부에는 열매체의 노화를 방지하기 위해 $N_2$ 가스를 봉입하는데 이 가스의 압력이 너무 높게 되지 않도록 설정하는 팽창탱크의 최소체적($V_T$)을 구하는 식으로 옳은 것은?(단, $V_E$는 승온 시 시스템 내의 열매체유 팽창량(L)이고, $V_M$은 상온 시 탱크 내 열매체유 보유량(L)이다.)**

 ANSWER | 27 ① 28 ④ 29 ① 30 ④ 31 ④ 32 ③ 33 ②

① $V_T = V_E + 2V_M$
② $V_T = 2V_E + V_M$
③ $V_T = 2V_E + 2V_M$
④ $V_T = 3V_E + V_M$

**해설** 열매체유 팽창탱크 주입용 질소($N_2$) 가스의 최소체적계산
$V_T = 2V_E + V_M$

**34** 열사용기자재 검사기준에 따라 전열면적 $12m^2$인 보일러의 급수밸브의 크기는 호칭 몇 A 이상이어야 하는가?

① 15 ② 20
③ 25 ④ 32

**해설** 보일러용 급수 밸브 크기
- 전열면적 $10m^2$ 이하 : 15A 이상
- 전열면적 $10m^2$ 초과 : 20A 이상

**35** 배관의 나사이음과 비교하여 용접이음의 장점이 아닌 것은?

① 누수의 염려가 적다.
② 관 두께에 불균일한 부분이 생기지 않는다.
③ 이음부의 강도가 크다.
④ 열에 의한 잔류응력 발생이 거의 일어나지 않는다.

**해설** 용접이음
열에 의한 잔류응력이 발생하여 반드시 노에서 후열처리가 필요하다.

**36** [보기]와 같은 부하에 대해서 보일러의 "정격출력"을 올바르게 표시한 것은?

| [보기] | |
|---|---|
| $H_1$ : 난방부하 | $H_2$ : 급탕부하 |
| $H_3$ : 배관부하 | $H_4$ : 시동부하 |

① $H_1 + H_2$ ② $H_1 + H_2 + H_3$
③ $H_1 + H_2 + H_4$ ④ $H_1 + H_2 + H_3 + H_4$

**해설**
- 보일러 정격출력$(H) = H_1 + H_2 + H_3 + H_4$
- 보일러상용출력$(H') = H_1 + H_2 + H_3$

**37** 어떤 건물의 소요 난방부하가 54,600kcal/h이다. 주철제 방열기로 증기난방을 한다면 약 몇 쪽(Section)의 방열기를 설치해야 하는가?(단, 표준방열량으로 계산하며, 주철제 방열기의 쪽당 방열면적은 $0.24m^2$이다.)

① 330쪽 ② 350쪽
③ 380쪽 ④ 400쪽

**해설** 증기방열기 쪽수계산$= \dfrac{\text{난방부하}}{650 \times \text{쪽당 방열면적}}$
$= \dfrac{54,600}{650, \times 0.24} = 350$

**38** 열사용기자재 검사기준에 따라 온수발생 보일러에 안전밸브를 설치해야 되는 경우는 온수온도 몇 ℃ 이상인 경우인가?

① 60℃ ② 80℃
③ 100℃ ④ 120℃

**해설** 온수 보일러
- 120℃ 이하(방출밸브 설치)
- 120℃ 초과(안전밸브 설치)

**39** 다음 보온재 중 유기질 보온재에 속하는 것은?

① 규조토 ② 탄산마그네슘
③ 유리섬유 ④ 코르크

**해설** 무기질 보온재
규조토, 탄산마그네슘, 유리섬유, 암면, 석면 등

**40** 보일러에서 발생하는 부식을 크게 습식과 건식으로 구분할 때 다음 중 건식에 속하는 것은?

① 점식 ② 황화부식
③ 알칼리부식 ④ 수소취화

해설 ㉠ 습식 : 점식, 알칼리 부식, 수소취화
㉡ 건식 : 황화부식, 바나지움 부식

**41** **보일러 작업 종료 시의 주요 점검사항으로 틀린 것은?**

① 전기의 스위치가 내려져 있는지 점검한다.
② 난방용 보일러에 대해서는 드레인의 회수를 확인하고 진공펌프를 가동시켜 놓는다.
③ 작업종료 시 증기압력이 어느 정도인지 점검한다.
④ 증기밸브로부터 누설이 없는지 점검한다.

해설 • 보일러 작업 종료 시 주요 점검사항 : ①, ③, ④항
• 진공펌프는 증기 보일러에서는 진공환수방식에 설치하여 대규모 설비에 사용된다(진공도 100~250mmHg).

**42** **보일러의 점화조작 시 주의사항에 대한 설명으로 잘못된 것은?**

① 연료가스의 유출속도가 너무 빠르면 역화가 일어나고, 너무 늦으면 실화가 발생하기 쉽다.
② 연료의 예열온도가 낮으면 무화불량, 화염의 편류, 그을음, 분진이 발생하기 쉽다.
③ 유압이 낮으면 점화 및 분사가 불량하고 유압이 높으면 그을음이 축적되기 쉽다.
④ 프리퍼지 시간이 너무 길면 연소실의 냉각을 초래하고, 너무 짧으면 역화를 일으키기 쉽다.

해설 연료가스의 유출속도가 너무 빠르면 선화가 발생하고 연소속도가 너무 느리면 역화가 발생한다.
※ 선화(블로우오프), 역화(백파이어), 실화(소화)

**43** **지역난방의 일반적인 장점으로 거리가 먼 것은?**

① 각 건물마다 보일러 시설이 필요 없고, 연료비와 인건비를 줄일 수 있다.
② 시설이 대규모이므로 관리가 용이하고 열효율 면에서 유리하다.
③ 지역난방설비에서 배관의 길이가 짧아 배관에 의한 열손실이 적다.
④ 고압증기나 고온수를 사용하여 관의 지름을 작게 할 수 있다.

해설 지역난방설비는 배관의 길이가 길어서 배관의 열손실이 약 10% 발생한다.

**44** **보일러 급수 중의 현탁질 고형물을 제거하기 위한 외처리 방법이 아닌 것은?**

① 여과법 ② 탈기법
③ 침강법 ④ 응집법

해설 탈기법, 기폭법 : 가스 처리법

**45** **상용보일러의 점화 전 연소계통의 점검에 관한 설명으로 틀린 것은?**

① 중유예열기를 가동하되 예열기가 증기가열식인 경우에는 드레인을 배출시키지 않은 상태에서 가열한다.
② 연료배관, 스트레이너, 연료펌프 및 수동차단밸브의 개폐상태를 확인한다.
③ 연소가스 통로가 긴 경우와 구부러진 부분이 많을 경우에는 완전한 환기가 필요하다.
④ 연소실 및 연도 내의 잔류가스를 배출하기 위하여 연도의 각 댐퍼를 전부 열어 놓고 통풍기로 환기시킨다.

해설 증기가열식은 항상 사용하기 전 드레인(배수)을 실시하고 중유를 예열하여야 수격작용 및 열손실이 방지된다.

**46** **가동 중인 보일러를 정지시킬 때 일반적으로 가장 먼저 조치해야 할 사항은?**

① 증기 밸브를 닫고, 드레인 밸브를 연다.
② 연료의 공급을 정지한다.
③ 공기의 공급을 정지한다.
④ 댐퍼를 닫는다.

해설 가동 중인 보일러 운전 중지 시 가장 먼저 연료공급 및 공기의 공급을 우선 정지시킨다.

 ANSWER | 41 ② 42 ① 43 ③ 44 ② 45 ① 46 ②

**47** **동관 이음의 종류에 해당하지 않는 것은?**

① 납땜 이음　　② 기볼트 이음
③ 플레어 이음　　④ 플랜지 이음

**해설** 기볼트 접합
석면시멘트관(에터니트관 접합)의 접합이며 Gibault 접합은 2개의 플랜지와 고무링, 1개의 슬리브로 되어 있다.

**48** **다음 중 보온재의 일반적인 구비 요건으로 틀린 것은?**

① 비중이 크고 기계적 강도가 클 것
② 장시간 사용에도 사용온도에 변질되지 않을 것
③ 시공이 용이하고 확실하게 할 수 있을 것
④ 열전도율이 적을 것

**해설** 보온재는 다공질층이므로 비중이 적고 기계적 강도는 커야 한다. 그 특징이나 구비 요건은 ②, ③, ④항이다.

**49** **관의 결합방식 표시방법 중 유니언식의 그림기호로 맞는 것은?**

① 　　② 

③ 　　④

**해설**
• 나사이음
• 용접이음
• 플랜지이음
• 유니언이음

**50** **수면측정장치 취급상의 주의사항에 대한 설명으로 틀린 것은?**

① 수주 연결관은 수축 연결관의 도중에 오물이 끼기 쉬우므로 하향경사하도록 배관한다.
② 조명은 충분하게 하고 유리는 항상 청결하게 유지한다.
③ 수면계의 콕크는 누설되기 쉬우므로 6개월 주기로 분해 정비하여 조작하기 쉬운 상태로 유지한다.
④ 수주관 하부의 분출관은 매일 1회 분출하여 수축 연결관의 찌꺼기를 배출한다.

**해설** • 수면측정장치(수주관, 수면계) 취급상 주의사항은 ②, ③, ④이다.
• 수주 연결관은 수측 연결관의 도중에 오물이 끼기 쉬우므로 하향경사하는 배관은 피하는 것이 좋다.

**51** **다음 보온재 중 안전사용(최고) 온도가 가장 낮은 것은?**

① 탄산마그네슘 물반죽 보온재
② 규산칼슘 보온판
③ 경질 폼라버 보온통
④ 글라스울 블랭킷

**해설** 보온재 안전사용온도
• 탄산마그네슘 : 250℃ 이하
• 규산칼슘 : 650℃
• 글라스울 : 300℃ 이하
• 경질 폼라버 : 80℃ 이하

**52** **증기 보일러에서 수면계의 점검시기로 적절하지 않은 것은?**

① 2개의 수면계 수위가 다를 때 행한다.
② 프라이밍, 포밍 등이 발생할 때 행한다.
③ 수면계 유리관을 교체하였을 때 행한다.
④ 보일러의 점화 후에 행한다.

**해설** 수면계는 보일러 점화 전에 점검하고 증기발생 후에 자주 점검한다.

**53** **파이프 축에 대해서 직각방향으로 개폐되는 밸브로 유체의 흐름에 따른 마찰저항 손실이 적으며 난방 배관 등에 주로 이용되나 절반만 개폐하면 디스크 뒷면에 와류가 발생되어 유량 조절용으로는 부적합한 밸브는?**

① 버터플라이 밸브　　② 슬루스 밸브
③ 글로브 밸브　　④ 콕

**해설** 슬루스 게이트 밸브
유량조절용으로 부적당하고 마찰저항 손실이 적다. 또한 디스크 뒷면에 와류가 발생된다.

47 ② 48 ① 49 ④ 50 ① 51 ③ 52 ④ 53 ② | ANSWER 

**54** **보일러 내처리로 사용되는 약제 중 가성취화 방지, 탈산소, 슬러지 조정 등의 작용을 하는 것은?**

① 수산화나트륨
② 암모니아
③ 탄닌
④ 고급지방산폴리알코올

해설 탄닌
가성취화방지, 탈산소제, 슬러지 조정제

**55** **신에너지 재생에너지 개발 · 이용 · 보급 촉진법에 따라 신 · 재생에너지의 기술개발 및 이용보급을 촉진하기 위한 기본계획은 누가 수립하는가?**

① 교육부장관
② 환경부장관
③ 국토교통부장관
④ 산업통상자원부장관

해설 신 · 재생에너지 기본계획 수립권자 : 산업통상자원부장관

**56** **에너지이용 합리화법에 따라 국내외 에너지 사정의 변동으로 에너지 수급에 중대한 차질이 발생하거나 발생할 우려가 있다고 인정되면 에너지 수급의 안정을 기하기 위하여 필요한 범위 내에 조치를 취할 수 있는데, 다음 중 그러한 조치에 해당하지 않는 것은?**

① 에너지의 비축과 저장
② 에너지공급설비의 가동 및 조업
③ 에너지의 배급
④ 에너지 판매시설의 확충

해설 에너지 수급에 중대한 차질이 발생할 때 에너지 판매시설을 조정하여야 한다.

**57** **에너지이용 합리화법에 따라 효율관리기자재 중 하나인 가정용 가스보일러의 제조업자 또는 수입업자는 소비효율 또는 소비효율등급을 라벨에 표시하여 나타내야 하는데, 이때 표시해야 하는 항목에 해당하지 않는 것은?**

① 난방출력
② 표시난방열효율
③ 1시간 사용 시 $CO_2$ 배출량
④ 소비효율등급

해설 가스보일러 에너지 소비효율등급 표시사항
• 난방출력
• 열효율
• 소비효율등급

**58** **에너지이용 합리화법에 따라 연료 · 및 전력의 연간 사용량의 합계가 몇 티오이 이상인 자를 "에너지다소비사업자"라 하는가?**

① 5백 ② 1천
③ 1천 5백 ④ 2천

해설 에너지 다소비 사업자
연간 석유환산 2천 티오이 이상 사용하는 자

**59** **에너지이용 합리화법에 따라 보일러의 개조검사의 경우 검사 유효기간으로 옳은 것은?**

① 6개월 ② 1년
③ 2년 ④ 5년

해설 보일러 검사 기간
• 개조검사의 유효기간 : 1년
• 안전검사 유효기간 : 1년
• 성능검사 유효기간 : 1년
• 설치검사 유효기간 : 1년
• 재사용 검사 : 1년

**60** **에너지법에서 정의하는 "에너지 사용자"의 의미로 가장 옳은 것은?**

① 에너지 보급 계획을 세우는 자
② 에너지를 생산, 수입하는 사업자
③ 에너지 사용시설의 소유자 또는 관리자
④ 에너지를 저장, 판매하는 자

해설 에너지 사용자
에너지 사용시설의 소유자 또는 관리자


ANSWER | 54 ③ 55 ④ 56 ④ 57 ③ 58 ④ 59 ② 60 ③

# 2013년 1회 에너지관리기능사

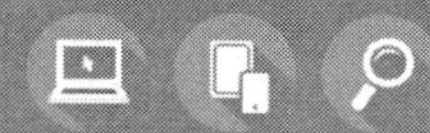

**01 다음 중 연소 시에 매연 등의 공해물질이 가장 적게 발생되는 연료는?**

① 액화천연가스 ② 석탄
③ 중유 ④ 경유

해설 공해물질의 양
고체연료 > 액체연료 > 기체연료
① 액화천연가스(LNG : 메탄가스) : 기체
② 경유, 중유 : 액체
③ 석탄 : 고체

**02 외분식 보일러의 특징에 대한 설명으로 거리가 먼 것은?**

① 연소실 개조가 용이하다.
② 노 내 온도가 높다.
③ 연료의 선택 범위가 넓다.
④ 복사열의 흡수가 많다.

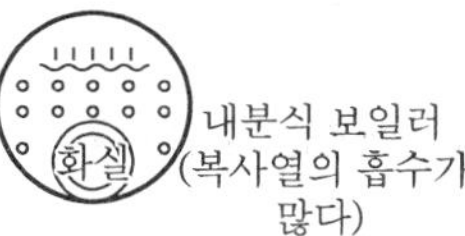


**03 다음 중 비열에 대한 설명으로 옳은 것은?**

① 비열은 물질의 종류에 관계없이 1.4로 동일하다.
② 질량이 동일할 때 열용량이 크면 비열이 크다.
③ 공기의 비열이 물보다 크다.
④ 기체의 비열비는 항상 1보다 작다.

해설
- 비열의 단위 : kcal/kg℃
- 열용량 단위 : kcal/℃(질량×비열)
- 공기비열 : 0.24kcal/kg℃
  물의 비열 : 1kcal/kg℃
- 기체의 비열비(정압비열/정적비열) : 항상 1보다 크다.

**04 보일러 자동연소제어(A.C.C)의 조작량에 해당하지 않는 것은?**

① 연소 가스량 ② 공기량
③ 연료량 ④ 급수량

해설 F.W.C(자동급수제어) : 급수량 조절

**05 다음 중 목푯값이 변화되어 목푯값을 측정하면서 제어목표량을 목표량에 맞도록 하는 제어에 속하지 않는 것은?**

① 추종 제어 ② 비율 제어
③ 정치 제어 ④ 캐스케이드 제어

해설
- 정치 제어 : 목푯값의 변화가 없고 항상 일정하다.
- 추치 제어 : 추종 제어, 비율 제어, 프로그램 제어

**06 1 보일러 마력을 열량으로 환산하면 몇 kcal/h인가?**

① 8,435kcal/h ② 9,435kcal/h
③ 7,435kcal/h ④ 10,173kcal/h

해설
- 보일러 1마력 : 보일러 상당증발량 15.65kg/h 발생능력
- 포화수 물의 증발잠열 : 539kcal/kg

$\therefore Q = 15.65 \times 539 = 8{,}435\text{kcal/h}$

**07 시간당 100kg의 중유를 사용하는 보일러에서 총 손실열량이 200,000kca/h일 때 보일러의 효율은 약 얼마인가?(단, 중유의 발열량은 10,000kcal/kg이다.)**

① 75% ② 80%
③ 85% ④ 90%

해설 보일러효율 $= \dfrac{\text{유효열}}{\text{공급열}} \times 100$

$$= \frac{(100 \times 10{,}000) - 200{,}000}{100 \times 10{,}000} \times 100$$

$$= 80\%$$

## 08 프라이밍의 발생 원인으로 거리가 먼 것은?

① 보일러 수위가 높을 때
② 보일러수가 농축되어 있을 때
③ 송기 시 증기밸브를 급개할 때
④ 증발능력에 비하여 보일러수의 표면적이 클 때

**해설** 보일러 증발능력에 비하여 보일러수의 표면적이 적을 때 프라이밍(비수 : 수적이 생산)이 발생하여 습증기가 유발된다.

## 09 열사용기자재의 검사 및 검사의 면제에 관한 기준에 따라 온수발생보일러(액상식 열매체 보일러 포함)에서 사용하는 방출밸브와 방출관의 설치기준에 관한 설명으로 옳은 것은?

① 인화성 액체를 방출하는 열매체 보일러의 경우 방출밸브 또는 방출관은 밀폐식 구조로 하든가 보일러 밖의 안전한 장소에 방출시킬 수 있는 구조이어야 한다.
② 온수발생보일러에는 압력이 보일러의 최고사용압력에 달하면 즉시 작동하는 방출밸브 또는 안전밸브를 2개 이상 갖추어야 한다.
③ 393K의 온도를 초과하는 온수발생보일러에는 안전밸브를 설치하여야 하며, 그 크기는 호칭지름 10mm 이상이어야 한다.
④ 액상식 열매체 보일러 및 온도 393K 이하의 온수발생 보일러에는 방출밸브를 설치하여야 하며, 그 지름은 10mm 이상으로 하고, 보일러의 압력이 보일러의 최고 사용압력에 그 5%(그 값이 0.035MPa 미만인 경우에는 0.035MPa로 한다.)를 더한 값을 초과하지 않도록 지름과 개수를 정하여야 한다.

**해설** 인화성 액상식 열매체 보일러 방출밸브, 방출관의 구비조건은 ①항의 조건을 충족시켜야 한다.

## 10 보일러 급수펌프 중 비용적식 펌프로서 원심펌프인 것은?

① 워싱턴 펌프 ② 웨어 펌프
③ 플런저 펌프 ④ 볼류트 펌프

**해설** 비용적식(원심식 펌프)
• 볼류트 펌프
• 터빈 펌프

## 11 다음 중 수관식 보일러에 해당되는 것은?

① 스코치 보일러
② 바브콕 보일러
③ 코크란 보일러
④ 케와니 보일러

**해설** • 스코치 보일러 : 노통연관식 보일러
• 코크란 보일러 : 입형 보일러
• 케와니 보일러 : 연관 보일러

## 12 노통 보일러에서 갤러웨이 관(Galloway Tube)을 설치하는 목적으로 가장 옳은 것은?

① 스케일 부착을 방지하기 위하여
② 노통의 보강과 양호한 물 순환을 위하여
③ 노통의 진동을 방지하기 위하여
④ 연료의 완전연소를 위하여

**해설** 갤러웨이관(횡관)의 설치목적
• 노통의 보강
• 물의 순환촉진
• 화실벽의 보강
• 전열면적 증가

## 13 오일 여과기의 기능으로 거리가 먼 것은?

① 펌프를 보호한다.
② 유량계를 보호한다.
③ 연료노즐 및 연료조절 밸브를 보호한다.
④ 분무효과를 높여 연소를 양호하게 하고 연소생성물을 활성화시킨다.

**해설** 분무컵
분무효과를 높여 연소를 양호하게 하고 연소생성물을 활성화시킨다.



ANSWER | 08 ④ 09 ① 10 ④ 11 ② 12 ② 13 ④

**14 통풍 방식에 있어서 소요 동력이 비교적 많으나 통풍력 조절이 용이하고 노 내압을 정압 및 부압으로 임의 조절이 가능한 방식은?**

① 흡인통풍 ② 압입통풍
③ 평형통풍 ④ 자연통풍

해설 평형통풍(압입+흡인통풍)
소요동력이 비교적 많으나 통풍력 조절이 용이하고 노 내압을 정압 및 부압으로 임의 조절이 가능한 인공통풍방식

**15 보일러 부속장치에 관한 설명으로 틀린 것은?**

① 배기가스의 여열을 이용하여 급수를 예열하는 장치를 절탄기라 한다.
② 배기가스의 열로 연소용 공기를 예열하는 것을 공기 예열기라 한다.
③ 고압증기 터빈에서 팽창되어 압력이 저하된 증기를 재과열하는 것을 과열기라 한다.
④ 오일 프리히터는 기름을 예열하여 점도를 낮추고, 연소를 원활히 하는 데 목적이 있다.

해설 재열기
고압증기 터빈에서 팽창되어 압력이 저하된 증기를 재과열한다.

**16 석탄의 함유 성분에 대해서 그 성분이 많을수록 연소에 미치는 영향에 대한 설명으로 틀린 것은?**

① 수분 : 착화성이 저하된다.
② 회분 : 연소효율이 증가한다.
③ 휘발분 : 검은 매연이 발생하기 쉽다.
④ 고정탄소 : 발열량이 증가한다.

해설 회분(재) : 연소효율이 감소한다.

**17 보일러에서 사용하는 안전밸브 구조의 일반사항에 대한 설명으로 틀린 것은?**

① 설정압력이 3MPa를 초과하는 증기 또는 온도가 508K를 초과하는 유체에 사용하는 안전밸브에는 스프링이 분출하는 유체에 직접 노출되지 않도록 하여야 한다.
② 안전밸브는 그 일부가 파손하여도 충분한 분출량을 얻을 수 있는 것이어야 한다.
③ 안전밸브는 쉽게 조정이 가능하도록 잘 보이는 곳에 설치하고 봉인하지 않도록 한다.
④ 안전밸브의 부착부는 배기에 의한 반동력에 대하여 충분한 강도가 있어야 한다.

해설 안전밸브는 조정이 끝나면 검사자가 반드시 봉인을 한다.

**18 건 배기가스 중의 이산화탄소분 최댓값이 15.7%이다. 공기비를 1.2로 할 경우 건 배기가스 중의 이산화탄소분은 몇 %인가?**

① 11.21% ② 12.07%
③ 13.08% ④ 17.58%

해설 $x = \frac{15.7}{1.2} = 13.08\%$

**19 보일러와 관련한 기초 열역학에서 사용하는 용어에 대한 설명으로 틀린 것은?**

① 절대압력 : 완전 진공상태를 0으로 기준하여 측정한 압력
② 비체적 : 단위 체적당 질량으로 단위는 $kg/m^3$임
③ 현열 : 물질 상태의 변화 없이 온도가 변화하는 데 필요한 열량
④ 잠열 : 온도의 변화 없이 물질 상태가 변화하는 데 필요한 열량

해설
- 비체적 : 단위 질량당 체적, $m^3/kg$
- 밀도 : 단위 체적당 질량, $kg/m^3$
- 비중량 : $kg/m^3$

**20 다음 중 수트 블로어의 종류가 아닌 것은?**

① 장발형
② 건타입형
③ 정치회전형
④ 콤버스터형

해설 콤버스터(보염장치)
노 내 점화 시 불꽃을 보호하고 확실한 착화를 도모하기 위해 통풍 시 풍량을 골고루 분산시킨다.

**21 다음 자동제어에 대한 설명에서 온－오프(On－Off) 제어에 해당되는 것은?**

① 제어량이 목푯값을 기준으로 열거나 닫는 2개의 조작량을 가진다.
② 비교부의 출력이 조작량에 비례하여 변화한다.
③ 출력편차량의 시간 적분에 비례한 속도로 조작량을 변화시킨다.
④ 어떤 출력편차의 시간 변화에 비례하여 조작량을 변화시킨다.

해설 온－오프(불연속동작)
제어량이 목푯값을 기준으로 열거나 닫는 2개의 조작량(2위치동작)

**22 다음 중 증기의 건도를 향상시키는 방법으로 틀린 것은?**

① 증기의 압력을 더욱 높여서 초고압 상태로 만든다.
② 기수분리기를 사용한다.
③ 증기주관에서 효율적인 드레인 처리를 한다.
④ 증기 공간 내의 공기를 제거한다.

해설 증기의 압력을 증가시키면 엔탈피 증가, 포화온도 상승, 비체적 감소, 배관지름의 축소가 용이하다.

**23 KS에서 규정하는 보일러의 열정산은 원칙적으로 정격부하 이상에서 정상상태(Steady State)로 적어도 몇 시간 이상의 운전결과에 따라야 하는가?**

① 1시간　　② 2시간
③ 3시간　　④ 5시간

해설 열정산 운전결과
2시간 이상의 운전결과 열을 정산(입열, 출열)한다.

**24 다음 도시가스의 종류를 크게 천연가스와 석유계 가스, 석탄계 가스로 구분할 때 석유계 가스에 속하지 않는 것은?**

① 코르크 가스　　② LPG 변성가스
③ 나프타 분해가스　　④ 정제소 가스

해설
- 천연가스 : NG, LNG
- 석유계 가스 : LPG 변성가스, 나프타분해 가스, 정제소 가스
- 석탄계 가스 : 코르크 가스, 탄전 가스

**25 전기식 증기압력조절기에서 증기가 벨로스 내에 직접 침입하지 않도록 설치하는 것으로 가장 적합한 것은?**

① 신축 이음쇠　　② 균압관
③ 사이폰 관　　④ 안전밸브

해설 사이폰 관
증기압력조절기에서 증기가 벨로스 내에 직접 침입하지 못하게 물을 넣어둔다.

**26 오일 버너 종류 중 회전컵의 회전운동에 의한 원심력과 미립화용 1차 공기의 운동에너지를 이용하여 연료를 분무시키는 버너는?**

① 건타입 버너　　② 로터리 버너
③ 유압식 버너　　④ 기류 분무식 버너

해설 로터리 버너
회전컵(3,000~10,000rpm)의 원심력 이용 분무버너(중유사용버너)

**27 보일러 열효율 향상을 위한 방안으로 잘못 설명한 것은?**

① 절탄기 또는 공기예열기를 설치하여 배기가스 열을 회수한다.
② 버너 연소부하조건을 낮게 하거나 연속운전을 간헐운전으로 개선한다.
③ 급수온도가 높으면 연료가 절감되므로 고온의 응축수는 회수한다.
④ 온도가 높은 블로우 다운수를 회수하여 급수 및 온수제조 열원으로 활용한다.



ANSWER | 21 ① 22 ① 23 ② 24 ① 25 ③ 26 ② 27 ②

해설 연속운전을 간헐운전으로 개선시키면 열효율이 감소된다(연소부하조건을 크게 하면 열효율이 증가).

**28** **보일러 가동 중 실화(失火)가 되거나, 압력이 규정치를 초과하는 경우 연료공급을 자동적으로 차단하는 장치는?**

① 광전관
② 화염검출기
③ 전자밸브
④ 체크밸브

해설 전자밸브(솔레로이드밸브)
연료공급 및 차단용 밸브(보일러운전 중 이상상태 시 연료공급이 자동차단된다.)

**29** **함진 배기가스를 액방울이나 액막에 충돌시켜 분진입자를 포집 분리하는 집진장치는?**

① 중력식 집진장치
② 관성력식 집진장치
③ 원심력식 집진장치
④ 세정식 집진장치

해설 세정식 집진장치
함진 배기가스를 액방울이나 액막에 충돌시켜 분진입자를 포집 분리시킨다.

**30** **보온시공 시 주의사항에 대한 설명으로 틀린 것은?**

① 보온재와 보온재의 틈새는 되도록 적게 한다.
② 겹침부의 이음새는 동일 선상을 피해서 부착한다.
③ 테이프 감기는 물, 먼지 등의 침입을 막기 위해 위에서 아래쪽으로 향하여 감아내리는 것이 좋다.
④ 보온의 끝 단면은 사용하는 보온재 및 보온 목적에 따라서 필요한 보호를 한다.

해설 보온시공 시 테이프 감기는 물, 먼지 등의 침입을 막기 위해 아래에서 위로 향하여 감아올리는 것이 좋다.

**31** **온수 순환 방법에서 순환이 빠르고 균일하게 급탕할 수 있는 방법은?**

① 단관 중력순환식 배관법
② 복관 중력순환식 배관법
③ 건식순환식 배관법
④ 강제순환식 배관법

해설 온수 순환 강제순환식 배관법(순환펌프 사용)
순환이 빠르고 균일하게 급탕할 수 있다.

**32** **증기난방과 비교하여 온수난방의 특징을 설명한 것으로 틀린 것은?**

① 난방 부하의 변동에 따라서 열량 조절이 용이하다.
② 예열시간이 짧고, 가열 후에 냉각시간도 짧다.
③ 방열기의 화상이나, 공기 중의 먼지 등이 눌어붙어 생기는 나쁜 냄새가 적어 실내의 쾌적도가 높다.
④ 동일 발열량에 대하여 방열 면적이 커야 하고 관경도 굵어야 하기 때문에 설비비가 많이 드는 편이다.

해설 증기난방
증기는 물에 비하여 비열이 작아서 예열시간이 짧고 가열 후에 냉각시간도 짧다.

**33** **증기, 물, 기름 배관 등에 사용되며 관 내의 이물질, 찌꺼기 등을 제거할 목적으로 사용되는 것은?**

① 플로트 밸브
② 스트레이너
③ 세정 밸브
④ 분수 밸브

해설 스트레이너(여과기)
증기, 물, 기름배관 등에 사용되며 관 내의 이물질, 찌꺼기 등을 제거한다.

**34** **보일러에서 발생하는 부식 형태가 아닌 것은?**

① 점식
② 수소취화
③ 알칼리 부식
④ 라미네이션

28 ③ 29 ④ 30 ③ 31 ④ 32 ② 33 ② 34 ④ | ANSWER

**해설**

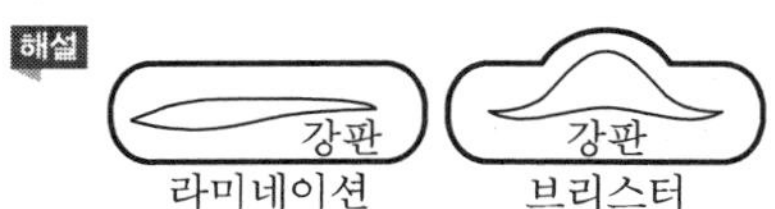


**35** **로터리 밸브의 일종으로 원통 또는 원뿔에 구멍을 뚫고 축을 회전함에 따라 개폐하는 것으로 플러그 밸브라고도 하며 0~90° 사이에 임의의 각도로 회전함으로써 유량을 조절하는 밸브는?**

① 글로브 밸브 ② 체크 밸브
③ 슬루스 밸브 ④ 콕(Cock)

**해설** 콕 : 0~90° 회전용 플러그 밸브

**36** **신축곡관이라고도 하며 고온, 고압용 증기관 등의 옥외배관에 많이 쓰이는 신축 이음은?**

① 벨로스형 ② 슬리브형
③ 스위블형 ④ 루프형

**해설**

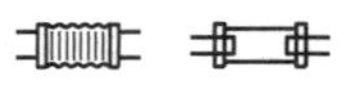

벨로스형 슬리브형 루프형(신축곡관) 스위블형

**37** **증기난방에서 응축수의 환수방법에 따른 분류 중 증기의 순환과 응축수의 배출이 빠르며, 방열량도 광범위하게 조절할 수 있어서 대규모 난방에서 많이 채택하는 방식은?**

① 진공 환수식 증기난방
② 복관 중력 환수식 증기난방
③ 기계 환수식 증기난방
④ 단관 중력 환수식 증기난방

**해설** 진공환수식 증기난방
응축수의 환수방법이며 증기의 순환과 응축수의 배출이 빠르다. 방열량도 광범위하게 조절이 가능하여 대규모 난방용(진공 100~250mmHg 정도)으로 많이 쓰인다.

**38** **증기 보일러에는 원칙적으로 2개 이상의 안전밸브를 부착해야 하는데, 전열면적이 몇 $m^2$ 이하이면 안전밸브를 1개 이상 부착해도 되는가?**

① $50m^2$ ② $30m^2$
③ $80m^2$ ④ $100m^2$

**해설** 보일러 전열 면적 $50m^2$ 이하
안전밸브 부착은 1개 이상이면 된다.

**39** **보일러에서 사용하는 수면계 설치기준에 관한 설명 중 잘못된 것은?**

① 유리 수면계는 보일러의 최고사용압력과 그에 상당하는 증기온도에서 원활히 작용하는 기능을 가져야 한다.
② 소용량 및 소형 관류보일러에는 2개 이상의 유리 수면계를 부착해야 한다.
③ 최고사용압력 1MPa 이하로서 동체 안지름이 750mm 미만인 경우에 있어서는 수면계 중 1개는 다른 종류의 수면측정 장치로 할 수 있다.
④ 2개 이상의 원격지시 수면계를 시설하는 경우에 한하여 유리 수면계를 1개 이상으로 할 수 있다.

**해설** 소용량 및 소형 관류보일러
1개 이상의 유리수면계 부착이 가능하다.

**40** **표준방열량을 가진 증기방열기가 설치된 실내의 난방부하가 20,000kcal/h일 때 방열면적은 몇 $m^2$인가?**

① 30.8 ② 36.4
③ 44.4 ④ 57.1

**해설** 증기난방 표준 방열기 방열량 : $650kcal/m^2h$

$$방열면적(EDR) = \frac{20,000}{650} = 30.8m^2$$

**41** **보일러 저수위 사고의 원인으로 가장 거리가 먼 것은?**

① 보일러 이음부에서의 누설
② 수면계 수위의 오판
③ 급수장치가 증발능력에 비해 과소
④ 연료 공급 노즐의 막힘

해설 연료공급 노즐의 막힘
보일러 운전이 정지된다.

**42** 보일러의 휴지(休止) 보존 시에 질소가스 봉입보존법을 사용할 경우 질소가스의 압력을 몇 MPa 정도로 보존하는가?

① 0.2　　② 0.6
③ 0.02　　④ 0.06

해설 질소봉입 장기보존
질소가스 압력(0.6kg/$cm^2$)은 0.06MPa 정도 유지(보일러 동 내부)

**43** 보일러 내처리로 사용되는 약제의 종류에서 pH, 알칼리 조정 작용을 하는 내처리제에 해당하지 않는 것은?

① 수산화나트륨
② 히드라진
③ 인산
④ 암모니아

해설 황산소다, 탄닌, 히드라진
탈산소제($O_2$ 제거용)

**44** 가동 중인 보일러의 취급 시 주의사항으로 틀린 것은?

① 보일러수가 항시 일정수위(상용수위)가 되도록 한다.
② 보일러 부하에 응해서 연소율을 가감한다.
③ 연소량을 증가시킬 경우에는 먼저 연료량을 증가시키고 난 후 통풍량을 증가시켜야 한다.
④ 보일러수의 농축을 방지하기 위해 주기적으로 블로우다운을 실시한다.

해설 연소량 증가
먼저 공기량을 증가시킨 후(통풍량 증가) 연료량을 증가시켜 노 내 가스폭발 방지

**45** 보일러 배관 중에 신축이음을 하는 목적으로 가장 적합한 것은?

① 증기 속의 이물질을 제거하기 위하여
② 열팽창에 의한 관의 파열을 막기 위하여
③ 보일러 수의 누수를 막기 위하여
④ 증기 속의 수분을 분리하기 위하여

해설 신축이음 설치 목적
열팽창에 의한 관의 파열방지

**46** 연료(중유) 배관에서 연료 저장탱크와 버너 사이에 설치되지 않는 것은?

① 오일펌프
② 여과기
③ 중유가열기
④ 축열기

해설 증기축열기(정압식, 변압식)
잉여증기 저장고이며 송기장치(증기이송장치)

**47** 배관 내에 흐르는 유체의 종류를 표시하는 기호 중 증기를 나타내는 것은?

① A　　② G
③ S　　④ O

해설
• 공기 : A　　• 증기 : S
• 가스 : G　　• 오일 : O

**48** 보일러 가동 시 맥동연소가 발생하지 않도록 하는 방법으로 틀린 것은?

① 연료 속에 함유된 수분이나 공기를 제거한다.
② 2차 연소를 촉진시킨다.
③ 무리한 연소를 하지 않는다.
④ 연소량의 급격한 변동을 피한다.

해설
• 2차 연소 : 연도에서 발생하는 가스폭발이다.
• 맥동연소 : 노 내의 진동연소

**49 온수난방을 하는 방열기의 표준 방열량은 몇 kcal/m² · h인가?**

① 440 ② 450
③ 460 ④ 470

해설 방열기 표준방열량
• 온수 : 450kcal/m²h
• 증기 : 650kcal/m²h

**50 방열기의 종류 중 관과 핀으로 이루어지는 엘리먼트와 이것을 보호하기 위한 덮개로 이루어지며 실내 벽면 아랫부분의 나비 나무 부분을 따라서 부착하여 방열하는 형식의 것은?**

① 컨벡터
② 패널 라디에이터
③ 섹셔널 라디에이터
④ 베이스 보드 히터

해설 베이스 보드 히터 방열기
관과 핀으로 이루어지는 엘리먼트와 이것을 보호하기 위한 덮개로 이루어진다(실내 벽면 아랫부분의 나비 나무 부분을 따라서 부착시킨다).

**51 열사용기자재 검사기준에 따라 수압시험을 할 때 강철제 보일러의 최고사용압력이 0.43MPa 초과, 1.5MPa 이하인 보일러의 수압시험 압력은?**

① 최고 사용압력의 2배+0.1MPa
② 최고 사용압력의 1.5배+0.2MPa
③ 최고 사용압력의 1.3배+0.3MPa
④ 최고 사용압력의 2.5배+0.5MPa

해설 • 0.43MPa 이하 : 2배 수압
• 0.43MPa 초과~1.5MPa 이하 : ③항 활용
• 1.5MPa 초과(15kg/cm² 초과) : 2배 수압

**52 배관의 나사이음과 비교한 용접이음의 특징으로 잘못 설명된 것은?**

① 나사 이음부와 같이 관의 두께에 불균일한 부분이 없다.
② 돌기부가 없어 배관상의 공간효율이 좋다.
③ 이음부의 강도가 적고, 누수의 우려가 크다.
④ 변형과 수축, 잔류응력이 발생할 수 있다.

해설 용접이음
이음부의 강도가 크고 누수의 우려가 적다.

**53 부식억제제의 구비조건에 해당하지 않는 것은?**

① 스케일의 생성을 촉진할 것
② 정지나 유도 시에도 부식억제 효과가 클 것
③ 방식 피막이 두꺼우며 열전도에 지장이 없을 것
④ 이종금속과의 접촉부식 및 이종금속에 대한 부식 촉진 작용이 없을 것

해설 부식억제제(인히비터)
스케일의 생성을 억제시킬 것

**54 보일러 점화조작 시 주의사항에 대한 설명으로 틀린 것은?**

① 연소실의 온도가 높으면 연료의 확산이 불량해져서 착화가 잘 안 된다.
② 연료가스의 유출속도가 너무 빠르면 실화 등이 일어나고, 너무 늦으면 역화가 발생한다.
③ 연료의 유압이 낮으면 점화 및 분사가 불량하고 높으면 그을음이 축적된다.
④ 프리퍼지 시간이 너무 길면 연소실의 냉각을 초래하고 너무 늦으면 역화를 일으킬 수 있다.

해설 연소실의 온도가 높으면 연료의 확산이 순조로워서 착화나 연소상태가 양호해진다.

**55 에너지이용 합리화법에 따라 에너지사용계획을 수립하여 산업통상자원부장관에게 제출하여야 하는 민간사업주관자의 시설규모로 맞는 것은?**

① 연간 2,500 티 · 오 · 이 이상의 연료 및 열을 사용하는 시설
② 연간 5,000 티 · 오 · 이 이상의 연료 및 열을 사용하는 시설

 ANSWER | 49 ② 50 ④ 51 ③ 52 ③ 53 ① 54 ① 55 ②

③ 연간 1천만 킬로와트 이상의 전력을 사용하는 시설
④ 연간 500만 킬로와트 이상의 전력을 사용하는 시설

**해설** 민간사업자의 시설 규모
- 연간 5천 티오이 이상의 연료 및 열을 사용하는 시설
- 연간 2천만 킬로와트시 이상의 전력을 사용하는 시설

**56** 효율관리기자재 운용규정에 따라 가정용 가스보일러에서 시험성적서 기재항목에 포함되지 않는 것은?

① 난방열효율
② 가스소비량
③ 부하손실
④ 대기전력

**해설** 가정용 가스보일러 시험성적서 기재항목
- 열효율
- 가스소비량
- 대기전력

**57** 신·재생에너지 설비 중 태양의 열에너지를 변환시켜 전기를 생산하거나 에너지원으로 이용하는 설비로 맞는 것은?

① 태양열 설비
② 태양광 설비
③ 바이오에너지 설비
④ 풍력 설비

**해설** 태양열 설비
태양의 열에너지를 변환시켜(태양전지 셀 사용) 전기를 생산하거나 에너지원으로 이용한다.
※ 태양광 발전 : 태양의 열에너지를 이용하여 발전 생산

**58** 에너지이용 합리화법에서 정한 국가에너지절약추진위원회의 위원장은 누구인가?

① 산업통상자원부장관
② 지방자치단체의 장
③ 국무총리
④ 대통령

**해설** 국가에너지절약추진위원회 위원장
산업통상자원부 장관

**59** 에너지이용 합리화법에 따라 산업통상자원부령으로 정하는 광고매체를 이용하여 효율관리기자재의 광고를 하는 경우에는 그 광고 내용에 에너지소비효율, 에너지소비효율등급을 포함시켜야 할 의무가 있는 자가 아닌 것은?

① 효율관리기자재 제조업자
② 효율관리기자재 광고업자
③ 효율관리기자재 수입업자
④ 효율관리기자재 판매업자

**해설** 효율관리기자재 광고업자
에너지소비효율, 에너지소비효율등급의 광고의무는 없다.

**60** 에너지이용 합리화법상 효율관리기자재에 해당하지 않는 것은?

① 전기냉장고 ② 전기냉방기
③ 자동차 ④ 범용선반

**해설** 효율관리기자재
- 전기냉장고
- 전기냉방기
- 전기세탁기
- 조명기기
- 삼상유도전동기
- 자동차 등

# 2013년 2회 에너지관리기능사

**01** **어떤 물질의 단위질량(1kg)에서 온도를 1℃ 높이는 데 소요되는 열량을 무엇이라고 하는가?**

① 열용량 ② 비열
③ 잠열 ④ 엔탈피

해설
- 비열 : 어떤 물질의 단위질량을 온도 1℃ 높이는 데 필요한 열(kcal/kg℃)
- 열용량 : 어떤 물질을 온도 1℃ 높이는 데 필요한 열(kcal/℃)
- 잠열 : 액체에서 증기로 변화 시 필요한 열
- 엔탈피 : 어떤 물질 1kg이 가지는 열량(kcal/kg)

**02** **엔탈피가 25kcal/kg인 급수를 받아 1시간당 20,000kg의 증기를 발생하는 경우 이 보일러의 매시 환산 증발량은 몇 kg/h인가?(단, 발생증기 엔탈피는 725kcal/kg이다.)**

① 3,246kg/h
② 6,493kg/h
③ 12,987kg/h
④ 25,974kg/h

해설 환산 증발량(We)

$$= \frac{\text{시간당 증기발생량(증기엔탈피} - \text{급수엔탈피)}}{539}$$

$$= \frac{20,000(725-25)}{539} = 25,974\text{kg/h}$$

**03** **보일러의 기수분리기를 가장 옳게 설명한 것은?**

① 보일러에서 발생한 증기 중에 포함되어 있는 수분을 제거하는 장치
② 증기 사용처에서 증기 사용 후 물과 증기를 분리하는 장치
③ 보일러에 투입되는 연소용 공기 중의 수분을 제거하는 장치
④ 보일러 급수 중에 포함되어 있는 공기를 제거하는 장치

해설 기수분리기(수관식용)
보일러에서 발생한 증기 중에 포함되어 있는 수분을 제거하여 건조증기를 취출하는 증기이송(송기장치)장치

**04** **다음 중 보일러 스테이(Stay)의 종류에 해당되지 않는 것은?**

① 거싯(Gusset)스테이
② 바(Bar)스테이
③ 튜브(Tube)스테이
④ 너트(Nut)스테이

해설 스테이
- 거싯스테이
- 바스테이
- 튜브스테이
- 거더스테이

**05** **보일러에 부착하는 압력계의 취급상 주의사항으로 틀린 것은?**

① 온도가 353K 이상 올라가지 않도록 한다.
② 압력계는 고장이 날 때까지 계속 사용하는 것이 아니라 일정 사용시간을 정하고 정기적으로 교체하여야 한다.
③ 압력계 사이펀관의 수직부에 콕을 설치하고 콕의 핸들이 축 방향과 일치할 때에 열린 것이어야 한다.
④ 부르동관 내에 직접 증기가 들어가면 고장이 나기 쉬우므로 사이펀관에 물이 가득 차지 않도록 한다.

해설

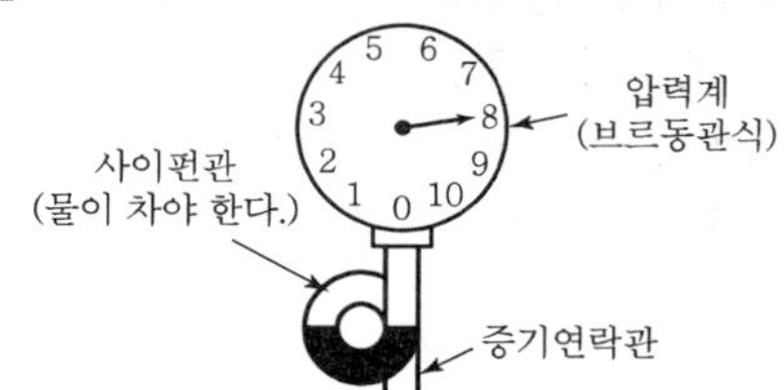

**06 증기 중에 수분이 많을 경우의 설명으로 잘못된 것은?**

① 건조도가 저하한다.
② 증기의 손실이 많아진다.
③ 증기 엔탈피가 증가한다.
④ 수격작용이 발생할 수 있다.

해설 증기 중에 수분이 많으면 잠열값이 저하하여 엔탈피(kcal/kg)가 감소한다.

**07 다음 중 고체연료의 연소방식에 속하지 않는 것은?**

① 화격자 연소방식
② 확산 연소방식
③ 미분탄 연소방식
④ 유동층 연소방식

해설 기체연료의 연소방식
- 확산 연소방식
- 예혼합 연소방식

**08 보일러 열정산 시 증기의 건도는 몇 % 이상에서 시험함을 원칙으로 하는가?**

① 96%　② 97%
③ 98%　④ 99%

해설 열정산 시 증기건도
- 강철제 : 98% 이상
- 주철제 : 97% 이상

**09 유류보일러의 자동장치 점화방법의 순서가 맞는 것은?**

① 송풍기 기동 → 연료펌프 기동 → 프리퍼지 → 점화용 버너 착화 → 주버너 착화
② 송풍기 기동 → 프리퍼지 → 점화용 버너 착화 → 연료펌프 기동 → 주버너 착화
③ 연료펌프 기동 → 점화용 버너 착화 → 프리퍼지 → 주버너 착화 → 송풍기 기동
④ 연료펌프 기동 → 주버너 착화 → 점화용 버너 착화 → 프리퍼지 → 송풍기 기동

해설 유류보일러 자동점화방식
송풍기 기동 → 연료펌프 기동 → 프리퍼지(환기) → 점화용 버너 착화 → 주버너 착화

**10 액체연료의 일반적인 특징에 관한 설명으로 틀린 것은?**

① 유황분이 없어서 기기 부식의 염려가 거의 없다.
② 고체연료에 비해서 단위중량당 발열량이 높다.
③ 연소효율이 높고 연소 조절이 용이하다.
④ 수송과 저장 및 취급이 용이하다.

해설 기체연료는 황분을 정제하여 사용하는 연료이므로 유황분이 없어도 기기 부식의 염려가 거의 없다.

**11 다음 중 수면계의 기능시험을 실시해야 할 시기로 옳지 않은 것은?**

① 보일러를 가동하기 전
② 2개의 수면계의 수위가 동일할 때
③ 수면계 유리의 교체 또는 보수를 행하였을 때
④ 프라이밍, 포밍 등이 생길 때

해설 증기보일러에서 2개의 수면계 수위가 서로 차이가 날 경우 수면계 기능시험을 실시한다.

**12 난방 및 온수 사용열량이 400,000kcal/h인 건물에, 효율 80%인 보일러로서 저위발열량 10,000kcal/m$^3$인 기체연료를 연소시키는 경우, 시간당 소요연료량은 약 몇 Nm$^3$/h인가?**

① 45　② 60
③ 56　④ 50

해설 시간당 소요연료량 계산

$$= \frac{\text{열사용량}}{\text{저위발열량} \times \text{효율}} = \frac{400,000}{10,000 \times 0.8} = 50\text{Nm}^3/\text{h}$$

## 13 공기예열기에서 전열방법에 따른 분류에 속하지 않는 것은?

① 전도식
② 재생식
③ 히트파이프식
④ 열팽창식

**해설** 공기예열기 전열방식
- 전도식
- 재생식
- 히트파이프식

## 14 보일러 자동제어에서 급수제어의 약호는?

① A.B.C
② F.W.C
③ S.T.C
④ A.C.C

**해설** 보일러 자동제어(A.B.C)
- 자동급수제어(F.W.C)
- 자동온도제어(S.T.C)
- 자동연소제어(A.C.C)

## 15 외분식 보일러의 특징 설명으로 잘못된 것은?

① 연소실의 크기나 형상을 자유롭게 할 수 있다.
② 연소율이 좋다.
③ 사용연료의 선택이 자유롭다.
④ 방사 손실이 거의 없다.

**해설** 내분식은 방사 열손실이 거의 없으나, 외분식 보일러는 방사 손실이 많다.

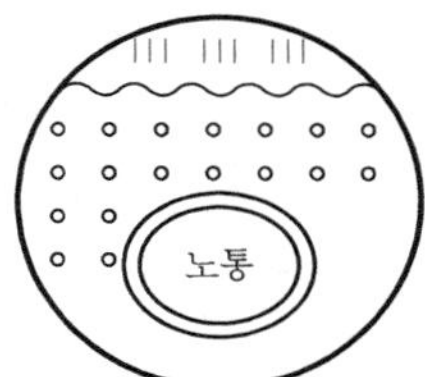


노통연관 내분식 보일러

## 16 수트 블로어에 관한 설명으로 잘못된 것은?

① 전열면 외측의 그을음 등을 제거하는 장치이다.
② 분출기 내의 응축수를 배출시킨 후 사용한다.
③ 블로어 시에는 댐퍼를 열고 흡입통풍을 증가시킨다.
④ 부하가 50% 이하인 경우에만 블로어 한다.

**해설** 수트 블로어(전열면의 그을음 제거 : 증기나, 공기 이용)는 보일러 부하가 50% 초과 시 실시한다.

## 17 보일러 마력(Boiler Horsepower)에 대한 정의로 가장 옳은 것은?

① 0℃ 물 15.65kg을 1시간 만에 증기로 만들 수 있는 능력
② 100℃ 물 15.65kg을 1시간 만에 증기로 만들 수 있는 능력
③ 0℃ 물 15.65kg을 10분 만에 증기로 만들 수 있는 능력
④ 100℃ 물 15.65kg을 10분 만에 증기로 만들 수 있는 능력

**해설** 보일러 1마력
100℃의 물 15.65kg을 1시간 만에 증기로 만들 수 있는 능력(열량으로는 8,435kcal/h이다.)

## 18 원통형 보일러와 비교할 때 수관식 보일러의 특징 설명으로 틀린 것은?

① 수관의 관경이 적어 고압에 잘 견딘다.
② 보유수가 적어서 부하변동 시 압력변화가 적다.
③ 보일러수의 순환이 빠르고 효율이 높다.
④ 구조가 복잡하여 청소가 곤란하다.

**해설** 원통형 보일러(노통식, 연관식, 노통연관식 등)는 보유수가 많아서 부하 변동 시 압력변화가 적다(수관식, 관류 보일러는 반대).


ANSWER | 13 ④ 14 ② 15 ④ 16 ④ 17 ② 18 ②

**19** 다음 보기에서 그 연결이 잘못된 것은?

> [보기]
> ㉠ 관성력 집진장치 – 충돌식, 반전식
> ㉡ 전기식 집진장치 – 코트렐 집진장치
> ㉢ 저유수식 집진장치 – 로터리 스크레버식
> ㉣ 가압수식 집진장치 – 임펄스 스크레버식

① ㉠ ② ㉡
③ ㉢ ④ ㉣

**해설** 가압수식 집진장치
제트 스크레버식, 사이클론 스크레버식, 충진탑, 벤투리 스크레버식

**20** 보일러의 안전장치와 거리가 먼 것은?

① 과열기 ② 안전밸브
③ 저수위 경보기 ④ 방폭문

**해설** 보일러 폐열회수장치(열효율장치)
과열기, 재열기, 절탄기(급수가열기), 공기예열기

**21** 다음 보일러 중 특수열매체 보일러에 해당되는 것은?

① 타쿠마 보일러 ② 카네크롤 보일러
③ 슐처 보일러 ④ 하우덴 존슨 보일러

**해설** 열매체 보일러의 열매 종류
카네크롤, 다우섬, 수은, 세큐리터, 모빌섬 등

**22** 다음 각각의 자동제어에 관한 설명 중 맞는 것은?

① 목푯값이 일정한 자동제어를 추치제어라고 한다.
② 어느 한쪽의 조건이 구비되지 않으면 다른 제어를 정지시키는 것은 피드백 제어이다.
③ 결과가 원인으로 되어 제어단계를 진행하는 것을 인터록 제어라고 한다.
④ 미리 정해진 순서에 따라 제어의 각 단계를 차례로 진행하는 제어는 시퀀스 제어이다.

**해설** ① 정치제어
② 인터록
③ 피드백 제어

**23** 보일러 자동제어에서 신호전달 방식의 종류에 해당되지 않는 것은?

① 팽창식 ② 유압식
③ 전기식 ④ 공기압식

**해설** 신호전달 방식
- 전기식(수 km까지 이용)
- 유압식(300m까지 이용)
- 공기압식(150m 이내에 사용)

**24** 연료의 연소 시 과잉공기계수(공기비)를 구하는 올바른 식은?

① $\frac{\text{연소가스량}}{\text{이론공기량}}$ ② $\frac{\text{실제공기량}}{\text{이론공기량}}$
③ $\frac{\text{배기가스량}}{\text{사용공기량}}$ ④ $\frac{\text{사용공기량}}{\text{배기가스량}}$

**해설** 공기비$(m) = \frac{\text{실제공기량(A)}}{\text{이론공기량}(A_0)}$
공기비가 크면 완전연소는 용이하나 노 내 온도가 저하하며, 배기가스 열손실이 크다(효율저하).

**25** 보일러 저수위 경보장치의 종류에 속하지 않는 것은?

① 플로트식 ② 전극식
③ 열팽창관식 ④ 압력제어식

**해설** 저수위 경보장치
- 플로트식(기계식 : 맥도널식, 부자식)
- 차압식
- 전극식(관류보일러용)

**26** 보일러에서 카본이 생성되는 원인으로 거리가 먼 것은?

① 유류의 분무상태 또는 공기와의 혼합이 불량할 때
② 버너 타일공의 각도가 버너의 화염각도보다 작은 경우
③ 노통 보일러와 같이 가느다란 노통을 연소실로 하는 것에서 화염각도가 현저하게 작은 버너를 설치하고 있는 경우
④ 직립보일러와 같이 연소실의 길이가 짧은 노에다가 화염의 길이가 매우 긴 버너를 설치하고 있는 경우

19 ④ 20 ① 21 ② 22 ④ 23 ① 24 ② 25 ④ 26 ③ | ANSWER

해설 보일러에서 카본(탄화물)이 생성되는 원인에는 ①, ②, ④ 항이 해당된다.

**27** 고체연료에서 탄화가 많이 될수록 나타나는 현상으로 옳은 것은?

① 고정탄소가 감소하고, 휘발분은 증가되어 연료비는 감소한다.
② 고정탄소가 증가하고, 휘발분은 감소되어 연료비는 감소한다.
③ 고정탄소가 감소하고, 휘발분은 증가되어 연료비는 증가한다.
④ 고정탄소가 증가하고, 휘발분은 감소되어 연료비는 증가한다.

해설 고체연료(석탄 등)에서 탄화가 많이 될수록 (고정탄소/휘발분)연료비 증가(고체연료 성분 : 고정탄소, 휘발분, 수분, 회분)

**28** 다음 중 여과식 집진장치의 분류가 아닌 것은?

① 유수식 ② 원통식
③ 평판식 ④ 역기류 분사식

해설 세정식 집진장치(물 이용)의 종류
- 유수식
- 가압수식
- 회전식

**29** 절대온도 380K를 섭씨온도로 환산하면 약 몇 ℃인가?

① 107℃ ② 380℃
③ 653℃ ④ 926℃

해설 섭씨온도 = 켈빈온도 − 273
∴ 380 − 273 = 107℃

**30** 파이프 또는 이음쇠의 나사이음 분해 · 조립 시 파이프 등을 회전시키는 데 사용되는 공구는?

① 파이프 리머 ② 파이프 익스팬더
③ 파이프 렌치 ④ 파이프 커터

해설 파이프 렌치
파이프 또는 이음쇠의 나사이음 분해 · 조립 시 파이프의 회전을 시키는 데 사용하는 공구

**31** 보일러의 자동연료차단장치가 작동하는 경우가 아닌 것은?

① 최고사용압력이 0.1MPa 미만인 주철제 온수 보일러의 경우 온수온도가 105℃인 경우
② 최고사용압력이 0.1MPa를 초과하는 증기보일러에서 보일러의 저수위 안전장치가 동작할 때
③ 관류보일러에 공급하는 급수량이 부족한 경우
④ 증기압력이 설정압력보다 높은 경우

해설 온수 보일러는 120℃ 이하에서(주철제 온수 보일러) 자동연료차단장치가 작동하여야 한다.

**32** 스케일의 종류 중 보일러 급수 중의 칼슘 성분과 결합하여 규산칼슘을 생성하기도 하며, 이 성분이 많은 스케일은 대단히 경질이기 때문에 기계적 · 화학적으로 제거하기 힘든 스케일 성분은?

① 실리카
② 황산마그네슘
③ 염화마그네슘
④ 유지

해설 실리카($SiO_2$)는 경질스케일이며, 규산칼슘을 생성하고 기계적 · 화학적으로 제거하기 힘들다(황산칼슘도 마찬가지).

**33** 다음 열역학과 관계된 용어 중 그 단위가 다른 것은?

① 열전달계수
② 열전도율
③ 열관류율
④ 열통과율

해설
- 열전달계수, 열관류율, 열통과율 : kcal/$m^2$h℃
- 열전도율 : kcal/mh℃


ANSWER | 27 ④ 28 ① 29 ① 30 ③ 31 ① 32 ① 33 ②

**34 증기 트랩의 설치 시 주의사항에 관한 설명으로 틀린 것은?**

① 응축수 배출점이 여러 개가 있을 경우 응축수 배출점을 묶어서 그룹 트래핑을 하는 것이 좋다.
② 증기가 트랩에 유입되면 즉시 배출시켜 운전에 영향을 미치지 않도록 하는 것이 필요하다.
③ 트랩에서의 배출관은 응축수 회수주관의 상부에 연결하는 것이 필수적으로 요구되며, 특히 회수주관이 고가 배관으로 되어 있을 때에는 더욱 주의하여 연결하여야 한다.
④ 증기트랩에서 배출되는 응축수를 회수하여 재활용하는 경우에는 응축수 회수관 내에는 원하지 않는 배압이 형성되어 증기트랩의 용량에 영향을 미칠 수 있다.

해설 응축수 배출에서 증기트랩은 배출점으로 개별적 배출이 그룹 트랩핑하는 것보다 응축수 배출이 용이하다.

**35 회전이음, 지불이음 등으로 불리며, 증기 및 온수난방 배관용으로 사용하고 현장에서 2개 이상의 엘보를 조립해서 설치하는 신축이음은?**

① 벨로즈형 신축이음
② 루프형 신축이음
③ 스위블형 신축이음
④ 슬리브형 신축이음

해설

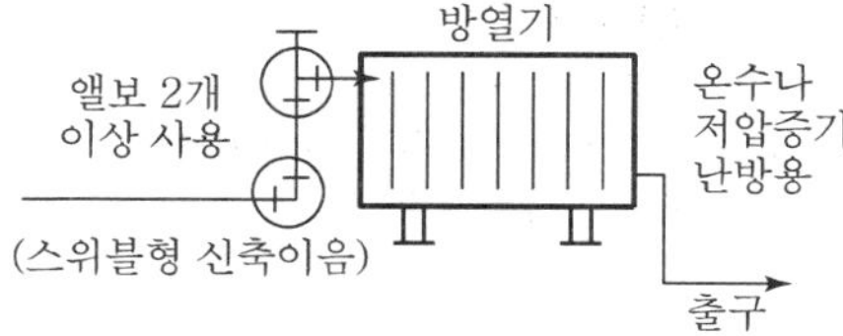


**36 그림과 같이 개방된 표면에서 구멍 형태로 깊게 침식하는 부식을 무엇이라고 하는가?**

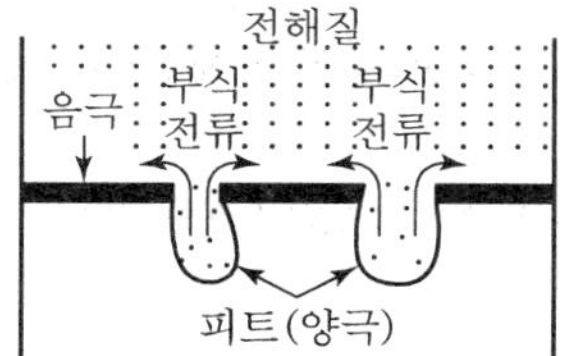


① 국부부식
② 그루빙(Grooving)
③ 저온부식
④ 점식(Pitting)

해설 점식(Pitting)
용존산소($O_2$)에 의해 일어나는 구멍형태의 침식

**37 증기난방과 비교한 온수난방의 특징에 대한 설명으로 틀린 것은?**

① 물의 현열을 이용하여 난방하는 방식이다.
② 예열에 시간이 필요하지만 쉽게 냉각되지 않는다.
③ 동일 방열량에 대하여 방열 면적이 크고 관경도 굵어야 한다.
④ 실내 쾌감도가 증기난방에 비해 낮다.

해설 온수난방은 증기난방에 비해 실내 쾌감도가 높다.

**38 파이프 커터로 관을 절단하면 안으로 거스러미(Burr)가 생기는데 이것을 능률적으로 제거하는 데 사용되는 공구는?**

① 다이 스토크
② 사각줄
③ 파이프 리머
④ 체인 파이프렌치

해설 파이프 리머
파이프 절단 시나 나사 절삭 시 거스러미(버르)를 제거한다.

**39 진공환수식 증기난방 배관시공에 관한 설명 중 맞지 않는 것은?**

① 증기주관은 흐름 방향에 $\frac{1}{200} \sim \frac{1}{300}$의 앞내림 기울기로 하고, 도중에 수직 상향부가 필요한 때 트랩장치를 한다.
② 방열기 분기관 등에서 앞단에 트랩장치가 없을 때는 $\frac{1}{50} \sim \frac{1}{100}$의 앞올림 기울기로 하여 응축수를 주관에 역류시킨다.

③ 환수관에 수직 상향부가 필요한 때는 리프트 피팅을 써서 응축수가 위쪽으로 배출되게 한다.
④ 리프트 피팅은 될 수 있으면 사용개수를 많게 하고 1단을 2.5m 이내로 한다.

**해설** 진공환수식 증기난방(진공도 100~250mmHg)에서 환수관이 수면보다 낮을 때 1.5m 정도의 리프트 피팅을 설치하여 환수시킨다.

**40** 액상 열매체 보일러시스템에서 열매체유의 액팽창을 흡수하기 위한 팽창탱크의 최소 체적($V_T$)을 구하는 식으로 옳은 것은?(단, $V_E$는 상승 시 시스템 내의 열매체유 팽창량, $V_M$은 상온 시 탱크 내의 열매체유 보유량이다.)

① $V_T = V_E + V_M$ ② $V_T = V_E + 2V_M$
③ $V_T = 2V_E + V_M$ ④ $V_T = 2V_E + 2V_M$

**해설** 열매체(다우섬 등) 액의 팽창을 흡수하는 팽창탱크의 최소 크기 계산($V_T$) 식 $V_T = 2V_E + V_M$

**41** 압축기 진동과 서징, 관의 수격작용, 지진 등에서 발생하는 진동을 억제하는 데 사용되는 지지장치는?

① 벤드벤 ② 플랩밸브
③ 그랜드 패킹 ④ 브레이스

**해설** • 브레이스 : 압축기 진동과 서징, 관의 수격작용, 지진 등에서 발생하는 진동을 억제하는 지지장치(대구경용)
• 소구경용 : 방진구, 완충기

**42** 점화장치로 이용되는 파이로트 버너는 화염을 안정시키기 위해 보염식 버너가 이용되고 있는데, 이 보염식 버너의 구조에 관한 설명으로 가장 옳은 것은?

① 동일한 화염 구멍이 8~9개 내외로 나뉘어져 있다.
② 화염 구멍이 가느다란 타원형으로 되어 있다.
③ 중앙의 화염 구멍 주변으로 여러 개의 작은 화염 구멍이 설치되어 있다.
④ 화염 구멍부 구조가 원뿔형태와 같이 되어 있다.

**해설** 파이로트 버너(점화용 버너)
보염판 및 다공판

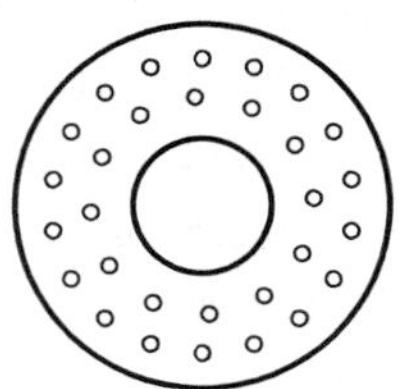

**43** 증기난방의 분류 중 응축수 환수방식에 의한 분류에 해당되지 않는 것은?

① 중력환수방식 ② 기계환수방식
③ 진공환수방식 ④ 상향환수방식

**해설** 증기난방 응축수 환수방식
• 중력환수식
• 기계환수식(펌프 이용)
• 진공환수식(진공펌프 사용)

**44** 천연고무와 비슷한 성질을 가진 합성고무로서 내유성·내후성·내산화성·내열성 등이 우수하며, 석유 용매에 대한 저항성이 크고 내열도는 −46~121℃ 범위에서 안정한 패킹 재료는?

① 과열 석면 ② 네오프렌
③ 테프론 ④ 하스텔로이

**해설** 네오프렌(플랜지 패킹)
• 내열범위 : −46~−121℃
• 사용용도 : 물, 공기, 기름, 냉매배관용
• 증기배관에는 사용 불가

**45** 연료의 완전연소를 위한 구비조건으로 틀린 것은?

① 연소실 내의 온도는 낮게 유지할 것
② 연료와 공기의 혼합이 잘 이루어지도록 할 것
③ 연료와 연소장치가 맞을 것
④ 공급 공기를 충분히 예열시킬 것

**해설** 연소실 내의 온도가 낮으면 불완전연소 발생의 우려가 크다.

 ANSWER | 40 ③ 41 ④ 42 ③ 43 ④ 44 ② 45 ①

**46** 관의 결합방식 표시방법 중 플랜지식의 그림기호로 맞는 것은?

① ──┼── ② ──●── ③ ──╫── ④ ──╫┼──

해설
① ──┼── : 나사이음
② ──●── : 용접이음
③ ──╫── : 플랜지 이음
④ ──╫┼── : 유니온이음

**47** 어떤 거실의 난방부하가 5,000kcal/h이고, 주철제 온수방열기로 난방할 때 필요한 방열기의 쪽수(절수)는?(단, 방열기 1쪽당 방열면적은 $0.26m^2$이고, 방열량은 표준방열량으로 한다.)

① 11 ② 21
③ 30 ④ 43

해설 온수방열기 쪽수 계산

$$=\frac{\text{난방부하}}{450\times 1\text{쪽당 방열면적}}=\frac{5,000}{450\times 0.26}=43\text{쪽}$$

**48** 다음 보기 중에서 보일러의 운전정지 순서를 올바르게 나열한 것은?

[보기]
㉠ 증기밸브를 닫고, 드레인밸브를 연다.
㉡ 공기의 공급을 정지시킨다.
㉢ 댐퍼를 닫는다.
㉣ 연료의 공급을 정지시킨다.

① ㉡→㉣→㉠→㉢
② ㉣→㉡→㉠→㉢
③ ㉢→㉣→㉠→㉡
④ ㉠→㉣→㉡→㉢

해설 보일러 일반 정지순서
㉠ 연료 공급 차단
㉡ 공기 공급 차단
㉢ 주 증기밸브 차단(드레인밸브 개방)
㉣ 댐퍼 차단

**49** 다음 관이음 중 진동이 있는 곳에 가장 적합한 이음은?

① MR 조인트 이음
② 용접 이음
③ 나사 이음
④ 플렉시블 이음

해설 플렉시블 이음
펌프 배관에서 진동이나 충격을 흡수한다.

**50** 보온재 선정 시 고려해야 할 조건이 아닌 것은?

① 부피, 비중이 작을 것
② 보온능력이 클 것
③ 열전도율이 클 것
④ 기계적 강도가 클 것

해설 보온재는 열전도율(W/m℃)이 적어야 한다.

**51** 가스 폭발에 대한 방지대책으로 거리가 먼 것은?

① 점화 조작 시에는 연료를 먼저 분무시킨 후 무화용 증기나 공기를 공급한다.
② 점화할 때에는 미리 충분한 프리퍼지를 한다.
③ 연료 속의 수분이나 슬러지 등은 충분히 배출한다.
④ 점화 전에는 중유를 가열하여 필요한 정도로 해둔다.

해설 점화조작 시에는 항상 공기를 먼저 공급한 후 프리퍼지(환기)를 실시하고 공기 공급 후 오일을 분무하여 점화시킨다.

**52** 주 증기관에서 증기의 건도를 향상시키는 방법으로 적당하지 않은 것은?

① 가압하여 증기의 압력을 높인다.
② 드레인 포켓을 설치한다.
③ 증기공간 내의 공기를 제거한다.
④ 기수분리기를 사용한다.

해설 증기는 압력이 낮을수록 건조증기 취출이 수월하게 된다(증기건도가 높을수록 질이 좋은 증기이다).

**53 보일러 사고의 원인 중 보일러 취급상의 사고원인이 아닌 것은?**

① 재료 및 설계불량
② 사용압력 초과 운전
③ 저수위 운전
④ 급수처리 불량

해설 제작자의 사고원인
- 재료 및 설계불량
- 용접 불량
- 부속기기 미비 등

**54 평소 사용하고 있는 보일러의 가동 전 준비사항으로 틀린 것은?**

① 각종 기기의 기능을 검사하고 급수계통의 이상 유무를 확인한다.
② 댐퍼를 닫고 프리퍼지를 행한다.
③ 각 밸브의 개폐상태를 확인한다.
④ 보일러수의 물의 높이는 상용 수위로 하여 수면계로 확인한다.

해설 보일러 가동 전 연료댐퍼를 열고 프리퍼지(환기=치환)로 잔류가스를 배제시킨 후 점화 버너를 사용하여 점화시킨다.

**55 에너지이용 합리화법에 따라 에너지다소비사업자에게 개선명령을 하는 경우는 에너지관리지도 결과 몇 % 이상의 에너지 효율 개선이 기대되고 효율 개선을 위한 투자의 경제성이 인정되는 경우인가?**

① 5%　　② 10%
③ 15%　　④ 20%

해설
- 에너지 다소비사업자(연간 석유환산 2,000T.O.E 이상 사용자)에게 에너지관리지도 결과 10% 이상의 에너지 효율 개선이 기대되면 에너지 개선명령을 한다.
- 에너지 다소비사업자는 개선명령을 받은 날로부터 60일 이내에 개선계획을 수립하여 산업통상자원부장관에게 통보하여야 한다.

**56 다음 (　) 안의 A, B에 각각 들어갈 용어로 옳은 것은?**

> 에너지이용 합리화법은 에너지의 수급을 안정시키고 에너지의 합리적이고, 효율적인 이용을 증진하며, 에너지소비로 인한 ( A )을(를) 줄임으로써 국민경제의 건전한 발전 및 국민복지의 증진과 ( B )의 최소화에 이바지함을 목적으로 한다.

① A=환경파괴, B=온실가스
② A=자연파괴, B=환경피해
③ A=환경피해, B=지구온난화
④ A=온실가스 배출, B=환경파괴

**57 에너지이용 합리화법에 따라 검사대상기기의 용량이 15t/h인 보일러의 경우 조종자의 자격 기준으로 가장 옳은 것은?**

① 에너지관리기능장 자격 소지자만이 가능하다.
② 에너지관리기능장, 에너지관리기사 자격 소지자만이 가능하다.
③ 에너지관리기능장, 에너지관리기사, 에너지관리산업기사 자격 소지자만이 가능하다.
④ 에너지관리기능장, 에너지관리기사, 에너지관리산업기사, 에너지관리기능사 자격 소지자만이 가능하다.

해설 보일러 조종자 자격증 범위
- 10톤/h 이하 : 모든 보일러 자격증으로 가능
- 10톤/h 초과~30톤/h 이하 : ③항 내용
- 30톤/h 초과 : 에너지관리기사, 에너지관리기능장

**58 제3자로부터 위탁을 받아 에너지사용시설의 에너지 절약을 위한 관리 · 용역사업을 하는 자로서 산업통상자원부장관에게 등록을 한 자를 지칭하는 기업은?**

① 에너지진단기업
② 수요관리투자기업
③ 에너지절약전문기업
④ 에너지기술개발전담기업

**해설** 에너지절약전문기업(ESCO)
제3자로부터 위탁을 받아 에너지사용시설의 에너지절약을 위한 관리 · 용역사업을 하는 자로서 산업통상자원부장관에게 등록을 한 자

**59 신 · 재생에너지 설비인증 심사기준을 일반 심사기준과 설비심사기준으로 나눌 때 다음 중 일반심사기준에 해당되지 않는 것은?**

① 신 · 재생에너지 설비의 제조 및 생산 능력의 적정성
② 신 · 재생에너지 설비의 품질유지 · 관리능력의 적정성
③ 신 · 재생에너지 설비의 에너지효율의 적정성
④ 신 · 재생에너지 설비의 사후관리의 적정성

**해설** ③은 신 · 재생에너지 설비인증 심사기준에서 설비심사기준에 하당된다.

**60 에너지법상 지역에너지계획에 포함되어야 할 사항이 아닌 것은?**

① 에너지 수급의 추이와 전망에 관한 사항
② 에너지이용 합리화와 이를 통한 온실가스 배출 감소를 위한 대책에 관한 사항
③ 미활용에너지원의 개발 · 사용을 위한 대책에 관한 사항
④ 에너지 소비 촉진대책에 관한 사항

**해설** 에너지법 제7조(지역에너지계획의 수립) 제②항에 의해 포함되는 사항은 ①, ②, ③항 외 신 · 재생에너지 등 환경친화적 에너지 사용을 위한 대책에 관한 사항이 포함되어야 한다.

# 2013년 4회 에너지관리기능사

**01 보일러에서 사용하는 화염검출기에 관한 설명 중 틀린 것은?**

① 화염검출기는 검출이 확실하고 검출에 요구되는 응답시간이 길어야 한다.
② 사용하는 연료의 화염을 검출하는 것에 적합한 종류를 적용해야 한다.
③ 보일러용 화염검출기에는 주로 광학식 검출기와 화염검출봉식(Flame Rod) 검출기가 사용된다.
④ 광학식 화염검출기는 자회선식을 사용하는 것이 효율적이지만 유류보일러에는 일반적으로 가시광선식 또는 적외선식 화염검출기를 사용한다.

해설 안전장치인 화염검출기(프레임 아이, 프레임 로드, 스택스위치)는 검출이 확실하고 요구하는 응답시간이 짧아야 한다.

**02 과열기의 형식 중 증기와 열가스 흐름의 방향이 서로 반대인 과열기의 형식은?**

① 병류식 ② 대향류식
③ 증류식 ④ 역류식

해설 대향류식 과열기
(흐름이 반대 : 열효율이 좋다.)

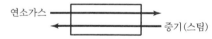

**03 연소 시 공기비가 적을 때 나타나는 현상으로 거리가 먼 것은?**

① 배기가스 중 NO 및 $NO_2$의 발생량이 많아진다.
② 불완전연소가 되기 쉽다.
③ 미연소가스에 의한 가스 폭발이 일어나기 쉽다.
④ 미연소가스에 의한 열손실이 증가될 수 있다.

해설 공기비가 적으면 과잉공기량 투입이 적어서 질소산화물(NO, $NO_2$)의 발생량이 적어진다.

**04 보일러 부속장치에 대한 설명 중 잘못된 것은?**

① 인젝터 : 증기를 이용한 급수장치
② 기수분리기 : 증기 중에 혼입된 수분을 분리하는 장치
③ 스팀 트랩 : 응축수를 자동으로 배출하는 장치
④ 절탄기 : 보일러 동 저면의 스케일, 침전물을 밖으로 배출하는 장치

해설 ④는 분출장치에 해당되는 내용이다.

**05 고압관과 저압관 사이에 설치하여 고압 측의 압력변화 및 증기 사용량 변화에 관계없이 저압 측의 압력을 일정하게 유지시켜 주는 밸브는?**

① 감압밸브 ② 온도조절 밸브
③ 안전밸브 ④ 플로트 밸브

해설

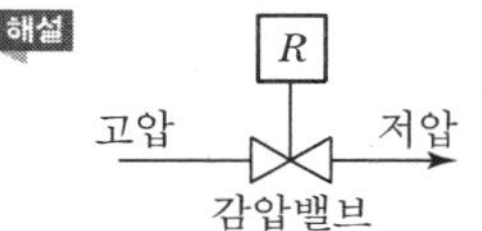


(부하 측 압력은 일정하게 유지된다.)

**06 포화증기와 비교하여 과열증기가 가지는 특징에 대한 설명으로 틀린 것은?**

① 증기의 마찰 손실이 적다.
② 같은 압력의 포화증기에 비해 보유열량이 많다.
③ 증기 소비량이 적어도 된다.
④ 가열 표면의 온도가 균일하다.

해설 과열증기는 가열표면의 온도가 불균일하다.

**07 보일러의 급수장치에 해당되지 않는 것은?**

① 비수방지관 ② 급수내관
③ 원심펌프 ④ 인젝터


ANSWER | 01 ① 02 ② 03 ① 04 ④ 05 ① 06 ④ 07 ①

해설 증기이송장치
비수방지관, 기수분리기, 주 증기밸브, 신축조인트, 감압밸브, 증기헤더, 스팀트랩

**08 전열면적이 $30m^2$인 수직 연관 보일러를 2시간 연소시킨 결과 3,000kg의 증기가 발생하였다. 이 보일러의 증발률은 약 몇 $kg/m^2 \cdot h$인가?**

① 20 ② 30
③ 40 ④ 50

해설 $전열면의\ 증발률 = \dfrac{증기발생량(kg/h)}{전열면적(m^2)}$

$= \dfrac{3,000}{30 \times 2} = 50kg/m^2 \cdot h$

**09 대기압에서 동일한 무게의 물 또는 얼음을 다음과 같이 변화시키는 경우 가장 큰 열량이 필요한 것은? (단, 물과 얼음의 비열은 각각 1kcal/kg · ℃, 0.48 kcal/kg · ℃이고, 물의 증발잠열은 539kcal/kg, 융해잠열은 80kcal/kg이다.)**

① −20℃의 얼음을 0℃의 얼음으로 변화
② 0℃의 얼음을 0℃의 물로 변화
③ 0℃의 물을 100℃의 물로 변화
④ 100℃의 물을 100℃의 증기로 변화

해설 ① $1 \times 0.48 \times (0-(-20)) = 9.6kcal/kg$
② 0℃의 얼음 융해잠열 : 80kcal/kg
③ 100℃의 물의 현열 : 100kcal/kg
④ 100℃의 물의 증발잠열 : 539kcal/kg

**10 노통이 하나인 코르니시 보일러에서 노통을 편심으로 설치하는 가장 큰 이유는?**

① 연소장치의 설치를 쉽게 하기 위함이다.
② 보일러수의 순환을 좋게 하기 위함이다.
③ 보일러의 강도를 크게 하기 위함이다.
④ 온도변화에 따른 신축량을 흡수하기 위함이다.

해설

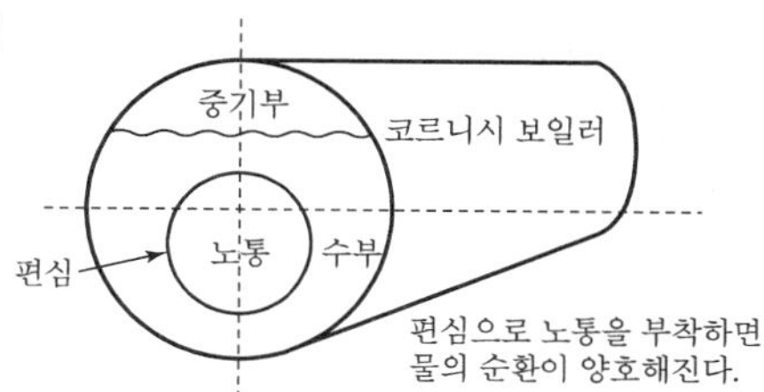


**11 노 내에 분사된 연료에 연소용 공기를 유효하게 공급 확산시켜 연소를 유효하게 하고 확실한 착화와 화염의 안정을 도모하기 위하여 설치하는 것은?**

① 화염검출기 ② 연료 차단밸브
③ 버너 정지 인터록 ④ 보염장치

해설 보염장치(에어레지스터)
윈드박스, 버너타일, 보염기, 콤버스터 등은 노 내에 분사된 연료에 연소용 공기를 유효하게 공급 · 확산시켜 연소를 유효하게 확실한 착화, 화염의 안정을 도모한다.

**12 보일러의 수면계와 관련된 설명 중 틀린 것은?**

① 증기보일러에는 2개(소용량 및 소형 관류보일러는 1개) 이상의 유리수면계를 부착하여야 한다. 다만, 단관식 관류보일러는 제외한다.
② 유리수면계는 보일러 동체에만 부착하여야 하며 수주관에 부착하는 것은 금지하고 있다.
③ 2개 이상의 원격지시 수면계를 시설하는 경우에 한하여 유리수면계를 1개 이상으로 할 수 있다.
④ 유리수면계는 상 · 하에 밸브 또는 콕을 가져야 하며, 한눈에 그것의 개 · 폐 여부를 알 수 있는 구조이어야 한다. 다만, 소형 관류보일러에서는 밸브 또는 콕을 갖추지 아니할 수 있다.

해설 유리제 수면계는 수면계 연락관 보호를 위해 보일러 본체가 아닌 수주관에 부착한다.

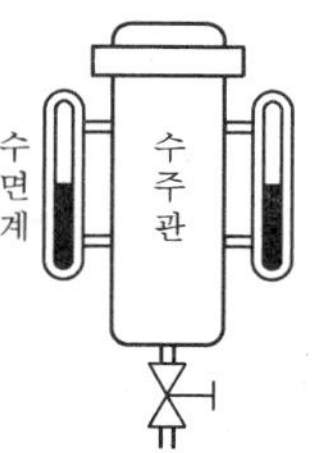

**13 다음 중 보일러의 안전장치로 볼 수 없는 것은?**

① 고저수위 경보장치
② 화염검출기
③ 급수펌프
④ 압력조절기

해설 급수장치
- 급수펌프
- 체크밸브
- 게이트밸브
- 인젝터

**14 어떤 보일러의 3시간 동안 증발량이 4,500kg이고, 그때의 급수 엔탈피가 25kcal/kg, 증기엔탈피가 680kcal/kg이라면 상당증발량은 약 몇 kg/h인가?**

① 551 ② 1,684
③ 1,823 ④ 3,051

해설 보일러 상당 증발량(We)

$$= \frac{\text{시간당 증기발생량} \times (\text{발생증기엔탈피} - \text{급수엔탈피})}{539}$$

$$= \frac{4,500(680-25)}{3 \times 539} = 1,823\text{kg/h}$$

**15 보일러 2마력을 열량으로 환산하면 약 몇 kcal/h인가?**

① 10,780 ② 13,000
③ 15,650 ④ 16,870

해설 보일러 1마력 = 상당증발량 15.65kg/h 발생능력
물의 증발잠열 : 539kcal/kg
$\therefore Q = 2 \times (15.65 \times 539) = 16,870\text{kcal/h}$

**16 전자밸브가 작동하여 연료공급을 차단하는 경우로 거리가 먼 것은?**

① 보일러수의 이상 감수 시
② 증기압력 초과 시
③ 배기가스온도의 이상 저하 시
④ 점화 중 불착화 시

해설 배기가스의 온도가 설정온도를 초과할 경우 전자밸브가 작동하여 연료공급을 차단시킨다(배기가스 열손실 감소 및 보일러과열 방지).

**17 운전 중 화염이 블로 오프(Blow－Off)된 경우 특정한 경우에 한하여 재점화 및 재시동을 할 수 있다. 이때 재점화와 재시동의 기준에 관한 설명으로 틀린 것은?**

① 재점화에서 점화장치는 화염의 소화 직후, 1초 이내에 자동으로 작동할 것
② 강제 혼합식 버너의 경우 재점화 동작 시 화염감시장치가 부착된 버너에는 가스가 공급되지 아니할 것
③ 재점화에 실패한 경우에는 지정된 안전차단시간 내에 버너가 작동 폐쇄될 것
④ 재시동은 가스의 공급이 차단된 후 즉시 표준연속 프로그램에 의하여 자동으로 이루어질 것

해설 재점화에서 점화장치는 화염의 소화 직후 프리퍼지(노 내 환기)가 실시된 후에 5초 이내에 자동으로 점화될 것

**18 연소가 이루어지기 위한 필수 요건에 속하지 않는 것은?**

① 가연물 ② 수소 공급원
③ 점화원 ④ 산소 공급원

해설 연소의 3대 요소
- 가연물
- 점화원
- 산소공급원

**19 보일러 통풍에 대한 설명으로 잘못된 것은?**

① 자연통풍은 일반적으로 별도의 동력을 사용하지 않고 연돌로 인한 통풍을 말한다.
② 평형통풍은 통풍조절은 용이하나 통풍력이 약하여 주로 소용량 보일러에서 사용한다.
③ 압입통풍은 연소용 공기를 송풍기로 노 입구에서 대기압보다 높은 압력으로 밀어 넣고 굴뚝의 통풍작용과 같이 통풍을 유지하는 방식이다.
④ 흡입통풍은 크게 연소가스를 직접 통풍기에 빨아들이는 직접 흡입식과 통풍기로 대기를 빨아들이게 하고 이를 이젝터로 보내어 그 작용에 의해 연소가스를 빨아들이는 간접흡입식이 있다.


ANSWER | 13 ③ 14 ③ 15 ④ 16 ③ 17 ① 18 ② 19 ②

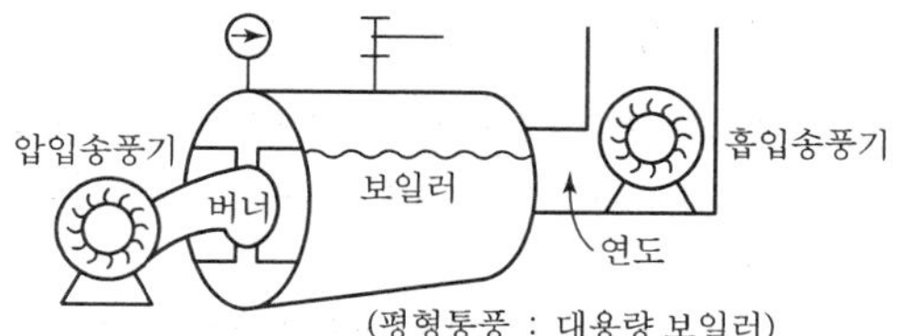

(평형통풍 : 대용량 보일러)

## 20 보일러 연료의 구비조건으로 틀린 것은?

① 공기 중에 쉽게 연소할 것
② 단위 중량당 발열량이 클 것
③ 연소 시 회분 배출량이 많을 것
④ 저장이나 운반, 취급이 용이할 것

해설 보일러 연료는 회분(재) 배출량이 적어야 한다.

## 21 기체연료의 일반적인 특징을 설명한 것으로 잘못된 것은?

① 적은 공기비로 완전연소가 가능하다.
② 수송 및 저장이 편리하다.
③ 연소효율이 높고 자동제어가 용이하다.
④ 누설 시 화재 및 폭발의 위험이 크다.

해설 기름연료는 수송이나 저장이 편리하고 가스연료는 정반대이다.

## 22 자동제어의 신호전달방법에서 공기압식의 특징으로 맞는 것은?

① 신호전달거리가 유압식에 비하여 길다.
② 온도제어 등에 적합하고 화재의 위험이 많다.
③ 전송 시 시간지연이 생긴다.
④ 배관이 용이하지 않고 보전이 어렵다.

해설
- 공기압식 신호전달은 전송거리가 150m 이내로 짧고 전송 시 시간이 지연된다(온도제어 등에는 적합하다). 또한 보존이 용이하다.
- 유압식 신호전달은 화재의 위험이 있다.
- 전기식 신호전달은 배관이 용이하다.

## 23 측정 장소의 대기 압력을 구하는 식으로 옳은 것은?

① 절대 압력+게이지 압력
② 게이지 압력−절대 압력
③ 절대 압력−게이지 압력
④ 진공도×대기 압력

해설 대기 압력=절대 압력−게이지 압력
㉠ 절대 압력
- 게이지 압력+대기 압력
- 대기 압력−진공 압력

㉡ 진공 압력 : 대기 압력 미만의 압력(대기 압력보다 낮은 압력)

## 24 다음 집진장치 중 가압수를 이용한 집진장치는?

① 포켓식
② 임펠러식
③ 벤투리 스크레버식
④ 타이젠 와셔식

해설 ㉠ 세정식 집진장치 : 회전식, 유수식, 가압수식
㉡ 가압수식
- 벤투리 스크레버식
- 사이클론 스크레버식
- 제트 스크레버식
- 충진탑

## 25 온수 보일러에서 배플 플레이트(Baffle Plate)의 설치 목적으로 맞는 것은?

① 급수를 예열하기 위하여
② 연소효율을 감소시키기 위하여
③ 강도를 보강하기 위하여
④ 그을음 부착량을 감소시키기 위하여

해설 온수 보일러 배플 플레이트(화염방지판)의 설치 목적은 전열양호, 그을음 부착량 감소, 연소가스의 흐름 촉진이 목적이다.

**26 원통형 보일러의 일반적인 특징에 관한 설명으로 틀린 것은?**

① 구조가 간단하고 취급이 용이하다.
② 수부가 크므로 열 비축량이 크다.
③ 폭발 시에도 비산 면적이 작아 재해가 크게 발생하지 않는다.
④ 사용 증기량의 변동에 따른 발생 증기의 압력변동이 작다.

해설 원통형 보일러는 보일러 본체 내 보유수가 많아 파열 시 비산 면적이 커져 재해가 크게 발생하나 수관식 보일러는 그 정반대이다.

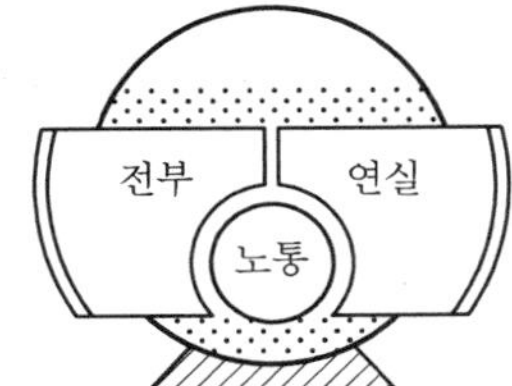


**27 보일러 효율이 85%, 실제증발량이 5t/h이고 발생증기의 엔탈피 656kcal/kg, 급수온도의 엔탈피는 56kcal/kg, 연료의 저위발열량 9,750kcal/kg일 때 연료 소비량은 약 몇 kg/h인가?**

① 316 ② 362
③ 389 ④ 405

해설 효율$(\eta) = \dfrac{W_G(h_2 - h_1)}{G_f \times HL} \times 100(\%)$

$$85(\%) = \frac{5 \times 1,000(656-56)}{G_f \times 9,750} \times 100$$

$$G_f = \frac{5 \times 1,000(656-56)}{0.85 \times 9,750} = 362\text{kg/h}$$

**28 보일러의 부속설비 중 연료공급계통에 해당하는 것은?**

① 콤버스터 ② 버너타일
③ 수트 블로어 ④ 오일 프리히터

해설 연료공급계통
오일탱크, 오일펌프, 오일프리히터(기름 가열기), 서비스탱크, 급유량계 및 온도계, 기름여과기 등이 있다.

**29 보일러설치기술규격에서 보일러의 분류에 대한 설명 중 틀린 것은?**

① 주철제 보일러의 최고사용압력은 증기보일러일 경우 0.5MPa까지, 온수 온도는 373K(100℃)까지로 국한된다.
② 일반적으로 보일러는 사용매체에 따라 증기보일러, 온수 보일러 및 열매체 보일러로 분류한다.
③ 보일러의 재질에 따라 강철제 보일러와 주철제 보일러로 분류한다.
④ 연료에 따라 유류보일러, 가스보일러, 석탄보일러, 목재보일러, 폐열보일러, 특수연료 보일러 등이 있다.

해설 주철제 증기보일러, 온수 보일러
- 최고사용압력 : 0.1MPa까지 사용
- 온수사용한도 : 115℃ 이하(388K 이하)

**30 보일러가 최고사용압력 이하에서 파손되는 이유로 가장 옳은 것은?**

① 안전장치가 작동하지 않기 때문에
② 안전밸브가 작동하지 않기 때문에
③ 안전장치가 불완전하기 때문에
④ 구조상 결함이 있기 때문에

해설 보일러가 구조상 결함이 있다면 최고사용압력 이하에서 파손될 우려가 발생한다.

**31 동관 이음에서 한쪽 동관의 끝을 나팔형으로 넓히고 압축이음쇠를 이용하여 체결하는 이음 방법은?**

① 플레어 이음
② 플랜지 이음
③ 플라스턴 이음
④ 물코 이음

해설 플레어 이음
동관 이음에서 한쪽 동관의 끝을 나팔형으로 넓히고 압축이음쇠를 이용하여 20A 이하 관을 체결하는 이음

 ANSWER | 26 ③ 27 ② 28 ④ 29 ① 30 ④ 31 ①

**32** **보온재가 갖추어야 할 조건에 대한 설명으로 틀린 것은?**

① 열전도율이 작아야 한다.
② 부피, 비중이 커야 한다.
③ 적합한 기계적 강도를 가져야 한다.
④ 흡수성이 낮아야 한다.

해설 보온재는 부피, 비중이 적어야 보온능력이 우수하고 열손실이 적어진다.

**33** **배관의 하중을 위에서 끌어당겨 지지할 목적으로 사용되는 지지구가 아닌 것은?**

① 리지드 행거(Rigid Hanger)
② 앵커(Anchor)
③ 콘스탄트 행거(Constant Hanger)
④ 스프링 행거(Spring Hanger)

해설 리스트레인트
앵커, 스톱, 가이드로서 관의 신축으로 인한 배관의 좌우, 상하 이동을 구속 제한한다.

**34** **온수온돌의 방수처리에 대한 설명으로 적절하지 않은 것은?**

① 다층건물에 있어서도 전 층의 온수온돌에 방수처리를 하는 것이 좋다.
② 방수처리는 내식성이 있는 루핑, 비닐, 방수몰탈로 하며, 습기가 스며들지 않도록 완전히 밀봉한다.
③ 벽면으로 습기가 올라오는 것을 대비하여 온돌바닥보다 약 10cm 이상 위까지 방수처리를 하는 것이 좋다.
④ 방수처리를 함으로써 열손실을 감소시킬 수 있다.

해설 다층건물에 저층 1층이나 반지하가 있으면 지면과 접하는 온수온돌의 경우에만 방수처리가 필요하다(온수온돌에서).

**35** **원통보일러에서 급수의 pH 범위(25℃ 기준)로 가장 적합한 것은?**

① pH 3~5　② pH 7~9
③ pH 11~12　④ pH 14~15

해설 • 보일러 급수 pH : 7~9 정도
• 보일러수 pH : 10.5~11.8 정도

**36** **보일러의 연소조작 중 역화의 원인으로 거리가 먼 것은?**

① 불완전 연소의 상태가 두드러진 경우
② 흡입통풍이 부족한 경우
③ 연도댐퍼의 개도를 너무 넓힌 경우
④ 압입통풍이 너무 강한 경우

해설 연도의 댐퍼 개도를 너무 넓힌 경우 연소 중 역화가 방지된다(배기가스 배기가 원활하여진다).

**37** **보일러 운전 중 연도 내에서 폭발이 발생하면 제일 먼저 해야 할 일은?**

① 급수를 중단한다.
② 증기밸브를 잠근다.
③ 송풍기 가동을 중지한다.
④ 연료공급을 차단하고 가동을 중지한다.

해설 보일러 운전 중 연도 내에서 폭발이 발생하면 제일 먼저 연료공급을 차단하고 가동 중지 후 포스트퍼지(연도 환기)를 한다.

**38** **보일러를 옥내에 설치할 때의 설치 시공 기준 설명으로 틀린 것은?**

① 보일러에 설치된 계기들을 육안으로 관찰하는 데 지장이 없도록 충분한 조명시설이 있어야 한다.
② 보일러 동체에서 벽, 배관, 기타 보일러 측부에 있는 구조물(검사 및 청소에 지장이 없는 것은 제외)까지 거리는 0.6m 이상이어야 한다. 다만, 소형 보일러는 0.45m 이상으로 할 수 있다.
③ 보일러실은 연소 및 환경을 유지하기에 충분한 급기구 및 환기구가 있어야 한다. 급기구는 보일러 배기가스 덕트의 유효단면적 이상이어야 하고 도시가스를 사용하는 경우에는 환기구를 가능한 한 높이 설치하여 가스가 누설되었을 때 체류하지 않는 구조이어야 한다.

④ 연료를 저장할 때에는 보일러 외측으로부터 2m 이상 거리를 두거나 방화격벽을 설치하여야 한다. 다만, 소형 보일러의 경우에는 1m 이상 거리를 두거나 반격벽으로 할 수 있다.

**해설** ② 보일러 동체에서 벽, 배관, 기타 보일러 측부에 있는 구조물(검사 및 청소에 지장이 없는 것은 제외)까지 거리는 0.45m 이상이어야 한다. 다만, 소형 보일러는 0.3m 이상으로 할 수 있다.

**39** **강철제 보일러의 최고사용압력이 0.43MPa 초과 1.5MPa 이하일 때 수압시험 압력 기준으로 옳은 것은?**

① 0.2MPa로 한다.
② 최고사용압력의 1.3배에 0.3MPa를 더한 압력으로 한다.
③ 최고사용압력의 1.5배로 한다.
④ 최고사용압력의 2배에 0.5MPa를 더한 압력으로 한다.

**해설** 수압시험
①: 최고사용압력이 0.43MPa 이하 해당
②: 최고사용압력이 0.43MPa 초과 1.5MPa 이하 해당
③: 최고사용압력이 1.5MPa 초과에 해당

**40** **증기난방 방식에서 응축수 환수방법에 의한 분류가 아닌 것은?**

① 진공 환수식 ② 세정 환수식
③ 기계 환수식 ④ 중력 환수식

**해설** 증기난방 응축수 환수방법
- 진공 환수식
- 기계 환수식
- 중력 환수식

**41** **신축곡관이라고 하며 강관 또는 동관 등을 구부려서 구부림에 따른 신축을 흡수하는 이음쇠는?**

① 루프형 신축 이음쇠
② 슬리브형 신축 이음쇠
③ 스위블형 신축 이음쇠
④ 벨로즈형 신축 이음쇠

**해설** 루프형(곡관형)

(대형 옥외배관용에 사용)
이 부위에서 응력이 발생된다.

**42** **보일러에서 이상고수위를 초래한 경우 나타나는 현상과 그 조치에 관한 설명으로 옳지 않은 것은?**

① 이상 고수위를 확인한 경우에는 즉시 연소를 정지시킴과 동시에 급수 펌프를 멈추고 급수를 정지시킨다.
② 이상 고수위를 넘어 만수상태가 되면 보일러 파손이 일어날 수 있으므로 동체 하부에 분출밸브(콕)를 전개하여 보일러수를 전부 재빨리 방출하는 것이 좋다.
③ 이상 고수위나 증기의 취출량이 많은 경우에는 캐리오버나 프라이밍 등을 일으켜 증기 속에 물방울이나 수분이 포함되며, 심한 경우 수격작용을 일으킬 수 있다.
④ 수위가 유리수면계의 상단에 달했거나 조금 초과한 경우에는 급수를 정지시켜야 하지만, 연소는 정지시키지 말고 저연소율로 계속 유지하여 송기를 계속한 후 보일러 수위가 정상으로 회복하면 원래 운전상태로 돌아오는 것이 좋다.

**해설** 보일러 이상 고수위 운전 시에는 동체 하부에 분출장치를 통해 상용수위까지 물을 배출한다(수면계 높이 $\frac{1}{2}$).

**43** **어떤 주철제 방열기 내 증기의 평균온도가 110℃이고, 실내 온도가 18℃일 때, 방열기의 방열량은?(단, 방열기의 방열계수는 7.2kcal/m$^2$ · h · ℃이다.)**

① 236.4kcal/m$^2$ · h
② 478.8kcal/m$^2$ · h
③ 521.6kcal/m$^2$ · h
④ 662.4kcal/m$^2$ · h

**해설** 방열기 소요방열량=7.2×(110−18)
=662.4kcal/m$^2$ · h

 ANSWER | 39 ② 40 ② 41 ① 42 ② 43 ④

**44** **보일러 휴지기간이 1개월 이하인 단기보존에 적합한 방법은?**

① 석회밀폐건조법
② 소다만수보존법
③ 가열건조법
④ 질소가스봉입법

해설 • 1개월 이하 단기보존 : 가열건조법
• 6개월 이하 보존 : 만수보존
• 6개월 초과 보존 : ①, ②, ④항

**45** **가스보일러에서 가스폭발의 예방을 위한 유의사항 중 틀린 것은?**

① 가스압력이 적당하고 안정되어 있는지 점검한다.
② 화로 및 굴뚝의 통풍, 환기를 완벽하게 하는 것이 필요하다.
③ 점화용 가스의 종류는 가급적 화력이 낮은 것을 사용한다.
④ 착화 후 연소가 불안정할 때는 즉시 가스공급을 중단한다.

해설 가스보일러 점화 시 가스폭발 방지를 위해 점화용 가스는 가급적 착화가 용이하도록 화력이 큰 것을 사용하고 5초 이내에 점화가 가능한 가스가 이상적이다.

**46** **난방설비와 관련된 설명 중 잘못된 것은?**

① 증기난방의 표준 방열량은 650kcal/m$^2$ · h이다.
② 방열기는 증기 또는 온수 등의 열매를 유입하여 열을 방산하는 기구로 난방의 목적을 달성하는 장치이다.
③ 하트포드 접속법(Hartford Connection)은 고압 증기난방에 필요한 접속법이다.
④ 온수난방은 온수순환방식에 따라 크게 중력 순환식과 강제 순환식으로 구분한다.

해설 하트포드 접속법(균형관 접속법)은 저압증기난방에서 사용하는 접속법이다.

**47** **구상흑연 주철관이라고도 하며, 땅속 또는 지상에 배관하여 압력상태 또는 무압력 상태에서 물의 수송 등에 주로 사용되는 주철관은?**

① 덕타일 주철관
② 수도용 이형 주철관
③ 원심력 모르타르 라이닝 주철관
④ 수도용 원심력 금형 주철관

해설 덕타일 주철관
구상흑연 주철관(강관과 비슷한 주철관)

**48** **다음 중 보온재의 종류가 아닌 것은?**

① 코르크
② 규조토
③ 기포성 수지
④ 제게르콘

해설 ④ 제게르콘 : 내화벽돌의 내화도 측정 콘

**49** **관의 접속상태 · 결합방식의 표시방법에서 용접이음을 나타내는 그림기호로 맞는 것은?**

① —|—　② —‖—(유니온)　③ —●—　④ —‖—

해설 ① : 나사 이음　② : 유니온 이음
③ : 용접 이음　④ : 플랜지 이음

**50** **손실 열량 3,000kcal/h의 사무실에 온수 방열기를 설치할 때 방열기의 소요 섹션 수는 몇 쪽인가?(단, 방열기 방열량은 표준방열량으로 하며, 1섹션의 방열 면적은 0.26m$^2$이다.)**

① 12쪽　② 15쪽
③ 26쪽　④ 32쪽

해설 $$\text{온수방열기 소요 섹션 수} = \frac{\text{손실열량}}{450 \times \text{1섹션 방열면적}} = \frac{3{,}000}{450 \times 0.26} = 26\text{쪽(개)}$$

**51** **온수난방에서 팽창탱크의 용량 및 구조에 대한 설명으로 틀린 것은?**

① 개방식 팽창탱크는 저수난방 배관에 주로 사용된다.
② 밀폐식 팽창탱크는 고온수난방 배관에 주로 사용된다.
③ 밀폐식 팽창탱크에는 수면계를 설치한다.
④ 개방식 팽창탱크에는 압력계를 설치한다.

해설 100℃ 이상 중온수난방에서 밀폐식 팽창탱크에 압력계나 방출밸브를 설치한다.

**52** **〈보기〉와 같은 부하에 대해서 보일러의 '정격출력'을 올바르게 표시한 것은?**

[보기]
$H_1$ : 난방부하 $H_2$ : 급탕부하
$H_3$ : 배관부하 $H_4$ : 예열부하

① $H_1+H_2+H_3$ ② $H_2+H_3+H_4$
③ $H_1+H_2+H_4$ ④ $H_1+H_2+H_3+H_4$

해설 보일러 출력
- 정미출력 : $H_1+H_2$
- 상용출력 : $H_1+H_2+H_3$
- 정격출력 : $H_1+H_2+H_3+H_4$

**53** **점화조작 시 주의사항에 관한 설명으로 틀린 것은?**

① 연료가스의 유출속도가 너무 빠르면 실화 등이 일어날 수 있고, 너무 늦으면 역화가 발생할 수 있다.
② 연소실의 온도가 낮으면 연료의 확산이 불량해지며 착화가 잘 안 된다.
③ 연료의 예열온도가 너무 높으면 기름이 분해되고, 분사각도가 흐트러져 분무상태가 불량해지며, 탄화물이 생성될 수 있다.
④ 유압이 너무 낮으면 그을음이 축적될 수 있고, 너무 높으면 점화 및 분사가 불량해질 수 있다.

해설 기름의 유압이 너무 낮으면 점화나 분사가 불량해질 수 있고 유압이 너무 높으면 역화 또는 카본부착, 그을음 발생 및 점화가 불량해질 수 있다.

**54** **보일러를 계획적으로 관리하기 위해서는 연간계획 및 일상보전계획을 세워 이에 따라 관리를 하는데 연간계획에 포함할 사항과 가장 거리가 먼 것은?**

① 급수계획 ② 점검계획
③ 정비계획 ④ 운전계획

해설 급수계획
일상보전계획이 필요하다(저수위사고 방지계획).

**55** **신 · 재생에너지 설비의 인증을 위한 심사기준 항목으로 거리가 먼 것은?**

① 국제 또는 국내의 성능 및 규격에의 적합성
② 설비의 효율성
③ 설비의 우수성
④ 설비의 내구성

해설 신 · 재생에너지 설비의 인증 심사기준 항목은 ①, ②, ④항을 심사기준 항목으로 한다.

**56** **저탄소녹색성장기본법에 따라 대통령령으로 정하는 기준량 이상의 에너지 소비업체를 지정하는 기준으로 옳은 것은?(단, 기준일은 2013년 7월 21일을 기준으로 한다.)**

① 해당 연도 1월 1일을 기준으로 최근 3년간 업체의 모든 사업체에서 소비한 에너지의 연평균 총량이 650terajoules 이상
② 해당 연도 1월 1일을 기준으로 최근 3년간 업체의 모든 사업체에서 소비한 에너지의 연평균 총량이 550terajoules 이상
③ 해당 연도 1월 1일을 기준으로 최근 3년간 업체의 모든 사업체에서 소비한 에너지의 연평균 총량이 450terajoules 이상
④ 해당 연도 1월 1일을 기준으로 최근 3년간 업체의 모든 사업체에서 소비한 에너지의 연평균 총량이 350terajoules 이상

해설 별표 3에 의해 2012년 1월 1일~2013년 12월 31일까지는 350terajoules 이상


ANSWER | 51 ④ 52 ④ 53 ④ 54 ① 55 ③ 56 ④

**57 에너지이용 합리화법에 따라 에너지이용 합리화 기본계획에 포함될 사항으로 거리가 먼 것은?**

① 에너지절약형 경제구조로의 전환
② 에너지이용 효율의 증대
③ 에너지이용 합리화를 위한 홍보 및 교육
④ 열사용기자재의 품질관리

해설 품질관리는 안전관리가 되어야 기본계획에 해당된다.

**58 에너지이용 합리화법 시행령상 에너지 저장의무 부과대상자에 해당되는 자는?**

① 연간 2만 석유환산톤 이상의 에너지를 사용하는 자
② 연간 1만 5천 석유환산톤 이상의 에너지를 사용하는 자
③ 연간 1만 석유환산톤 이상의 에너지를 사용하는 자
④ 연간 5천 석유환산톤 이상의 에너지를 사용하는 자

해설 에너지 저장의무부과 대상자
연간 2만 석유환산톤 이상의 에너지를 사용하는 자

**59 에너지이용 합리화법에 따라 주철제 보일러에서 설치검사를 면제 받을 수 있는 기준으로 옳은 것은?**

① 전열면적 30제곱미터 이하의 유류용 주철제 증기 보일러
② 전열면적 50제곱미터 이하의 유류용 주철제 온수 보일러
③ 전열면적 40제곱미터 이하의 유류용 주철제 증기 보일러
④ 전열면적 60제곱미터 이하의 유류용 주철제 온수 보일러

해설
- 주철제 보일러 설치검사 면제기준 : 전열면적 $30m^2$ 이하의 유류용 보일러
- 가스 외의 연료를 사용하는 1종 관류 보일러(설치검사 면제)

**60 에너지이용 합리화법의 목적이 아닌 것은?**

① 에너지의 수급안정을 기함
② 에너지의 합리적이고 비효율적인 이용을 증진함
③ 에너지소비로 인한 환경피해를 줄임
④ 지구온난화의 최소화에 이바지함

해설 에너지법은 에너지의 합리적이고 효율적인 이용을 증진한다.

# 2013년 5회 에너지관리기능사

**01 보일러의 부속장치 중 축열기에 대한 설명으로 가장 옳은 것은?**

① 통풍이 잘 이루어지게 하는 장치이다.
② 폭발방지를 위한 안전장치이다.
③ 보일러의 부하변동에 대비하기 위한 장치이다.
④ 증기를 한 번 더 가열시키는 장치이다.

**해설** 증기축열기(어큐뮬레이터)
남아도는 잉여증기를 급수탱크에 열로 저장한 후 보일러 부하변동 시 온수를 보일러 본체로 보내어서 증기발생 또는 온수공급을 촉진한다.

**02 증기 보일러에 설치하는 압력계의 최고 눈금은 보일러 최고사용압력의 몇 배가 되어야 하는가?**

① 0.5~0.8배 ② 1.0~1.4배
③ 1.5~3.0배 ④ 5.0~10.0배

**해설** 증기보일러 압력계 눈금범위
최고사용압력의 1.5배 이상~3.0배 이하의 표시가 필요하다.

**03 보일러의 연소장치에서 통풍력을 크게 하는 조건으로 틀린 것은?**

① 연돌의 높이를 높인다.
② 배기가스 온도를 높인다.
③ 연도의 굴곡부를 줄인다.
④ 연돌의 단면적을 줄인다.

**해설** 통풍력 증가 조건
연돌의 상부단면적을 크게 한다.

**04 보일러 액체연료의 특징 설명으로 틀린 것은?**

① 품질이 균일하며 발열량이 높다.
② 운반 및 저장, 취급이 용이하다.
③ 회분이 많고 연소조절이 쉽다.
④ 연소온도가 높아 국부과열 위험성이 높다.

**해설** 고체연료
회분(재)이 많고 연소조절이 매우 불편하고 공기비가 커야 한다.

**05 벽체 면적이 $24m^2$, 열관류율이 $0.5kcal/m^2 \cdot h \cdot ℃$, 벽체 내부의 온도가 40℃, 벽체 외부의 온도가 8℃일 경우 시간당 손실열량은 약 몇 kcal/h인가?**

① 294kcal/h ② 380kcal/h
③ 384kcal/h ④ 394kcal/h

**해설** 열관류율에 의한 손실열량 계산
벽체면적×열관류율×내외의 온도차
$=24\times0.5\times(40-8)=384$kcal/h

**06 증기공급 시 과열증기를 사용함에 따른 장점이 아닌 것은?**

① 부식 발생 저감
② 열효율 증대
③ 가열장치의 열응력 저하
④ 증기소비량 감소

**해설** 과열증기 사용
가열장치의 열응력이 증대한다(과열증기=400~600℃ 사이만 사용 가능하다. 열응력 증가를 방지하기 위함).

**07 화염 검출기의 종류 중 화염의 발열을 이용한 것으로 바이메탈에 의하여 작동되며, 주로 소용량 온수 보일러의 연도에 설치되는 것은?**

① 플레임 아이 ② 스택 스위치
③ 플레임 로드 ④ 적외선 광전관

**해설** 스택 스위치(발열체)
소용량 온수 보일러에 사용되는 화염검출 안전장치(바이메탈 내장용)


ANSWER | 01 ③ 02 ③ 03 ④ 04 ③ 05 ③ 06 ③ 07 ②

**08** **수위경보기의 종류에 속하지 않는 것은?**

① 맥도널식 ② 전극식
③ 배플식 ④ 마그네틱식

해설 배플식
열손실 내 화염 방지판(화염이 전열면으로 향하도록 화염의 위치를 이끌어주는 장치)

**09** **보일러의 3대 구성요소 중 부속장치에 속하지 않는 것은?**

① 통풍장치 ② 급수장치
③ 여열장치 ④ 연소장치

해설 보일러의 3대 구성요소
- 보일러 본체
- 보일러 부속장치(통풍, 여열, 급수장치 등)
- 보일러 연소장치

**10** **연소안전장치 중 플레임 아이(Flame Eye)로 사용되지 않는 것은?**

① 광전관 ② CdS cell
③ PbS cell ④ CdP cell

해설 플레임 아이(화염검출기)
- 광전관
- CdS cell(황화카드뮴 셀)
- PbS cell(황화납 셀)

**11** **연료 발열량은 9,750kcal/kg, 연료의 시간당 사용량은 300kg/h인 보일러의 상당증발량이 5,000kg/h일 때 보일러 효율은 약 몇 %인가?**

① 83 ② 85
③ 87 ④ 92

해설 보일러 효율(%)$=\dfrac{\text{상당증발량}\times 539}{\text{연료소비량}\times\text{발열량}}\times 100$

$=\dfrac{5,000\times 539}{300\times 9,750}\times 100=92\%$

**12** **보일러 예비 급수장치인 인젝터의 특징을 설명한 것으로 틀린 것은?**

① 구조가 간단하다.
② 설치장소를 많이 차지하지 않는다.
③ 증기압이 낮아도 급수가 잘 이루어진다.
④ 급수온도가 높으면 급수가 곤란하다.

해설 인젝터 급수설비(증기 이용 펌프 일종)의 사용증기압은 2~10kg/cm$^2$ 정도 이용

**13** **다음 중 액화천연가스(LNG)의 주성분은 어느 것인가?**

① $CH_4$ ② $C_2H_6$
③ $C_3H_6$ ④ $C_4H_{10}$

해설 NG(천연가스), LNG(액화천연가스)
- 주성분 : 메탄($CH_4$) : 비점 −162℃
- 반응식 $= CH_4 + 2O_2 \rightarrow CO_2 + 2H_2O$

**14** **보일러의 세정식 집진방법은 유수식과 가압수식, 회전식으로 분류할 수 있는데, 다음 중 가압수식 집진장치의 종류가 아닌 것은?**

① 타이젠 와셔
② 벤투리 스크러버
③ 제트 스크러버
④ 충전탑

해설 보일러 집진장치(매연포집장치)
- 유수식
- 회전식(타이젠 와셔 등)
- 가압식

**15** **중유 연소에서 버너에 공급되는 중유의 예열온도가 너무 높을 때 발생되는 이상현상으로 거리가 먼 것은?**

① 카본(탄화물) 생성이 잘 일어날 수 있다.
② 분무상태가 고르지 못할 수 있다.
③ 역화를 일으키기 쉽다.
④ 무화 불량이 발생하기 쉽다.

08 ③ 09 ④ 10 ④ 11 ④ 12 ③ 13 ① 14 ① 15 ④ | ANSWER

해설 중유의 예열온도(80~90℃)가 너무 높으면 이상현상으로 ①, ②, ③ 상태가 발생하나 무화불량은(안개방울화) 일어나지 않는다.

**16** **1보일러 마력은 몇 kg/h의 상당증발량의 값을 가지는가?**

① 15.65　　② 79.8
③ 539　　④ 860

해설 보일러 1마력은 상당증발량 15.65kg/h(8,435kcal/h)의 값을 가진다.

$$\text{보일러 마력} = \frac{\text{상당증발량(kg/h)}}{15.65}$$

**17** **보일러 증발률이 $80\text{kg/m}^2 \cdot \text{h}$이고, 실제 증발량이 40t/h일 때, 전열면적은 약 몇 $\text{m}^2$인가?**

① 200　　② 320
③ 450　　④ 500

해설
$$\text{전열면적} = \frac{\text{실제 증발량}}{\text{보일러 전열면의 증발률}} = \frac{40 \times 1000(\text{kg/톤})}{80} = 500\text{m}^2$$

**18** **보일러 자동제어에서 시퀀스(Sequence) 제어를 가장 옳게 설명한 것은?**

① 결과가 원인으로 되어 제어단계를 진행하는 제어이다.
② 목푯값이 시간적으로 변화하는 제어이다.
③ 목푯값이 변화하지 않고 일정한 값을 갖는 제어이다.
④ 제어의 각 단계를 미리 정해진 순서에 따라 진행하는 제어이다.

해설 ① : 피드백 제어
② : 추치제어
③ : 정치제어
④ : 시퀀스 제어

**19** **수관 보일러 중 자연순환식 보일러와 강제순환식 보일러에 관한 설명으로 틀린 것은?**

① 강제순환식은 압력이 적어질수록 물과 증기의 비중차가 적어서 물의 순환이 원활하지 않은 경우 순환력이 약해지는 결점을 보완하기 위해 강제로 순환시키는 방식이다.
② 자연순환식 수관보일러는 드럼과 다수의 수관으로 보일러 물의 순환회로를 만들 수 있도록 구성된 보일러이다.
③ 자연순환식 수관보일러는 곡관을 사용하는 형식이 널리 사용되고 있다.
④ 강제순환식 수관보일러의 순환펌프는 보일러수의 순환회로 중에 설치한다.

해설 강제순환식은 압력이 증가할수록 물과 증기의 비중차가 적어진다.

**20** **공기 예열기에서 발생되는 부식에 관한 설명으로 틀린 것은?**

① 중유연소 보일러의 배기가스 노점은 연료유 중의 유황성분과 배기가스의 산소농도에 의해 좌우된다.
② 공기 예열기에 가장 주의를 요하는 것은 공기 입구와 출구부의 고온부식이다.
③ 보일러에 사용되는 액체연료 중에는 유황성분이 함유되어 있으며 공기 예열기 배기가스 출구 온도가 노점 이상인 경우에도 공기 입구온도가 낮으면 전열관 온도가 배기가스의 노점 이하가 되어 전열관의 부식을 초래한다.
④ 노점에 영향을 주는 $SO_2$에서 $SO_3$로의 변환율은 배기가스 중의 $O_2$에 영향을 크게 받는다.

해설 보일러 외부 부식
- 고온부식 발생처 : 과열기, 재열기
- 저온부식 발생처 : 공기 예열기, 절탄기

**21** **프로판가스가 완전연소될 때 생성되는 것은?**

① $CO$와 $C_3H_8$　　② $C_4H_{10}$와 $CO_2$
③ $CO_2$와 $H_2O$　　④ $CO$와 $CO_2$

 ANSWER | 16 ① 17 ④ 18 ④ 19 ① 20 ② 21 ③

해설 • 프로판가스 반응식 : $C_3H_8 + 5O_2 \rightarrow 3CO_2 + 4H_2O$
• 부탄가스 반응식 : $C_4H_{10} + 6.5O_2 \rightarrow 4CO_2 + 5H_2O$

**22 보일러 수위제어 방식인 2요소식에서 검출하는 요소로 옳게 짝지어진 것은?**

① 수위와 온도
② 수위와 급수유량
③ 수위와 압력
④ 수위와 증기유량

해설 보일러 수위제어
• 단요소식 검출(수위)
• 2요소식 검출(수위, 증기)
• 3요소식 검출(수위, 증기, 급수량)

**23 일반적으로 보일러의 효율을 높이기 위한 방법으로 틀린 것은?**

① 보일러 연소실 내의 온도를 낮춘다.
② 보일러 장치의 설계를 최대한 효율이 높도록 한다.
③ 연소장치에 적합한 연료를 사용한다.
④ 공기 예열기 등을 사용한다.

해설 보일러 효율을 높이려면 완전연소 및 전열을 좋게 하기 위하여 보일러실 내의 온도를 높여서 연소시킨다.

**24 보일러 전열면의 그을음을 제거하는 장치는?**

① 수저 분출장치 ② 수트 블로어
③ 절탄기 ④ 인젝터

해설 전열면 수트 블로어(그을음 제거기)
• 압축공기식
• 증기분사식

**25 주철제 보일러의 특징에 대한 설명으로 옳은 것은?**

① 내열성 및 내식성이 나쁘다.
② 고압 및 대용량으로 적합하다.
③ 섹션의 증감으로 용량을 조절할 수 있다.
④ 인장 및 충격에 강하다.

해설 주철제 섹션 보일러 특징
• 내열성 · 내식성이 크다.
• 저압 저온용으로 사용한다(난방용).
• 인장 및 충격에 약하다.
• 섹션의 증감으로 용량조절이 가능하다.

**26 고체연료의 고위발열량으로부터 저위발열량을 산출할 때 연료 속의 수분과 다른 한 성분의 함유율을 가지고 계산하여 산출할 수 있는데 이 성분은 무엇인가?**

① 산소 ② 수소
③ 유황 ④ 탄소

해설 (고위발열량 − 저위발열량) = 수분의 증발열 및 수소가 연소 시 $H_2O$의 증발열 값 차이가 발생한다. 수분 및 $H_2O$ 1kg의 0℃ 증발열은 600kcal/kg이다.

**27 노통 보일러에서 노통에 직각으로 설치하여 노통의 전열면적을 증가시키고, 이로 인한 강도보강, 관수순환을 양호하게 하는 역할을 위해 설치하는 것은?**

① 겔로웨이관
② 아담슨 조인트(Adamson Joint)
③ 브리징 스페이스(Breathing Space)
④ 반구형 경판

해설 물의 순환 촉진 겔로웨이관(횡관)

**28 다음 중 열량(에너지)의 단위가 아닌 것은?**

① J ② cal
③ N ④ BTU

해설 kgf = 9.8N(힘의 단위)

**29** **연료유 저장탱크의 일반사항에 대한 설명으로 틀린 것은?**

① 연료유를 저장하는 저장탱크 및 서비스탱크는 보일러의 운전에 지장을 주지 않는 용량의 것으로 하여야 한다.
② 연료유 탱크에는 보기 쉬운 위치에 유연계를 설치하여야 한다.
③ 연료유 탱크에는 탱크 내의 유량이 정상적인 양보다 초과 또는 부족한 경우에 경보를 발하는 경보장치를 설치하는 것이 바람직하다.
④ 연료유 탱크에 드레인을 설치할 경우 누유에 따른 화재발생 소지가 있으므로 이물질을 배출할 수 있는 드레인은 탱크 상단에 설치하여야 한다.

해설 연료탱크의 이물질 배출을 위한 드레인 밸브 및 라인은 탱크 하단부에 설치한다.

**30** **강철제 증기보일러의 안전밸브 부착에 관한 설명으로 잘못된 것은?**

① 쉽게 검사할 수 있는 곳에 부착한다.
② 밸브 축을 수직으로 하여 부착한다.
③ 밸브의 부착은 플랜지, 용접 또는 나사 접합식으로 한다.
④ 가능한 한 보일러의 동체에 직접 부착시키지 않는다.

해설 강철제 증기보일러의 안전밸브는 가능한 보일러 동체에 직접 부착시켜야 한다.

**31** **회전이음이라고도 하며 2개 이상의 엘보를 사용하여 이음부의 나사회전을 이용해서 배관의 신축을 흡수하는 신축이음쇠는?**

① 루프형 신축이음쇠
② 스위블형 신축이음쇠
③ 벨로즈형 신축이음쇠
④ 슬리브형 신축이음쇠

해설 스위블형 신축이음(온수, 저압 증기보일러용)
• 2개 이상의 엘보 사용
• 회전이음
• 저압용이나 온수배관 라인에 설치

**32** **단열재의 구비조건으로 맞는 것은?**

① 비중이 커야 한다.
② 흡수성이 커야 한다.
③ 가연성이어야 한다.
④ 열전도율이 적어야 한다.

해설 보온재, 단열재, 보냉재는 열전도율(kcal/mh℃)이 적어야 한다.

**33** **보일러 사고 원인 중 취급 부주의가 아닌 것은?**

① 과열 ② 부식
③ 압력초과 ④ 재료불량

해설 취급 부주의 사고
• 과열
• 부식
• 압력초과
• 가스폭발
• 저수위 사고 등

**34** **보일러의 계속사용검사기준 중 내부검사에 관한 설명이 아닌 것은?**

① 관의 부식 틈을 검사할 수 있도록 스케일은 제거되어야 하며, 관 끝부분의 손상, 취화 및 빠짐이 없어야 한다.
② 노벽 보호부분은 벽체의 현저한 균열 및 파손 등 사용상 지장이 없어야 한다.
③ 내용물의 외부유출 및 본체의 부식이 없어야 한다. 이때 본체의 부식상태를 판별하기 위하여 보온재 등 피복물을 제거하게 할 수 있다.
④ 연소상 내부에는 부적당하거나 결함이 있는 버너 또는 스토커의 설치운전에 의한 현저한 열의 국부적인 집중으로 인한 현상이 없어야 한다.

해설 보일러 계속사용검사 내부검사 중 보온재나 피복물을 제거할 필요는 없다.

 ANSWER | 29 ④ 30 ④ 31 ② 32 ④ 33 ④ 34 ③

**35** **배관계에 설치한 밸브의 오작동 방지 및 배관계 취급의 적정화를 도모하기 위해 배관에 식별(識別)표시를 하는 데 관계가 없는 것은?**

① 지지하중
② 식별색
③ 상태표시
④ 물질표시

해설 배관계에 설치한 밸브의 오작동 방지 식별표시 내용
- 식별색
- 상태표시
- 물질표시

**36** **증기난방의 중력 환수식에서 복관식인 경우 배관기울기로 적당한 것은?**

① 1/50 정도의 순 기울기
② 1/100 정도의 순 기울기
③ 1/150 정도의 순 기울기
④ 1/200 정도의 순 기울기

해설 증기난방(중력환수식)
복관식의 배관기울기는 $\frac{1}{200}$ 정도의 순구배로 한다.

**37** **스테인리스 강관의 특징에 대한 설명으로 옳은 것은?**

① 강관에 비해 두께가 얇고 가벼워 운반 및 시공이 쉽다.
② 강관에 비해 내열성은 우수하나 내식성은 떨어진다.
③ 강관에 비해 기계적 성질이 떨어진다.
④ 한랭지 배관이 불가능하며 동결에 대한 저항이 적다.

해설 스테인리스 강관의 특징
강관에 비해 두께가 얇고 가벼우며 운반이나 시공이 용이하고 한랭지 사용이 가능하다. 또한 내식성이 좋고 동결에 대한 저항이 크다.

**38** **증기난방의 시공에서 환수배관에 리프트 피팅(Lift Fitting)을 적용하여 시공할 때 1단의 흡상높이로 적당한 것은?**

① 1.5m 이내
② 2m 이내
③ 2.5m 이내
④ 3m 이내

해설 증기난방 리프트피팅

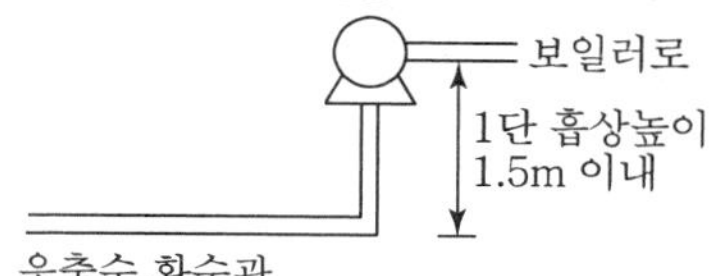


**39** **기름 보일러에서 연소 중 화염이 점멸하는 등 연소불안정이 발생하는 경우가 있다. 그 원인으로 적당하지 않은 것은?**

① 기름의 점도가 높을 때
② 기름 속에 수분이 흡입되었을 때
③ 연료의 공급상태가 불안정할 때
④ 노 내가 부압(負壓)인 상태에서 연소했을 때

해설 노 내가 부압(－압력)이 되면 공기유입이 용이하여 화염의 완전연소 및 노 내 온도가 상승한다.

**40** **보일러의 가동 중 주의해야 할 사항으로 맞지 않는 것은?**

① 수위가 안전저수위 이하로 되지 않도록 수시로 점검한다.
② 증기압력이 일정하도록 연료공급을 조절한다.
③ 과잉공기를 많이 공급하여 완전연소가 되도록 한다.
④ 연소량을 증가시킬 때는 통풍량을 먼저 증가시킨다.

해설 보일러 운전 중 과잉공기는 되도록 적게 공급하여 완전연소가 되도록 한다(과잉공기가 많으면 노 내 온도하강, 배기가스, 열손실 발생, 질소산화물 증가).

**41** **증기난방에서 환수관의 수평배관에서 관경이 가늘어지는 경우 편심 리듀서를 사용하는 이유로 적합한 것은?**

① 응축수의 순환을 억제하기 위해
② 관의 열팽창을 방지하기 위해
③ 동심 리듀서보다 시공을 단축하기 위해
④ 응축수의 체류를 방지하기 위해

해설 응축수 체류방지용

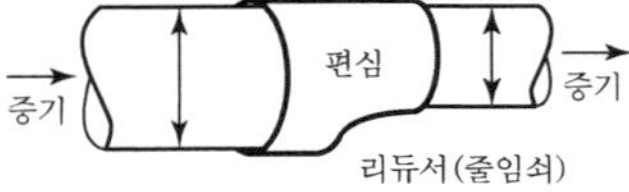


**42** **온수난방설비에서 복관식 배관방식에 대한 특징으로 틀린 것은?**

① 단관식보다 배관 설비비가 적게 든다.
② 역귀환 방식의 배관을 할 수 있다.
③ 발열량을 밸브에 의하여 임의로 조정할 수 있다.
④ 온도변화가 거의 없고 안정성이 높다.

해설 온수난방 복관식 배관
환수와 송수의 수송은 매우 편리하나 단관식에 비해 설비비가 많이 든다.

**43** **개방식 팽창탱크에서 필요 없는 것은?**

① 배기관 ② 압력계
③ 급수관 ④ 팽창관

해설 압력계, 방출밸브, 질소탱크는 100℃ 이상의 고온수난방 밀폐식 팽창탱크에 사용된다.

**44** **중앙식 급탕법에 대한 설명으로 틀린 것은?**

① 기구의 동시 이용률을 고려하여 가열장치의 총용량을 적게 할 수 있다.
② 기계실 등에 다른 설비 기계와 함께 가열장치 등이 설치되기 때문에 관리가 용이하다.
③ 설비규모가 크고 복잡하기 때문에 초기 설비비가 비싸다.
④ 비교적 배관길이가 짧아 열손실이 적다.

해설 단관식 급탕법은 비교적 배관길이가 짧아서 열손실이 적다.

**45** **보일러의 손상에서 팽출(膨出)을 옳게 설명한 것은?**

① 보일러의 본체가 화염에 과열되어 외부로 볼록하게 튀어나오는 현상
② 노통이나 화실이 외측의 압력에 의해 눌려 쭈그러져 찢어지는 현상
③ 강판에 가스가 포함된 것이 화염의 접촉으로 인해 양쪽으로 오목하게 되는 현상
④ 고압보일러 드럼 이음에 주로 생기는 응력 부식 균열의 일종

해설 ① : 팽출현상
② : 압궤현상
③ : 라미네이션 현상
④ : 가성취화 현상

**46** **방열기 내 온수의 평균온도 85℃, 실내온도 15℃, 방열계수 7.2kcal/m²·h·℃인 경우 방열기 방열량은 얼마인가?**

① $450\text{kcal/m}^2\cdot\text{h}$
② $504\text{kcal/m}^2\cdot\text{h}$
③ $509\text{kcal/m}^2\cdot\text{h}$
④ $515\text{kcal/m}^2\cdot\text{h}$

해설 방열기(라지에더) 소요방열량 계산
방열기계수×(온수평균온도−실내온도) = 7.2×(85−15)
$= 504\text{kcal/m}^2\cdot\text{h}$

**47** **보일러 건식 보존법에서 가스봉압 방식(기체보존법)에 사용되는 가스는?**

① $O_2$ ② $N_2$
③ CO ④ $CO_2$

해설 • 보일러 건식 보존(6개월 이상 장기보존법) : 내부에 사용되는 물질은 생석회, 숯, 질소가스 등이다.
• 보일러 만수보존(2개월 정도 단기보존법) : 내부에 물을 채우고 가성소다, 탄산소다, 암모니아를 넣고 pH를 높인다.

**48** **보일러 점화 전 수위확인 및 조정에 대한 설명 중 틀린 것은?**

① 수면계의 기능테스트가 가능한 정도의 증기압력이 보일러 내에 남아 있을 때는 수면계의 기능시험을 해서 정상인지 확인한다.
② 2개의 수면계의 수위를 비교하고 동일수위인지 확인한다.
③ 수면계에 수주관이 설치되어 있을 때는 수주연락관의 체크밸브가 바르게 닫혀 있는지 확인한다.
④ 유리관이 더러워졌을 때는 수위를 오인하는 경우가 있기 때문에 필히 청소하거나 또는 교환하여야 한다.

해설

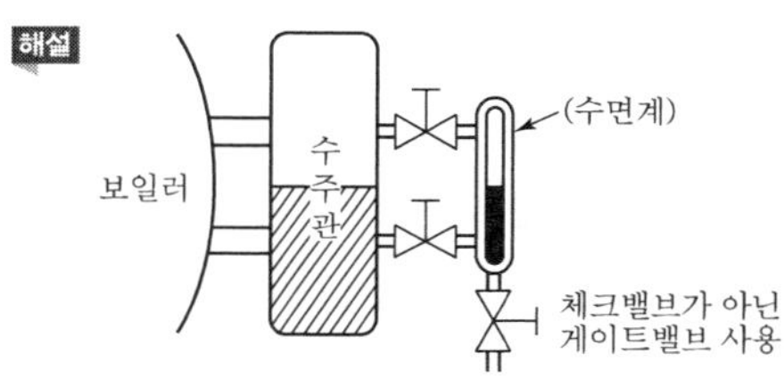


**49** **온수난방에 대한 특징을 설명한 것으로 틀린 것은?**

① 증기난방에 비해 소요방열면적과 배관경이 적게 되므로 시설비가 적어진다.
② 난방부하의 변동에 따라 온도조절이 쉽다.
③ 실내온도의 쾌감도가 비교적 높다.
④ 밀폐식일 경우 배관의 부식이 적어 수명이 길다.

해설 증기난방은 증기이송배관에서 비체적이 적은 증기를 이송함으로써 증기배관이 온수배관에 비해 관경이 적어진다($m^3/kg$ = 비체적 단위).

**50** **보일러 운전 중 정전이 발생한 경우의 조치사항으로 적합하지 않은 것은?**

① 전원을 차단한다.
② 연료공급을 멈춘다.
③ 안전밸브를 열어 증기를 분출시킨다.
④ 주 증기 밸브를 닫는다.

해설 보일러 운전 중 정전이 발생하면 보일러 운전을 즉시 중지시키고 주 증기 밸브를 차단시킨다(안전밸브 작동은 증기압력 설정과 관계된다).

**51** **보일러 취급자가 주의하여 염두에 두어야 할 사항으로 틀린 것은?**

① 보일러 사용처의 작업환경에 따라 운전기준을 설정하여 둔다.
② 사용처에 필요한 증기를 항상 발생, 공급할 수 있도록 한다.
③ 증기 수요에 따라 보일러 정격한도를 10% 정도 초과하여 운전한다.
④ 보일러 제작사 취급설명서의 의도를 파악하고 숙지하여 그 지시에 따른다.

해설 보일러 운전 시 정격한도 이내에서 증기나 온수를 발생시킨다(안전운전을 위하여).

**52** **캐리오버(Carry Over)에 대한 방지대책이 아닌 것은?**

① 압력을 규정압력으로 유지해야 한다.
② 수면이 비정상적으로 높게 유지되지 않도록 한다.
③ 부하를 급격히 증가시켜 증기실의 부하율을 높인다.
④ 보일러수에 포함되어 있는 유지류나 용해고형물 등의 불순물을 제거한다.

해설 캐리오버(기수공발) 현상은 비수(프라이밍), 포밍(거품 발생) 현상 시 필연적으로 발생한다. 증기 부하를 감소시켜 발생을 방지할 수 있다(증기 내부에 물의 혼입으로 수격작용 발생).

**53** **보일러 수압시험 시의 시험수압은 규정된 압력의 몇 % 이상을 초과하지 않도록 해야 하는가?**

① 3% ② 4%
③ 5% ④ 6%

해설 보일러 수압시험
규정된 압력의 6% 이상 초과하지 않게 하여 수압을 실시한다.

**54** **증기배관 내에 응축수가 고여 있을 때 증기 밸브를 급격히 열어 증기를 빠른 속도로 보냈을 때 발생하는 현상으로 가장 적합한 것은?**

① 암궤가 발생한다.
② 팽출이 발생한다.
③ 블리스터가 발생한다.
④ 수격작용이 발생한다.

해설 수격작용(워터해머) 발생

**55** **에너지법에서 정한 에너지기술개발사업비로 사용될 수 없는 사항은?**

① 에너지에 관한 연구인력 양성
② 온실가스 배출을 늘리기 위한 기술개발
③ 에너지 사용에 따른 대기오염 저감을 위한 기술개발
④ 에너지기술개발 성과의 보급 및 홍보

해설 온실가스는 그 배출을 감소시키는 데(감소기술개발) 중점적인 역점을 두어야 한다(에너지법 제14조에 의거).

**56** **산업통상자원부장관이 에너지저장의무를 부과할 수 있는 대상자로 맞는 것은?**

① 연간 5천 석유환산톤 이상의 에너지를 사용하는 자
② 연간 6천 석유환산톤 이상의 에너지를 사용하는 자
③ 연간 1만 석유환산톤 이상의 에너지를 사용하는 자
④ 연간 2만 석유환산톤 이상의 에너지를 사용하는 자

해설 에너지법 시행령 제12조 에너지저장의무 부과대상자
연간 2만 석유환산톤 이상의 에너지를 사용하는 자

**57** **신에너지 및 재생에너지 개발 · 이용 · 보급 촉진법에서 규정하는 신에너지 또는 재생에너지에 해당하지 않는 것은?**

① 태양에너지
② 풍력
③ 수소에너지
④ 원자력에너지

해설 신재생에너지
- 태양에너지
- 바이오에너지
- 풍력
- 수력
- 연료전지
- 석탄액화가스화한 에너지 및 중질잔사유
- 해양에너지
- 폐기물에너지
- 지열에너지
- 수소에너지 등

**58** **에너지이용 합리화법에 따라 에너지다소비사업자가 매년 1월 31일까지 신고해야 할 사항과 관계없는 것은?**

① 전년도의 에너지 사용량
② 전년도의 제품 생산량
③ 에너지사용 기자재의 현황
④ 해당 연도의 에너지관리진단 현황

해설 에너지법 제32조에 의거 에너지관리진단은 에너지진단업과 관련된 사항이고, 법 제31조에 의한 에너지다소비사업자(연간 에너지 사용량 2천 티오이 이상인 자)와는 관계없는 내용이다.

**59** **에너지이용 합리화법의 목적과 거리가 먼 것은?**

① 에너지소비로 인한 환경피해 감소
② 에너지의 수급 안정
③ 에너지의 소비 촉진
④ 에너지의 효율적인 이용 증진

해설 에너지는 소비를 절약하는 데 그 의의가 있다(에너지법 제1조 사항).

 ANSWER | 54 ④ 55 ② 56 ④ 57 ④ 58 ④ 59 ③

**60** **저탄소녹색성장기본법에 따라 2020년의 우리나라 온실가스 감축목표로 옳은 것은?**

① 2020년의 온실가스 배출전망치 대비 100분의 20
② 2020년의 온실가스 배출전망치 대비 100분의 30
③ 2000년 온실가스 배출량의 100분의 20
④ 2000년 온실가스 배출량의 100분의 30

**해설** 저탄소녹색성장기본법시행령
제25조에 의해 온실가스 감축목표는 2020년의 국가 온실가스 총배출량을 2020년의 온실가스 배출전망치 대비 100분의 30까지 감축한다.

# 2014년 1회 에너지관리기능사

**01** 절대온도 360K를 섭씨온도로 환산하면 약 몇 ℃인가?

① 97℃ ② 87℃
③ 67℃ ④ 57℃

해설 • 섭씨온도(℃)＝절대온도－273
∴ 360－273＝87℃
• 절대온도(K)＝섭씨온도＋273

**02** 보일러의 제어장치 중 연소용 공기를 제어하는 설비는 자동제어에서 어디에 속하는가?

① F.W.C ② A.B.C
③ A.C.C ④ A.F.C

해설 ㉠ 보일러 자동제어
• F.W.C(자동급수제어)
• A.B.C(보일러자동제어)
• A.C.C(자동연소제어)
• S.T.C(증기온도제어)
㉡ ACC 제어(연소량, 공기량 조절)

**03** 수관식 보일러에 대한 설명으로 틀린 것은?

① 고온, 고압에 적당하다.
② 용량에 비해 소요면적이 적으며 효율이 좋다.
③ 보유수량이 많아 파열 시 피해가 크고, 부하변동에 응하기 쉽다.
④ 급수의 순도가 나쁘면 스케일이 발생하기 쉽다.

해설 수관식 보일러
관수가 수관과 증기드럼, 물드럼으로 분산시켜 가동하는 보일러이다(증기드럼에 보유수가 적고 파열 시 피해가 적으며 보유수가 적어서 부하 변동 시 응하기가 어렵고 수질급수처리가 심각하다).

**04** 기체연료의 발열량 단위로 옳은 것은?

① $kcal/m^2$ ② $kcal/cm^2$
③ $kcal/mm^2$ ④ $kcal/Nm^3$

해설 발열량 단위
• 기체연료 : $kcal/Nm^3(MJ/Nm^3)$
• 고체, 액체연료 : kcal/kg(MJ/kg)

**05** 제어계를 구성하는 요소 중 전송기의 종류에 해당되지 않는 것은?

① 전기식 전송기 ② 증기식 전송기
③ 유압식 전송기 ④ 공기압식 전송기

해설 자동제어 전송기 종류
• 전기식(신호거리가 수 km까지 가능)
• 유압식(신호거리가 300m 이내 가능)
• 공기압식(신호거리가 100m 이내 가능)

**06** 액체연료의 유압분무식 버너의 종류에 해당되지 않는 것은?

① 플런저형 ② 외측 반환유형
③ 직접 분사형 ④ 간접 분사형

해설 액체연료의 유압분무식 버너 종류(유압분사식)
• 플런저형
• 외측 반환유형
• 직접 분사형

**07** 입형(직립) 보일러에 대한 설명으로 틀린 것은?

① 동체를 바로 세워 연소실을 그 하부에 둔 보일러이다.
② 전열면적을 넓게 할 수 있어 대용량에 적당하다.
③ 다관식은 전열면적을 보강하기 위하여 다수의 연관을 설치한 것이다.
④ 횡관식은 횡관의 설치로 전열면을 증가시킨다.

해설 입형 보일러(소형 보일러)
• 전열면적이 작고 소용량 발생 보일러에 이상적이다.
• 종류 : 입형 횡관식, 입형 연관식, 코크란식


ANSWER | 01 ② 02 ③ 03 ③ 04 ④ 05 ② 06 ④ 07 ②

**08 공기예열기에 대한 설명으로 틀린 것은?**

① 보일러의 열효율을 향상시킨다.
② 불완전연소를 감소시킨다.
③ 배기가스의 열손실을 감소시킨다.
④ 통풍저항이 작아진다.

**해설** 폐열회수장치(공기예열기, 절탄기(급수가열기) 등)

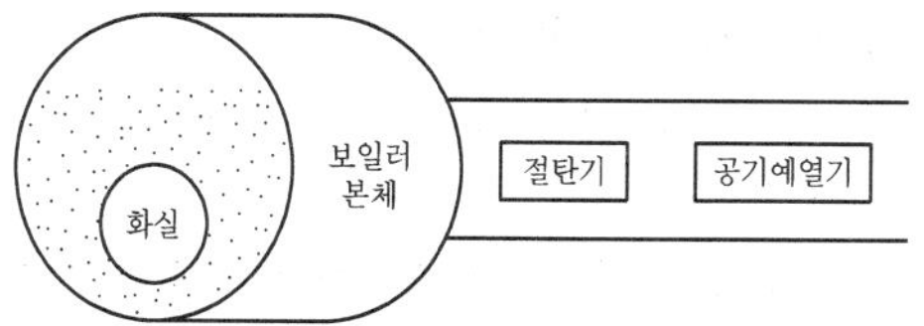


배기가스 온도저하로 통풍력 감소

**09 보일러 1마력을 상당증발량으로 환산하면 약 얼마인가?**

① 13.65kg/h ② 15.65kg/h
③ 18.65kg/h ④ 21.65kg/h

**해설** 보일러 1마력 용량
보일러 상당증발량(환산증발량) 15.65kg/h(8,435kcal/h) 정도 발생능력의 보일러이다.

**10 다음 중 LPG의 주성분이 아닌 것은?**

① 부탄 ② 프로판
③ 프로필렌 ④ 메탄

**해설** ㉠ LPG(액화석유가스) 주성분
- 프로판($C_3H_8$)
- 부탄($C_4H_{10}$)
- 프로필렌($C_3H_6$)
- 부틸렌($C_4H_8$)

㉡ LNG(액화천연가스) 주성분 : 메탄($CH_4$)

**11 수면계의 기능시험의 시기에 대한 설명으로 틀린 것은?**

① 가마울림 현상이 나타날 때
② 2개의 수면계의 수위에 차이가 있을 때
③ 보일러를 가동하여 압력이 상승하기 시작했을 때
④ 프라이밍, 포밍 등이 생길 때

**해설** 가마울림(연도나 보일러 내 공명음 발생)
- 습분이 많은 연료 사용 시
- 연도 내 에어포켓이 있는 경우

**12 특수보일러 중 간접가열 보일러에 해당되는 것은?**

① 슈미트 보일러
② 베록스 보일러
③ 벤슨 보일러
④ 코르니시 보일러

**해설** 간접가열 보일러(2중 증발 보일러)
- 래플러 보일러
- 슈미트 하트만 보일러

**13 오일 프리히터의 사용 목적이 아닌 것은?**

① 연료의 점도를 높여 준다.
② 연료의 유동성을 증가시켜 준다.
③ 완전연소에 도움을 준다.
④ 분무상태를 양호하게 한다.

**해설** 오일 프리히터(전기, 증기, 온수 등으로 기름가열)는 보일러용 중유의 예열로 점도를 낮추어 오일공급(송유)을 원활하게 한다.

**14 보일러의 안전 저수면에 대한 설명으로 적당한 것은?**

① 보일러의 보안상, 운전 중에 보일러 전열면이 화염에 노출되는 최저 수면의 위치
② 보일러의 보안상, 운전 중에 급수하였을 때의 최초 수면의 위치
③ 보일러의 보안상, 운전 중에 유지해야 하는 일상적인 가동 시의 표준 수면의 위치
④ 보일러의 보안상, 운전 중에 유지해야 하는 보일러 드럼 내 최저 수면의 위치

**해설** 보일러 안전 저수면
보일러 안전관리상 운전 중 유지해야 할 보일러 드럼 내 최저 수면의 위치

**15** **가스버너에서 리프팅(Lifting)현상이 발생하는 경우는?**

① 가스압이 너무 높은 경우
② 버너 부식으로 염공이 커진 경우
③ 버너가 과열된 경우
④ 1차공기의 흡인이 많은 경우

해설 가스버너 리프팅(선화현상)
연료의 연소속도보다 연료의 공급압력이 높아서 노즐에서 벗어나서 연소하는 현상

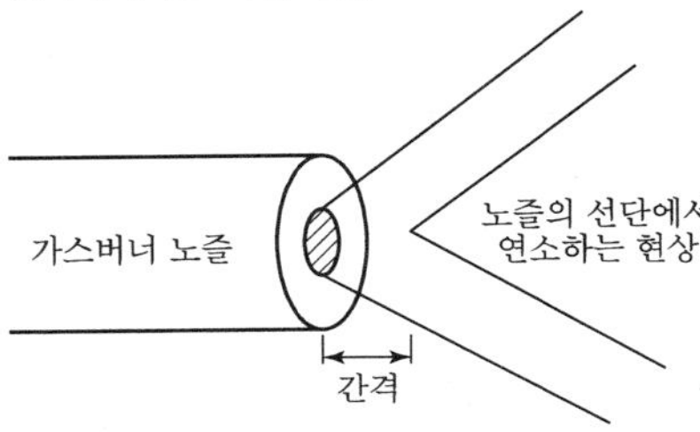


**16** **보일러 급수처리의 목적으로 볼 수 없는 것은?**

① 부식의 방지
② 보일러수의 농축방지
③ 스케일 생성 방지
④ 역화(Back Fire) 방지

해설 역화(백-파이어)
화염의 분출이 연소실이 아닌 버너 쪽으로 역류하여 연소하며 일반적으로 가스폭발 등에 기인한다.

**17** **보일러효율 시험방법에 관한 설명으로 틀린 것은?**

① 급수온도는 절탄기가 있는 것은 절탄기 입구에서 측정한다.
② 배기가스의 온도는 전열면의 최종 출구에서 측정한다.
③ 포화증기의 압력은 보일러 출구의 압력으로 브르동관식 압력계로 측정한다.
④ 증기온도의 경우 과열기가 있을 때는 과열기 입구에서 측정한다.

해설

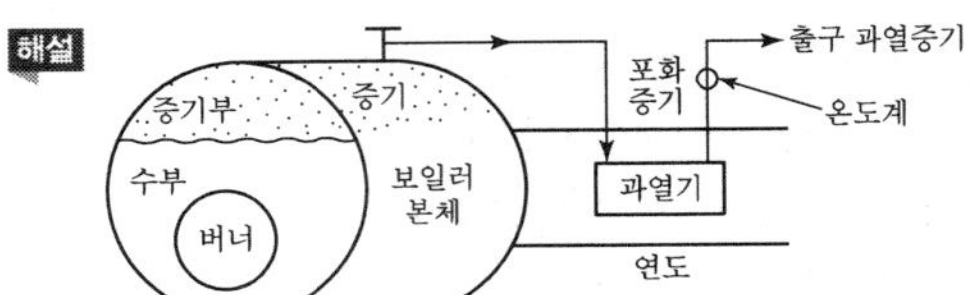


**18** **증기보일러에서 감압밸브 사용의 필요성에 대한 설명으로 가장 적합한 것은?**

① 고압증기를 감압시키면 잠열이 감소하여 이용 열이 감소된다.
② 고압증기는 저압증기에 비해 관경을 크게 해야 하므로 배관설비비가 증가한다.
③ 감압을 하면 열교환 속도가 불규칙하나 열전달이 균일하여 생산성이 향상된다.
④ 감압을 하면 증기의 건도가 향상되어 생산성 향상과 에너지 절감이 이루어진다.

해설 증기의 압력을 감압(저하)시키면 증기의 건도가(건조증기) 높아지며 증발잠열을 많이 이용할 수 있어서 열효율이 높아진다.

**19** **자연통풍에 대한 설명으로 가장 옳은 것은?**

① 연소에 필요한 공기를 압입 송풍기에 의해 통풍하는 방식이다.
② 연돌로 인한 통풍방식이며 소형 보일러에 적합하다.
③ 축류형 송풍기를 이용하여 연도에서 열 가스를 배출하는 방식이다.
④ 송 · 배풍기를 보일러 전 · 후면에 부착하여 통풍하는 방식이다.

해설 통풍
• 자연통풍 : 연돌, 즉 굴뚝에 의존(노 내가 부압 발생)
• 인공통풍(압입, 흡입, 평형) : 송풍기 이용

 ANSWER | 15 ① 16 ④ 17 ④ 18 ④ 19 ②

**20** **육상용 보일러의 열정산은 원칙적으로 정격부하 이상에서 정상상태로 적어도 몇 시간 이상의 운전 결과에 따라 하는가?(단, 액체 또는 기체 연료를 사용하는 소형 보일러에서 인수 · 인도 당사자 간의 협정이 있는 경우는 제외)**

① 0.5시간 ② 1시간
③ 1.5시간 ④ 2시간

해설 건물에 설치하는 육용보일러의 열정산 운전은 2시간 이상의 정격부하 이상에서 운전결과로 표시한다.

**21** **과열기를 연소가스 흐름상태에 의해 분류할 때 해당되지 않는 것은?**

① 복사형 ② 병류형
③ 향류형 ④ 혼류형

해설 과열기 열가스 흐름방향에 의한 분류

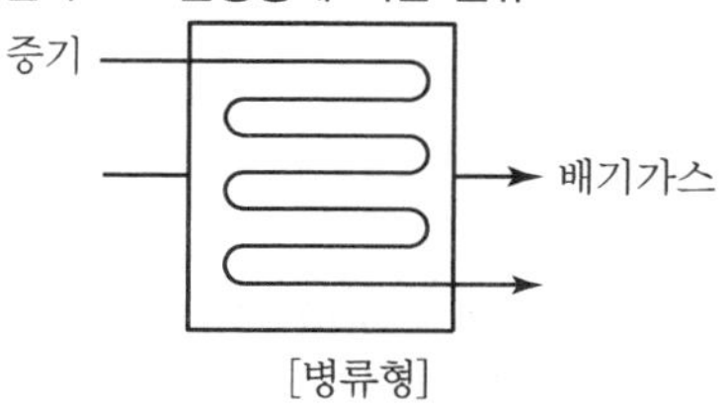

[병류형]

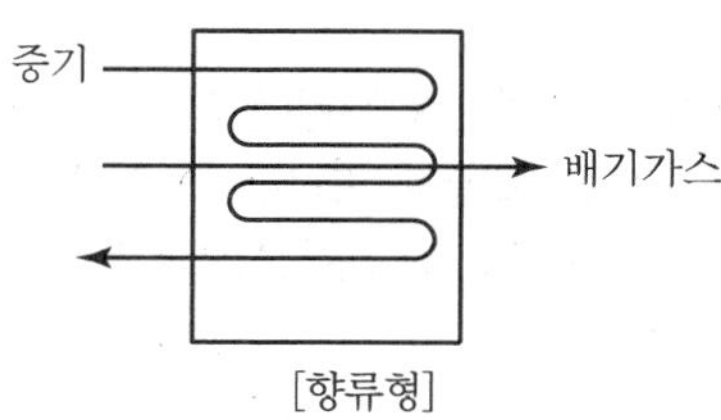

[향류형]

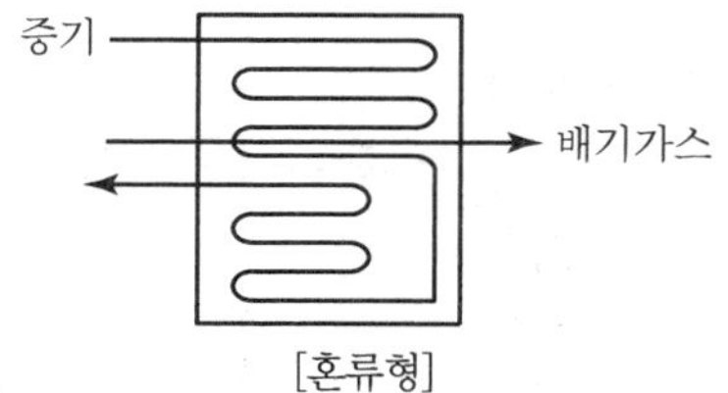

[혼류형]

**22** **공기량이 지나치게 많을 때 나타나는 현상 중 틀린 것은?**

① 연소실 온도가 떨어진다.
② 열효율이 저하한다.
③ 연료소비량이 증가한다.
④ 배기가스 온도가 높아진다.

해설 공기량이 지나치게 많으면 노 내 온도가 하강하여 배기가스 온도가 저하된다.

**23** **보일러 연소장치의 선정기준에 대한 설명으로 틀린 것은?**

① 사용 연료의 종류와 형태를 고려한다.
② 연소효율이 높은 장치를 선택한다.
③ 과잉공기를 많이 사용할 수 있는 장치를 선택한다.
④ 내구성 및 가격 등을 고려한다.

해설
- 과잉공기가 많은 연료 : 보일러용 중유, 고체연료, 석탄 등(과잉공기는 1에 가까운 연료가 좋다.)
- 석탄 등은 공기비가 2 정도나 된다.
- 과잉공기율(공기비 − 1) × 100(%)
- 가스는 공기비가 1.1 정도여서 과잉공기가 적다.

**24** **열전달의 기본형식에 해당되지 않는 것은?**

① 대류 ② 복사
③ 발산 ④ 전도

해설 열전달방식
- 전도(고체에서 열이동)
- 대류(액체, 기체에서 열이동)
- 복사(전자파 형태 열이동)

**25** **보일러의 출열 항목에 속하지 않는 것은?**

① 불완전연소에 의한 열손실
② 연소 잔재물 중의 미연소분에 의한 열손실
③ 공기의 현열손실
④ 방산에 의한 손실열

**해설** 보일러 입열 항목
- 공기의 현열
- 액체연료 예열에 의한 연료의 현열
- 연료의 연소열
- 노 내 분입증기에 의한 입열

**26** 보일러의 압력이 $8kgf/cm^2$이고, 안전밸브 입구 구멍의 단면적이 $20cm^2$라면 안전밸브에 작용하는 힘은 얼마인가?

① 140kgf　② 160kgf
③ 170kgf　④ 180kgf

**해설**
- 단위면적당 압력 : $8kgf/cm^2$
- 전체면적 : $20cm^2$

$\therefore 20 \times 8 = 160kgf$

**27** 어떤 보일러의 5시간 동안 증발량이 5,000kg이고, 그때의 급수 엔탈피가 25kcal/kg, 증기엔탈피가 675kcal/kg이라면 상당증발량은 약 몇 kg/h인가?

① 1,106　② 1,206
③ 1,304　④ 1,451

**해설** 상당증발량

$$= \frac{\text{증기발생량} \times (\text{발생증기엔탈피} - \text{급수엔탈피})}{539}$$

$$= \frac{\left(\frac{5,000}{5}\right) \times (675-25)}{539} = 1,206kg/h$$

**28** 보일러 동 내부 안전저수위보다 약간 높게 설치하여 유지분, 부유물 등을 제거하는 장치로서 연속분출장치에 해당되는 것은?

① 수면 분출장치　② 수저 분출장치
③ 수중 분출장치　④ 압력 분출장치

**해설** 수면 분출장치(연속 분출장치)
보일러 동 내부 안전저수위보다 약간 높게 설치하여 유지분 부유물 등을 외부로 연속 분출시킨다(보일러 동 저부에서 분출 : 수저 분출).

**29** 1기압 하에서 20℃의 물 10kg을 100℃의 증기로 변화시킬 때 필요한 열량은 얼마인가?(단, 물의 비열은 1kcal/kg · ℃이다.)

① 6,190kcal
② 6,390kcal
③ 7,380kcal
④ 7,480kcal

**해설**
- 현열계산 = 질량 × 비열 × 온도차
  $\therefore 10 \times 1 \times (100-20) = 800$kcal(물의 현열)
- 물의 증발잠열 : 539kcal/kg(100℃의 물을 100℃의 증기로 변화시킬 때 소비되는 열)
- 총소요열량 = 800 + (539 × 10) = 6,190kcal

**30** 최고사용압력이 $16kgf/cm^2$인 강철제보일러의 수압시험압력으로 맞는 것은?

① $8kgf/cm^2$
② $16kgf/cm^2$
③ $24kgf/cm^2$
④ $32kgf/cm^2$

**해설** $15kgf/cm^2$ 초과 보일러 수압시험 압력(최고사용압력 × 1.5배)
$\therefore 16 \times 1.5 = 24kgf/cm^2$

**31** 루프형 신축이음은 고압에 견디고 고장이 적어 고온 · 고압용 배관에 이용되는데 이 신축이음의 곡률반경은 관지름의 몇 배 이상으로 하는 것이 좋은가?

① 2배　② 3배
③ 4배　④ 6배

**해설** 루프형(곡관형 신축이음)

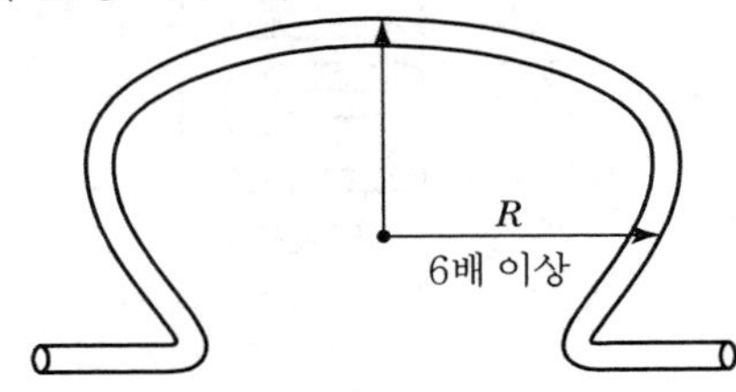

**32** **단관 중력순환식 온수난방의 배관은 주관을 앞내림 기울기로 하여 공기가 모두 어느 곳으로 빠지게 하는가?**

① 드레인 밸브
② 팽창 탱크
③ 에이벤트 밸브
④ 체크 밸브

해설 단관 중력순환식 온수난방의 배관은 주관을 앞내림 기울기로 하여 시공하며 공기빼기 밸브는 팽창탱크로 빠지게 한다.

**33** **보일러에서 발생하는 고온부식의 원인물질로 거리가 먼 것은?**

① 나트륨 ② 유황
③ 철 ④ 바나듐

해설 ㉠ 고온부식 원인 물질
• 나트륨
• 바나듐
㉡ 황은 저온부식의 원인물질이나 철보다는 비교적 고온부식에 가깝다.

**34** **두께가 13cm, 면적이 $10m^2$인 벽이 있다. 벽 내부온도는 200℃, 외부의 온도가 20℃일 때 벽을 통해 전도되는 열량은 약 몇 kcal/h인가?(단, 열전도율은 0.02kcal/m·h·℃이다.)**

① 234.2 ② 259.6
③ 276.9 ④ 312.3

해설

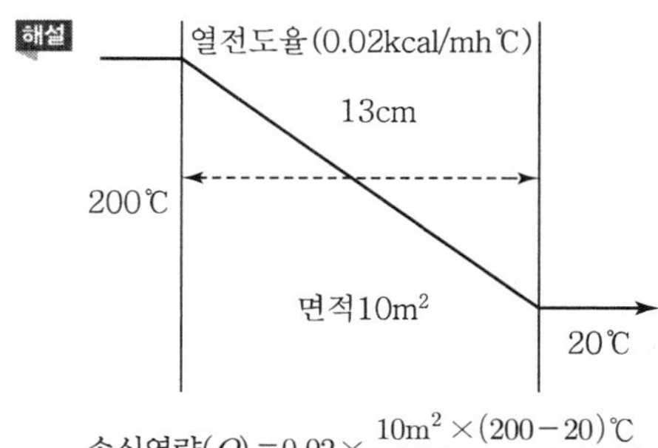


$$\text{손실열량}(Q) = 0.02 \times \frac{10m^2 \times (200-20)℃}{0.13m} = 276.9\text{kcal/h}$$

**35** **배관지지 장치의 명칭과 용도가 잘못 연결된 것은?**

① 파이프 슈－관의 수평부, 곡관부 지지
② 리지드 서포트－빔 등으로 만든 지지대
③ 롤러 서포트－방진을 위해 변위가 적은 곳에 사용
④ 행거－배관계의 중량을 위에서 달아매는 장치

해설 서포트는 배관의 하중을 관의 밑에서 지지하는 장치이다. 종류는 다음과 같다.
• 리지드 서포트
• 파이프 슈
• 롤러 서포트
• 스프링 서포트

**36** **다음 중 보일러에서 실화가 발생하는 원인으로 거리가 먼 것은?**

① 버너의 팁이나 노즐이 카본이나 소손 등에 의해 막혀 있다.
② 분사용 증기 또는 공기의 공급량이 연료량에 비해 과다 또는 과소하다.
③ 중유를 과열하여 중유가 유관 내나 가열기 내에서 가스화하여 중유의 흐름이 중단되었다.
④ 연료 속의 수분이나 공기가 거의 없다.

해설 연료 속의 수분이나 공기가 거의 없으면 실화발생이 방지된다(수분은 가열 시 $H_2O$가 발생하여 공기차단으로 실화가 된다).

**37** **포화온도 105℃인 증기난방 방열기의 상당 방열면적이 $20m^2$일 경우 시간당 발생하는 응축수량은 약 몇 kg/h인가?(단, 105℃ 증기의 증발잠열은 535.6 kcal/kg이다.)**

① 10.37 ② 20.57
③ 12.17 ④ 24.27

해설 방열기 표준 방열량(증기난방)은 $650\text{kcal/m}^2\text{h}$이다.

$$\text{방열기 응축수량} = \frac{650}{535.6} = \square\ \text{kg/h}\cdot\text{m}^2$$

$$\therefore \text{전방열기 내 응축수량} = 20 \times \frac{650}{535.6} = 24.27\text{kg/h}$$

**38 가동 보일러에 스케일과 부식물 제거를 위한 산세척 처리순서로 올바른 것은?**

① 전처리 → 수세 → 산액처리 → 수세 → 중화 · 방청처리
② 수세 → 산액처리 → 전처리 → 수세 → 중화 · 방청처리
③ 전처리 → 중화 · 방청처리 → 수세 → 산액처리 → 수세
④ 전처리 → 수세 → 중화 · 방청처리 → 수세 → 산액처리

**해설** 전처리 → 수세 → 산액처리 → 수세 → 중화 · 방청처리(산의 성분을 중화시키는 작업)

**39 다음 중 난방부하의 단위로 옳은 것은?**

① kcal/kg ② kcal/h
③ kg/h ④ kcal/$m^2$ · h

**해설** 난방(煖房)부하 단위 : kcal/h

**40 보일러 수 처리에서 순환계통의 처리방법 중 용해고형물 제거방법이 아닌 것은?**

① 약제첨가법 ② 이온교환법
③ 증류법 ④ 여과법

**해설** 여과법, 응집법, 침강법
고체 협잡물 처리방법(끓여도 용해되지 않는 모래, 철분 등의 처리법)

**41 보일러 운전이 끝난 후의 조치사항으로 잘못된 것은?**

① 유류 사용 보일러의 경우 연료 계통의 스톱밸브를 닫고 버너를 청소한다.
② 연소실 내의 잔류여열로 보일러 내부의 압력이 상승하는지 확인한다.
③ 압력계 지시압력과 수면계의 표준수위를 확인해 둔다.
④ 예열용 연료를 노 내에 약간 넣어 둔다.

**해설** 예열용 연료를 노 내에 약간 넣어두면 액체연료의 경우 증기 발생으로 인해 가스폭발의 원인 제공이 될 수 있다.

**42 강관에 대한 용접이음의 장점으로 거리가 먼 것은?**

① 열에 의한 잔류응력이 거의 발생하지 않는다.
② 접합부의 강도가 강하다.
③ 접합부의 누수의 염려가 없다.
④ 유체의 압력손실이 적다.

**해설** 강관의 용접이음 시 열처리를 하지 않으면 잔류응력이 발생한다.

**43 다음 보일러의 휴지보존법 중 단기보존법에 속하는 것은?**

① 석회밀폐건조법
② 질소가스봉입법
③ 소다만수보존법
④ 가열건조법

**해설** 단기보존법
내부 습기를 제거하기 위하여 적당하게 가열하는 것은 장기건조보존법이며 만수보존법에서 물에서 공기를 제거하기 위해 가열하는 것은 단기보존법이다.

**44 보일러 본체나 수관, 연관 등에 발생하는 블리스터(Blister)를 옳게 설명한 것은?**

① 강판이나 관의 제조 시 두 장의 층을 형성하는 것
② 라미네이션된 강판이 열에 의해 혹처럼 부풀어 나오는 현상
③ 노통이 외부압력에 의해 내부로 짓눌리는 현상
④ 리벳 조인트나 리벳구멍 등의 응력이 집중하는 곳에 물리적 작용과 더불어 화학적 작용에 의해 발생하는 균열

**해설**

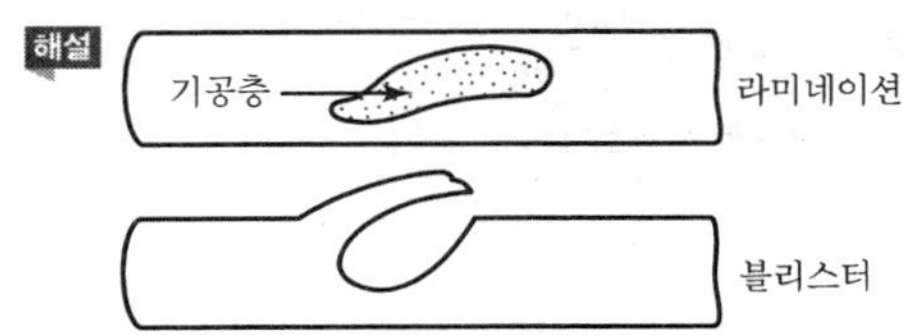

**45 보온재 선정 시 고려하여야 할 사항으로 틀린 것은?**

① 안전사용 온도범위에 적합해야 한다.
② 흡수성이 크고 가공이 용이해야 한다.
③ 물리적, 화학적 강도가 커야 한다.
④ 열전도율이 가능한 적어야 한다.

해설 보온재는 흡수성, 흡습성이 적어야 한다(유기질 보온재, 무기질 보온재, 금속질 보온재가 있다).

**46 무기질 보온재 중 하나로 안산암, 현무암에 석회석을 섞어 용융하여 섬유모양으로 만든 것은?**

① 코르크
② 암면
③ 규조토
④ 유리섬유

해설 암면 보온재
• 무기질
• 안산암, 현무암 사용
• 석회석을 섞어 용융한 섬유모양 보온재

**47 방열기의 구조에 관한 설명으로 옳지 않은 것은?**

① 주요 구조 부분은 금속재료나 그 밖의 강도와 내구성을 가지는 적절한 재질의 것으로 사용해야 한다.
② 엘리먼트 부분은 사용하는 온수 또는 증기의 온도 및 압력을 충분히 견디어 낼 수 있는 것으로 한다.
③ 온수를 사용하는 것에는 보온을 위해 엘리먼트 내에 공기를 빼는 구조가 없도록 한다.
④ 배관 접속부는 시공이 쉽고 점검이 용이해야 한다.

해설 방열기 안쪽은 항상 공기를 빼는 구조를 하여 증기나 온수의 순환을 원활하게 해야 난방이 순조로워진다.

**48 콘크리트 벽이나 바닥 등에 배관이 관통하는 곳에 관의 보호를 위하여 사용하는 것은?**

① 슬리브 ② 보온재료
③ 행거 ④ 신축곡관

해설
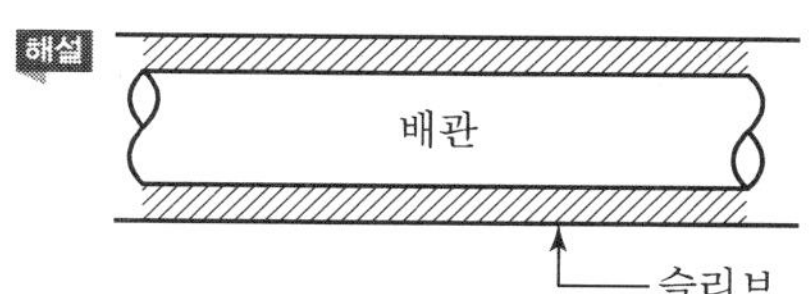


**49 보일러에서 수면계 기능시험을 해야 할 시기로 가장 거리가 먼 것은?**

① 수위의 변화에 수면계가 빠르게 반응할 때
② 보일러를 가동하기 전
③ 2개의 수면계 수위가 서로 다를 때
④ 프라이밍, 포밍 등이 발생할 때

해설 수위의 변화에 대처하여 수면계가 빠르게 반응하면 수면계 기능에 이상이 없는 것이기 때문에 기능시험이 필요 없다.

**50 액상 열매체 보일러 시스템에서 사용하는 팽창탱크에 관한 설명으로 틀린 것은?**

① 액상 열매체 보일러시스템에는 열매체유의 액팽창을 흡수하기 위한 팽창탱크가 필요하다.
② 열매체유 팽창탱크에는 액면계와 압력계가 부착되어야 한다.
③ 열매체유 팽창탱크의 설치장소는 통상 열매체유 보일러 시스템에서 가장 낮은 위치에 설치한다.
④ 열매체유의 노화방지를 위해 팽창탱크의 공간부에는 질소($N_2$)가스를 봉입한다.

해설 열매체유 팽창탱크는 항상 열매체유 보일러 시스템보다 높은 곳에 설치한다(열매체의 팽창 시 압력강하나 흡수체적을 담당하기 위함).

**51 일반 보일러(소용량 보일러 및 가스용 온수 보일러 제외)에서 온도계를 설치할 필요가 없는 곳은?**

① 절탄기가 있는 경우 절탄기 입구 및 출구
② 보일러 본체의 급수 입구
③ 버너 급유 입구(예열을 필요로 할 때)
④ 과열기가 있는 경우 과열기 입구

해설 열병합발전소(증기원동소) 등 대형 보일러에는 과열증기 생산(400~600℃)을 위한 열효율을 높이는 과열기가 설치된다.

**52** **배관용접 작업 시 안전사항 중 산소용기는 일반적으로 몇 ℃ 이하의 온도로 보관하여야 하는가?**

① 100℃ ② 80℃
③ 60℃ ④ 40℃

해설 각종 가스용기는 안전관리를 위하여 항상 40℃ 이하로 유지시킨다.

**53** **수격작용을 방지하기 위한 조치로 거리가 먼 것은?**

① 송기에 앞서서 관을 충분히 데운다.
② 송기할 때 주증기 밸브는 급히 열지 않고 천천히 연다.
③ 증기관은 증기가 흐르는 방향으로 경사가 지도록 한다.
④ 증기관에 드레인이 고이도록 중간을 낮게 배관한다.

해설 증기관에는 응축수 배출(드레인관)을 위해 관의 하부를 낮게 기울기를 준다. 즉, 수격작용방지용(관말트랩 부착)

**54** **열사용기자재의 검사 및 검사면제에 관한 기준에 따라 급수장치를 필요로 하는 보일러에는 기준을 만족시키는 주펌프 세트와 보조펌프 세트를 갖춘 급수장치가 있어야 하는데, 특정 조건에 따라 보조펌프 세트를 생략할 수 없는 경우는?**

① 전열면적이 $10m^2$인 보일러
② 전열면적이 $8m^2$인 가스용 온수 보일러
③ 전열면적이 $16m^2$인 가스용 온수 보일러
④ 전열면적이 $50m^2$인 관류보일러

해설 전열면적 $12m^2$ 이하(관류보일러에서는 $100m^2$ 미만)의 증기보일러는 급수장치를 1세트로 하여도 된다. 가스용 온수보일러는 전열면적 $14m^2$ 이하에서는 보조펌프가 생략된다.

**55** **에너지 수급안정을 위하여 산업통상자원부장관이 필요한 조치를 취할 수 있는 사항이 아닌 것은?**

① 에너지의 배급
② 산업별 · 주요공급자별 에너지 할당
③ 에너지의 비축과 저장
④ 에너지의 양도 · 양수의 제한 또는 금지

해설 에너지수급안정 조치사항
- 에너지의 배급
- 에너지의 양도 · 양수의 제한 또는 금지
- 지역별 주요 수급자별 에너지 할당
- 에너지 공급 설비의 가동 및 조업
- 에너지의 도입 수출입 및 위탁가공
- 에너지 공급자 상호 간의 에너지의 교환 또는 분배 사용
- 에너지의 유통시설과 그 사용 및 유통경로 등

**56** **에너지이용 합리화법에서 정한 검사대상기기 조종자의 자격에서 에너지관리기능사가 조정할 수 있는 조종범위로서 옳지 않은 것은?**

① 용량이 15t/h 이하인 보일러
② 온수발생 및 열매체를 가열하는 보일러로서 용량이 581.5kW 이하인 것
③ 최고사용압력이 1MPa 이하이고, 전열면적이 $10m^2$ 이하인 증기보일러
④ 압력용기

해설 용량 10t/h(10톤) 초과~30t/h 이하는 에너지관리(기능장, 산업기사, 기사) 자격증 취득자가 운전할 수 있다.

**57** **저탄소녹색성장 기본법에 의거해 온실가스 감축목표 등의 설정 · 관리 및 필요한 조치에 관한 사항을 관장하는 기관으로 옳은 것은?**

① 농림축산식품부 : 건물 · 교통 분야
② 환경부 : 농업 · 축산 분야
③ 국토교통부 : 폐기물 분야
④ 산업통상자원부 : 산업 · 발전 분야

해설 산업통상자원부
저탄소녹색성장 기본법에 의거해 온실가스 감축목표 등의 설정 · 관리 및 필요한 조치에 관한 사항을 관장한다.


ANSWER | 52 ④ 53 ④ 54 ③ 55 ② 56 ① 57 ④

**58 에너지법에 의거 지역에너지계획을 수립한 시 · 도지사는 이를 누구에게 제출하여야 하는가?**

① 대통령
② 산업통상자원부장관
③ 국토교통부장관
④ 에너지관리공단 이사장

해설 에너지법에 의거해 지역에너지 계획을 수립한 시 · 도지사는 산업통상자원부장관에게 제출하여야 한다.

**59 신 · 재생에너지 정책심의회의 구성으로 맞는 것은?**

① 위원장 1명을 포함한 10명 이내의 위원
② 위원장 1명을 포함한 20명 이내의 위원
③ 위원장 2명을 포함한 10명 이내의 위원
④ 위원장 2명을 포함한 20명 이내의 위원

해설 신 · 재생에너지 정책심의회의 구성
- 위원장 : 1명
- 위원장 포함 위원 : 20명 이내

**60 에너지이용 합리화법상 검사대상기기 조종자가 퇴직하는 경우 퇴직 이전에 다른 검사대상기기 조종자를 선임하지 아니한 자에 대한 벌칙으로 맞는 것은?**

① 1천만 원 이하의 벌금
② 2천만 원 이하의 벌금
③ 5백만 원 이하의 벌금
④ 2년 이하의 징역

해설 보일러 등, 검사대상기기 조종자 선임신고 미신고자에 대한 벌칙은 1천만 원 이하의 벌금이다(30일 이내 신고 : 에너지관리공단 이사장에게 신고한다).

※ 검사대상기기 종류
- 강철제 보일러
- 주철제 보일러
- 소형 가스용 온수 보일러
- 철금속가열로

# 2014년 2회 에너지관리기능사

**01** **어떤 보일러의 시간당 발생증기량을 $G_a$, 발생증기의 엔탈피를 $i_2$, 급수 엔탈피를 $i_1$ 라 할 때, 다음 식으로 표시되는 값($G_e$)은?**

$$G_e = \frac{G_a(i_2 - i_1)}{539}(\text{kg/h})$$

① 증발률 ② 보일러 마력
③ 연소 효율 ④ 상당 증발량

해설 $G_e$ : 상당 증발량(환산증발량) 계산식

**02** **보일러의 자동제어를 제어동작에 따라 구분할 때 연속동작에 해당되는 것은?**

① 2위치 동작
② 다위치 동작
③ 비례동작(P동작)
④ 부동제어 동작

해설 자동제어동작
- 연속동작 : 비례동작, 적분동작, 미분동작
- 불연속동작 : ①, ②, ④ 동작

**03** **정격압력이 12kgf/cm²일 때 보일러의 용량이 가장 큰 것은?(단, 급수온도는 10℃, 증기엔탈피는 663.8 kcal/kg이다.)**

① 실제 증발량 1,200kg/h
② 상당 증발량 1,500kg/h
③ 정격 출력 800,000kcal/h
④ 보일러 100마력(B−HP)

해설
- $\frac{800,000}{600,000} = 1.33\text{ton/h}$
  $= 1,333.33\text{kg/h}$
- 1마력 보일러=상당 증발량 15.65kg/h 발생
  ∴ 100×15.65=1,565kg/h
  ※ 온수 보일러 60만kcal/h=증기 1톤의 양에 해당

**04** **프라이밍의 발생 원인으로 거리가 먼 것은?**

① 보일러 수위가 낮을 때
② 보일러수가 농축되어 있을 때
③ 송기 시 증기밸브를 급개할 때
④ 증발능력에 비하여 보일러수의 표면적이 작을 때

해설
- 보일러 수위가 낮으면 저수위(보일러 사고)사고 발생
- 프라이밍(비수) : 증기 내부에 수분이 수면 위에서 혼입되어 습포화증기 유발

**05** **보일러의 부하율에 대한 설명으로 적합한 것은?**

① 보일러의 최대증발량에 대한 실제증발량의 비율
② 증기발생량을 연료소비량으로 나눈 값
③ 보일러에서 증기가 흡수한 총열량을 급수량으로 나눈 값
④ 보일러 전열면적 1m²에서 시간당 발생되는 증기열량

해설 보일러 부하율$= \frac{\text{실제증발량}}{\text{최대증발량}} \times 100(\%)$

**06** **보일러의 급수장치에서 인젝터의 특징으로 틀린 것은?**

① 구조가 간단하고 소형이다.
② 급수량의 조절이 가능하고 급수효율이 높다.
③ 증기와 물이 혼합하여 급수가 예열된다.
④ 인젝터가 과열되면 급수가 곤란하다.

해설 인젝터(증기이용 급수설비)는 급수량 조절이 불가능하다. 급수펌프 고장 시 임시 대용급수설비이다(급수온도 50℃ 이상, 증기압력 0.2MPa 이하에서는 사용 불가).

**07** **물의 임계압력에서의 잠열은 몇 kcal/kg인가?**

① 539 ② 100
③ 0 ④ 639


ANSWER | 01 ④ 02 ③ 03 ④ 04 ① 05 ① 06 ② 07 ③

해설 • 표준대기압력 : 잠열 539kcal/kg
• 임계압력 : 잠열 0kcal/kg
※ 보일러압력이 높아질수록 포화수온도가 상승하나 물의 증발잠열은 감소한다.

## 08 유류 연소 시의 일반적인 공기비는?

① 0.95~1.1　② 1.6~1.8
③ 1.2~1.4　④ 1.8~2.0

해설 • 가스연료 공기비 : 1.1~1.2
• 액체연료 공기비 : 1.2~1.4
• 고체연료 공기비 : 1.4~2.0
※ 공기비$(m)=\dfrac{\text{실제공기량}}{\text{이론공기량}}$

## 09 다음과 같은 특징을 갖고 있는 통풍방식은?

• 연도의 끝이나 연돌하부에 송풍기를 설치한다.
• 연도 내의 압력은 대기압보다 낮게 유지된다.
• 매연이나 부식성이 강한 배기가스가 통과하므로 송풍기의 고장이 자주 발생한다.

① 자연통풍　② 압입통풍
③ 흡입통풍　④ 평형통풍

해설 ㉠ 통풍의 분류
• 자연통풍(연돌에 의존)
• 강제통풍(압입, 흡입, 평형)
㉡ 강제통풍
• 압입(버너 앞에 송풍기 설치)
• 흡입(연도에 송풍기 설치)
• 평형(압입+흡입 겸용)

## 10 보일러의 열손실이 아닌 것은?

① 방열손실　② 배기가스열손실
③ 미연소손실　④ 응축수손실

해설 증기에서 잠열을 소비하면 응축수 발생(응축수 → 펌프 → 응축수탱크 → 급수펌프). 응축수는 일반적으로 60℃ 이상이므로 회수하여 보일러급수로 사용하면 에너지 절약에 일조한다.

## 11 상당 증발량이 6,000kg/h, 연료 소비량이 400kg/h인 보일러의 효율은 약 몇 %인가?(단, 연료의 저위발열량은 9,700kcal/kg이다.)

① 81.3%　② 83.4%
③ 85.8%　④ 79.2%

해설 보일러 효율 $=\dfrac{\text{상당 증발량}\times 539}{\text{연료 소비량}\times\text{연료의 발열량}}\times 100(\%)$

$\therefore \dfrac{6,000\times 539}{400\times 9,700}\times 100=83.4\%$

## 12 다음 중 탄화수소비가 가장 큰 액체연료는?

① 휘발유　② 등유
③ 경유　④ 중유

해설 탄화수소비$=\dfrac{\text{고정탄소}}{\text{수소}}$
※ 중유(중질유)는 무화연소를 하는 고정탄소성분이 많은 연료이다.

## 13 무게 80kgf인 물체를 수직으로 5m까지 끌어올리기 위한 일을 열량으로 환산하면 약 몇 kcal인가?

① 0.94kcal　② 0.094kcal
③ 40kcal　④ 400kcal

해설 일량$=80\text{kg}\times 5\text{m}=400\text{kgf}\cdot\text{m}$
일의 열당량$=\dfrac{1}{427}\text{kcal/kg}\cdot\text{m}$
$\therefore 400\times\dfrac{1}{427}=0.94\text{kcal}$

## 14 중유의 연소 상태를 개선하기 위한 첨가제의 종류가 아닌 것은?

① 연소촉진제
② 회분개질제
③ 탈수제
④ 슬러지 생성제

해설 중유 연소촉진 첨가제 중 슬러지 분산제가 유용하다.

**15 보일러의 폐열회수장치에 대한 설명 중 가장 거리가 먼 것은?**

① 공기예열기는 배기가스와 연소용 공기를 열교환하여 연소용 공기를 가열하기 위한 것이다.
② 절탄기는 배기가스의 여열을 이용하여 급수를 예열하는 급수예열기를 말한다.
③ 공기예열기의 형식은 전열방법에 따라 전도식과 재생식, 히트파이프식으로 분류된다.
④ 급수예열기는 설치하지 않아도 되지만 공기예열기는 반드시 설치하여야 한다.

해설 보일러 폐열회수장치(보일러 여열장치)

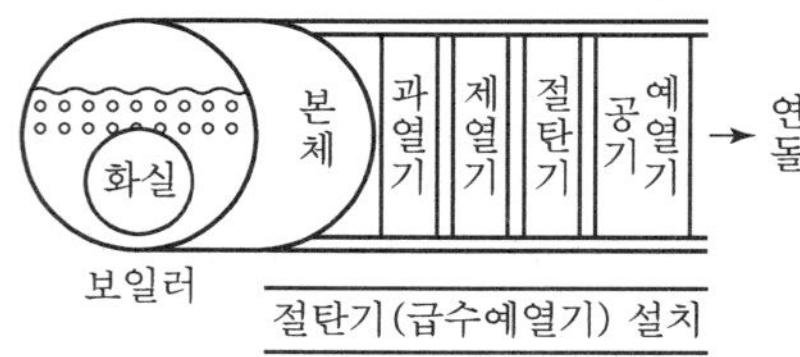


**16 수관식 보일러의 특징에 관한 설명으로 틀린 것은?**

① 구조상 고압 대용량에 적합하다.
② 전열면적을 크게 할 수 있으므로 일반적으로 효율이 높다.
③ 급수 및 보일러수 처리에 주의가 필요하다.
④ 전열면적당 보유수량이 많아 기동에서 소요증기가 발생할 때까지의 시간이 길다.

해설 ④는 원통형 보일러의 특징이다.
※ 원통형 보일러 : 노통 보일러, 연관 보일러, 노통연관식 보일러

**17 화염검출기 기능불량과 대책을 연결한 것으로 잘못된 것은?**

① 집광렌즈 오염 – 분리 후 청소
② 증폭기 노후 – 교체
③ 동력선의 영향 – 검출회로와 동력선 분리
④ 점화전극의 고전압이 프레임 로드에 흐를 때 – 전극과 불꽃 사이를 넓게 분리

해설 • 점화전극의 고전압이 프레임로드(전기전도성 화염검출기)에 흐를 때 전극과 불꽃 사이를 좁게 간격을 둔다.
• 화염검출기 : 플레임아이, 플레임로드, 스택스위치

**18 유압분무식 오일버너의 특징에 관한 설명으로 틀린 것은?**

① 대용량 버너의 제작이 가능하다.
② 무화 매체가 필요 없다.
③ 유량조절 범위가 넓다.
④ 기름의 점도가 크면 무화가 곤란하다.

해설 유압분무식 오일버너(중유무화버너)는 유량조절범위가 1 : 2 정도로 그 범위가 매우 작다(유량 조절이 불가능하여 부하변동이 적은 대용량보일러 버너로 사용).

**19 노통연관식 보일러의 특징으로 가장 거리가 먼 것은?**

① 내분식이므로 열손실이 적다.
② 수관식 보일러에 비해 보유수량이 적어 파열 시 피해가 작다.
③ 원통형 보일러 중에서 효율이 가장 높다.
④ 원통형 보일러 중에서 구조가 복잡한 편이다.

해설 노통연관식 보일러는 보유수량이 많아서 파열 시 피해가 크다(수관식에 비해 효율이 낮다).

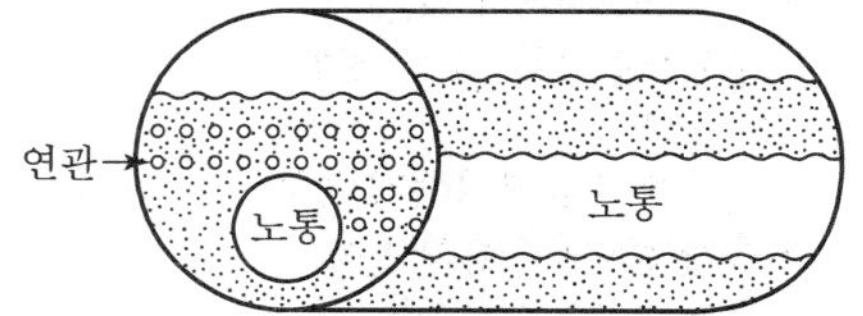


**20 액체연료에서의 무화의 목적으로 틀린 것은?**

① 연료와 연소용 공기와의 혼합을 고르게 하기 위해
② 연료 단위 중량당 표면적을 작게 하기 위해
③ 연소 효율을 높이기 위해
④ 연소실 열발생률을 높게 하기 위해

해설 액체연료의 무화(기름 액방울을 인공적으로 안개방울화하여 연소시킨다.) 목적은 연료의 단위 중량당 표면적을 크게 하기 위함이다.


ANSWER | 15 ④ 16 ④ 17 ④ 18 ③ 19 ② 20 ②

**21** **매연분출장치에서 보일러의 고온부인 과열기나 수관부용으로 고온의 열가스 통로에 사용할 때만 사용되는 매연 분출장치는?**

① 정치 회전형
② 롱레트랙터블형
③ 쇼트레트랙터블형
④ 이동 회전형

해설 롱레트랙터블형 매연 집진장치
과열기나 수관부용으로 고온의 열가스 통로에 사용되는 매연 분출 집진장치

**22** **보일러의 자동제어에서 연소제어 시 조작량과 제어량의 관계가 옳은 것은?**

① 공기량 – 수위
② 급수량 – 증기온도
③ 연료량 – 증기압
④ 전열량 – 노 내압

해설 자동제어
- 공기량 : 노 내 압력
- 급수량 : 보일러 수위
- 전열량 : 증기온도
- 연료량 : 증기압력(연소제어 시 제어량과 조작량)

**23** **다음 보일러 중 수관식 보일러에 해당되는 것은?**

① 타쿠마 보일러
② 카네크롤 보일러
③ 스코치 보일러
④ 하우덴 존슨 보일러

해설
- 카네크롤 보일러 : 원통형 보일러
- 스코치 보일러 : 노통연관 보일러
- 하우덴 존슨보일러 : 노통연관식 보일러
- 타쿠마 보일러 : 수관경사도 45° 보일러

**24** **보일러 화염검출장치의 보수나 점검에 대한 설명 중 틀린 것은?**

① 프레임아이 장치의 주위온도는 50℃ 이상이 되지 않게 한다.
② 광전관식은 유리나 렌즈를 매주 1회 이상 청소하고 감도 유지에 유의한다.
③ 프레임로드는 검출부가 불꽃에 직접 접하므로 소손에 유의하고 자주 청소해 준다.
④ 프레임아이는 불꽃의 직사광이 들어가면 오동작하므로 불꽃의 중심을 향하지 않도록 설치한다.

해설 프레임아이(광전관 화염검출기)는 불꽃의 직사광이 불꽃의 중심을 향하도록 설계하여야 프레임아이가 화염의 착화 유무를 알 수 있다.

**25** **열용량에 대한 설명으로 옳은 것은?**

① 열용량의 단위는 kcal/g · ℃이다.
② 어떤 물질 1g의 온도를 1℃ 올리는 데 소요되는 열량이다.
③ 어떤 물질의 비열에 그 물질의 질량을 곱한 값이다.
④ 열용량은 물질의 질량에 관계없이 항상 일정하다.

해설 열용량
어떤 물질의(비열×질량) 온도를 1℃ 상승시키는 데 필요한 열량이다. 그 단위는(kcal/℃)이다.
※ ①, ②는 비열의 단위(kcal/kg℃)

**26** **일반적으로 보일러 동(드럼) 내부에는 물을 어느 정도로 채워야 하는가?**

① $\frac{1}{4} \sim \frac{1}{3}$
② $\frac{1}{6} \sim \frac{1}{5}$
③ $\frac{1}{4} \sim \frac{2}{5}$
④ $\frac{2}{3} \sim \frac{4}{5}$

해설

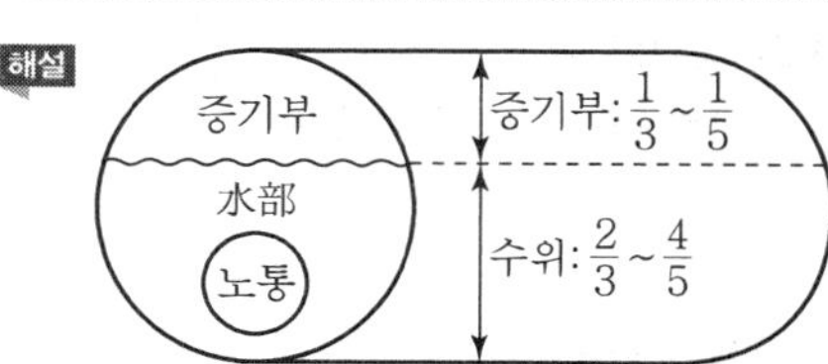

**27** **주철제 보일러의 특징에 대한 설명으로 틀린 것은?**

① 내열 · 내식성이 우수하다.
② 쪽수의 증감에 따라 용량조절이 용이하다.
③ 재질이 주철이므로 충격에 강하다.
④ 고압 및 대용량에 부적당하다.

해설 주철제 보일러(섹션보일러)는 탄소함량이 많아서 충격에 약하여 증기 압력 $1kg/cm^2$ 이하이거나 온수온도 120℃ 이하에 사용하는 저압보일러이다.

**28** **다음 중 잠열에 해당되는 것은?**

① 기화열 ② 생성열
③ 중화열 ④ 반응열

해설 잠열
- 물의 증발열
- 액의 기화열
- 얼음의 융해잠열

**29** **집진장치 중 집진효율은 높으나 압력손실이 낮은 형식은?**

① 전기식 집진장치
② 중력식 집진장치
③ 원심력식 집진장치
④ 세정식 집진장치

해설 전기식 집진장치(코트렐식)
집진효율이 가장 좋고 압력손실이 낮다.

**30** **보일러 연소실 내에서 가스폭발을 일으킨 원인으로 가장 적절한 것은?**

① 프리퍼지 부족으로 미연소 가스가 충만되어 있었다.
② 연도 쪽의 댐퍼가 열려 있었다.
③ 연소용 공기를 다량으로 주입하였다.
④ 연료의 공급이 부족하였다.

해설 보일러 화실 내 가스폭발 원인
프리퍼지(노 내 환기) 부족으로 CO가스가 충만 시 점화하면 가스폭발 발생

**31** **증기보일러의 캐리오버(Carry Over)의 발생 원인과 가장 거리가 먼 것은?**

① 보일러 부하가 급격하게 증대할 경우
② 증발부 면적이 불충분할 경우
③ 증기정지 밸브를 급격히 열었을 경우
④ 부유 고형물 및 용해 고형물이 존재하지 않을 경우

해설
- ④는 슬러지(오니), 스케일(관석)이 예방된다.
- 캐리오버(기수공발) : 증기에 수분이 혼입되어 보일러 증기 배관으로 이송되는 현상

**32** **보일러의 점화조작 시 주의사항에 대한 설명으로 잘못된 것은?**

① 유압이 낮으면 점화 및 분사가 불량하고 유압이 높으면 그을음이 축적되기 쉽다.
② 연료의 예열온도가 낮으면 무화불량, 화염의 편류, 그을음, 분진이 발생하기 쉽다.
③ 연료가스의 유출속도가 너무 빠르면 역화가 일어나고, 너무 늦으면 실화가 발생하기 쉽다.
④ 프리퍼지 시간이 너무 길면 연소실의 냉각을 초래하고, 너무 짧으면 역화를 일으키기 쉽다.

해설 ③은 선화발생 및 역화가 발생되는 내용이다.
- 유출속도가 너무 빠르면 : 선화 발생
- 유출속도가 너무 느리면 : 역화 발생

**33** **보일러 건조보존 시에 사용되는 건조제가 아닌 것은?**

① 암모니아 ② 생석회
③ 실리카겔 ④ 염화칼슘

해설 암모니아 : 보일러 만수보존(단기보존)에 사용되는 부식방지용 및 pH 조정용이다.

**34** **이동 및 회전을 방지하기 위해 지지점 위치에 완전히 고정하는 지지금속으로, 열팽창 신축에 의한 영향이 다른 부분에 미치지 않도록 배관을 분리하여 설치 · 고정해야 하는 리스트레인트의 종류는?**

① 앵커 ② 리지드 행거
③ 파이프 슈 ④ 브레이스

 ANSWER | 27 ③ 28 ① 29 ① 30 ① 31 ④ 32 ③ 33 ① 34 ①

해설
- 리스트레인트 : 앵커, 스톱, 가이드
- 브레이스 : 방진기
- 파이프 슈, 리지드 행거 : 행거

**35** 보일러 동체가 국부적으로 과열되는 경우는?

① 고수위로 운전하는 경우
② 보일러 동 내면에 스케일이 형성된 경우
③ 안전밸브의 기능이 불량한 경우
④ 주증기 밸브의 개폐 동작이 불량한 경우

해설 보일러 동 내면에 스케일이 형성된 경우 국부적 과열이 발생될 우려가 있다.

**36** 복사난방의 특징에 관한 설명으로 옳지 않은 것은?

① 쾌감도가 좋다.
② 고장 발견이 용이하고 시설비가 싸다.
③ 실내공간의 이용률이 높다.
④ 동일 방열량에 대한 열손실이 적다.

해설 복사난방
벽, 천장, 바닥 내 온수코일을 설치하는 난방이라서 고장 발견이 어렵고 시설비가 많이 든다.

**37** 다음 중 보일러 용수 관리에서 경도(Hardness)와 관련되는 항목으로 가장 적합한 것은?

① Hg, SVI ② BOD, COD
③ DO, Na ④ Ca, Mg

해설 경수
Ca(칼슘), Mg(마그네슘)이 많은 보일러수이다. Ca, Mg이 많으면 경도가 높아진다.

**38** 보일러에서 열효율의 향상대책으로 틀린 것은?

① 열손실을 최대한 억제한다.
② 운전조건을 양호하게 한다.
③ 연소실 내의 온도를 낮춘다.
④ 연소장치에 맞는 연료를 사용한다.

해설 연소실 내의 온도를 높이면 열효율이 향상되고 연소효율이 높아진다.

**39** 보일러의 증기관 중 반드시 보온을 해야 하는 곳은?

① 난방하고 있는 실내에 노출된 배관
② 방열기 주위 배관
③ 주증기 공급관
④ 관말 증기트랩장치의 냉각레그

해설 온수나 증기 공급관은 반드시 보온을 하여야 열손실이 방지된다.

**40** 강철제 증기보일러의 최고사용압력이 2MPa일 때 수압시험압력은?

① 2MPa ② 2.5MPa
③ 3MPa ④ 4MPa

해설 보일러의 수압시험
- 0.43MPa 이하 : 2배
- 0.43MPa 초과~1.5MPa 이하 : 최고사용압력×1.3배+0.3MPa
- 1.5MPa 초과 : 1.5배 이상

∴ $2\times1.5=3$MPa

**41** 난방부하의 발생요인 중 맞지 않는 것은?

① 벽체(외벽, 바닥, 지붕 등)를 통한 손실열량
② 극간 풍에 의한 손실열량
③ 외기(환기공기)의 도입에 의한 손실열량
④ 실내조명, 전열 기구 등에서 발산되는 열부하

해설
- 실내조명, 전열기구 발산 열부하 : 냉방부하
- 보일러부하 : 난방부하+급탕부하+배관부하+예열부하

**42** 보일러의 수압시험을 하는 주된 목적은?

① 제한 압력을 결정하기 위하여
② 열효율을 측정하기 위하여
③ 균열의 여부를 알기 위하여
④ 설계의 양부를 알기 위하여

35 ② 36 ② 37 ④ 38 ③ 39 ③ 40 ③ 41 ④ 42 ③ | ANSWER

해설 보일러 수압시험의 주된 목적 : 균열 여부 확인

**43** 규산칼슘 보온재의 안전사용 최고온도(℃)는?

① 300　② 450
③ 650　④ 850

해설 규산칼슘 보온재(무기질) 최고사용온도 : 650℃

**44** 보일러 운전 중 저수위로 인하여 보일러가 과열된 경우 조치법으로 거리가 먼 것은?

① 연료공급을 중지한다.
② 연소용 공기 공급을 중단하고 댐퍼를 전개한다.
③ 보일러가 자연냉각 하는 것을 기다려 원인을 파악한다.
④ 부동 팽창을 방지하기 위해 즉시 급수를 한다.

해설 저수위사고 시 보일러가 과열된 경우 일단 냉각시킨 후(운전중지) 안전 이상 유무를 파악하여 이상이 없으면 급수를 서서히 한다.

**45** 보일러 운전 중 1일 1회 이상 실행하거나 상태를 점검해야 하는 것으로 가장 거리가 먼 사항은?

① 안전밸브 작동상태
② 보일러수 분출 작업
③ 여과기 상태
④ 저수위 안전장치 작동상태

해설 여과기는 6개월에 1회씩 청소나 분해시킨다(오일여과기는 입출구의 압력차가 0.02MPa 이상이면 청소 실시).

**46** 강관 배관에서 유체의 흐름방향을 바꾸는 데 사용되는 이음쇠는?

① 부싱
② 리턴 벤드
③ 리듀셔
④ 소켓

해설 리턴 벤드

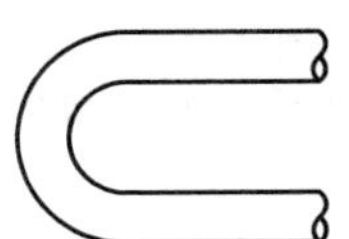

**47** 수면계의 점검순서 중 가장 먼저 해야 하는 사항으로 적당한 것은?

① 드레인 콕을 닫고 물콕을 연다.
② 물콕을 열어 통수관을 확인한다.
③ 물콕 및 증기콕을 닫고 드레인 콕을 연다.
④ 물콕을 닫고 증기콕을 열어 통기관을 확인한다.

해설 수면계 점검순서 : ③, ②, ④, ①

**48** 팽창탱크 내의 물이 넘쳐흐를 때를 대비하여 팽창탱크에 설치하는 관은?

① 배수관　② 환수관
③ 오버플로관　④ 팽창관

해설 개방식 팽창탱크

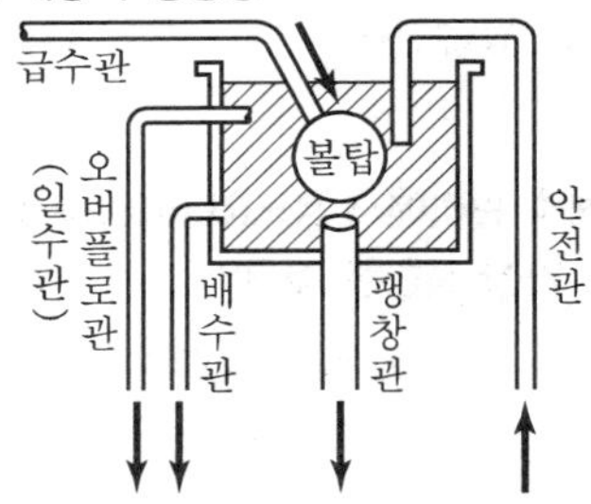


**49** 배관 중간이나 밸브, 펌프, 열교환기 등의 접속을 위해 사용되는 이음쇠로서 분해, 조립이 필요한 경우에 사용되는 것은?

① 벤드　② 리듀셔
③ 플랜지　④ 슬리브

해설 플랜지, 유니언
분해, 조립이 필요한 경우에 사용하는 배관의 접속이음쇠


ANSWER | 43 ③ 44 ④ 45 ③ 46 ② 47 ③ 48 ③ 49 ③

**50 흑체로부터의 복사 전열량은 절대온도의 몇 승에 비례하는가?**

① 2승 ② 3승
③ 4승 ④ 5승

해설 • 열의 이동 : 전도, 대류, 복사
• 흑체로부터 복사 전열량은 절대온도 4승에 비례한다.

**51 환수관의 배관방식에 의한 분류 중 환수주관을 보일러의 표준수위보다 낮게 배관하여 환수하는 방식은 어떤 배관방식인가?**

① 건식 환수
② 중력환수
③ 기계환수
④ 습식 환수

해설 습식 환수(수면보다 낮게 환수)

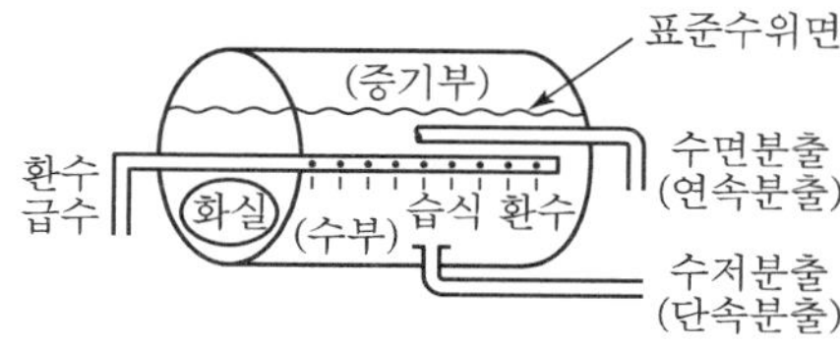


**52 세관작업 시 규산염은 염산에 잘 녹지 않으므로 용해 촉진제를 사용하는데 다음 중 어느 것을 사용하는가?**

① $H_2SO_4$ ② HF
③ $NH_3$ ④ $Na_2SO_4$

해설 세관 시 규산염 용해 촉진제 : 불화수소(HF)

**53 주철제 보일러의 최고사용압력이 0.30MPa인 경우 수압시험압력은?**

① 0.15MPa ② 0.30MPa
③ 0.43MPa ④ 0.60MPa

해설 0.43MPa 이하의 보일러 최고사용압력은 2배 시험
$\therefore 0.30 \times 2 = 0.60$MPa

**54 강관 용접접합의 특징에 대한 설명으로 틀린 것은?**

① 관 내 유체의 저항 손실이 적다.
② 접합부의 강도가 강하다.
③ 보온피복 시공이 어렵다.
④ 누수의 염려가 적다.

해설 • 나사이음 접합 : 보온 피복시공이 어렵다.
• 용접이음 접합 : 보온 피복시공이 용이하다.

**55 에너지이용 합리화법상 열사용기자재가 아닌 것은?**

① 강철제보일러
② 구멍탄용 온수 보일러
③ 전기순간온수기
④ 2종 압력용기

해설 ㉠ 전기순간온수기는 열사용기자재에서 제외된다.
㉡ 열사용기자재
• 강철제, 주철제, 소형온수 보일러
• 구멍탄용 온수 보일러
• 축열식 전기보일러
• 1, 2종 압력용기
• 요로(요업요로, 금속요로)

**56 저탄소 녹색성장 기본법상 온실가스에 해당하지 않는 것은?**

① 이산화탄소 ② 메탄
③ 수소 ④ 육불화황

해설 • 수소가스는 가연성 가스이다.
• 온실가스 : 이산화탄소, 메탄, 육불화황, 아산화질소, 수소불화탄소, 과불화탄소 등

**57 에너지법상 에너지 공급설비에 포함되지 않는 것은?**

① 에너지 수입설비 ② 에너지 전환설비
③ 에너지 수송설비 ④ 에너지 생산설비

해설 • 에너지 공급자 : 에너지를 생산, 수입, 전환, 수송, 저장 또는 판매하는 사업자
• 에너지 공급설비 : 에너지를 생산, 전환, 수송, 저장하기 위하여 설치하는 설비

**58** **온실가스 감축목표의 설정 · 관리 및 필요한 조치에 관하여 총괄 · 조정 기능을 수행하는 자는?**

① 환경부장관
② 산업통상자원부장관
③ 국토교통부장관
④ 농림축산식품부장관

해설 환경부장관
온실가스 감축목표의 설정, 관리, 조치, 총괄, 조정기능 수행권자

**59** **자원을 절약하고, 효율적으로 이용하며 폐기물의 발생을 줄이는 등 자원순환산업을 육성 · 지원하기 위한 다양한 시책에 포함되지 않는 것은?**

① 자원의 수급 및 관리
② 유해하거나 재 제조 · 재활용이 어려운 물질의 사용억제
③ 에너지자원으로 이용되는 목재, 식물, 농산물 등 바이오매스의 수집 · 활용
④ 친환경 생산체제로의 전환을 위한 기술지원

해설 자원순환산업의 육성 지원시책에 포함되는 사항은 ①, ②, ③항이다.

**60** **온실가스감축, 에너지 절약 및 에너지 이용효율 목표를 통보받은 관리업체가 규정의 사항을 포함한 다음 연도 이행 계획을 전자적 방식으로 언제까지 부문별 관장기관에게 제출하여야 하는가?**

① 매년 3월 31일까지
② 매년 6월 30일까지
③ 매년 9월 30일까지
④ 매년 12월 31일까지

해설 온실가스 감축, 에너지절약, 에너지 이용효율 목표를 통보받은 관리업체가 다음 연도 이행계획을 전자적 방식으로 매년 12월 31일까지 부문별 관장기관에 제출한다.


ANSWER | 58 ① 59 ④ 60 ④

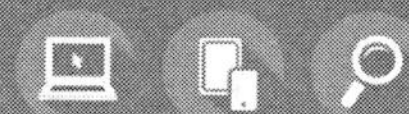

**01 보일러 증기 발생량 5t/h, 발생 증기 엔탈피 650 kcal/kg, 연료 사용량 400kg/h, 연료의 저위 발열량이 9,750kcal/kg일 때 보일러 효율은 약 몇 %인가?(단, 급수 온도는 20℃이다.)**

① 78.8%　　② 80.8%
③ 82.4%　　④ 84.2%

해설
- 유효열 = 5 × 1,000 × (650 − 20) = 3,150,000kcal/h
- 공급열 = 400 × 9,750 = 3,900,000kcal/h

$\therefore$ 효율 $= \dfrac{3,150,000}{3,900,000} \times 100 = 80.8\%$

**02 보일러 급수배관에서 급수의 역류를 방지하기 위하여 설치하는 밸브는?**

① 체크밸브　　② 슬루스밸브
③ 글로브밸브　　④ 앵글밸브

해설 체크밸브 : 역류방지밸브(스윙식, 리프트식)
- 스윙식 : 수직배관, 수평배관에 부착
- 리프트식 : 수평배관에만 부착

**03 열의 일당량 값으로 옳은 것은?**

① 427kg · m/kcal
② 327kg · m/kcal
③ 273kg · m/kcal
④ 472kg · m/kcal

해설
- 열의 일당량(J) : 427kg · m/kcal
- 일의 열당량(A) : 1/427kcal/kg · m

**04 보일러 효율이 85%, 실제 증발량이 5t/h이고 발생증기의 엔탈피 656kcal/kg, 급수온도의 엔탈피는 56kcal/kg, 연료의 저위발열량이 9,750kcal/kg일 때 연료 소비량은 약 몇 kg/h인가?**

① 316　　② 362
③ 389　　④ 405

해설 $85\% = \dfrac{5,000 \times (656 - 56)}{Gf \times 9,750} \times 100$

$\therefore Gf = \dfrac{5,000 \times (656 - 56)}{0.85 \times 9,750} = 362\text{kg/h}$

※ 5t/h = 5,000kg/h

**05 다음 중 관류 보일러에 속하는 것은?**

① 코크란 보일러
② 코르니시 보일러
③ 스코치 보일러
④ 슐쳐 보일러

해설 관류 보일러의 종류
- 벤숀 보일러
- 슐쳐 보일러
- 가와사키 보일러
- 소형 관류보일러

**06 급유량계 앞에 설치하는 여과기의 종류가 아닌 것은?**

① U형　　② V형
③ S형　　④ Y형

해설 오일여과기 종류 : Y형, U형, V형

**07 보일러 시스템에서 공기예열기의 설치 · 사용 시 특징으로 틀린 것은?**

① 연소효율을 높일 수 있다.
② 저온부식이 방지된다.
③ 예열공기의 공급으로 불완전연소가 감소된다.
④ 노 내의 연소속도를 빠르게 할 수 있다.

해설
- 절탄기(연도 급수가열기), 공기예열기 등을 연도에 설치하면 열교환에 의해 배기가스 온도가 하강하여 황산($H_2SO_4$)이 발생하면서 저온부식이 촉진된다.
- 과열기, 재열기 설치 시 바나지움에 의해 고온부식이 발생한다.

**08** **보일러 연료로 사용되는 LNG의 성분 중 함유량이 가장 많은 것은?**

① $CH_4$ ② $C_2H_6$
③ $C_3H_8$ ④ $C_4H_{10}$

해설 • 액화천연가스(LNG) 주성분 : 메탄($CH_4$)
• 액화석유가스(LPG) 주성분 : 프로판, 부탄, 부타디엔, 프로필렌, 부틸렌

**09** **긴 관의 한 끝에서 펌프로 압송된 급수가 관을 지나는 동안 차례로 가열, 증발, 과열된 다음 과열 증기가 되어 나가는 형식의 보일러는?**

① 노통 보일러 ② 관류 보일러
③ 연관 보일러 ④ 입형 보일러

해설 관류 보일러 화실 → 급수가열 → 포화수 증발 → 과열증기 → 열사용처

**10** **급유장치에서 보일러 가동 중 연소의 소화, 압력초과 등 이상현상 발생 시 긴급히 연료를 차단하는 것은?**

① 압력조절 스위치
② 압력제한 스위치
③ 감압밸브
④ 전자밸브

해설 전자밸브(솔레로이드밸브)
보일러 운전 중 인터록(압력초과 등 위해 발생)이 발생하면 긴급히 연료를 차단하여 사고를 미연에 방지한다.

**11** **보일러의 자동제어 신호전달방식 중 전달거리가 가장 긴 것은?**

① 전기식 ② 유압식
③ 공기식 ④ 수압식

해설 보일러자동제어 신호전달방식별 전달거리
• 전기식 : 수 km까지 가능
• 유압식 : 350m 이내
• 공기압식 : 100~150m 이내

**12** **다음 연료 중 표면연소하는 것은?**

① 목탄 ② 중유
③ 석탄 ④ LPG

해설 ① 목탄(숯) : 표면연소
② 중유(중질유) : 고체와 같이 분해연소
③ 석탄 : 분해연소
④ LPG : 가스이며 확산연소

**13** **일반적으로 효율이 가장 좋은 보일러는?**

① 코르니시 보일러
② 입형 보일러
③ 연관 보일러
④ 수관 보일러

해설 보일러 효율이 높은 순서
수관식 > 연관식 > 코르니시(노통 보일러) > 입형 보일러

**14** **플로트 트랩은 어떤 종류의 트랩인가?**

① 디스크 트랩 ② 기계적 트랩
③ 온도조절 트랩 ④ 열역학적 트랩

해설 ㉠ 기계적 스팀 트랩
• 버킷트 트랩
• 플로트 트랩(부자식)
㉡ 부자식 스팀 트랩(다량의 응축수 배출 가능)

**15** **수면계의 기능시험 시기로 틀린 것은?**

① 보일러를 가동하기 전
② 수위의 움직임이 활발할 때
③ 보일러를 가동하여 압력이 상승하기 시작했을 때
④ 2개 수면계의 수위에 차이를 발견했을 때

해설

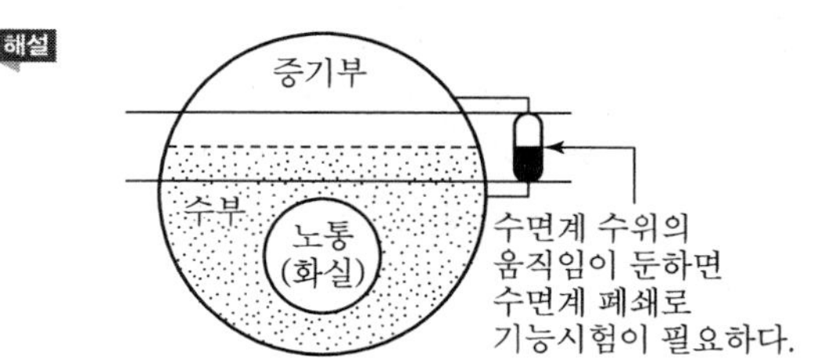
증기부
수부
노통
(화실)
수면계 수위의
움직임이 둔하면
수면계 폐쇄로
기능시험이 필요하다.

**16** 연료를 연소시키는 데 필요한 실제공기량과 이론공기량의 비, 즉 공기비를 $m$이라 할 때 다음 식이 뜻하는 것은?

| $(m-1)\times 100\%$ |
|---|

① 과잉 공기율　② 과소 공기율
③ 이론 공기율　④ 실제 공기율

해설 공기비$(m) = \dfrac{\text{실제공기량}}{\text{이론공기량}}$
※ 항상 1보다 크다.

**17** 원통형 및 수관식 보일러의 구조에 대한 설명 중 틀린 것은?

① 노통 접합부는 아담슨 조인트(Adamson Joint)로 연결하여 열에 의한 신축을 흡수한다.
② 코르니시 보일러는 노통을 편심으로 설치하여 보일러수의 순환이 잘 되도록 한다.
③ 겔로웨이관은 전열면을 증대하고 강도를 보강한다.
④ 강수관의 내부는 열가스가 통과하여 보일러수 순환을 증진한다.

해설 • 강수관, 수관 : 내부에 물이 흐르는 관
• 연관 : 연소가스가 흐르는 관

**18** 공기예열기 설치 시 이점으로 옳지 않은 것은?

① 예열공기의 공급으로 불완전연소가 감소한다.
② 배기가스의 열손실이 증가된다.
③ 저질 연료도 연소가 가능하다.
④ 보일러 열효율이 증가한다.

해설

| 배기가스 고온 → | 공기예열기 (→ 보일러 화실) | → 배기가스 저온 |
|---|---|---|

배기가스의 열손실 감소

**19** 보일러 연소실 내의 미연소가스 폭발에 대비하여 설치하는 안전장치는?

① 가용전　② 방출밸브
③ 안전밸브　④ 방폭문

해설

**20** 물질의 온도변화에 소요되는 열, 즉 물질의 온도를 상승시키는 에너지로 사용되는 열은 무엇인가?

① 잠열　② 증발열
③ 융해열　④ 현열

해설 • 물의 현열 : 온도변화, 압력상승
• 증발열 : 상태변화, 온도 일정, 압력일정
• 융해열 : 얼음의 융해잠열

**21** 보일러에 과열기를 설치하여 과열증기를 사용하는 경우에 대한 설명으로 잘못된 것은?

① 과열증기란 포화증기의 온도와 압력을 높인 것이다.
② 과열증기는 포화증기보다 보유 열량이 많다.
③ 과열증기를 사용하면 배관부의 마찰저항 및 부식을 감소시킬 수 있다.
④ 과열증기를 사용하면 보일러의 열효율을 증대시킬 수 있다.

해설 • 과열증기 : 포화증기에서 압력 일정, 온도 상승 시의 증기
• 과열도 : 과열증기온도 − 포화증기온도

**22** 자동제어의 신호전달방법 중 신호전송 시 시간지연이 있으며, 전송거리가 100~150m 정도인 것은?

① 전기식　② 유압식
③ 기계식　④ 공기식

16 ① 17 ④ 18 ② 19 ④ 20 ④ 21 ① 22 ④ | ANSWER

해설 공기식
- 시간지연이 있다.
- 압력 0.2~1kg/cm²의 공기를 이용한다.
- 공기압이 통일되어 있어 취급이 용이하다.
- 공기원에서 제진, 제습이 요구된다.

**23 가압수식 집진장치의 종류에 속하는 것은?**

① 백필터 ② 세정탑
③ 코트렐 ④ 배풀식

해설 ㉠ 집진장치(매연처리장치)의 종류
- 건식
- 습식
- 전기식

㉡ 습식 : 유수식, 가압수식, 회전식
㉢ 가압수식 : 세정탑, 제트 스크러버, 사이클론 스크러버, 벤투리 스크러버

**24 다음 보일러 중 노통연관식 보일러는?**

① 코르니시 보일러
② 랭커셔 보일러
③ 스코치 보일러
④ 다쿠마 보일러

해설 스코치 선박용 보일러

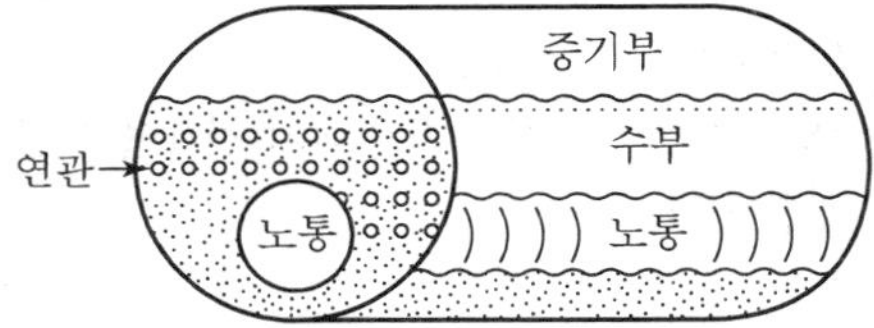


**25 분사관을 이용해 선단에 노즐을 설치하여 청소하는 것으로 주로 고온의 전열면에 사용하는 수트 블로어(Soot Blower)의 형식은?**

① 롱 레트랙터블(Long Retractable)형
② 로터리(Rotary)형
③ 건(Gun)형
④ 에어히터클리너(Air Heater Cleaner)형

해설 롱 레트랙터블형(그을음 제거기)
고온의 전열면에 부착하여 수트 블로어(화실 내 그을음 제거)에 사용(분사관과 선단에 노즐 이용)

**26 다음 중 용적식 유량계가 아닌 것은?**

① 로터리형 유량계
② 피토관식 유량계
③ 루트형 유량계
④ 오벌기어형 유량계

해설
- 피토관 유량계 : 유속식 유량계(유속×단면적=유량 측정)
- 수도 미터기 : 유속식 유량계

**27 연소의 속도에 영향을 미치는 인자가 아닌 것은?**

① 반응물질의 온도
② 산소의 온도
③ 촉매물질
④ 연료의 발열량

해설 ㉠ 연소의 속도에 영향을 미치는 인자
- 반응물질 온도
- 산소의 온도
- 촉매물질

㉡ 발열량이 높으면 노 내 온도상승 효과

**28 액체연료 중 경질유에 주로 사용하는 기화연소방식의 종류에 해당하지 않는 것은?**

① 포트식 ② 심지식
③ 증발식 ④ 무화식

해설
- 기화연소방식 : 경질유(등유, 경유) 사용
- 무화식 연소방식 : 중질유(중유 A, B, C급 등) 사용

**29 서로 다른 두 종류의 금속판을 하나로 합쳐 온도 차이에 따라 팽창온도가 다른 점을 이용한 온도계는?**

① 바이메탈 온도계 ② 압력식 온도계
③ 전기저항 온도계 ④ 열전대 온도계

 ANSWER | 23 ② 24 ③ 25 ① 26 ② 27 ④ 28 ④ 29 ①

**해설** 바이메탈 온도계(황동+인바)
서로 다른 두 종류의 금속판을 하나로 합쳐 온도 차이에 따라 팽창 정도가 다른 점을 이용한 온도계
- 측정범위 : −50~500℃
- 응답이 빠르나 히스테리시스 오차 발생
- 온도조절 스위치로 사용
- 온도 자동기록장치에 사용

**30** **냉동용 배관 결합방식에 따른 도시방법 중 용접식을 나타내는 것은?**

① 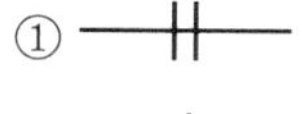
② 
③ 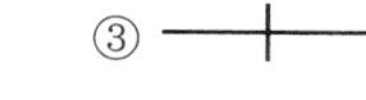
④ 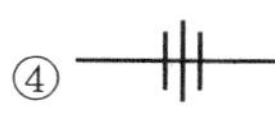

**해설**
① ─┼┼─ : 플랜지 이음
③ ─┼─ : 나사이음
④ ─┼┼┼─ : 유니언 이음

**31** **방열기 설치 시 벽면과의 간격으로 가장 적합한 것은?**

① 50mm ② 80mm
③ 100mm ④ 150mm

**해설**
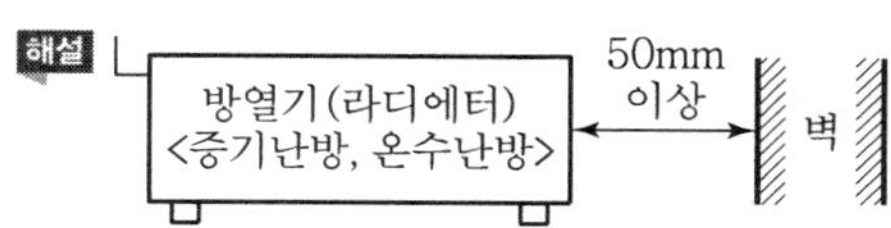


**32** **보일러 설치 · 시공기준상 가스용 보일러의 경우 연료배관 외부에 표시하여야 하는 사항이 아닌 것은? (단, 배관은 지상에 노출된 경우임)**

① 사용가스명
② 최고사용압력
③ 가스흐름 방향
④ 최저 사용온도

**해설** 가스용 보일러 연료배관의 외부 표시사항
- 사용가스명
- 최고사용압력
- 가스흐름 방향

**33** **관을 아래에서 지지하면서 신축을 자유롭게 하는 지지물은 무엇인가?**

① 스프링 행거 ② 롤러 서포트
③ 콘스탄트 행거 ④ 리스트레인트

**해설** 롤러 서포트
배관을 관 아래에서 지지하면서 신축을 자유롭게 한다.
※ 행거 : 관 위에서 지지한다.

**34** **실내의 온도분포가 가장 균등한 난방방식은 무엇인가?**

① 온풍 난방 ② 방열기 난방
③ 복사 난방 ④ 온돌 난방

**해설** 복사 난방(패널 난방)
실내의 온도분포가 균등하나 설치 시공비가 증가하고 사용 중 고장 시 발견이 어렵다.

**35** **20A 관을 90°로 구부릴 때 중심곡선의 적당한 길이는 약 몇 mm인가?(곡률 반지름 $R=100$mm이다.)**

① 147 ② 157
③ 167 ④ 177

**해설** 곡관길이$(L) = 2\pi R\dfrac{\theta}{360}$

$$= 2\times3.14\times100\times\frac{90^\circ}{360^\circ} = 157\text{mm}$$

**36** **유류연소 수동보일러의 운전정지 내용으로 잘못된 것은?**

① 운전정지 직전에 유류예열기의 전원을 차단하고 유류예열기의 온도를 낮춘다.
② 연소실 내, 연도를 환기시키고 댐퍼를 닫는다.
③ 보일러 수위를 정상수위보다 조금 낮추고 버너의 운전을 정지한다.
④ 연소실에서 버너를 분리하여 청소를 하고 기름이 누설되는지 점검한다.

**해설** 보일러 운전 정지 시에는 정상수위에서 100mm 정도 수위를 상승시켜서 다음 날 운전 직전 수저분출을 용이하게 한다.

30 ② 31 ① 32 ④ 33 ② 34 ③ 35 ② 36 ③ | ANSWER

**37** 증기 트랩의 종류가 아닌 것은?

① 그리스 트랩 ② 열동식 트랩
③ 버켓식 트랩 ④ 플로트 트랩

해설 그리스 트랩
배수 트랩이며 배수 중 지방질이 배수관 속에서 막히지 않게 배수가 배수관에 흘러들어가기 전 지방질을 제거하는 배수 트랩 중 박스 트랩에 속한다.

**38** 배관의 단열공사를 실시하는 목적으로 가장 거리가 먼 것은 무엇인가?

① 열에 대한 경제성을 높인다.
② 온도조절과 열량을 낮춘다.
③ 온도변화를 제한한다.
④ 화상 및 화재를 방지한다.

해설 배관의 단열공사 목적은 ①, ③, ④항이며, 기타 열손실을 감소시킨다.

**39** 보일러의 운전 정지 시 가장 뒤에 조작하는 작업은?

① 연료의 공급을 정지시킨다.
② 연소용 공기의 공급을 정지시킨다.
③ 댐퍼를 닫는다.
④ 급수펌프를 정지시킨다.

해설 보일러 운전정지 시 조작순서
①→②→④→③

**40** 보일러의 외부부식 발생원인과 관계가 가장 먼 것은?

① 빗물, 지하수 등에 의한 습기나 수분에 의한 작용
② 보일러수 등의 누출로 인한 습기나 수분에 의한 작용
③ 연소가스 속의 부식성 가스(아황산가스 등)에 의한 작용
④ 급수 중 유지류, 산류, 탄산가스, 산소, 염류 등의 불순물 함유에 의한 작용

해설 ④는 보일러 외부가 아닌 내부부식과 관계되는 사항이다.

**41** 강판 제조 시 강괴 속에 함유되어 있는 가스체 등에 의해 강판이 두 장의 층을 형성하는 결함은?

① 라미네이션 ② 크랙
③ 브리스터 ④ 심 리프트

해설
• 라미네이션

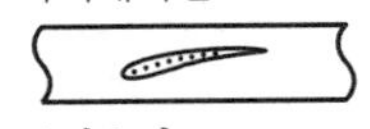

• 브리스터

• 크랙(균열)

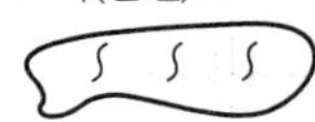

**42** 보일러 급수의 pH로 가장 적합한 것은?

① 4~6 ② 7~9
③ 9~11 ④ 11~13

해설 보일러 pH
• 급수 : 7~9 정도
• 보일러수 : 9~11 정도

**43** 증기난방과 비교한 온수난방의 특징에 대한 설명으로 틀린 것은?

① 예열시간이 길다.
② 건물 높이에 제한을 받지 않는다.
③ 난방부하 변동에 따른 온도조절이 용이하다.
④ 실내 쾌감도가 높다.

해설 온수난방은 수두 50m 이내(5kg/cm$^2$)에 사용이 가능하므로 건물 높이에 제한을 받는다.

**44** 가스절단 조건에 대한 설명 중 틀린 것은?

① 금속 산화물의 용융온도가 모재의 용융온도보다 낮을 것
② 모재의 연소온도가 그 용융점보다 낮을 것
③ 모재의 성분 중 산화를 방해하는 원소가 많을 것
④ 금속 산화물의 유동성이 좋으며, 모재로부터 이탈될 수 있을 것



ANSWER | 37 ① 38 ② 39 ③ 40 ④ 41 ① 42 ② 43 ② 44 ③

해설 가스절단(산소－아세틸렌) 시 모재의 성분 중 산화를 촉진시키는 원소가 많을수록 좋다.

**45 보일러의 외처리 방법 중 탈기법에서 제거되는 것은?**

① 황화수소 ② 수소
③ 망간 ④ 산소

해설 가스분 처리
- 탈기법 : 산소($O_2$) 제거
- 기폭법 : 이산화탄소($CO_2$) 및 철분, 망간 제거

**46 난방부하 계산 시 사용되는 용어에 대한 설명 중 틀린 것은?**

① 열전도 : 인접한 물체 사이의 열의 이동 현상
② 열관류 : 열이 한 유체에서 벽을 통하여 다른 유체로 전달되는 현상
③ 난방부하 : 방열기가 표준 상태에서 $1m^2$당 단위시간에 방출하는 열량
④ 정격용량 : 보일러 최대 부하상태에서 단위시간당 총 발생되는 열량

해설 ③항의 내용은 방열기의 표준방열량에 해당한다(증기 : $650kcal/m^2h$, 온수 : $450kcal/m^2h$).

**47 증기보일러의 관류밸브에서 보일러와 압력릴리프 밸브 사이에 체크밸브를 설치할 경우 압력릴리프 밸브는 몇 개 이상 설치하여야 하는가?**

① 1개 ② 2개
③ 3개 ④ 4개

해설 증기보일러 관류밸브에서 보일러와 압력릴리프(압력방출장치) 밸브 사이에 체크밸브를 설치하는 경우 압력릴리프 밸브는 2개 이상 설치한다.

**48 증기보일러에서 송기를 개시할 때 증기밸브를 급히 열면 발생할 수 있는 현상으로 가장 적당한 것은?**

① 캐비테이션 현상 ② 수격작용
③ 역화 ④ 수면계의 파손

해설 보일러 운전 중 최초로 증기를 관으로 송기할 때 증기밸브를 급히 열면 수격작용이(워터해머) 발생한다(따라서, 운전 전 드레인 배출을 필히 하여야 한다).

**49 고체 내부에서의 열의 이동 현상으로 물질은 움직이지 않고 열만 이동하는 현상은 무엇인가?**

① 전도 ② 전달
③ 대류 ④ 복사

해설 ① 전도 : 열의 이동
② 열전달 : 전도 대류의 열 이동
③ 대류 : 유체이동에 의한 열 이동
④ 복사 : 전자파 형태의 열 이동

**50 난방부하가 15,000kcal/h이고, 주철제 증기 방열기로 난방한다면 방열기 소요 방열면적은 약 몇 $m^2$인가?(단, 방열기의 방열량은 표준 방열량으로 한다.)**

① 16 ② 18
③ 20 ④ 23

해설 증기 소요 방열기 면적 $= \dfrac{\text{난방부하}}{650} = \dfrac{15,000}{650} = 23m^2$

**51 강관의 스케줄 번호가 나타내는 것은?**

① 관의 중심 ② 관의 두께
③ 관의 외경 ④ 관의 내경

해설 스케줄 번호(SCH) $= 10 \times \dfrac{\text{사용압력}(P)}{\text{허용응력}(S)}$
즉, 스케줄 번호(Schedule No)는 관의 두께를 나타낸다.

**52 신축이음쇠 종류 중 고온 · 고압에 적당하며, 신축에 따른 자체 응력이 생기는 결점이 있는 신축이음쇠는?**

① 루프형(Loop Type)
② 스위블형(Swivel Type)
③ 벨로스형(Bellows Type)
④ 슬리브형(Sleeve Type)

해설

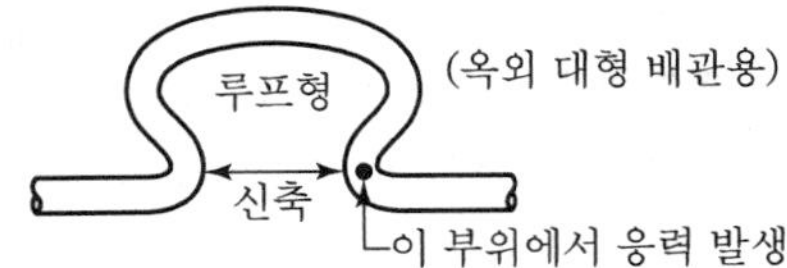


**53 가연가스와 미연가스가 노 내에 발생하는 경우가 아닌 것은?**

① 심한 불완전연소가 되는 경우
② 점화조작에 실패한 경우
③ 소정의 안전 저연소를 보다 부하를 높여서 연소시킨 경우
④ 연소 정지 중에 연료가 노 내에 스며든 경우

해설 소정의 안전 저연소율보다 부하를 높이면 완전연소가 가능하여 CO 가스가 감소하고 미연소가스 생성이 감소한다.

**54 가정용 온수 보일러 등에 설치하는 팽창탱크의 주된 설치 목적은 무엇인가?**

① 허용압력 초과에 따른 안전장치 역할
② 배관 중의 맥동을 방지
③ 배관 중의 이물질 제거
④ 온수 순환의 원활

해설 온수 보일러의 팽창탱크(개방식 = 저온수용, 밀폐식 = 고온수용)는 허용압력 초과에 따른 안전장치 역할을 한다.

**55 저탄소 녹색성장 기본법상 녹색성장위원회는 위원장 2명을 포함한 몇 명 이내의 위원으로 구성하는가?**

① 25　　② 30
③ 45　　④ 50

해설 지방녹색성장위원회 구성
- 시행령 제15조에 의거 : 위원 50명 이내
- 기본법 제14조에 의거 : 위원 50명 이내

**56 열사용 기자재 관리규칙에서 용접검사가 면제될 수 있는 보일러의 대상 범위로 틀린 것은?**

① 강철제 보일러 중 전열면적이 $5m^2$ 이하이고, 최고사용압력이 0.35MPa 이하인 것
② 주철제 보일러
③ 제2종 관류보일러
④ 온수 보일러 중 전열면적이 $18m^2$ 이하이고, 최고사용압력이 0.35MPa 이하인 것

해설 제2종 관류보일러는 법 제31조에 의해 검사대상 기기에서 제외하는 기기이다.

**57 에너지 절약 전문기업의 등록은 누구에게 하도록 위탁되어 있는가?**

① 산업통상자원부장관
② 에너지관리공단 이사장
③ 시공업자단체의 장
④ 시 · 도지사

해설 에너지 절약 전문기업(ESCO) 사업
제3자로부터 위탁을 받아 해당하는 사업을 하는 자(에너지이용 합리화법 제25조에 의거)는 에너지관리공단 이사장에게 등록한다.

**58 신 · 재생에너지 설비의 설치를 전문으로 하려는 자는 자본금 · 기술인력 등의 신고기준 및 절차에 따라 누구에게 신고를 하여야 하는가?**

① 국토교통부장관
② 환경부장관
③ 고용노동부장관
④ 산업통상자원부장관

해설 신 · 재생에너지 설비 및 설치자는 산업통상자원부장관에게 신고한다.

**59 에너지법에서 사용하는 "에너지"의 정의를 가장 올바르게 나타낸 것은?**

① "에너지"라 함은 석유 · 가스 등 열을 발생하는 열원을 말한다.

② "에너지"라 함은 제품의 원료로 사용되는 것을 말한다.

③ "에너지"라 함은 태양, 조파, 수력과 같이 일을 만들어낼 수 있는 힘이나 능력을 말한다.

④ "에너지"라 함은 연료 · 열 및 전기를 말한다.

해설
- 에너지 : 연료, 열, 전기
- 연료 : 석유, 가스, 석탄, 그 밖에 열을 발생하는 열원

**60 에너지법상 지역에너지계획은 몇 년마다 몇 년 이상을 계획기간으로 수립 · 시행하는가?**

① 2년마다 2년 이상

② 5년마다 5년 이상

③ 7년마다 7년 이상

④ 10년마다 10년 이상

해설 지역에너지계획은 5년마다 5년 이상을 계획기간으로 수립 · 시행한다.

# 2014년 5회 에너지관리기능사

**01** **보일러의 여열을 이용하여 증기보일러의 효율을 높이기 위한 부속장치로 맞는 것은?**

① 버너, 댐퍼, 송풍기
② 절탄기, 공기예열기, 과열기
③ 수면계, 압력계, 안전밸브
④ 인젝터, 저수위 경보장치, 집진장치

**해설** 보일러 여열장치(폐열 회수장치)
- 과열기
- 재열기
- 절탄기(급수가열기)
- 공기예열기

**02** **스팀 헤더(Steam Header)에 관한 설명으로 틀린 것은?**

① 보일러 주증기관과 부하 측 증기관 사이에 설치한다.
② 송기 및 정지가 편리하다.
③ 불필요한 장소에 송기하기 때문에 열손실은 증가한다.
④ 증기의 과부족을 일부 해소할 수 있다.

**해설** 스팀 헤더(증기이송장치 : 제2종 압력 용기)
①, ②, ④항 이외에도 불필요한 장소에 송기하지 않아서 열손실이 감소한다.

**03** **보일러 기관 작동을 저지시키는 인터록 제어에 속하지 않는 것은?**

① 저수위 인터록
② 저압력 인터록
③ 저연소 인터록
④ 프리퍼지 인터록

**해설**
- 보일러 인터록 : ①, ③, ④ 외에도 압력초과 인터록, 불착화 인터록 등이 있다.
- 인터록 : 현재의 운전작동에 이상이 생기면 다음 동작을 정지하여 사고를 미연에 방지하는 것

**04** **다음 중 특수 보일러에 속하는 것은?**

① 벤슨 보일러
② 슐처 보일러
③ 소형 관류보일러
④ 슈미트 보일러

**해설** 특수 보일러
- 간접가열 보일러(레플러 보일러, 슈미트 하트만 보일러)
- 열매체 보일러
- 바크, 바가스 보일러
- 파목 보일러

**05** **보일러 연소실이나 연도에서 화염의 유무를 검출하는 장치가 아닌 것은?**

① 스테빌라이저　② 플레임 로드
③ 플레임 아이　④ 스택 스위치

**해설** 보일러 보염장치(노 내 불꽃보호장치)
- 스테빌라이저(보염기)
- 버너타일
- 콤버스트
- 윈드박스

**06** **수관식 보일러의 특징에 대한 설명으로 틀린 것은?**

① 전열면적이 커서 증기의 발생이 빠르다.
② 구조가 간단하여 청소, 검사, 수리 등이 용이하다.
③ 철저한 급수처리가 요구된다.
④ 보일러수의 순환이 빠르고 효율이 좋다.

**해설** 수관식 보일러는 구조가 복잡하여 청소나 검사, 수리가 불편하다(노통 보일러는 정반대).

**07** **연소가스와 대기의 온도가 각각 250℃, 30℃이고 연돌의 높이가 50m일 때 이론 통풍력은 약 얼마인가?(단, 연소가스와 대기의 비중량은 각각 1.35kg/Nm$^3$, 1.25kg/Nm$^3$이다.)**



ANSWER | 01 ② 02 ③ 03 ② 04 ④ 05 ① 06 ② 07 ①

① 21.08mmAq
② 23.12mmAq
③ 25.02mmAq
④ 27.36mmAq

**해설** 이론통풍력($Z$) $= 273 \times H \times \left[\frac{ra}{273+ta} - \frac{rg}{273+tg}\right]$

$$= 273 \times 50 \times \left[\frac{1.25}{273+30} - \frac{1.35}{273+250}\right]$$

$$= 21.08$$

**08 사이클론 집진기의 집진율을 증가시키기 위한 방법으로 틀린 것은?**

① 사이클론의 내면을 거칠게 처리한다.
② 블로 다운방식을 사용한다.
③ 사이클론 입구의 속도를 크게 한다.
④ 분진박스와 모양은 적당한 크기와 형상으로 한다.

**해설** 사이클론은 내면을 세밀하게 처리하여야 집진율이 높아지는 원심력 집진장치이다.

**09 건포화증기의 엔탈피와 포화수 엔탈피의 차는?**

① 비열 ② 잠열
③ 현열 ④ 액체열

**해설**
• 증발잠열 = 건포화증기엔탈피 − 포화수엔탈피
• 건포화증기엔탈피 = 증발잠열 + 포화수엔탈피(kcl/kg)

**10 보일러에서 발생하는 증기를 이용하여 급수하는 장치는?**

① 슬러지(Sludge)
② 인젝터(Injector)
③ 콕(Cock)
④ 트랩(Trap)

**해설** 인젝터(소형 급수설비)
증기열에너지를 물에 전달하여 운동에너지에서 속도에너지로 변화한 다음 압력에너지로 증가한 후 보일러 내로 급수한다(흡입노즐 → 혼합노즐 → 토출노즐).
• 증기는 2~10kg/cm$^2$ 정도로 이용한다.
• 물의 온도는 50~60℃ 이상이 되지 않게 한다.

**11 연관식 보일러의 특징으로 틀린 것은?**

① 동일 용량인 노통 보일러에 비해 설치면적이 작다.
② 전열면적이 커서 증기 발생이 빠르다.
③ 외분식은 연료선택 범위가 좁다.
④ 양질의 급수가 필요하다.

**해설** 외분식 연소 보일러(연관식)는 화실의 용적이 커서 연료의 선택범위가 넓다.

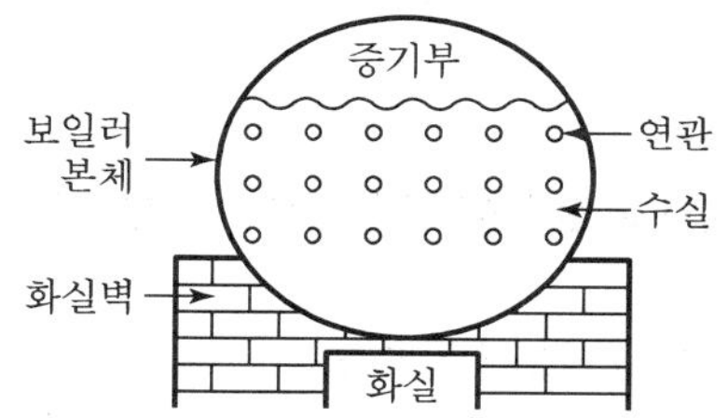


**12 보일러의 수위 제어에 영향을 미치는 요인 중에서 보일러 수위제어 시스템으로 제어할 수 없는 것은?**

① 급수온도
② 급수량
③ 수위 검출
④ 증기량 검출

**해설** 급수온도는 수위 제어(W, B, C)가 아니라 전열량으로 제어하여야 한다.

**13 수트 블로어(Soot Blower) 사용 시 주의사항으로 거리가 먼 것은?**

① 한 곳으로 집중하여 사용하지 말 것
② 분출기 내의 응축수를 배출시킨 후 사용할 것
③ 보일러 가동을 정지 후 사용할 것
④ 연도 내 배풍기를 사용하여 유인통풍을 증가시킬 것

**해설** 수트 블로어(전열면의 그을음 제거)는 보일러 운전 중 사용하여야 외부로 그을음을 제거할 수 있다(부하가 50% 이상일 때 사용한다).

08 ① 09 ② 10 ② 11 ③ 12 ① 13 ③ | ANSWER

**14 보일러의 과열 원인으로 적당하지 않은 것은?**

① 보일러수의 순환이 좋은 경우
② 보일러 내에 스케일이 부착된 경우
③ 보일러 내에 유지분이 부착된 경우
④ 국부적으로 심하게 복사열을 받는 경우

해설 보일러수의 순환이 제대로 되지 않으면 과열이나 국부과열이 발생한다(보일러수의 순환이 좋으면 열효율 증가, 전열효과 발생).

**15 오일 버너의 화염이 불안정한 원인과 가장 무관한 것은?**

① 분무유압이 비교적 높을 경우
② 연료 중에 슬러지 등의 협잡물이 들어 있을 경우
③ 무화용 공기량이 적절치 않을 경우
④ 연소용 공기의 과다로 노 내 온도가 저하될 경우

해설 분무유압이 비교적(2~10kg/cm$^2$) 높으면 중질유의 분무(기름입자의 안개방울화 현상)가 순조로워서 완전연소가 가능하고 노 내 온도가 상승한다.

**16 열전도에 적용되는 푸리에의 법칙 설명 중 틀린 것은?**

① 두 면 사이에 흐르는 열량은 물체의 단면적에 비례한다.
② 두 면 사이에 흐르는 열량은 두 면 사이의 온도차에 비례한다.
③ 두 면 사이에 흐르는 열량은 시간에 비례한다.
④ 두 면 사이에 흐르는 열량은 두 면 사이의 거리에 비례한다.

해설 열전도율(kcal/m · h · ℃)은 두 면 사이의 두께(m)에 반비례한다. 두께가 두꺼우면 저항을 받는다.

**17 최근 난방 또는 급탕용으로 사용되는 진공온수 보일러에 대한 설명 중 틀린 것은?**

① 열매수의 온도는 운전 시 100℃ 이하이다.
② 운전 시 열매수의 급수는 불필요하다.
③ 본체의 안전장치로서 용해전, 온도퓨즈, 안전밸브 등을 구비한다.
④ 추기장치는 내부에서 발생하는 비응축가스 등을 외부로 배출시킨다.

해설 진공온수 보일러(700mmHg = 약 90℃의 증기)
- 압력이 작아서 안전밸브가 불필요하다.
- 약 90℃의 증기로 온수를 생산한다(열교환 이용).
- 압력스위치를 사용해야 한다.

**18 보일러에서 실제 증발량(kg/h)을 연료 소모량(kg/h)으로 나눈 값은?**

① 증발 배수
② 전열면 증발량
③ 연소실 열부하
④ 상당 증발량

해설 $\text{증발배수(kg/kg)} = \dfrac{\text{보일러 실제 증기 발생량}}{\text{보일러 실제 연료 소모량}}$

**19 보일러 제어에서 자동연소제어에 해당하는 약호는?**

① A.C.C　　② A.B.C
③ S.T.C　　④ F.W.C

해설 ① A.C.C : 연소제어
② A.B.C : 자동보일러제어
③ S.T.C : 증기온도제어
④ F.W.C : 자동급수제어

**20 프로판($C_3H_8$) 1kg이 완전연소하는 경우 필요한 이론산소량은 약 몇 Nm$^3$인가?**

① 3.47　　② 2.55
③ 1.25　　④ 1.50

해설 프로판의 연소반응식(산소의 분자량 : 32)
$C_3H_8 + 5O_2 \rightarrow 3CO_2 + 4H_2O$
44kg + (5 × 32)kg(5 × 22.4Nm$^3$)
∴ 44 : (5 × 32) = 1 : $x$
- $x = 5 \times 32 \times \dfrac{1}{44} = 3.64\text{kg}(O_2)$
- $x = 5 \times 22.4 \times \dfrac{1}{44} = 2.55\text{Nm}^3(O_2)$


ANSWER | 14 ① 15 ① 16 ④ 17 ③ 18 ① 19 ① 20 ②

**21** **고체연료와 비교하여 액체연료 사용 시의 장점을 잘못 설명한 것은?**

① 인화의 위험성이 없으며 역화가 발생하지 않는다.
② 그을음이 적게 발생하고 연소효율도 높다.
③ 품질이 비교적 균일하며 발열량이 크다.
④ 저장 중 변질이 적다.

**해설** 액체연료(경질유 : 휘발유, 등유, 경유 등)는 인화점이 낮아서 인화의 위험성이 높고 중질유(중유) 등은 연소상태가 불량하여 역화(Backfire, 백파이어)의 발생 문제가 심각하다.

**22** **고압 · 중압 보일러 급수용 및 고양정 급수용으로 쓰이는 것으로 임펠러와 안내날개가 있는 펌프는?**

① 볼류트 펌프　② 터빈 펌프
③ 워싱턴 펌프　④ 웨어 펌프

**해설** ㉠ 급수펌프 양정
- 고양정(터빈펌프)
- 저양정(볼류트 펌프)

㉡ 양정 높이
- 터빈(20m 이상) : 안내날개 사용
- 볼류트(20m 미만)

**23** **증기압력이 높아질 때 감소되는 것은?**

① 포화 온도
② 증발 잠열
③ 포화수 엔탈피
④ 포화증기 엔탈피

**해설** 물의 증발잠열(압력이 높아짐에 따라 감소한다.)
- 1.033kg/cm$^2$ : 539kcal/kg
- 225.65kg/cm$^2$ : 0kcal/kg

**24** **노통 보일러에서 아담슨 조인트를 하는 목적은?**

① 노통 제작을 쉽게 하기 위해서
② 재료를 절감하기 위해서
③ 열에 의한 신축을 조절하기 위해서
④ 물 순환을 촉진하기 위해서

**해설**

노통
(연소실)
아담슨
조인트
노통
(화실)
연소가스
열에 의한 노통의
신축조절(수명 연장)

**25** **다음 중 압력계의 종류가 아닌 것은?**

① 부르동관식 압력계
② 벨로즈식 압력계
③ 유니버설 압력계
④ 다이어프램 압력계

**해설**
- 탄성식 압력계 : ①, ②, ④ 압력계
- 유니버설 : 온도계로 사용한다.

**26** **500W의 전열기로서 2kg의 물을 18℃로부터 100℃까지 가열하는 데 소요되는 시간은 얼마인가?(단, 전열기 효율은 100%로 가정한다.)**

① 약 10분　② 약 16분
③ 약 20분　④ 약 23분

**해설** 1W = 0.86kcal/h
1kW − h = 860kcal
소요열량($Q$) = $G \cdot C_p \cdot \Delta t$
= 2×1×(100−18)=164kcal
500W = 0.5kW − h = 430kcal
∴ 가열시간 = $\frac{164}{430}$×60분/시간 = 약 23분

**27** **랭커셔 보일러는 어디에 속하는가?**

① 관류 보일러　② 연관 보일러
③ 수관 보일러　④ 노통 보일러

**해설** 노통 보일러

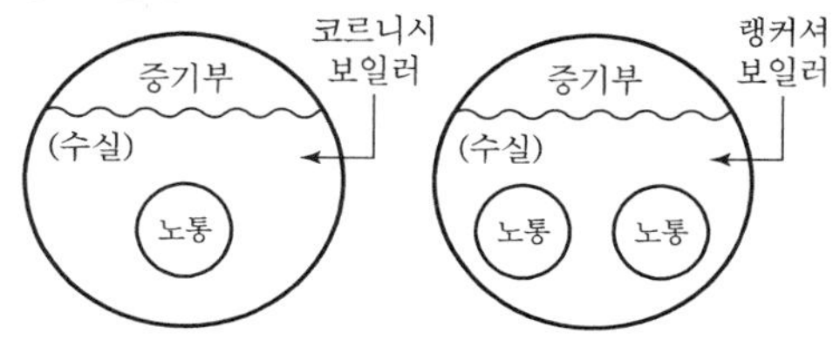

**28** **액체연료 연소에서 무화의 목적이 아닌 것은?**

① 단위 중량당 표면적을 크게 한다.
② 연소효율을 향상시킨다.
③ 주위 공기와 혼합을 좋게 한다.
④ 연소실의 열부하를 낮게 한다.

**해설** 액체연료 무화의 목적
①, ②, ③ 외에 완전연소 증가 등이며 중질유(중유)는 무화시킨다(무화설명은 분무의 설명이며 15번 해설 참조).

**29** **보일러에서 기체연료의 연소방식으로 가장 적당한 것은?**

① 화격자연소
② 확산연소
③ 증발연소
④ 분해연소

**해설** ㉠ 기체연료 연소방식
- 확산연소
- 예혼합연소(역화에 주의한다.)

㉡ 고체연료 : 화격자 연소, 분해연소
㉢ 분무연소 : 중질유(중유) 연소
㉣ 증발연소 : 경질유 연소(등유, 경유 등)

**30** **단관 중력환수식 온수난방에서 방열기 입구 반대편 상부에 부착하는 밸브는?**

① 방열기 밸브
② 온도조절 밸브
③ 공기빼기 밸브
④ 배니 밸브

**해설**

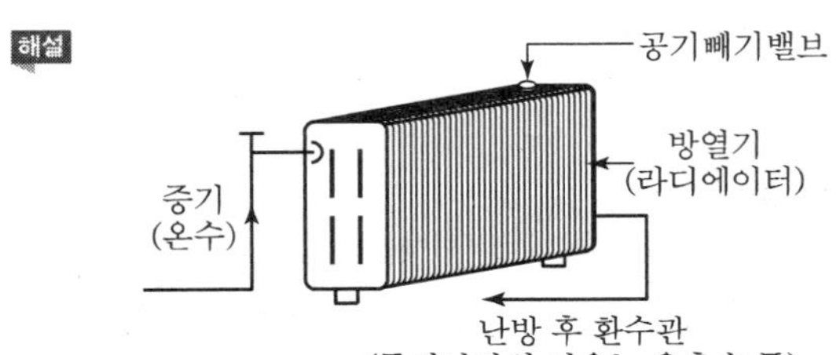


**31** **보일러 수트 블로어를 사용하여 그을음 제거작업을 하는 경우의 주의사항 설명으로 가장 옳은 것은?**

① 가급적 부하가 높을 때 실시한다.
② 보일러를 소화한 직후에 실시한다.
③ 흡출 통풍을 감소시킨 후 실시한다.
④ 작업 전에 분출기 내부의 드레인을 충분히 제거한다.

**해설** 수트 블로어(증기로 노 내 전열면의 그을음 제거)
사용 전 블로어 흡출통풍 증가 및 내 응축수를 드레인하여 사용하여야 노 내 전열면의 부식이 방지된다(보일러 운전 중 부하가 50% 이상에서 실시한다).

**32** **보일러 내부에 아연판을 매다는 가장 큰 이유는?**

① 기수공발을 방지하기 위하여
② 보일러 판의 부식을 방지하기 위하여
③ 스케일 생성을 방지하기 위하여
④ 프라이밍을 방지하기 위하여

**해설** 아연판 설치
보일러 내부 전열면의 점식(피팅부식), 부식방지

**33** **보일러수(水) 중의 경도 성분을 슬러지로 만들기 위하여 사용하는 청관제는?**

① 가성취화 억제제 ② 연화제
③ 슬러지 조정제 ④ 탈산소제

**해설**
- 경수 : 물속의 칼슘, 마그네슘이 많이 혼합된 물(경도 10 이상)
- 연수 : 연화제(경수연화장치)를 사용하여 경도 10 이하의 연수를 만들어 급수한다.

**34** **보일러 내면의 산세정 시 염산을 사용하는 경우 세정액의 처리온도와 처리시간으로 가장 적합한 것은?**

① 60±5℃, 1~2시간
② 60±5℃, 4~6시간
③ 90±5℃, 1~2시간
④ 90±5℃, 4~6시간

 **ANSWER** | 28 ④ 29 ② 30 ③ 31 ④ 32 ② 33 ② 34 ②

해설 보일러 내부 산세관(염산 등 사용)
- 세정 시 적정온도 : 60±5℃
- 세관 시간 : 4~6시간 정도

**35 다른 보온재에 비하여 단열효과가 낮으며 500℃ 이하의 파이프, 탱크, 노벽 등에 사용하는 것은?**

① 규조토 ② 암면
③ 글라스 울 ④ 펠트

해설 규조토 무기질 보온재 특징
- 단열효과가 낮다(열전도율이 크다).
- 500℃ 이하의 파이프, 탱크, 노벽 등에 사용한다.
- 재질은 규조토+석면 또는 삼여물 혼합
- 시공 후 건조시간이 길다.
- 접착성이 좋다.
- 철사망 보강재 사용이 필요하다.

**36 점화 전 댐퍼를 열고 노 내와 연도에 체류하고 있는 가연성 가스를 송풍기로 취출시키는 작업은?**

① 분출 ② 송풍
③ 프리퍼지 ④ 포스트퍼지

해설 프리퍼지
보일러 점화 전 댐퍼를 열고 노 내와 연도에 채류하고 있는 가연성 가스를 송풍기로 취출시키는 작업
※ 포스트퍼지 : 보일러 정지 후 퍼지

**37 건물을 구성하는 구조체, 즉 바닥 · 벽 등에 난방용 코일을 묻고 열매체를 통과시켜 난방을 하는 것은?**

① 대류난방 ② 복사난방
③ 간접난방 ④ 전도난방

해설 복사난방
바닥, 벽, 천장 등 구조체가 필요하고 난방용 코일 내 온수를 보내어 난방을 한다(시공비가 많이 든다).

**38 배관의 높이를 관의 중심을 기준으로 표시한 기호는?**

① TOP ② GL
③ BOP ④ EL

해설 배관 높이

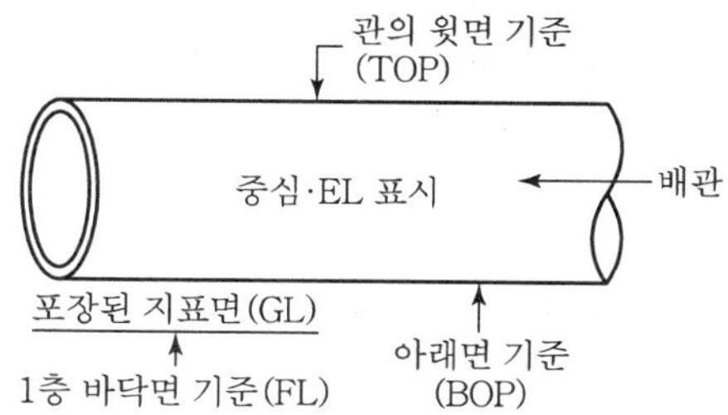


**39 보일러의 열효율 향상과 관계가 없는 것은?**

① 공기예열기를 설치하여 연소용 공기를 예열한다.
② 절탄기를 설치하여 급수를 예열한다.
③ 가능한 한 과잉공기를 줄인다.
④ 급수펌프로는 원심펌프를 사용한다.

해설 급수펌프 종류와 보일러 열효율 향상과는 연관성이 없다.

**40 보일러 급수성분 중 포밍과 관련이 가장 큰 것은?**

① pH
② 경도 성분
③ 용존 산소
④ 유지 성분

해설
- 경도성분 : 칼슘, 마그네슘
- 포밍(거품 발생) : 유지성분(과열촉진)
- 점식부식 : 용존산소
- pH : 7 미만은 산성, 7 이상은 알칼리성

**41 보일러에서 역화의 발생 원인이 아닌 것은?**

① 점화 시 착화가 지연되었을 경우
② 연료보다 공기를 먼저 공급한 경우
③ 연료 밸브를 과대하게 급히 열었을 경우
④ 프리퍼지가 부족할 경우

해설 연료보다 공기를 먼저 공급(프리퍼지 치환작업)하면 역화(백파이어)의 발생이 완화된다.

**42 보일러 유리 수면계의 유리파손 원인과 무관한 것은?**

① 유리관 상하 콕의 중심이 일치하지 않을 때
② 유리가 알칼리 부식 등에 의해 노화되었을 때
③ 유리관 상하 콕의 너트를 너무 조였을 때
④ 증기의 압력을 갑자기 올렸을 때

해설 증기의 압력을 갑자기 올리면 보일러 부동팽창 등이 발생할 수 있다.

**43 가정용 온수 보일러 등에 설치하는 팽창탱크의 주된 기능은?**

① 배관 중의 이물질 제거
② 온수 순환의 맥동 방지
③ 열효율의 증대
④ 온수의 가열에 따른 체적팽창 흡수

해설 가정용 온수 보일러 팽창탱크의 주된 목적
온수가열에 따른 체적 팽창(4~3% 팽창)을 흡수하여 압력을 일정하게 유지하여 사고를 미연에 방지할 수 있다.

**44 지역난방의 특징을 설명한 것 중 틀린 것은?**

① 설비가 길어지므로 배관 손실이 있다.
② 초기 시설 투자비가 높다.
③ 개개 건물의 공간을 많이 차지한다.
④ 대기오염의 방지를 효과적으로 할 수 있다.

해설 ③은 개별난방이나 중앙식 난방에 속한다.

**45 증기보일러에 설치하는 유리 수면계는 2개 이상이어야 하는데 1개만 설치해도 되는 경우는?**

① 소형 관류 보일러
② 최고사용압력 2MPa 미만의 보일러
③ 동체 안지름 800mm 미만의 보일러
④ 1개 이상의 원격지시 수면계를 설치한 보일러

해설
- 소형 관류 보일러 : 유리 수면계는 1개만 설치하여도 된다.
- 소용량 보일러 : 유리 수면계는 1개만 설치하여도 된다.
- 단관식 관류 보일러의 증기보일러 : 2개 이상의 유리 수면계를 부착하여야 한다.

**46 진공환수식 증기난방에서 리프트 피팅이란?**

① 저압 환수관이 진공펌프의 흡입구보다 낮은 위치에 있을 때 적용되는 이음방법이다.
② 방열기보다 낮은 곳에 환수주관이 설치된 경우 적용되는 이음방법이다.
③ 진공펌프가 환수주관과 같은 위치에 있을 때 적용되는 이음방법이다.
④ 방열기와 환수주관의 위치가 같을 때 적용되는 이음방법이다.

해설

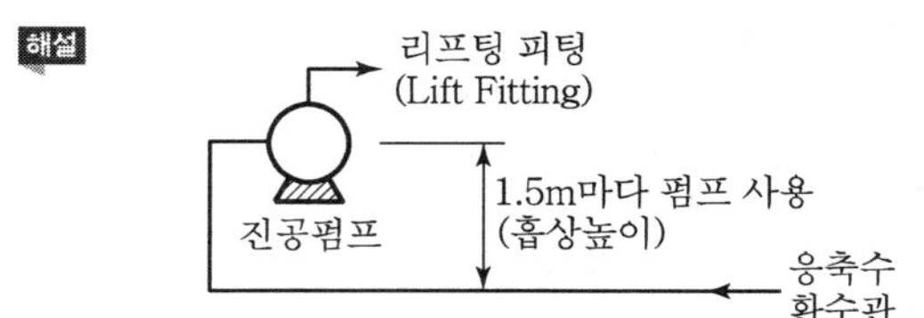


**47 보일러에서 분출 사고 시 긴급조치사항으로 틀린 것은?**

① 연도 댐퍼를 전개한다.
② 연소를 정지시킨다.
③ 압입 통풍기를 가동시킨다.
④ 급수를 계속하여 수위의 저하를 막고 보일러의 수위 유지에 노력한다.

해설
- 프리퍼지(포스트 퍼지 등) 등 노 내 공기로 치환 시 압입통풍기(터보형)를 가동시킨다.
- 분출 : 보일러수 중 농도가 높은 불순물을 배출한다.

**48 유리솜 또는 암면의 용도와 관계없는 것은?**

① 보온재 ② 보냉재
③ 단열재 ④ 방습재

해설 유리솜, 암면(무기질 보온재)
- 유리솜(글라스 울) : 300℃ 이하용
- 암면 : 400℃ 이하용

**49 호칭지름 20A인 강관을 그림과 같이 배관할 때 엘보 사이의 파이프 절단 길이는?(단, 20A 엘보의 끝단에서 중심까지 거리는 32mm이고, 파이프의 물림 길이는 13mm이다.)**

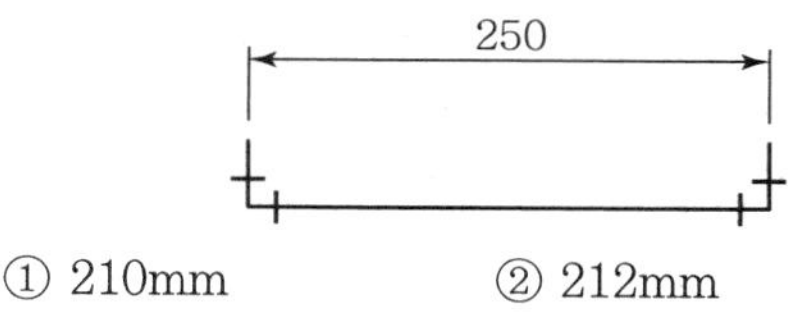


① 210mm ② 212mm
③ 214mm ④ 216mm

해설
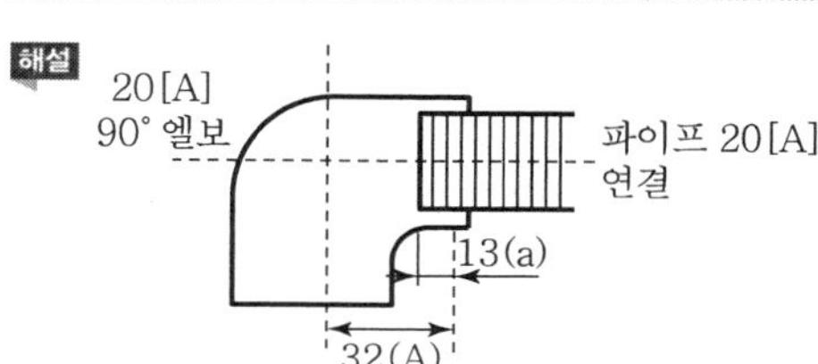


32－13＝19mm(공간길이)
∴ 절단길이($l$)＝L－2(A－a)
＝250－2(32－13)
＝212mm

**50 보온재 중 흔히 스티로폼이라고도 하며, 체적의 97~98%가 기공으로 되어 있어 열 차단 능력이 우수하고, 내수성도 뛰어난 보온재는?**

① 폴리스티렌 폼 ② 경질 우레탄 폼
③ 코르크 ④ 글라스 울

해설 스티로폼(폴리스티렌 폼)
- 체적 97~98%가 기공(가볍다.)
- 열차단 능력이 우수하다.
- 내수성이 뛰어나다.

**51 방열기의 표준 방열량에 대한 설명으로 틀린 것은?**

① 증기의 경우, 게이지 압력 1kg/cm$^2$, 온도 80℃로 공급하는 것이다.
② 증기 공급 시의 표준 방열량은 650kcal/m$^2$ · h이다.
③ 실내 온도는 증기일 경우 21℃, 온수일 경우 18℃ 정도이다.
④ 온수 공급 시의 표준 방열량은 450kcal/m$^2$ · h이다.

해설 증기의 경우 표준대기압 1.0332kg/cm$^2$, 물의 증발 잠열 539kcal/kg, 표준 방열기의 경우 증기온도 102℃ 기준이다.

**52 증기난방의 분류에서 응축수 환수방식에 해당하는 것은?**

① 고압식 ② 상향 공급식
③ 기계환수식 ④ 단관식

해설 증기난방 응축수 환수방식
- 중력환수식(밀도차 이용)
- 기계환수식(펌프 이용)
- 진공환수식(관 내 진공 100~250mmHg 이용)

**52 어떤 거실의 난방부하가 5,000kcal/h이고 주철제 온수 방열기로 난방할 때 필요한 방열기 쪽수는?(단, 방열기 1쪽당 방열 면적은 0.26m$^2$이고, 방열량은 표준방열량으로 한다.)**

① 11쪽 ② 21쪽
③ 30쪽 ④ 43쪽

해설 온수 방열기 쪽수계산$=\dfrac{\text{난방부하}}{450\times 1\text{쪽당 방열면적}}$
$=\dfrac{5{,}000}{450\times 0.26}=43$쪽

**54 온수난방 배관 시공법의 설명으로 잘못된 것은?**

① 온수난방은 보통 $\dfrac{1}{250}$ 이상의 끝올림 구배를 주는 것이 이상적이다.
② 수평 배관에서 관경을 바꿀 때는 편심 레듀셔를 사용하는 것이 좋다.
③ 지관이 주관 아래로 분기될 때는 45° 이상 끝내림 구배로 배관한다.
④ 팽창탱크에 이르는 팽창관에는 조정용 밸브를 단다.

해설
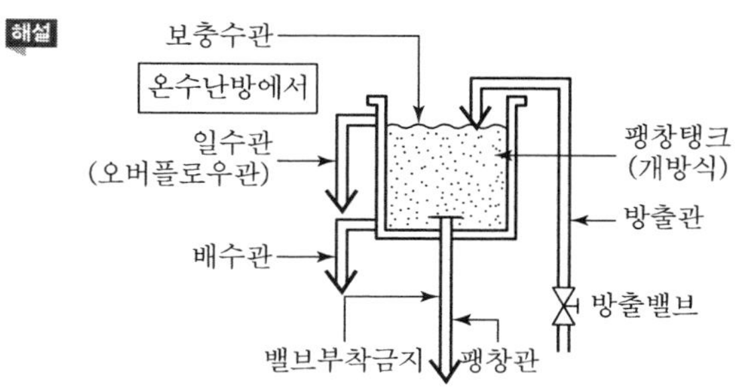

**55** 에너지이용 합리화법상 에너지의 최저소비효율기준에 미달하는 효율관리기자재의 생산 또는 판매금지 명령을 위반한 자에 대한 벌칙 기준은?

① 1년 이하의 징역 또는 1천만 원 이하의 벌금
② 1천만 원 이하의 벌금
③ 2년 이하의 징역 또는 2천만 원 이하의 벌금
④ 2천만 원 이하의 벌금

해설 에너지의 최저소비효율기준에 미달하는 효율관리기자재의 생산 또는 판매금지 명령 위반자 벌칙사항 : 2천만 원 이하의 벌금

**56** 다음은 저탄소 녹색성장 기본법에 명시된 용어의 뜻이다. ( ) 안에 알맞은 것은?

> 온실가스란 ( ㉮ ), 메탄, 아산화질소, 수소불화탄소, 과불화탄소, 육불화황 및 그 밖에 대통령령으로 정하는 것으로 ( ㉯ ) 복사열을 흡수하거나 재방출하여 온실효과를 유발하는 대기 중의 가스 상태의 물질을 말한다.

① ㉮ 일산화탄소, ㉯ 자외선
② ㉮ 일산화탄소, ㉯ 적외선
③ ㉮ 이산화탄소, ㉯ 자외선
④ ㉮ 이산화탄소, ㉯ 적외선

**57** 특정열사용기자재 중 산업통상자원부령으로 정하는 검사대상기기를 폐기한 경우에는 폐기한 날부터 며칠 이내에 폐기신고서를 제출해야 하는가?

① 7일 이내에
② 10일 이내에
③ 15일 이내에
④ 30일 이내에

해설
- 검사 대상기기 폐기, 사용중지신고, 설치자 변경신고 등은 15일 이내에 에너지관리공단 이사장에게 신고서를 제출하여야 한다.
- 검사 대상기기 : 강철제, 주철제 보일러, 소형 온수 보일러(가스용), 압력용기 1 · 2종, 철금속 가열로 등

**58** 특정열사용기자재 중 산업통상자원부령으로 정하는 검사대상기기의 계속사용검사 신청서는 검사유효기간 만료 며칠 전까지 제출해야 하는가?

① 10일 전까지
② 15일 전까지
③ 20일 전까지
④ 30일 전까지

해설 계속사용 안전검사, 성능검사 등은 유효기간 만료 10일 전까지 에너지관리공단 이사장에게 검사신청서를 제출하여야 한다.

**59** 화석연료에 대한 의존도를 낮추고 청정에너지의 사용 및 보급을 확대하여 녹색기술 연구개발, 탄소흡수원 확충 등을 통하여 온실가스를 적정수준 이하로 줄이는 것에 대한 정의로 옳은 것은?

① 녹색성장
② 저탄소
③ 기후변화
④ 자원순환

해설
- 저탄소 : 온실가스를 적정수준 이하로 줄이는 정의
- 온실가스 종류 : $CO_2$, $CH_4$, $N_2O$, $HRC_S$(수화불화탄소), $PEC_S$(과불화탄소), $SF_6$(육불화황) 등

**60** 에너지이용 합리화법상의 목표에너지원 단위를 가장 옳게 설명한 것은?

① 에너지를 사용하여 만드는 제품의 단위당 폐연료 사용량
② 에너지를 사용하여 만드는 제품의 연간 폐열사용량
③ 에너지를 사용하여 만드는 제품의 단위당 에너지 사용목표량
④ 에너지를 사용하여 만드는 제품의 연간 폐열에너지사용목표량

해설 목표에너지원 단위
에너지를 사용하여 만드는 제품의 단위당 에너지사용목표량

 ANSWER | 55 ④ 56 ④ 57 ③ 58 ① 59 ② 60 ③

# 2015년 1회 에너지관리기능사

**01 증발량 3,500kgf/h인 보일러의 증기 엔탈피가 640kcal/kg이고, 급수 온도는 20℃이다. 이 보일러의 상당증발량은 얼마인가?**

① 약 3,786kgf/h ② 약 4,156kgf/h
③ 약 2,760kgf/h ④ 약 4,026kgf/h

해설 상당증발량

$$= \frac{\text{실제증발량(증기엔탈피} - \text{급수엔탈피)}}{539}(\text{kg/h})$$

$$= \frac{3,500(640-20)}{539} = 4,026\text{kgf/h}$$

**02 액체연료 연소장치에서 보염장치(공기조절장치)의 구성요소가 아닌 것은?**

① 바람상자 ② 보염기
③ 버너 팁 ④ 버너타일

해설 보염장치의 구성요소
- 바람상자(윈드박스)
- 보염기
- 버너타일
- 콤 버스트

**03 보일러의 상당증발량을 옳게 설명한 것은?**

① 일정 온도의 보일러수가 최종의 증발상태에서 증기가 되었을 때의 중량
② 시간당 증발된 보일러수의 중량
③ 보일러에서 단위시간에 발생하는 증기 또는 온수의 보유열량
④ 시간당 실제증발량이 흡수한 전열량을 온도 100℃의 포화수를 100℃의 증기로 바꿀 때의 열량으로 나눈 값

해설 상당증발량
시간당 실제증발량이 흡수한 전열량을 온도 100℃의 포화수를 100℃의 증기(상변화)로 바꿀 때의 열량(539kcal/kg)으로 나눈 값

**04 안전밸브의 종류가 아닌 것은?**

① 레버 안전밸브
② 추 안전밸브
③ 스프링 안전밸브
④ 핀 안전밸브

해설 안전밸브의 종류
- 레버식
- 추식
- 스프링식
- 복합식

**05 증기보일러의 압력계 부착에 대한 설명으로 틀린 것은?**

① 압력계와 연결된 관의 크기는 강관을 사용할 때에는 안지름이 6.5mm 이상이어야 한다.
② 압력계는 눈금판의 눈금이 잘 보이는 위치에 부착하고 얼지 않도록 하여야 한다.
③ 압력계는 사이폰관 또는 동등한 작용을 하는 장치가 부착되어야 한다.
④ 압력계의 콕크는 그 핸들을 수직인 관과 동일방향에 놓은 경우에 열려 있는 것이어야 한다.

해설 강관의 경우 연결관의 안지름은 12.7mm 이상이어야 한다.

**06 육용 보일러 열 정산의 조건과 관련된 설명 중 틀린 것은?**

① 전기에너지는 1kW당 860kcal/h로 환산한다.
② 보일러 효율 산정방식은 입출열법과 열 손실법으로 실시한다.
③ 열정산시험 시의 연료 단위량은, 액체 및 고체연료의 경우 1kg에 대하여 열 정산을 한다.
④ 보일러의 열 정산은 원칙적으로 정격 부하 이하에서 정상상태로 3시간 이상의 운전 결과에 따라 한다.

해설 열 정산 운전시간은 2시간 이상의 운전결과에 따라야 한다.

**07 보일러 본체에서 수부가 클 경우의 설명으로 틀린 것은?**

① 부하변동에 대한 압력 변화가 크다.
② 증기 발생시간이 길어진다.
③ 열효율이 낮아진다.
④ 보유 수량이 많으므로 파열 시 피해가 크다.

해설

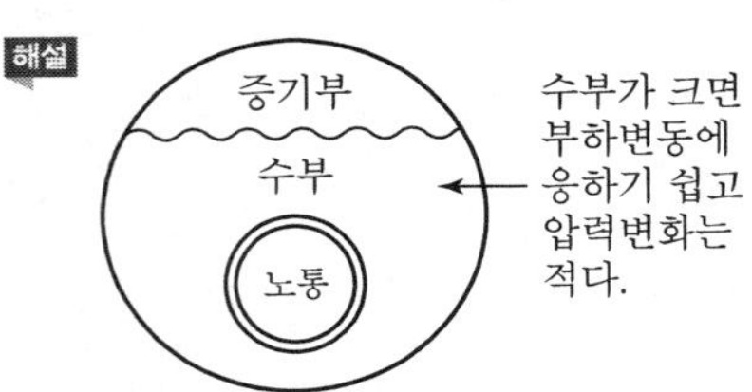


**08 분진가스를 방해판 등에 충돌시키거나 급격한 방향 전환 등에 의해 매연을 분리 포집하는 집진방법은?**

① 중력식 ② 여과식
③ 관성력식 ④ 유수식

해설

**09 보일러에 사용되는 열교환기 중 배기가스의 폐열을 이용하는 교환기가 아닌 것은?**

① 절탄기 ② 공기예열기
③ 방열기 ④ 과열기

해설 방열기(난방용)



**10 수관식 보일러의 일반적인 특징에 관한 설명으로 틀린 것은?**

① 구조상 고압 대용량에 적합하다.
② 전열면적을 크게 할 수 있으므로 일반적으로 열효율이 좋다.
③ 부하변동에 따른 압력이나 수위 변동이 적으므로 제어가 편리하다.
④ 급수 및 보일러수 처리에 주의가 필요하며 특히 고압보일러에서는 엄격한 수질관리가 필요하다.

해설 수관식 보일러
부하변동에 따른 압력, 수위변동이 커서 제어가 곤란하다.

**11 보일러 피드백제어에서 동작신호를 받아 규정된 동작을 하기 위해 조작신호를 만들어 조작부에 보내는 부분은?**

① 조절부 ② 제어부
③ 비교부 ④ 검출부

해설

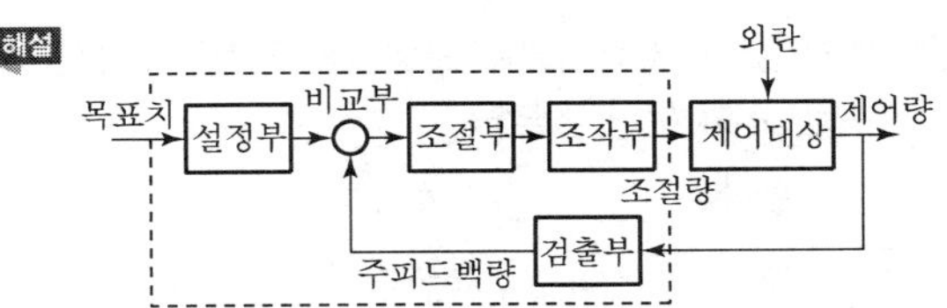


**12 다음 중 수관식 보일러에 속하는 것은?**

① 기관차 보일러
② 코르니쉬 보일러
③ 다쿠마 보일러
④ 랭커셔 보일러

해설 수관식 다쿠마 보일러(직관식)

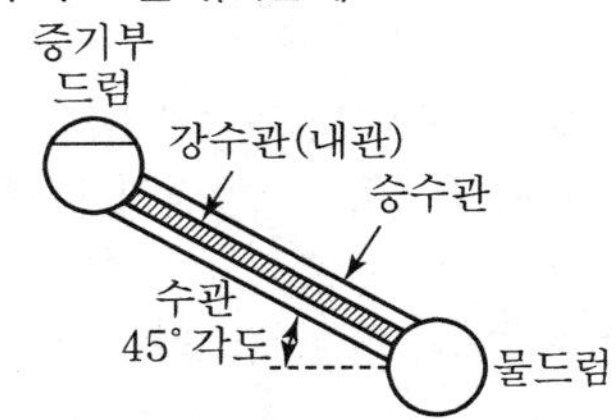


**13 게이지 압력이 1.57MPa이고 대기압이 0.103MPa 일 때 절대압력은 몇 MPa인가?**

① 1.467 ② 1.673
③ 1.783 ④ 2.008

 ANSWER | 07 ① 08 ③ 09 ③ 10 ③ 11 ① 12 ③ 13 ②

해설 절대압력(abs) = 대기압력 + 게이지압력
= 1.57 + 0.103
= 1.673MPa

**14** **매시간 1,500kg의 연료를 연소시켜서 시간당 11,000kg의 증기를 발생시키는 보일러의 효율은 약 몇 %인가?(단, 연료의 발열량은 6,000kcal/kg, 발생증기의 엔탈피는 742kcal/kg, 급수의 엔탈피는 20kcal/kg이다.)**

① 88% ② 80%
③ 78% ④ 70%

해설 보일러 효율(%)

$$= \frac{\text{증기발생량(발생증기엔탈피} - \text{급수엔탈피)}}{\text{연료소비량} \times \text{연료의 발열량}} \times 100$$

$$= \frac{11,000(742-20)}{1,500 \times 6,000} \times 100 = 88(\%)$$

**15** **연소용 공기를 노의 앞에서 불어넣으므로 공기가 차고 깨끗하며 송풍기의 고장이 적고 점검 수리가 용이한 보일러의 강제통풍 방식은?**

① 압입통풍 ② 흡입통풍
③ 자연통풍 ④ 수직통풍

해설 원통형 보일러

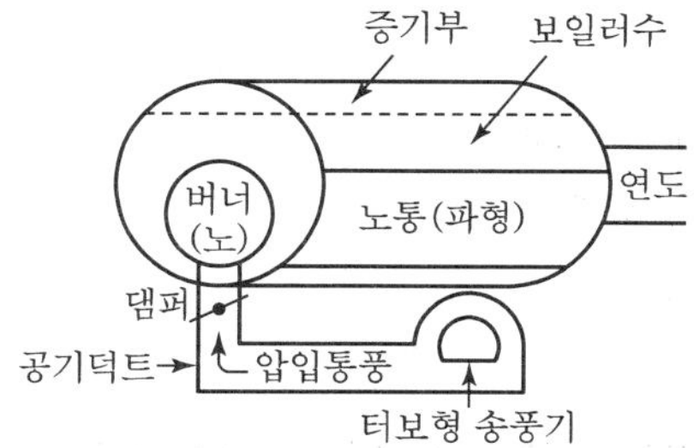


**16** **가스용 보일러의 연소방식 중에서 연료와 공기를 각각 연소실에 공급하여 연소실에서 연료와 공기가 혼합되면서 연소하는 방식은?**

① 확산연소식 ② 예혼합연소식
③ 복열혼합연소식 ④ 부분예혼합연소식

해설 가스연소방식
- 확산 연소방식 : 연료와 공기가 각각 연소실로 공급
- 예혼합연소방식 : 연료와 공기를 비율혼합하여 연소실로 공급(역화의 우려가 있다.)

**17** **액화석유가스(LPG)의 특징에 대한 설명 중 틀린 것은?**

① 유황분이 없으며 유독성분도 없다.
② 공기보다 비중이 무거워 누설 시 낮은 곳에 고여 인화 및 폭발성이 크다.
③ 연소 시 액화천연가스(LNG)보다 소량의 공기로 연소한다.
④ 발열량이 크고 저장이 용이하다.

해설 LPG(프로판, 부탄) 가스는 LNG(메탄) 연료에 비하여 2.5~3배의 소요공기가 필요하다.

**18** **액면계 중 직접식 액면계에 속하는 것은?**

① 압력식 ② 방사선식
③ 초음파식 ④ 유리관식

해설 직접식 액면계
- 유리관식(저압식)
- 부자식(플로트식)
- 검척식(막대자식)

**19** **분출밸브의 최고사용압력은 보일러 최고사용압력의 몇 배 이상이어야 하는가?**

① 0.5배 ② 1.0배
③ 1.25배 ④ 2.0배

해설 보일러 분출밸브 최고사용압력은 보일러 최고사용압력보다 1.25배 이상이어야 한다.

**20** **증기 또는 온수 보일러로서 여러 개의 섹션(Section)을 조합하여 제작하는 보일러는?**

① 열매체 보일러 ② 강철제 보일러
③ 관류 보일러 ④ 주철제 보일러

14 ① 15 ① 16 ① 17 ③ 18 ④ 19 ③ 20 ④ | ANSWER

**해설** 주철제(증기, 온수) 보일러
전열면적의 증감은 섹션 수로 가감한다(저압, 난방용으로 많이 사용한다).

**21** 증기난방 시공에서 관말증기트랩장치의 냉각레그(Cooling Leg) 길이는 일반적으로 몇 m 이상으로 해주어야 하는가?

① 0.7m　　② 1.0m
③ 1.5m　　④ 2.5m

**해설**

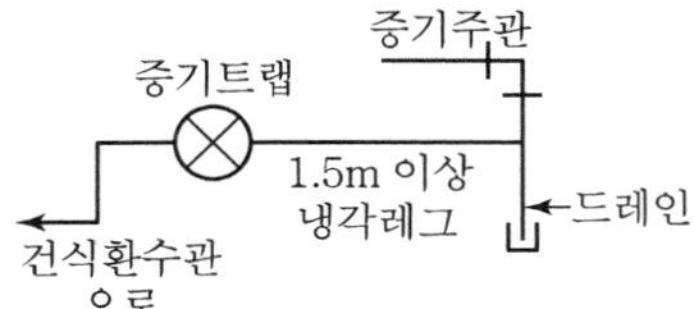


**22** 드럼 없이 초임계압력 하에서 증기를 발생시키는 강제순환 보일러는?

① 특수 열매체 보일러
② 2중 증발 보일러
③ 연관 보일러
④ 관류 보일러

**해설** 관류 보일러(수관식)
증기, 물드럼이 없고 초임계압력 하에서 증기 발생이 가능한 강제순환 보일러이다.

**23** 연료유 탱크에 가열장치를 설치한 경우에 대한 설명으로 틀린 것은?

① 열원에는 증기, 온수, 전기 등을 사용한다.
② 전열식 가열장치에 있어서는 직접식 또는 저항밀봉 피복식의 구조로 한다.
③ 온수, 증기 등의 열매체가 동절기에 동결할 우려가 있는 경우에는 동결을 방지하는 조치를 취해야 한다.
④ 연료유 탱크의 기름 취출구 등에 온도계를 설치하여야 한다.

**해설** 중유탱크(B−C유)
열원(증기, 온수, 전기)

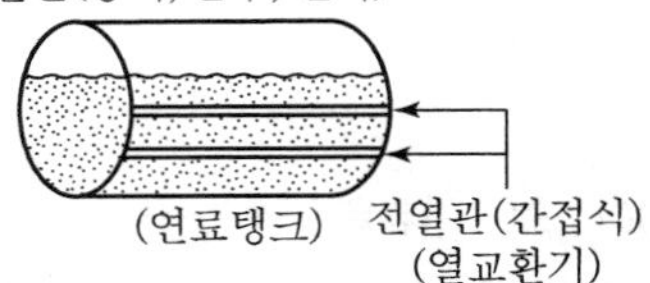


**24** 보일러 급수예열기를 사용할 때의 장점을 설명한 것으로 틀린 것은?

① 보일러의 증발능력이 향상된다.
② 급수 중 불순물의 일부가 제거된다.
③ 증기의 건도가 향상된다.
④ 급수와 보일러수와의 온도 차이가 적어 열응력 발생을 방지한다.

**해설** 증기의 건도 향상
- 압력 증가
- 비수방지관 설치
- 기수분리기 설치

**25** 보일러 연료 중에서 고체연료를 원소 분석하였을 때 일반적인 주성분은?(단, 중량 %를 기준으로 한 주성분을 구한다.)

① 탄소　　② 산소
③ 수소　　④ 질소

**해설** 고체연료 주성분
- 탄소(고정탄소)
- 수소
- 산소

**26** 보일러 자동제어 신호전달방식 중 공기압 신호전송의 특징 설명으로 틀린 것은?

① 배관이 용이하고 보존이 비교적 쉽다.
② 내열성이 우수하나 압축성이므로 신호전달이 지연된다.
③ 신호전달거리가 100~150m 정도이다.
④ 온도제어 등에 부적합하고 위험이 크다.

 ANSWER | 21 ③ 22 ④ 23 ② 24 ③ 25 ① 26 ④

**해설** 공기압식 신호전송
온도제어에 사용되며 위험성이 적다.

**27** 증기의 압력을 높일 때 변하는 현상으로 틀린 것은?

① 현열이 증대한다.
② 증발잠열이 증대한다.
③ 증기의 비체적이 증대한다.
④ 포화수 온도가 높아진다.

**해설** • 증기압력이 높으면 : 증발잠열 감소
• 증기압력이 낮으면 : 증발잠열 증가

**28** 보일러 자동제어의 급수제어(F.W.C)에서 조작량은?

① 공기량　　② 연료량
③ 전열량　　④ 급수량

**해설** 급수제어
• 제어량(수위)
• 조작량(급수량)

**29** 물의 임계압력은 약 몇 $kgf/cm^2$인가?

① 175.23　　② 225.65
③ 374.15　　④ 539.75

**해설** 물의 임계압력
• 증발잠열이 0kcal/kg이다.
• 물, 증기의 구별이 없다.
• 225.65$kgf/cm^2$이다.
• 온도는 374.15K이다.

**30** 경납땜의 종류가 아닌 것은?

① 황동납　　② 인동납
③ 은납　　④ 주석-납

**해설** ㉠ 경납땜(450℃ 이상)의 종류
• 황동납
• 인동납
• 은납
㉡ 연납땜(450℃ 미만) : 주석-납

**31** 보일러에서 발생한 증기 또는 온수를 건물의 각 실내에 설치된 방열기에 보내어 난방하는 방식은?

① 복사난방법　　② 간접난방법
③ 온풍난방법　　④ 직접난방법

**해설** 방열기난방(증기, 온수난방)
대류작용을 이용한 직접난방법이다(라디에이터 난방).

**32** 보일러수 중에 함유된 산소에 의해서 생기는 부식의 형태는?

① 점식　　② 가성취화
③ 그루빙　　④ 전면부식

**해설** 점식(피팅부식)
보일러 용존산소에 의해 생기는 점부식이다.

**33** 보일러 사고의 원인 중 취급상의 원인이 아닌 것은?

① 부속장치 미비
② 최고 사용압력의 초과
③ 저수위로 인한 보일러의 과열
④ 습기나 연소가스 속의 부식성 가스로 인한 외부부식

**해설** 부속장치 미비, 설계불량, 재료불량 등의 사고는 제작상의 원인이다.

**34** 보일러 점화 시 역화가 발생하는 경우와 가장 거리가 먼 것은?

① 댐퍼를 너무 조인 경우나 흡입통풍이 부족할 경우
② 적정공기비로 점화한 경우
③ 공기보다 먼저 연료를 공급했을 경우
④ 점화할 때 착화가 늦어졌을 경우

**해설** • 적정공기비로 점화하면 역화(백-파이어) 발생이 방지된다.
• 공기비$(m)=\dfrac{\text{실제 연소공기량}}{\text{이론 연소공기량}}$
(항상 1보다 크다.)

**35 온수난방 배관 시공법에 대한 설명 중 틀린 것은?**

① 배관구배는 일반적으로 1/250 이상으로 한다.
② 배관 중에 공기가 모이지 않게 배관한다.
③ 온수관의 수평배관에서 관경을 바꿀 때는 편심이음쇠를 사용한다.
④ 지관이 주관 아래로 분기될 때는 90° 이상으로 끝올림 구배로 한다.

해설 45° 이상 끝올림 구배로 한다.

**36 방열기 내 온수의 평균온도 80℃, 실내온도 18℃, 방열계수 7.2kcal/m² · h · ℃인 경우 방열기 방열량은 얼마인가?**

① 346.4kcal/m² · h
② 446.4kcal/m² · h
③ 519kcal/m² · h
④ 560kcal/m² · h

해설 소요방열량 = 방열기계수 × (온도차)
= 7.2 × (80 − 18)
= 446.4kcal/m²h

**37 배관의 이동 및 회전을 방지하기 위해 지지점 위치에 완전히 고정시키는 장치는?**

① 앵커 ② 서포트
③ 브레이스 ④ 행거

해설
• 리스트레인트 : 앵커, 스톱, 가이드
• 앵커 : 배관의 이동 및 관의 회전을 방지하기 위해 고정시킨다.

**38 보일러 산세정의 순서로 옳은 것은?**

① 전처리 → 산액처리 → 수세 → 중화방청 → 수세
② 전처리 → 수세 → 산액처리 → 수세 → 중화방청
③ 산액처리 → 수세 → 전처리 → 중화방청 → 수세
④ 산액처리 → 전처리 → 수세 → 중화방청 → 수세

해설 보일러 염산세관 순서
전처리 → 수세 → 산액처리 → 수세 → 중화방청

**39 땅속 또는 지상에 배관하여 압력상태 또는 무압력상태에서 물의 수송 등에 주로 사용되는 덕타일 주철관을 무엇이라 부르는가?**

① 회주철관
② 구상흑연 주철관
③ 모르타르 주철관
④ 사형 주철관

해설 구상흑연 주철관
덕타일 주철관(인성이 있는 주철관)

**40 보일러 과열의 요인 중 하나인 저수위의 발생 원인으로 거리가 먼 것은?**

① 분출밸브의 이상으로 보일러수가 누설
② 급수장치가 증발능력에 비해 과소한 경우
③ 증기 토출량이 과소한 경우
④ 수면계의 막힘이나 고장

해설 증기 토출량이 과다하면 저수위 사고 발생

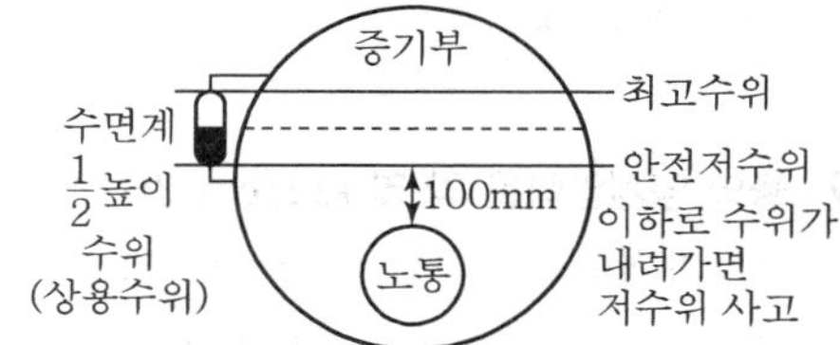


**41 보일러 설치 · 시공기준상 가스용 보일러의 연료 배관 시 배관의 이음부와 전기계량기 및 전기개폐기와의 유지거리는 얼마인가?(단, 용접이음매는 제외한다.)**

① 15cm 이상 ② 30cm 이상
③ 45cm 이상 ④ 60cm 이상

해설

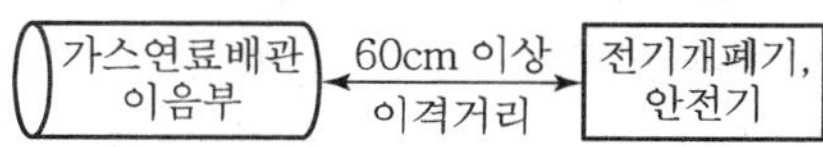


**42 다음 보온재 중 안전사용온도가 가장 높은 것은?**

① 펠트 ② 암면
③ 글라스울 ④ 세라믹 파이버

 ANSWER | 35 ④ 36 ② 37 ① 38 ② 39 ② 40 ③ 41 ④ 42 ④

해설 ① 펠트 : 100℃ 이하용
② 암면 : 400℃ 이하용
③ 글라스울 : 300℃ 이하용
④ 세라믹 파이버 : 1,300℃ 이하용

**43 동관 끝의 원형을 정형하기 위해 사용하는 공구는?**

① 사이징 툴　　② 익스펜더
③ 리머　　④ 튜브벤더

해설
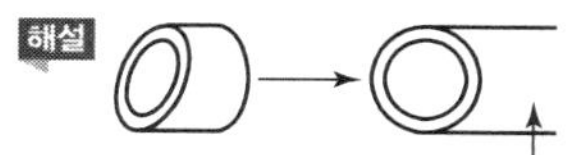
동관을 사이징 툴로 원형 교정한다.

**44 어떤 건물의 소요 난방부하가 45,000kcal/h이다. 주철제 방열기로 증기난방을 한다면 약 몇 쪽(Section)의 방열기를 설치해야 하는가?(단, 표준방열량으로 계산하며, 주철제 방열기의 쪽당 방열면적은 $0.24m^2$이다.)**

① 156쪽　　② 254쪽
③ 289쪽　　④ 315쪽

해설 방열기 쪽수 계산 $= \dfrac{\text{난방부하}}{650 \times \text{쪽당 방열면적}}$
$= \dfrac{45,000}{650 \times 0.24} = 289\text{ea}$

**45 단열재를 사용하여 얻을 수 있는 효과에 해당하지 않는 것은?**

① 축열용량이 작아진다.
② 열전도율이 작아진다.
③ 노 내의 온도분포가 균일하게 된다.
④ 스폴링 현상을 증가시킨다.

해설 단열재 사용
열적 충격을 완화하여 노벽의 스폴링(균열 박락 현상)을 방지한다.

**46 증기난방방식을 응축수 환수법에 의해 분류하였을 때 해당되지 않는 것은?**

① 중력환수식　　② 고압환수식
③ 기계환수식　　④ 진공환수식

해설 증기난방 응축수 환수법
- 중력환수식 : 효과가 적다.
- 기계 환수식 : 순환 응축수 회수펌프 사용
- 진공환수식 : 배관 내 진공이 100~250mmHg로 대규모 난방에서 효과가 크다.

**47 보일러의 계속사용 검사기준에서 사용 중 검사에 대한 설명으로 거리가 먼 것은?**

① 보일러 지지대의 균열, 내려앉음, 지지부재의 변형 또는 파손 등 보일러의 설치상태에 이상이 없어야 한다.
② 보일러와 접속된 배관, 밸브 등 각종 이음부에는 누기, 누수가 없어야 한다.
③ 연소실 내부가 충분히 청소된 상태이어야 하고, 축로의 변형 및 이탈이 없어야 한다.
④ 보일러 동체는 보온 및 케이싱이 분해되어 있어야 하며, 손상이 약간 있는 것은 사용해도 관계가 없다.

해설 수관식 보일러 : 동체, 노벽, 단열재 보온재 케이싱은 같이 부착된다(노벽 손상 보수).

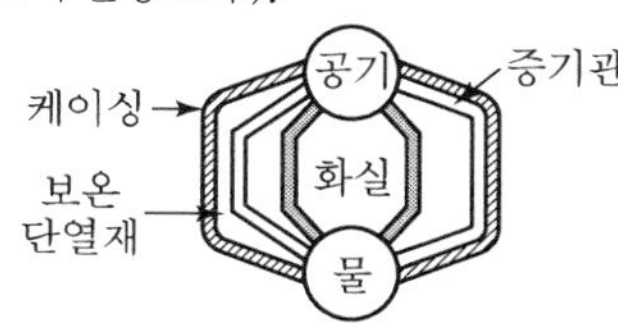


**48 보일러 운전정지의 순서를 바르게 나열한 것은?**

> 가. 댐퍼를 닫는다.
> 나. 공기의 공급을 정지한다.
> 다. 급수 후 급수펌프를 정지한다.
> 라. 연료의 공급을 정지한다.

① 가 → 나 → 다 → 라
② 가 → 라 → 나 → 다
③ 라 → 가 → 나 → 다
④ 라 → 나 → 다 → 가

해설 보일러 운전정지순서
라→나→다→가

**49** **보일러 점화 전 자동제어장치의 점검에 대한 설명이 아닌 것은?**

① 수위를 올리고 내려서 수위검출기 기능을 시험하고, 설정된 수위 상한 및 하한에서 정확하게 급수펌프가 기동, 정지하는지 확인한다.
② 저수탱크 내의 저수량을 점검하고 충분한 수량인 것을 확인한다.
③ 저수위경보기가 정상작동하는 것을 확인한다.
④ 인터록 계통의 제한기는 이상 없는지 확인한다.

해설 저수탱크의 저수량 확인은 자동제어가 아닌 육안으로 저수면계를 점검한다.

**50** **상용 보일러의 점화 전 준비상황과 관련이 없는 것은?**

① 압력계 지침의 위치를 점검한다.
② 분출밸브 및 분출콕크를 조작해서 그 기능이 정상인지 확인한다.
③ 연소장치에서 연료배관, 연료펌프 등의 개폐상태를 확인한다.
④ 연료의 발열량을 확인하고, 성분을 점검한다.

해설 보일러 운전자는 연료의 발열량, 성분 측정은 하지 않고 공급자의 조건표를 참고한다.

**51** **주철제 방열기를 설치할 때 벽과의 간격은 약 몇 mm 정도로 하는 것이 좋은가?**

① 10~30 ② 50~60
③ 70~80 ④ 90~100

해설

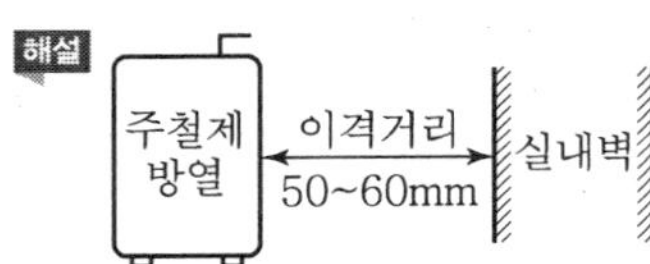


**52** **보일러수 속에 유지류, 부유물 등의 농도가 높아지면 드럼수면에 거품이 발생하고, 또한 거품이 증가하여 드럼의 증기실에 확대되는 현상은?**

① 포밍 ② 프라이밍
③ 워터 해머링 ④ 프리퍼지

해설 ① 포밍 : 거품 현상
② 프라이밍 : 비수(수분 솟음) 현상
③ 워터 해머링 : 수격작용
④ 프리퍼지 : 화실의 잔류가스 배출(환기)

**53** **보일러에서 라미네이션(Lamination)이란?**

① 보일러 본체나 수관 등이 사용 중에 내부에서 2장의 층을 형성한 것
② 보일러 강판이 화염에 닿아 불룩 튀어 나온 것
③ 보일러 등에 작용하는 응력의 불균일로 동의 일부가 함몰된 것
④ 보일러 강판이 화염에 접촉하여 점식된 것

해설 라미네이션

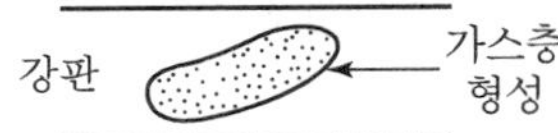


※ ②는 브리스터 현상에 관한 것이다.

**54** **벨로즈형 신축이음쇠에 대한 설명으로 틀린 것은?**

① 설치공간을 넓게 차지하지 않는다.
② 고온, 고압 배관의 옥내배관에 적당하다.
③ 일명 팩리스(Packless) 신축이음쇠라고도 한다.
④ 벨로즈는 부식되지 않는 스테인리스, 청동 제품 등을 사용한다.

해설 ② 루프형(곡관형) 신축이음 : 고온, 고압 옥외 대형 배관용 신축이음

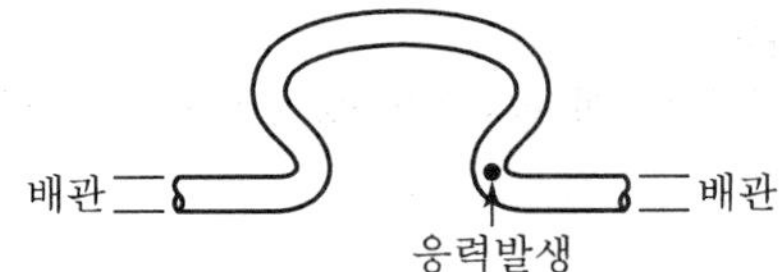

**55 에너지이용 합리화법상 에너지를 사용하여 만드는 제품의 단위당 에너지사용목표량 또는 건축물의 단위면적당 에너지사용목표량을 정하여 고시하는 자는?**

① 산업통상자원부장관
② 에너지관리공단 이사장
③ 시 · 도지사
④ 고용노동부장관

해설 산업통상자원부장관
에너지 사용 제품의 단위당 에너지사용목표량 또는 건축물의 단위면적당 에너지사용목표량을 정하여 고시하는 자

**56 에너지다소비사업자가 매년 1월 31일까지 신고해야 할 사항에 포함되지 않는 것은?**

① 전년도의 분기별 에너지사용량 · 제품생산량
② 해당 연도의 분기별 에너지사용예정량 · 제품생산예정량
③ 에너지사용기자재의 현황
④ 전년도의 분기별 에너지 절감량

해설 에너지다소비사업자(연간 석유환산 2,000 T.O.E) 이상 사용자의 신고사항은 매년 1월 31일까지 ①, ②, ③항의 에너지기자재 현황을 시장, 도지사에게 신고한다.

**57 정부는 국가전략을 효율적 · 체계적으로 이행하기 위하여 몇 년마다 저탄소 녹색성장 국가전략 5개년 계획을 수립하는가?**

① 2년 ② 3년
③ 4년 ④ 5년

해설 저탄소 녹색성장 국가전략 5개년 계획수립은 5년마다 수립한다.

**58 에너지이용 합리화법에서 정한 검사에 합격되지 아니한 검사대상기기를 사용한 자에 대한 벌칙은?**

① 1년 이하의 징역 또는 1천만 원 이하의 벌금
② 2년 이하의 징역 또는 2천만 원 이하의 벌금
③ 3년 이하의 징역 또는 3천만 원 이하의 벌금
④ 4년 이하의 징역 또는 4천만 원 이하의 벌금

해설 에너지관리공단이사장에게 검사신청서를 접수하고 검사에 불합격 기기를 사용하면 1년 이하의 징역 또는 1천만 원 이하의 벌금에 처한다.

**59 에너지이용 합리화법상 대기전력경고표지를 하지 아니한 자에 대한 벌칙은?**

① 2년 이하의 징역 또는 2천만 원 이하의 벌금
② 1년 이하의 징역 또는 1천만 원 이하의 벌금
③ 5백만 원 이하의 벌금
④ 1천만 원 이하의 벌금

해설 대기전력 경고 표지를 하지 아니한 자에 대한 벌칙 : 5백만 원 이하의 벌금

**60 신에너지 및 재생에너지 개발 · 이용 · 보급 촉진법에 따라 건축물인증기관으로부터 건축물인증을 받지 아니하고 건축물인증의 표시 또는 이와 유사한 표시를 하거나 건축물인증을 받은 것으로 홍보한 자에 대해 부과하는 과태료 기준으로 맞는 것은?**

① 5백만 원 이하의 과태료 부과
② 1천만 원 이하의 과태료 부과
③ 2천만 원 이하의 과태료 부과
④ 3천만 원 이하의 과태료 부과

해설 건축물 인증을 받지 않고 홍보한 자에 대한 벌칙은 1천만 원 이하의 과태료 부과이다.

55 ① 56 ④ 57 ④ 58 ① 59 ③ 60 ② | ANSWER

# 2015년 2회 에너지관리기능사

**01 노통연관식 보일러에서 노통을 한쪽으로 편심시켜 부착하는 이유로 가장 타당한 것은?**

① 전열면적을 크게 하기 위해서
② 통풍력의 증대를 위해서
③ 노통의 열신축과 강도를 보강하기 위해서
④ 보일러수를 원활하게 순환하기 위해서

해설 노통을 한쪽으로 편심시켜 부착하면 물(보일러수)의 순환을 촉진시킨다.

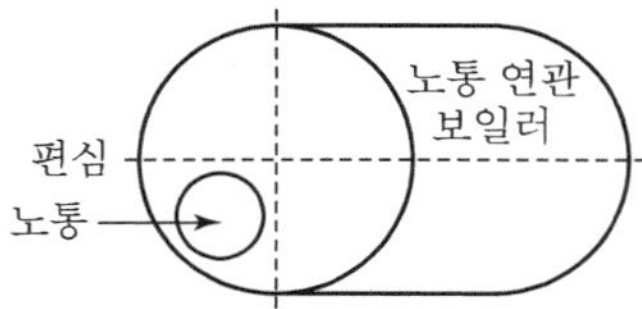


**02 스프링식 안전밸브에서 전양정식에 대한 설명으로 옳은 것은?**

① 밸브의 양정이 밸브시트 구경의 $\frac{1}{40}$~$\frac{1}{15}$ 미만인 것
② 밸브의 양정이 밸브시트 구경의 $\frac{1}{15}$~$\frac{1}{7}$ 미만인 것
③ 밸브의 양정이 밸브시트 구경의 $\frac{1}{7}$ 이상인 것
④ 밸브시트 증기통로 면적은 목부분 면적의 1.05배 이상인 것

해설 ① : 저양정식
② : 고양정식
④ : 전양식

**03 2차 연소의 방지대책으로 적합하지 않은 것은?**

① 연도의 가스 포켓이 되는 부분을 없앨 것
② 연소실 내에서 완전연소시킬 것
③ 2차 공기온도를 낮추어 공급할 것
④ 통풍조절을 잘 할 것

해설 2차 연소(연도 내 가스폭발) 방지책은 2차 공기의 온도를 높여서 화실에서 완전연소시켜야 한다.

**04 [보기]의 설명에 해당하는 송풍기의 종류는?**

[보기]
- 경향날개형이며 6~12매의 철판재 직선 날개를 보스에서 방사한 스포크에 리벳죔을 한 것이며, 측판이 있는 임펠러와 측판이 없는 것이 있다.
- 구조가 견고하며 내마모성이 크고 날개를 바꾸기도 쉬우며 회진이 많은 가스의 흡출 통풍기, 미분탄 장치의 배탄기 등에 사용된다.

① 터보송풍기 ② 다익송풍기
③ 축류송풍기 ④ 플레이트송풍기

해설 플레이트형 송풍기(판형 송풍기)
원심식 송풍기이며 경향날개 6~12매의 철판형으로 흡출 송풍기로 사용된다.

**05 연도에서 폐열회수장치의 설치순서가 옳은 것은?**

① 재열기 → 절탄기 → 공기예열기 → 과열기
② 과열기 → 재열기 → 절탄기 → 공기예열기
③ 공기예열기 → 과열기 → 절탄기 → 재열기
④ 절탄기 → 과열기 → 공기예열기 → 재열기

해설 연도의 폐열회수장치(열효율장치) 설치순서
과열기 → 재열기 → 절탄기(급수가열기) → 공기예열기

**06 수관식 보일러의 종류에 해당되지 않는 것은?**

① 코르니시 보일러 ② 슐처 보일러
③ 다쿠마 보일러 ④ 라몽트 보일러

코르니시
(노통 1개)
원통횡형

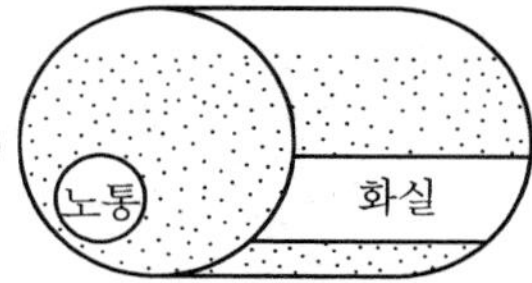


ANSWER | 01 ④ 02 ③ 03 ③ 04 ④ 05 ② 06 ①

**07 탄소(C) 1kmol이 완전연소하여 탄산가스($CO_2$)가 될 때, 발생하는 열량은 몇 kcal인가?**

① 29,200 ② 57,600
③ 68,600 ④ 97,200

**해설** $C+O_2 \rightarrow CO_2$
(12kg, 1kmol) → 97,200kcal/kmol
(8,100kcal/kg)

**08 일반적으로 보일러의 열손실 중에서 가장 큰 것은?**

① 불완전연소에 의한 손실
② 배기가스에 의한 손실
③ 보일러 본체 벽에서의 복사, 전도에 의한 손실
④ 그을음에 의한 손실

**해설** 보일러의 열손실 중 배기가스에 의한 열손실이 가장 크다(열정산 시 출열에 해당).

**09 압력이 일정할 때 과열 증기에 대한 설명으로 가장 적절한 것은?**

① 습포화 증기에 열을 가해 온도를 높인 증기
② 건포화 증기에 압력을 높인 증기
③ 습포화 증기에 과열도를 높인 증기
④ 건포화 증기에 열을 가해 온도를 높인 증기

**해설**

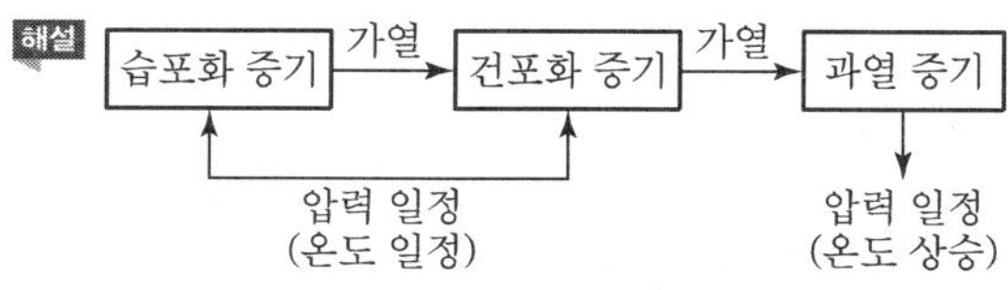


**10 기름예열기에 대한 설명 중 옳은 것은?**

① 가열온도가 낮으면 기름분해와 분무상태가 불량하고 분사각도가 나빠진다.
② 가열온도가 높으면 불길이 한쪽으로 치우쳐 그을음, 분진이 일어나고 무화상태가 나빠진다.
③ 서비스탱크에서 점도가 떨어진 기름을 무화에 적당한 온도로 가열시키는 장치이다.
④ 기름예열기에서의 가열온도는 인화점보다 약간 높게 한다.

**해설** 기름예열기(오일프리히터)
기름(중질유)에 적당한 온도로 가열시켜 점도를 감소시킨 후 연소 시 무화(오일입자 안개 방울화)에 협조하는 기기이다.

**11 보일러의 자동제어 중 제어동작이 연속동작에 해당하지 않는 것은?**

① 비례동작
② 적분동작
③ 미분동작
④ 다위치동작

**해설** 불연속동작
- 2위치(온－오프)동작
- 간헐동작
- 다위치동작

**12 바이패스(By－Pass)관에 설치해서는 안 되는 부품은?**

① 플로트트랩
② 연료차단밸브
③ 감압밸브
④ 유류배관의 유량계

**해설** 연료차단밸브(전자밸브 : 솔레로이드 밸브)
보일러 운전 시 인터록이 발생하면 연료를 신속하게 차단하여 보일러 운전을 정지시키는 일종의 안전장치이다(바이패스는 필요 없고 직관에 설치한다).

**13 다음 중 압력의 단위가 아닌 것은?**

① mmHg
② bar
③ $N/m^2$
④ kg · m/s

**해설**
- kg · m/sec : 일의 단위
- 일의 열당량 : $\frac{1}{427}$kcal/kg · m

07 ④ 08 ② 09 ④ 10 ③ 11 ④ 12 ② 13 ④ | ANSWER

**14** **보일러에 부착하는 압력계에 대한 설명으로 옳은 것은?**

① 최대증발량 10t/h 이하인 관류보일러에 부착하는 압력계는 눈금판의 바깥지름을 50mm 이상으로 할 수 있다.
② 부착하는 압력계의 최고 눈금은 보일러의 최고사용압력의 1.5배 이하의 것을 사용한다.
③ 증기 보일러에 부착하는 압력계 눈금판의 바깥지름은 80mm 이상의 크기로 한다.
④ 압력계를 보호하기 위하여 물을 넣은 안지름 6.5mm 이상의 사이폰관 또는 동등한 장치를 부착하여야 한다.

해설 ① : 60mm 이상
② : 1.5배 이상~3배 이하
③ : 100mm 이상

**15** **수트 블로어 사용에 관한 주의사항으로 틀린 것은?**

① 분출기 내의 응축수를 배출시킨 후 사용할 것
② 그을음 불어내기를 할 때는 통풍력을 크게 할 것
③ 원활한 분출을 위해 분출하기 전 연도 내 배풍기를 사용하지 말 것
④ 한곳에 집중적으로 사용하여 전열면에 무리를 가하지 말 것

해설 수트 블로어(전열면의 그을음 제거) 사용 시 원활한 분출을 위해 연도 내에 배풍기를 사용한다.

**16** **수관 보일러의 특징에 대한 설명으로 틀린 것은?**

① 자연순환식은 고압이 될수록 물과의 비중차가 적어 순환력이 낮아진다.
② 증발량이 크고 수부가 커서 부하변동에 따른 압력변화가 적으며 효율이 좋다.
③ 용량에 비해 설치면적이 작으며 과열기, 공기예열기 등 설치와 운반이 쉽다.
④ 구조상 고압 대용량에 적합하며 연소실의 크기를 임의로 할 수 있어 연소상태가 좋다.

해설 수관식 보일러는 전열면적이 크고 수부가 작아서 부하변동 시 압력변화가 크고 효율이 좋으나 스케일 발생이 심하여 급수처리가 심각하다.

**17** **연통에서 배기되는 가스량이 2,500kg/h이고, 배기가스 온도가 230℃, 가스의 평균비열이 0.31kcal/kg · ℃, 외기온도가 18℃이면, 배기가스에 의한 손실열량은?**

① 164,300kcal/h
② 174,300kcal/h
③ 184,300kcal/h
④ 194,300kcal/h

해설 $Q = G \times C_p \times \Delta t = 2,500 \times 0.31 \times (230 - 18)$
$= 164,300\text{kcal/h}$

**18** **보일러 집진장치의 형식과 종류를 짝지은 것 중 틀린 것은?**

① 가압수식－제트 스크러버
② 여과식－충격식 스크러버
③ 원심력식－사이클론
④ 전기식－코트렐

해설 • 충격식 스크러버 집진장치 : 가압수식 세정식(습식) 집진장치
• 여과식 : 백필터(건식) 집진장치

**19** **연소 효율이 95%, 전열효율이 85%인 보일러의 효율은 약 몇 %인가?**

① 90 ② 81
③ 70 ④ 61

해설 보일러 열효율＝연소효율×전열효율
＝(0.95×0.85)
＝0.8075(81%)

**20** **소형 연소기를 실내에 설치하는 경우, 급배기통을 전용 챔버 내에 접속하여 자연통기력에 의해 급배기하는 방식은?**

① 강제배기식 ② 강제급배기식
③ 자연급배기식 ④ 옥외급배기식

 ANSWER | 14 ④ 15 ③ 16 ② 17 ① 18 ② 19 ② 20 ③

해설 배기방식의 종류
- 자연 통기력 급배기 방식 : 자연급배기식, 일명 CF 방식이다.
- 강제배기식 : FE 방식
- 강제급배기식 : FF 방식
- 옥외방식 : RF 방식

**21 가스버너 연소방식 중 예혼합 연소방식이 아닌 것은?**

① 저압버너
② 포트형 버너
③ 고압버너
④ 송풍버너

해설 확산 연소방식
- 가스 포트형 버너
- 가스 버너형 버너

**22 전열면적이 25m²인 연관 보일러를 8시간 가동시킨 결과 4,000kgf의 증기가 발생하였다면, 이 보일러 전열면의 증발률은 몇 kgf/m²·h인가?**

① 20 ② 30
③ 40 ④ 50

해설 $\text{전열면의 증발률} = \dfrac{\text{시간당 증기발생량}}{\text{보일러 전열면적}}$

$= \dfrac{4,000}{8 \times 25} = 20\text{kgf/m}^2 \cdot \text{h}$

**23 물을 가열하여 압력을 높이면 어느 지점에서 액체, 기체 상태의 구별이 없어지고 증발 잠열이 0kcal/kg이 된다. 이 점을 무엇이라 하는가?**

① 임계점 ② 삼중점
③ 비등점 ④ 압력점

해설 물의 임계점(374℃, 225.65kg/cm²)
- 액체, 기체의 구별이 없어진다.
- 증발잠열이 0kcal/kg이다.

**24 증기난방과 비교한 온수난방의 특징에 대한 설명으로 틀린 것은?**

① 가열시간은 길지만 잘 식지 않으므로 동결의 우려가 적다.
② 난방부하의 변동에 따라 온도조절이 용이하다.
③ 취급이 용이하고 표면의 온도가 낮아 화상의 염려가 없다.
④ 방열기에는 증기트랩을 반드시 부착해야 한다.

해설 증기난방 방열기(라디에이터)에만 응축수 제거를 위해 증기트랩(덫)을 설치한다.

**25 외기온도 20℃, 배기가스온도 200℃이고, 연돌높이가 20m일 때 통풍력은 약 몇 mmAq인가?**

① 5.5 ② 7.2
③ 9.2 ④ 12.2

해설 자연통풍력($Z$)

$$Z = 273 \cdot H\left(\frac{1.293}{273+ta} - \frac{1.354}{273+tg}\right)$$
$$= 273 \times 20\left(\frac{1.293}{273+20} - \frac{1.354}{273+200}\right)$$
$$= 5,460(0.0044 - 0.0028)$$
$$= 8.8\text{mmAq}(\fallingdotseq 9.2)$$

**26 과잉공기량에 관한 설명으로 옳은 것은?**

① (실제공기량)×(이론공기량)
② (실제공기량)/(이론공기량)
③ (실제공기량)+(이론공기량)
④ (실제공기량)−(이론공기량)

해설
- 실제공기량＝이론공기량×공기비
- 공기비 : 실제공기량/이론공기량
- 과잉공기량 : 실제공기량−이론공기량

**27 다음 그림은 인젝터의 단면을 나타낸 것이다. C의 명칭은?**

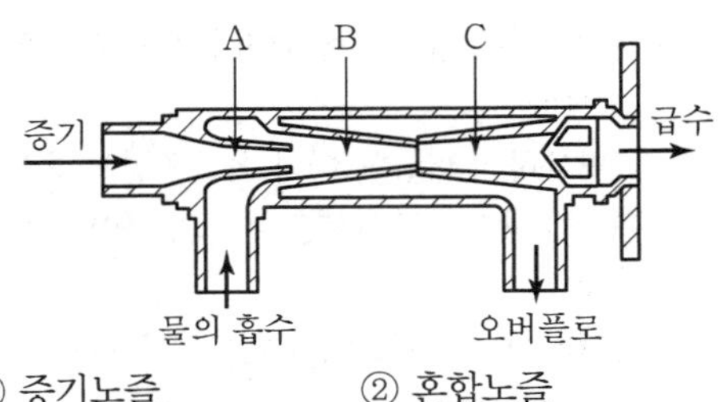


① 증기노즐 ② 혼합노즐
③ 분출노즐 ④ 고압노즐

**해설** 인젝터(소형 급수설비)
- A : 증기노즐
- B : (증기+물) 혼합노즐
- C : 보일러 내로 급수(분출 토출 노즐)

**28 증기축열기(Steam Accumulator)에 대한 설명으로 옳은 것은?**

① 송기압력을 일정하게 유지하기 위한 장치
② 보일러 출력을 증가시키는 장치
③ 보일러에서 온수를 저장하는 장치
④ 증기를 저장하여 과부하 시에 증기를 방출하는 장치

**해설** 증기축열기
저부하 시 여분의 남은 증기를 저장하여 과부하 시 온수나 증기로 생성하여 사용처에 방출한다.

**29 물체의 온도를 변화시키지 않고, 상(相) 변화를 일으키는 데만 사용되는 열량은?**

① 감열 ② 비열
③ 현열 ④ 잠열

**해설**
- 감열(현열) : 상의 변화 불변, 온도 변화에 필요한 열
- 잠열 : 온도는 변화가 없고 상태 변화 시 소비되는 열 (예 : 포화수 → 포화증기)

**30 고체 벽의 한쪽에 있는 고온의 유체로부터 이 벽을 통과하여 다른 쪽에 있는 저온의 유체로 흐르는 열의 이동을 의미하는 용어는?**

① 열관류 ② 현열
③ 잠열 ④ 전열량

**해설**

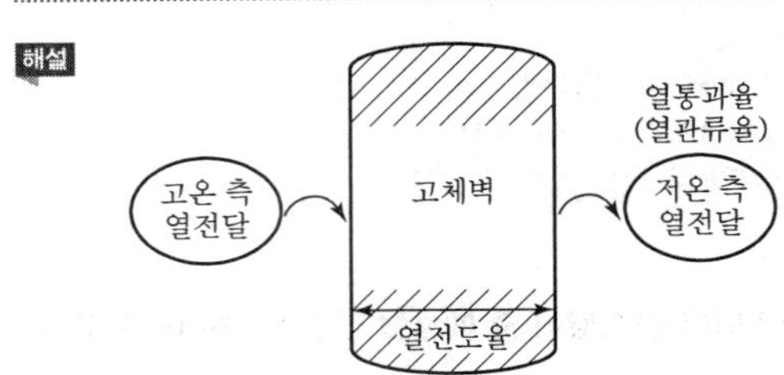


**31 호칭지름 15A의 강관을 각도 90도로 구부릴 때 곡선부의 길이는 약 몇 mm인가?(단, 곡선부의 반지름은 90mm로 한다.)**

① 141.4 ② 145.5
③ 150.2 ④ 155.3

**해설** 곡선길이$(L) = 2\pi R \times \frac{\theta}{360}$

$$= 2 \times 3.14 \times 90 \times \frac{90°}{360°} = 141.4\text{mm}$$

**32 보일러의 점화 조작 시 주의사항으로 틀린 것은?**

① 연료가스의 유출속도가 너무 빠르면 실화 등이 일어나고 너무 늦으면 역화가 발생한다.
② 연소실의 온도가 낮으면 연료의 확산이 불량해지며 착화가 잘 안 된다.
③ 연료의 예열온도가 낮으면 무화 불량, 화염의 편류, 그을음, 분진이 발생한다.
④ 유압이 낮으면 점화 및 분사가 양호하고 높으면 그을음이 없어진다.

**해설** 오일유압은 다소 높아야 무화가 용이하고 점화 및 분사가 양호하다.

**33 온수난방에서 상당방열면적이 45m²일 때 난방부하는?(단, 방열기의 방열량은 표준방열량으로 한다.)**

① 16,450kcal/h ② 18,500kcal/h
③ 19,450kcal/h ④ 20,250kcal/h

 ANSWER | 27 ③ 28 ④ 29 ④ 30 ① 31 ① 32 ④ 33 ④

해설 온수난방 표준방열량 $=450\text{kcal/m}^2\text{h}$
∴ 난방부하 $=45\times450=20,250\text{kcal/h}$

**34 보일러 사고에서 제작상의 원인이 아닌 것은?**

① 구조 불량 ② 재료 불량
③ 케리 오버 ④ 용접 불량

해설 케리 오버(기수공발)
증기에 수분이나 거품이 발생하여 보일러 외부 증기관으로 이송되는 현상(취급상의 원인)

**35 주철제 벽걸이 방열기의 호칭 방법은?**

① W－형×쪽수
② 종별－치수×쪽수
③ 종별－쪽수×형
④ 치수－종별×쪽수

해설

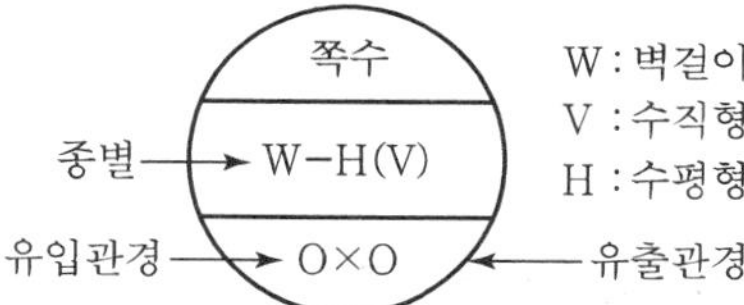


**36 증기난방에서 응축수의 환수방법에 따른 분류 중 증기의 순환과 응축수의 배출이 빠르며, 방열량도 광범위하게 조절할 수 있어서 대규모 난방에서 많이 채택하는 방식은?**

① 진공환수식 증기난방
② 복관 중력환수식 증기난방
③ 기계환수식 증기난방
④ 단관 중력환수식 증기난방

해설 진공환수식(100～250mmHg 진공상태)
- 응축수 배출이 빠르다.
- 방열량 조절이 가능하다.
- 대규모 난방용에 사용된다.

**37 저탕식 급탕설비에서 급탕의 온도를 일정하게 유지시키기 위해서 가스나 전기를 공급 또는 정지하는 것은?**

① 사일렌서 ② 순환펌프
③ 가열코일 ④ 서모스탯

해설 서모스탯
저탕식 급탕설비용 온도조절기

**38 파이프 벤더에 의한 구부림 작업 시 관에 주름이 생기는 원인으로 가장 옳은 것은?**

① 압력조정이 세고 저항이 크다.
② 굽힘 반지름이 너무 작다.
③ 받침쇠가 너무 나와 있다.
④ 바깥지름에 비하여 두께가 너무 얇다.

해설 ①, ②, ③은 관의 파손원인이다.

**39 보일러 급수의 수질이 불량할 때 보일러에 미치는 장해와 관계가 없는 것은?**

① 보일러 내부에 부식이 발생된다.
② 라미네이션 현상이 발생된다.
③ 프라이밍이나 포밍이 발생된다.
④ 보일러 동 내부에 슬러지가 퇴적된다.

해설 라미네이션 현상

강판이 2장으로 변화
(열전도 방해 및 강도 저하)

**40 보일러의 정상운전 시 수면계에 나타나는 수위의 위치로 가장 적당한 것은?**

① 수면계의 최상위
② 수면계의 최하위
③ 수면계의 중간
④ 수면계 하부의 $\frac{1}{3}$ 위치

해설 보일러

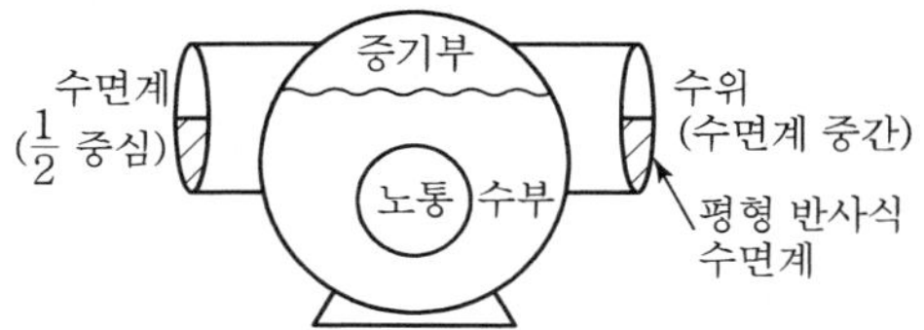


**41 유류 연소 자동점화 보일러의 점화순서상 화염 검출기 작동 후 다음 단계는?**

① 공기댐퍼 열림 ② 전자 밸브 열림
③ 노 내압 조정 ④ 노 내 환기

해설 공기댐퍼 열림 → 노 내 환기 → 화염검출기 작동 → 전자 밸브 열림 → 노 내압 조정

**42 보일러 내 처리제에서 가성취화 방지에 사용되는 약제가 아닌 것은?**

① 인산나트륨 ② 질산나트륨
③ 탄닌 ④ 암모니아

해설 암모니아 : 보일러 내 6개월 이하 단기보존 시(만수보존에 사용되는 약제)

**43 연관 최고부보다 노통 윗면이 높은 노통연관 보일러의 최저수위(안전저수면)의 위치는?**

① 노통 최고부 위 100mm
② 노통 최고부 위 75mm
③ 연관 최고부 위 100mm
④ 연관 최고부 위 75mm

해설 원통보일러의 안전저수위

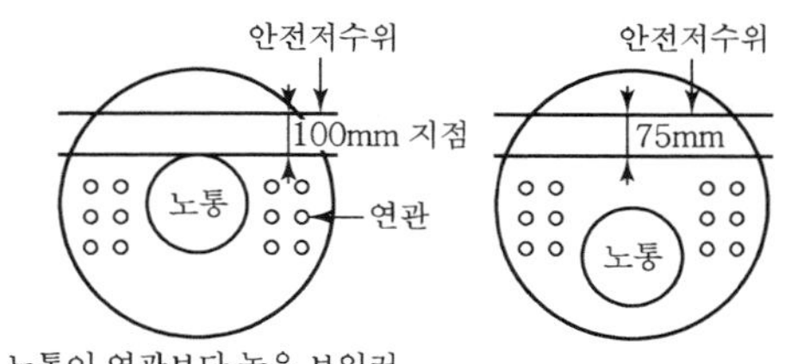


**44 보일러의 외부 검사에 해당되는 것은?**

① 스케일, 슬러지 상태 검사
② 노벽 상태 검사
③ 배관의 누설상태 검사
④ 연소실의 열 집중 현상 검사

해설 ①, ②, ④ : 보일러 내부 검사

**45 보일러 강판이나 강관을 제조할 때 재질 내부에 가스체 등이 함유되어 두 장의 층을 형성하고 있는 상태의 흠은?**

① 블리스터
② 팽출
③ 압궤
④ 라미네이션

해설

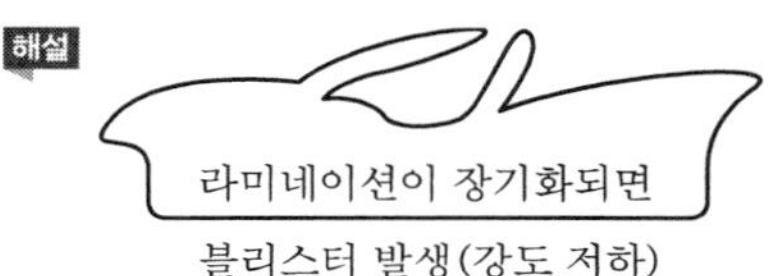

블리스터 발생(강도 저하)

**46 오일프리히터의 종류에 속하지 않는 것은?**

① 증기식 ② 직화식
③ 온수식 ④ 전기식

해설 ㉠ 오일프리히터(중질유오일 가열기) : 점성을 낮추기 위한 가열기
- 증기식
- 온수식
- 전기식

㉡ 직화식 : 오일, 가스버너

**47 보일러의 과열 원인과 무관한 것은?**

① 보일러수의 순환이 불량할 경우
② 스케일 누적이 많은 경우
③ 저수위로 운전할 경우
④ 1차 공기량의 공급이 부족한 경우

 ANSWER | 41 ② 42 ④ 43 ① 44 ③ 45 ④ 46 ② 47 ④

해설 1차 공기 부족
분무가 용이하지 못하고 노 내 불완전 연소가 발생하며 노 내 가스폭발 발생 및 화실의 온도강하 발생

**48** **증기난방 배관 시공 시 환수관이 문 또는 보와 교차할 때 이용되는 배관형식으로 위로는 공기, 아래로는 응축수를 유통시킬 수 있도록 시공하는 배관은?**

① 루프형 배관
② 리프트 피팅 배관
③ 하트포드 배관
④ 냉각 배관

해설 루프형 배관
증기난방 배관에서 응축수 환수관이 문 또는 보와 교차 시 위로는 공기, 아래로는 응축수가 유통되도록 시공하는 배관형식

**49** **강철제 증기보일러의 최고사용압력이 0.4MPa인 경우 수압시험 압력은?**

① 0.16MPa ② 0.2MPa
③ 0.8MPa ④ 1.2MPa

해설 보일러 최고압력 0.43MPa 이하의 수압시험은 2배
∴ $0.4 \times 2 = 0.8$MPa

**50** **질소봉입 방법으로 보일러 보존 시 보일러 내부에 질소가스의 봉입압력(MPa)으로 적합한 것은?**

① 0.02 ② 0.03
③ 0.06 ④ 0.08

해설 보일러 장기보존 시 0.6kg/cm$^2$(0.06MPa) 압력으로 질소봉입하여 건식 보존(6개월 이상 보일러 운전이 불가능한 경우의 보존법)

**51** **보일러 급수 중 Fe, Mn, $CO_2$를 많이 함유하고 있는 경우의 급수처리 방법으로 가장 적합한 것은?**

① 분사법 ② 기폭법
③ 침강법 ④ 가열법

해설 급수처리 기폭법
철(Fe), 망간(Mn), 탄산가스($CO_2$) 제거

**52** **증기난방에서 방열기와 벽면의 적합한 간격(mm)은?**

① 30~40 ② 50~60
③ 80~100 ④ 100~120

해설

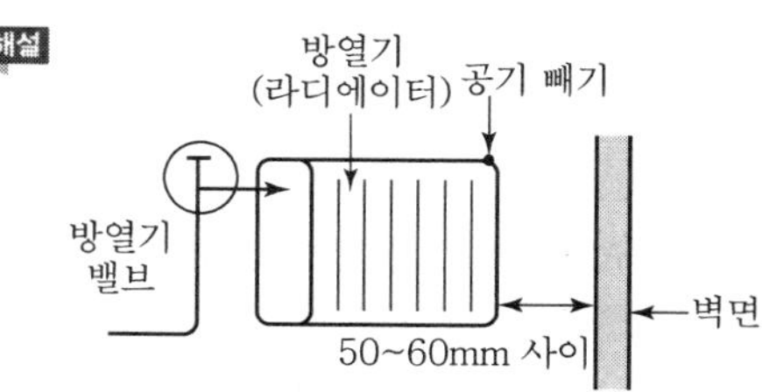


**53** **다음 중 보온재의 종류가 아닌 것은?**

① 코르크
② 규조토
③ 프탈산수지 도료
④ 기포성 수지

해설 합성수지 방청용 도료(Paint)
- 프탈산제
- 요소메라민계
- 염화비닐계
- 실리콘수지계

**54** **다음 보온재 중 안전사용 (최고)온도가 가장 높은 것은?**

① 탄산마그네슘 물반죽 보온재
② 규산칼슘 보온판
③ 경질 폼라버 보온통
④ 글라스울 블랭킷

해설 보온재 안전사용온도
- 탄산마그네슘 : 250℃
- 규산칼슘 : 650℃
- 경질 폼 : 80℃
- 글라스울 : 300℃

**55 저탄소 녹색성장 기본법상 녹색성장위원회의 위원으로 틀린 것은?**

① 국토교통부장관
② 과학기술정보통산부장관
③ 기획재정부장관
④ 고용노동부장관

해설 시행령 제10조에 의거하여 녹색성장위원회의 구성은 ①, ②, ③ 외 환경부장관, 산업통상자원부장관, 국토교통부장관, 농림식품부장관 등이다.

**56 에너지이용 합리화법상 검사대상기기 설치자가 검사대상기기의 조종자를 선임하지 않았을 때의 벌칙은?**

① 1년 이하의 징역 또는 2천만 원 이하의 벌금
② 1년 이하의 징역 또는 5백만 원 이하의 벌금
③ 1천만 원 이하의 벌금
④ 5백만 원 이하의 벌금

해설 검사대상기기 조종자 미선임의 경우
설치자는 1천만 원 이하의 벌금에 처한다.

**57 에너지이용 합리화 법령상 산업통상자원부장관이 에너지다소비사업자에게 개선명령을 할 수 있는 경우는 에너지관리 지도 결과 몇 % 이상 에너지 효율개선이 기대되는 경우인가?**

① 2% ② 3%
③ 5% ④ 10%

해설 에너지관리 지도 결과 10% 이상 효율개선이 가능하다면 산업통상자원부장관이 에너지 다소비 사업자(연간 석유환산 2,000티오이)에게 개선명령을 할 수 있다.

**58 에너지이용 합리화법상 에너지사용자와 에너지공급자의 책무로 맞는 것은?**

① 에너지의 생산 · 이용 등에서의 그 효율을 극소화
② 온실가스 배출을 줄이기 위한 노력
③ 기자재의 에너지효율을 높이기 위한 기술개발
④ 지역경제발전을 위한 시책 강구

해설 에너지사용자 · 에너지공급자의 책무
온실가스 배출을 줄이기 위한 노력이 필요하다.

**59 에너지이용 합리화법상 평균에너지소비효율에 대하여 총량적인 에너지효율의 개선이 특히 필요하다고 인정되는 기자재는?**

① 승용자동차
② 강철제보일러
③ 1종 압력용기
④ 축열식 전기보일러

해설 승용자동차
평균에너지소비효율에 대하여 총량적인 에너지효율의 개선이 필요한 기자재(에너지법 제17조)

**60 에너지이용 합리화법에 따라 에너지 진단을 면제 또는 에너지진단주기를 연장받으려는 자가 제출해야 하는 첨부서류에 해당하지 않는 것은?**

① 보유한 효율관리기자재 자료
② 중소기업임을 확인할 수 있는 서류
③ 에너지절약 유공자 표창 사본
④ 친에너지형 설비 설치를 확인할 수 있는 서류

해설 에너지진단 면제 또는 에너지진단주기의 연장을 받으려면 ②, ③, ④항의 첨부서류를 갖추어 제출하여야 한다.


ANSWER | 55 ④ 56 ③ 57 ④ 58 ② 59 ① 60 ①

# 2015년 4회 에너지관리기능사

**01** 보일러에서 배출되는 배기가스의 여열을 이용하여 급수를 예열하는 장치는?

① 과열기　　② 재열기
③ 절탄기　　④ 공기예열기

해설

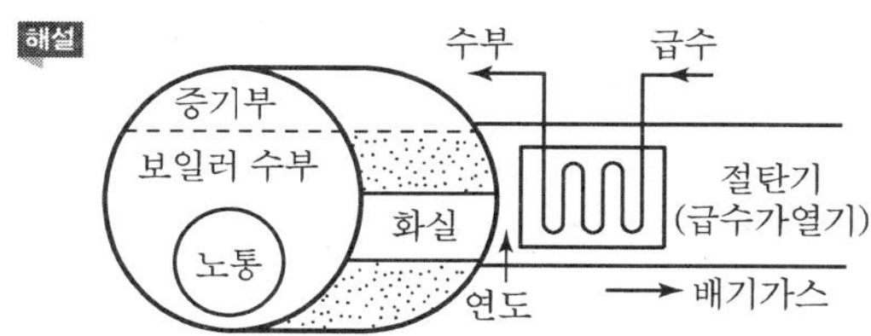


**02** 목푯값이 시간에 따라 임의로 변화되는 것은?

① 비율제어　　② 추종제어
③ 프로그램제어　　④ 캐스케이드제어

해설 추치제어에는 추종제어, 비율제어, 프로그램제어가 있다. 이 중 목푯값이 시간에 따라 임의로 변화되는 자동제어는 '추종제어'이다.

**03** 보일러 부속품 중 안전장치에 속하는 것은?

① 감압 밸브　　② 주증기 밸브
③ 가용전　　④ 유량계

해설 보일러 안전장치
가용전(화실상부에 부착), 방폭문, 화염검출기, 압력제한기, 저수위경보장치 등
※ 가용전 : 납+주석의 합금(150℃, 200℃, 250℃ 3종류가 있다. 보일러 과열 시 용융하여 $H_2O$로 화염을 소멸시킨다.)

**04** 캐비테이션의 발생 원인이 아닌 것은?

① 흡입양정이 지나치게 클 때
② 흡입관의 저항이 작은 경우
③ 유량의 속도가 빠른 경우
④ 관로 내의 온도가 상승되었을 때

해설 캐비테이션(공동현상)
펌프작동 시 순간 압력이 저하하면 물이 증기로 변화하는 현상으로 발생원인은 ①, ③, ④항이며 흡입관의 저항이 클 때 발생한다.

**05** 다음 중 연료의 연소온도에 가장 큰 영향을 미치는 것은?

① 발화점　　② 공기비
③ 인화점　　④ 회분

해설 공기비(과잉공기 계수) $= \dfrac{\text{연료의 실제공기량}}{\text{연료의 이론공기량}}$

(공기비가 1.1~1.2 정도의 연료가 양호한 연료이다. 석탄 등은 공기비가 2 정도이다.)
- 공기비가 클 경우 : 노 내 온도 저하, 배기가스량 증가, 열손실 발생
- 공기비가 작을 경우 : 불완전연소, CO가스 발생, 연소상태 불량(공기비 1 이하는 불완전연소)
- 가스 연료는 공기비가 가장 적다.

**06** 수소 15%, 수분 0.5%인 중유의 고위발열량이 10,000 kcal/kg이다. 이 중유의 저위발열량은 몇 kcal/kg인가?

① 8,795　　② 8,984
③ 9,085　　④ 9,187

해설 
$$\begin{aligned}\text{저위발열량}(H_l) &= \text{고위발열량}(H_h) - 600(9\text{H}+\text{W})\\ &= 10{,}000 - 600(9\times0.15+0.005)\\ &= 10{,}000-600(1.35+0.005)\\ &= 10{,}000-600\times1.355\\ &= 9{,}187\text{kcal/kg}\end{aligned}$$

**07** 부르동관 압력계를 부착할 때 사용되는 사이펀관 속에 넣는 물질은?

① 수은　　② 증기
③ 공기　　④ 물

해설 압력계 부르동관의 파열 방지(6.5mm 이상 필요의 크기)를 위해 사이펀관 속에 물을 넣는다.

**08 집진장치의 종류 중 건식 집진장치의 종류가 아닌 것은?**

① 가압수식 집진기
② 중력식 집진기
③ 관성력식 집진기
④ 원심력식 집진기

해설 집진장치(매연처리장치)
- 건식, 습식, 전기식
- 습식 : 유수식, 가압수식, 회전식
- 가압수식 : 사이크론스크러버, 충전탑, 벤투리스크러버, 제트스크러버 등

**09 수관식 보일러에 속하지 않는 것은?**

① 입형 횡관식　② 자연 순환식
③ 강제 순환식　④ 관류식

해설 입형 원통형 보일러(소규모 보일러)
- 입형 횡관식
- 코크란식
- 입형 연관식

**10 공기예열기의 종류에 속하지 않는 것은?**

① 전열식　② 재생식
③ 증기식　④ 방사식

해설 공기예열기(폐열회수장치)
- 전열식(관형, 판형)
- 재생식(융 스트롬식)
- 증기식

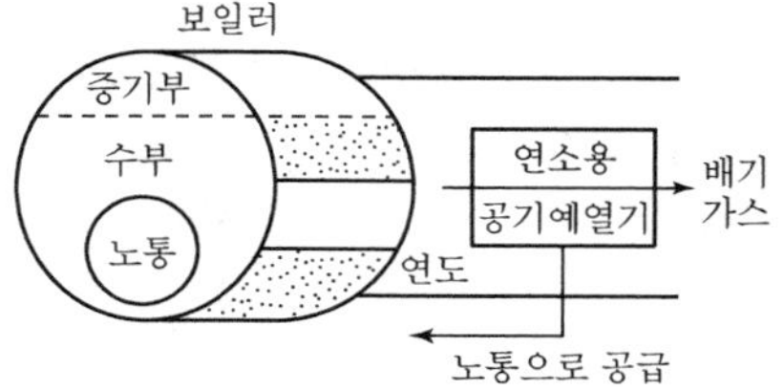


**11 비접촉식 온도계의 종류가 아닌 것은?**

① 광전관식 온도계
② 방사 온도계
③ 광고 온도계
④ 열전대 온도계

해설 접촉식 온도계
액주식 온도계, 전기저항식 온도계, 환상천평식 온도계, 침종식 온도계, 열전대온도계 등(접촉식은 비접촉식에 비해 저온측정용으로 알맞다.)

**12 보일러의 전열면적이 클 때의 설명으로 틀린 것은?**

① 증발량이 많다.
② 예열이 빠르다.
③ 용량이 적다.
④ 효율이 높다.

해설 보일러 용량 표시
전열면적, 보일러마력, 정격용량(상당증발량), 정격출력, 상당방열면적(EDR)
※ 전열면적이 큰 보일러는 보일러 용량이 크다.

**13 보일러 연도에 설치하는 댐퍼의 설치 목적과 관계가 없는 것은?**

① 매연 및 그을음의 제거
② 통풍력의 조절
③ 연소가스 흐름의 차단
④ 주연도와 부연도가 있을 때 가스의 흐름을 전환

해설

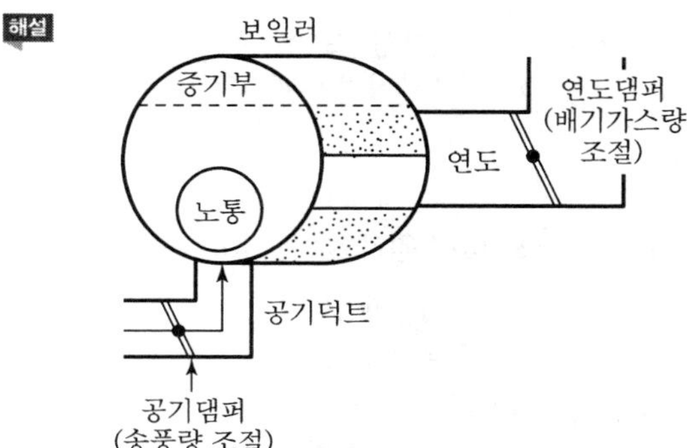


 ANSWER | 08 ① 09 ① 10 ④ 11 ④ 12 ③ 13 ①

**14** **통풍력을 증가시키는 방법으로 옳은 것은?**

① 연도는 짧고, 연돌은 낮게 설치한다.
② 연도는 길고, 연돌의 단면적을 작게 설치한다.
③ 배기가스의 온도는 낮춘다.
④ 연도는 짧고, 굴곡부는 적게 한다.

**해설**

굴뚝은 다소 높을수록 통풍력이 증가한다.
보일러
증기부
연돌 (굴뚝)
수부
연도
노통
연도길이가 짧으면 통풍력이 증가하며, 굴곡부도 적게 한다.

**15** **연료의 연소에서 환원염이란?**

① 산소 부족으로 인한 화염이다.
② 공기비가 너무 클 때의 화염이다.
③ 산소가 많이 포함된 화염이다.
④ 연료를 완전 연소시킬 때의 화염이다.

**해설**
- 환원염 : 연소상태에서 산소($O_2$)가 부족한 화염
- 산화염 : 연소과정에서 산소($O_2$)가 풍부한 화염

**16** **보일러 화염 유무를 검출하는 스택 스위치에 대한 설명으로 틀린 것은?**

① 화염의 발열 현상을 이용한 것이다.
② 구조가 간단하다.
③ 버너 용량이 큰 곳에 사용된다.
④ 바이메탈의 신축작용으로 화염 유무를 검출한다.

**해설** 스택 스위치(화염검출기)
연도에 설치하며 온수 보일러나 소용량 보일러 화염검출기로서 응답시간이 느리다.

**17** **3요소식 보일러 급수 제어 방식에서 검출하는 3요소는?**

① 수위, 증기유량, 급수유량
② 수위, 공기압, 수압
③ 수위, 연료량, 공기압
④ 수위, 연료량, 수압

**해설** 보일러 급수제어
- 단요소식 : 수위 검출
- 2요소식 : 수위, 증기유량 검출
- 3요소식 : 수위, 증기유량, 급수유량 검출

**18** **대형 보일러인 경우에 송풍기가 작동되지 않으면 전자 밸브가 열리지 않고, 점화를 저지하는 인터록의 종류는?**

① 저연소 인터록
② 압력초과 인터록
③ 프리퍼지 인터록
④ 불착화 인터록

**해설** 프리퍼지 인터록
송풍기가 작동되지 않으면 전자밸브가 개방되지 않아서 연료 공급이 중단되므로 점화가 저지되는 안전장치이다.

**19** **수위의 부력에 의한 플로트 위치에 따라 연결된 수은 스위치로 작동하는 형식으로, 중·소형 보일러에 가장 많이 사용하는 저수위 경보장치의 형식은?**

① 기계식 ② 전극식
③ 자석식 ④ 맥도널식

**해설**

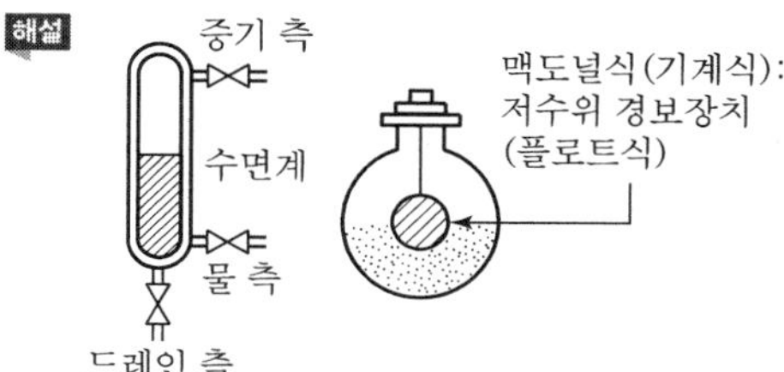


**20** **증기의 발생이 활발해지면 증기와 함께 물방울이 같이 비산하여 증기관으로 취출되는데, 이때 드럼 내에 증기 취출구에 부착하여 증기 속에 포함된 수분취출을 방지해주는 관은?**

① 워터실링관 ② 주증기관
③ 베이퍼록 방지관 ④ 비수방지관

해설

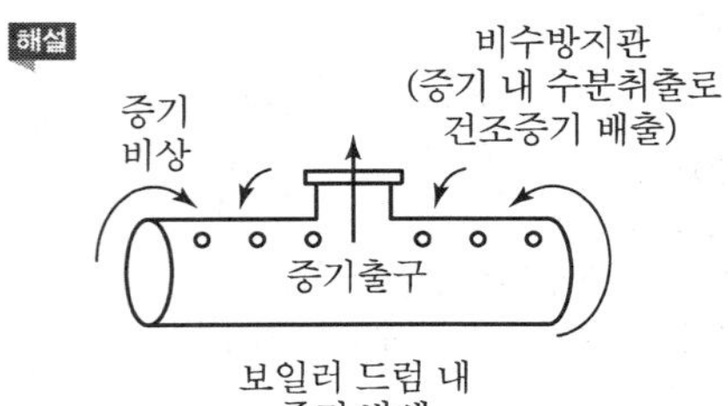


**21 증기의 과열도를 옳게 표현한 식은?**

① 과열도=포화증기온도−과열증기온도
② 과열도=포화증기온도−압축수의 온도
③ 과열도=과열증기온도−압축수의 온도
④ 과열도=과열증기온도−포화증기온도

해설

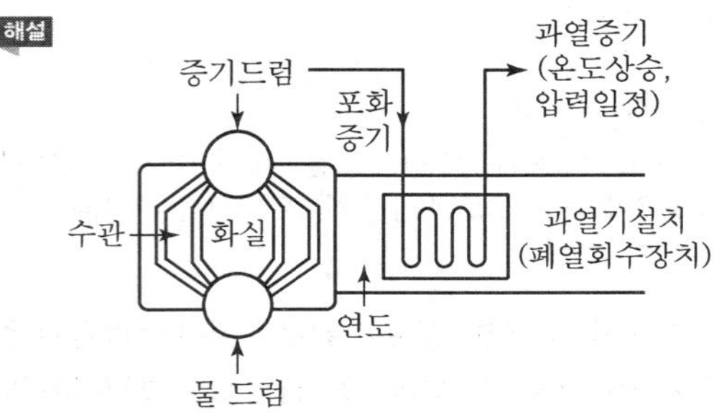


**22 어떤 액체 연료를 완전 연소시키기 위한 이론공기량이 10.5Nm³/kg이고, 공기비가 1.4인 경우 실제 공기량은?**

① 7.5Nm³/kg ② 11.9Nm³/kg
③ 14.7Nm³/kg ④ 16.0Nm³/kg

해설 실제공기량($A$)=이론공기량($A_0$)×공기비($m$)
=10.5×1.4
=14.7Nm³/kg

**23 파형 노통 보일러의 특징을 설명한 것으로 옳은 것은?**

① 제작이 용이하다.
② 내 · 외면의 청소가 용이하다.
③ 평형 노통보다 전열면적이 크다.
④ 평형 노통보다 외압에 대하여 강도가 적다.

해설

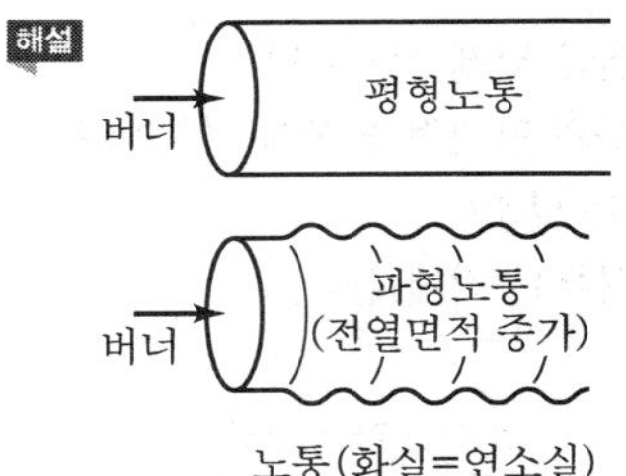


**24 보일러에 과열기를 설치할 때 얻어지는 장점으로 틀린 것은?**

① 증기관 내의 마찰저항을 감소시킬 수 있다.
② 증기기관의 이론적 열효율을 높일 수 있다.
③ 같은 압력의 포화증기에 비해 보유열량이 많은 증기를 얻을 수 있다.
④ 연소가스의 저항으로 압력손실을 줄일 수 있다.

해설 연도 내에 과열기, 재열기, 절탄기, 공기예열기를 설치하면 배기연소가스의 저항으로 압력손실이 증가하고 연소가스의 온도가 하강하며 절탄기 등에 저온부식이 발생한다.

**25 수트 블로어 사용 시 주의사항으로 틀린 것은?**

① 부하가 50% 이하인 경우에 사용한다.
② 보일러 정지 시 수트 블로어 작업을 하지 않는다.
③ 분출 시에는 유인 통풍을 증가시킨다.
④ 분출기 내의 응축수를 배출시킨 후 사용한다.

해설 수트 블로어(그을음 제거장치) 사용(압축공기 또는 고압증기 사용) 시는 보일러 부하가 50% 이상에서 작동시켜 화실 내 그을음 부착을 방지하여 전열을 양호하게 한다.

**26 후향 날개 형식으로 보일러의 압입송풍에 많이 사용되는 송풍기는?**

① 다익형 송풍기
② 축류형 송풍기
③ 터보형 송풍기
④ 플레이트형 송풍기

 ANSWER | 21 ④ 22 ③ 23 ③ 24 ④ 25 ① 26 ③

해설

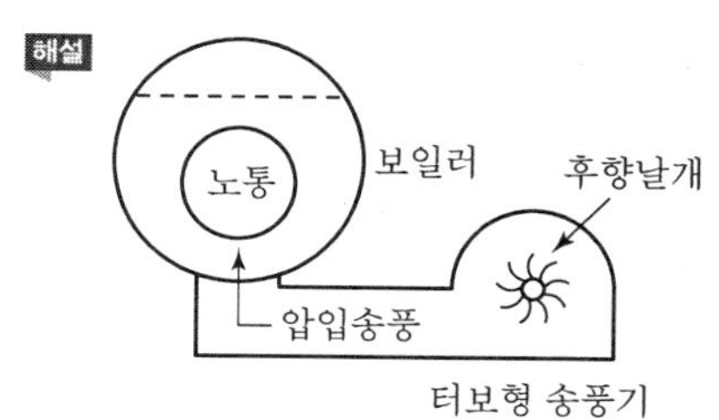


**27** **연료의 가연성분이 아닌 것은?**

① N ② C
③ H ④ S

해설 연료의 가연성분
탄소(C), 수소(H), 황(S)

**28** **효율이 82%인 보일러로 발열량 9,800kcal/kg의 연료를 15kg 연소시키는 경우의 손실 열량은?**

① 80,360kcal ② 32,500kcal
③ 26,460kcal ④ 120,540kcal

해설 총열량($Q$) = 15kg × 9,800kcal/kg = 147,000kcal
∴ 손실열량($Q$) = 147,000 × (1 − 0.82) = 26,460kcal

**29** **보일러 연소용 공기조절장치 중 착화를 원활하게 하고 화염의 안정을 도모하는 장치는?**

① 윈드박스(Wind Box)
② 보염기(Stabilizer)
③ 버너타일(Burner Tile)
④ 플레임 아이(Flame Eye)

해설 스테빌라이저(보염기)
공기조절장치(에어레지스터)로서 연소 초기 착화를 도모하고 화염의 안정을 도모하는 장치로서 선회기방식, 보염판방식이 있다.
※ 에어레지스터 : 윈드박스, 버너타일, 보염기, 콤버스터 등이 있다.

**30** **증기난방설비에서 배관 구배를 부여하는 가장 큰 이유는 무엇인가?**

① 증기의 흐름을 빠르게 하기 위해서
② 응축수의 체류를 방지하기 위해서
③ 배관시공을 편리하게 하기 위해서
④ 증기와 응축수의 흐름마찰을 줄이기 위해서

해설

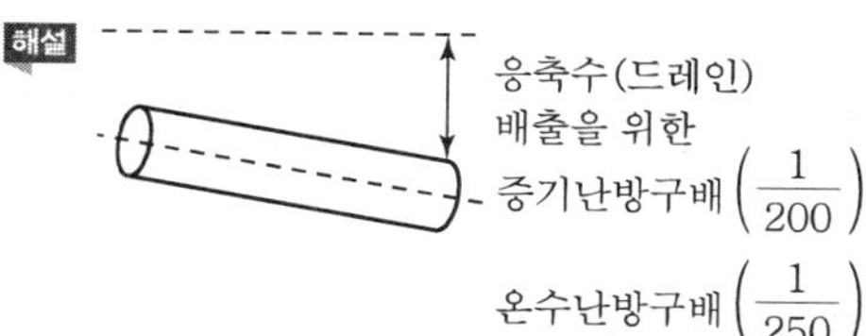


**31** **보일러 배관 중에 신축이음을 하는 목적으로 가장 적합한 것은?**

① 증기 속의 이물질을 제거하기 위하여
② 열팽창에 의한 관의 파열을 막기 위하여
③ 보일러수의 누수를 막기 위하여
④ 증기 속의 수분을 분리하기 위하여

해설

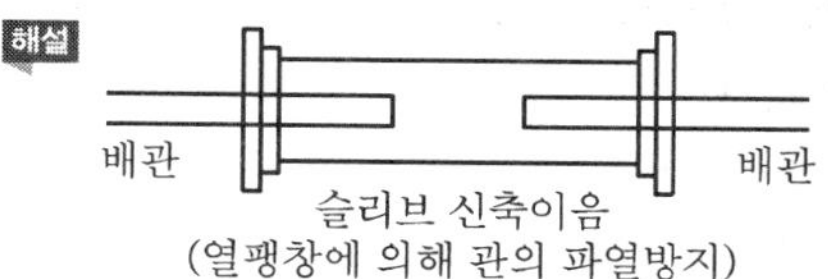

슬리브 신축이음
(열팽창에 의해 관의 파열방지)

**32** **팽창탱크에 대한 설명으로 옳은 것은?**

① 개방식 팽창탱크는 주로 고온수 난방에서 사용한다.
② 팽창관에는 방열관에 부착하는 크기의 밸브를 설치한다.
③ 밀폐형 팽창탱크에는 수면계를 구비한다.
④ 밀폐형 팽창탱크는 개방식 팽창탱크에 비하여 적어도 된다.

해설
- 100℃ 이상 고온수난방용 : 밀폐형 팽창탱크 사용(부피가 적다.)
- 100℃ 미만 저온수난방용 : 개방식 팽창탱크 사용(용량이 커야 한다.)

**33** **온수난방의 특성을 설명한 것 중 틀린 것은?**

① 실내 예열시간이 짧지만 쉽게 냉각되지 않는다.
② 난방부하 변동에 따른 온도조절이 쉽다.
③ 단독주택 또는 소규모 건물에 적용된다.
④ 보일러 취급이 비교적 쉽다.

**해설** 온수난방
물은 비열(kcal/kg · K)이 커서 데우기도 어렵고 쉽게 냉각되지 않는다(증기난방은 예열시간이 짧고 비열이 물에 비해 절반이다. 그러나 쉽게 냉각되어 응축수가 고인다).

**34** **다음 중 주형 방열기의 종류로 거리가 먼 것은?**

① 1주형 ② 2주형
③ 3세주형 ④ 5세주형

**해설** 방열기(라디에이터) : 주철제
- II주형, III주형
- 3세주형, 5세주형
- 길드형

**35** **보일러 점화 시 역화의 원인과 관계가 없는 것은?**

① 착화가 지연될 경우
② 점화원을 사용한 경우
③ 프리퍼지가 불충분한 경우
④ 연료 공급밸브를 급개하여 다량으로 분무한 경우

**해설**
- 연료 점화원 : 경유, LPG, 도시가스, 전기스파크 등
- 역화의 원인은 ①, ③, ④이다.

**36** **압력계로 연결하는 증기관을 황동관이나 동관을 사용할 경우, 증기온도는 약 몇 ℃ 이하인가?**

① 210℃ ② 260℃
③ 310℃ ④ 360℃

**해설** 보일러 압력계와 연결하는 증기관은 동관의 경우 210℃ 이하에서 사용이 가능하다.

**37** **보일러를 비상 정지시키는 경우의 일반적인 조치사항으로 거리가 먼 것은?**

① 압력은 자연히 떨어지게 기다린다.
② 주증기 스톱밸브를 열어 놓는다.
③ 연소공기의 공급을 멈춘다.
④ 연료 공급을 중단한다.

**해설** 보일러 비상정지 시 ①, ③, ④항을 조치하고 주증기 스톱밸브를 닫아 놓는다.

**38** **금속 특유의 복사열에 대한 반사 특성을 이용한 대표적인 금속질 보온재는?**

① 세라믹 파이버 ② 실리카 파이버
③ 알루미늄 박 ④ 규산칼슘

**해설**
- 금속질 보온재 : 알루미늄 박(泊)이며 10mm 이하일 때 효과가 제일 좋다.
- 세라믹 파이버 : 1,300℃ 사용
- 실리카 화이버 : 1,100℃ 사용
- 규산칼슘 : 650℃ 사용

**39** **기포성 수지에 대한 설명으로 틀린 것은?**

① 열전도율이 낮고 가볍다.
② 불에 잘 타며 보온성과 보랭성은 좋지 않다.
③ 흡수성은 좋지 않으나 굽힘성은 풍부하다.
④ 합성수지 또는 고무질 재료를 사용하여 다공질 제품으로 만든 것이다.

**해설**
- 기포성 수지 보온재 : 보온성 · 보랭성이 우수하고 불에 잘 타지 않는다.
- 기포성 수지, 탄화코르크, 텍스류, 우모펠트 : 130℃ 이하 사용

**40** **온수 보일러의 순환펌프 설치방법으로 옳은 것은?**

① 순환펌프의 모터부분은 수평으로 설치한다.
② 순환펌프는 보일러 본체에 설치한다.
③ 순환펌프는 송수주관에 설치한다.
④ 공기 빼기 장치가 없는 순환펌프는 체크밸브를 설치한다.


ANSWER | 33 ① 34 ① 35 ② 36 ① 37 ② 38 ③ 39 ② 40 ①

해설 순환펌프
- 환수배관에 설치한다.
- 순환펌프에는 여과기를 설치한다.
- 순환펌프에는 바이패스(우회배관)를 설치한다(모터는 수평배관으로 한다).

**41** 보일러 가동 시 매연 발생의 원인과 가장 거리가 먼 것은?

① 연소실 과열
② 연소실 용적의 과소
③ 연료 중의 불순물 혼입
④ 연소용 공기의 공급 부족

해설 연소실 과열은 보일러 강도저하 및 파열과 관계된다.

**42** 중유 연소 시 보일러 저온부식의 방지대책으로 거리가 먼 것은?

① 저온의 전열면에 내식재료를 사용한다.
② 첨가제를 사용하여 황산가스의 노점을 높여 준다.
③ 공기예열기 및 급수예열장치 등에 보호피막을 한다.
④ 배기가스 중의 산소함유량을 낮추어 아황산가스의 산화를 제한한다.

해설 연도의 저온부식(황에 의한 절탄기, 공기예열기에 발생하는 부식)을 방지하려면 첨가제를 사용하여 황산가스의 노점을 강하시킨다.

**43** 물의 온도가 393K를 초과하는 온수 발생 보일러에는 크기가 몇 mm 이상인 안전밸브를 설치하여야 하는가?

① 5　② 10
③ 15　④ 20

해설 393K－273＝120℃를 초과하는 온수 발생 보일러에는 안전밸브 크기가 20mm 이상이어야 한다.

**44** 보일러 부식에 관련된 설명 중 틀린 것은?

① 점식은 국부전지의 작용에 의해서 일어난다.
② 수용액 중에서 부식문제를 일으키는 주요인은 용존산소, 용존가스 등이다.
③ 중유 연소 시 중유 회분 중에 바나듐이 포함되어 있으면 바나듐 산화물에 의한 고온부식이 발생한다.
④ 가성취화는 고온에서 알칼리에 의한 부식현상을 말하며, 보일러 내부 전체에 걸쳐 균일하게 발생한다.

해설 가성취화(농알칼리 용액 부식) 부식
취화균열이며 철강조직의 입자 사이가 부식되어 취약하게 되고 결정입자의 경계에 따라 균열이 생긴다.

**45** 증기난방의 중력환수식에서 단관식인 경우 배관기울기로 적당한 것은?

① 1/100~1/200 정도의 순 기울기
② 1/200~1/300 정도의 순 기울기
③ 1/300~1/400 정도의 순 기울기
④ 1/400~1/500 정도의 순 기울기

해설 증기난방 방식
단관 중력환수식 하향공급식 기울기 : $\frac{1}{100}$ ~ $\frac{1}{200}$
(단, 상향식은 $\frac{1}{50}$ ~ $\frac{1}{100}$ 정도이다.)

**46** 보일러 용량 결정에 포함될 사항으로 거리가 먼 것은?

① 난방부하　② 급탕부하
③ 배관부하　④ 연료부하

해설 보일러 정격부하
난방부하＋급탕부하＋배관부하＋예열부하(시동부하)

**47** 온수난방 배관에서 수평주관에 지름이 다른 관을 접속하여 연결할 때 가장 적합한 관 이음쇠는?

① 유니온　② 편심 리듀서
③ 부싱　④ 니플

41 ① 42 ② 43 ④ 44 ④ 45 ① 46 ④ 47 ② | ANSWER

해설 동심리듀서

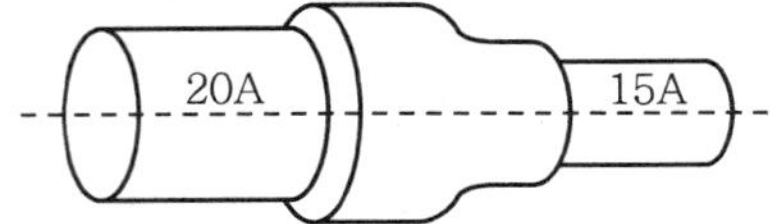


편심리듀서(이상적인 연결)

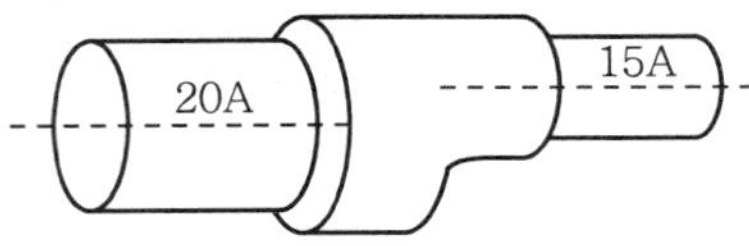


**48 온수순환 방식에 의한 분류 중에서 순환이 자유롭고 신속하며, 방열기의 위치가 낮아도 순환이 가능한 방법은?**

① 중력 순환식 ② 강제 순환식
③ 단관식 순환식 ④ 복관식 순환식

해설 강제 순환식 온수난방
순환이 자유롭고 순환펌프가 필요하며 보일러보다 방열기 위치가 낮아도 순환이 가능하다.

**49 온수 보일러 개방식 팽창탱크 설치 시 주의사항으로 틀린 것은?**

① 팽창탱크 상부에 통기구멍을 설치한다.
② 팽창탱크 내부의 수위를 알 수 있는 구조이어야 한다.
③ 탱크에 연결되는 팽창 흡수관은 팽창탱크 바닥면과 같게 배관해야 한다.
④ 팽창탱크의 높이는 최고 부위 방열기보다 1m 이상 높은 곳에 설치한다.

해설

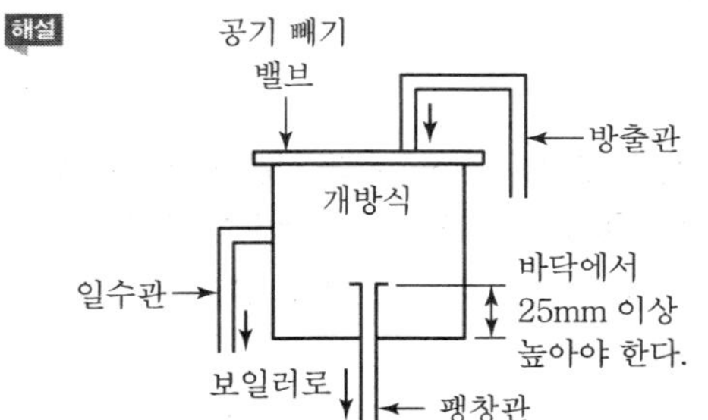


**50 열팽창에 의한 배관의 이동을 구속 또는 제한하는 배관 지지구인 리스트레인트(Restraint)의 종류가 아닌 것은?**

① 가이드 ② 앵커
③ 스토퍼 ④ 행거

해설 리스트레인트 : 앵커, 스톱, 가이드

**51 보통 온수식 난방에서 온수의 온도는?**

① 65~70℃ ② 75~80℃
③ 85~90℃ ④ 95~100℃

해설
- 저온수 난방 : 100℃ 이하
- 보통 온수난방 : 85~90℃ 정도

**52 장시간 사용을 중지하고 있던 보일러의 점화 준비에서 부속장치 조작 및 시동으로 틀린 것은?**

① 댐퍼는 굴뚝에서 가까운 것부터 차례로 연다.
② 통풍장치의 댐퍼 개폐도가 적당한지 확인한다.
③ 흡입통풍기가 설치된 경우는 가볍게 운전한다.
④ 절탄기나 과열기에 바이패스가 설치된 경우는 바이패스 댐퍼를 닫는다.

해설 장시간 사용 중지 보일러를 다시 재가동할 때 점화 시에 절탄기(급수가열기)나 과열기에 부착된 바이패스의 경우 먼저 바이패스로 연결한 후 시간이 지나면 차단하고 주 라인 밸브로 이관시킨다.

**53 응축수 환수방식 중 중력환수 방식으로 환수가 불가능한 경우 응축수를 별도의 응축수 탱크에 모으고 펌프 등을 이용하여 보일러에 급수를 행하는 방식은?**

① 복관 환수식 ② 부력 환수식
③ 진공 환수식 ④ 기계 환수식

해설 증기난방 응축수 환수방법
- 중력 환수식(응축수 비중 이용)
- 기계 환수식(응축수 펌프 사용)
- 진공 환수식(진공펌프 사용)


ANSWER | 48 ② 49 ③ 50 ④ 51 ③ 52 ④ 53 ④

**54** 무기질 보온재에 해당되는 것은?

① 암면 ② 펠트
③ 코르크 ④ 기포성 수지

해설 무기질 암면 보온재(안산암, 현무암, 석회석 사용)
- 400℃ 이하의 관, 덕트, 탱크보온재로 사용한다.
- 흡수성이 적다.
- 알칼리에는 강하나 강한 산에는 약하다.
- 풍화의 염려가 적다.

**55** 에너지이용 합리화법상 효율관리기자재의 에너지소비효율등급 또는 에너지소비효율을 효율관리시험기관에서 측정받아 해당 효율관리기자재에 표시하여야 하는 자는?

① 효율관리기자재의 제조업자 또는 시공업자
② 효율관리기자재의 제조업자 또는 수입업자
③ 효율관리기자재의 시공업자 또는 판매업자
④ 효율관리기자재의 시공업자 또는 수입업자

해설 에너지이용 효율관리기자재에는 제조업자 또는 수입업자를 표시해야 한다.

**56** 저탄소 녹색성장 기본법상 녹색성장위원회의 심의사항이 아닌 것은?

① 지방자치단체의 저탄소 녹색성장의 기본방향에 관한 사항
② 녹색성장국가전략의 수립 · 변경 · 시행에 관한 사항
③ 기후변화대응 기본계획, 에너지기본계획 및 지속가능발전 기본계획에 관한 사항
④ 저탄소 녹색성장을 위한 재원의 배분방향 및 효율적 사용에 관한 사항

해설 저탄소 녹색성장기본법 제15조에 의거 지방자치단체는 생략되어야 하며 ②, ③, ④항 외 11가지 사항이 심의사항이다.

**57** 에너지법상 '에너지 사용자'의 정의로 옳은 것은?

① 에너지 보급 계획을 세우는 자
② 에너지를 생산 · 수입하는 사업자
③ 에너지사용시설의 소유자 또는 관리자
④ 에너지를 저장 · 판매하는 자

해설 에너지 사용자
- 에너지사용시설의 소유자
- 에너지사용시설의 관리자

**58** 에너지이용 합리화법규상 냉난방 온도제한 건물에 냉난방 제한온도를 적용할 때의 기준으로 옳은 것은?(단, 판매시설 및 공항의 경우는 제외한다.)

① 냉방 : 24℃ 이상, 난방 : 18℃ 이하
② 냉방 : 24℃ 이상, 난방 : 20℃ 이하
③ 냉방 : 26℃ 이상, 난방 : 18℃ 이하
④ 냉방 : 26℃ 이상, 난방 : 20℃ 이하

해설 건물 냉난방 제한온도
- 냉방 : 온도 26℃ 이상에서만 냉방 사용
- 난방 : 온도 20℃ 이상은 난방 사용 금지

**59** 다음 ( ) 안에 알맞은 것은?

> 에너지법령상 에너지 총조사는 ( A )마다 실시하되, ( B )이 필요하다고 인정할 때에는 간이조사를 실시할 수 있다.

① A : 2년, B : 행정자치부장관
② A : 2년, B : 교육부장관
③ A : 3년, B : 산업통상자원부장관
④ A : 3년, B : 고용노동부장관

**60** 에너지이용 합리화법상 검사대상기기설치자가 시 · 도지사에게 신고하여야 하는 경우가 아닌 것은?

① 검사대상기기를 정비한 경우
② 검사대상기기를 폐기한 경우
③ 검사대상기기의 사용을 중지한 경우
④ 검사대상기기의 설치자가 변경된 경우

해설 ②, ③, ④의 경우 15일 이내 시 · 도지사에게 신고하여야 한다.(시장, 도지사가 공단이사장에게 위탁)

54 ① 55 ② 56 ① 57 ③ 58 ④ 59 ③ 60 ① | ANSWER

# 2015년 5회 에너지관리기능사

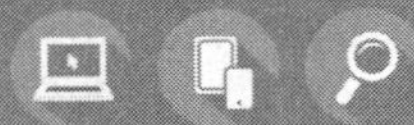

**01** **중유의 성상을 개선하기 위한 첨가제 중 분무를 순조롭게 하기 위하여 사용하는 것은?**

① 연소촉진제 ② 슬러지 분산제
③ 회분개질제 ④ 탈수제

해설 연소촉진제
중유의 성상에서 노 내 중유의 분무(무화 : 중질유 기름의 입자를 안개방울화하여 연소를 순조롭게 하는 것)를 순조롭게 하기 위한 것

**02** **천연가스의 비중이 약 0.64라고 표시되었을 때, 비중의 기준은?**

① 물 ② 공기
③ 배기가스 ④ 수증기

해설 천연가스(NG)의 주성분은 메탄가스($CH_4$)이며 기체연료의 비중(가스비중/29)은 공기와 비중을 비교한다(공기분자량 29를 비중 1로 본다).

**03** **30마력(PS)인 기관이 1시간 동안 행한 일량을 열량으로 환산하면 약 몇 kcal인가?(단, 이 과정에서 행한 일량은 모두 열량으로 변환된다고 가정한다.)**

① 14,360 ② 15,240
③ 18,970 ④ 20,402

해설 1PS－h＝632kcal
∴ 632×30＝18,960kcal/h

**04** **프로판(Propane) 가스의 연소식은 다음과 같다. 프로판 가스 10kg을 완전연소시키는 데 필요한 이론산소량은?**

$$C_3H_8 + 5O_2 \rightarrow 3CO_2 + 4H_2O$$

① 약 $11.6Nm^3$ ② 약 $13.8Nm^3$
③ 약 $22.4Nm^3$ ④ 약 $25.5Nm^3$

해설 $\underline{C_3H_8} + \underline{5O_2}$(프로판 1kmol＝44kg)
44kg　$5\times22.4Nm^3$
이론산소량($O_0$)＝$\frac{5\times22.4}{44}\times10kg = 25.5Nm^3$

**05** **화염검출기 종류 중 화염의 이온화를 이용한 것으로 가스 점화 버너에 주로 사용하는 것은?**

① 플레임 아이 ② 스택 스위치
③ 광도전 셀 ④ 프레임 로드

해설 화염의 이온화 및 전기전도성을 이용하여 가스연료용으로 많이 사용하는 것은 프레임 로드이다.

**06** **수위경보기의 종류 중 플로트의 위치변위에 따라 수은 스위치 또는 마이크로 스위치를 작동시켜 경보를 울리는 것은?**

① 기계식 경보기 ② 자석식 경보기
③ 전극식 경보기 ④ 맥도널식 경보기

해설 맥도널식(플로트식) 수위검출장치

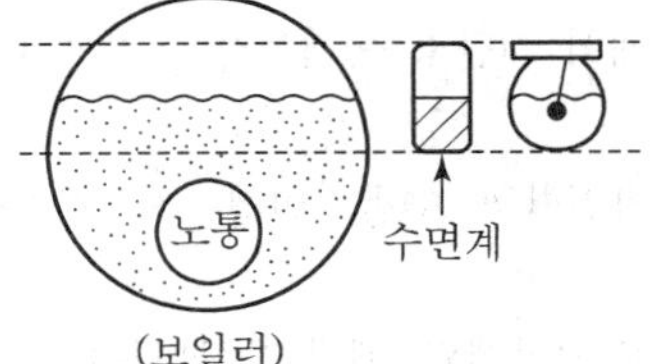


**07** **보일러 열정산을 설명한 것 중 옳은 것은?**

① 입열과 출열은 반드시 같아야 한다.
② 방열손실로 인하여 입열이 항상 크다.
③ 열효율 증대장치로 인하여 출열이 항상 크다.
④ 연소효율에 따라 입열과 출열은 다르다.

해설 열정산(열의 수입, 지출 : 열수지)에서 입열(공급열)과 출열은 항상 같아야 한다(출열중 증기보유열 외에는 모두 열손실이다).

**08 보일러 액체연료 연소장치인 버너의 형식별 종류에 해당되지 않는 것은?**

① 고압기류식 ② 왕복식
③ 유압분사식 ④ 회전식

해설 왕복식은 급수펌프 등에 사용한다(피스톤식, 웨어식, 플런저식).

**09 매시간 425kg의 연료를 연소시켜 4,800kg/h의 증기를 발생시키는 보일러의 효율은 약 얼마인가? (단, 연료의 발열량 : 9,750kcal/kg, 증기엔탈피 : 676kcal/kg, 급수온도 : 20℃이다.)**

① 76% ② 81%
③ 85% ④ 90%

해설 보일러 효율($\eta$)$=\dfrac{G_s \times (h_2 - h_1)}{G_f \times H_l} \times 100(\%)$

$\therefore\ \eta = \dfrac{4,800 \times (676-20)}{425 \times 9,750} \times 100 = 76\%$

**10 함진가스에 선회운동을 주어 분진입자에 작용하는 원심력에 의하여 입자를 분리하는 집진장치로 가장 적합한 것은?**

① 백필터식 집진기 ② 사이클론식 집진기
③ 전기식 집진기 ④ 관성력식 집진기

해설 사이클론식 매연집진장치(원심식)는 함진가스의 선회운동을 주어 분진입자를 원심력에 의해 제거하는 건식 집진장치이다.

**11 "1 보일러 마력"에 대한 설명으로 옳은 것은?**

① 0℃의 물 539kg을 1시간에 100℃의 증기로 바꿀 수 있는 능력이다.
② 100℃의 물 539kg을 1시간에 같은 온도의 증기로 바꿀 수 있는 능력이다.
③ 100℃의 물 15.65kg을 1시간에 같은 온도의 증기로 바꿀 수 있는 능력이다.
④ 0℃의 물 15.65kg을 1시간에 100℃의 증기로 바꿀 수 있는 능력이다.

해설 보일러 1마력 용량
100℃의 물 15.65kg을 1시간에 100℃의 증기로 바꿀 수 있는 능력이다.

**12 연료성분 중 가연 성분이 아닌 것은?**

① C ② H
③ S ④ O

해설 연료의 가연성 성분
- 탄소(C)
- 수소(H)
- 황(S)

**13 보일러 급수내관의 설치 위치로 옳은 것은?**

① 보일러의 기준수위와 일치되게 설치한다.
② 보일러의 상용수위보다 50mm 정도 높게 설치한다.
③ 보일러의 안전저수위보다 50mm 정도 높게 설치한다.
④ 보일러의 안전저수위보다 50mm 정도 낮게 설치한다.

해설

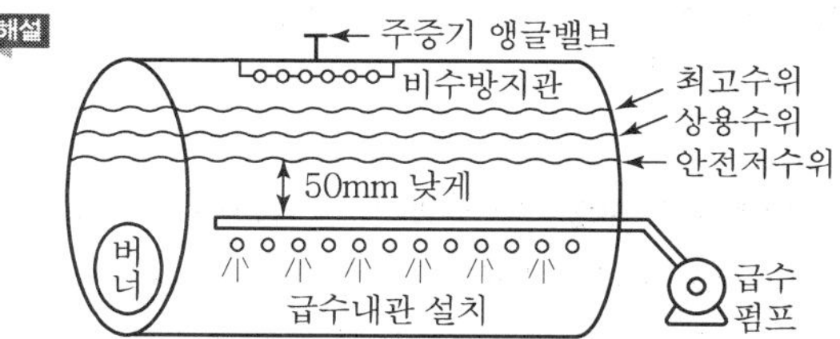


**14 보일러 배기가스의 자연 통풍력을 증가시키는 방법으로 틀린 것은?**

① 연도의 길이를 짧게 한다.
② 배기가스 온도를 낮춘다.
③ 연돌 높이를 증가시킨다.
④ 연돌의 단면적을 크게 한다.

해설 통풍력을 증가시키려면 연도길이는 짧게, 배기가스 온도는 높게, 연돌의 높이는 주위 건물보다 높게, 연돌의 상부 단면적을 크게 한다.

**15** **증기의 건조도($x$) 설명이 옳은 것은?**

① 습증기 전체 질량 중 액체가 차지하는 질량비를 말한다.
② 습증기 전체 질량 중 증기가 차지하는 질량비를 말한다.
③ 액체가 차지하는 전체 질량 중 습증기가 차지하는 질량비를 말한다.
④ 증기가 차지하는 전체 질량 중 습증기가 차지하는 질량비를 말한다.

해설 증기의 건조도
습증기 전체 질량 중 증기가 차지하는 질량비(건조도가 1이면 건포화증기, 건조도가 0이면 포화수, 건조도가 1 이하이면 습포화증기)

**16** **다음 중 저양정식 안전밸브의 단면적 계산식은?(단, $A$ = 단면적(mm²), $P$ = 분출압력(kgf/cm²), $E$ = 증발량(kg/h)이다.)**

① $A=\dfrac{22E}{1.03P+1}$  ② $A=\dfrac{10E}{1.03P+1}$
③ $A=\dfrac{5E}{1.03P+1}$  ④ $A=\dfrac{2.5E}{1.03P+1}$

해설 ① : 저양정식  ② : 고양정식
③ : 전양정식  ④ : 전양식

**17** **입형 보일러에 대한 설명으로 거리가 먼 것은?**

① 보일러 동을 수직으로 세워 설치한 것이다.
② 구조가 간단하고 설비비가 적게 든다.
③ 내부청소 및 수리나 검사가 불편하다.
④ 열효율이 높고 부하능력이 크다.

해설 • 수관식 보일러는 열효율이 높고 부하능력(kcal/h)이 크다.
• 입형 보일러 : 원통형 보일러(효율이 낮다.)

**18** **보일러용 가스버너 중 외부혼합식에 속하지 않는 것은?**

① 파일럿 버너
② 센터파이어형 버너
③ 링형 버너
④ 멀티스폿형 버너

해설 파일럿 버너
• 화실 내부에서 점화용 버너로 사용된다(보일러 점화용 버너).
• 일명 가스나, LPG, 경유 등으로 사용하는 착화용 버너이다.

**19** **보일러 부속장치인 증기 과열기를 설치 위치에 따라 분류할 때, 해당되지 않는 것은?**

① 복사식  ② 전도식
③ 접촉식  ④ 복사접촉식

해설 증기과열기 종류

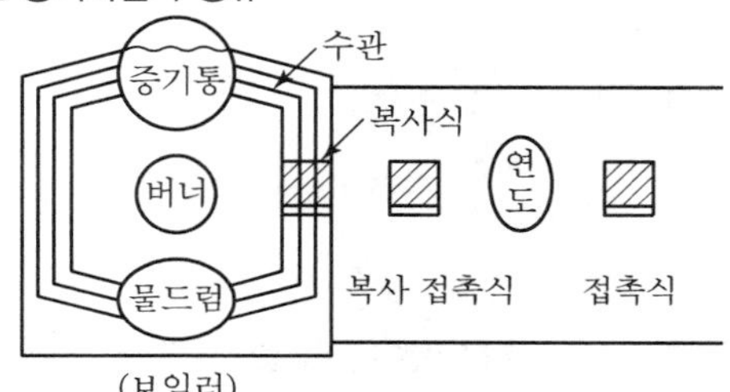


**20** **가스 연소용 보일러의 안전장치가 아닌 것은?**

① 가용마개  ② 화염검출기
③ 이젝터  ④ 방폭문

해설 이젝터는 냉동기에 사용된다.

**21** **보일러에서 제어해야 할 요소에 해당되지 않는 것은?**

① 급수제어
② 연소제어
③ 증기온도 제어
④ 전열면 제어

해설 보일러 자동제어(A.B.C)
• 급수제어(FWC)
• 증기온도 제어(STC)
• 연소제어(ACC)

 ANSWER | 15 ② 16 ① 17 ④ 18 ① 19 ② 20 ③ 21 ④

**22 관류 보일러의 특징에 대한 설명으로 틀린 것은?**

① 철저한 급수처리가 필요하다.
② 임계압력 이상의 고압에 적당하다.
③ 순환비가 1이므로 드럼이 필요하다.
④ 증기의 가동발생 시간이 매우 짧다.

해설 단관식 관류 보일러는 순환비(급수량/증기량)가 1이어서 드럼(증기동)이 필요없다.

**23 보일러 전열면적 $1m^2$당 1시간에 발생되는 실제 증발량은 무엇인가?**

① 전열면의 증발률
② 전열면의 출력
③ 전열면의 효율
④ 상당증발 효율

해설 전열면의 증발률=시간당 증기발생량/전열면적($kg/m^2h$)

**24 50kg의 -10℃ 얼음을 100℃의 증기로 만드는 데 소요되는 열량은 몇 kcal인가?(단, 물과 얼음의 비열은 각각 1kcal/kg · ℃, 0.5kcal/kg · ℃로 한다.)**

① 36,200 ② 36,450
③ 37,200 ④ 37,450

해설 ㉠ 얼음의 현열=50kg×0.5(0-(-10))=250kcal
㉡ 얼음의 융해열=50kg×80kcal/kg=4,000kcal
㉢ 물의 현열=50kg×1×(100-0)=5,000kcal
㉣ 물의 증발열=50×539kcal/kg=26,950kcal
∴ ㉠+㉡+㉢+㉣= 36,200kcal
(얼음의 융해잠열은 80, 물의 증발잠열은 539)

**25 피드백 자동제어에서 동작신호를 받아서 제어계가 정해진 동작을 하는 데 필요한 신호를 만들어 조작부에 보내는 부분은?**

① 검출부 ② 제어부
③ 비교부 ④ 조절부

해설
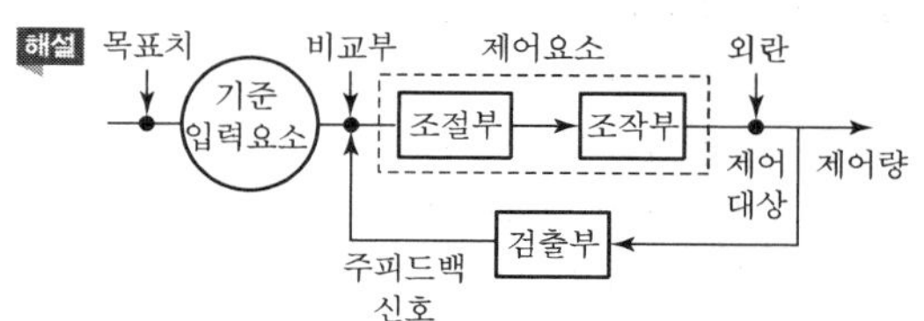


**26 중유 보일러의 연소 보조장치에 속하지 않는 것은?**

① 여과기
② 인젝터
③ 화염 검출기
④ 오일 프리히터

해설 인젝터 : 증기를 이용한 보일러 급수설비(일종의 급수장치)

**27 보일러 분출의 목적으로 틀린 것은?**

① 불순물로 인한 보일러수의 농축을 방지한다.
② 포밍이나 프라이밍의 생성을 좋게 한다.
③ 전열면에 스케일 생성을 방지한다.
④ 관수의 순환을 좋게 한다.

해설 보일러 분출(수저분출, 수면분출)
포밍이나 프라이밍(비수, 거품 발생)의 생성을 방지한다.

**28 캐리오버로 인하여 나타날 수 있는 결과로 거리가 먼 것은?**

① 수격현상
② 프라이밍
③ 열효율 저하
④ 배관의 부식

해설 (비수+거품)이 같이 보일러 외부 배관으로 분출
캐리오버(기수공발)가 발생되며 그 피해는 ①, ③, ④항이다.

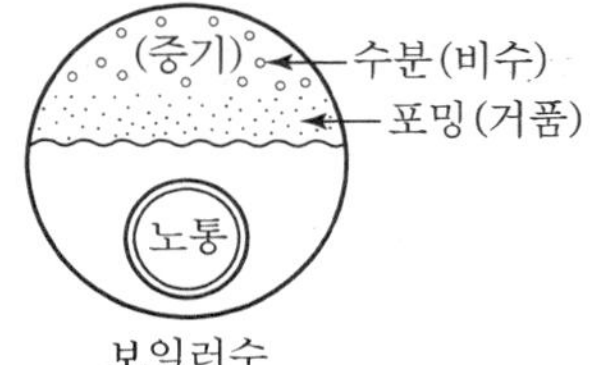

**29 입형 보일러 특징으로 거리가 먼 것은?**

① 보일러 효율이 높다.
② 수리나 검사가 불편하다.
③ 구조 및 설치가 간단하다.
④ 전열면적이 적고 소용량이다.

해설 입형 보일러(수직원통형 버티컬)는 구조상 전열면적이 적어서 효율이 낮다.

**30 보일러의 점화 시 역화원인에 해당되지 않는 것은?**

① 압입통풍이 너무 강한 경우
② 프리퍼지의 불충분이나 또 잊어버린 경우
③ 점화원을 가동하기 전에 연료를 분무해 버린 경우
④ 연료 공급밸브를 필요 이상 급개하여 다량으로 분무한 경우

해설

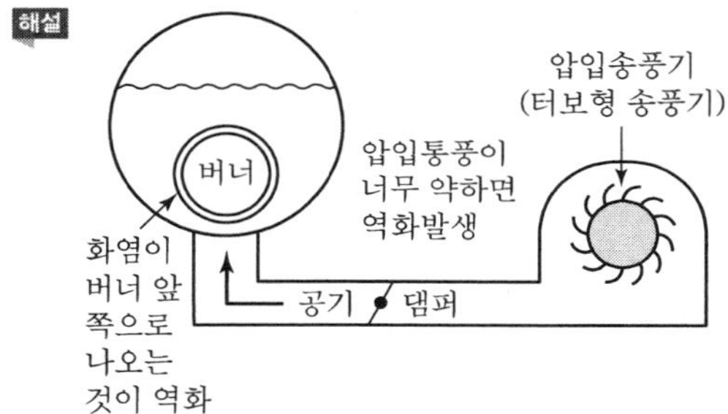


**31 관 속에 흐르는 유체의 종류를 나타내는 기호 중 증기를 나타내는 것은?**

① S　② W
③ O　④ A

해설 ① S : 스팀　② W : 물
③ O : 오일　④ A : 공기

**32 보일러 청관제 중 보일러수의 연화제로 사용되지 않는 것은?**

① 수산화나트륨　② 탄산나트륨
③ 인산나트륨　④ 황산나트륨

해설 황산나트륨($Na_2SO_3$)은 관수 중 산소(O)를 제거하는 탈산소제(점식의 부식방지)로 사용한다.

**33 어떤 방의 온수난방에서 소요되는 열량이 시간당 21,000kcal이고, 송수온도가 85℃이며, 환수온도가 25℃라면, 온수의 순환량은?(단, 온수의 비열은 1kcal/kg · ℃이다.)**

① 324kg/h　② 350kg/h
③ 398kg/h　④ 423kg/h

해설 물의 현열 $= 1 \times (85-25) = 60$kcal/kg

$\therefore$ 온수 순환량 $= \dfrac{21{,}000\text{kcal/h}}{60\text{kcal/kg}} = 350$kg/h

**34 보일러에 사용되는 안전밸브 및 압력방출장치 크기를 20A 이상으로 할 수 있는 보일러가 아닌 것은?**

① 소용량 강철제 보일러
② 최대증발량 5t/h 이하의 관류보일러
③ 최고사용압력 1MPa(10kgf/cm$^2$) 이하의 보일러로 전열면적 5m$^2$ 이하의 것
④ 최고사용압력 0.1MPa(1kgf/cm$^2$) 이하의 보일러

해설 최고사용압력 0.5MPa 이하의 보일러로서 전열면적 2m$^2$ 이하의 보일러가 20A 이상이다.

**35 배관계의 식별 표시는 물질의 종류에 따라 달리한다. 물질과 식별색의 연결이 틀린 것은?**

① 물 : 파랑
② 기름 : 연한 주황
③ 증기 : 어두운 빨강
④ 가스 : 연한 노랑

해설 기름(오일) : 진한 빨간색

**36 다음 보온재 중 안전사용 온도가 가장 낮은 것은?**

① 우모펠트　② 암면
③ 석면　④ 규조토

해설 ① 펠트류(양모, 우모) : 100℃ 이하
② 암면 : 400~600℃
③ 석면 : 350~550℃
④ 규조토 : 250~500℃

**37** **주 증기관에서 증기의 건도를 향상시키는 방법으로 적당하지 않은 것은?**

① 가압하여 증기의 압력을 높인다.
② 드레인 포켓을 설치한다.
③ 증기공간 내에 공기를 제거한다.
④ 기수분리기를 사용한다.

해설 증기는 가압한 후 증기의 압력을 낮추면 건조도($x$)가 향상된다.

**38** **보일러 기수공발(Carry Over)의 원인이 아닌 것은?**

① 보일러의 증발능력에 비하여 보일러수의 표면적이 너무 넓다.
② 보일러의 수위가 높아지거나 송기 시 증기 밸브를 급개하였다.
③ 보일러수 중의 가성소다, 인산소다, 유지분 등의 함유비율이 많았다.
④ 부유 고형물이나 용해 고형물이 많이 존재하였다.

해설

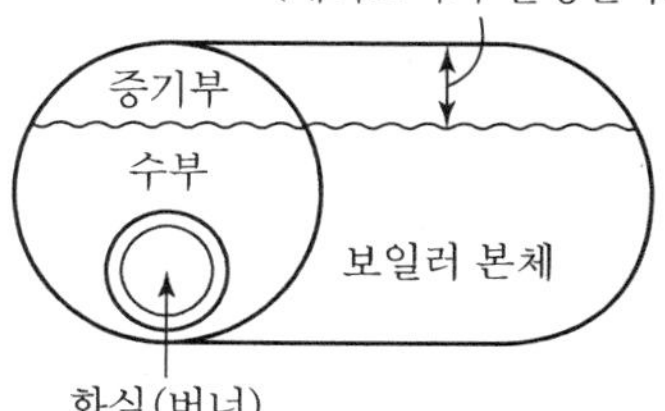


**39** **동관의 끝을 나팔 모양으로 만드는 데 사용하는 공구는?**

① 사이징 툴 ② 익스팬더
③ 플레어링 툴 ④ 파이프 커터

해설 **플레어링 툴** : 20mm 이하의 동관의 끝을 나팔 모양으로 만드는 동관의 공구

**40** **보일러 분출 시의 유의사항 중 틀린 것은?**

① 분출 도중 다른 작업을 하지 말 것
② 안전저수위 이하로 분출하지 말 것
③ 2대 이상의 보일러를 동시에 분출하지 말 것
④ 계속 운전 중인 보일러는 부하가 가장 클 때 할 것

해설

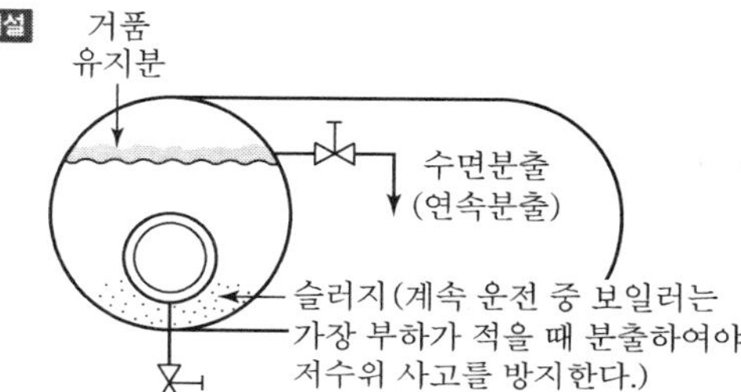


**41** **난방부하 계산 시 고려해야 할 사항으로 거리가 먼 것은?**

① 유리창 및 문의 크기
② 현관 등의 공간
③ 연료의 발열량
④ 건물 위치

해설 **연료의 발열량** : 보일러 열정산 시 입열사항이다.

**42** **보일러에서 수압시험을 하는 목적으로 틀린 것은?**

① 분출 증기압력을 측정하기 위하여
② 각종 덮개를 장치한 후의 기밀도를 확인하기 위하여
③ 수리한 경우 그 부분의 강도나 이상 유무를 판단하기 위하여
④ 구조상 내부검사를 하기 어려운 곳에는 그 상태를 판단하기 위하여

해설 보일러 수압시험의 목적은 ②, ③, ④항이다.

**43** 온수난방법 중 고온수 난방에 사용되는 온수의 온도는?

① 100℃ 이상 ② 80~90℃
③ 60~70℃ ④ 40~60℃

해설 • 고온수 난방 : 100℃ 이상
• 저온수 난방 : 80~90℃
• 복사난방 : 60~70℃

**44** 온수방열기의 공기빼기 밸브의 위치로 적당한 것은?

① 방열기 상부
② 방열기 중부
③ 방열기 하부
④ 방열기의 최하단부

해설

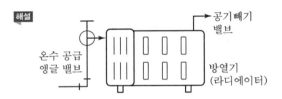

공기빼기 밸브
온수 공급 앵글 밸브
방열기 (라디에이터)

**45** 관의 방향을 바꾸거나 분기할 때 사용되는 이음쇠가 아닌 것은?

① 벤드 ② 크로스
③ 엘보 ④ 니플

해설 니플은 배관 직선이음용 부속이다.

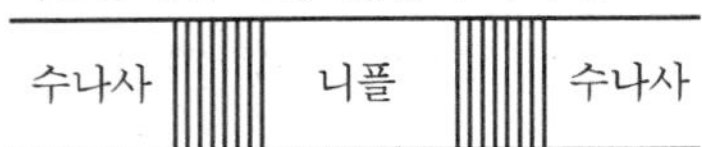


**46** 보일러 운전이 끝난 후, 노 내와 연도에 체류하고 있는 가연성 가스를 배출시키는 작업은?

① 페일 세이프(Fail Safe)
② 풀 프루프(Fool Proof)
③ 포스트 퍼지(Post-purge)
④ 프리 퍼지(Pre-purge)

해설 • 보일러 운전 전 퍼지 : 프리 퍼지
• 보일러 운전 후 퍼지 : 포스트 퍼지
• 퍼지 : 노 내 잔류가스 배출 환기

**47** 온도 조절식 트랩으로 응축수와 함께 저온의 공기도 통과시키는 특성이 있으며, 진공 환수식 증기 배관의 방열기 트랩이나 관말 트랩으로 사용되는 것은?

① 버킷 트랩 ② 열동식 트랩
③ 플로트 트랩 ④ 매니폴드 트랩

해설 온도 조절식 증기트랩
• 열동식(벨로스식)
• 바이메탈식

**48** 온수난방의 특징에 대한 설명으로 틀린 것은?

① 실내의 쾌감도가 좋다.
② 온도 조절이 용이하다.
③ 화상의 우려가 적다.
④ 예열시간이 짧다.

해설 온수는 비열(1kcal/kg℃)이 커서 예열시간이 길고 증기는 비열(0.44kcal/kg℃)이 적어서 예열시간이 단축된다.

**49** 고온 배관용 탄소강 강관의 KS 기호는?

① SPHT ② SPLT
③ SPPS ④ SPA

해설 ② SPLT : 저온배관용 강관
③ SPPS : 압력배관용 강관
④ SPA : 배관용 합금강관

**50** 보일러 수위에 대한 설명으로 옳은 것은?

① 항상 상용수위를 유지한다.
② 증기 사용량이 적을 때는 수위를 높게 유지한다.
③ 증기 사용량이 많을 때는 수위를 얕게 유지한다.
④ 증기 압력이 높을 때는 수위를 높게 유지한다.

해설

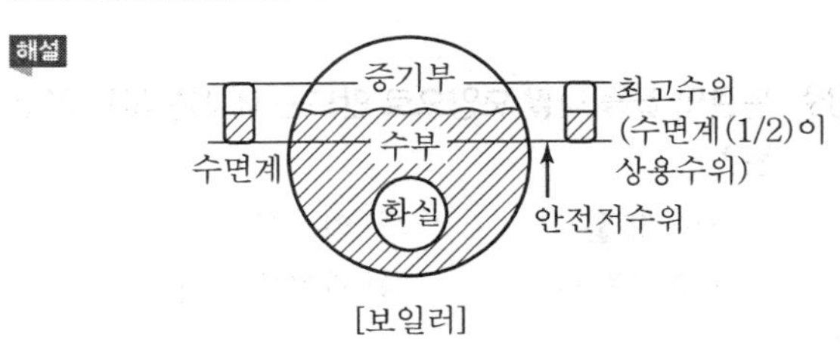

**51** 급수펌프에서 송출량이 $10m^3/min$이고, 전양정이 8m일 때, 펌프의 소요마력은?(단, 펌프 효율은 75%이다.)

① 15.6PS ② 17.8PS
③ 23.7PS ④ 31.6PS

해설 펌프의 소요마력$(PS) = \frac{r \cdot Q \cdot H}{75 \times 60 \times \eta}$

$= \frac{1,000 \times 10 \times 8}{75 \times 60 \times 0.75} = 23.7$

(물의 비중량 : $1,000kg/m^3$)
(1분 : 60초)

**52** 증기난방 배관에 대한 설명 중 옳은 것은?

① 건식 환수식이란 환수주관이 보일러의 표준수위보다 낮은 위치에 배관되고 응축수가 환수주관의 하부를 따라 흐르는 것을 말한다.
② 습식 환수식이란 환수주관이 보일러의 표준수위보다 높은 위치에 배관되는 것을 말한다.
③ 건식 환수식에서는 증기트랩을 설치하고, 습식환수식에서는 공기빼기 밸브나 에어포켓을 설치한다.
④ 단관식 배관은 복관식 배관보다 배관의 길이가 길고 관경이 작다.

해설 건식, 습식 환수식(복관식 중력환수식) 모두 증기트랩 및 공기빼기 밸브를 설치한다.

**53** 사용 중인 보일러의 점화 전 주의사항으로 틀린 것은?

① 연료 계통을 점검한다.
② 각 밸브의 개폐 상태를 확인한다.
③ 댐퍼를 닫고 프리퍼지를 한다.
④ 수면계의 수위를 확인한다.

해설 사용 중인 보일러는 점화 전에 공기댐퍼나 연도댐퍼를 다 열고서 프리퍼지(노 내 환기)를 실시한다.

**54** 다음 중 보일러의 안전장치에 해당되지 않는 것은?

① 방출밸브 ② 방폭문
③ 화염검출기 ④ 감압밸브

해설 고압증기 — (R) — 저압증기
감압밸브
(압력을 조절한다.)

**55** 에너지이용 합리화법에 따른 열사용기자재 중 소형 온수 보일러의 적용 범위로 옳은 것은?

① 전열면적 $24m^2$ 이하이며, 최고사용압력이 0.5MPa 이하의 온수를 발생하는 보일러
② 전열면적 $14m^2$ 이하이며, 최고사용압력이 0.35MPa 이하의 온수를 발생하는 보일러
③ 전열면적 $20m^2$ 이하인 온수 보일러
④ 최고사용압력이 0.8MPa 이하의 온수를 발생하는 보일러

해설 소형 온수 보일러 : 최고사용압력 0.35MPa 이하, 전열면적 $14m^2$ 이하 온수 보일러이다.

**56** 에너지이용 합리화법상 목표에너지원 단위란?

① 에너지를 사용하여 만드는 제품의 종류별 연간 에너지사용목표량
② 에너지를 사용하여 만드는 제품의 단위당 에너지 사용목표량
③ 건축물의 총 면적당 에너지사용목표량
④ 자동차 등의 단위연료당 목표주행거리

해설 목표에너지원 단위 : 에너지를 사용하여 만드는 제품의 단위당 에너지사용 목표량

**57** 저탄소 녹색성장 기본법령상 관리업체는 해당 연도 온실가스 배출량 및 에너지 소비량에 관한 명세서를 작성하고, 이에 대한 검증기관의 검증결과를 부문별 관장기관에게 전자적 방식으로 언제까지 제출하여야 하는가?

① 해당 연도 12월 31일까지
② 다음 연도 1월 31일까지
③ 다음 연도 3월 31일까지
④ 다음 연도 6월 30일까지

51 ③ 52 ③ 53 ③ 54 ④ 55 ② 56 ② 57 ③ | ANSWER

해설 해당 연도 온실가스 배출량, 에너지소비량 명세서 작성 후 검증기관의 검증결과를 관계기관에 전자적 방식으로 다음 연도 3월 31일까지 제출한다.

**58 에너지이용 합리화법 시행령에서 에너지다소비사업자라 함은 연료 · 열 및 전력의 연간 사용량 합계가 얼마 이상인 경우인가?**

① 5백 티오이
② 1천 티오이
③ 1천5백 티오이
④ 2천 티오이

해설 에너지다소비사업자란 연료, 열, 전력의 연간 사용량 합계가 2천 티오이 이상인 사용 사업자를 말한다.

**59 에너지이용 합리화법상 에너지소비효율 등급 또는 에너지 소비효율을 해당 효율관리 기자재에 표시할 수 있도록 효율관리 기자재의 에너지 사용량을 측정하는 기관은?**

① 효율관리진단기관
② 효율관리전문기관
③ 효율관리표준기관
④ 효율관리시험기관

해설 효율관리시험기관
에너지소비효율을 해당 효율관리 기자재에 표시할 수 있도록 에너지 사용량을 측정하는 기관이다.

**60 에너지이용 합리화법상 법을 위반하여 검사대상기기 조종자를 선임하지 아니한 자에 대한 벌칙기준으로 옳은 것은?**

① 2년 이하의 징역 또는 2천만 원 이하의 벌금
② 2천만 원 이하의 벌금
③ 1천만 원 이하의 벌금
④ 500만 원 이하의 벌금

해설 검사대상기기(보일러, 압력용기, 철금속 가열로) 설치자가 조종자(자격증 취득자)를 채용하지 않으면 1천만 원 이하의 벌금에 처한다.

 ANSWER | 58 ④ 59 ④ 60 ③

# 2016년 1회 에너지관리기능사

**01** **증기트랩이 갖추어야 할 조건에 대한 설명으로 틀린 것은?**

① 마찰저항이 클 것
② 동작이 확실할 것
③ 내식, 내마모성이 있을 것
④ 응축수를 연속적으로 배출할 수 있을 것

해설 증기트랩
- 증기트랩은 마찰저항이 적어야 한다.
- 온도차 이용, 비중차 이용, 열역학 이용 방식의 3가지 종류가 있다.
- 증기스팀 트랩은 관 내의 응축수를 신속하게 제거한다.

**02** **보일러의 수위제어 검출방식의 종류로 가장 거리가 먼 것은?**

① 피스톤식 ② 전극식
③ 플로트식 ④ 열팽창관식

해설 수위제어 검출기의 종류
- 전극식 : 수관식(관류 보일러용)
- 플로트식 : 맥도널 기계식
- 열팽창관식 : 금속식, 액체식

**03** **중유의 첨가제 중 슬러지의 생성 방지제 역할을 하는 것은?**

① 회분개질제 ② 탈수제
③ 연소촉진제 ④ 안정제

해설 ① 회분개질제 : 재의 융점을 높여서 부식방지
② 탈수제 : 중유의 수분을 제거
③ 연소촉진제 : 조연제로서 카본을 적게 하기 위한 산화촉진제

**04** **일반적으로 보일러의 상용수위는 수면계의 어느 위치와 일치시키는가?**

① 수면계의 최상단부
② 수면계의 2/3 위치
③ 수면계의 1/2 위치
④ 수면계의 최하단부

해설

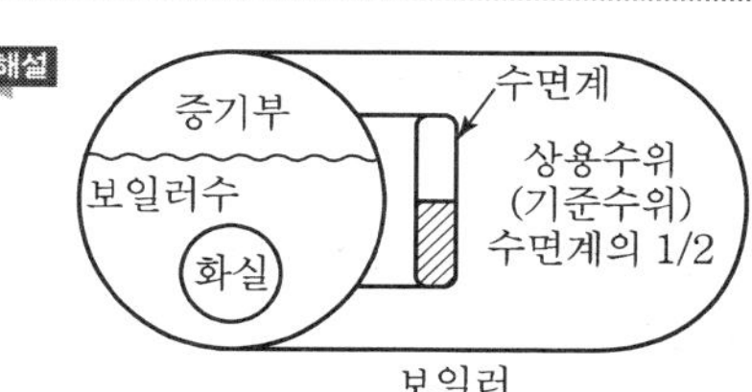


**05** **증기보일러를 성능시험하고 결과를 다음과 같이 산출하였다. 보일러 효율은?**

- 급수온도 : 12℃
- 연료의 저위 발열량 : 10,500kcal/$Nm^3$
- 발생증기의 엔탈피 : 663.8kcal/kg
- 증기 사용량 : 373.9$Nm^3$/h
- 증기 발생량 : 5,120kg/h
- 보일러 전열면적 : 102$m^2$

① 78% ② 80%
③ 82% ④ 85%

해설 $효율(\eta) = \dfrac{출열}{공급열}$

$$= \frac{5,120 \times (663.8 - 12)}{373.9 \times 10,500} \times 100$$

$$= 85\%$$

**06** **어떤 물질 500kg을 20℃에서 50℃로 올리는 데 3,000kcal의 열량이 필요하였다. 이 물질의 비열은?**

① 0.1kcal/kg · ℃
② 0.2kcal/kg · ℃
③ 0.3kcal/kg · ℃
④ 0.4kcal/kg · ℃

해설 $현열(Q) = G \cdot C_p \cdot \Delta t_m$

$3,000 = 500 \times C_p \times (50 - 20)$

$C_p(비열) = \dfrac{3,000}{500 \times (50 - 20)} = 0.2\text{kcal/kg} \cdot ℃$

**07** **동작유체의 상태 변화에서 에너지의 이동이 없는 변화는?**

① 등온 변화 ② 정적 변화
③ 정압 변화 ④ 단열 변화

해설 단열 변화
동작유체의 상태 변화에서 에너지의 이동이 없는 변화

**08** **보일러 유류연료 연소 시에 가스폭발이 발생하는 원인이 아닌 것은?**

① 연소 도중에 실화되었을 때
② 프리퍼지 시간이 너무 길어졌을 때
③ 소화 후에 연료가 흘러들어 갔을 때
④ 점화가 잘 안 되는데 계속 급유했을 때

해설 보일러 운전 초기에 프리퍼지(노 내 환기) 시간이 길면 불완전 가스 CO 등이 제거되어 가스폭발이 방지된다.

**09** **보일러 연소장치와 가장 거리가 먼 것은?**

① 스테이 ② 버너
③ 연도 ④ 화격자

해설

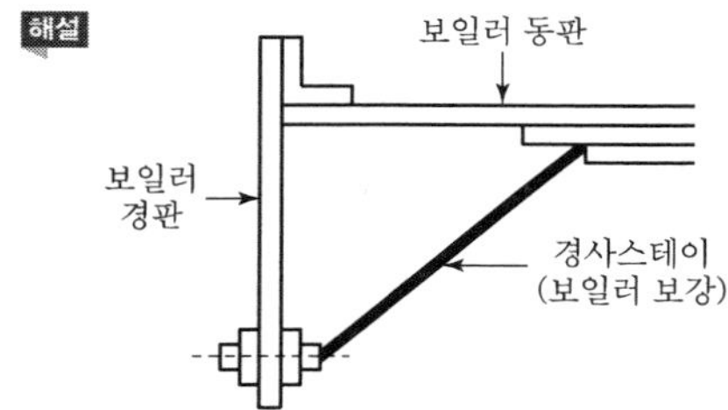


**10** **보일러 1마력에 대한 표시로 옳은 것은?**

① 전열면적 $10m^2$
② 상당증발량 15.65kg/h
③ 전열면적 $8ft^2$
④ 상당증발량 30.6lb/h

해설 • 보일러 1마력 : 상당증발량 15.65kg/h이 발생하는 능력(8,435kcal/h)이다.
• 보일러 상당증발량이 1,565kg/h 발생하면

$$\frac{1,565}{15.65}=100\text{마력}$$

**11** **보일러 드럼 없이 초임계 압력 이상에서 고압증기를 발생시키는 보일러는?**

① 복사 보일러 ② 관류 보일러
③ 수관 보일러 ④ 노통연관 보일러

해설 수관식 관류 보일러
• 증기드럼이 없다.
• 증기 발생이 빠르다.
• 초임계 압력($225.65kg/cm^2$) 이상이 가능하다.
• 급수 처리가 심각하다(스케일 생성이 심하다).

**12** **과열증기에서 과열도는 무엇인가?**

① 과열증기의 압력과 포화증기의 압력 차이다.
② 과열증기온도와 포화증기온도의 차이다.
③ 과열증기온도에 증발열을 합한 것이다.
④ 과열증기온도에서 증발열을 뺀 것이다.

해설 증기원동소 보일러

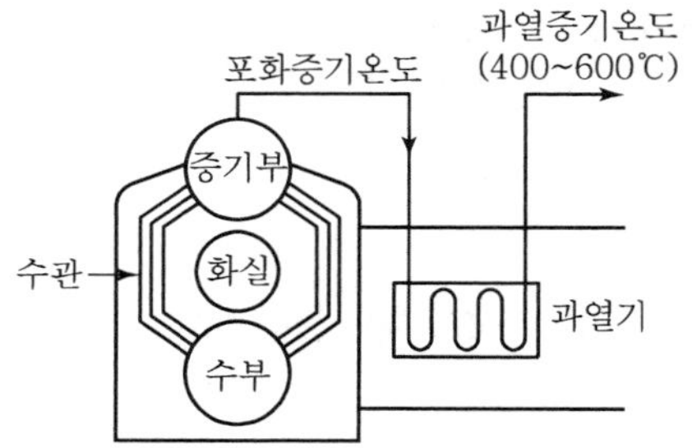


과열도=과열증기온도−포화증기온도

**13** **절탄기에 대한 설명으로 옳은 것은?**

① 연소용 공기를 예열하는 장치이다.
② 보일러의 급수를 예열하는 장치이다.
③ 보일러용 연료를 예열하는 장치이다.
④ 연소용 공기와 보일러 급수를 예열하는 장치이다.

해설 • 보일러 폐열회수장치의 설치순서
과열기 → 재열기 → 절탄기(급수가열기) → 공기예열기 → 굴뚝
• 석탄, 연료를 절약하는 기기 : 절탄기(이코노마이저)

 ANSWER | 07 ④ 08 ② 09 ① 10 ② 11 ② 12 ② 13 ②

**14** **왕복동식 펌프가 아닌 것은?**

① 플런저 펌프　② 피스톤 펌프
③ 터빈 펌프　④ 다이어프램 펌프

해설 원심식 펌프
- 볼류트 펌프
- 다단 터빈 펌프(안내 날개가 부착)

**15** **수위 자동제어 장치에서 수위와 증기유량을 동시에 검출하여 급수밸브의 개도가 조절되도록 한 제어방식은?**

① 단요소식　② 2요소식
③ 3요소식　④ 모듈식

해설
- 단요소식 : 수위 검출(소형 보일러용)
- 2요소식 : 수위, 증기량 검출(중형 보일러용)
- 3요소식 : 수위, 증기, 급수량 검출(대형 보일러용)

**16** **세정식 집진장치 중 하나인 회전식 집진장치의 특징에 관한 설명으로 가장 거리가 먼 것은?**

① 구조가 대체로 간단하고 조작이 쉽다.
② 급수배관을 따로 설치할 필요가 없으므로 설치공간이 적게 든다.
③ 집진물을 회수할 때 탈수, 여과, 건조 등을 수행할 수 있는 별도의 장치가 필요하다.
④ 비교적 큰 압력손실을 견딜 수 있다.

해설 세정식은 가압한 물이 필요하므로 급수배관이 필요하다.

※ 세정식 집진장치(그을음, 매연제거장치)
- 유수식(물, 세정액 사용)
- 가압수식(벤투리형, 사이클론형, 세정탑, 제트형)
- 회전식

**17** **보일러 사용 시 이상 저수위의 원인이 아닌 것은?**

① 증기 취출량이 과대한 경우
② 보일러 연결부에서 누출이 되는 경우
③ 급수장치가 증발능력에 비해 과소한 경우
④ 급수탱크 내 급수량이 많은 경우

해설
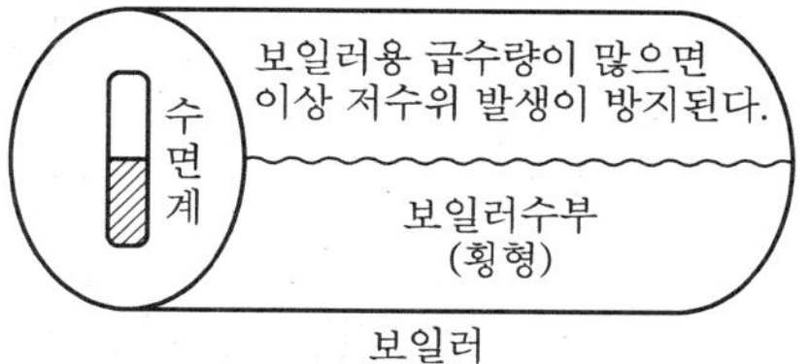


**18** **자동제어의 신호전달방법에서 공기압식의 특징으로 옳은 것은?**

① 전송 시 시간지연이 생긴다.
② 배관이 용이하지 않고 보존이 어렵다.
③ 신호전달 거리가 유압식에 비하여 길다.
④ 온도제어 등에 적합하고 화재의 위험이 많다.

해설 공기압식
- 전송 시 시간지연이 생긴다.
- 공기압은 0.2~1kg/cm$^2$이다.
- 전송거리는 100m로 짧다.
- 공기압이 통일되어서 취급이 용이하다.

**19** **자연통풍방식에서 통풍력이 증가되는 경우가 아닌 것은?**

① 연돌의 높이가 낮은 경우
② 연돌의 단면적이 큰 경우
③ 연도의 굴곡 수가 적은 경우
④ 배기가스의 온도가 높은 경우

해설 연돌의 높이가 낮으면 자연통풍력이 감소한다.

**20** **가스용 보일러 설비 주위에 설치해야 할 계측기 및 안전장치와 무관한 것은?**

① 급기 가스 온도계
② 가스 사용량 측정 유량계
③ 연료 공급 자동차단장치
④ 가스 누설 자동차단장치

14 ③　15 ②　16 ②　17 ④　18 ①　19 ①　20 ①

해설

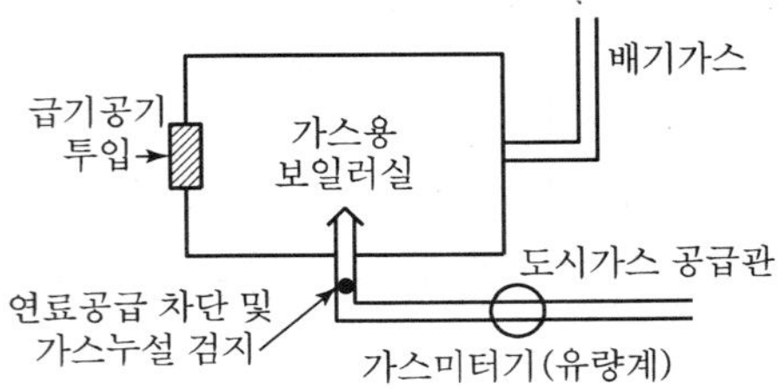


**21** 어떤 보일러의 증발량이 40t/h이고, 보일러 본체의 전열면적이 580m²일 때 이 보일러의 증발률은?

① 14kg/m² · h ② 44kg/m² · h
③ 57kg/m² · h ④ 69kg/m² · h

해설 $증발률 = \frac{시간당\ 증기\ 발생량}{전열면적} = \frac{40\times1,000}{580}$
$=69kg/m^2 \cdot h$
※ 증발률이 큰 보일러가 좋은 보일러이다.

**22** 연소 시 공기비가 작을 때 나타나는 현상으로 틀린 것은?

① 불완전연소가 되기 쉽다.
② 미연소가스에 의한 가스 폭발이 일어나기 쉽다.
③ 미연소가스에 의한 열손실이 증가될 수 있다.
④ 배기가스 중 NO 및 $NO_2$의 발생량이 많아진다.

해설 • 공기비(과잉공기계수) : $\frac{실제공기량}{이론공기량}$
• 공기비는 항상 1보다 커야 한다.
• 공기비가 적으면 과잉산소가 적어서 질소산화물 (NO), ($NO_2$)가 감소한다.

**23** 제어장치에서 인터록(Inter Lock)이란?

① 정해진 순서에 따라 차례로 동작이 진행되는 것
② 구비조건에 맞지 않을 때 작동을 정지시키는 것
③ 증기압력의 연료량, 공기량을 조절하는 것
④ 제어량과 목표치를 비교하여 동작시키는 것

해설 보일러 인터록의 종류
프리퍼지인터록, 압력초과인터록, 저수위인터록, 저연소인터록, 불착화 인터록(인터록은 구비조건이 맞지 않을 때 작동을 정지시키는 조작 상태이다.)

**24** 액체연료의 주요 성상으로 가장 거리가 먼 것은?

① 비중 ② 점도
③ 부피 ④ 인화점

해설 부피의 단위($m^3$)
• 물 $1m^3=1,000kg$, 공기 $1m^3=1.293kg$
• $1m^3=1,000L$, $1kmol=22.4m^3$

**25** 연소가스 성분 중 인체에 미치는 독성이 가장 적은 것은?

① $SO_2$ ② $NO_2$
③ $CO_2$ ④ CO

해설 ㉠ 독성허용농도(ppm) : TLV－TWA 기준용
• $SO_2$ : 5 • NO : 25
• $CO_2$ : 5,000 • CO : 50
• $COCl_2$ : 0.1
㉡ 허용농도 수치(ppm)가 작을수록 더 위험한 독성가스이다.
$1ppm = \frac{1}{100만}$에 해당된다.

**26** 열정산 방법에서 입열 항목에 속하지 않는 것은?

① 발생증기의 흡수열
② 연료의 연소열
③ 연료의 현열
④ 공기의 현열

해설 출열 항목
발생증기의 흡수열 및 방사열, 미연탄소분에 의한 열, 불완전 열손실, 노 내 분입증기에 의한 열 등이다.

**27** 증기과열기의 열 가스 흐름방식 분류 중 증기와 연소가스의 흐름이 반대방향으로 지나면서 열교환이 되는 방식은?

① 병류형 ② 혼류형
③ 향류형 ④ 복사대류형

**해설** 열교환 과열기의 방식

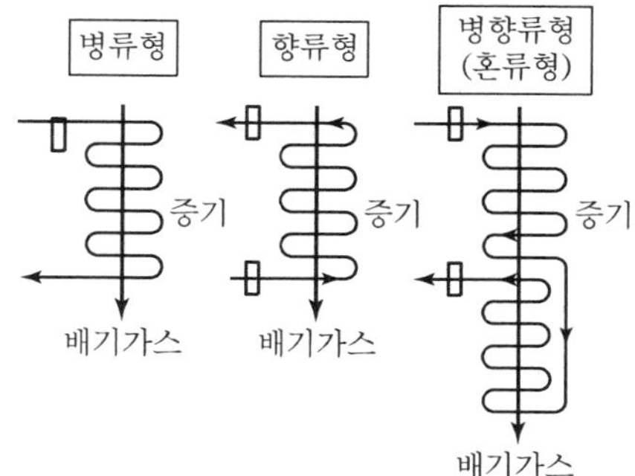


**28** 유류용 온수 보일러에서 버너가 정지하고 리셋 버튼이 돌출하는 경우는?

① 연통의 길이가 너무 길다.
② 연소용 공기량이 부적당하다.
③ 오일 배관 내의 공기가 빠지지 않고 있다.
④ 실내온도 조절기의 설정온도가 실내온도보다 낮다.

**해설** 유류용 온수 보일러에서 오일배관 내 공기가 빠지지 않으면 오일 공급이 원활하지 못하여 버너가 정지하고 리셋 버튼이 돌출한다.

**29** 다음 열효율 증대장치 중에서 고온부식이 잘 일어나는 장치는?

① 공기예열기 ② 과열기
③ 증발전열면 ④ 절탄기

**해설** • 고온부식 발생지점 : 과열기, 재열기
• 저온부식 발생지점 : 절탄기, 공기예열기
※ 고온부식 인자 : 바나지움 · 나트륨
저온부식 인자 : 황 · 무수황산

**30** 증기보일러의 기타 부속장치가 아닌 것은?

① 비수방지관 ② 기수분리기
③ 팽창탱크 ④ 급수내관

**해설** 팽창탱크
㉠ 종류
• 저온수난방용(개방식)
• 고온수난방용(밀폐식)
㉡ 온수 보일러에서 온수가 비등하면 약 4.3%의 물이 팽창한다.
㉢ 물이 얼면 약 9%가 팽창한다.

**31** 온수난방에서 방열기 내 온수의 평균온도가 82℃, 실내온도가 18℃이고, 방열기의 방열계수가 6.8kcal/m² · h · ℃인 경우 방열기의 방열량은?

① 650.9kcal/m² · h ② 557.6kcal/m² · h
③ 450.7kcal/m² · h ④ 435.2kcal/m² · h

**해설** 방열기(라지에터)의 소요 방열량 = 방열기계수 × 온도차
= 6.8 × (82 − 18)
= 435.2kcal/m² · h

**32** 증기난방에서 저압증기 환수관이 진공펌프의 흡입구보다 낮은 위치에 있을 때 응축수를 원활히 끌어올리기 위해 설치하는 것은?

① 하트포드 접속(Hartford Connection)
② 플래시 레그(Flash Leg)
③ 리프트 피팅(Lift Fitting)
④ 냉각관(Cooling Leg)

**해설**

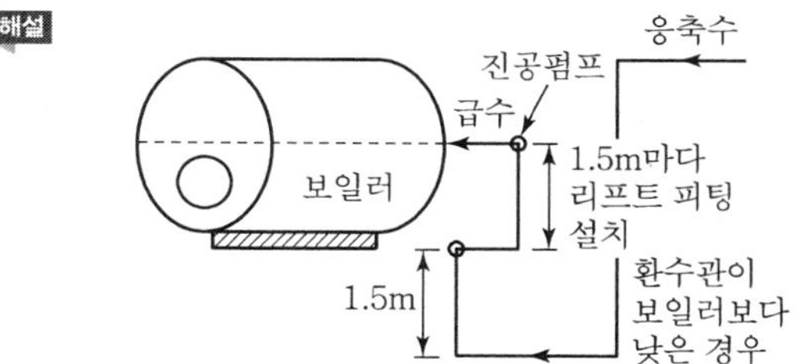


**33** 온수 보일러에 팽창탱크를 설치하는 주된 이유로 옳은 것은?

① 물의 온도 상승에 따른 체적팽창에 의한 보일러의 파손을 막기 위한 것이다.
② 배관 중의 이물질을 제거하여 연료의 흐름을 원활히 하기 위한 것이다.
③ 온수 순환펌프에 의한 맥동 및 캐비테이션을 방지하기 위한 것이다.
④ 보일러, 배관, 방열기 내에 발생한 스케일 및 슬러지를 제거하기 위한 것이다.

해설 온수 보일러에 팽창탱크 설치목적은 ①항이며 문제 30번 해설을 참고한다.

**34** **포밍, 플라이밍의 방지대책으로 부적합한 것은?**

① 정상 수위로 운전할 것
② 급격한 과연소를 하지 않을 것
③ 수증기 밸브를 천천히 개방할 것
④ 수저 또는 수면 분출을 하지 말 것

해설 포밍(물거품), 플라이밍(비수 : 수증기에 수분이 공급되는 것)이 발생하면 기수공발(캐리오버가 발생)이 일어나므로 그 방지책으로 ①, ②, ③항 및 수면, 수저 분출을 실시한다.

**35** **보일러 급수처리방법 중 5,000ppm 이하의 고형물 농도에서는 비경제적이므로 사용하지 않고, 선박용 보일러에 필요한 급수를 얻을 때 주로 사용하는 방법은?**

① 증류법 ② 가열법
③ 여과법 ④ 이온교환법

해설 급수의 외처리법에서 증류법은 경제성이 없어서 선박용(바다의 배)에서만 사용이 가능하다.

**36** **보일러 설치 · 시공 기준상 유류보일러의 용량이 시간당 몇 톤 이상이면 공급 연료량에 따라 연소용 공기를 자동 조절하는 기능이 있어야 하는가?(단, 난방 보일러인 경우이다.)**

① 1t/h ② 3t/h
③ 5t/h ④ 10t/h

해설 연소용 공기 자동조절기능 부착 조건
• 가스보일러 및 용량 5t/h 이상인 유류보일러에 설치한다.
• 난방 전용은 10t/h 이상(60만 kcal/h가 증기보일러 1t/h 이다.)

**37** **온도 25℃의 급수를 공급받아 엔탈피가 725kcal/kg인 증기를 1시간당 2,310kg을 발생시키는 보일러의 상당 증발량은?**

① 1,500kg/h ② 3,000kg/h
③ 4,500kg/h ④ 6,000kg/h

해설 • 상당 증발량

$$= \frac{\text{시간당 증기량(증기엔탈피} - \text{급수엔탈피)}}{539}$$

$$= \frac{2,310(725-25)}{539} = 3,000\text{kg/h}$$

• 보일러 마력 $= \frac{3,000}{15.65} = 192$마력

**38** **다음 중 가스관의 누설검사 시 사용하는 물질로 가장 적합한 것은?**

① 소금물 ② 증류수
③ 비눗물 ④ 기름

해설 가스관의 누설검사 시에는 간편한 방법으로 비눗물을 사용한다.

**39** **중력순환식 온수난방법에 관한 설명으로 틀린 것은?**

① 소규모 주택에 이용된다.
② 온수의 밀도차에 의해 온수가 순환한다.
③ 자연순환이므로 관경을 작게 하여도 된다.
④ 보일러는 최하위 방열기보다 더 낮은 곳에 설치한다.

해설 중력순환식 온수난방은 자연순환이므로 관경을 크게 하여야 마찰저항이 감소한다.

**40** **보일러를 장기간 사용하지 않고 보존하는 방법으로 가장 적당한 것은?**

① 물을 가득 채워 보존한다.
② 배수하고 물이 없는 상태로 보존한다.
③ 1개월에 1회씩 급수를 공급 · 교환한다.
④ 건조 후 생석회 등을 넣고 밀봉하여 보존한다.

해설


 ANSWER | 34 ④ 35 ① 36 ④ 37 ② 38 ③ 39 ③ 40 ④

**41** **진공환수식 증기 난방장치의 리프트 이음 시 1단 흡상 높이는 최고 몇 m 이하로 하는가?**

① 1.0 ② 1.5
③ 2.0 ④ 2.5

해설 문제 32번 해설 참고(1단 흡상 높이 1.5m)

**42** **보일러 드럼 및 대형 헤더가 없고 지름이 작은 전열관을 사용하는 관류 보일러의 순환비는?**

① 4 ② 3
③ 2 ④ 1

해설 관류보일러(단관식) $= \dfrac{급수사용량}{증기발생량}$
(순환비가 1이다.)

**43** **연료의 연소 시, 이론공기량에 대한 실제공기량의 비, 즉 공기비($m$)의 일반적인 값으로 옳은 것은?**

① $m=1$ ② $m<1$
③ $m<0$ ④ $m>1$

해설 공기비(과잉공기계수 : $m$)
$m = \dfrac{실제공기량(A)}{이론공기량(A_0)}$ (항상 1보다 크다.)
공기비가 1보다 작으면 불완전연소이다.

**44** **가스보일러에서 가스폭발의 예방을 위한 유의사항으로 틀린 것은?**

① 가스압력이 적당하고 안정되어 있는지 점검한다.
② 화로 및 굴뚝의 통풍, 환기를 완벽하게 하는 것이 필요하다.
③ 점화용 가스의 종류는 가급적 화력이 낮은 것을 사용한다.
④ 착화 후 연소가 불안정할 때는 즉시 가스공급을 중단한다.

해설 점화 시 1회에 바로 점화가 되어야 하므로 점화용 가스는 가급적 화력이 큰 가스를 사용한다.

**45** **온수난방설비에서 온수, 온도차에 의한 비중력차로 순환하는 방식으로 단독주택이나 소규모 난방에 사용되는 난방방식은?**

① 강제순환식 난방 ② 하향순환식 난방
③ 자연순환식 난방 ④ 상향순환식 난방

해설
- 단독주택, 소규모 온수난방 : 자연순환식 난방
- 대형주택, 건축물 온수난방 : 강제순환식 난방

**46** **압축기 진동과 서징, 관의 수격작용, 지진 등에 의해서 발생하는 진동을 억제하기 위해 사용되는 지지장치는?**

① 벤드벤 ② 플랩 밸브
③ 그랜드 패킹 ④ 브레이스

해설 브레이스 : 진동억제(수격작용 시, 압축기 진동 시 사용)

**47** **보일러 사고의 원인 중 제작상의 원인에 해당되지 않는 것은?**

① 구조의 불량 ② 강도 부족
③ 재료의 불량 ④ 압력 초과

해설 보일러 취급상의 사고
- 압력 초과
- 부식
- 저수위 사고
- 가스 폭발

**48** **열팽창에 대한 신축이 방열기에 영향을 미치지 않도록 주로 증기 및 온수난방용 배관에 사용되며, 2개 이상의 엘보를 사용하는 신축 이음은?**

① 벨로스 이음 ② 루프형 이음
③ 슬리브 이음 ④ 스위블 이음

해설

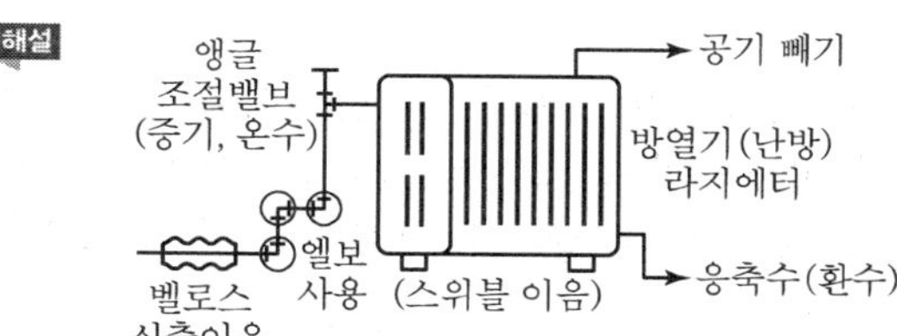

**49** **보일러수 내처리 방법으로 용도에 따른 청관제로 틀린 것은?**

① 탈산소제 – 염산, 알코올
② 연화제 – 탄산소다, 인산소다
③ 슬러지 조정제 – 탄닌, 리그닌
④ pH 조정제 – 인산소다, 암모니아

해설 물속의 산소($O_2$) 제거 : 탈산소제(점식 방지)
• 저압보일러용 : 아황산소다
• 고압보일러용 : 하이드라진($N_2H_4$)

**50** **하트포드 접속법(Hartford Connection)을 사용하는 난방방식은?**

① 저압 증기난방 ② 고압 증기난방
③ 저온 온수난방 ④ 고온 온수난방

해설

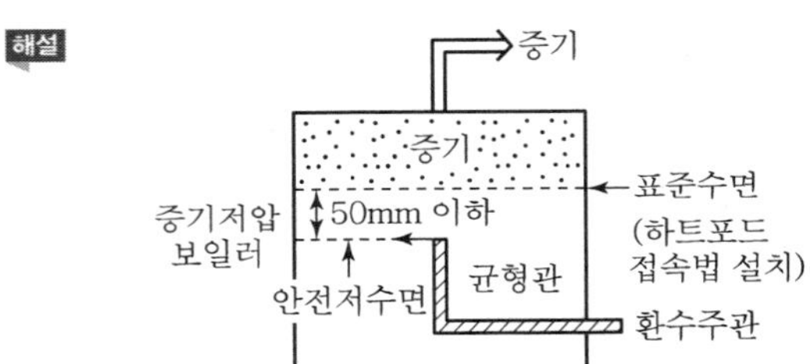


**51** **난방부하를 구성하는 인자에 속하는 것은?**

① 관류 열손실
② 환기에 의한 취득 열량
③ 유리창을 통한 취득 열량
④ 벽, 지붕 등을 통한 취득 열량

해설 난방부하($Q$) = 난방면적 × 관류열손실(kcal/m$^2$ · h · ℃) × (실내온도 – 외기온도)[kcal/h]
※ ②, ③, ④ : 냉방부하 인자

**52** **증기관이나 온수관 등에 대한 단열로서 불필요한 방열을 방지하고 인체에 화상을 입히는 위험 방지 또는 실내공기의 이상온도 상승 방지 등을 목적으로 하는 것은?**

① 방로 ② 보냉
③ 방한 ④ 보온

해설

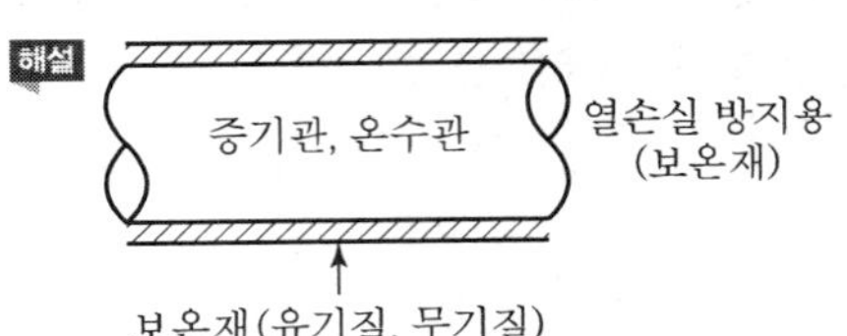


**53** **보일러 급수 중의 용존(용해) 고형물을 처리하는 방법으로 부적합한 것은?**

① 증류법
② 응집법
③ 약품 첨가법
④ 이온 교환법

해설 급수 외처리 시 현탁물(고형 협잡물) 처리 방법(기계식 처리법)
• 침강법
• 응집법
• 여과법

**54** **증기보일러에는 2개 이상의 안전밸브를 설치하여야 하는 반면에 1개 이상으로 설치 가능한 보일러의 최대 전열면적은?**

① 50m$^2$ ② 60m$^2$
③ 70m$^2$ ④ 80m$^2$

해설 증기보일러의 전열면적 50m$^2$ 이하는 안전밸브를 1개 이상 설치 가능하다.

**55** **에너지이용 합리화법상 에너지 진단기관의 지정기준은 누구의 령으로 정하는가?**

① 대통령
② 시 · 도지사
③ 시공업자단체장
④ 산업통상자원부장관

해설 에너지 진단기관 지정기준은 대통령령으로 정한다(에너지법 제32조 사항).

 ANSWER | 49 ① 50 ① 51 ① 52 ④ 53 ② 54 ① 55 ①

**56** **에너지법에서 정한 지역에너지계획을 수립 · 시행하여야 하는 자는?**

① 행정자치부장관
② 산업통상자원부장관
③ 한국에너지공단 이사장
④ 특별시장 · 광역시장 · 도지사 또는 특별자치도지사

해설 지역에너지계획 수립 · 시행권자
특별시장, 광역시장, 도지사, 특별자치도지사

**57** **열사용 기자재 중 온수를 발생하는 소형 온수 보일러의 적용범위로 옳은 것은?**

① 전열면적 $12m^2$ 이하, 최고사용압력 0.25MPa 이하의 온수를 발생하는 것
② 전열면적 $14m^2$ 이하, 최고사용압력 0.25MPa 이하의 온수를 발생하는 것
③ 전열면적 $12m^2$ 이하, 최고사용압력 0.35MPa 이하의 온수를 발생하는 것
④ 전열면적 $14m^2$ 이하, 최고사용압력 0.35MPa 이하의 온수를 발생하는 것

해설 소형 온수 보일러의 기준
- 전열면적 : $14m^2$ 이하
- 최고사용압력 : 0.35MPa 이하

**58** **효율관리기자재가 최저소비효율기준에 미달하거나 최대사용량기준을 초과하는 경우 제조 · 수입 · 판매업자에게 어떠한 조치를 명할 수 있는가?**

① 생산 또는 판매 금지
② 제조 또는 설치 금지
③ 생산 또는 세관 금지
④ 제조 또는 시공 금지

해설 에너지이용 합리화법 제16조에 의거하여 생산 또는 판매 금지 조치를 명할 수 있다.

**59** **에너지이용 합리화법에 따라 산업통상자원부령으로 정하는 광고매체를 이용하여 효율관리기자재의 광고를 하는 경우 그 광고 내용에 에너지소비효율, 에너지소비효율등급을 포함시켜야 할 의무가 있는 자가 아닌 것은?**

① 효율관리기자재의 제조업자
② 효율관리기자재의 광고업자
③ 효율관리기자재의 수입업자
④ 효율관리기자재의 판매업자

해설 효율관리기자재 광고업자는 에너지소비효율등급을 포함시켜야 할 의무가 없다(에너지이용 합리화법 제15조).

**60** **검사대상기기 조종범위 용량이 10t/h 이하인 보일러의 조종자 자격이 아닌 것은?**

① 에너지관리기사
② 에너지관리기능장
③ 에너지관리기능사
④ 인정검사대상기기조종자 교육 이수자

해설 ④항은 전열면적 $5m^2$ 이상~$10m^2$ 이하의 증기보일러나 50만kcal/h 이하의 온수 보일러, 압력용기 등의 소형 보일러 조종자로서만 가능하다.

# 2016년 2회 에너지관리기능사

**01** 압력에 대한 설명으로 옳은 것은?

① 단위 면적당 작용하는 힘이다.
② 단위 부피당 작용하는 힘이다.
③ 물체의 무게를 비중량으로 나눈 값이다.
④ 물체의 무게에 비중량을 곱한 값이다.

해설 압력(kg/cm$^2$)

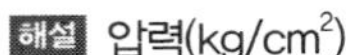

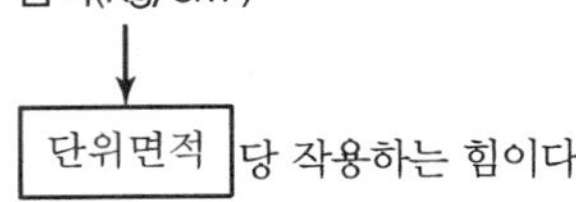


**02** 유류버너의 종류 중 수 기압(MPa)의 분무매체를 이용하여 연료를 분무하는 형식의 버너로서 2유체 버너라고도 하는 것은?

① 고압기류식 버너
② 유압식 버너
③ 회전식 버너
④ 환류식 버너

해설 고압기류식 버너 2유체 버너(증기, 공기 등으로 0.2~0.7 MPa) 등으로 분무(무화)하는 중유버너

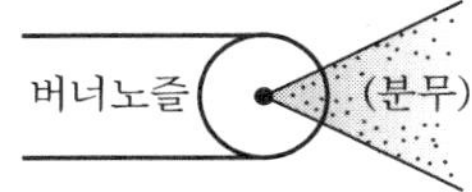


**03** 증기 보일러의 효율 계산식을 바르게 나타낸 것은?

① $\text{효율}(\%) = \dfrac{\text{상당증발량} \times 538.8}{\text{연료 소비량} \times \text{연료의 발열량}} \times 100$

② $\text{효율}(\%) = \dfrac{\text{증기소비량} \times 538.8}{\text{연료 소비량} \times \text{연료의 비중}} \times 100$

③ $\text{효율}(\%) = \dfrac{\text{급수량} \times 538.8}{\text{연료 소비량} \times \text{연료의 발열량}} \times 100$

④ $\text{효율}(\%) = \dfrac{\text{급수사용량}}{\text{증기발열량}} \times 100$

해설
- 상당증발량(kgf/h＝환산증발량)
- 물의 증발잠열 : 538.8kcal/kg

**04** 보일러 열효율 정산방법에서 열정산을 위한 액체연료량을 측정할 때, 측정의 허용오차는 일반적으로 몇 %로 하여야 하는가?

① ±1.0% ② ±1.5%
③ ±1.6% ④ ±2.0%

해설 보일러 열정산(열의 수입, 열의 지출)에서 액체연료 소비량 측정 시 허용오차 : ±1.0% 이내

**05** 중유 예열기의 가열하는 열원의 종류에 따른 분류가 아닌 것은?

① 전기식 ② 가스식
③ 온수식 ④ 증기식

해설

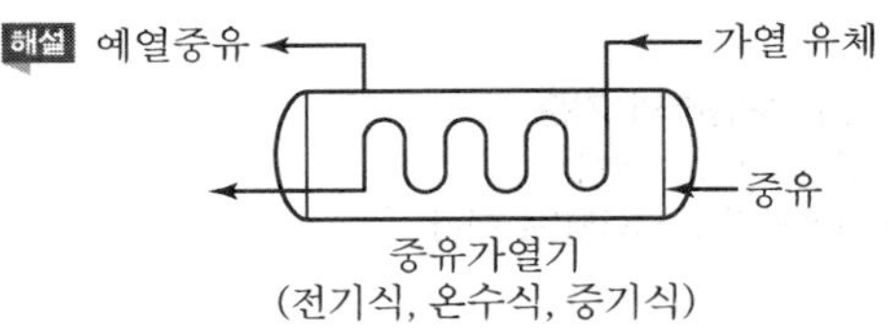


**06** 공기비를 $m$, 이론 공기량을 $A_o$라고 할 때 실제 공기량 $A$를 계산하는 식은?

① $A = m \cdot A_o$
② $A = m/A_o$
③ $A = 1/(m \cdot A_o)$
④ $A = A_o - m$

해설
- 실제공기량($A$)＝이론공기량×공기비
- 공기비($m$)＝실제공기량/이론공기량
- 과잉공기량＝실제공기량－이론공기량



ANSWER | 01 ① 02 ① 03 ① 04 ① 05 ② 06 ①

**07** **보일러 급수장치의 일종인 인젝터 사용 시 장점에 관한 설명으로 틀린 것은?**

① 급수 예열 효과가 있다.
② 구조가 간단하고 소형이다.
③ 설치에 넓은 장소를 요하지 않는다.
④ 급수량 조절이 양호하여 급수의 효율이 높다.

해설 인젝터(동력이 아닌 증기사용 급수설비)는 급수량 조절이 불가하여 임시조치의 급수설비이다.

**08** **다음 중 슈미트 보일러는 보일러 분류에서 어디에 속하는가?**

① 관류식 ② 간접가열식
③ 자연순환식 ④ 강제순환식

해설 간접가열식 보일러(2중 증발보일러)
- 레플러 보일러
- 슈미트 하트만 보일러

**09** **보일러의 안전장치에 해당되지 않는 것은?**

① 방폭문 ② 수위계
③ 화염검출기 ④ 가용마개

해설

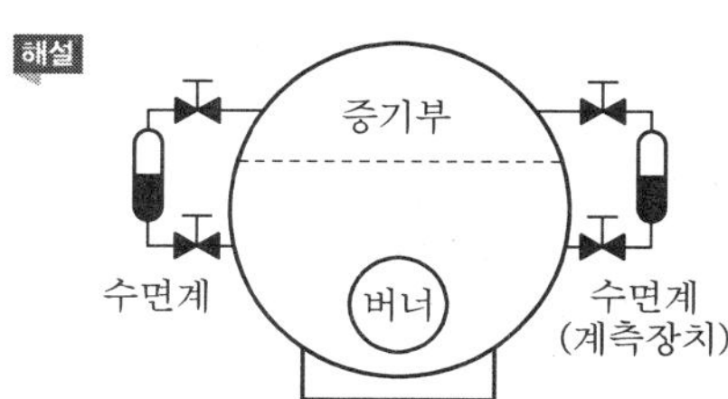


**10** **보일러의 시간당 증발량 1,100kg/h, 증기엔탈피 650kcal/kg, 급수 온도 30℃일 때, 상당증발량은?**

① 1,050kg/h ② 1,265kg/h
③ 1,415kg/h ④ 1,733kg/h

해설 상당증발량(환산증발량) : $W_e$(kgf/h)

$$W_e = \frac{\text{시간당 증기발생량(증기엔탈피} - \text{급수엔탈피)}}{539}$$

$$= \frac{1,100(650 - 30 \times 1)}{539} = 1,265(\text{kg/h})$$

**11** **보일러의 자동연소제어와 관련이 없는 것은?**

① 증기압력 제어 ② 온수온도 제어
③ 노 내압 제어 ④ 수위 제어

해설
- 자동급수제어(FWC) : 수위 제어
- 자동연소제어(ACC)
- 자동증기온도제어(STC)

**12** **보일러의 과열방지장치에 대한 설명으로 틀린 것은?**

① 과열방지용 온도퓨즈는 373K 미만에서 확실히 작동하여야 한다.
② 과열방지용 온도퓨즈가 작동한 경우 일정시간 후 재점화되는 구조로 한다.
③ 과열방지용 온도퓨즈는 봉인을 하고 사용자가 변경할 수 없는 구조로 한다.
④ 일반적으로 용해전은 369~371K에 용해되는 것을 사용한다.

해설 과열방지용 온도퓨즈가 작동하면 온도퓨즈를 새 것으로 교체한 후에 재점화해야 한다.

**13** **보일러 급수처리의 목적으로 볼 수 없는 것은?**

① 부식의 방지 ② 보일러수의 농축방지
③ 스케일 생성 방지 ④ 역화 방지

해설

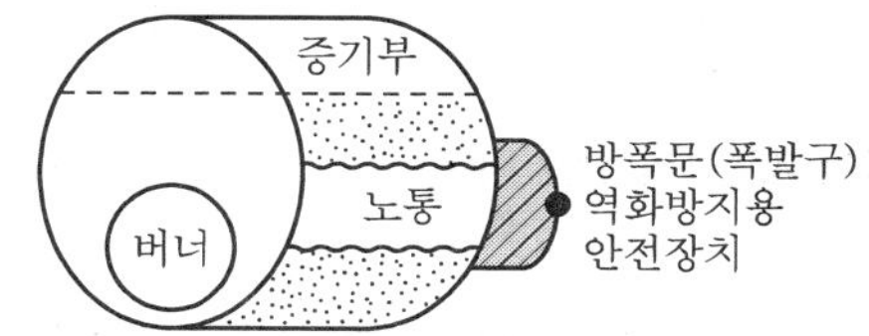


**14** **배기가스 중에 함유되어 있는 $CO_2$, $O_2$, CO 3가지 성분을 순서대로 측정하는 가스 분석계는?**

① 전기식 $CO_2$계
② 헴펠식 가스 분석계
③ 오르자트 가스 분석계
④ 가스 크로마토 그래픽 가스 분석계

해설 • 헴펠식(화학식) : CmHn, $CO_2$, $O_2$, CO 측정
• 오르자트식(화학식) : $CO_2 \rightarrow O_2 \rightarrow CO$ 측정

**15 보일러 부속장치에 관한 설명으로 틀린 것은?**

① 기수분리기 : 증기 중에 혼입된 수분을 분리하는 장치
② 수트 블로어 : 보일러 등 저면의 스케일, 침전물 등을 밖으로 배출하는 장치
③ 오일스트레이너 : 연료 속의 불순물 방지 및 유량계 펌프 등의 고장을 방지하는 장치
④ 스팀 트랩 : 응축수를 자동으로 배출하는 장치

해설 ②는 분출장치(수저분출)에 대한 설명이다.

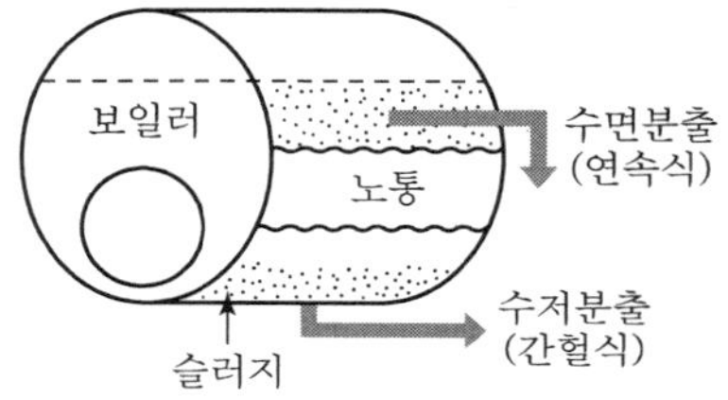


**16 일반적으로 보일러 판넬 내부 온도는 몇 ℃를 넘지 않도록 하는 것이 좋은가?**

① 60℃ ② 70℃
③ 80℃ ④ 90℃

해설 자동제어 판넬 내부 온도 : 60℃ 이하 유지

**17 함진 배기가스를 액방울이나 액막에 충돌시켜 분진 입자를 포집 분리하는 집진장치는?**

① 중력식 집진장치
② 관성력식 집진장치
③ 원심력식 집진장치
④ 세정식 집진장치

해설 습식 집진장치(세정식)
액방울이나 액막에 충돌시켜 함진 배기가스 중의 분진 입자를 포집하여 분리하는 집진장치

**18 보일러 인터록과 관계가 없는 것은?**

① 압력초과 인터록 ② 저수위 인터록
③ 불착화 인터록 ④ 급수장치 인터록

해설 급수장치 인터록은 저수위 인터록이어야 한다. 그 외에도 ①, ②, ③과 프리퍼지(환기)인터록, 배기가스 온도조절 인터록 등이 있다.

**19 상태변화 없이 물체의 온도 변화에만 소요되는 열량은?**

① 고체열 ② 현열
③ 액체열 ④ 잠열

온도 변화(현열)

100℃ 증기
100℃ 포화수
화실

생태변화(잠열)

**20 보일러용 오일 연료에서 성분분석 결과 수소 12.0%, 수분 0.3%라면, 저위발열량은?(단, 연료의 고위발열량은 10,600kcal/kg이다.)**

① 6,500kcal/kg ② 7,600kcal/kg
③ 8,950kcal/kg ④ 9,950kcal/kg

해설 저위발열량$(H_l)$ = 고위발열량$(H_h) - 600(9H + W)$

$= 10,600 - 600(9 \times 0.12 + 0.003)$
$= 10,600 - 600(1.083)$
$= 10,600 - 649.8$
$= 9,950.2$kcal/kg

**21 보일러에서 보염장치의 설치목적에 대한 설명으로 틀린 것은?**

① 화염의 전기전도성을 이용한 검출을 실시한다.
② 연소용 공기의 흐름을 조절하여 준다.
③ 화염의 형상을 조절한다.
④ 확실한 착화가 되도록 한다.

해설 ①은 화염검출기 안전장치 중 플레임로드의 설명이다.

**22** **증기사용압력이 같거나 또는 다른 여러 개의 증기사용 설비의 드레인관을 하나로 묶어 한 개의 트랩으로 설치한 것을 무엇이라고 하는가?**

① 플로트트랩 ② 버킷트랩핑
③ 디스크트랩 ④ 그룹트랩핑

해설 그룹트랩핑
증기사용압력이 같거나 또는 다른 여러 개의 증기사용설비의 드레인관을 하나로 묶어서 한 개의 스팀트랩으로 설치한 증기트랩이다.

**23** **보일러 윈드박스 주위에 설치되는 장치 또는 부품과 가장 거리가 먼 것은?**

① 공기예열기 ② 화염검출기
③ 착화버너 ④ 투시구

해설

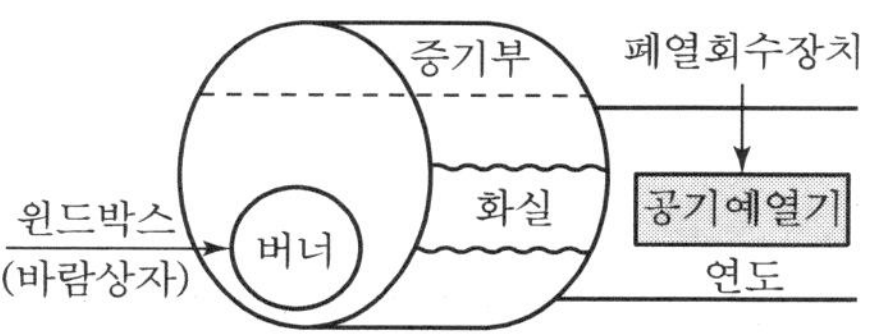


**24** **보일러 운전 중 정전이나 실화로 인하여 연료의 누설이 발생하여 갑자기 점화되었을 때 가스폭발방지를 위해 연료공급을 차단하는 안전장치는?**

① 폭발문 ② 수위경보기
③ 화염검출기 ④ 안전밸브

해설 화실 내 실화 또는 점화가 제대로 작동하지 않으면 화염검출기 신호에 의해 전자밸브가 연료공급을 차단한다.

**25** **다음 중 보일러에서 연소가스의 배기가 잘 되는 경우는?**

① 연도의 단면적이 작을 때
② 배기가스 온도가 높을 때
③ 연도에 급한 굴곡이 있을 때
④ 연도에 공기가 많이 침입될 때

해설 배기가스의 온도가 높으면 배기가스 밀도(kg/m³)가 가벼워져서 부력 발생으로 자연통풍력이 증가한다.

**26** **전열면적이 $40\text{m}^2$인 수직 연관 보일러를 2시간 연소시킨 결과 4,000kg의 증기가 발생하였다. 이 보일러의 증발률은?**

① $40\text{kg/m}^2 \cdot \text{h}$
② $30\text{kg/m}^2 \cdot \text{h}$
③ $60\text{kg/m}^2 \cdot \text{h}$
④ $50\text{kg/m}^2 \cdot \text{h}$

해설 $\text{증발률} = \dfrac{\text{증기발생량}}{\text{전열면적}} = \dfrac{4,000}{40 \times 2} = 50\text{kg/m}^2\text{h}$

**27** **다음 중 보일러 스테이(Stay)의 종류로 가장 거리가 먼 것은?**

① 거싯(Gusset) 스테이
② 바(Bar) 스테이
③ 튜브(Tube) 스테이
④ 너트(Nut) 스테이

해설 스테이
보일러에서 강도가 약한 부위를 보강하는 기구이다. 대표적으로 ①, ②, ③항의 종류가 있다.

**28** **과열기의 종류 중 열가스 흐름에 의한 구분 방식에 속하지 않는 것은?**

① 병류식
② 접촉식
③ 향류식
④ 혼류식

해설 열가스 흐름에 의한 과열기는 ①, ③, ④항이고 설치장소에 따른 종류로는 복사과열기, 복사대류과열기, 접촉과열기가 있다.

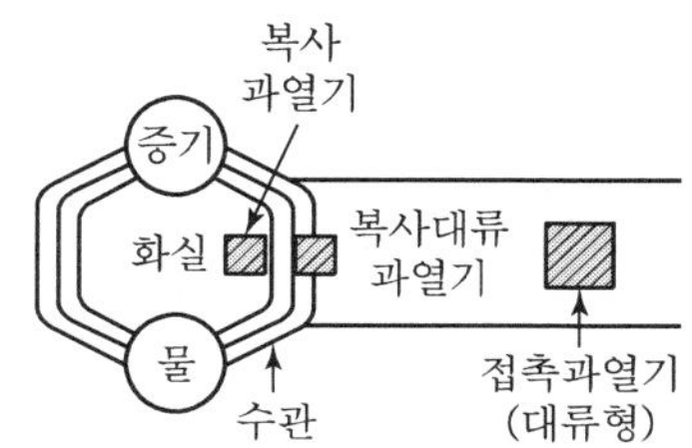

**29** **고체연료의 고위발열량으로부터 저위발열량을 산출할 때 연료 속의 수분과 다른 한 성분의 함유율을 가지고 계산하여 산출할 수 있는데 이 성분은 무엇인가?**

① 산소 ② 수소
③ 유황 ④ 탄소

해설 저위발열량 = 고위발열량 − 600(9H + W)
H(수소), W(수분)
600kcal/kg : 0℃에서 물의 증발열

**30** **상용 보일러의 점화 전 준비사항에 관한 설명으로 틀린 것은?**

① 수저분출밸브 및 분출 콕의 기능을 확인하고, 조금씩 분출되도록 약간 개방하여 둔다.
② 수면계에 의하여 수위가 적정한지 확인한다.
③ 급수배관의 밸브가 열려 있는지, 급수펌프의 기능은 정상인지 확인한다.
④ 공기빼기 밸브는 증기가 발생하기 전까지 열어 놓는다.

해설 보일러 점화 전 분출밸브 형태

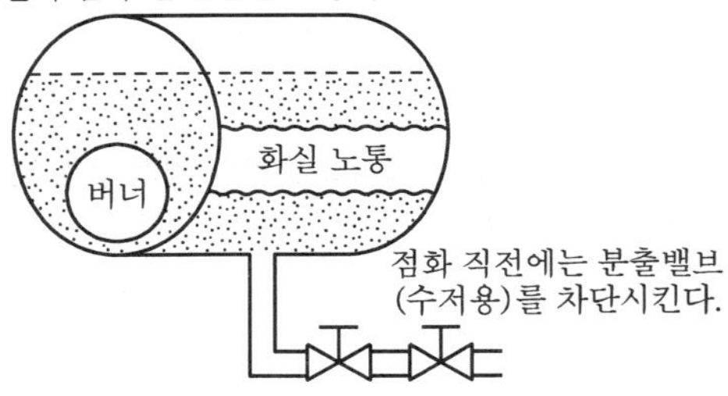


**31** **도시가스 배관의 설치에서 배관의 이음부(용접이음매 제외)와 전기점멸기 및 전기접속기와의 거리는 최소 얼마 이상 유지해야 하는가?**

① 10cm ② 15cm
③ 30cm ④ 60cm

해설

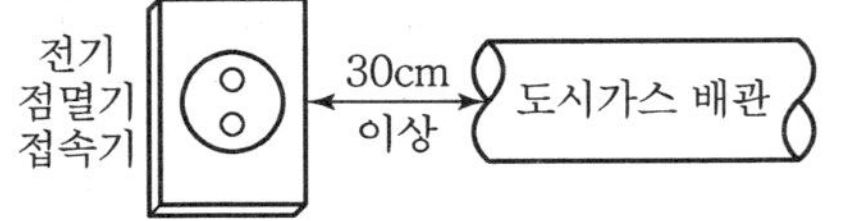


**32** **증기보일러에는 2개 이상의 안전밸브를 설치하여야 하지만, 전열면적이 몇 이하인 경우에는 1개 이상으로 해도 되는가?**

① $80m^2$ ② $70m^2$
③ $60m^2$ ④ $50m^2$

해설 전열면적 $50m^2$ 이하 보일러
증기용 안전밸브는 1개 이상 부착이 가능하다.

**33** **배관 보온재의 선정 시 고려해야 할 사항으로 가장 거리가 먼 것은?**

① 안전사용 온도 범위
② 보온재의 가격
③ 해체의 편리성
④ 공사 현장의 작업성

해설 배관용 보온재는 거의가 해체하지 않는다(장시간 사용 시 전면적 수선이 필요하다).

**34** **증기주관의 관말트랩 배관의 드레인 포켓과 냉각관 시공 요령이다. 다음 ( ) 안에 적절한 것은?**

> 증기주관에서 응축수를 건식 환수관에 배출하려면 주관과 동경으로 ( ㉠ )mm 이상 내리고 하부로 ( ㉡ )mm 이상 연장하여 ( ㉢ )을(를) 만들어준다. 냉각관은 ( ㉣ ) 앞에서 1.5m 이상 나관으로 배관한다.

① ㉠ 150, ㉡ 100, ㉢ 트랩, ㉣ 드레인 포켓
② ㉠ 100, ㉡ 150, ㉢ 드레인 포켓, ㉣ 트랩
③ ㉠ 150, ㉡ 100, ㉢ 드레인 포켓, ㉣ 드레인 밸브
④ ㉠ 100, ㉡ 150, ㉢ 드레인 밸브, ㉣ 드레인 포켓

해설 나관 : 보온하지 않는 관이다.

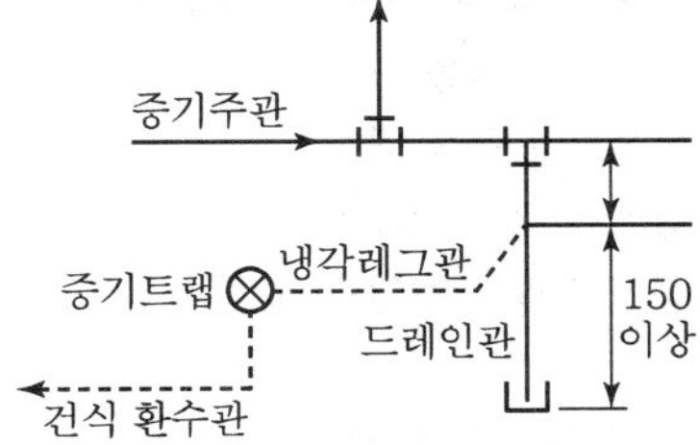


 ANSWER | 29 ② 30 ① 31 ③ 32 ④ 33 ③ 34 ②

**35** **파이프와 파이프를 홈 조인트로 채결하기 위하여 파이프 끝을 가공하는 기계는?**

① 띠톱 기계
② 파이프 벤딩기
③ 동력파이프 나사절삭기
④ 그루빙 조인트 머신

**해설** 그루빙 조인트 머신
관과 관의 홈 조인트를 체결하기 위하여 파이프 관의 끝을 가공한다.

**36** **보일러 보존 시 동결사고가 예상될 때 실시하는 밀폐식 보존법은?**

① 건조 보존법
② 만수 보존법
③ 화학적 보존법
④ 습식 보존법

**해설**
- 밀폐식 보존법(건조식) : 6개월 이상 장기보존
- 만수 보존법(습식) : 3개월 이하 단기보존

**37** **온수난방 배관 시공 시 이상적인 기울기는 얼마인가?**

① 1/100 이상
② 1/150 이상
③ 1/200 이상
④ 1/250 이상

**해설**

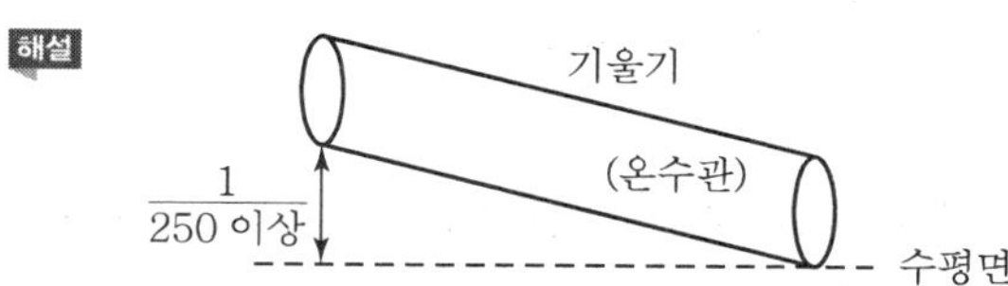


**38** **온수난방 설비의 내림구배 배관에서 배관 아랫면을 일치시키고자 할 때 사용되는 이음쇠는?**

① 소켓
② 편심 레듀서
③ 유니언
④ 이경엘보

**해설** 배관 아랫면

25A
편심
레듀서
20A

25A
동심
레듀서
20A

**39** **두께 150mm, 면적이 15m²인 벽이 있다. 내면 온도는 200℃, 외면 온도가 20℃일 때 벽을 통한 열손실량은?(단, 열전도율은 0.25kcal/m · h · ℃이다.)**

| ① 101kcal/h | ② 675kcal/h |
| --- | --- |
| ③ 2,345kcal/h | ④ 4,500kcal/h |

**해설** 전도열손실량$(\theta) = \lambda \times \dfrac{A \times \Delta t}{b}$

$$= 0.25 \times \frac{15 \times (200-20)}{\left(\frac{150}{1{,}000}\right)}$$

$$= 4{,}500\,\text{kcal/h}$$

**40** **보일러수에 불순물이 많이 포함되어 보일러수의 비등과 함께 수면 부근에 거품의 층을 형성하여 수위가 불안정하게 되는 현상은?**

| ① 포밍 | ② 프라이밍 |
| --- | --- |
| ③ 캐리오버 | ④ 공동현상 |

**해설**

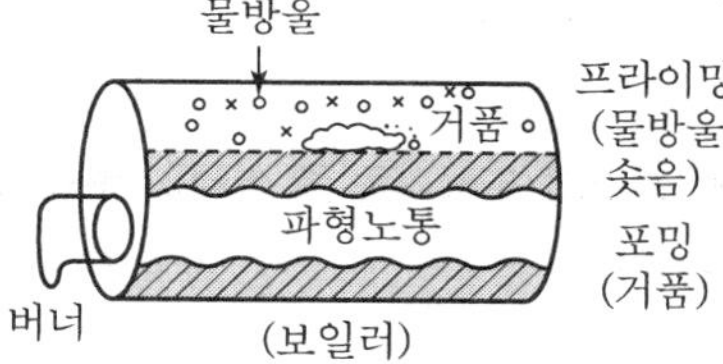


**41** **수질이 불량하여 보일러에 미치는 영향으로 가장 거리가 먼 것은?**

① 보일러의 수명과 열효율에 영향을 준다.
② 고압보다 저압일수록 장애가 더욱 심하다.
③ 부식현상이나 증기의 질이 불순하게 된다.
④ 수질이 불량하면 관계통에 관석이 발생한다.

해설 고압보일러는 포화수 온도가 높아서 점식이나 거품현상이 더 심하게 발생한다(급수처리가 심각하다).

## 42 다음 보온재 중 유기질 보온재에 속하는 것은?

① 규조토 ② 탄산마그네슘
③ 유리섬유 ④ 기포성 수지

해설 기포성 수지(합성수지) 보온재 : 유기질 보온재
※ ①, ②, ③ : 무기질 보온재

## 43 관의 접속상태 · 결합방식의 표시방법에서 용접이음을 나타내는 그림기호로 맞는 것은?

① ─┼─ ② ─╫╫─
③ ─●─ ④ ─╫─

해설 ① 나사이음 ② 유니언이음
③ 용접이음 ④ 플랜지이음

## 43 보일러 점화불량의 원인으로 가장 거리가 먼 것은?

① 댐퍼작동 불량
② 파일로트 오일 불량
③ 공기비의 조정 불량
④ 점화용 트랜스의 전기 스파크 불량

해설 파일로트 : 점화용 버너(가스나 경유 사용)

## 45 다음 방열기 도시기호 중 벽걸이 종형 도시기호는?

① W－H ② W－V
③ W－Ⅱ ④ W－Ⅲ

해설 • W : 벽걸이
• V : 입형(세로형)
• H : 횡형(가로형)

## 46 배관 지지구의 종류가 아닌 것은?

① 파이프 슈 ② 콘스탄트 행거
③ 리지드 서포트 ④ 소켓

해설

## 47 보온시공 시 주의사항에 대한 설명으로 틀린 것은?

① 보온재와 보온재의 틈새는 되도록 작게 한다.
② 겹침부의 이음새는 동일 선상을 피해서 부착한다.
③ 테이프 감기는 물, 먼지 등의 침입을 막기 위해 위에서 아래쪽으로 향하여 감아내리는 것이 좋다.
④ 보온의 끝 단면은 사용하는 보온재 및 보온 목적에 따라서 필요한 보호를 한다.

해설 테이프 감기
아래에서 위로 감아나간다.

## 48 온수난방에 관한 설명으로 틀린 것은?

① 단관식은 보일러에서 멀어질수록 온수의 온도가 낮아진다.
② 복관식은 방열량의 변화가 일어나지 않고 밸브의 조절로 방열량을 가감할 수 있다.
③ 역귀환 방식은 각 방열기의 방열량이 거의 일정하다.
④ 증기난방에 비하여 소요방열면적과 배관경이 작게 되어 설비비를 비교적 절약할 수 있다.

해설 온수난방
소요방열면적이 크고 배관경이 커서 설비비가 많이 든다.

## 49 온수 보일러에서 팽창탱크를 설치할 경우 주의사항으로 틀린 것은?

① 밀폐식 팽창탱크의 경우 상부에 물빼기 관이 있어야 한다.
② 100℃의 온수에도 충분히 견딜 수 있는 재료를 사용하여야 한다.
③ 내식성 재료를 사용하거나 내식 처리된 탱크를 설치하여야 한다.
④ 동결 우려가 있을 경우에는 보온을 한다.

 ANSWER | 42 ④ 43 ③ 44 ② 45 ② 46 ④ 47 ③ 48 ④ 49 ①

**해설** 팽창탱크 상부 물빼기 관 설치는 개방식 팽창탱크에 필요하다.

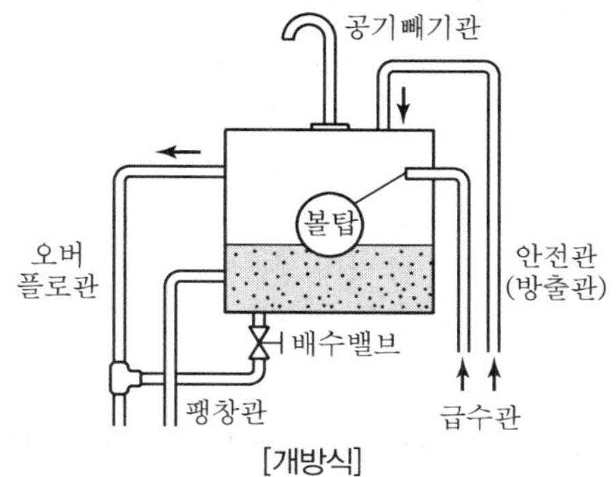


[개방식]

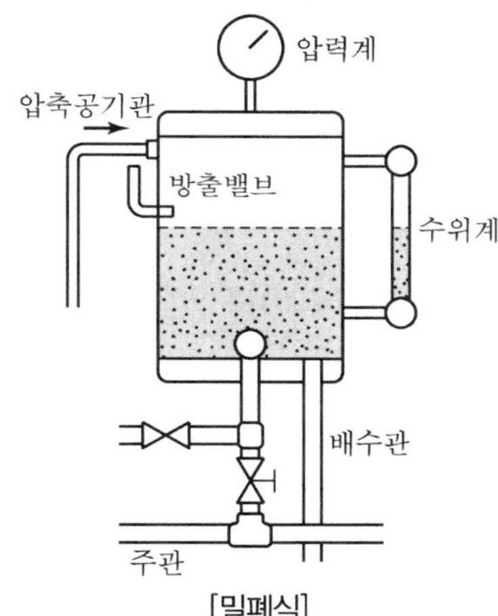


[밀폐식]

**50** **보일러 내부 부식에 속하지 않는 것은?**

① 점식　　② 저온부식
③ 구식　　④ 알칼리부식

**해설** 저온부식
절탄기, 공기예열기에서 발생하며 외부 부식이다.
$S + O_2 \rightarrow SO_2$
$SO_2 + H_2O = H_2SO_3$
$H_2SO_3 + O \rightarrow H_2SO_4$
(진한황산－저온부식 초래)

**51** **보일러 내부의 건조방식에 대한 설명 중 틀린 것은?**

① 건조재로 생석회가 사용된다.
② 가열장치로 서서히 가열하여 건조시킨다.
③ 보일러 내부 건조 시 사용되는 기화성 부식 억제제(VCI)는 물에 녹지 않는다.
④ 보일러 내부 건조 시 사용되는 기화성 부식 억제제(VCI)는 건조제와 병용하여 사용할 수 있다.

**해설** 기화성 부식 억제제(VCI)는 물에 용해된다.

**52** **증기 난방시공에서 진공환수식으로 하는 경우 리프트 피팅(Lift Fitting)을 설치하는데, 1단의 흡상높이로 적절한 것은?**

① 1.5m 이내　　② 2.0m 이내
③ 2.5m 이내　　④ 3.0m 이내

**해설** 진공환수식 증기난방 : 리프트 피팅 1단의 흡상높이 1.5m 이내

**53** **배관의 나사이음과 비교한 용접이음에 관한 설명으로 틀린 것은?**

① 나사 이음부와 같이 관의 두께에 불균일한 부분이 없다.
② 돌기부가 없이 배관상의 공간효율이 좋다.
③ 이음부의 강도가 적고, 누수의 우려가 크다.
④ 변형과 수축, 잔류응력이 발생할 수 있다.

**해설** ③은 나사이음 조인트의 단점이다.

**54** **보일러 외부 부식의 한 종류인 고온부식을 유발하는 주된 성분은?**

① 황　　② 수소
③ 인　　④ 바나듐

**해설**

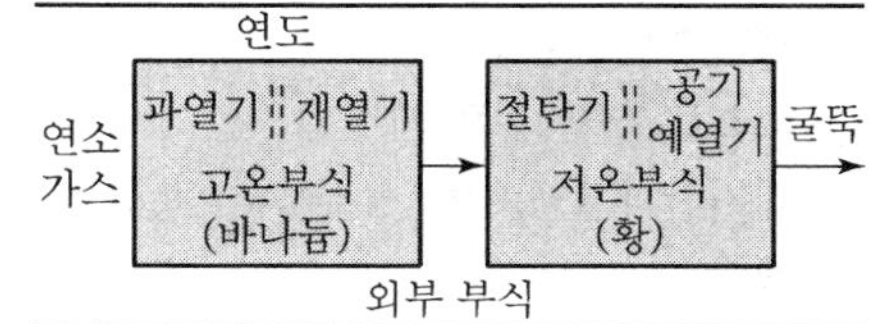

**55** 에너지이용 합리화법에 따라 고시한 효율관리기자재 운용 · 규정에 따라 가정용 가스보일러의 최저소비 효율기준은 몇 %인가?

① 63% ② 68%
③ 76% ④ 86%

해설 가정용 가스보일러의 최저소비 효율기준은 76%이다.

**56** 에너지다소비사업자는 산업통상자원부령이 정하는 바에 따라 전년도의 분기별 에너지사용량 · 제품생산량을 그 에너지사용시설이 있는 지역을 관할하는 시 · 도지사에게 매년 언제까지 신고해야 하는가?

① 1월 31일까지 ② 3월 31일까지
③ 5월 31일까지 ④ 9월 30일까지

해설 에너지다소비사업자(연간 석유환산 2,000티오이 이상 사용자) 신고일자 : 매년 1월 31일까지

**57** 저탄소 녹색성장 기본법에서 사람의 활동에 수반하여 발생하는 온실가스가 대기 중에 축적되어 온실가스 농도를 증가시킴으로써 지구 전체적으로 지표 및 대기의 온도가 추가적으로 상승하는 현상을 나타내는 용어는?

① 지구온난화 ② 기후변화
③ 자원순환 ④ 녹색경영

해설 온실가스($CO_2$, $CH_4$ 등) : 지구온난화 주범

**58** 에너지이용 합리화법에 따라 산업통상자원부장관 또는 시 · 도지사로부터 한국에너지공단에 위탁된 업무가 아닌 것은?

① 에너지사용계획의 검토
② 고효율시험기관의 지정
③ 대기전력경고표지대상제품의 측정결과 신고의 접수
④ 대기전력저감대상제품의 측정결과 신고의 접수

해설 ②는 산업통상자원부장관 소관 업무에 해당한다.

**59** 에너지이용 합리화법에서 효율관리기자재의 제조업자 또는 수입업자가 효율관리기자재의 에너지 사용량을 측정받는 기관은?

① 산업통상자원부장관이 지정하는 시험기관
② 제조업자 또는 수입업자의 검사기관
③ 환경부장관이 지정하는 진단기관
④ 시 · 도지사가 지정하는 측정기관

해설 효율관리기자재의 에너지 사용량 측정기관은 시험기관이다.

**60** 에너지이용 합리화법에서 정한 국가에너지절약추진위원회의 위원장은?

① 산업통상자원부장관
② 국토교통부장관
③ 국무총리
④ 대통령

해설 국가에너지절약추진위원회 위원장은 산업통상자원부장관이다.



ANSWER | 55 ③ 56 ① 57 ① 58 ② 59 ① 60 ①

# 2016 년 4 회 에너지관리기능사

**01 유류연소 버너에서 기름의 예열온도가 너무 높은 경우에 나타나는 주요 현상으로 옳은 것은?**

① 버너 화구의 탄화물 축적
② 버너용 모터의 마모
③ 진동, 소음의 발생
④ 점화 불량

**해설** 유류(오일)는 버너에서 예열온도가 너무 높으면 연료가 열분해되어서 버너 화구에서 탄화물이 축적된다.

**02 대형 보일러인 경우에 송풍기가 작동하지 않으면 전자밸브가 열리지 않고, 점화를 저지하는 인터록은?**

① 프리퍼지 인터록 ② 불착화 인터록
③ 압력초과 인터록 ④ 저수위 인터록

**해설** 프리퍼지 인터록
보일러 점화 시 점화 직전에 송풍기가 고장 나 퍼지(노 내환기)가 되지 않으면 전자밸브가 열리지 않고 점화를 저지하는 인터록이 프리퍼지 인터록이다.

**03 가압수식을 이용한 집진장치가 아닌 것은?**

① 제트 스크러버
② 충격식 스크러버
③ 벤투리 스크러버
④ 사이클론 스크러버

**해설** 가압수식(세정식) 집진장치(미세 매연분리기)
- 제트 스크러버
- 벤투리 스크러버
- 사이클론 스크러버

**04 절탄기에 대한 설명으로 옳은 것은?**

① 절탄기의 설치방식은 혼합식과 분배식이 있다.
② 절탄기의 급수예열 온도는 포화온도 이상으로 한다.
③ 연료의 절약과 증발량의 감소 및 열효율을 감소시킨다.
④ 급수와 보일러수의 온도차 감소로 열응력을 줄여준다.

**해설** 절탄기 용도는 ④항이다.

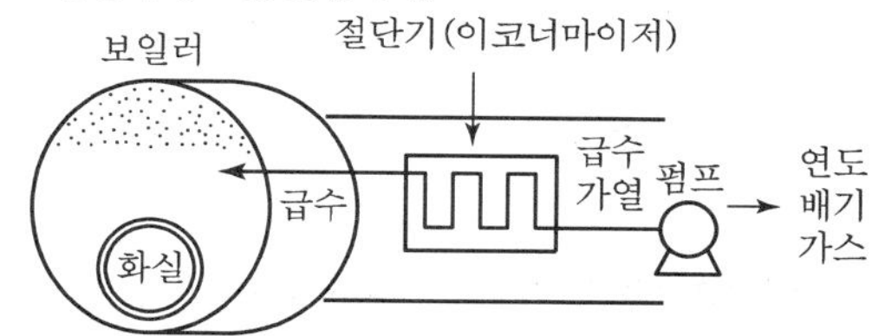


**05 분진가스를 집진기 내에 충돌시키거나 열가스의 흐름을 반전시켜 급격한 기류의 방향전환에 의해 분진을 포집하는 집진장치는?**

① 중력식 집진장치
② 관성력식 집진장치
③ 사이클론식 집진장치
④ 멀티사이클론식 집진장치

**해설**

충돌
분진 가스
관성력 집진장치 (방향 전환식)
매연 집진장치

**06 비열이 0.6kcal/kg · ℃인 어떤 연료 30kg을 15℃에서 35℃까지 예열하고자 할 때 필요한 열량은 몇 kcal인가?**

① 180 ② 360
③ 450 ④ 600

**해설** 현열(Q) = 30kg × 0.6kcal/kg · ℃ × (35 − 15)℃
= 360kcal
※ 비열이 주어지면 현열공식을 적용한다.

**07** **습증기의 엔탈피 $h_x$를 구하는 식으로 옳은 것은?(단, $h$ : 포화수의 엔탈피, $x$ : 건조도, $r$ : 증발잠열(숨은열), $v$ : 포화수의 비체적)**

① $h_x = h + x$
② $h_x = h + r$
③ $h_x = h + xr$
④ $h_x = v + h + xr$

해설
• 습포화증기엔탈피($h_x$) = 포화수엔탈피 + 건조도 × 증발잠열 = kcal/kg
• 건포화증기엔탈피($h''$) = 포화수엔탈피 + 증발잠열

**08** **보일러의 자동제어에서 제어량에 따른 조작량의 대상으로 옳은 것은?**

① 증기온도 : 연소가스량
② 증기압력 : 연료량
③ 보일러 수위 : 공기량
④ 노 내 압력 : 급수량

해설

| 제어 장치명 | 제어량 | 조작량 |
|---|---|---|
| 자동연소 (ACC) | 증기압력 | 연료량, 공기량(증기압력) |
| | 노 내 압력 | 연소가스량 (노 내 압력) |
| 자동급수 (FWC) | 보일러 수위 | 급수량 |
| 자동증기 온도(STC) | 증기온도 | 전열량 |

**09** **화염 검출기의 종류 중 화염의 이온화 현상에 따른 전기 전도성을 이용하여 화염의 유무를 검출하는 것은?**

① 플레임로드　② 플레임아이
③ 스택스위치　④ 광전관

해설
• 플레임아이 : 화염의 불빛을 이용(광전관)
• 플레임로드 : 이온화(불꽃의 전기전도성 이용)
• 스택스위치 : 연도에서 발열팽창온도 이용

**10** **원심형 송풍기에 해당하지 않는 것은?**

① 터보형
② 다익형
③ 플레이트형
④ 프로펠러형

해설 축류형 송풍기
• 디스크형
• 프로펠러형

**11** **석탄의 함유 성분이 많을수록 연소에 미치는 영향에 대한 설명으로 틀린 것은?**

① 수분 : 착화성이 저하된다.
② 회분 : 연소 효율이 증가한다.
③ 고정탄소 : 발열량이 증가한다.
④ 휘발분 : 검은 매연이 발생하기 쉽다.

해설 회분(고체연료의 재)이 많으면 연소 효율이 감소한다.

**12** **보일러 수위제어 검출방식에 해당되지 않는 것은?**

① 유속식
② 전극식
③ 차압식
④ 열팽창식

해설 보일러 수위제어
• 전극식
• 차압식
• 열팽창식
• 맥도널식(기계식=부자식)

**13** **다음 중 보일러의 손실열 중 가장 큰 것은?**

① 연료의 불완전연소에 의한 손실열
② 노 내 분입증기에 의한 손실열
③ 과잉 공기에 의한 손실열
④ 배기가스에 의한 손실열

해설 보일러 열손실 중 배기가스에 의한 열손실이 가장 크다(열정산 출열에 해당된다).

 ANSWER | 07 ③ 08 ② 9 ① 10 ④ 11 ② 12 ① 13 ④

**14** **증기의 압력에너지를 이용하여 피스톤을 작동시켜 급수를 행하는 펌프는?**

① 워싱턴 펌프
② 기어 펌프
③ 볼류트 펌프
④ 디퓨져 펌프

해설 워싱턴 펌프, 웨어 펌프
보일러 증기 압력 에너지를 이용하여 피스톤을 작동시키는 비동력 펌프이다(워싱턴 펌프는 피스톤이 2개로, 급수용, 증기용으로 사용됨).

**15** **다음 중 보일러수 분출의 목적이 아닌 것은?**

① 보일러수의 농축을 방지한다.
② 프라이밍, 포밍을 방지한다.
③ 관수의 순환을 좋게 한다.
④ 포화증기를 과열증기로 증기의 온도를 상승시킨다.

해설 ④항은 과열기에 대한 설명이다.

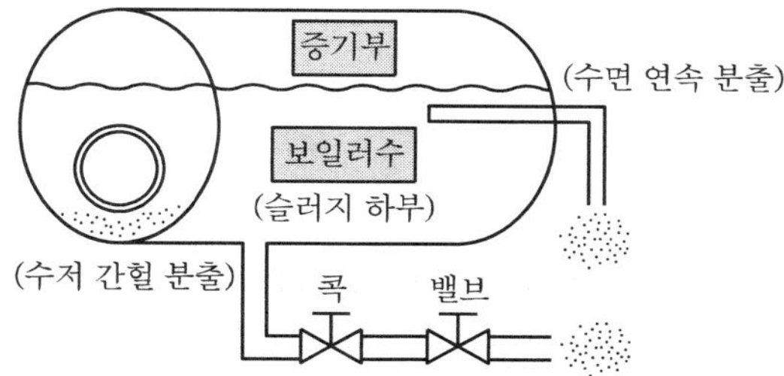


**16** **화염 검출기에서 검출되어 프로텍터 릴레이로 전달된 신호는 버너 및 어떤 장치로 다시 전달되는가?**

① 압력제한 스위치
② 저수위 경보장치
③ 연료차단밸브
④ 안전밸브

해설

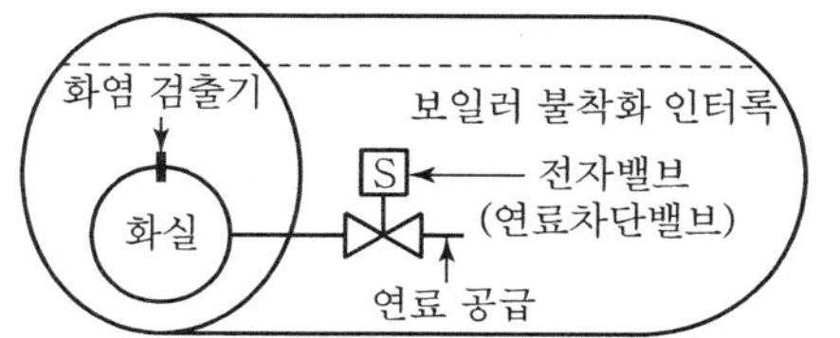


**17** **기체연료의 특징으로 틀린 것은?**

① 연소조절 및 점화나 소화가 용이하다.
② 시설비가 적게 들며 저장이나 취급이 편리하다.
③ 회분이나 매연 발생이 없어서 연소 후 청결하다.
④ 연료 및 연소용 공기도 예열되어 고온을 얻을 수 있다.

해설 기체연료는 시설비가 많이 들고 저장이나 취급이 불편하다(도시가스, LPG가스)

**18** **다음 중 수관식 보일러 종류가 아닌 것은?**

① 다꾸마 보일러 ② 가르베 보일러
③ 야로우 보일러 ④ 하우덴 존슨 보일러

해설 선박용 노통연관식 보일러(원통횡형 보일러)
• 하우덴 존슨 보일러
• 부르동 카프스 보일러

**19** **보일러 1마력을 열량으로 환산하면 약 몇 kcal/h인가?**

① 15.65 ② 539
③ 1,078 ④ 8,435

해설 보일러 1마력의 능력
상당증발량 15.65kg/h 발생능력
∴ 15.65×539kcal/kg(증발잠열)=8,435kcal/h

**20** **연관 보일러의 연관에 대한 설명으로 옳은 것은?**

① 관의 내부로 연소가스가 지나가는 관
② 관의 외부로 연소가스가 지나가는 관
③ 관의 내부로 증기가 지나가는 관
④ 관의 내부로 물이 지나가는 관

해설

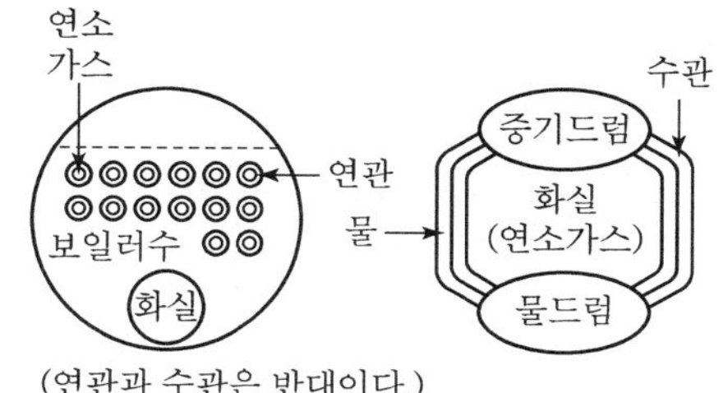

(연관과 수관은 반대이다.)

**21** 90℃의 물 1,000kg에 15℃의 물 2,000kg을 혼합시키면 온도는 몇 ℃가 되는가?

① 40　　② 30
③ 20　　④ 10

해설 90℃ 물의 현열＝1,000kg×1kcal/kg · ℃×(90－0)
＝90,000kcal
15℃ 물의 현열＝2,000kg×1kcal/kg · ℃×(15－0)
＝30,000kcal

총 무게질량＝1,000＋2,000＝3,000kg

$\therefore$ 혼합온도$=\dfrac{90,000+30,000}{3,000}=40$℃

**22** 유류 보일러 시스템에서 중유를 사용할 때 흡입 측의 여과망 눈 크기로 적합한 것은?

① 1～10mesh　　② 20～60mesh
③ 100～150mesh　　④ 300～500mesh

해설

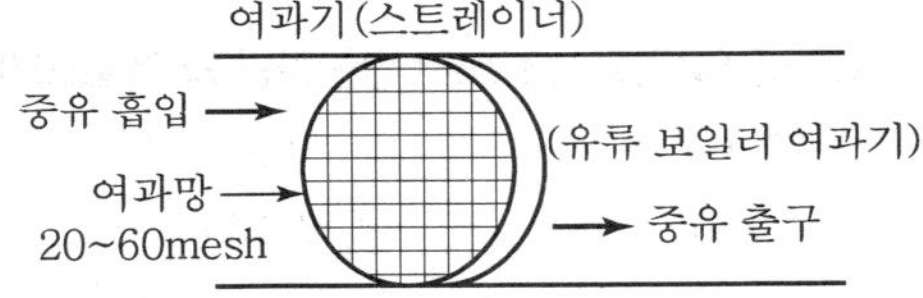


**23** 보일러 효율 시험방법에 관한 설명으로 틀린 것은?

① 급수온도는 절탄기가 있는 것은 절탄기 입구에서 측정한다.
② 배기가스의 온도는 전열면의 최종 출구에서 측정한다.
③ 포화증기의 압력은 보일러 출구의 압력으로 부르동관식 압력계로 측정한다.
④ 증기온도의 경우 과열기가 있을 때는 과열기 입구에서 측정한다.

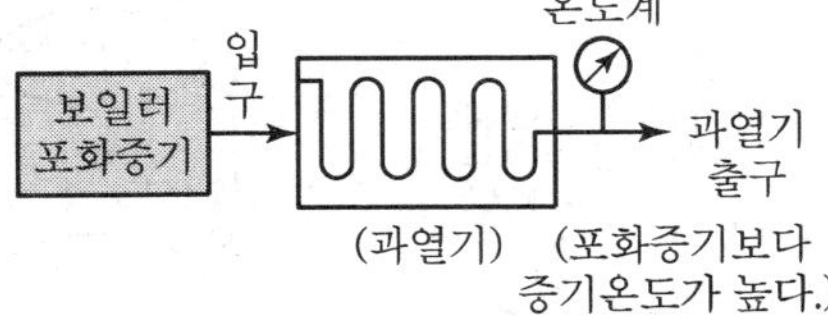


**24** 비교적 많은 동력이 필요하나 강한 통풍력을 얻을 수 있어 통풍저항이 큰 대형 보일러나 고성능 보일러에 널리 사용되고 있는 통풍방식은?

① 자연통풍방식
② 평형통풍방식
③ 직접흡입 통풍방식
④ 간접흡입 통풍방식

해설

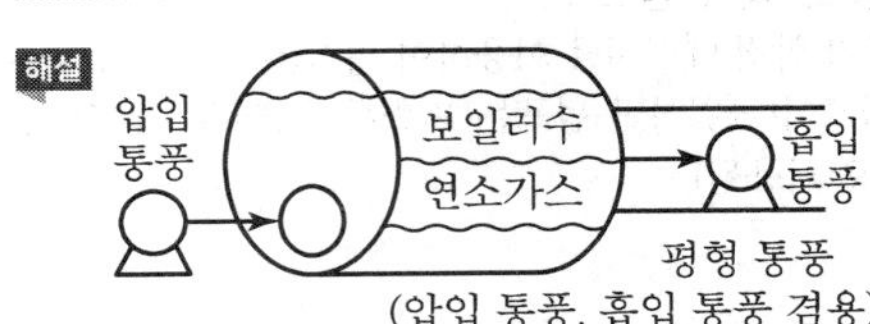


**25** 고체연료에 대한 연료비를 가장 잘 설명한 것은?

① 고정탄소와 휘발분의 비
② 회분과 휘발분의 비
③ 수분과 회분의 비
④ 탄소와 수소의 비

해설 고체연료의 연료비$=\dfrac{\text{고정탄소}}{\text{휘발분}}$
※ 연료비가 클수록 좋은 고체연료이다.

**26** 보일러의 최고사용압력이 0.1MPa 이하일 경우 설치 가능한 과압 방지 안전장치의 크기는?

① 호칭지름 5mm
② 호칭지름 10mm
③ 호칭지름 15mm
④ 호칭지름 20mm

해설 0.1MPa(1kg/cm$^2$) 이하 보일러의 최고사용압력에서 안전밸브(압력방출밸브)의 크기는 호칭지름 20mm 이상이다.

**27** 보일러 부속장치에서 연소가스의 저온부식과 가장 관계가 있는 것은?

① 공기예열기　　② 과열기
③ 재생기　　④ 재열기

 ANSWER | 21 ① 22 ② 23 ④ 24 ② 25 ① 26 ④ 27 ①

해설 저온부식

(S)황 + $O_2 \rightarrow SO_2$, $SO_2 + \frac{1}{2}O_2 \rightarrow SO_3$,

$SO_3 + H_2O \rightarrow H_2SO_4$(진한 황산 = 저온부식)

※ 보일러 → 과열기, 재열기(고온부식 발생) → 절탄기, 공기예열기(저온부식 발생)

**28** 비점이 낮은 물질인 수은, 다우섬 등을 사용하여 저압에서도 고온을 얻을 수 있는 보일러는?

① 관류식 보일러
② 열매체식 보일러
③ 노통연관식 보일러
④ 자연순환 수관식 보일러

해설 열매체

수은, 다우섬, 카네크롤, 세큐리티, 모빌섬 등(저압에서 고온의 기상, 액상 발생이 가능하다.)

**29** 어떤 보일러의 연소 효율이 92%, 전열면 효율이 85%이면 보일러 효율은?

① 73.2% ② 74.8%
③ 78.2% ④ 82.8%

해설 보일러 효율 = 연소 효율 × 전열면 효율
= (0.92 × 0.85)
= 0.782(78.2%)

**30** 온수온돌의 방수 처리에 대한 설명으로 적절하지 않은 것은?

① 다층건물에 있어서도 전 층의 온수온돌에 방수 처리를 하는 것이 좋다.
② 방수 처리는 내식성이 있는 루핑, 비닐, 방수몰탈로 하며, 습기가 스며들지 않도록 완전히 밀봉한다.
③ 벽면으로 습기가 올라오는 것을 대비하여 온돌바닥보다 약 10cm 이상 위까지 방수 처리를 하는 것이 좋다.
④ 방수 처리를 함으로써 열손실을 감소시킬 수 있다.

해설 온수온돌 방수 처리는 지면에 접하는 곳에서 적절하므로 다층건물 전 층에 대한 방수 처리는 불필요하다.

**31** 압력배관용 탄소강관의 KS 규격기호는?

① SPPS ② SPLT
③ SPP ④ SPPH

해설 ② SPLT : 저온배관용
③ SPP : 일반배관용
④ SPPH : 고압배관용

**32** 중력환수식 온수난방법의 설명으로 틀린 것은?

① 온수의 밀도차에 의해 온수가 순환한다.
② 소규모 주택에 이용된다.
③ 보일러는 최하위 방열기보다 더 낮은 곳에 설치한다.
④ 자연순환이므로 관경을 작게 하여도 된다.

해설 관경을 작게 하여도 되는 것은 강제순환식 온수난방법이다.

**33** 전열면적이 $12m^2$인 보일러의 급수밸브의 크기는 호칭 몇 A 이상이어야 하는가?

① 15 ② 20
③ 25 ④ 32

해설 전열면적

- $10m^2$ 이하 보일러(15A 이상)
- $10m^2$ 초과 보일러(20A 이상)

**34** 보온재의 열전도율과 온도의 관계를 맞게 설명한 것은?

① 온도가 낮아질수록 열전도율은 커진다.
② 온도가 높아질수록 열전도율은 작아진다.
③ 온도가 높아질수록 열전도율은 커진다.
④ 온도에 관계없이 열전도율은 일정하다.

해설 온도가 높으면 열전도율(kcal/m · h · ℃)이 커진다.

**35 글랜드 패킹의 종류에 해당하지 않는 것은?**

① 편조 패킹
② 액상 합성수지 패킹
③ 플라스틱 패킹
④ 메탈 패킹

해설 나사용 패킹제
- 페인트(광명단+페인트)
- 일산화연(페인트+납 소량)
- 액화 합성수지(−30~130℃의 내열범위에 사용)

**36 배관 중간이나 밸브, 펌프, 열교환기 등의 접속을 위해 사용되는 이음쇠로서 분해, 조립이 필요한 경우에 사용되는 것은?**

① 벤드 ② 리듀셔
③ 플랜지 ④ 슬리브

해설

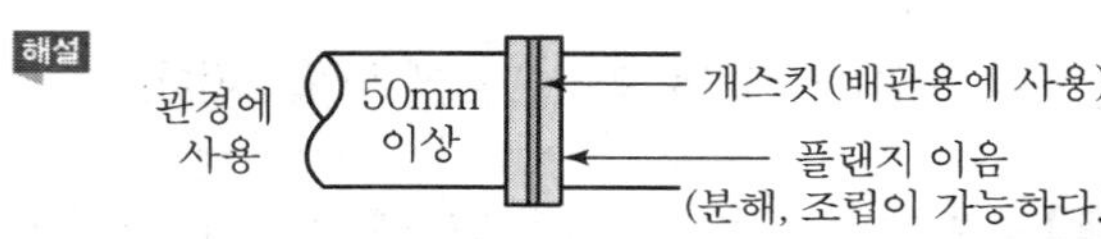


**37 급수 중 불순물에 의한 장해나 처리방법에 대한 설명으로 틀린 것은?**

① 현탁고형물의 처리방법에는 침강분리, 여과, 응집침전 등이 있다.
② 경도성분은 이온 교환으로 연화시킨다.
③ 유지류는 거품의 원인이 되나, 이온교환수지의 능력을 향상시킨다.
④ 용존산소는 급수계통 및 보일러 본체의 수관을 산화 부식시킨다.

해설 이온교환수지의 능력을 향상시키는 물질은 나트륨(염수) 용액이다.

**38 난방설비 배관이나 방열기에서 높은 위치에 설치해야 하는 밸브는?**

① 공기빼기 밸브 ② 안전밸브
③ 전자밸브 ④ 플로트 밸브

해설 공기빼기 밸브는 난방설비 배관이나 방열기에서 가장 높은 곳에 설치한다.

**39 기름 보일러에서 연소 중 화염이 점멸하는 등 연소 불안정이 발생하는 경우가 있다. 그 원인으로 가장 거리가 먼 것은?**

① 기름의 점도가 높을 때
② 기름 속에 수분이 혼입되었을 때
③ 연료의 공급상태가 불안정할 때
④ 노 내가 부압(負壓)인 상태에서 연소했을 때

해설 노 내에 부압(負壓)이 발생하면 연소용 공기 투입이 원활하여 연소가 안정된다.

**40 배관의 관 끝을 막을 때 사용하는 부품은?**

① 엘보 ② 소켓
③ 티 ④ 캡

해설

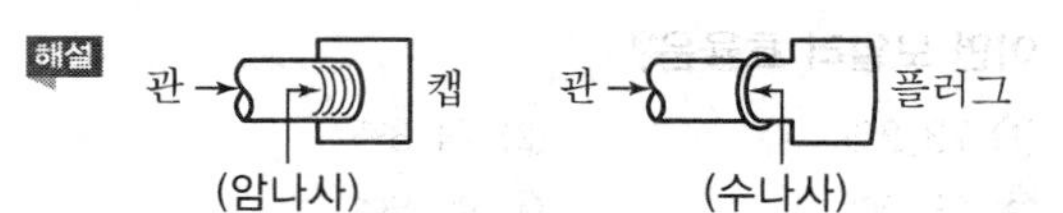


**41 어떤 강철제 증기보일러의 최고사용압력이 0.35MPa이면 수압시험 압력은?**

① 0.35MPa ② 0.5MPa
③ 0.7MPa ④ 0.95MPa

해설 보일러 최고사용압력이 0.43MPa 이하일 경우 2배의 수압시험 압력이 필요하다.
∴ 0.35MPa × 2배 = 0.7MPa

**42 온수난방설비의 밀폐식 팽창탱크에 설치되지 않는 것은?**

① 수위계 ② 압력계
③ 배기관 ④ 안전밸브


ANSWER | 35 ② 36 ③ 37 ③ 38 ① 39 ④ 40 ④ 41 ③ 42 ③

**해설** 배기관
개방식(100℃ 이하 난방용) 팽창탱크에 설치되는 공기빼기관이다.

**43** **다른 보온재에 비하여 단열 효과가 낮으며, 500℃ 이하의 파이프, 탱크, 노벽 등에 사용하는 보온재는?**

① 규조토
② 암면
③ 기포성 수지
④ 탄산마그네슘

**해설** 규조토
단열효과가 낮은 무기질 보온재로서 500℃ 이하의 파이프, 탱크, 노벽 등에 사용하는 보온재이다.

**44** **진공환수식 증기난방 배관 시공에 관한 설명으로 틀린 것은?**

① 증기주관은 흐름 방향에 1/200~1/300의 앞내림 기울기로 하고 도중에 수직 상향부가 필요한 때 트랩 장치를 한다.
② 방열기 분기관 등에서 앞단에 트랩 장치가 없을 때에는 1/50~1/100의 앞올림 기울기로 하여 응축수를 주관에 역류시킨다.
③ 환수관에 수직 상향부가 필요한 때에는 리프트 피팅을 써서 응축수가 위쪽으로 배출되게 한다.
④ 리프트 피팅은 될 수 있으면 사용개수를 많게 하고 1단을 2.5m 이내로 한다.

**해설** 리프트 피팅(Lift Fitting)
환수주관보다 지름을 한 치수 작게 하고 1단의 흡상 높이는 1.5m 이내로 하며 그 사용 개수는 가능한 적게 하고 급수펌프 근처에 1개소만 설치하는 진공환수식 증기난방 시공법이다.

**45** **보일러의 내부 부식에 속하지 않는 것은?**

① 점식
② 구식
③ 알칼리 부식
④ 고온 부식

**해설**

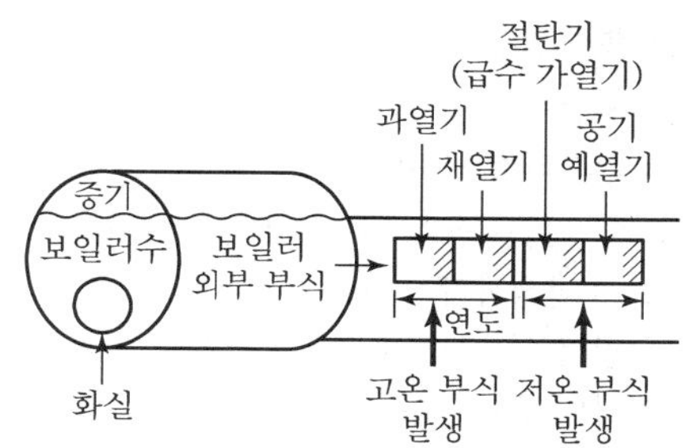


**46** **보일러 성능시험에서 강철제 증기보일러의 증기건도는 몇 % 이상이어야 하는가?**

① 89
② 93
③ 95
④ 98

**해설** 건조도(증기)
- 강철제(98% 이상)
- 주철제(97% 이상)

**47** **보일러 사고의 원인 중 보일러 취급상의 사고원인이 아닌 것은?**

① 재료 및 설계 불량
② 사용압력 초과 운전
③ 저수위 운전
④ 급수처리 불량

**해설** 재료 및 설계 불량은 보일러 제조상의 사고원인이다.

**48** **실내의 천장 높이가 12m인 극장에 대한 증기난방 설비를 설계하고자 한다. 이때의 난방부하 계산을 위한 실내 평균온도는?(단, 호흡선 1.5m에서의 실내온도는 18℃이다.)**

① 23.5℃
② 26.1℃
③ 29.8℃
④ 32.7℃

**해설** 실내천장고에 의한 평균온도 계산($t_n$)

$$t_n = t + 0.05t(h-3)$$
$$= 18 + 0.05 \times 18(12-3) = 26.1℃$$

**49 보일러 강판의 가성 취화 현상의 특징에 관한 설명으로 틀린 것은?**

① 고압보일러에서 보일러수의 알칼리 농도가 높은 경우에 발생한다.
② 발생하는 장소로는 수면 상부의 리벳과 리벳 사이에 발생하기 쉽다.
③ 발생하는 장소로는 관 구멍 등 응력이 집중하는 곳의 틈이 많은 곳이다.
④ 외견상 부식성이 없고, 극히 미세한 불규칙적인 방사상 형태를 하고 있다.

해설 가성 취화 억제제
질산나트륨, 인산나트륨, 탄닌, 리그린이며 가성 취화현상은 반드시 리벳과 리벳 사이의 수면 이하에서 발생한다.

**50 보일러에서 발생한 증기를 송기할 때의 주의사항으로 틀린 것은?**

① 주증기관 내의 응축수를 배출시킨다.
② 주증기 밸브를 서서히 연다.
③ 송기한 후에 압력계의 증기압 변동에 주의한다.
④ 송기한 후에 밸브의 개폐상태에 대한 이상 유무를 점검하고 드레인 밸브를 열어 놓는다.

해설

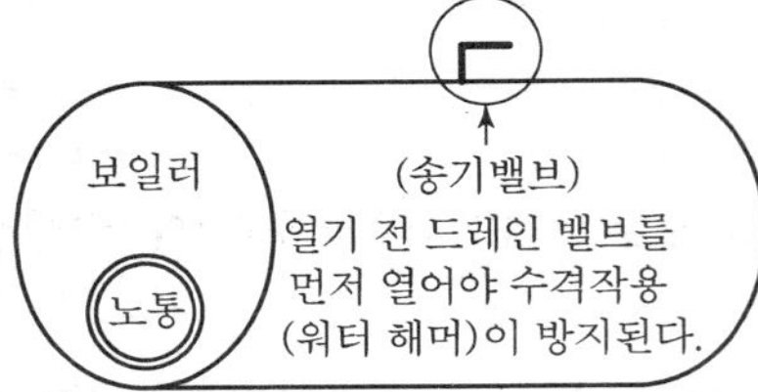
보일러
노통
(송기밸브)
열기 전 드레인 밸브를
먼저 열어야 수격작용
(워터 해머)이 방지된다.

**51 증기 트랩을 기계식, 온도조절식, 열역학적 트랩으로 구분할 때 온도조절식 트랩에 해당하는 것은?**

① 버킷 트랩
② 플로트 트랩
③ 열동식 트랩
④ 디스크형 트랩

해설 온도조절식 트랩
- 열동식(벨로스) 트랩
- 바이메탈 트랩

**52 보일러 전열면의 과열 방지대책으로 틀린 것은?**

① 보일러 내의 스케일을 제거한다.
② 다량의 불순물로 인해 보일러수가 농축되지 않게 한다.
③ 보일러의 수위가 안전 저수면 이하가 되지 않도록 한다.
④ 화염을 국부적으로 집중 가열한다.

해설 전열면 과열을 방지하려면 화염을 국부적으로 집중 가열하지 않는다.

**53 난방부하가 2,250kcal/h인 경우 온수방열기의 방열면적은?(단, 방열기의 방열량은 표준방열량으로 한다.)**

① $3.5\text{m}^2$
② $4.5\text{m}^2$
③ $5.0\text{m}^2$
④ $8.3\text{m}^2$

해설 $\text{표준방열량} = \dfrac{\text{난방부하(kcal/h)}}{450(\text{kcal/m}^2\text{h})}$

$\therefore \dfrac{2,250}{450} = 5\text{m}^2(\text{EDR})$

**54 증기난방에서 환수관의 수평배관에서 관경이 가늘어지는 경우 편심 리듀서를 사용하는 이유를 적합한 것은?**

① 응축수의 순환을 억제하기 위해
② 관의 열팽창을 방지하기 위해
③ 동심 리듀셔보다 시공을 단축하기 위해
④ 응축수의 체류를 방지하기 위해

해설 편심 리듀서는 응축수의 체류를 방지하기 위해 사용된다.

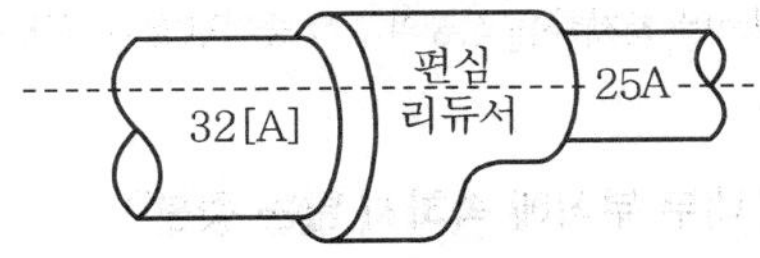
32[A]
편심
리듀서
25A

응축수의 흐름이 용이하다.

 ANSWER | 49 ② 50 ④ 51 ③ 52 ④ 53 ③ 54 ④

**55** **에너지이용 합리화법상 시공업자단체의 설립, 정관의 기재사항과 감독에 관하여 필요한 사항은 누구의 령으로 정하는가?**

① 대통령령
② 산업통상자원부령
③ 고용노동부령
④ 환경부령

해설 시공업자 단체(한국열관리시공협회 등) 설립, 정관의 기재사항, 감독은 대통령령으로 정한다(단, 시공업자단체 설립인가는 산업통상자원부령으로 한다).
※ 에너지이용 합리화법 제41조

**56** **에너지이용 합리화법상 열사용 기자재가 아닌 것은?**

① 강철제 보일러
② 구멍탄용 온수 보일러
③ 전기순간온수기
④ 2종 압력용기

해설 시행규칙 별표 1에 의거 ①, ②, ④항 외 주철제 보일러, 소형 온수 보일러, 축열식 전기보일러, 1종 압력용기, 요업요로, 금속요로 등이 열사용 기자재이다.

**57** **다음은 에너지이용 합리화법의 목적에 관한 내용이다. ( ) 안의 A, B에 각각 들어갈 용어로 옳은 것은?**

> 에너지이용 합리화법은 에너지의 수급을 안정시키고 에너지의 합리적이고 효율적인 이용을 증진하며 에너지 소비로 인한 ( A )을(를) 줄임으로써 국민 경제의 건전한 발전 및 국민복지의 증진과 ( B )의 최소화에 이바지함을 목적으로 한다.

① A=환경파괴 B=온실가스
② A=자연파괴 B=환경피해
③ A=환경피해 B=지구온난화
④ A=온실가스배출 B=환경파괴

**58** **에너지이용 합리화법에 따라 고효율 에너지 인증대상 기자재에 포함되지 않는 것은?**

① 펌프
② 전력용 변압기
③ LED 조명기기
④ 산업건물용 보일러

해설 시행규칙 제20조에 의거 ①, ③, ④항 외에도 무정전전원장치, 폐열회수환기장치 등이 인증대상 기자재이다.

**59** **에너지법에 따라 에너지기술개발 사업비의 사업에 대한 지원항목에 해당되지 않는 것은?**

① 에너지기술의 연구 · 개발에 관한 사항
② 에너지기술에 관한 국내 협력에 관한 사항
③ 에너지기술의 수요조사에 관한 사항
④ 에너지에 관한 연구인력 양성에 관한 사항

해설 에너지법 제14조에 의거 사업비 지원항목은 ①, ③, ④항 외 에너지기술에 관한 국제협력에 관한 사항 등

**60** **에너지이용 합리화법에 따라 검사에 합격되지 아니한 검사대상기기를 사용한 자에 대한 벌칙은?**

① 6개월 이하의 징역 또는 5백만 원 이하의 벌금
② 1년 이하의 징역 또는 1천만 원 이하의 벌금
③ 2년 이하의 징역 또는 2천만 원 이하의 벌금
④ 3년 이하의 징역 또는 3천만 원 이하의 벌금

해설 에너지이용 합리화법 제73조에 의거 ②항에 해당된다.

※2016년 이후부터는 한국산업인력공단에서 시험 문제를 제공하지 않으니 참고하시기 바랍니다.

55 ① 56 ③ 57 ③ 58 ② 59 ② 60 ② | ANSWER

에너지관리기능사 필기 + 실기 10일 완성

CRAFTSMAN ENERGY MANAGEMENT

PART

# 04

# CBT 실전모의고사



2017년 이후 CBT 필기시험 대비
복원기출문제 수록

01 회 실전점검!

# CBT 실전모의고사

수험번호 :

수험자명 :

제한 시간 : 1시간
남은 시간 :

글자 크기 100% 150% 200% 화면 배치

전체 문제 수 :
안 푼 문제 수 :

**01 절탄기에 대한 설명으로 옳은 것은?**

① 절탄기의 설치방식에는 혼합식과 분배식이 있다.
② 절탄기의 급수예열 온도는 포화온도 이상으로 한다.
③ 연료의 절약과 증발량의 감소 및 열효율을 감소시킨다.
④ 급수와 보일러수의 온도차 감소로 열응력을 줄여준다.

**02 분진가스를 집진기 내에 충돌시키거나 열가스의 흐름을 반전시켜 급격한 기류의 방향전환에 의해 분진을 포집하는 집진장치는?**

① 중력식 집진장치
② 관성력식 집진장치
③ 사이클론식 집진장치
④ 멀티사이클론식 집진장치

**03 비열이 0.6kcal/kg · ℃인 어떤 연료 30kg을 15℃에서 35℃까지 예열하고자 할 때 필요한 열량은 몇 kcal인가?**

① 180 ② 360
③ 450 ④ 600

**04 보일러 수위제어 검출방식에 해당되지 않는 것은?**

① 유속식 ② 전극식
③ 차압식 ④ 열팽창식

**05 다음 중 보일러의 손실열 중 가장 큰 것은?**

① 연료의 불완전연소에 의한 손실열
② 노 내 분입증기에 의한 손실열
③ 과잉 공기에 의한 손실열
④ 배기가스에 의한 손실열

답안 표기란

| | | | | |
|---|---|---|---|---|
| 1 | ① | ② | ③ | ④ |
| 2 | ① | ② | ③ | ④ |
| 3 | ① | ② | ③ | ④ |
| 4 | ① | ② | ③ | ④ |
| 5 | ① | ② | ③ | ④ |
| 6 | ① | ② | ③ | ④ |
| 7 | ① | ② | ③ | ④ |
| 8 | ① | ② | ③ | ④ |
| 9 | ① | ② | ③ | ④ |
| 10 | ① | ② | ③ | ④ |
| 11 | ① | ② | ③ | ④ |
| 12 | ① | ② | ③ | ④ |
| 13 | ① | ② | ③ | ④ |
| 14 | ① | ② | ③ | ④ |
| 15 | ① | ② | ③ | ④ |
| 16 | ① | ② | ③ | ④ |
| 17 | ① | ② | ③ | ④ |
| 18 | ① | ② | ③ | ④ |
| 19 | ① | ② | ③ | ④ |
| 20 | ① | ② | ③ | ④ |
| 21 | ① | ② | ③ | ④ |
| 22 | ① | ② | ③ | ④ |
| 23 | ① | ② | ③ | ④ |
| 24 | ① | ② | ③ | ④ |
| 25 | ① | ② | ③ | ④ |
| 26 | ① | ② | ③ | ④ |
| 27 | ① | ② | ③ | ④ |
| 28 | ① | ② | ③ | ④ |
| 29 | ① | ② | ③ | ④ |
| 30 | ① | ② | ③ | ④ |

계산기 다음 ▶ 안 푼 문제 답안 제출

**06** 증기의 압력에너지를 이용하여 피스톤을 작동시켜 급수를 행하는 펌프는?

① 워싱턴 펌프 ② 기어 펌프
③ 볼류트 펌프 ④ 디퓨저 펌프

**07** 유류연소 버너에서 기름의 예열온도가 너무 높은 경우에 나타나는 주요 현상으로 옳은 것은?

① 버너 화구의 탄화물 축적
② 버너용 모터의 마모
③ 진동, 소음의 발생
④ 점화 불량

**08** 대형 보일러인 경우에 송풍기가 작동하지 않으면 전자밸브가 열리지 않고, 점화를 저지하는 인터록은?

① 프리퍼지 인터록 ② 불착화 인터록
③ 압력초과 인터록 ④ 저수위 인터록

**09** 가압수식을 이용한 집진장치가 아닌 것은?

① 제트 스크러버
② 충격식 스크러버
③ 벤투리 스크러버
④ 사이클론 스크러버

**10** 화염 검출기의 종류 중 화염의 이온화 현상에 따른 전기 전도성을 이용하여 화염의 유무를 검출하는 것은?

① 플레임 로드 ② 플레임 아이
③ 스택스위치 ④ 광전관

01 회 실전점검! CBT 실전모의고사

수험번호 :
수험자명 :

제한 시간 : 1시간
남은 시간 :

글자 크기 100% 150% 200% 화면 배치

전체 문제 수 :
안 푼 문제 수 :

답안 표기란

|  | | | | |
|---|---|---|---|---|
| 1 | ① | ② | ③ | ④ |
| 2 | ① | ② | ③ | ④ |
| 3 | ① | ② | ③ | ④ |
| 4 | ① | ② | ③ | ④ |
| 5 | ① | ② | ③ | ④ |
| 6 | ① | ② | ③ | ④ |
| 7 | ① | ② | ③ | ④ |
| 8 | ① | ② | ③ | ④ |
| 9 | ① | ② | ③ | ④ |
| 10 | ① | ② | ③ | ④ |
| 11 | ① | ② | ③ | ④ |
| 12 | ① | ② | ③ | ④ |
| 13 | ① | ② | ③ | ④ |
| 14 | ① | ② | ③ | ④ |
| 15 | ① | ② | ③ | ④ |
| 16 | ① | ② | ③ | ④ |
| 17 | ① | ② | ③ | ④ |
| 18 | ① | ② | ③ | ④ |
| 19 | ① | ② | ③ | ④ |
| 20 | ① | ② | ③ | ④ |
| 21 | ① | ② | ③ | ④ |
| 22 | ① | ② | ③ | ④ |
| 23 | ① | ② | ③ | ④ |
| 24 | ① | ② | ③ | ④ |
| 25 | ① | ② | ③ | ④ |
| 26 | ① | ② | ③ | ④ |
| 27 | ① | ② | ③ | ④ |
| 28 | ① | ② | ③ | ④ |
| 29 | ① | ② | ③ | ④ |
| 30 | ① | ② | ③ | ④ |

**11 원심형 송풍기에 해당하지 않는 것은?**

① 터보형 ② 다익형
③ 플레이트형 ④ 프로펠러형

**12 석탄의 함유 성분이 많을수록 연소에 미치는 영향에 대한 설명으로 틀린 것은?**

① 수분 : 착화성이 저하된다.
② 회분 : 연소 효율이 증가한다.
③ 고정탄소 : 발열량이 증가한다.
④ 휘발분 : 검은 매연이 발생하기 쉽다.

**13 습증기의 엔탈피 $h_x$를 구하는 식으로 옳은 것은?(단, $h$ : 포화수의 엔탈피, $x$ : 건조도, $r$ : 증발잠열(숨은 열), $v$ : 포화수의 비체적)**

① $h_x = h + x$ ② $h_x = h + r$
③ $h_x = h + xr$ ④ $h_x = v + h + xr$

**14 보일러의 자동제어에서 제어량에 따른 조작량의 대상으로 옳은 것은?**

① 증기온도 : 연소가스량
② 증기압력 : 연료량
③ 보일러 수위 : 공기량
④ 노 내 압력 : 급수량

**15 연관 보일러에서 연관에 대한 설명으로 옳은 것은?**

① 관의 내부로 연소가스가 지나가는 관
② 관의 외부로 연소가스가 지나가는 관
③ 관의 내부로 증기가 지나가는 관
④ 관의 내부로 물이 지나가는 관

계산기 다음 ▶ 안 푼 문제 답안 제출

01 회 실전점검! CBT 실전모의고사

수험번호 :
수험자명 :

제한 시간 : 1시간
남은 시간 :

글자 크기 100% 150% 200% 화면 배치

전체 문제 수 :
안 푼 문제 수 :

**16** 90℃의 물 1,000kg에 15℃의 물 2,000kg을 혼합시키면 온도는 몇 ℃가 되는가?

① 40 ② 30
③ 20 ④ 10

**17** 유류 보일러 시스템에서 중유를 사용할 때 흡입 측의 여과망 눈 크기로 적합한 것은?

① 1～10mesh ② 20～60mesh
③ 100～150mesh ④ 300～500mesh

**18** 다음 중 보일러수 분출의 목적이 아닌 것은?

① 보일러수의 농축을 방지한다.
② 프라이밍, 포밍을 방지한다.
③ 관수의 순환을 좋게 한다.
④ 포화증기를 과열증기로 증기의 온도를 상승시킨다.

**19** 화염 검출기에서 검출되어 프로텍터 릴레이로 전달된 신호는 버너 및 어떤 장치로 다시 전달되는가?

① 압력제한 스위치
② 저수위 경보장치
③ 연료차단밸브
④ 안전밸브

**20** 기체연료의 특징으로 틀린 것은?

① 연소조절 및 점화나 소화가 용이하다.
② 시설비가 적게 들며 저장이나 취급이 편리하다.
③ 회분이나 매연 발생이 없어서 연소 후 청결하다.
④ 연료 및 연소용 공기도 예열되어 고온을 얻을 수 있다.

답안 표기란

| | | | | |
|---|---|---|---|---|
| 1 | ① | ② | ③ | ④ |
| 2 | ① | ② | ③ | ④ |
| 3 | ① | ② | ③ | ④ |
| 4 | ① | ② | ③ | ④ |
| 5 | ① | ② | ③ | ④ |
| 6 | ① | ② | ③ | ④ |
| 7 | ① | ② | ③ | ④ |
| 8 | ① | ② | ③ | ④ |
| 9 | ① | ② | ③ | ④ |
| 10 | ① | ② | ③ | ④ |
| 11 | ① | ② | ③ | ④ |
| 12 | ① | ② | ③ | ④ |
| 13 | ① | ② | ③ | ④ |
| 14 | ① | ② | ③ | ④ |
| 15 | ① | ② | ③ | ④ |
| 16 | ① | ② | ③ | ④ |
| 17 | ① | ② | ③ | ④ |
| 18 | ① | ② | ③ | ④ |
| 19 | ① | ② | ③ | ④ |
| 20 | ① | ② | ③ | ④ |
| 21 | ① | ② | ③ | ④ |
| 22 | ① | ② | ③ | ④ |
| 23 | ① | ② | ③ | ④ |
| 24 | ① | ② | ③ | ④ |
| 25 | ① | ② | ③ | ④ |
| 26 | ① | ② | ③ | ④ |
| 27 | ① | ② | ③ | ④ |
| 28 | ① | ② | ③ | ④ |
| 29 | ① | ② | ③ | ④ |
| 30 | ① | ② | ③ | ④ |

계산기 다음 ▶ 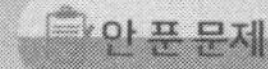 

**21 다음 중 수관식 보일러 종류가 아닌 것은?**

① 다쿠마 보일러
② 가르베 보일러
③ 야로 보일러
④ 하우덴 존슨 보일러

**22 보일러 1마력을 열량으로 환산하면 약 몇 kcal/h인가?**

① 15.65
② 539
③ 1,078
④ 8,435

**23 보일러 효율 시험방법에 관한 설명으로 틀린 것은?**

① 급수온도는 절탄기가 있는 것은 절탄기 입구에서 측정한다.
② 배기가스의 온도는 전열면의 최종 출구에서 측정한다.
③ 포화증기의 압력은 보일러 출구의 압력으로 부르동관식 압력계로 측정한다.
④ 증기온도의 경우 과열기가 있을 때는 과열기 입구에서 측정한다.

**24 비교적 많은 동력이 필요하나 강한 통풍력을 얻을 수 있어 통풍저항이 큰 대형 보일러나 고성능 보일러에 널리 사용되고 있는 통풍방식은?**

① 자연통풍방식
② 평형통풍방식
③ 직접흡입 통풍방식
④ 간접흡입 통풍방식

**25 고체연료에 대한 연료비를 가장 잘 설명한 것은?**

① 고정탄소와 휘발분의 비
② 회분과 휘발분의 비
③ 수분과 회분의 비
④ 탄소와 수소의 비

01 회 실전점검!

# CBT 실전모의고사

수험번호 :

수험자명 :

제한 시간 : 1시간
남은 시간 :

글자 크기 100% 150% 200% 화면 배치

전체 문제 수 :
안 푼 문제 수 :

**26** 보일러의 최고사용압력이 0.1MPa 이하일 경우 설치 가능한 과압 방지 안전장치의 크기는?

① 호칭지름 5mm　② 호칭지름 10mm
③ 호칭지름 15mm　④ 호칭지름 20mm

**27** 보일러 부속장치에서 연소가스의 저온부식과 가장 관계가 있는 것은?

① 공기예열기　② 과열기
③ 재생기　④ 재열기

**28** 비점이 낮은 물질인 수은, 다우섬 등을 사용하여 저압에서도 고온을 얻을 수 있는 보일러는?

① 관류식 보일러
② 열매체식 보일러
③ 노통연관식 보일러
④ 자연순환 수관식 보일러

**29** 어떤 보일러의 연소효율이 92%, 전열면 효율이 85%이면 보일러 효율은?

① 73.2%　② 74.8%
③ 78.2%　④ 82.8%

**30** 글랜드 패킹의 종류에 해당하지 않는 것은?

① 편조 패킹
② 액상 합성수지 패킹
③ 플라스틱 패킹
④ 메탈 패킹

답안 표기란

|  | | | | |
|---|---|---|---|---|
| 1 | ① | ② | ③ | ④ |
| 2 | ① | ② | ③ | ④ |
| 3 | ① | ② | ③ | ④ |
| 4 | ① | ② | ③ | ④ |
| 5 | ① | ② | ③ | ④ |
| 6 | ① | ② | ③ | ④ |
| 7 | ① | ② | ③ | ④ |
| 8 | ① | ② | ③ | ④ |
| 9 | ① | ② | ③ | ④ |
| 10 | ① | ② | ③ | ④ |
| 11 | ① | ② | ③ | ④ |
| 12 | ① | ② | ③ | ④ |
| 13 | ① | ② | ③ | ④ |
| 14 | ① | ② | ③ | ④ |
| 15 | ① | ② | ③ | ④ |
| 16 | ① | ② | ③ | ④ |
| 17 | ① | ② | ③ | ④ |
| 18 | ① | ② | ③ | ④ |
| 19 | ① | ② | ③ | ④ |
| 20 | ① | ② | ③ | ④ |
| 21 | ① | ② | ③ | ④ |
| 22 | ① | ② | ③ | ④ |
| 23 | ① | ② | ③ | ④ |
| 24 | ① | ② | ③ | ④ |
| 25 | ① | ② | ③ | ④ |
| 26 | ① | ② | ③ | ④ |
| 27 | ① | ② | ③ | ④ |
| 28 | ① | ② | ③ | ④ |
| 29 | ① | ② | ③ | ④ |
| 30 | ① | ② | ③ | ④ |

계산기　다음 ▶　안 푼 문제　답안 제출

01 회 실전점검! CBT 실전모의고사

수험번호 :
수험자명 :

제한 시간 : 1시간
남은 시간 :

글자 크기 100% 150% 200% 화면 배치 전체 문제 수 : 안 푼 문제 수 :

답안 표기란

31 온수 보일러에 팽창탱크를 설치하는 주된 이유로 옳은 것은?

① 물의 온도 상승에 따른 체적팽창에 의한 보일러의 파손을 막기 위한 것이다.
② 배관 중의 이물질을 제거하여 연료의 흐름을 원활히 하기 위한 것이다.
③ 온수 순환펌프에 의한 맥동 및 캐비테이션을 방지하기 위한 것이다.
④ 보일러, 배관, 방열기 내에 발생한 스케일 및 슬러지를 제거하기 위한 것이다.

32 포밍, 플라이밍의 방지대책으로 부적합한 것은?

① 정상 수위로 운전할 것
② 급격한 과연소를 하지 않을 것
③ 수증기 밸브를 천천히 개방할 것
④ 수저 또는 수면 분출을 하지 말 것

33 가스보일러에서 가스폭발의 예방을 위한 유의사항으로 틀린 것은?

① 가스압력이 적당하고 안정되어 있는지 점검한다.
② 화로 및 굴뚝의 통풍, 환기를 완벽하게 하는 것이 필요하다.
③ 점화용 가스의 종류는 가급적 화력이 낮은 것을 사용한다.
④ 착화 후 연소가 불안정할 때는 즉시 가스공급을 중단한다.

34 온수난방설비에서 온수, 온도차에 의한 비중력차로 순환하는 방식으로 단독주택이나 소규모 난방에 사용되는 난방방식은?

① 강제순환식 난방 ② 하향순환식 난방
③ 자연순환식 난방 ④ 상향순환식 난방

35 보일러 사고의 원인 중 제작상의 원인에 해당되지 않는 것은?

① 구조의 불량 ② 강도 부족
③ 재료의 불량 ④ 압력 초과

|  | | | | |
|---|---|---|---|---|
| 31 | ① | ② | ③ | ④ |
| 32 | ① | ② | ③ | ④ |
| 33 | ① | ② | ③ | ④ |
| 34 | ① | ② | ③ | ④ |
| 35 | ① | ② | ③ | ④ |
| 36 | ① | ② | ③ | ④ |
| 37 | ① | ② | ③ | ④ |
| 38 | ① | ② | ③ | ④ |
| 39 | ① | ② | ③ | ④ |
| 40 | ① | ② | ③ | ④ |
| 41 | ① | ② | ③ | ④ |
| 42 | ① | ② | ③ | ④ |
| 43 | ① | ② | ③ | ④ |
| 44 | ① | ② | ③ | ④ |
| 45 | ① | ② | ③ | ④ |
| 46 | ① | ② | ③ | ④ |
| 47 | ① | ② | ③ | ④ |
| 48 | ① | ② | ③ | ④ |
| 49 | ① | ② | ③ | ④ |
| 50 | ① | ② | ③ | ④ |
| 51 | ① | ② | ③ | ④ |
| 52 | ① | ② | ③ | ④ |
| 53 | ① | ② | ③ | ④ |
| 54 | ① | ② | ③ | ④ |
| 55 | ① | ② | ③ | ④ |
| 56 | ① | ② | ③ | ④ |
| 57 | ① | ② | ③ | ④ |
| 58 | ① | ② | ③ | ④ |
| 59 | ① | ② | ③ | ④ |
| 60 | ① | ② | ③ | ④ |

계산기 다음 ▶ 안 푼 문제 답안 제출

**36** 액체연료의 주요 성상으로 가장 거리가 먼 것은?

① 비중 ② 점도
③ 부피 ④ 인화점

**37** 연소가스 성분 중 인체에 미치는 독성이 가장 적은 것은?

① $SO_2$ ② $NO_2$
③ $CO_2$ ④ CO

**38** 열정산 방법에서 입열 항목에 속하지 않는 것은?

① 발생증기의 흡수열
② 연료의 연소열
③ 연료의 현열
④ 공기의 현열

**39** 증기보일러의 기타 부속장치가 아닌 것은?

① 비수방지관
② 기수분리기
③ 팽창탱크
④ 급수내관

**40** 온수난방에서 방열기 내 온수의 평균온도가 82℃, 실내온도가 18℃이고, 방열기의 방열계수가 6.8kcal/m$^2$ · h · ℃인 경우 방열기의 방열량은?

① 650.9kcal/m$^2$ · h
② 557.6kcal/m$^2$ · h
③ 450.7kcal/m$^2$ · h
④ 435.2kcal/m$^2$ · h

01회 실전점검!
# CBT 실전모의고사

수험번호 :
수험자명 :

제한 시간 : 1시간
남은 시간 :

글자 크기 100% 150% 200% 화면 배치

전체 문제 수 :
안 푼 문제 수 :

**41** **증기난방에서 저압증기 환수관이 진공펌프의 흡입구보다 낮은 위치에 있을 때 응축수를 원활히 끌어올리기 위해 설치하는 것은?**

① 하트포드 접속(Hartford Connection)
② 플래시 레그(Flash Leg)
③ 리프트 피팅(Lift Fitting)
④ 냉각관(Cooling Leg)

**42** **증기과열기의 열 가스 흐름방식 분류 중 증기와 연소가스의 흐름이 반대방향으로 지나면서 열교환이 되는 방식은?**

① 병류형
② 혼류형
③ 향류형
④ 복사대류형

**43** **유류용 온수 보일러에서 버너가 정지하고 리셋 버튼이 돌출하는 경우는?**

① 연통의 길이가 너무 길다.
② 연소용 공기량이 부적당하다.
③ 오일 배관 내의 공기가 빠지지 않고 있다.
④ 실내온도 조절기의 설정온도가 실내온도보다 낮다.

**44** **다음 열효율 증대장치 중에서 고온부식이 잘 일어나는 장치는?**

① 공기예열기
② 과열기
③ 증발전열면
④ 절탄기

**45** **보일러 설치 · 시공 기준상 유류보일러의 용량이 시간당 몇 톤 이상이면 공급 연료량에 따라 연소용 공기를 자동 조절하는 기능이 있어야 하는가?(단, 난방 보일러인 경우이다.)**

① 1t/h
② 3t/h
③ 5t/h
④ 10t/h

답안 표기란

| | | | | |
|---|---|---|---|---|
| 31 | ① | ② | ③ | ④ |
| 32 | ① | ② | ③ | ④ |
| 33 | ① | ② | ③ | ④ |
| 34 | ① | ② | ③ | ④ |
| 35 | ① | ② | ③ | ④ |
| 36 | ① | ② | ③ | ④ |
| 37 | ① | ② | ③ | ④ |
| 38 | ① | ② | ③ | ④ |
| 39 | ① | ② | ③ | ④ |
| 40 | ① | ② | ③ | ④ |
| 41 | ① | ② | ③ | ④ |
| 42 | ① | ② | ③ | ④ |
| 43 | ① | ② | ③ | ④ |
| 44 | ① | ② | ③ | ④ |
| 45 | ① | ② | ③ | ④ |
| 46 | ① | ② | ③ | ④ |
| 47 | ① | ② | ③ | ④ |
| 48 | ① | ② | ③ | ④ |
| 49 | ① | ② | ③ | ④ |
| 50 | ① | ② | ③ | ④ |
| 51 | ① | ② | ③ | ④ |
| 52 | ① | ② | ③ | ④ |
| 53 | ① | ② | ③ | ④ |
| 54 | ① | ② | ③ | ④ |
| 55 | ① | ② | ③ | ④ |
| 56 | ① | ② | ③ | ④ |
| 57 | ① | ② | ③ | ④ |
| 58 | ① | ② | ③ | ④ |
| 59 | ① | ② | ③ | ④ |
| 60 | ① | ② | ③ | ④ |

계산기 다음 ▶ 안 푼 문제

**46** 온도 25℃의 급수를 공급받아 엔탈피가 725kcal/kg인 증기를 1시간당 2,310kg을 발생시키는 보일러의 상당 증발량은?

① 1,500kg/h ② 3,000kg/h
③ 4,500kg/h ④ 6,000kg/h

**47** 다음 중 가스관의 누설검사 시 사용하는 물질로 가장 적합한 것은?

① 소금물 ② 증류수
③ 비눗물 ④ 기름

**48** 하트포드 접속법(Hartford Connection)을 사용하는 난방방식은?

① 저압 증기난방
② 고압 증기난방
③ 저온 온수난방
④ 고온 온수난방

**49** 난방부하를 구성하는 인자에 속하는 것은?

① 관류 열손실
② 환기에 의한 취득 열량
③ 유리창을 통한 취득 열량
④ 벽, 지붕 등을 통한 취득 열량

**50** 증기관이나 온수관 등에 대한 단열로서 불필요한 방열을 방지하고 인체에 화상을 입히는 위험 방지 또는 실내공기의 이상온도 상승 방지 등을 목적으로 하는 것은?

① 방로 ② 보랭
③ 방한 ④ 보온

**51** 보일러 급수 중의 용존(용해) 고형물을 처리하는 방법으로 부적합한 것은?

① 증류법
② 응집법
③ 약품 첨가법
④ 이온 교환법

**52** 증기보일러에는 2개 이상의 안전밸브를 설치하여야 하는 반면에 1개 이상으로 설치 가능한 보일러의 최대 전열면적은?

① $50m^2$
② $60m^2$
③ $70m^2$
④ $80m^2$

**53** 에너지이용 합리화법상 에너지 진단기관의 지정기준은 누구의 영으로 정하는가?

① 대통령
② 시 · 도지사
③ 시공업자단체장
④ 산업통상자원부장관

**54** 에너지법에서 정한 지역에너지계획을 수립 · 시행하여야 하는 자는?

① 행정자치부장관
② 산업통상자원부장관
③ 한국에너지공단 이사장
④ 특별시장 · 광역시장 · 도지사 또는 특별자치도지사

**55** 열팽창에 대한 신축이 방열기에 영향을 미치지 않도록 주로 증기 및 온수난방용 배관에 사용되며, 2개 이상의 엘보를 사용하는 신축 이음은?

① 벨로스 이음
② 루프형 이음
③ 슬리브 이음
④ 스위블 이음

| 번호 | | | | |
|---|---|---|---|---|
| 31 | ① | ② | ③ | ④ |
| 32 | ① | ② | ③ | ④ |
| 33 | ① | ② | ③ | ④ |
| 34 | ① | ② | ③ | ④ |
| 35 | ① | ② | ③ | ④ |
| 36 | ① | ② | ③ | ④ |
| 37 | ① | ② | ③ | ④ |
| 38 | ① | ② | ③ | ④ |
| 39 | ① | ② | ③ | ④ |
| 40 | ① | ② | ③ | ④ |
| 41 | ① | ② | ③ | ④ |
| 42 | ① | ② | ③ | ④ |
| 43 | ① | ② | ③ | ④ |
| 44 | ① | ② | ③ | ④ |
| 45 | ① | ② | ③ | ④ |
| 46 | ① | ② | ③ | ④ |
| 47 | ① | ② | ③ | ④ |
| 48 | ① | ② | ③ | ④ |
| 49 | ① | ② | ③ | ④ |
| 50 | ① | ② | ③ | ④ |
| 51 | ① | ② | ③ | ④ |
| 52 | ① | ② | ③ | ④ |
| 53 | ① | ② | ③ | ④ |
| 54 | ① | ② | ③ | ④ |
| 55 | ① | ② | ③ | ④ |
| 56 | ① | ② | ③ | ④ |
| 57 | ① | ② | ③ | ④ |
| 58 | ① | ② | ③ | ④ |
| 59 | ① | ② | ③ | ④ |
| 60 | ① | ② | ③ | ④ |

**56** 보일러수 내처리 방법으로 용도에 따른 청관제로 틀린 것은?

① 탈산소제－염산, 알코올
② 연화제－탄산소다, 인산소다
③ 슬러지 조정제－탄닌, 리그닌
④ pH 조정제－인산소다, 암모니아

**57** 검사대상기기 조종범위 용량이 10t/h 이하인 보일러의 조종자 자격이 아닌 것은?

① 에너지관리기사
② 에너지관리기능장
③ 에너지관리기능사
④ 인정검사대상기기조종자 교육 이수자

**58** 에너지이용 합리화법에 따라 산업통상자원부령으로 정하는 광고매체를 이용하여 효율관리기자재의 광고를 하는 경우 그 광고 내용에 에너지소비효율, 에너지소비효율등급을 포함시켜야 할 의무가 있는 자가 아닌 것은?

① 효율관리기자재의 제조업자
② 효율관리기자재의 광고업자
③ 효율관리기자재의 수입업자
④ 효율관리기자재의 판매업자

**59** 효율관리기자재가 최저소비효율기준에 미달하거나 최대사용량기준을 초과하는 경우 제조·수입·판매업자에게 어떠한 조치를 명할 수 있는가?

① 생산 또는 판매 금지
② 제조 또는 설치 금지
③ 생산 또는 세관 금지
④ 제조 또는 시공 금지

**60** 열사용 기자재 중 온수를 발생하는 소형온수 보일러의 적용범위로 옳은 것은?

① 전열면적 $12m^2$ 이하, 최고사용압력 0.25MPa 이하의 온수를 발생하는 것
② 전열면적 $14m^2$ 이하, 최고사용압력 0.25MPa 이하의 온수를 발생하는 것
③ 전열면적 $12m^2$ 이하, 최고사용압력 0.35MPa 이하의 온수를 발생하는 것
④ 전열면적 $14m^2$ 이하, 최고사용압력 0.35MPa 이하의 온수를 발생하는 것

| 번호 | | | | |
|---|---|---|---|---|
| 31 | ① | ② | ③ | ④ |
| 32 | ① | ② | ③ | ④ |
| 33 | ① | ② | ③ | ④ |
| 34 | ① | ② | ③ | ④ |
| 35 | ① | ② | ③ | ④ |
| 36 | ① | ② | ③ | ④ |
| 37 | ① | ② | ③ | ④ |
| 38 | ① | ② | ③ | ④ |
| 39 | ① | ② | ③ | ④ |
| 40 | ① | ② | ③ | ④ |
| 41 | ① | ② | ③ | ④ |
| 42 | ① | ② | ③ | ④ |
| 43 | ① | ② | ③ | ④ |
| 44 | ① | ② | ③ | ④ |
| 45 | ① | ② | ③ | ④ |
| 46 | ① | ② | ③ | ④ |
| 47 | ① | ② | ③ | ④ |
| 48 | ① | ② | ③ | ④ |
| 49 | ① | ② | ③ | ④ |
| 50 | ① | ② | ③ | ④ |
| 51 | ① | ② | ③ | ④ |
| 52 | ① | ② | ③ | ④ |
| 53 | ① | ② | ③ | ④ |
| 54 | ① | ② | ③ | ④ |
| 55 | ① | ② | ③ | ④ |
| 56 | ① | ② | ③ | ④ |
| 57 | ① | ② | ③ | ④ |
| 58 | ① | ② | ③ | ④ |
| 59 | ① | ② | ③ | ④ |
| 60 | ① | ② | ③ | ④ |

# CBT 정답 및 해설

| 01 | 02 | 03 | 04 | 05 | 06 | 07 | 08 | 09 | 10 |
|---|---|---|---|---|---|---|---|---|---|
| ④ | ② | ② | ① | ④ | ① | ① | ① | ② | ① |
| 11 | 12 | 13 | 14 | 15 | 16 | 17 | 18 | 19 | 20 |
| ④ | ② | ③ | ② | ① | ① | ② | ④ | ③ | ② |
| 21 | 22 | 23 | 24 | 25 | 26 | 27 | 28 | 29 | 30 |
| ④ | ④ | ④ | ② | ① | ④ | ① | ② | ③ | ② |
| 31 | 32 | 33 | 34 | 35 | 36 | 37 | 38 | 39 | 40 |
| ① | ④ | ③ | ③ | ④ | ③ | ③ | ① | ③ | ④ |
| 41 | 42 | 43 | 44 | 45 | 46 | 47 | 48 | 49 | 50 |
| ③ | ③ | ③ | ② | ④ | ② | ③ | ① | ① | ④ |
| 51 | 52 | 53 | 54 | 55 | 56 | 57 | 58 | 59 | 60 |
| ② | ① | ① | ④ | ④ | ① | ④ | ② | ① | ④ |

**01 풀이 |**

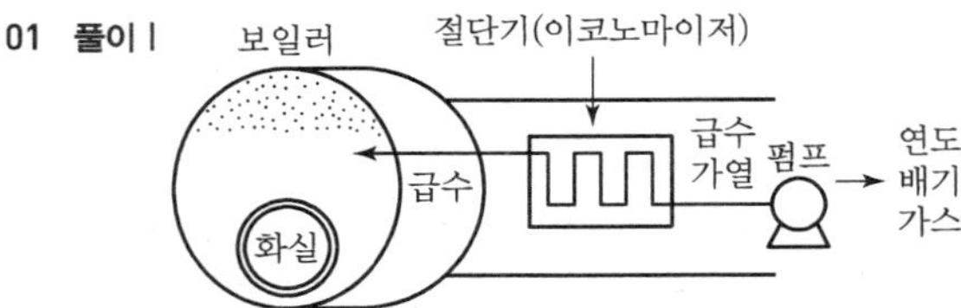


**02 풀이 |**

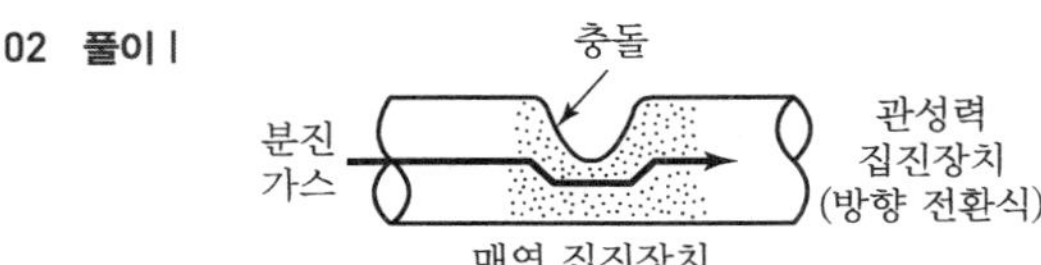


**03 풀이 |** 현열($Q$)＝30kg×0.6kcal/kg·℃×(35－15)℃
＝360kcal
※ 비열이 주어지면 현열공식을 적용한다.

**04 풀이 | 보일러 수위제어**
- 전극식
- 차압식
- 열팽창식
- 맥도널식(기계식＝부자식)

**05 풀이 |** 보일러 열손실 중 배기가스에 의한 열손실이 가장 크다(열정산 출열에 해당된다).

**06 풀이 | 워싱턴 펌프, 웨어 펌프**
보일러 증기 압력 에너지를 이용하여 피스톤을 작동시키는 비동력 펌프이다(워싱턴 펌프는 피스톤이 2개로 급수용, 증기용으로 사용됨).

**07 풀이 |** 유류(오일)는 버너에서 예열온도가 너무 높으면 연료가 열분해되어서 버너 화구에서 탄화물이 축적된다.

**08 풀이 | 프리퍼지 인터록**
보일러 점화 시 점화 직전에 송풍기가 고장 나 퍼지(노내 환기)가 되지 않으면 전자밸브가 열리지 않고 점화를 저지한다.

**09 풀이 | 가압수식(세정식) 집진장치(미세 매연분리기)**
- 제트 스크러버
- 벤투리 스크러버
- 사이클론 스크러버

**10 풀이 |**
- 플레임 아이 : 화염의 불빛을 이용(광전관)
- 플레임 로드 : 이온화(불꽃의 전기전도성 이용)
- 스택 스위치 : 연도에서 발열팽창온도 이용

**11 풀이 | 축류형 송풍기**
- 디스크형
- 프로펠러형

**12 풀이 |** 회분(고체연료의 재)이 많으면 연소 효율이 감소한다.

**13 풀이 |**
- 습포화증기엔탈피($h_x$)
＝포화수엔탈피＋건조도×증발잠열＝kcal/kg
- 건포화증기엔탈피($h''$)＝포화수엔탈피＋증발잠열

**14 풀이 |**

| 제어장치명 | 제어량 | 조작량 |
|---|---|---|
| 자동연소 (ACC) | 증기압력 | 연료량<br>공기량(증기압력) |
| | 노 내 압력 | 연소가스량<br>(노 내 압력) |
| 자동급수 (FWC) | 보일러 수위 | 급수량 |
| 자동증기온도 (STC) | 증기온도 | 전열량 |

**15 풀이 |**

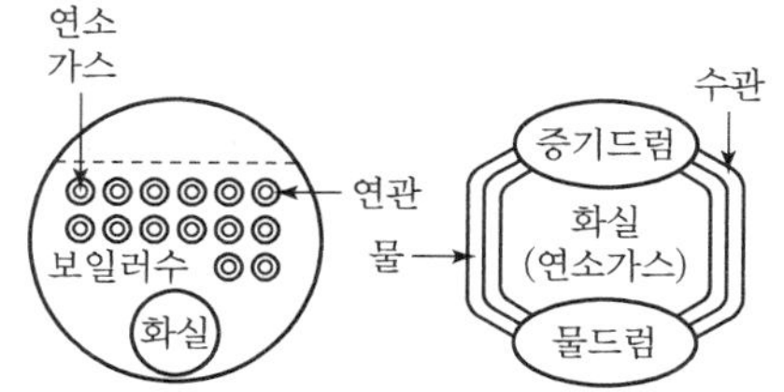

(연관과 수관은 반대이다.)

**16 풀이 |** • 90℃ 물의 현열
$=1{,}000\text{kg}\times 1\text{kcal/kg}\cdot℃\times(90-0)$
$=90{,}000\text{kcal}$
• 15℃ 물의 현열
$=2{,}000\text{kg}\times 1\text{kcal/kg}\cdot℃\times(15-0)$점
$=30{,}000\text{kcal}$
• 총 무게질량$=1{,}000+2{,}000=3{,}000\text{kg}$
$\therefore$ 혼합온도$=\dfrac{90{,}000+30{,}000}{3{,}000}=40℃$

**17 풀이 |**

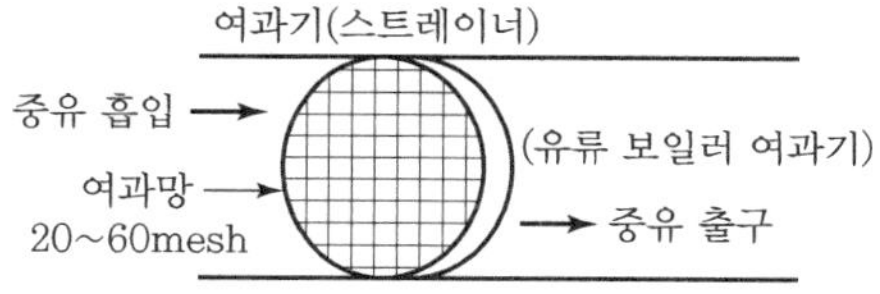


**18 풀이 |** ④는 과열기에 대한 설명이다.

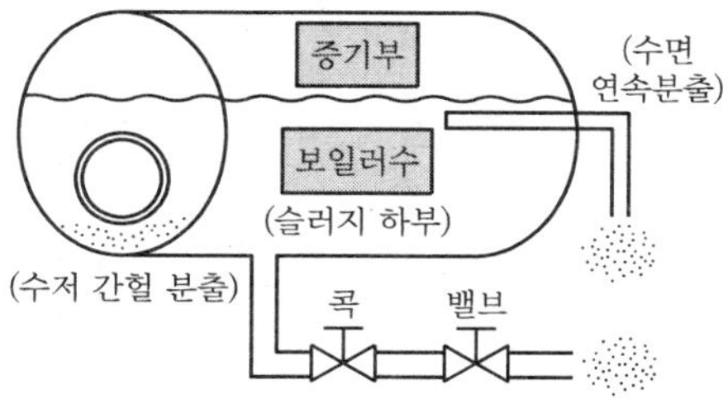


**19 풀이 |**

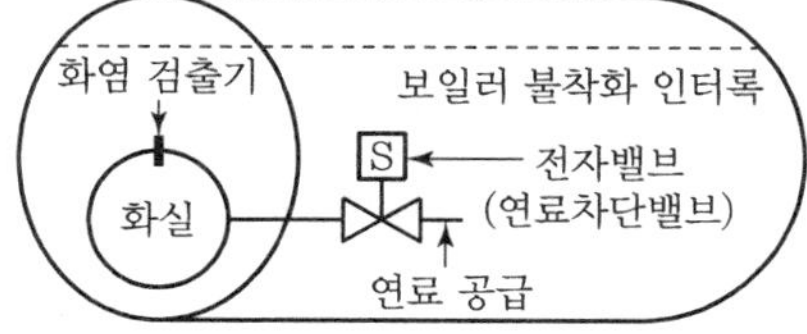


**20 풀이 |** 기체연료는 시설비가 많이 들고 저장이나 취급이 불편하다(도시가스, LPG 가스).

**21 풀이 |** 선박용 노통연관식 보일러(원통횡형 보일러)
• 하우덴 존슨 보일러
• 부르동 카프스 보일러

**22 풀이 |** 보일러 1마력의 능력
상당증발량 15.65kg/h 발생능력
$\therefore$ $15.65\times 539$kcal/kg(증발잠열)$=8{,}435$kcal/h

**23 풀이 |**

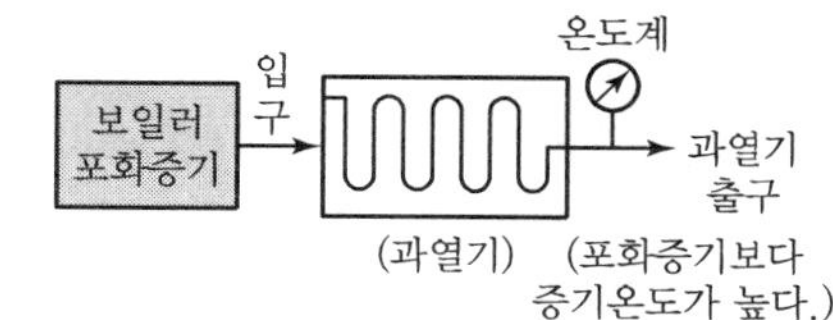


**24 풀이 |**

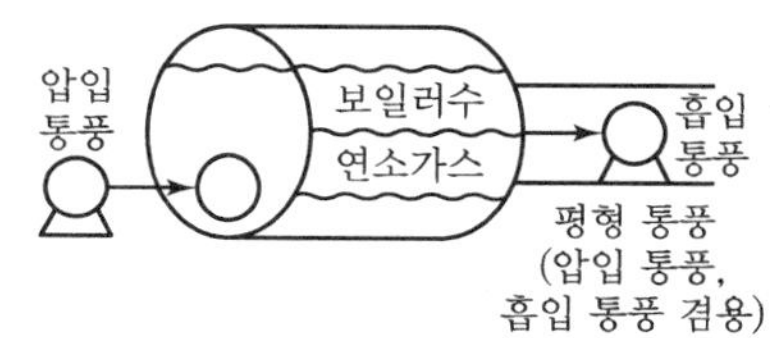


**25 풀이 |** 고체연료의 연료비$=\dfrac{\text{고정탄소}}{\text{휘발분}}$(연료비가 클수록 좋은 고체연료이다.)

**26 풀이 |** 0.1MPa(1kg/cm$^2$) 이하 보일러의 최고 사용 압력에서 안전밸브의 크기는 호칭지름 20mm 이상이다.

**27 풀이 |** 저온부식 (S)황$+O_2 \rightarrow SO_2$, $SO_2+\frac{1}{2}O_2 \rightarrow SO_3$,
$SO_3+H_2O \rightarrow H_2SO_4$(진한 황산=저온부식)
※ 폐열회수장치 설치순서
보일러 → 과열기, 재열기(고온부식 발생) → 절탄기, 공기예열기(저온부식 발생)

**28 풀이 |** 열매체
수은, 다우섬, 카네크롤, 세큐리티, 모빌섬 등(저압에서 고온의 기상, 액상 발생이 가능하다.)

**29 풀이 |** 보일러 효율＝연소 효율×전열면 효율
＝(0.92×0.85)
＝0.782(78.2%)

**30 풀이 | 나사용 패킹제**
- 페인트(광명단＋페인트)
- 일산화연(페인트＋납 소량)
- 액화 합성수지(－30～130℃의 내열범위에 사용)

**31 풀이 |** 온수 보일러에 팽창탱크를 설치하는 목적은 물의 온도 상승에 따른 체적팽창에 의한 보일러의 파손을 막기 위한 것이다.

**32 풀이 |** 포밍(물거품), 플라이밍(비수 : 수증기에 수분이 공급되는 것)이 발생하면 기수공발(캐리오버)이 일어나므로 그 방지책으로 ①, ②, ③항 조치 및 수면, 수저 분출을 실시한다.

**33 풀이 |** 점화 시 1회에 바로 점화가 되어야 하므로 점화용 가스는 가급적 화력이 큰 가스를 사용한다.

**34 풀이 |**
- 단독주택, 소규모 온수난방 : 자연순환식 난방
- 대형주택, 건축물 온수난방 : 강제순환식 난방

**35 풀이 | 보일러 취급상의 사고**
- 압력 초과
- 부식
- 저수위 사고
- 가스 폭발

**36 풀이 | 부피의 단위($m^3$)**
- 물 $1m^3$＝1,000kg, 공기 $1m^3$＝1.293kg
- $1m^3$＝1,000L, 1kmol＝$22.4m^3$

**37 풀이 |** ㉠ 독성허용농도(ppm) : TLV－TWA 기준용
- $SO_2$ : 5
- NO : 25
- $CO_2$ : 5,000
- CO : 50
- $COCl_2$ : 0.1

㉡ 허용농도 수치(ppm)가 작을수록 더 위험한 독성가스이다.

$1ppm = \frac{1}{100만}$ 에 해당된다.

**38 풀이 | 출열 항목**
발생증기의 흡수열 및 방사열, 미연탄소분에 의한 열, 불완전 열손실, 노 내 분입증기에 의한 열 등이다.

**39 풀이 | 팽창탱크**
㉠ 종류
- 저온수난방용(개방식)
- 고온수난방용(밀폐식)

㉡ 온수 보일러에서 온수가 비등하면 약 4.3%의 물이 팽창한다.
㉢ 물이 얼면 약 9%가 팽창한다.

**40 풀이 | 방열기(라디에이터)의 소요 방열량**
＝방열기계수×온도차
＝6.8×(82－18)＝435.2kcal/$m^2$ · h

**41 풀이 |**

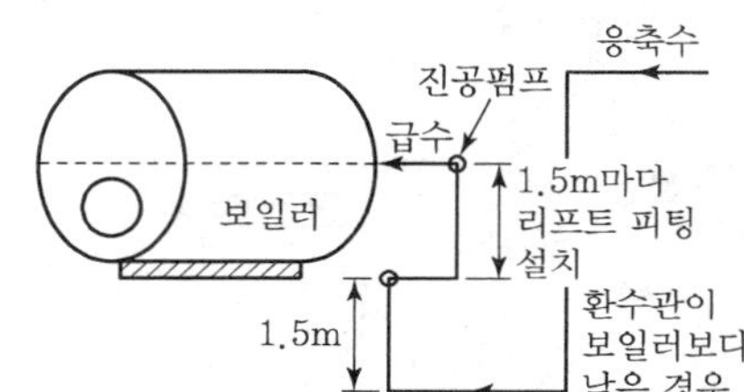


**42 풀이 | 열교환 과열기의 방식**

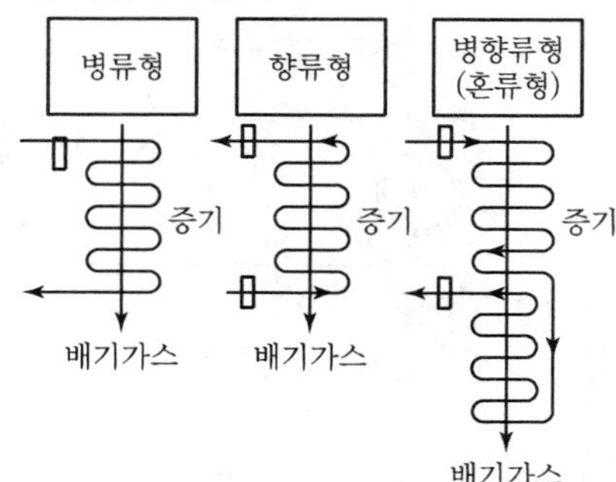


**43 풀이 |** 유류용 온수 보일러에서 오일배관 내 공기가 빠지지 않으면 오일 공급이 원활하지 못하여 버너가 정지하고 리셋 버튼이 돌출한다.

**44 풀이 |**
- 고온부식 발생지점 : 과열기, 재열기
  고온부식 인자 : 바나지움 · 나트륨
- 저온부식 발생지점 : 절탄기, 공기예열기
  저온부식 인자 : 황 · 무수황산

**45 풀이 |** 연소용 공기 자동조절기능 부착 조건
- 가스보일러 및 용량 5t/h 이상인 유류보일러에 설치한다.
- 난방 전용은 10t/h 이상(60만 kcal/h가 증기보일러 1t/h이다.)

**46 풀이 |** • 상당 증발량

$$= \frac{\text{시간당 증기량(증기엔탈피} - \text{급수엔탈피)}}{539}$$

$$= \frac{2,310(725-25)}{539} = 3,000\text{kg/h}$$

- 보일러 마력 $= \frac{3,000}{15.65} = 192$마력

**47 풀이 |** 가스관의 누설검사 시에는 간편한 방법으로 비눗물을 사용한다.

**48 풀이 |**

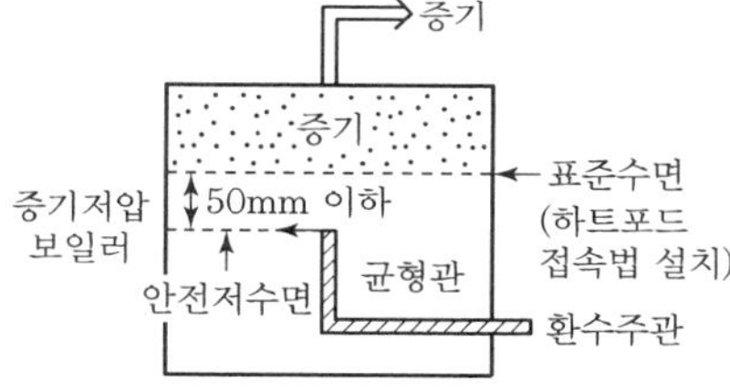


**49 풀이 |** • 난방부하($Q$)
=난방면적×관류열손실(kcal/m² · h · ℃)
×(실내온도－외기온도)[kcal/h]
- ②, ③, ④ : 냉방부하 인자

**50 풀이 |**

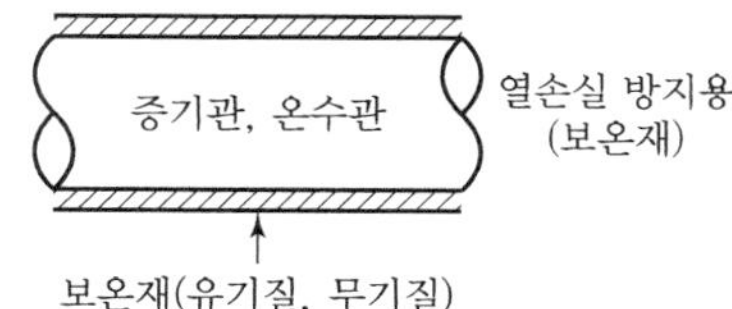


**51 풀이 |** 급수 외처리 시 현탁물(고형 협잡물) 처리 방법(기계식 처리법)
- 침강법
- 응집법
- 여과법

**52 풀이 |** 증기보일러의 전열면적 50m² 이하는 안전밸브를 1개 이상 설치 가능하다.

**53 풀이 |** 에너지 진단기관 지정기준은 대통령령으로 정한다(에너지법 제32조 사항).

**54 풀이 |** 지역에너지계획 수립 · 시행권자
특별시장, 광역시장, 도지사, 특별자치도지사

**55 풀이 |**

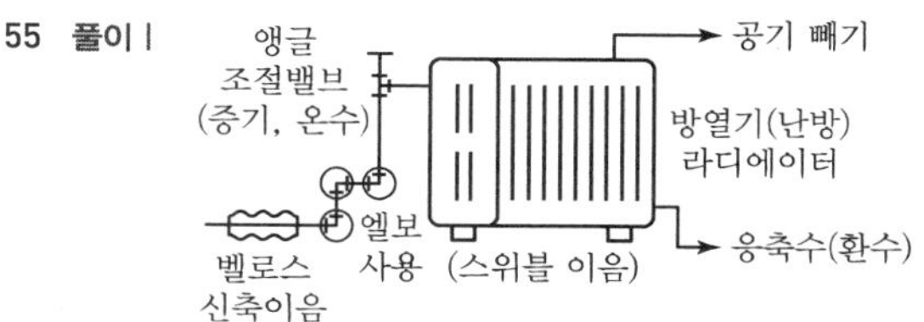


**56 풀이 |** 물속의 산소($O_2$) 제거 : 탈산소제(점식 방지)
- 저압보일러용 : 아황산소다
- 고압보일러용 : 하이드라진($N_2H_4$)

**57 풀이 |** ④는 전열면적 5m² 이상~10m² 이하의 증기보일러나 50만 kcal/h 이하의 온수 보일러, 압력용기 등의 소형 보일러 조종자로서만 가능하다.

**58 풀이 |** 효율관리기자재 광고업자는 에너지소비효율등급을 포함시켜야 할 의무가 없다(에너지이용 합리화법 제15조).

**59 풀이 |** 에너지이용 합리화법 제16조에 의거하여 생산 또는 판매금지 조치를 명할 수 있다.

**60 풀이 |** 소형 온수 보일러의 기준
- 전열면적 : 14m² 이하
- 최고사용압력 : 0.35MPa 이하

02회 실전점검!
# CBT 실전모의고사

수험번호 :
수험자명 :

제한 시간 : 1시간
남은 시간 :

글자 크기 100% 150% 200% 화면 배치
전체 문제 수 :
안 푼 문제 수 :

답안 표기란

**01 함진가스에 선회운동을 주어 분진입자에 작용하는 원심력에 의하여 입자를 분리하는 집진장치로 가장 적합한 것은?**

① 백필터식 집진기
② 사이클론식 집진기
③ 전기식 집진기
④ 관성력식 집진기

**02 '1보일러 마력'에 대한 설명으로 옳은 것은?**

① 0℃의 물 539kg을 1시간에 100℃의 증기로 바꿀 수 있는 능력이다.
② 100℃의 물 539kg을 1시간에 같은 온도의 증기로 바꿀 수 있는 능력이다.
③ 100℃의 물 15.65kg을 1시간에 같은 온도의 증기로 바꿀 수 있는 능력이다.
④ 0℃의 물 15.65kg을 1시간에 100℃의 증기로 바꿀 수 있는 능력이다.

**03 연료 성분 중 가연 성분이 아닌 것은?**

① C ② H
③ S ④ O

**04 중유의 성상을 개선하기 위한 첨가제 중 분무를 순조롭게 하기 위하여 사용하는 것은?**

① 연소촉진제 ② 슬러지 분산제
③ 회분개질제 ④ 탈수제

**05 천연가스의 비중이 약 0.64라고 표시되었을 때, 비중의 기준은?**

① 물 ② 공기
③ 배기가스 ④ 수증기

| 번호 | | | | |
|---|---|---|---|---|
| 1 | ① | ② | ③ | ④ |
| 2 | ① | ② | ③ | ④ |
| 3 | ① | ② | ③ | ④ |
| 4 | ① | ② | ③ | ④ |
| 5 | ① | ② | ③ | ④ |
| 6 | ① | ② | ③ | ④ |
| 7 | ① | ② | ③ | ④ |
| 8 | ① | ② | ③ | ④ |
| 9 | ① | ② | ③ | ④ |
| 10 | ① | ② | ③ | ④ |
| 11 | ① | ② | ③ | ④ |
| 12 | ① | ② | ③ | ④ |
| 13 | ① | ② | ③ | ④ |
| 14 | ① | ② | ③ | ④ |
| 15 | ① | ② | ③ | ④ |
| 16 | ① | ② | ③ | ④ |
| 17 | ① | ② | ③ | ④ |
| 18 | ① | ② | ③ | ④ |
| 19 | ① | ② | ③ | ④ |
| 20 | ① | ② | ③ | ④ |
| 21 | ① | ② | ③ | ④ |
| 22 | ① | ② | ③ | ④ |
| 23 | ① | ② | ③ | ④ |
| 24 | ① | ② | ③ | ④ |
| 25 | ① | ② | ③ | ④ |
| 26 | ① | ② | ③ | ④ |
| 27 | ① | ② | ③ | ④ |
| 28 | ① | ② | ③ | ④ |
| 29 | ① | ② | ③ | ④ |
| 30 | ① | ② | ③ | ④ |

계산기 다음 ▶ 안 푼 문제 답안 제출

02회 실전점검! CBT 실전모의고사

수험번호 :
수험자명 :

제한 시간 : 1시간
남은 시간 :

글자 크기 100% 150% 200% 화면 배치 전체 문제 수 : 안 푼 문제 수 :

답안 표기란

**06** **30마력(PS)인 기관이 1시간 동안 행한 일량을 열량으로 환산하면 약 몇 kcal인가?(단, 이 과정에서 행한 일량은 모두 열량으로 변환된다고 가정한다.)**

① 14,360
② 15,240
③ 18,970
④ 20,402

**07** **보일러 급수내관의 설치 위치로 옳은 것은?**

① 보일러의 기준수위와 일치되게 설치한다.
② 보일러의 상용수위보다 50mm 정도 높게 설치한다.
③ 보일러의 안전저수위보다 50mm 정도 높게 설치한다.
④ 보일러의 안전저수위보다 50mm 정도 낮게 설치한다.

**08** **보일러 배기가스의 자연 통풍력을 증가시키는 방법으로 틀린 것은?**

① 연도의 길이를 짧게 한다.
② 배기가스 온도를 낮춘다.
③ 연돌 높이를 증가시킨다.
④ 연돌의 단면적을 크게 한다.

**09** **증기의 건조도($x$) 설명이 옳은 것은?**

① 습증기 전체 질량 중 액체가 차지하는 질량비를 말한다.
② 습증기 전체 질량 중 증기가 차지하는 질량비를 말한다.
③ 액체가 차지하는 전체 질량 중 습증기가 차지하는 질량비를 말한다.
④ 증기가 차지하는 전체 질량 중 습증기가 차지하는 질량비를 말한다.

**10** **프로판(Propane) 가스의 연소식은 다음과 같다. 프로판 가스 10kg을 완전연소시키는 데 필요한 이론산소량은?**

$$C_3H_8 + 5O_2 \rightarrow 3CO_2 + 4H_2O$$

① 약 11.6Nm$^3$
② 약 13.8Nm$^3$
③ 약 22.4Nm$^3$
④ 약 25.5Nm$^3$

| 번호 | | | | |
|---|---|---|---|---|
| 1 | ① | ② | ③ | ④ |
| 2 | ① | ② | ③ | ④ |
| 3 | ① | ② | ③ | ④ |
| 4 | ① | ② | ③ | ④ |
| 5 | ① | ② | ③ | ④ |
| 6 | ① | ② | ③ | ④ |
| 7 | ① | ② | ③ | ④ |
| 8 | ① | ② | ③ | ④ |
| 9 | ① | ② | ③ | ④ |
| 10 | ① | ② | ③ | ④ |
| 11 | ① | ② | ③ | ④ |
| 12 | ① | ② | ③ | ④ |
| 13 | ① | ② | ③ | ④ |
| 14 | ① | ② | ③ | ④ |
| 15 | ① | ② | ③ | ④ |
| 16 | ① | ② | ③ | ④ |
| 17 | ① | ② | ③ | ④ |
| 18 | ① | ② | ③ | ④ |
| 19 | ① | ② | ③ | ④ |
| 20 | ① | ② | ③ | ④ |
| 21 | ① | ② | ③ | ④ |
| 22 | ① | ② | ③ | ④ |
| 23 | ① | ② | ③ | ④ |
| 24 | ① | ② | ③ | ④ |
| 25 | ① | ② | ③ | ④ |
| 26 | ① | ② | ③ | ④ |
| 27 | ① | ② | ③ | ④ |
| 28 | ① | ② | ③ | ④ |
| 29 | ① | ② | ③ | ④ |
| 30 | ① | ② | ③ | ④ |

계산기　다음 ▶　안 푼 문제　답안 제출

02회 실전점검! CBT 실전모의고사

수험번호 :
수험자명 :

제한 시간 : 1시간
남은 시간 :

글자 크기 100% 150% 200% 화면 배치 전체 문제 수 : 안 푼 문제 수 :

**11** 화염검출기 종류 중 화염의 이온화를 이용한 것으로 가스 점화 버너에 주로 사용하는 것은?

① 플레임 아이 ② 스택 스위치
③ 광도전 셀 ④ 플레임 로드

**12** 수위경보기의 종류 중 플로트의 위치변위에 따라 수은 스위치 또는 마이크로 스위치를 작동시켜 경보를 울리는 것은?

① 기계식 경보기 ② 자석식 경보기
③ 전극식 경보기 ④ 맥도널식 경보기

**13** 보일러 열정산을 설명한 것 중 옳은 것은?

① 입열과 출열은 반드시 같아야 한다.
② 방열손실로 인하여 입열이 항상 크다.
③ 열효율 증대장치로 인하여 출열이 항상 크다.
④ 연소효율에 따라 입열과 출열은 다르다.

**14** 보일러 액체연료 연소장치인 버너의 형식별 종류에 해당되지 않는 것은?

① 고압기류식 ② 왕복식
③ 유압분사식 ④ 회전식

**15** 매시간 425kg의 연료를 연소시켜 4,800kg/h의 증기를 발생시키는 보일러의 효율은 약 얼마인가?(단, 연료의 발열량 : 9,750kcal/kg, 증기엔탈피 : 676kcal/kg, 급수온도 : 20℃이다.)

① 76% ② 81%
③ 85% ④ 90%

답안 표기란

| | | | | |
|---|---|---|---|---|
| 1 | ① | ② | ③ | ④ |
| 2 | ① | ② | ③ | ④ |
| 3 | ① | ② | ③ | ④ |
| 4 | ① | ② | ③ | ④ |
| 5 | ① | ② | ③ | ④ |
| 6 | ① | ② | ③ | ④ |
| 7 | ① | ② | ③ | ④ |
| 8 | ① | ② | ③ | ④ |
| 9 | ① | ② | ③ | ④ |
| 10 | ① | ② | ③ | ④ |
| 11 | ① | ② | ③ | ④ |
| 12 | ① | ② | ③ | ④ |
| 13 | ① | ② | ③ | ④ |
| 14 | ① | ② | ③ | ④ |
| 15 | ① | ② | ③ | ④ |
| 16 | ① | ② | ③ | ④ |
| 17 | ① | ② | ③ | ④ |
| 18 | ① | ② | ③ | ④ |
| 19 | ① | ② | ③ | ④ |
| 20 | ① | ② | ③ | ④ |
| 21 | ① | ② | ③ | ④ |
| 22 | ① | ② | ③ | ④ |
| 23 | ① | ② | ③ | ④ |
| 24 | ① | ② | ③ | ④ |
| 25 | ① | ② | ③ | ④ |
| 26 | ① | ② | ③ | ④ |
| 27 | ① | ② | ③ | ④ |
| 28 | ① | ② | ③ | ④ |
| 29 | ① | ② | ③ | ④ |
| 30 | ① | ② | ③ | ④ |

계산기 다음 ▶ 안 푼 문제 답안 제출

**16** 관류 보일러의 특징에 대한 설명으로 틀린 것은?

① 철저한 급수처리가 필요하다.
② 임계압력 이상의 고압에 적당하다.
③ 순환비가 1이므로 드럼이 필요하다.
④ 증기의 가동 발생 시간이 매우 짧다.

**17** 보일러 전열면적 $1m^2$당 1시간에 발생되는 실제 증발량은 무엇인가?

① 전열면의 증발률
② 전열면의 출력
③ 전열면의 효율
④ 상당증발 효율

**18** 50kg의 −10℃ 얼음을 100℃의 증기로 만드는 데 소요되는 열량은 몇 kcal인가?(단, 물과 얼음의 비열은 각각 1kcal/kg · ℃, 0.5kcal/kg · ℃로 한다.)

① 36,200
② 36,450
③ 37,200
④ 37,450

**19** 피드백 자동제어에서 동작신호를 받아서 제어계가 정해진 동작을 하는 데 필요한 신호를 만들어 조작부에 보내는 부분은?

① 검출부
② 제어부
③ 비교부
④ 조절부

**20** 중유 보일러의 연소 보조장치에 속하지 않는 것은?

① 여과기
② 인젝터
③ 화염 검출기
④ 오일 프리히터

**21** 보일러 분출의 목적으로 틀린 것은?

① 불순물로 인한 보일러수의 농축을 방지한다.
② 포밍이나 프라이밍의 생성을 좋게 한다.
③ 전열면에 스케일 생성을 방지한다.
④ 관수의 순환을 좋게 한다.

**22** 캐리오버로 인하여 나타날 수 있는 결과로 거리가 먼 것은?

① 수격현상
② 프라이밍
③ 열효율 저하
④ 배관의 부식

**23** 입형 보일러 특징으로 거리가 먼 것은?

① 보일러 효율이 높다.
② 수리나 검사가 불편하다.
③ 구조 및 설치가 간단하다.
④ 전열면적이 적고 소용량이다.

**24** 보일러의 점화 시 역화원인에 해당되지 않는 것은?

① 압입통풍이 너무 강한 경우
② 프리퍼지의 불충분이나 또 잊어버린 경우
③ 점화원을 가동하기 전에 연료를 분무해버린 경우
④ 연료 공급밸브를 필요 이상 급개하여 다량으로 분무한 경우

**25** 온수난방법 중 고온수 난방에 사용되는 온수의 온도는?

① 100℃ 이상
② 80~90℃
③ 60~70℃
④ 40~60℃

02회 실전점검! CBT 실전모의고사

수험번호 :
수험자명 :

제한 시간 : 1시간
남은 시간 :

글자 크기 100% 150% 200% 화면 배치 전체 문제 수 : 안 푼 문제 수 :

답안 표기란

**26** **온수방열기의 공기빼기 밸브의 위치로 적당한 것은?**

① 방열기 상부
② 방열기 중부
③ 방열기 하부
④ 방열기의 최하단부

**27** **관의 방향을 바꾸거나 분기할 때 사용되는 이음쇠가 아닌 것은?**

① 벤드
② 크로스
③ 엘보
④ 니플

**28** **보일러 운전이 끝난 후, 노 내와 연도에 체류하고 있는 가연성 가스를 배출시키는 작업은?**

① 페일 세이프(Fail Safe)
② 풀 프루프(Fool Proof)
③ 포스트 퍼지(Post－purge)
④ 프리 퍼지(Pre－purge)

**29** **급수펌프에서 송출량이 10m$^3$/min이고, 전양정이 8m일 때, 펌프의 소요마력은? (단, 펌프 효율은 75%이다.)**

① 15.6PS
② 17.8PS
③ 23.7PS
④ 31.6PS

**30** **증기난방 배관에 대한 설명 중 옳은 것은?**

① 건식 환수식이란 환수주관이 보일러의 표준수위보다 낮은 위치에 배관되고 응축수가 환수주관의 하부를 따라 흐르는 것을 말한다.
② 습식 환수식이란 환수주관이 보일러의 표준수위보다 높은 위치에 배관되는 것을 말한다.
③ 건식 환수식에서는 증기트랩을 설치하고, 습식 환수식에서는 공기빼기 밸브나 에어포켓을 설치한다.
④ 단관식 배관은 복관식 배관보다 배관의 길이가 길고 관경이 작다.

| 번호 | | | | |
|---|---|---|---|---|
| 1 | ① | ② | ③ | ④ |
| 2 | ① | ② | ③ | ④ |
| 3 | ① | ② | ③ | ④ |
| 4 | ① | ② | ③ | ④ |
| 5 | ① | ② | ③ | ④ |
| 6 | ① | ② | ③ | ④ |
| 7 | ① | ② | ③ | ④ |
| 8 | ① | ② | ③ | ④ |
| 9 | ① | ② | ③ | ④ |
| 10 | ① | ② | ③ | ④ |
| 11 | ① | ② | ③ | ④ |
| 12 | ① | ② | ③ | ④ |
| 13 | ① | ② | ③ | ④ |
| 14 | ① | ② | ③ | ④ |
| 15 | ① | ② | ③ | ④ |
| 16 | ① | ② | ③ | ④ |
| 17 | ① | ② | ③ | ④ |
| 18 | ① | ② | ③ | ④ |
| 19 | ① | ② | ③ | ④ |
| 20 | ① | ② | ③ | ④ |
| 21 | ① | ② | ③ | ④ |
| 22 | ① | ② | ③ | ④ |
| 23 | ① | ② | ③ | ④ |
| 24 | ① | ② | ③ | ④ |
| 25 | ① | ② | ③ | ④ |
| 26 | ① | ② | ③ | ④ |
| 27 | ① | ② | ③ | ④ |
| 28 | ① | ② | ③ | ④ |
| 29 | ① | ② | ③ | ④ |
| 30 | ① | ② | ③ | ④ |

계산기 다음 ▶ 안 푼 문제 답안 제출

02 회 실전점검! CBT 실전모의고사

수험번호 :
수험자명 :

제한 시간 : 1시간
남은 시간 :

글자 크기 100% 150% 200% 화면 배치 전체 문제 수 : 안 푼 문제 수 :

답안 표기란

| 번호 | | | | |
|---|---|---|---|---|
| 31 | ① | ② | ③ | ④ |
| 32 | ① | ② | ③ | ④ |
| 33 | ① | ② | ③ | ④ |
| 34 | ① | ② | ③ | ④ |
| 35 | ① | ② | ③ | ④ |
| 36 | ① | ② | ③ | ④ |
| 37 | ① | ② | ③ | ④ |
| 38 | ① | ② | ③ | ④ |
| 39 | ① | ② | ③ | ④ |
| 40 | ① | ② | ③ | ④ |
| 41 | ① | ② | ③ | ④ |
| 42 | ① | ② | ③ | ④ |
| 43 | ① | ② | ③ | ④ |
| 44 | ① | ② | ③ | ④ |
| 45 | ① | ② | ③ | ④ |
| 46 | ① | ② | ③ | ④ |
| 47 | ① | ② | ③ | ④ |
| 48 | ① | ② | ③ | ④ |
| 49 | ① | ② | ③ | ④ |
| 50 | ① | ② | ③ | ④ |
| 51 | ① | ② | ③ | ④ |
| 52 | ① | ② | ③ | ④ |
| 53 | ① | ② | ③ | ④ |
| 54 | ① | ② | ③ | ④ |
| 55 | ① | ② | ③ | ④ |
| 56 | ① | ② | ③ | ④ |
| 57 | ① | ② | ③ | ④ |
| 58 | ① | ② | ③ | ④ |
| 59 | ① | ② | ③ | ④ |
| 60 | ① | ② | ③ | ④ |

**31** 대형 보일러인 경우에 송풍기가 작동되지 않으면 전자밸브가 열리지 않고, 점화를 저지하는 인터록의 종류는?

① 저연소 인터록　② 압력초과 인터록
③ 프리퍼지 인터록　④ 불착화 인터록

**32** 수위의 부력에 의한 플로트 위치에 따라 연결된 수은 스위치로 작동하는 형식으로, 중 · 소형 보일러에 가장 많이 사용하는 저수위 경보장치의 형식은?

① 기계식　② 전극식
③ 자석식　④ 맥도널식

**33** 압력계로 연결하는 증기관을 황동관이나 동관을 사용할 경우, 증기온도는 약 몇 ℃ 이하인가?

① 210℃　② 260℃
③ 310℃　④ 360℃

**34** 보일러를 비상 정지시키는 경우의 일반적인 조치사항으로 거리가 먼 것은?

① 압력은 자연히 떨어지게 기다린다.
② 주증기 스톱밸브를 열어 놓는다.
③ 연소공기의 공급을 멈춘다.
④ 연료 공급을 중단한다.

**35** 금속 특유의 복사열에 대한 반사 특성을 이용한 대표적인 금속질 보온재는?

① 세라믹 파이버　② 실리카 파이버
③ 알루미늄 박　④ 규산칼슘

계산기　다음 ▶　안 푼 문제　답안 제출

02 회

실전점검!

# CBT 실전모의고사

수험번호 :

수험자명 :

제한 시간 : 1시간

남은 시간 :

글자 크기 100% 150% 200%

화면 배치

전체 문제 수 :

안 푼 문제 수 :

**36** **증기난방의 중력 환수식에서 단관식인 경우 배관기울기로 적당한 것은?**

① 1/100~1/200 정도의 순 기울기

② 1/200~1/300 정도의 순 기울기

③ 1/300~1/400 정도의 순 기울기

④ 1/400~1/500 정도의 순 기울기

**37** **보일러 용량 결정에 포함될 사항으로 거리가 먼 것은?**

① 난방부하　　② 급탕부하

③ 배관부하　　④ 연료부하

**38** **온수난방 배관에서 수평주관에 지름이 다른 관을 접속하여 연결할 때 가장 적합한 관 이음쇠는?**

① 유니언　　② 편심 리듀서

③ 부싱　　④ 니플

**39** **후향 날개 형식으로 보일러의 압입송풍에 많이 사용되는 송풍기는?**

① 다익형 송풍기　　② 축류형 송풍기

③ 터보형 송풍기　　④ 플레이트형 송풍기

**40** **연료의 가연성분이 아닌 것은?**

① N　　② C

③ H　　④ S

답안 표기란

| 번호 | | | | |
|---|---|---|---|---|
| 31 | ① | ② | ③ | ④ |
| 32 | ① | ② | ③ | ④ |
| 33 | ① | ② | ③ | ④ |
| 34 | ① | ② | ③ | ④ |
| 35 | ① | ② | ③ | ④ |
| 36 | ① | ② | ③ | ④ |
| 37 | ① | ② | ③ | ④ |
| 38 | ① | ② | ③ | ④ |
| 39 | ① | ② | ③ | ④ |
| 40 | ① | ② | ③ | ④ |
| 41 | ① | ② | ③ | ④ |
| 42 | ① | ② | ③ | ④ |
| 43 | ① | ② | ③ | ④ |
| 44 | ① | ② | ③ | ④ |
| 45 | ① | ② | ③ | ④ |
| 46 | ① | ② | ③ | ④ |
| 47 | ① | ② | ③ | ④ |
| 48 | ① | ② | ③ | ④ |
| 49 | ① | ② | ③ | ④ |
| 50 | ① | ② | ③ | ④ |
| 51 | ① | ② | ③ | ④ |
| 52 | ① | ② | ③ | ④ |
| 53 | ① | ② | ③ | ④ |
| 54 | ① | ② | ③ | ④ |
| 55 | ① | ② | ③ | ④ |
| 56 | ① | ② | ③ | ④ |
| 57 | ① | ② | ③ | ④ |
| 58 | ① | ② | ③ | ④ |
| 59 | ① | ② | ③ | ④ |
| 60 | ① | ② | ③ | ④ |

계산기　　다음 ▶　　안 푼 문제

02 회 실전점검! CBT 실전모의고사

수험번호 :
수험자명 :

제한 시간 : 1시간
남은 시간 :

글자 크기 100% 150% 200% | 화면 배치 | 전체 문제 수 : 안 푼 문제 수 :

답안 표기란

| 번호 | | | | |
|---|---|---|---|---|
| 31 | ① | ② | ③ | ④ |
| 32 | ① | ② | ③ | ④ |
| 33 | ① | ② | ③ | ④ |
| 34 | ① | ② | ③ | ④ |
| 35 | ① | ② | ③ | ④ |
| 36 | ① | ② | ③ | ④ |
| 37 | ① | ② | ③ | ④ |
| 38 | ① | ② | ③ | ④ |
| 39 | ① | ② | ③ | ④ |
| 40 | ① | ② | ③ | ④ |
| 41 | ① | ② | ③ | ④ |
| 42 | ① | ② | ③ | ④ |
| 43 | ① | ② | ③ | ④ |
| 44 | ① | ② | ③ | ④ |
| 45 | ① | ② | ③ | ④ |
| 46 | ① | ② | ③ | ④ |
| 47 | ① | ② | ③ | ④ |
| 48 | ① | ② | ③ | ④ |
| 49 | ① | ② | ③ | ④ |
| 50 | ① | ② | ③ | ④ |
| 51 | ① | ② | ③ | ④ |
| 52 | ① | ② | ③ | ④ |
| 53 | ① | ② | ③ | ④ |
| 54 | ① | ② | ③ | ④ |
| 55 | ① | ② | ③ | ④ |
| 56 | ① | ② | ③ | ④ |
| 57 | ① | ② | ③ | ④ |
| 58 | ① | ② | ③ | ④ |
| 59 | ① | ② | ③ | ④ |
| 60 | ① | ② | ③ | ④ |

**41** 효율이 82%인 보일러로 발열량 9,800kcal/kg의 연료를 15kg 연소시키는 경우의 손실 열량은?

① 80,360kcal
② 32,500kcal
③ 26,460kcal
④ 120,540kcal

**42** 온수순환 방식에 의한 분류 중에서 순환이 자유롭고 신속하며, 방열기의 위치가 낮아도 순환이 가능한 방법은?

① 중력 순환식
② 강제 순환식
③ 단관식 순환식
④ 복관식 순환식

**43** 온수 보일러 개방식 팽창탱크 설치 시 주의사항으로 틀린 것은?

① 팽창탱크 상부에 통기구멍을 설치한다.
② 팽창탱크 내부의 수위를 알 수 있는 구조이어야 한다.
③ 탱크에 연결되는 팽창 흡수관은 팽창탱크 바닥면과 같게 배관해야 한다.
④ 팽창탱크의 높이는 최고 부위 방열기보다 1m 이상 높은 곳에 설치한다.

**44** 열팽창에 의한 배관의 이동을 구속 또는 제한하는 배관 지지구인 리스트레인트(Restraint)의 종류가 아닌 것은?

① 가이드
② 앵커
③ 스토퍼
④ 행거

**45** 중유 연소 시 보일러 저온부식의 방지대책으로 거리가 먼 것은?

① 저온의 전열면에 내식재료를 사용한다.
② 첨가제를 사용하여 황산가스의 노점을 높여 준다.
③ 공기예열기 및 급수예열장치 등에 보호피막을 한다.
④ 배기가스 중의 산소함유량을 낮추어 아황산가스의 산화를 제한한다.

계산기 다음 ▶ 안 푼 문제 답안 제출

02 회 실전점검! CBT 실전모의고사

수험번호 :
수험자명 :

제한 시간 : 1시간
남은 시간 :

글자 크기 100% 150% 200% 화면 배치

전체 문제 수 :
안 푼 문제 수 :

답안 표기란

**46** 물의 온도가 393K를 초과하는 온수 발생 보일러에는 크기가 몇 mm 이상인 안전밸브를 설치하여야 하는가?

① 5
② 10
③ 15
④ 20

**47** 보일러 부식에 관련된 설명 중 틀린 것은?

① 점식은 국부전지의 작용에 의해서 일어난다.
② 수용액 중에서 부식문제를 일으키는 주요인은 용존산소, 용존가스 등이다.
③ 중유 연소 시 중유 회분 중에 바나듐이 포함되어 있으면 바나듐 산화물에 의한 고온부식이 발생한다.
④ 가성취화는 고온에서 알칼리에 의한 부식현상을 말하며, 보일러 내부 전체에 걸쳐 균일하게 발생한다.

**48** 무기질 보온재에 해당되는 것은?

① 암면
② 펠트
③ 코르크
④ 기포성 수지

**49** 에너지이용 합리화법상 효율관리기자재의 에너지소비효율등급 또는 에너지소비효율을 효율관리시험기관에서 측정받아 해당 효율관리기자재에 표시하여야 하는 자는?

① 효율관리기자재의 제조업자 또는 시공업자
② 효율관리기자재의 제조업자 또는 수입업자
③ 효율관리기자재의 시공업자 또는 판매업자
④ 효율관리기자재의 시공업자 또는 수입업자

**50** 보통 온수식 난방에서 온수의 온도는?

① 65~70℃
② 75~80℃
③ 85~90℃
④ 95~100℃

| | | | | |
|---|---|---|---|---|
| 31 | ① | ② | ③ | ④ |
| 32 | ① | ② | ③ | ④ |
| 33 | ① | ② | ③ | ④ |
| 34 | ① | ② | ③ | ④ |
| 35 | ① | ② | ③ | ④ |
| 36 | ① | ② | ③ | ④ |
| 37 | ① | ② | ③ | ④ |
| 38 | ① | ② | ③ | ④ |
| 39 | ① | ② | ③ | ④ |
| 40 | ① | ② | ③ | ④ |
| 41 | ① | ② | ③ | ④ |
| 42 | ① | ② | ③ | ④ |
| 43 | ① | ② | ③ | ④ |
| 44 | ① | ② | ③ | ④ |
| 45 | ① | ② | ③ | ④ |
| 46 | ① | ② | ③ | ④ |
| 47 | ① | ② | ③ | ④ |
| 48 | ① | ② | ③ | ④ |
| 49 | ① | ② | ③ | ④ |
| 50 | ① | ② | ③ | ④ |
| 51 | ① | ② | ③ | ④ |
| 52 | ① | ② | ③ | ④ |
| 53 | ① | ② | ③ | ④ |
| 54 | ① | ② | ③ | ④ |
| 55 | ① | ② | ③ | ④ |
| 56 | ① | ② | ③ | ④ |
| 57 | ① | ② | ③ | ④ |
| 58 | ① | ② | ③ | ④ |
| 59 | ① | ② | ③ | ④ |
| 60 | ① | ② | ③ | ④ |

계산기 다음 ▶ 안 푼 문제 답안 제출

02회 실전점검! CBT 실전모의고사

수험번호 :
수험자명 :

제한 시간 : 1시간
남은 시간 :

글자 크기 100% 150% 200% 화면 배치

전체 문제 수 :
안 푼 문제 수 :

답안 표기란

| 번호 | | | | |
|---|---|---|---|---|
| 31 | ① | ② | ③ | ④ |
| 32 | ① | ② | ③ | ④ |
| 33 | ① | ② | ③ | ④ |
| 34 | ① | ② | ③ | ④ |
| 35 | ① | ② | ③ | ④ |
| 36 | ① | ② | ③ | ④ |
| 37 | ① | ② | ③ | ④ |
| 38 | ① | ② | ③ | ④ |
| 39 | ① | ② | ③ | ④ |
| 40 | ① | ② | ③ | ④ |
| 41 | ① | ② | ③ | ④ |
| 42 | ① | ② | ③ | ④ |
| 43 | ① | ② | ③ | ④ |
| 44 | ① | ② | ③ | ④ |
| 45 | ① | ② | ③ | ④ |
| 46 | ① | ② | ③ | ④ |
| 47 | ① | ② | ③ | ④ |
| 48 | ① | ② | ③ | ④ |
| 49 | ① | ② | ③ | ④ |
| 50 | ① | ② | ③ | ④ |
| 51 | ① | ② | ③ | ④ |
| 52 | ① | ② | ③ | ④ |
| 53 | ① | ② | ③ | ④ |
| 54 | ① | ② | ③ | ④ |
| 55 | ① | ② | ③ | ④ |
| 56 | ① | ② | ③ | ④ |
| 57 | ① | ② | ③ | ④ |
| 58 | ① | ② | ③ | ④ |
| 59 | ① | ② | ③ | ④ |
| 60 | ① | ② | ③ | ④ |

**51 장시간 사용을 중지하고 있던 보일러의 점화 준비에서 부속장치 조작 및 시동으로 틀린 것은?**

① 댐퍼는 굴뚝에서 가까운 것부터 차례로 연다.
② 통풍장치의 댐퍼 개폐도가 적당한지 확인한다.
③ 흡입통풍기가 설치된 경우는 가볍게 운전한다.
④ 절탄기나 과열기에 바이패스가 설치된 경우는 바이패스 댐퍼를 닫는다.

**52 응축수 환수방식 중 중력환수 방식으로 환수가 불가능한 경우 응축수를 별도의 응축수 탱크에 모으고 펌프 등을 이용하여 보일러에 급수를 행하는 방식은?**

① 복관 환수식
② 부력 환수식
③ 진공 환수식
④ 기계 환수식

**53 저탄소 녹색성장 기본법상 녹색성장위원회의 심의사항이 아닌 것은?**

① 지방자치단체의 저탄소 녹색성장의 기본방향에 관한 사항
② 녹색성장국가전략의 수립 · 변경 · 시행에 관한 사항
③ 기후변화대응 기본계획, 에너지기본계획 및 지속가능발전 기본계획에 관한 사항
④ 저탄소 녹색성장을 위한 재원의 배분방향 및 효율적 사용에 관한 사항

**54 기포성 수지에 대한 설명으로 틀린 것은?**

① 열전도율이 낮고 가볍다.
② 불에 잘 타며 보온성과 보랭성은 좋지 않다.
③ 흡수성은 좋지 않으나 굽힘성은 풍부하다.
④ 합성수지 또는 고무질 재료를 사용하여 다공질 제품으로 만든 것이다.

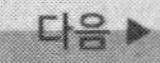

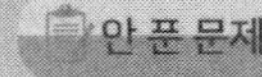

**55** **온수 보일러의 순환펌프 설치방법으로 옳은 것은?**

① 순환펌프의 모터부분은 수평으로 설치한다.
② 순환펌프는 보일러 본체에 설치한다.
③ 순환펌프는 송수주관에 설치한다.
④ 공기 빼기 장치가 없는 순환펌프는 체크밸브를 설치한다.

**56** **보일러 가동 시 매연 발생의 원인과 가장 거리가 먼 것은?**

① 연소실 과열
② 연소실 용적의 과소
③ 연료 중의 불순물 혼입
④ 연소용 공기의 공급 부족

**57** **다음 ( ) 안에 알맞은 것은?**

> 에너지법령상 에너지 총조사는 ( ㉠ )마다 실시하되, ( ㉡ )이 필요하다고 인정할 때에는 간이조사를 실시할 수 있다.

① ㉠ 2년, ㉡ 행정자치부장관
② ㉠ 2년, ㉡ 교육부장관
③ ㉠ 3년, ㉡ 산업통상자원부장관
④ ㉠ 3년, ㉡ 고용노동부장관

**58** **에너지이용 합리화법상 검사대상기기설치자가 시 · 도지사에게 신고하여야 하는 경우가 아닌 것은?**

① 검사대상기기를 정비한 경우
② 검사대상기기를 폐기한 경우
③ 검사대상기기의 사용을 중지한 경우
④ 검사대상기기의 설치자가 변경된 경우

답안 표기란

| 번호 | | | | |
|---|---|---|---|---|
| 31 | ① | ② | ③ | ④ |
| 32 | ① | ② | ③ | ④ |
| 33 | ① | ② | ③ | ④ |
| 34 | ① | ② | ③ | ④ |
| 35 | ① | ② | ③ | ④ |
| 36 | ① | ② | ③ | ④ |
| 37 | ① | ② | ③ | ④ |
| 38 | ① | ② | ③ | ④ |
| 39 | ① | ② | ③ | ④ |
| 40 | ① | ② | ③ | ④ |
| 41 | ① | ② | ③ | ④ |
| 42 | ① | ② | ③ | ④ |
| 43 | ① | ② | ③ | ④ |
| 44 | ① | ② | ③ | ④ |
| 45 | ① | ② | ③ | ④ |
| 46 | ① | ② | ③ | ④ |
| 47 | ① | ② | ③ | ④ |
| 48 | ① | ② | ③ | ④ |
| 49 | ① | ② | ③ | ④ |
| 50 | ① | ② | ③ | ④ |
| 51 | ① | ② | ③ | ④ |
| 52 | ① | ② | ③ | ④ |
| 53 | ① | ② | ③ | ④ |
| 54 | ① | ② | ③ | ④ |
| 55 | ① | ② | ③ | ④ |
| 56 | ① | ② | ③ | ④ |
| 57 | ① | ② | ③ | ④ |
| 58 | ① | ② | ③ | ④ |
| 59 | ① | ② | ③ | ④ |
| 60 | ① | ② | ③ | ④ |

**59 에너지법상 '에너지 사용자'의 정의로 옳은 것은?**

① 에너지 보급 계획을 세우는 자
② 에너지를 생산 · 수입하는 사업자
③ 에너지사용시설의 소유자 또는 관리자
④ 에너지를 저장 · 판매하는 자

**60 에너지이용 합리화법규상 냉난방 온도제한 건물에 냉난방 제한온도를 적용할 때의 기준으로 옳은 것은?(단, 판매시설 및 공항의 경우는 제외한다.)**

① 냉방 : 24℃ 이상, 난방 : 18℃ 이하
② 냉방 : 24℃ 이상, 난방 : 20℃ 이하
③ 냉방 : 26℃ 이상, 난방 : 18℃ 이하
④ 냉방 : 26℃ 이상, 난방 : 20℃ 이하

| 01 | 02 | 03 | 04 | 05 | 06 | 07 | 08 | 09 | 10 |
|---|---|---|---|---|---|---|---|---|---|
| ② | ③ | ④ | ① | ② | ③ | ④ | ② | ② | ④ |
| 11 | 12 | 13 | 14 | 15 | 16 | 17 | 18 | 19 | 20 |
| ④ | ④ | ① | ② | ① | ③ | ① | ① | ④ | ② |
| 21 | 22 | 23 | 24 | 25 | 26 | 27 | 28 | 29 | 30 |
| ② | ② | ① | ① | ① | ① | ④ | ③ | ③ | ③ |
| 31 | 32 | 33 | 34 | 35 | 36 | 37 | 38 | 39 | 40 |
| ③ | ④ | ① | ② | ③ | ① | ④ | ② | ③ | ① |
| 41 | 42 | 43 | 44 | 45 | 46 | 47 | 48 | 49 | 50 |
| ③ | ② | ③ | ④ | ② | ④ | ④ | ① | ② | ③ |
| 51 | 52 | 53 | 54 | 55 | 56 | 57 | 58 | 59 | 60 |
| ④ | ④ | ① | ② | ① | ① | ③ | ① | ③ | ④ |

**01 풀이 |** 사이클론식 매연집진장치(원심식)는 함진가스의 선회 운동을 주어 분진입자를 원심력에 의해 제거하는 건식 집진장치이다.

**02 풀이 | 보일러 1마력 용량**

100℃의 물 15.65kg을 1시간에 100℃의 증기로 바꿀 수 있는 능력이다.

**03 풀이 | 연료의 가연 성분**

- 탄소(C)
- 수소(H)
- 황(S)

**04 풀이 | 연소촉진제**

중유의 성상에서 노 내 중유의 분무(무화 : 중질유 기름의 입자를 안개방울화하여 연소를 순조롭게 하는 것)를 순조롭게 하기 위한 것

**05 풀이 |** 천연가스(NG)의 주성분은 메탄가스($CH_4$)이며 기체연료의 비중(가스비중/29)은 공기와 비중을 비교한다(공기분자량 29를 비중 1로 본다).

**06 풀이 |** 1PS－h＝632kcal

$\therefore 632 \times 30 = 18,960$kcal/h

**07 풀이 |**

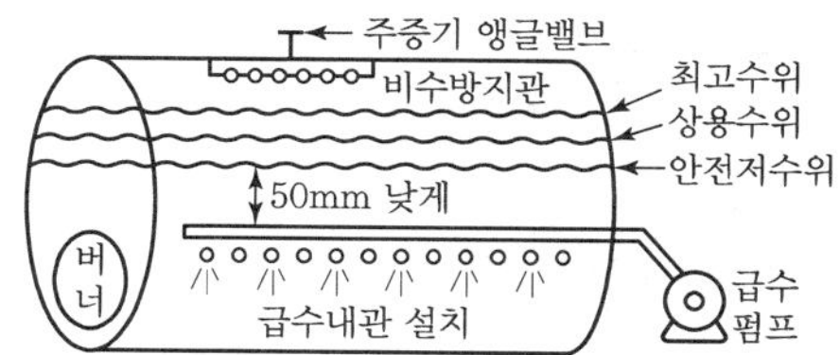


**08 풀이 |** 통풍력을 증가시키려면 연도길이는 짧게, 배기가스 온도는 높게, 연돌의 높이는 주위 건물보다 높게, 연돌의 상부 단면적을 크게 한다.

**09 풀이 | 증기의 건조도**

습증기 전체 질량 중 증기가 차지하는 질량비(건조도가 1이면 건포화증기, 건조도가 0이면 포화수, 건조도가 1 이하이면 습포화증기)

**10 풀이 |** $\underline{C_3H_8} + \underline{5O_2}$(프로판 1kmol＝44kg)

44kg　$5 \times 22.4\text{Nm}^3$

$$\text{이론산소량}(O_0) = \frac{5 \times 22.4}{44} \times 10\text{kg} = 25.5\text{Nm}^3$$

**11 풀이 |** 화염검출기 중 화염의 이온화 및 전기전도성을 이용하며 가스연료용으로 많이 사용하는 것은 플레임 로드이다.

**12 풀이 | 맥도널식(플로트식) 수위검출장치**

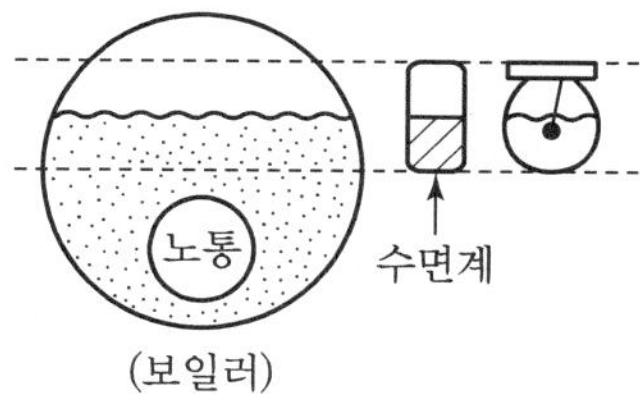


**13 풀이 |** 열정산(열의 수입, 지출 : 열수지)에서 입열(공급열)과 출열은 항상 같아야 한다(출열 중 증기보유열 외에는 모두 열손실이다).

**14 풀이 |** 왕복식은 급수펌프 등에 사용한다(피스톤식, 웨어식, 플런저식).

**15 풀이 |** $\text{보일러 효율}(\eta) = \dfrac{G_s \times (h_2 - h_1)}{G_f \times H_l} \times 100(\%)$

$$\therefore \eta = \frac{4,800 \times (676 - 20)}{425 \times 9,750} \times 100 = 76\%$$

**16 풀이 |** 단관식 관류 보일러는 순환비(급수량/증기량)가 1이어서 드럼(증기동)이 필요 없다.

**17 풀이 |** 전열면의 증발률 $= \left(\dfrac{\text{시간당 증기발생량}}{\text{전열면적}}\right)\text{kg/m}^2\text{h}$

**18 풀이 |** ㉠ 얼음의 현열 = 50kg × 0.5(0 − (−10)) = 250kcal
㉡ 얼음의 융해열 = 50kg × 80kcal/kg = 4,000kcal
㉢ 물의 현열 = 50kg × 1 × (100 − 0) = 5,000kcal
㉣ 물의 증발열 = 50 × 539kcal/kg = 26,950kcal
∴ ㉠ + ㉡ + ㉢ + ㉣ = 36,200kcal(얼음의 융해잠열은 80, 물의 증발잠열은 539)

**19 풀이 |**

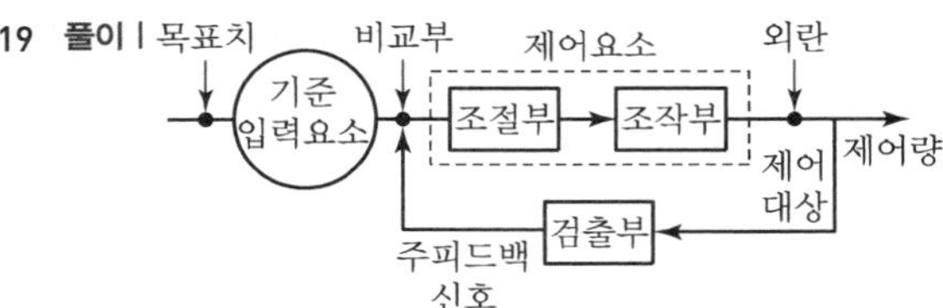


**20 풀이 | 인젝터**
증기를 이용한 보일러 급수설비(일종의 급수장치)

**21 풀이 | 보일러 분출(수저분출, 수면분출)**
포밍(거품)이나 프라이밍(비수)의 생성을 방지한다.

**22 풀이 |** 캐리오버(기수공발)란 비수와 거품이 같이 보일러 외부 배관으로 분출되는 현상이다.

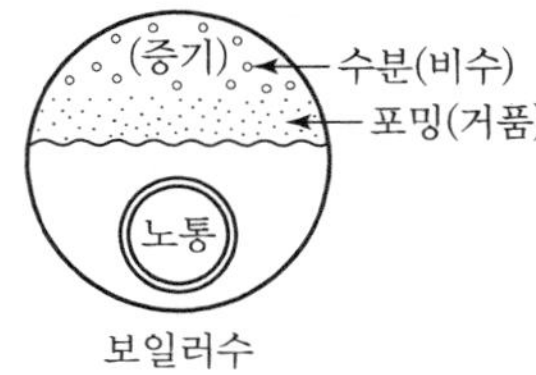


**23 풀이 |** 입형 보일러(수직원통형 버티컬)는 구조상 전열면적이 적어서 효율이 낮다.

**24 풀이 |**

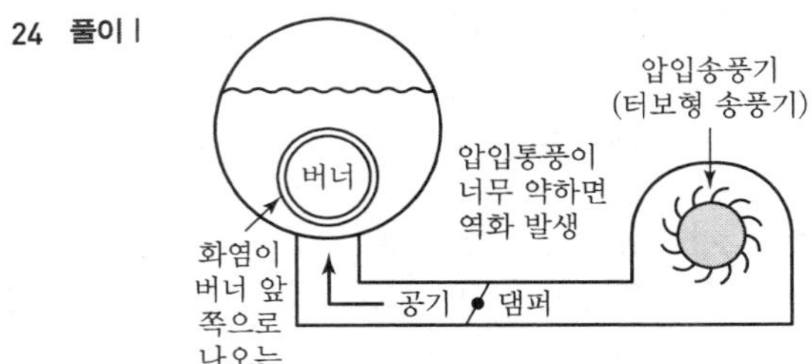


**25 풀이 |** • 고온수 난방 : 100℃ 이상
• 저온수 난방 : 80~90℃
• 복사난방 : 60~70℃

**26 풀이 |**

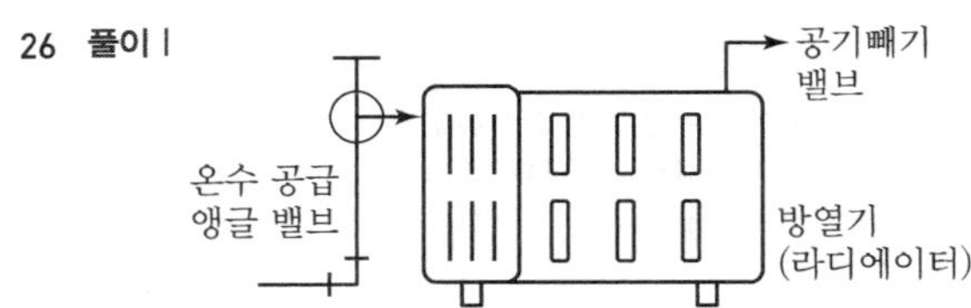


**27 풀이 |** 니플은 배관 직선이음용 부속

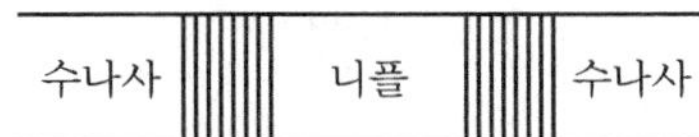


**28 풀이 |** • 보일러 운전 전 퍼지 : 프리 퍼지
• 보일러 운전 후 퍼지 : 포스트 퍼지
• 퍼지 : 노 내 잔류가스 배출 환기

**29 풀이 |** 펌프의 소요마력($PS$)

$$= \frac{r \cdot Q \cdot H}{75 \times 60 \times \eta} = \frac{1{,}000 \times 10 \times 8}{75 \times 60 \times 0.75} = 23.7$$

(물의 비중량 : 1,000kg/m³)(1분 : 60초)

**30 풀이 |** 건식, 습식 환수식(복관식, 중력환수식) 모두 증기트랩 및 공기빼기 밸브를 설치한다.

**31 풀이 | 프리퍼지 인터록**
송풍기가 작동되지 않으면 전자밸브가 개방되지 않아서 연료 공급이 중단되므로 점화가 저지되는 안전장치이다.

**32 풀이 |**

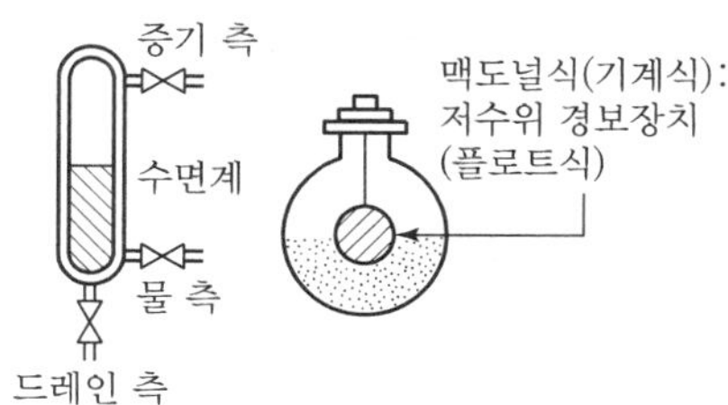


**33 풀이 |** 보일러 압력계와 연결하는 증기관은 동관의 경우 210℃ 이하에서 사용이 가능하다.

**34 풀이 |** 보일러 비상정지 시 ①, ③, ④항을 조치하고 주증기 스톱밸브를 닫아 놓는다.

**35 풀이 |**
- 금속질 보온재 : 알루미늄 박(泊)이며 10mm 이하일 때 효과가 제일 좋다.
- 세라믹 파이버 : 1,300℃ 사용
- 실리카 파이버 : 1,100℃ 사용
- 규산칼슘 : 650℃ 사용

**36 풀이 |** 증기난방 방식

단관 중력 환수식 하향공급식 기울기 : $\frac{1}{100} \sim \frac{1}{200}$

(단, 상향식은 $\frac{1}{50} \sim \frac{1}{100}$ 정도)

**37 풀이 |** 보일러 정격부하=난방부하+급탕부하+배관부하+예열부하(시동부하)

**38 풀이 |**
- 동심 리듀서

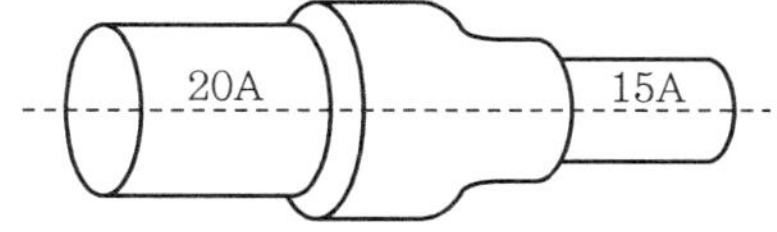


- 편심 리듀서(이상적인 연결)

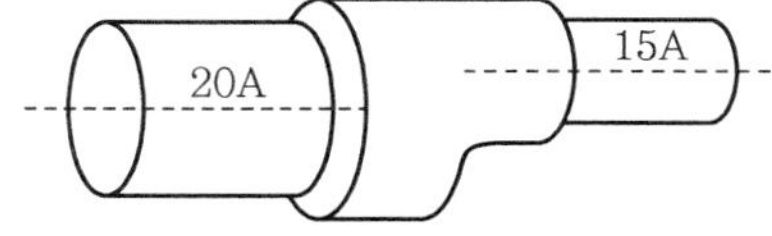


**39 풀이 |**

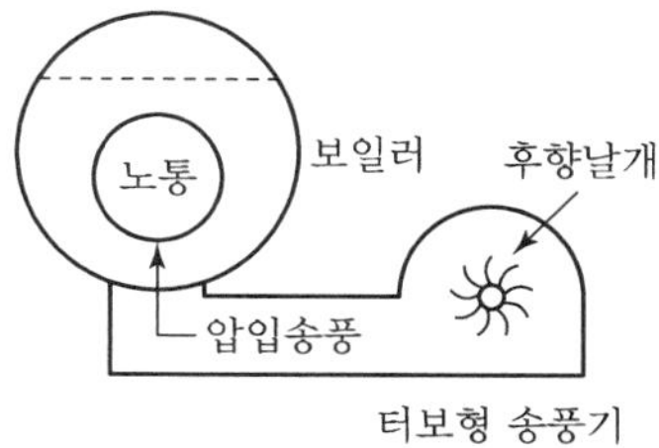


**40 풀이 |** 연료의 가연성분

탄소(C), 수소(H), 황(S)

**41 풀이 |** 총열량($Q$)=15kg×9,800kcal/kg=147,000kcal

∴ 손실열량($Q$)=147,000×(1−0.82)
=26,460kcal

**42 풀이 |** 강제 순환식 온수난방

순환이 자유롭고 순환펌프가 필요하며 보일러보다 방열기 위치가 낮아도 순환이 가능하다.

**43 풀이 |**

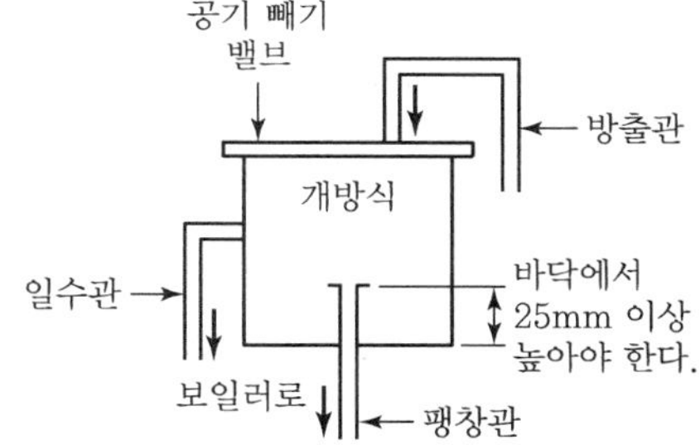


**44 풀이 |** 리스트레인트의 종류
- 가이드
- 앵커
- 스토퍼

**45 풀이 |** 연도의 저온부식(황에 의한 절탄기, 공기예열기에 발생하는 부식)을 방지하려면 첨가제를 사용하여 황산가스의 노점을 강하시킨다.

**46 풀이 |** 393K−273=120℃를 초과하는 온수 발생 보일러에는 안전밸브 크기가 20mm 이상이어야 한다.

47 **풀이 |** 가성취화(농알칼리 용액 부식) 부식
취화균열이며 철강조직의 입자 사이가 부식되어 취약해지고 결정입자의 경계에 따라 균열이 생긴다.

48 **풀이 |** 무기질 암면 보온재(안산암, 현무암, 석회석 사용)
- 400℃ 이하의 관, 덕트, 탱크보온재로 사용한다.
- 흡수성이 적다.
- 알칼리에는 강하나 강한 산에는 약하다.
- 풍화의 염려가 적다.

49 **풀이 |** 에너지이용 효율관리기자재에는 제조업자 또는 수입업자를 표시해야 한다.

50 **풀이 |**
- 저온수 난방 : 100℃ 이하
- 보통 온수난방 : 85~90℃ 정도

51 **풀이 |** 장시간 사용을 중지한 보일러를 다시 재가동할 때 점화 시에 절탄기(급수가열기)나 과열기에 부착된 바이패스의 경우 먼저 바이패스로 연결한 후 시간이 지나면 차단하고 주 라인 밸브로 이관시킨다.

52 **풀이 |** 증기난방 응축수 환수방법
- 중력 환수식(응축수 비중 이용)
- 기계 환수식(응축수 펌프 사용)
- 진공 환수식(진공펌프 사용)

53 **풀이 |** 저탄소 녹색성장 기본법 제15조에 의거 지방자치단체는 생략되어야 하며 ②, ③, ④항 외 11가지 사항이 심의사항이다.

54 **풀이 |** 기포성 수지 보온재는 보온성 · 보랭성이 우수하고 불에 잘 타지 않는다. 기포성 수지, 탄화코르크, 텍스류, 우모펠트는 130℃ 이하에서 사용한다.

55 **풀이 |** 순환펌프
- 환수배관에 설치한다.
- 순환펌프에는 여과기를 설치한다.
- 순환펌프에는 바이패스(우회배관)를 설치한다(모터는 수평배관으로 한다).

56 **풀이 |** 연소실 과열은 보일러 강도저하 및 파열과 관계된다.

58 **풀이 |** ②, ③, ④항은 15일 이내 에너지관리공단 이사장에게 신고하여야 한다.

59 **풀이 |** 에너지 사용자
- 에너지사용시설의 소유자
- 에너지사용시설의 관리자

60 **풀이 |** 건물 냉난방 제한온도
- 냉방 : 온도 26℃ 이상에서만 냉방 사용
- 난방 : 온도 20℃ 이상은 난방 사용 금지

# 03회 실전점검! CBT 실전모의고사

수험번호 :
수험자명 :

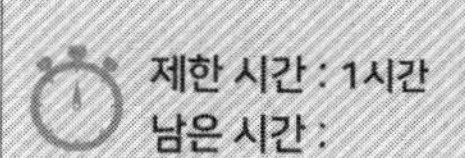

제한 시간 : 1시간
남은 시간 :

글자 크기  100%  150%  200%

화면 배치 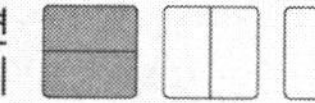

전체 문제 수 :
안 푼 문제 수 :

**01 보일러 급수처리의 목적으로 볼 수 없는 것은?**

① 부식의 방지
② 보일러수의 농축 방지
③ 스케일 생성 방지
④ 역화 방지

**02 배기가스 중에 함유되어 있는 $CO_2$, $O_2$, CO 3가지 성분을 순서대로 측정하는 가스 분석계는?**

① 전기식 $CO_2$계
② 헴펠식 가스 분석계
③ 오르자트 가스 분석계
④ 가스 크로마토 그래픽 가스 분석계

**03 보일러 부속장치에 관한 설명으로 틀린 것은?**

① 기수분리기 : 증기 중에 혼입된 수분을 분리하는 장치
② 수트 블로어 : 보일러 등 저면의 스케일, 침전물 등을 밖으로 배출하는 장치
③ 오일스트레이너 : 연료 속의 불순물 방지 및 유량계 펌프 등의 고장을 방지하는 장치
④ 스팀 트랩 : 응축수를 자동으로 배출하는 장치

**04 증기 보일러의 효율 계산식을 바르게 나타낸 것은?**

① $\text{효율}(\%) = \dfrac{\text{상당증발량} \times 538.8}{\text{연료 소비량} \times \text{연료의 발열량}} \times 100$

② $\text{효율}(\%) = \dfrac{\text{증기소비량} \times 538.8}{\text{연료 소비량} \times \text{연료의 비중}} \times 100$

③ $\text{효율}(\%) = \dfrac{\text{급수량} \times 538.8}{\text{연료 소비량} \times \text{연료의 발열량}} \times 100$

④ $\text{효율}(\%) = \dfrac{\text{급수사용량}}{\text{증기발열량}} \times 100$

답안 표기란

| 번호 | | | | |
|---|---|---|---|---|
| 1 | ① | ② | ③ | ④ |
| 2 | ① | ② | ③ | ④ |
| 3 | ① | ② | ③ | ④ |
| 4 | ① | ② | ③ | ④ |
| 5 | ① | ② | ③ | ④ |
| 6 | ① | ② | ③ | ④ |
| 7 | ① | ② | ③ | ④ |
| 8 | ① | ② | ③ | ④ |
| 9 | ① | ② | ③ | ④ |
| 10 | ① | ② | ③ | ④ |
| 11 | ① | ② | ③ | ④ |
| 12 | ① | ② | ③ | ④ |
| 13 | ① | ② | ③ | ④ |
| 14 | ① | ② | ③ | ④ |
| 15 | ① | ② | ③ | ④ |
| 16 | ① | ② | ③ | ④ |
| 17 | ① | ② | ③ | ④ |
| 18 | ① | ② | ③ | ④ |
| 19 | ① | ② | ③ | ④ |
| 20 | ① | ② | ③ | ④ |
| 21 | ① | ② | ③ | ④ |
| 22 | ① | ② | ③ | ④ |
| 23 | ① | ② | ③ | ④ |
| 24 | ① | ② | ③ | ④ |
| 25 | ① | ② | ③ | ④ |
| 26 | ① | ② | ③ | ④ |
| 27 | ① | ② | ③ | ④ |
| 28 | ① | ② | ③ | ④ |
| 29 | ① | ② | ③ | ④ |
| 30 | ① | ② | ③ | ④ |

계산기 다음 ▶ 안 푼 문제 답안 제출

**05** 보일러 열효율 정산방법에서 열정산을 위한 액체연료량을 측정할 때, 측정의 허용 오차는 일반적으로 몇 %로 하여야 하는가?

① ±1.0%　　② ±1.5%
③ ±1.6%　　④ ±2.0%

**06** 중유 예열기의 가열하는 열원의 종류에 따른 분류가 아닌 것은?

① 전기식　　② 가스식
③ 온수식　　④ 증기식

**07** 보일러의 시간당 증발량 1,100kg/h, 증기엔탈피 650kcal/kg, 급수 온도 30℃일 때, 상당증발량은?

① 1,050kg/h　　② 1,265kg/h
③ 1,415kg/h　　④ 1,733kg/h

**08** 보일러의 자동연소제어와 관련이 없는 것은?

① 증기압력 제어　　② 온수온도 제어
③ 노 내압 제어　　④ 수위 제어

**09** 보일러의 과열방지장치에 대한 설명으로 틀린 것은?

① 과열방지용 온도퓨즈는 373K 미만에서 확실히 작동하여야 한다.
② 과열방지용 온도퓨즈가 작동한 경우 일정시간 후 재점화되는 구조로 한다.
③ 과열방지용 온도퓨즈는 봉인을 하고 사용자가 변경할 수 없는 구조로 한다.
④ 일반적으로 용해전은 369~371K에 용해되는 것을 사용한다.

| | | | | |
|---|---|---|---|---|
| 1 | ① | ② | ③ | ④ |
| 2 | ① | ② | ③ | ④ |
| 3 | ① | ② | ③ | ④ |
| 4 | ① | ② | ③ | ④ |
| 5 | ① | ② | ③ | ④ |
| 6 | ① | ② | ③ | ④ |
| 7 | ① | ② | ③ | ④ |
| 8 | ① | ② | ③ | ④ |
| 9 | ① | ② | ③ | ④ |
| 10 | ① | ② | ③ | ④ |
| 11 | ① | ② | ③ | ④ |
| 12 | ① | ② | ③ | ④ |
| 13 | ① | ② | ③ | ④ |
| 14 | ① | ② | ③ | ④ |
| 15 | ① | ② | ③ | ④ |
| 16 | ① | ② | ③ | ④ |
| 17 | ① | ② | ③ | ④ |
| 18 | ① | ② | ③ | ④ |
| 19 | ① | ② | ③ | ④ |
| 20 | ① | ② | ③ | ④ |
| 21 | ① | ② | ③ | ④ |
| 22 | ① | ② | ③ | ④ |
| 23 | ① | ② | ③ | ④ |
| 24 | ① | ② | ③ | ④ |
| 25 | ① | ② | ③ | ④ |
| 26 | ① | ② | ③ | ④ |
| 27 | ① | ② | ③ | ④ |
| 28 | ① | ② | ③ | ④ |
| 29 | ① | ② | ③ | ④ |
| 30 | ① | ② | ③ | ④ |

수험번호 :
수험자명 :

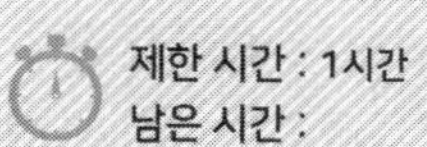

제한 시간 : 1시간
남은 시간 :

글자 크기  100%  150%  200% 화면 배치  

전체 문제 수 :
안 푼 문제 수 :

**10 압력에 대한 설명으로 옳은 것은?**

① 단위 면적당 작용하는 힘이다.
② 단위 부피당 작용하는 힘이다.
③ 물체의 무게를 비중량으로 나눈 값이다.
④ 물체의 무게에 비중량을 곱한 값이다.

**11 유류버너의 종류 중 수 기압(MPa)의 분무매체를 이용하여 연료를 분무하는 형식의 버너로서 2유체 버너라고도 하는 것은?**

① 고압기류식 버너
② 유압식 버너
③ 회전식 버너
④ 환류식 버너

**12 공기비를 $m$, 이론공기량을 $A_o$라고 할 때 실제공기량 $A$를 계산하는 식은?**

① $A=m\cdot A_o$
② $A=m/A_o$
③ $A=1/(m\cdot A_o)$
④ $A=A_o-m$

**13 전열면적이 40m² 인 수직 연관 보일러를 2시간 연소시킨 결과 4,000kg의 증기가 발생하였다. 이 보일러의 증발률은?**

① 40kg/m² · h
② 30kg/m² · h
③ 60kg/m² · h
④ 50kg/m² · h

**14 다음 중 보일러 스테이(Stay)의 종류로 가장 거리가 먼 것은?**

① 거싯(Gusset) 스테이
② 바(Bar) 스테이
③ 튜브(Tube) 스테이
④ 너트(Nut) 스테이

답안 표기란

| | | | | |
|---|---|---|---|---|
| 1 | ① | ② | ③ | ④ |
| 2 | ① | ② | ③ | ④ |
| 3 | ① | ② | ③ | ④ |
| 4 | ① | ② | ③ | ④ |
| 5 | ① | ② | ③ | ④ |
| 6 | ① | ② | ③ | ④ |
| 7 | ① | ② | ③ | ④ |
| 8 | ① | ② | ③ | ④ |
| 9 | ① | ② | ③ | ④ |
| 10 | ① | ② | ③ | ④ |
| 11 | ① | ② | ③ | ④ |
| 12 | ① | ② | ③ | ④ |
| 13 | ① | ② | ③ | ④ |
| 14 | ① | ② | ③ | ④ |
| 15 | ① | ② | ③ | ④ |
| 16 | ① | ② | ③ | ④ |
| 17 | ① | ② | ③ | ④ |
| 18 | ① | ② | ③ | ④ |
| 19 | ① | ② | ③ | ④ |
| 20 | ① | ② | ③ | ④ |
| 21 | ① | ② | ③ | ④ |
| 22 | ① | ② | ③ | ④ |
| 23 | ① | ② | ③ | ④ |
| 24 | ① | ② | ③ | ④ |
| 25 | ① | ② | ③ | ④ |
| 26 | ① | ② | ③ | ④ |
| 27 | ① | ② | ③ | ④ |
| 28 | ① | ② | ③ | ④ |
| 29 | ① | ② | ③ | ④ |
| 30 | ① | ② | ③ | ④ |

계산기 다음 ▶ 안 푼 문제 답안 제출

**15** 과열기의 종류 중 열가스 흐름에 의한 구분 방식에 속하지 않는 것은?

① 병류식 ② 접촉식
③ 향류식 ④ 혼류식

**16** 고체연료의 고위발열량으로부터 저위발열량을 산출할 때 연료 속의 수분과 다른 한 성분의 함유율을 가지고 계산하여 산출할 수 있는데 이 성분은 무엇인가?

① 산소 ② 수소
③ 유황 ④ 탄소

**17** 상용 보일러의 점화 전 준비사항에 관한 설명으로 틀린 것은?

① 수저분출밸브 및 분출 콕의 기능을 확인하고, 조금씩 분출되도록 약간 개방하여 둔다.
② 수면계에 의하여 수위가 적정한지 확인한다.
③ 급수배관의 밸브가 열려 있는지, 급수펌프의 기능은 정상인지 확인한다.
④ 공기빼기 밸브는 증기가 발생하기 전까지 열어 놓는다.

**18** 도시가스 배관의 설치에서 배관의 이음부(용접이음매 제외)와 전기점멸기 및 전기접속기와의 거리는 최소 얼마 이상 유지해야 하는가?

① 10cm ② 15cm
③ 30cm ④ 60cm

**19** 보일러 급수장치의 일종인 인젝터 사용 시 장점에 관한 설명으로 틀린 것은?

① 급수 예열 효과가 있다.
② 구조가 간단하고 소형이다.
③ 설치에 넓은 장소를 요하지 않는다.
④ 급수량 조절이 양호하여 급수의 효율이 높다.

| 번호 | | | | |
|---|---|---|---|---|
| 1 | ① | ② | ③ | ④ |
| 2 | ① | ② | ③ | ④ |
| 3 | ① | ② | ③ | ④ |
| 4 | ① | ② | ③ | ④ |
| 5 | ① | ② | ③ | ④ |
| 6 | ① | ② | ③ | ④ |
| 7 | ① | ② | ③ | ④ |
| 8 | ① | ② | ③ | ④ |
| 9 | ① | ② | ③ | ④ |
| 10 | ① | ② | ③ | ④ |
| 11 | ① | ② | ③ | ④ |
| 12 | ① | ② | ③ | ④ |
| 13 | ① | ② | ③ | ④ |
| 14 | ① | ② | ③ | ④ |
| 15 | ① | ② | ③ | ④ |
| 16 | ① | ② | ③ | ④ |
| 17 | ① | ② | ③ | ④ |
| 18 | ① | ② | ③ | ④ |
| 19 | ① | ② | ③ | ④ |
| 20 | ① | ② | ③ | ④ |
| 21 | ① | ② | ③ | ④ |
| 22 | ① | ② | ③ | ④ |
| 23 | ① | ② | ③ | ④ |
| 24 | ① | ② | ③ | ④ |
| 25 | ① | ② | ③ | ④ |
| 26 | ① | ② | ③ | ④ |
| 27 | ① | ② | ③ | ④ |
| 28 | ① | ② | ③ | ④ |
| 29 | ① | ② | ③ | ④ |
| 30 | ① | ② | ③ | ④ |

03회 실전점검! CBT 실전모의고사

수험번호 :
수험자명 :

제한 시간 : 1시간
남은 시간 :

글자 크기 100% 150% 200% | 화면 배치 | 전체 문제 수 : 안 푼 문제 수 :

답안 표기란

**20** 다음 중 슈미트 보일러는 보일러 분류에서 어디에 속하는가?

① 관류식
② 간접가열식
③ 자연순환식
④ 강제순환식

**21** 보일러의 안전장치에 해당되지 않는 것은?

① 방폭문
② 수위계
③ 화염검출기
④ 가용마개

**22** 일반적으로 보일러 판넬 내부 온도는 몇 ℃를 넘지 않도록 하는 것이 좋은가?

① 60℃
② 70℃
③ 80℃
④ 90℃

**23** 함진 배기가스를 액방울이나 액막에 충돌시켜 분진 입자를 포집 분리하는 집진장치는?

① 중력식 집진장치
② 관성력식 집진장치
③ 원심력식 집진장치
④ 세정식 집진장치

**24** 보일러 인터록과 관계가 없는 것은?

① 압력초과 인터록
② 저수위 인터록
③ 불착화 인터록
④ 급수장치 인터록

**25** 상태 변화 없이 물체의 온도 변화에만 소요되는 열량은?

① 고체열
② 현열
③ 액체열
④ 잠열

| 번호 | | | | |
|---|---|---|---|---|
| 1 | ① | ② | ③ | ④ |
| 2 | ① | ② | ③ | ④ |
| 3 | ① | ② | ③ | ④ |
| 4 | ① | ② | ③ | ④ |
| 5 | ① | ② | ③ | ④ |
| 6 | ① | ② | ③ | ④ |
| 7 | ① | ② | ③ | ④ |
| 8 | ① | ② | ③ | ④ |
| 9 | ① | ② | ③ | ④ |
| 10 | ① | ② | ③ | ④ |
| 11 | ① | ② | ③ | ④ |
| 12 | ① | ② | ③ | ④ |
| 13 | ① | ② | ③ | ④ |
| 14 | ① | ② | ③ | ④ |
| 15 | ① | ② | ③ | ④ |
| 16 | ① | ② | ③ | ④ |
| 17 | ① | ② | ③ | ④ |
| 18 | ① | ② | ③ | ④ |
| 19 | ① | ② | ③ | ④ |
| 20 | ① | ② | ③ | ④ |
| 21 | ① | ② | ③ | ④ |
| 22 | ① | ② | ③ | ④ |
| 23 | ① | ② | ③ | ④ |
| 24 | ① | ② | ③ | ④ |
| 25 | ① | ② | ③ | ④ |
| 26 | ① | ② | ③ | ④ |
| 27 | ① | ② | ③ | ④ |
| 28 | ① | ② | ③ | ④ |
| 29 | ① | ② | ③ | ④ |
| 30 | ① | ② | ③ | ④ |

계산기 | 다음 ▶ | 안 푼 문제 | 답안 제출

03회 실전점검! CBT 실전모의고사

수험번호 :
수험자명 :

제한 시간 : 1시간
남은 시간 :

글자 크기 100% 150% 200% 화면 배치 전체 문제 수 : 안 푼 문제 수 :

답안 표기란

**26** 보일러용 오일 연료에서 성분분석 결과 수소 12.0%, 수분 0.3%라면, 저위발열량은?(단, 연료의 고위발열량은 10,600kcal/kg이다.)

① 6,500kcal/kg ② 7,600kcal/kg
③ 8,950kcal/kg ④ 9,950kcal/kg

**27** 보일러에서 보염장치의 설치목적에 대한 설명으로 틀린 것은?

① 화염의 전기전도성을 이용한 검출을 실시한다.
② 연소용 공기의 흐름을 조절하여 준다.
③ 화염의 형상을 조절한다.
④ 확실한 착화가 되도록 한다.

**28** 증기사용압력이 같거나 또는 다른 여러 개의 증기사용 설비의 드레인관을 하나로 묶어 한 개의 트랩으로 설치한 것을 무엇이라고 하는가?

① 플로트 트랩 ② 버킷 트래핑
③ 디스크 트랩 ④ 그룹 트래핑

**29** 증기 보일러에는 2개 이상의 안전밸브를 설치하여야 하지만, 전열면적이 몇 이하인 경우에는 1개 이상으로 해도 되는가?

① $80m^2$ ② $70m^2$
③ $60m^2$ ④ $50m^2$

**30** 배관 보온재의 선정 시 고려해야 할 사항으로 가장 거리가 먼 것은?

① 안전사용 온도 범위 ② 보온재의 가격
③ 해체의 편리성 ④ 공사 현장의 작업성

| | | | | |
|---|---|---|---|---|
| 1 | ① | ② | ③ | ④ |
| 2 | ① | ② | ③ | ④ |
| 3 | ① | ② | ③ | ④ |
| 4 | ① | ② | ③ | ④ |
| 5 | ① | ② | ③ | ④ |
| 6 | ① | ② | ③ | ④ |
| 7 | ① | ② | ③ | ④ |
| 8 | ① | ② | ③ | ④ |
| 9 | ① | ② | ③ | ④ |
| 10 | ① | ② | ③ | ④ |
| 11 | ① | ② | ③ | ④ |
| 12 | ① | ② | ③ | ④ |
| 13 | ① | ② | ③ | ④ |
| 14 | ① | ② | ③ | ④ |
| 15 | ① | ② | ③ | ④ |
| 16 | ① | ② | ③ | ④ |
| 17 | ① | ② | ③ | ④ |
| 18 | ① | ② | ③ | ④ |
| 19 | ① | ② | ③ | ④ |
| 20 | ① | ② | ③ | ④ |
| 21 | ① | ② | ③ | ④ |
| 22 | ① | ② | ③ | ④ |
| 23 | ① | ② | ③ | ④ |
| 24 | ① | ② | ③ | ④ |
| 25 | ① | ② | ③ | ④ |
| 26 | ① | ② | ③ | ④ |
| 27 | ① | ② | ③ | ④ |
| 28 | ① | ② | ③ | ④ |
| 29 | ① | ② | ③ | ④ |
| 30 | ① | ② | ③ | ④ |

계산기 다음 ▶ 안 푼 문제 답안 제출

수험번호 :
수험자명 :

제한 시간 : 1시간
남은 시간 :

글자 크기  100%  150%  200%

화면 배치 

전체 문제 수 :
안 푼 문제 수 :

답안 표기란

**31** 보일러 사고의 원인 중 취급상의 원인이 아닌 것은?

① 부속장치 미비
② 최고 사용압력의 초과
③ 저수위로 인한 보일러의 과열
④ 습기나 연소가스 속의 부식성 가스로 인한 외부부식

**32** 안전밸브의 종류가 아닌 것은?

① 레버 안전밸브
② 추 안전밸브
③ 스프링 안전밸브
④ 핀 안전밸브

**33** 증기보일러의 압력계 부착에 대한 설명으로 틀린 것은?

① 압력계와 연결된 관의 크기는 강관을 사용할 때에는 안지름이 6.5mm 이상이어야 한다.
② 압력계는 눈금판의 눈금이 잘 보이는 위치에 부착하고 얼지 않도록 하여야 한다.
③ 압력계는 사이펀관 또는 동등한 작용을 하는 장치가 부착되어야 한다.
④ 압력계의 콕은 그 핸들을 수직인 관과 동일 방향에 놓은 경우에 열려 있는 것이어야 한다.

**34** 보일러 점화 시 역화가 발생하는 경우와 가장 거리가 먼 것은?

① 댐퍼를 너무 조인 경우나 흡입통풍이 부족할 경우
② 적정공기비로 점화한 경우
③ 공기보다 먼저 연료를 공급했을 경우
④ 점화할 때 착화가 늦어졌을 경우

| | | | | |
|---|---|---|---|---|
| 31 | ① | ② | ③ | ④ |
| 32 | ① | ② | ③ | ④ |
| 33 | ① | ② | ③ | ④ |
| 34 | ① | ② | ③ | ④ |
| 35 | ① | ② | ③ | ④ |
| 36 | ① | ② | ③ | ④ |
| 37 | ① | ② | ③ | ④ |
| 38 | ① | ② | ③ | ④ |
| 39 | ① | ② | ③ | ④ |
| 40 | ① | ② | ③ | ④ |
| 41 | ① | ② | ③ | ④ |
| 42 | ① | ② | ③ | ④ |
| 43 | ① | ② | ③ | ④ |
| 44 | ① | ② | ③ | ④ |
| 45 | ① | ② | ③ | ④ |
| 46 | ① | ② | ③ | ④ |
| 47 | ① | ② | ③ | ④ |
| 48 | ① | ② | ③ | ④ |
| 49 | ① | ② | ③ | ④ |
| 50 | ① | ② | ③ | ④ |
| 51 | ① | ② | ③ | ④ |
| 52 | ① | ② | ③ | ④ |
| 53 | ① | ② | ③ | ④ |
| 54 | ① | ② | ③ | ④ |
| 55 | ① | ② | ③ | ④ |
| 56 | ① | ② | ③ | ④ |
| 57 | ① | ② | ③ | ④ |
| 58 | ① | ② | ③ | ④ |
| 59 | ① | ② | ③ | ④ |
| 60 | ① | ② | ③ | ④ |

계산기　다음 ▶　안 푼 문제　답안 제출

03회 실전점검! CBT 실전모의고사

수험번호 :
수험자명 :

제한 시간 : 1시간
남은 시간 :

글자 크기 100% 150% 200% 화면 배치 전체 문제 수 : 안 푼 문제 수 :

**35** **온수난방 배관 시공법에 대한 설명 중 틀린 것은?**

① 배관구배는 일반적으로 1/250 이상으로 한다.
② 배관 중에 공기가 모이지 않게 배관한다.
③ 온수관의 수평배관에서 관경을 바꿀 때는 편심이음쇠를 사용한다.
④ 지관이 주관 아래로 분기될 때는 90° 이상으로 끝올림 구배로 한다.

**36** **방열기 내 온수의 평균온도 80℃, 실내온도 18℃, 방열계수 7.2kcal/$m^2$ · h · ℃인 경우 방열기 방열량은 얼마인가?**

① 346.4kcal/$m^2$ · h
② 446.4kcal/$m^2$ · h
③ 519kcal/$m^2$ · h
④ 560kcal/$m^2$ · h

**37** **배관의 이동 및 회전을 방지하기 위해 지지점 위치에 완전히 고정시키는 장치는?**

① 앵커 ② 서포트
③ 브레이스 ④ 행거

**38** **보일러 산세정의 순서로 옳은 것은?**

① 전처리 → 산액처리 → 수세 → 중화방청 → 수세
② 전처리 → 수세 → 산액처리 → 수세 → 중화방청
③ 산액처리 → 수세 → 전처리 → 중화방청 → 수세
④ 산액처리 → 전처리 → 수세 → 중화방청 → 수세

**39** **땅속 또는 지상에 배관하여 압력상태 또는 무압력상태에서 물의 수송 등에 주로 사용되는 덕타일 주철관을 무엇이라 부르는가?**

① 회주철관 ② 구상흑연 주철관
③ 모르타르 주철관 ④ 사형 주철관

답안 표기란

| | | | | |
|---|---|---|---|---|
| 31 | ① | ② | ③ | ④ |
| 32 | ① | ② | ③ | ④ |
| 33 | ① | ② | ③ | ④ |
| 34 | ① | ② | ③ | ④ |
| 35 | ① | ② | ③ | ④ |
| 36 | ① | ② | ③ | ④ |
| 37 | ① | ② | ③ | ④ |
| 38 | ① | ② | ③ | ④ |
| 39 | ① | ② | ③ | ④ |
| 40 | ① | ② | ③ | ④ |
| 41 | ① | ② | ③ | ④ |
| 42 | ① | ② | ③ | ④ |
| 43 | ① | ② | ③ | ④ |
| 44 | ① | ② | ③ | ④ |
| 45 | ① | ② | ③ | ④ |
| 46 | ① | ② | ③ | ④ |
| 47 | ① | ② | ③ | ④ |
| 48 | ① | ② | ③ | ④ |
| 49 | ① | ② | ③ | ④ |
| 50 | ① | ② | ③ | ④ |
| 51 | ① | ② | ③ | ④ |
| 52 | ① | ② | ③ | ④ |
| 53 | ① | ② | ③ | ④ |
| 54 | ① | ② | ③ | ④ |
| 55 | ① | ② | ③ | ④ |
| 56 | ① | ② | ③ | ④ |
| 57 | ① | ② | ③ | ④ |
| 58 | ① | ② | ③ | ④ |
| 59 | ① | ② | ③ | ④ |
| 60 | ① | ② | ③ | ④ |

계산기 다음 ▶ 안 푼 문제 답안 제출

**40** 보일러 과열의 요인 중 하나인 저수위의 발생 원인으로 거리가 먼 것은?

① 분출밸브 이상으로 보일러수 누설
② 급수장치가 증발능력에 비해 과소한 경우
③ 증기 토출량이 과소한 경우
④ 수면계의 막힘이나 고장

**41** 보일러 설치 · 시공기준상 가스용 보일러의 연료 배관 시 배관의 이음부와 전기계량기 및 전기개폐기와의 유지거리는 얼마인가?(단, 용접이음매는 제외한다.)

① 15cm 이상
② 30cm 이상
③ 45cm 이상
④ 60cm 이상

**42** 다음 보온재 중 안전사용온도가 가장 높은 것은?

① 펠트
② 암면
③ 글라스 울
④ 세라믹 파이버

**43** 동관 끝의 원형을 정형하기 위해 사용하는 공구는?

① 사이징 툴
② 익스팬더
③ 리머
④ 튜브벤더

**44** 증기난방방식을 응축수 환수법에 의해 분류하였을 때 해당되지 않는 것은?

① 중력환수식
② 고압환수식
③ 기계환수식
④ 진공환수식

03회 실전점검!
# CBT 실전모의고사

수험번호 :
수험자명 :

제한 시간 : 1시간
남은 시간 :

글자 크기 100% 150% 200%　화면 배치 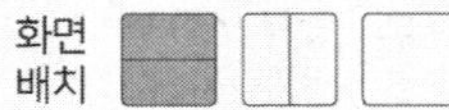

전체 문제 수 :
안 푼 문제 수 :

**45** **보일러의 계속사용 검사기준에서 사용 중 검사에 대한 설명으로 거리가 먼 것은?**

① 보일러 지지대의 균열, 내려앉음, 지지부재의 변형 또는 파손 등 보일러의 설치 상태에 이상이 없어야 한다.
② 보일러와 접속된 배관, 밸브 등 각종 이음부에는 누기, 누수가 없어야 한다.
③ 연소실 내부가 충분히 청소된 상태이어야 하고, 축로의 변형 및 이탈이 없어야 한다.
④ 보일러 동체는 보온 및 케이싱이 분해되어 있어야 하며, 손상이 약간 있는 것은 사용해도 관계가 없다.

**46** **보일러 운전정지의 순서를 바르게 나열한 것은?**

> ㉠ 댐퍼를 닫는다.　　㉡ 공기의 공급을 정지한다.
> ㉢ 급수 후 급수펌프를 정지한다.　　㉣ 연료의 공급을 정지한다.

① ㉠→㉡→㉢→㉣　　② ㉠→㉣→㉡→㉢
③ ㉣→㉠→㉡→㉢　　④ ㉣→㉡→㉢→㉠

**47** **보일러 점화 전 자동제어장치의 점검에 대한 설명이 아닌 것은?**

① 수위를 올리고 내려서 수위검출기 기능을 시험하고, 설정된 수위 상한 및 하한에서 정확하게 급수펌프가 기동, 정지하는지 확인한다.
② 저수탱크 내의 저수량을 점검하고 충분한 수량인 것을 확인한다.
③ 저수위경보기가 정상작동하는 것을 확인한다.
④ 인터록 계통의 제한기는 이상 없는지 확인한다.

**48** **상용 보일러의 점화 전 준비상황과 관련이 없는 것은?**

① 압력계 지침의 위치를 점검한다.
② 분출밸브 및 분출콕을 조작해서 그 기능이 정상인지 확인한다.
③ 연소장치에서 연료배관, 연료펌프 등의 개폐상태를 확인한다.
④ 연료의 발열량을 확인하고, 성분을 점검한다.

답안 표기란

| 번호 | | | | |
|---|---|---|---|---|
| 31 | ① | ② | ③ | ④ |
| 32 | ① | ② | ③ | ④ |
| 33 | ① | ② | ③ | ④ |
| 34 | ① | ② | ③ | ④ |
| 35 | ① | ② | ③ | ④ |
| 36 | ① | ② | ③ | ④ |
| 37 | ① | ② | ③ | ④ |
| 38 | ① | ② | ③ | ④ |
| 39 | ① | ② | ③ | ④ |
| 40 | ① | ② | ③ | ④ |
| 41 | ① | ② | ③ | ④ |
| 42 | ① | ② | ③ | ④ |
| 43 | ① | ② | ③ | ④ |
| 44 | ① | ② | ③ | ④ |
| 45 | ① | ② | ③ | ④ |
| 46 | ① | ② | ③ | ④ |
| 47 | ① | ② | ③ | ④ |
| 48 | ① | ② | ③ | ④ |
| 49 | ① | ② | ③ | ④ |
| 50 | ① | ② | ③ | ④ |
| 51 | ① | ② | ③ | ④ |
| 52 | ① | ② | ③ | ④ |
| 53 | ① | ② | ③ | ④ |
| 54 | ① | ② | ③ | ④ |
| 55 | ① | ② | ③ | ④ |
| 56 | ① | ② | ③ | ④ |
| 57 | ① | ② | ③ | ④ |
| 58 | ① | ② | ③ | ④ |
| 59 | ① | ② | ③ | ④ |
| 60 | ① | ② | ③ | ④ |

계산기　다음 ▶　안 푼 문제　답안 제출

49 주철제 방열기를 설치할 때 벽과의 간격은 약 몇 mm 정도로 하는 것이 좋은가?

① 10~30
② 50~60
③ 70~80
④ 90~100

50 보일러수 속에 유지류, 부유물 등의 농도가 높아지면 드럼수면에 거품이 발생하고, 또한 거품이 증가하여 드럼의 증기실에 확대되는 현상은?

① 포밍
② 프라이밍
③ 워터 해머링
④ 프리퍼지

51 보일러에서 라미네이션(Lamination)이란?

① 보일러 본체나 수관 등이 사용 중에 내부에서 2장의 층을 형성한 것
② 보일러 강판이 화염에 닿아 불룩 튀어 나온 것
③ 보일러 등에 작용하는 응력의 불균일로 동의 일부가 함몰된 것
④ 보일러 강판이 화염에 접촉하여 점식된 것

52 어떤 건물의 소요 난방부하가 45,000kcal/h이다. 주철제 방열기로 증기난방을 한다면 약 몇 쪽(Section)의 방열기를 설치해야 하는가?(단, 표준방열량으로 계산하며, 주철제 방열기의 쪽당 방열면적은 $0.24m^2$이다.)

① 156쪽
② 254쪽
③ 289쪽
④ 315쪽

53 단열재를 사용하여 얻을 수 있는 효과에 해당하지 않는 것은?

① 축열용량이 작아진다.
② 열전도율이 작아진다.
③ 노 내의 온도분포가 균일하게 된다.
④ 스폴링 현상을 증가시킨다.

03회 실전점검! CBT 실전모의고사

수험번호 :
수험자명 :

제한 시간 : 1시간
남은 시간 :

글자 크기 100% 150% 200% 화면 배치

전체 문제 수 :
안 푼 문제 수 :

답안 표기란

**54** **벨로스형 신축이음쇠에 대한 설명으로 틀린 것은?**

① 설치공간을 넓게 차지하지 않는다.
② 고온, 고압 배관의 옥내배관에 적당하다.
③ 일명 팩리스(Packless) 신축이음쇠라고도 한다.
④ 벨로스는 부식되지 않는 스테인리스, 청동 제품 등을 사용한다.

**55** **에너지이용 합리화법상 에너지를 사용하여 만드는 제품의 단위당 에너지사용목표량 또는 건축물의 단위면적당 에너지사용목표량을 정하여 고시하는 자는?**

① 산업통상자원부장관
② 에너지관리공단 이사장
③ 시 · 도지사
④ 고용노동부장관

**56** **에너지다소비사업자가 매년 1월 31일까지 신고해야 할 사항에 포함되지 않는 것은?**

① 전년도의 분기별 에너지사용량 · 제품생산량
② 해당 연도의 분기별 에너지사용예정량 · 제품생산예정량
③ 에너지사용기자재의 현황
④ 전년도의 분기별 에너지 절감량

**57** **신에너지 및 재생에너지 개발 · 이용 · 보급 촉진법에 따라 건축물인증기관으로부터 건축물인증을 받지 아니하고 건축물인증의 표시 또는 이와 유사한 표시를 하거나 건축물인증을 받은 것으로 홍보한 자에 대해 부과하는 과태료 기준으로 맞는 것은?**

① 5백만 원 이하의 과태료 부과
② 1천만 원 이하의 과태료 부과
③ 2천만 원 이하의 과태료 부과
④ 3천만 원 이하의 과태료 부과

| 번호 | | | | |
|---|---|---|---|---|
| 31 | ① | ② | ③ | ④ |
| 32 | ① | ② | ③ | ④ |
| 33 | ① | ② | ③ | ④ |
| 34 | ① | ② | ③ | ④ |
| 35 | ① | ② | ③ | ④ |
| 36 | ① | ② | ③ | ④ |
| 37 | ① | ② | ③ | ④ |
| 38 | ① | ② | ③ | ④ |
| 39 | ① | ② | ③ | ④ |
| 40 | ① | ② | ③ | ④ |
| 41 | ① | ② | ③ | ④ |
| 42 | ① | ② | ③ | ④ |
| 43 | ① | ② | ③ | ④ |
| 44 | ① | ② | ③ | ④ |
| 45 | ① | ② | ③ | ④ |
| 46 | ① | ② | ③ | ④ |
| 47 | ① | ② | ③ | ④ |
| 48 | ① | ② | ③ | ④ |
| 49 | ① | ② | ③ | ④ |
| 50 | ① | ② | ③ | ④ |
| 51 | ① | ② | ③ | ④ |
| 52 | ① | ② | ③ | ④ |
| 53 | ① | ② | ③ | ④ |
| 54 | ① | ② | ③ | ④ |
| 55 | ① | ② | ③ | ④ |
| 56 | ① | ② | ③ | ④ |
| 57 | ① | ② | ③ | ④ |
| 58 | ① | ② | ③ | ④ |
| 59 | ① | ② | ③ | ④ |
| 60 | ① | ② | ③ | ④ |

계산기 다음 ▶ 안 푼 문제 답안 제출

03회 실전점검!
# CBT 실전모의고사

수험번호 :
수험자명 :

제한 시간 : 1시간
남은 시간 :

글자 크기 100% 150% 200% 화면 배치 전체 문제 수 : 안 푼 문제 수 :

답안 표기란

**58** **에너지이용 합리화법상 대기전력 경고 표지를 하지 아니한 자에 대한 벌칙은?**

① 2년 이하의 징역 또는 2천만 원 이하의 벌금
② 1년 이하의 징역 또는 1천만 원 이하의 벌금
③ 5백만 원 이하의 벌금
④ 1천만 원 이하의 벌금

**59** **정부는 국가전략을 효율적 · 체계적으로 이행하기 위하여 몇 년마다 저탄소 녹색성장 국가전략 5개년 계획을 수립하는가?**

① 2년 ② 3년
③ 4년 ④ 5년

**60** **에너지이용 합리화법에서 정한 검사에 합격되지 아니한 검사대상기기를 사용한 자에 대한 벌칙은?**

① 1년 이하의 징역 또는 1천만 원 이하의 벌금
② 2년 이하의 징역 또는 2천만 원 이하의 벌금
③ 3년 이하의 징역 또는 3천만 원 이하의 벌금
④ 4년 이하의 징역 또는 4천만 원 이하의 벌금

| 문항 | | | | |
|---|---|---|---|---|
| 31 | ① | ② | ③ | ④ |
| 32 | ① | ② | ③ | ④ |
| 33 | ① | ② | ③ | ④ |
| 34 | ① | ② | ③ | ④ |
| 35 | ① | ② | ③ | ④ |
| 36 | ① | ② | ③ | ④ |
| 37 | ① | ② | ③ | ④ |
| 38 | ① | ② | ③ | ④ |
| 39 | ① | ② | ③ | ④ |
| 40 | ① | ② | ③ | ④ |
| 41 | ① | ② | ③ | ④ |
| 42 | ① | ② | ③ | ④ |
| 43 | ① | ② | ③ | ④ |
| 44 | ① | ② | ③ | ④ |
| 45 | ① | ② | ③ | ④ |
| 46 | ① | ② | ③ | ④ |
| 47 | ① | ② | ③ | ④ |
| 48 | ① | ② | ③ | ④ |
| 49 | ① | ② | ③ | ④ |
| 50 | ① | ② | ③ | ④ |
| 51 | ① | ② | ③ | ④ |
| 52 | ① | ② | ③ | ④ |
| 53 | ① | ② | ③ | ④ |
| 54 | ① | ② | ③ | ④ |
| 55 | ① | ② | ③ | ④ |
| 56 | ① | ② | ③ | ④ |
| 57 | ① | ② | ③ | ④ |
| 58 | ① | ② | ③ | ④ |
| 59 | ① | ② | ③ | ④ |
| 60 | ① | ② | ③ | ④ |

계산기 다음 ▶ 안 푼 문제 답안 제출

# CBT 정답 및 해설

| 01 | 02 | 03 | 04 | 05 | 06 | 07 | 08 | 09 | 10 |
|---|---|---|---|---|---|---|---|---|---|
| ④ | ③ | ② | ① | ① | ② | ② | ④ | ② | ① |
| 11 | 12 | 13 | 14 | 15 | 16 | 17 | 18 | 19 | 20 |
| ① | ① | ④ | ④ | ② | ② | ① | ③ | ④ | ② |
| 21 | 22 | 23 | 24 | 25 | 26 | 27 | 28 | 29 | 30 |
| ② | ① | ④ | ④ | ② | ④ | ① | ④ | ④ | ③ |
| 31 | 32 | 33 | 34 | 35 | 36 | 37 | 38 | 39 | 40 |
| ① | ④ | ① | ② | ④ | ② | ① | ② | ② | ③ |
| 41 | 42 | 43 | 44 | 45 | 46 | 47 | 48 | 49 | 50 |
| ④ | ④ | ① | ② | ④ | ④ | ② | ④ | ② | ① |
| 51 | 52 | 53 | 54 | 55 | 56 | 57 | 58 | 59 | 60 |
| ① | ③ | ④ | ② | ① | ④ | ② | ③ | ④ | ① |

**01 풀이 |**

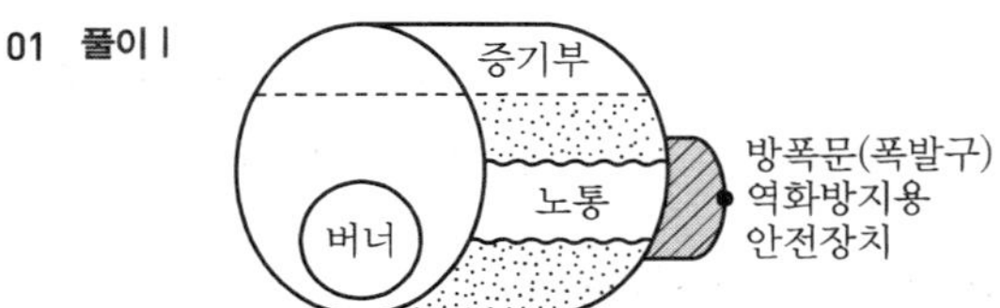


**02 풀이 |** • 헴펠식(화학식) : CmHn → $CO_2$ → $O_2$ → CO 측정
• 오르자트식(화학식) : $CO_2$ → $O_2$ → CO 측정

**03 풀이 |** ②는 분출장치(수저분출)에 대한 설명이다.

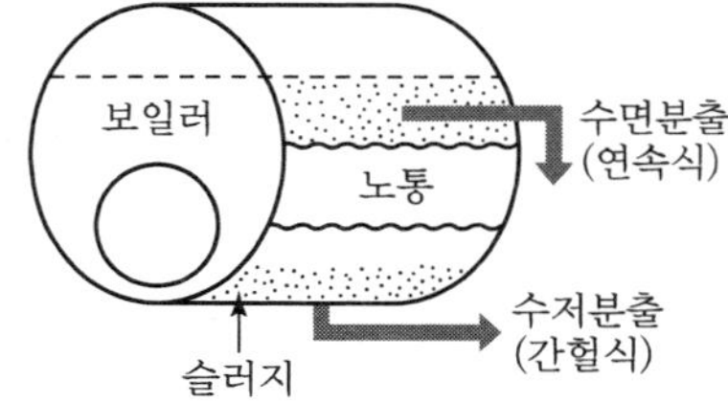


**04 풀이 |** • 상당증발량(kgf/h=환산증발량)
• 물의 증발잠열 : 538.8kcal/kg

**05 풀이 |** 보일러 열정산(열의 수입, 열의 지출)에서 액체연료 소비량 측정 시 허용오차 : ±1.0% 이내

**06 풀이 |**

예열중유 ← → 가열 유체
← 중유

중유가열기
(전기식, 온수식, 증기식)

**07 풀이 |** 상당증발량(환산증발량) : $W_e$(kgf/h)

$$W_e = \frac{\text{시간당 증기발생량(증기엔탈피} - \text{급수엔탈피)}}{539}$$

$$\therefore \frac{1,100(650-30\times1)}{539} = 1,265(\text{kg/h})$$

**08 풀이 |** • 자동급수제어(FWC) : 수위 제어
• 자동연소제어(ACC) : 연소 제어
• 자동증기온도제어(STC) : 증가온도 제어

**09 풀이 |** 과열방지용 온도퓨즈가 작동하면 온도퓨즈를 새 것으로 교체한 후에 재점화해야 한다.

**10 풀이 |** 압력(kg/$cm^2$)

↓
단위 면적당 작용하는 힘이다.

**11 풀이 |** 고압기류식 버너
2유체 버너(증기, 공기 등으로 0.2~0.7MPa) 등으로 분무(무화)하는 중유버너

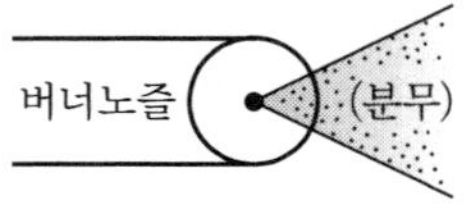


**12 풀이 |** • 실제공기량($A$)=이론공기량×공기비
• 공기비($m$)=실제공기량/이론공기량
• 과잉공기량=실제공기량−이론공기량

**13 풀이 |** $\text{증발률} = \frac{\text{증기발생량}}{\text{전열면적}} = \frac{4,000}{40\times2} = 50\text{kg/m}^2\text{h}$

**14 풀이 |** 스테이
보일러에서 강도가 약한 부위를 보강하는 기구이다.

**15 풀이 |** 열가스 흐름에 의한 과열기는 ①, ③, ④항이고 설치 장소에 따른 종류로는 복사과열기, 복사대류과열기, 접촉과열기가 있다.

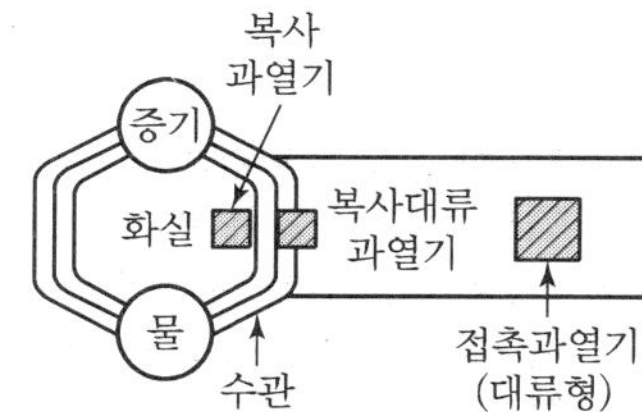


**16 풀이 |** 저위발열량 = 고위발열량 − 600(9H + W)
H(수소), W(수분)
600kcal/kg : 0℃에서 물의 증발열

**17 풀이 |** 보일러 점화 전 분출밸브 형태

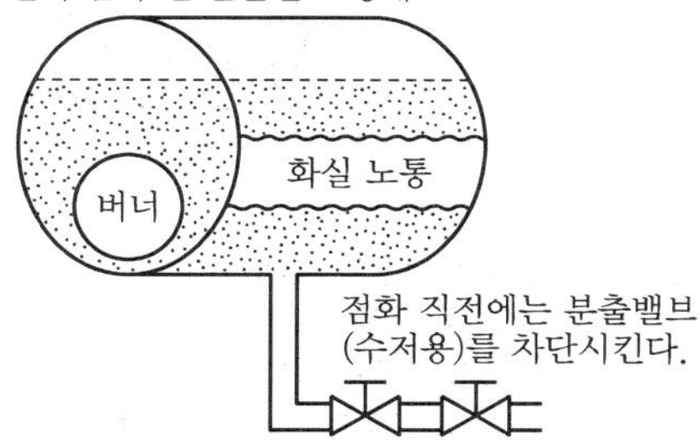


**18 풀이 |**

전기
점멸기
접속기
30cm
이상
도시가스 배관

**19 풀이 |** 인젝터(동력이 아닌 증기사용 급수설비)는 급수량 조절이 불가한 임시조치의 급수설비이다.

**20 풀이 | 간접가열식 보일러(2중 증발 보일러)**
- 레플러 보일러
- 슈미트 하트만 보일러

**21 풀이 |**

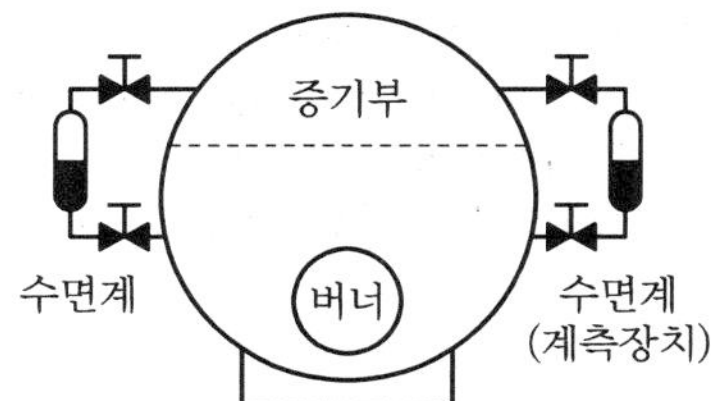


**22 풀이 | 자동제어 판넬 내부 온도**
60℃ 이하 유지

**23 풀이 | 습식(세정식) 집진장치**
액방울이나 액막에 충돌시켜 함진 배기가스 중의 분진 입자를 포집하여 분리하는 집진장치

**24 풀이 |** ①, ②, ③ 외 프리퍼지(환기) 인터록, 배기가스 온도 조절 인터록 등이 있다.

**25 풀이 |**

100℃ 포화수
0℃ 급수
화실
온도 변화(현열)

100℃ 증기
100℃ 포화수
화실
상태 변화(잠열)

**26 풀이 |** 저위발열량($H_l$) = 고위발열량($H_h$) − 600(9H + W)
= 10,600 − 600(9 × 0.12 + 0.003)
= 10,600 − 600(1.083)
= 10,600 − 649.8
= 9,950.2kcal/kg

**27 풀이 |** ①은 화염검출기 안전장치 중 플레임 로드의 설명이다.

**28 풀이 | 그룹 트래핑**
증기사용압력이 같거나 또는 다른 여러 개의 증기사용 설비의 드레인관을 하나로 묶어서 한 개의 스팀트랩으로 설치한 증기트랩이다.

**29 풀이 |** 전열면적 50$m^2$ 이하 보일러에는 증기용 안전밸브를 1개 이상 부착할 수 있다.

**30 풀이 |** 배관용 보온재는 거의가 해체하지 않는다(장시간 사용 시 전면적 수선이 필요하다).

**31 풀이 |** 부속장치 미비, 설계불량, 재료불량 등의 사고는 제작상의 원인이다.

**32 풀이 | 안전밸브의 종류**
- 레버식
- 추식
- 스프링식
- 복합식

**33 풀이 |** 강관의 경우는 연결관의 안지름은 12.7mm 이상이어야 한다.

**34 풀이 |** • 적정공기비로 점화하면 역화(백－파이어) 발생이 방지된다.

• 공기비$(m)=\dfrac{\text{실제 연소공기량}}{\text{이론 연소공기량}}$(항상 1보다 크다.)

**35 풀이 |** ④에서는 45° 이상 끝올림 구배로 한다.

**36 풀이 |** 소요방열량＝방열기계수×(온도차)

$=7.2\times(80-18)$

$=446.4\text{kcal/m}^2\cdot\text{h}$

**37 풀이 |** 리스트레인트에는 앵커, 스톱, 가이드가 있는데, 앵커는 배관의 이동 및 관의 회전을 방지하기 위해 고정시킨다.

**38 풀이 | 보일러 산세정 순서**

전처리 → 수세 → 산액처리 → 수세 → 중화방청

**39 풀이 | 구상흑연 주철관**

덕타일 주철관(인성이 있는 주철관)

**40 풀이 |** 증기 토출량이 과다하면 저수위 사고가 발생한다.

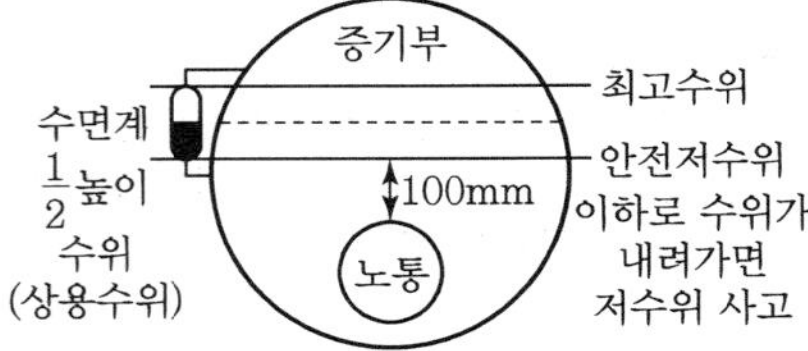


**41 풀이 |**

가스연료배관 이음부 ↔ 60cm 이상 이격거리 ↔ 전기개폐기, 안전기

**42 풀이 |** ① 펠트 : 100℃ 이하용

② 암면 : 400℃ 이하용

③ 글라스 울 : 300℃ 이하용

④ 세라믹 파이버 : 1,300℃ 이하용

**43 풀이 |**

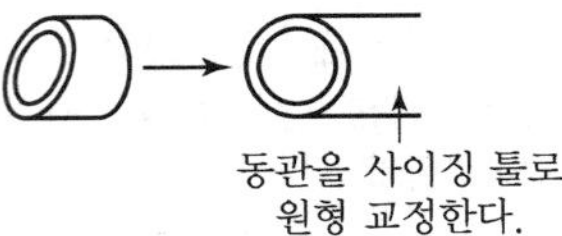


**44 풀이 | 증기난방 응축수 환수법**

- 중력환수식 : 효과가 적다.
- 기계 환수식 : 순환 응축수 회수펌프 사용
- 진공환수식 : 배관 내 진공이 100~250mmHg로 대규모 난방에서 효과가 크다.

**45 풀이 | 수관식 보일러**

동체, 노벽, 단열재 보온재 케이싱은 같이 부착된다(노벽 손상 보수).

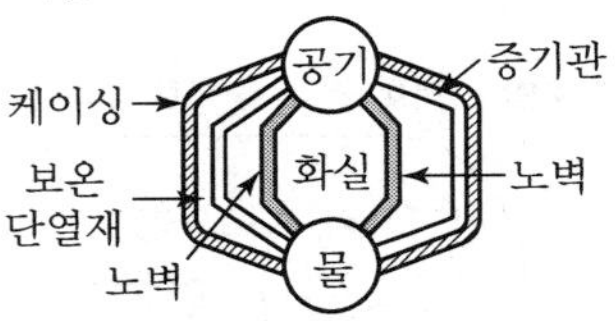


**46 풀이 | 보일러 운전정지 순서**

1. 연료의 공급을 정지한다.
2. 공기의 공급을 정지한다.
3. 급수 후 급수펌프를 정지한다.
4. 댐퍼를 닫는다.

**47 풀이 |** 저수탱크의 저수량 확인은 자동제어가 아닌 육안으로 점검한다.

**48 풀이 |** 보일러 운전자는 연료의 발열량, 성분 측정은 하지 않고 공급자의 조건표를 참고한다.

**49 풀이 |**

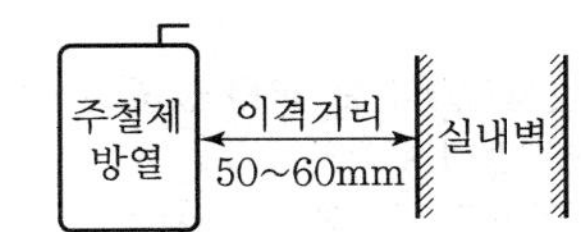


**50 풀이 |** ① 포밍 : 거품 현상

② 프라이밍 : 비수(수분 솟음) 현상

③ 워터 해머링 : 수격작용

④ 프리퍼지 : 화실의 잔류가스 배출(환기)

**51** **풀이 |** 라미네이션

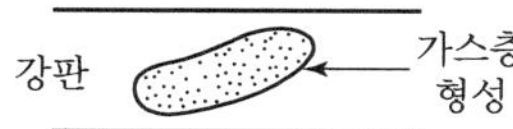


※ ②는 브리스터(Brister) 현상에 관한 것이다.

**52** **풀이 |** 방열기 쪽수 계산

$$=\frac{\text{난방부하}}{650\times\text{쪽당 방열면적}}=\frac{45,000}{650\times0.24}=289\text{ea}$$

**53** **풀이 |** 단열재 사용
열적 충격을 완화하여 노벽의 스폴링(균열 박락 현상)을 방지한다.

**54** **풀이 |** ②는 루프형(곡관형) 신축이음에 대한 설명이다.

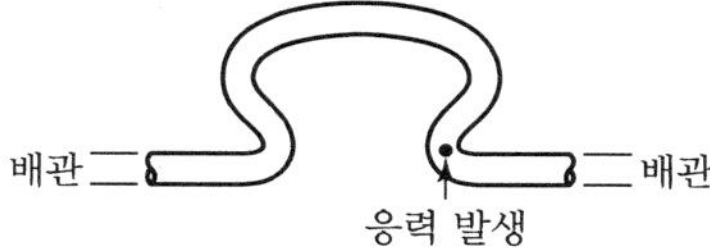


**55** **풀이 |** 산업통상자원부장관
에너지 사용 제품의 단위당 에너지사용목표량 또는 건축물의 단위면적당 에너지사용목표량을 정하여 고시하는 자

**56** **풀이 |** 에너지다소비사업자(연간 석유환산량 2,000 TOE) 이상 사용자의 신고사항은 매년 1월 31일까지 ①, ②, ③항의 에너지기자재 현황을 시장, 도지사에게 신고한다.

**57** **풀이 |** 건축물 인증을 받지 않고 홍보한 자에 대한 벌칙은 1천만 원 이하의 과태료 부과이다.

**58** **풀이 |** 대기전력 경고 표지를 하지 아니한 자에 대한 벌칙은 5백만 원 이하의 벌금에 처한다.

**59** **풀이 |** 저탄소 녹색성장 국가전략 5개년 계획수립은 5년마다 수립한다.

**60** **풀이 |** 에너지관리공단이사장에게 검사신청서를 접수하고 검사에 불합격 기기를 사용하면 1년 이하의 징역 또는 1천만 원 이하의 벌금에 처한다.

04회 실전점검!
# CBT 실전모의고사

수험번호 :
수험자명 :

제한 시간 : 1시간
남은 시간 :

글자 크기 100% 150% 200% 화면 배치

전체 문제 수 :
안 푼 문제 수 :

답안 표기란

| | | | | |
|---|---|---|---|---|
| 1 | ① | ② | ③ | ④ |
| 2 | ① | ② | ③ | ④ |
| 3 | ① | ② | ③ | ④ |
| 4 | ① | ② | ③ | ④ |
| 5 | ① | ② | ③ | ④ |
| 6 | ① | ② | ③ | ④ |
| 7 | ① | ② | ③ | ④ |
| 8 | ① | ② | ③ | ④ |
| 9 | ① | ② | ③ | ④ |
| 10 | ① | ② | ③ | ④ |
| 11 | ① | ② | ③ | ④ |
| 12 | ① | ② | ③ | ④ |
| 13 | ① | ② | ③ | ④ |
| 14 | ① | ② | ③ | ④ |
| 15 | ① | ② | ③ | ④ |
| 16 | ① | ② | ③ | ④ |
| 17 | ① | ② | ③ | ④ |
| 18 | ① | ② | ③ | ④ |
| 19 | ① | ② | ③ | ④ |
| 20 | ① | ② | ③ | ④ |
| 21 | ① | ② | ③ | ④ |
| 22 | ① | ② | ③ | ④ |
| 23 | ① | ② | ③ | ④ |
| 24 | ① | ② | ③ | ④ |
| 25 | ① | ② | ③ | ④ |
| 26 | ① | ② | ③ | ④ |
| 27 | ① | ② | ③ | ④ |
| 28 | ① | ② | ③ | ④ |
| 29 | ① | ② | ③ | ④ |
| 30 | ① | ② | ③ | ④ |

**01 절탄기에 대한 설명으로 옳은 것은?**

① 연소용 공기를 예열하는 장치이다.
② 보일러의 급수를 예열하는 장치이다.
③ 보일러용 연료를 예열하는 장치이다.
④ 연소용 공기와 보일러 급수를 예열하는 장치이다.

**02 왕복동식 펌프가 아닌 것은?**

① 플런저 펌프
② 피스톤 펌프
③ 터빈 펌프
④ 다이어프램 펌프

**03 수위 자동제어 장치에서 수위와 증기유량을 동시에 검출하여 급수밸브의 개도가 조절되도록 한 제어방식은?**

① 단요소식
② 2요소식
③ 3요소식
④ 모듈식

**04 일반적으로 보일러의 상용수위는 수면계의 어느 위치와 일치시키는가?**

① 수면계의 최상단부
② 수면계의 2/3 위치
③ 수면계의 1/2 위치
④ 수면계의 최하단부

계산기 다음 ▶ 안 푼 문제 답안 제출

수험번호 :
수험자명 :

제한 시간 : 1시간
남은 시간 :

글자 크기  100%  150%  200%

화면 배치  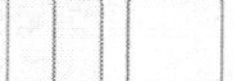

전체 문제 수 :
안 푼 문제 수 :

**05** **증기보일러를 성능시험하고 결과를 다음과 같이 산출하였다. 보일러 효율은?**

- 급수온도 : 12℃
- 연료의 저위 발열량 : 10,500kcal/$Nm^3$
- 발생증기의 엔탈피 : 663.8kcal/kg
- 증기 사용량 : 373.9$Nm^3$/h
- 증기 발생량 : 5,120kg/h
- 보일러 전열면적 : 102$m^2$

① 78%　　② 80%
③ 82%　　④ 85%

**06** **과열증기에서 과열도는 무엇인가?**

① 과열증기의 압력과 포화증기의 압력 차이다.
② 과열증기온도와 포화증기온도의 차이다.
③ 과열증기온도에 증발열을 합한 것이다.
④ 과열증기온도에서 증발열을 뺀 것이다.

**07** **어떤 물질 500kg을 20℃에서 50℃로 올리는 데 3,000kcal의 열량이 필요하였다. 이 물질의 비열은?**

① 0.1kcal/kg · ℃
② 0.2kcal/kg · ℃
③ 0.3kcal/kg · ℃
④ 0.4kcal/kg · ℃

**08** **동작유체의 상태 변화에서 에너지의 이동이 없는 변화는?**

① 등온 변화　　② 정적 변화
③ 정압 변화　　④ 단열 변화

답안 표기란

|  | | | | |
|---|---|---|---|---|
| 1 | ① | ② | ③ | ④ |
| 2 | ① | ② | ③ | ④ |
| 3 | ① | ② | ③ | ④ |
| 4 | ① | ② | ③ | ④ |
| 5 | ① | ② | ③ | ④ |
| 6 | ① | ② | ③ | ④ |
| 7 | ① | ② | ③ | ④ |
| 8 | ① | ② | ③ | ④ |
| 9 | ① | ② | ③ | ④ |
| 10 | ① | ② | ③ | ④ |
| 11 | ① | ② | ③ | ④ |
| 12 | ① | ② | ③ | ④ |
| 13 | ① | ② | ③ | ④ |
| 14 | ① | ② | ③ | ④ |
| 15 | ① | ② | ③ | ④ |
| 16 | ① | ② | ③ | ④ |
| 17 | ① | ② | ③ | ④ |
| 18 | ① | ② | ③ | ④ |
| 19 | ① | ② | ③ | ④ |
| 20 | ① | ② | ③ | ④ |
| 21 | ① | ② | ③ | ④ |
| 22 | ① | ② | ③ | ④ |
| 23 | ① | ② | ③ | ④ |
| 24 | ① | ② | ③ | ④ |
| 25 | ① | ② | ③ | ④ |
| 26 | ① | ② | ③ | ④ |
| 27 | ① | ② | ③ | ④ |
| 28 | ① | ② | ③ | ④ |
| 29 | ① | ② | ③ | ④ |
| 30 | ① | ② | ③ | ④ |

 계산기　　다음 ▶　　안 푼 문제　　답안 제출

**09 보일러 유류연료 연소 시에 가스폭발이 발생하는 원인이 아닌 것은?**

① 연소 도중에 실화되었을 때
② 프리퍼지 시간이 너무 길어졌을 때
③ 소화 후에 연료가 흘러들어 갔을 때
④ 점화가 잘 안 되는데 계속 급유했을 때

**10 보일러 연소장치와 가장 거리가 먼 것은?**

① 스테이 ② 버너
③ 연도 ④ 화격자

**11 보일러 1마력에 대한 표시로 옳은 것은?**

① 전열면적 $10m^2$
② 상당증발량 15.65kg/h
③ 전열면적 $8ft^2$
④ 상당증발량 30.6lb/h

**12 보일러 드럼 없이 초임계 압력 이상에서 고압증기를 발생시키는 보일러는?**

① 복사 보일러
② 관류 보일러
③ 수관 보일러
④ 노통연관 보일러

**13 증기트랩이 갖추어야 할 조건에 대한 설명으로 틀린 것은?**

① 마찰저항이 클 것
② 동작이 확실할 것
③ 내식, 내마모성이 있을 것
④ 응축수를 연속적으로 배출할 수 있을 것

04회 실전점검! CBT 실전모의고사

수험번호 :
수험자명 :

제한 시간 : 1시간
남은 시간 :

글자 크기 100% 150% 200% 화면 배치 전체 문제 수 : 안 푼 문제 수 :

**14** 보일러의 수위제어 검출방식의 종류로 가장 거리가 먼 것은?

① 피스톤식 ② 전극식
③ 플로트식 ④ 열팽창관식

**15** 중유의 첨가제 중 슬러지의 생성 방지제 역할을 하는 것은?

① 회분개질제 ② 탈수제
③ 연소촉진제 ④ 안정제

**16** 자동제어의 신호전달방법에서 공기압식의 특징으로 옳은 것은?

① 전송 시 시간지연이 생긴다.
② 배관이 용이하지 않고 보존이 어렵다.
③ 신호전달 거리가 유압식에 비하여 길다.
④ 온도제어 등에 적합하고 화재의 위험이 많다.

**17** 자연통풍방식에서 통풍력이 증가되는 경우가 아닌 것은?

① 연돌의 높이가 낮은 경우
② 연돌의 단면적이 큰 경우
③ 연도의 굴곡 수가 적은 경우
④ 배기가스의 온도가 높은 경우

**18** 가스용 보일러 설비 주위에 설치해야 할 계측기 및 안전장치와 무관한 것은?

① 급기 가스 온도계
② 가스 사용량 측정 유량계
③ 연료 공급 자동차단장치
④ 가스 누설 자동차단장치

답안 표기란

|  | | | | |
|---|---|---|---|---|
| 1 | ① | ② | ③ | ④ |
| 2 | ① | ② | ③ | ④ |
| 3 | ① | ② | ③ | ④ |
| 4 | ① | ② | ③ | ④ |
| 5 | ① | ② | ③ | ④ |
| 6 | ① | ② | ③ | ④ |
| 7 | ① | ② | ③ | ④ |
| 8 | ① | ② | ③ | ④ |
| 9 | ① | ② | ③ | ④ |
| 10 | ① | ② | ③ | ④ |
| 11 | ① | ② | ③ | ④ |
| 12 | ① | ② | ③ | ④ |
| 13 | ① | ② | ③ | ④ |
| 14 | ① | ② | ③ | ④ |
| 15 | ① | ② | ③ | ④ |
| 16 | ① | ② | ③ | ④ |
| 17 | ① | ② | ③ | ④ |
| 18 | ① | ② | ③ | ④ |
| 19 | ① | ② | ③ | ④ |
| 20 | ① | ② | ③ | ④ |
| 21 | ① | ② | ③ | ④ |
| 22 | ① | ② | ③ | ④ |
| 23 | ① | ② | ③ | ④ |
| 24 | ① | ② | ③ | ④ |
| 25 | ① | ② | ③ | ④ |
| 26 | ① | ② | ③ | ④ |
| 27 | ① | ② | ③ | ④ |
| 28 | ① | ② | ③ | ④ |
| 29 | ① | ② | ③ | ④ |
| 30 | ① | ② | ③ | ④ |

계산기 다음 ▶ 안 푼 문제 답안 제출

04회 실전점검! CBT 실전모의고사

수험번호 :
수험자명 :

제한 시간 : 1시간
남은 시간 :

글자 크기 100% 150% 200% 화면 배치

전체 문제 수 :
안 푼 문제 수 :

**19** 어떤 보일러의 증발량이 40t/h이고, 보일러 본체의 전열면적이 580m$^2$일 때 이 보일러의 증발률은?

① 14kg/m$^2$ · h
② 44kg/m$^2$ · h
③ 57kg/m$^2$ · h
④ 69kg/m$^2$ · h

**20** 연소 시 공기비가 작을 때 나타나는 현상으로 틀린 것은?

① 불완전연소가 되기 쉽다.
② 미연소가스에 의한 가스 폭발이 일어나기 쉽다.
③ 미연소가스에 의한 열손실이 증가될 수 있다.
④ 배기가스 중 NO 및 $NO_2$의 발생량이 많아진다.

**21** 제어장치에서 인터록(Inter Lock)이란?

① 정해진 순서에 따라 차례로 동작이 진행되는 것
② 구비조건에 맞지 않을 때 작동을 정지시키는 것
③ 증기압력의 연료량, 공기량을 조절하는 것
④ 제어량과 목표치를 비교하여 동작시키는 것

**22** 세정식 집진장치 중 하나인 회전식 집진장치의 특징에 관한 설명으로 가장 거리가 먼 것은?

① 구조가 대체로 간단하고 조작이 쉽다.
② 급수배관을 따로 설치할 필요가 없으므로 설치공간이 적게 든다.
③ 집진물을 회수할 때 탈수, 여과, 건조 등을 수행할 수 있는 별도의 장치가 필요하다.
④ 비교적 큰 압력손실을 견딜 수 있다.

답안 표기란

|  | | | | |
|---|---|---|---|---|
| 1 | ① | ② | ③ | ④ |
| 2 | ① | ② | ③ | ④ |
| 3 | ① | ② | ③ | ④ |
| 4 | ① | ② | ③ | ④ |
| 5 | ① | ② | ③ | ④ |
| 6 | ① | ② | ③ | ④ |
| 7 | ① | ② | ③ | ④ |
| 8 | ① | ② | ③ | ④ |
| 9 | ① | ② | ③ | ④ |
| 10 | ① | ② | ③ | ④ |
| 11 | ① | ② | ③ | ④ |
| 12 | ① | ② | ③ | ④ |
| 13 | ① | ② | ③ | ④ |
| 14 | ① | ② | ③ | ④ |
| 15 | ① | ② | ③ | ④ |
| 16 | ① | ② | ③ | ④ |
| 17 | ① | ② | ③ | ④ |
| 18 | ① | ② | ③ | ④ |
| 19 | ① | ② | ③ | ④ |
| 20 | ① | ② | ③ | ④ |
| 21 | ① | ② | ③ | ④ |
| 22 | ① | ② | ③ | ④ |
| 23 | ① | ② | ③ | ④ |
| 24 | ① | ② | ③ | ④ |
| 25 | ① | ② | ③ | ④ |
| 26 | ① | ② | ③ | ④ |
| 27 | ① | ② | ③ | ④ |
| 28 | ① | ② | ③ | ④ |
| 29 | ① | ② | ③ | ④ |
| 30 | ① | ② | ③ | ④ |

계산기 다음 ▶ 안 푼 문제 답안 제출

**23** **보일러 사용 시 이상 저수위의 원인이 아닌 것은?**

① 증기 취출량이 과대한 경우
② 보일러 연결부에서 누출이 되는 경우
③ 급수장치가 증발능력에 비해 과소한 경우
④ 급수탱크 내 급수량이 많은 경우

**24** **중력순환식 온수난방법에 관한 설명으로 틀린 것은?**

① 소규모 주택에 이용된다.
② 온수의 밀도차에 의해 온수가 순환한다.
③ 자연순환이므로 관경을 작게 하여도 된다.
④ 보일러는 최하위 방열기보다 더 낮은 곳에 설치한다.

**25** **보일러를 장기간 사용하지 않고 보존하는 방법으로 가장 적당한 것은?**

① 물을 가득 채워 보존한다.
② 배수하고 물이 없는 상태로 보존한다.
③ 1개월에 1회씩 급수를 공급 · 교환한다.
④ 건조 후 생석회 등을 넣고 밀봉하여 보존한다.

**26** **진공환수식 증기 난방장치의 리프트 이음 시 1단 흡상 높이는 최고 몇 m 이하로 하는가?**

① 1.0
② 1.5
③ 2.0
④ 2.5

| 번호 | | | | |
|---|---|---|---|---|
| 1 | ① | ② | ③ | ④ |
| 2 | ① | ② | ③ | ④ |
| 3 | ① | ② | ③ | ④ |
| 4 | ① | ② | ③ | ④ |
| 5 | ① | ② | ③ | ④ |
| 6 | ① | ② | ③ | ④ |
| 7 | ① | ② | ③ | ④ |
| 8 | ① | ② | ③ | ④ |
| 9 | ① | ② | ③ | ④ |
| 10 | ① | ② | ③ | ④ |
| 11 | ① | ② | ③ | ④ |
| 12 | ① | ② | ③ | ④ |
| 13 | ① | ② | ③ | ④ |
| 14 | ① | ② | ③ | ④ |
| 15 | ① | ② | ③ | ④ |
| 16 | ① | ② | ③ | ④ |
| 17 | ① | ② | ③ | ④ |
| 18 | ① | ② | ③ | ④ |
| 19 | ① | ② | ③ | ④ |
| 20 | ① | ② | ③ | ④ |
| 21 | ① | ② | ③ | ④ |
| 22 | ① | ② | ③ | ④ |
| 23 | ① | ② | ③ | ④ |
| 24 | ① | ② | ③ | ④ |
| 25 | ① | ② | ③ | ④ |
| 26 | ① | ② | ③ | ④ |
| 27 | ① | ② | ③ | ④ |
| 28 | ① | ② | ③ | ④ |
| 29 | ① | ② | ③ | ④ |
| 30 | ① | ② | ③ | ④ |

계산기 다음 ▶ 안 푼 문제 답안 제출

04회 실전점검!
# CBT 실전모의고사

수험번호 :
수험자명 :

제한 시간 : 1시간
남은 시간 :

글자 크기 100% 150% 200% 화면 배치 전체 문제 수 : 안 푼 문제 수 :

답안 표기란

**27** 보일러드럼 및 대형 헤더가 없고 지름이 작은 전열관을 사용하는 관류 보일러의 순환비는?

① 4
② 3
③ 2
④ 1

**28** 보일러 급수처리방법 중 5,000ppm 이하의 고형물 농도에서는 비경제적이므로 사용하지 않고, 선박용 보일러에 필요한 급수를 얻을 때 주로 사용하는 방법은?

① 증류법
② 가열법
③ 여과법
④ 이온교환법

**29** 연료의 연소 시, 이론공기량에 대한 실제공기량의 비, 즉 공기비($m$)의 일반적인 값으로 옳은 것은?

① $m=1$
② $m<1$
③ $m<0$
④ $m>1$

**30** 압축기 진동과 서징, 관의 수격작용, 지진 등에 의해서 발생하는 진동을 억제하기 위해 사용되는 지지장치는?

① 벤드벤
② 플랩 밸브
③ 그랜드 패킹
④ 브레이스

계산기 다음 ▶ 안 푼 문제 답안 제출

04 회 실전점검! CBT 실전모의고사

수험번호 :
수험자명 :

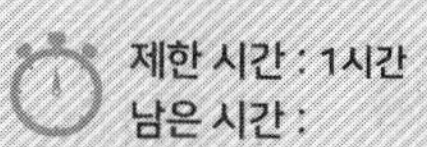

글자 크기 100% 150% 200% 화면 배치 전체 문제 수 : 안 푼 문제 수 :

**31** 배관 중간이나 밸브, 펌프, 열교환기 등의 접속을 위해 사용되는 이음쇠로서 분해, 조립이 필요한 경우에 사용되는 것은?

① 벤드
② 리듀서
③ 플랜지
④ 슬리브

**32** 급수 중 불순물에 의한 장해나 처리방법에 대한 설명으로 틀린 것은?

① 현탁고형물의 처리방법에는 침강분리, 여과, 응집침전 등이 있다.
② 경도성분은 이온 교환으로 연화시킨다.
③ 유지류는 거품의 원인이 되나, 이온교환수지의 능력을 향상시킨다.
④ 용존산소는 급수계통 및 보일러 본체의 수관을 산화 부식시킨다.

**33** 난방설비 배관이나 방열기에서 높은 위치에 설치해야 하는 밸브는?

① 공기빼기 밸브
② 안전밸브
③ 전자밸브
④ 플로트 밸브

**34** 온수온돌의 방수 처리에 대한 설명으로 적절하지 않은 것은?

① 다층건물에 있어서도 전 층의 온수온돌에 방수 처리를 하는 것이 좋다.
② 방수 처리는 내식성이 있는 루핑, 비닐, 방수모르타르로 하며, 습기가 스며들지 않도록 완전히 밀봉한다.
③ 벽면으로 습기가 올라오는 것을 대비하여 온돌바닥보다 약 10cm 이상 위까지 방수 처리를 하는 것이 좋다.
④ 방수 처리를 함으로써 열손실을 감소시킬 수 있다.

답안 표기란

| 번호 | | | | |
|---|---|---|---|---|
| 31 | ① | ② | ③ | ④ |
| 32 | ① | ② | ③ | ④ |
| 33 | ① | ② | ③ | ④ |
| 34 | ① | ② | ③ | ④ |
| 35 | ① | ② | ③ | ④ |
| 36 | ① | ② | ③ | ④ |
| 37 | ① | ② | ③ | ④ |
| 38 | ① | ② | ③ | ④ |
| 39 | ① | ② | ③ | ④ |
| 40 | ① | ② | ③ | ④ |
| 41 | ① | ② | ③ | ④ |
| 42 | ① | ② | ③ | ④ |
| 43 | ① | ② | ③ | ④ |
| 44 | ① | ② | ③ | ④ |
| 45 | ① | ② | ③ | ④ |
| 46 | ① | ② | ③ | ④ |
| 47 | ① | ② | ③ | ④ |
| 48 | ① | ② | ③ | ④ |
| 49 | ① | ② | ③ | ④ |
| 50 | ① | ② | ③ | ④ |
| 51 | ① | ② | ③ | ④ |
| 52 | ① | ② | ③ | ④ |
| 53 | ① | ② | ③ | ④ |
| 54 | ① | ② | ③ | ④ |
| 55 | ① | ② | ③ | ④ |
| 56 | ① | ② | ③ | ④ |
| 57 | ① | ② | ③ | ④ |
| 58 | ① | ② | ③ | ④ |
| 59 | ① | ② | ③ | ④ |
| 60 | ① | ② | ③ | ④ |

계산기 다음 ▶ 안 푼 문제 답안 제출

04 회 실전점검!
# CBT 실전모의고사

수험번호 :
수험자명 :

제한 시간 : 1시간
남은 시간 :

글자 크기 100% 150% 200% 화면 배치

전체 문제 수 :
안 푼 문제 수 :

**35** 기름 보일러에서 연소 중 화염이 점멸하는 등 연소 불안정이 발생하는 경우가 있다. 그 원인으로 가장 거리가 먼 것은?

① 기름의 점도가 높을 때
② 기름 속에 수분이 혼입되었을 때
③ 연료의 공급 상태가 불안정한 때
④ 노 내가 부압(負壓)인 상태에서 연소했을 때

**36** 압력배관용 탄소강관의 KS 규격기호는?

① SPPS ② SPLT
③ SPP ④ SPPH

**37** 중력환수식 온수난방법의 설명으로 틀린 것은?

① 온수의 밀도차에 의해 온수가 순환한다.
② 소규모 주택에 이용된다.
③ 보일러는 최하위 방열기보다 더 낮은 곳에 설치한다.
④ 자연순환이므로 관경을 작게 하여도 된다.

**38** 전열면적이 $12m^2$인 보일러의 급수밸브의 크기는 호칭 몇 A 이상이어야 하는가?

① 15 ② 20
③ 25 ④ 32

**39** 보온재의 열전도율과 온도와의 관계를 맞게 설명한 것은?

① 온도가 낮아질수록 열전도율은 커진다.
② 온도가 높아질수록 열전도율은 작아진다.
③ 온도가 높아질수록 열전도율은 커진다.
④ 온도에 관계없이 열전도율은 일정하다.

답안 표기란

| 31 | ① | ② | ③ | ④ |
|---|---|---|---|---|
| 32 | ① | ② | ③ | ④ |
| 33 | ① | ② | ③ | ④ |
| 34 | ① | ② | ③ | ④ |
| 35 | ① | ② | ③ | ④ |
| 36 | ① | ② | ③ | ④ |
| 37 | ① | ② | ③ | ④ |
| 38 | ① | ② | ③ | ④ |
| 39 | ① | ② | ③ | ④ |
| 40 | ① | ② | ③ | ④ |
| 41 | ① | ② | ③ | ④ |
| 42 | ① | ② | ③ | ④ |
| 43 | ① | ② | ③ | ④ |
| 44 | ① | ② | ③ | ④ |
| 45 | ① | ② | ③ | ④ |
| 46 | ① | ② | ③ | ④ |
| 47 | ① | ② | ③ | ④ |
| 48 | ① | ② | ③ | ④ |
| 49 | ① | ② | ③ | ④ |
| 50 | ① | ② | ③ | ④ |
| 51 | ① | ② | ③ | ④ |
| 52 | ① | ② | ③ | ④ |
| 53 | ① | ② | ③ | ④ |
| 54 | ① | ② | ③ | ④ |
| 55 | ① | ② | ③ | ④ |
| 56 | ① | ② | ③ | ④ |
| 57 | ① | ② | ③ | ④ |
| 58 | ① | ② | ③ | ④ |
| 59 | ① | ② | ③ | ④ |
| 60 | ① | ② | ③ | ④ |

계산기 다음 ▶ 안 푼 문제 답안 제출

04회 실전점검! CBT 실전모의고사

수험번호 :
수험자명 :

제한 시간 : 1시간
남은 시간 :

글자 크기 100% 150% 200% 화면 배치 전체 문제 수 : 안 푼 문제 수 :

**40** **다른 보온재에 비하여 단열 효과가 낮으며, 500℃ 이하의 파이프, 탱크, 노벽 등에 사용하는 보온재는?**

① 규조토
② 암면
③ 기포성 수지
④ 탄산마그네슘

**41** **진공환수식 증기난방 배관 시공에 관한 설명으로 틀린 것은?**

① 증기주관은 흐름 방향에 1/200~1/300의 앞내림 기울기로 하고 도중에 수직 상향부가 필요한 때 트랩 장치를 한다.
② 방열기 분기관 등에서 앞단에 트랩 장치가 없을 때에는 1/50~1/100의 앞올림 기울기로 하여 응축수를 주관에 역류시킨다.
③ 환수관에 수직 상향부가 필요한 때에는 리프트 피팅을 써서 응축수가 위쪽으로 배출되게 한다.
④ 리프트 피팅은 될 수 있으면 사용개수를 많게 하고 1단을 2.5m 이내로 한다.

**42** **배관의 관 끝을 막을 때 사용하는 부품은?**

① 엘보 ② 소켓
③ 티 ④ 캡

**43** **어떤 강철제 증기 보일러의 최고사용압력이 0.35MPa이면 수압시험 압력은?**

① 0.35MPa ② 0.5MPa
③ 0.7MPa ④ 0.95MPa

**44** **온수난방설비의 밀폐식 팽창탱크에 설치되지 않는 것은?**

① 수위계 ② 압력계
③ 배기관 ④ 안전밸브

답안 표기란

| | | | | |
|---|---|---|---|---|
| 31 | ① | ② | ③ | ④ |
| 32 | ① | ② | ③ | ④ |
| 33 | ① | ② | ③ | ④ |
| 34 | ① | ② | ③ | ④ |
| 35 | ① | ② | ③ | ④ |
| 36 | ① | ② | ③ | ④ |
| 37 | ① | ② | ③ | ④ |
| 38 | ① | ② | ③ | ④ |
| 39 | ① | ② | ③ | ④ |
| 40 | ① | ② | ③ | ④ |
| 41 | ① | ② | ③ | ④ |
| 42 | ① | ② | ③ | ④ |
| 43 | ① | ② | ③ | ④ |
| 44 | ① | ② | ③ | ④ |
| 45 | ① | ② | ③ | ④ |
| 46 | ① | ② | ③ | ④ |
| 47 | ① | ② | ③ | ④ |
| 48 | ① | ② | ③ | ④ |
| 49 | ① | ② | ③ | ④ |
| 50 | ① | ② | ③ | ④ |
| 51 | ① | ② | ③ | ④ |
| 52 | ① | ② | ③ | ④ |
| 53 | ① | ② | ③ | ④ |
| 54 | ① | ② | ③ | ④ |
| 55 | ① | ② | ③ | ④ |
| 56 | ① | ② | ③ | ④ |
| 57 | ① | ② | ③ | ④ |
| 58 | ① | ② | ③ | ④ |
| 59 | ① | ② | ③ | ④ |
| 60 | ① | ② | ③ | ④ |

계산기 다음 ▶ 안 푼 문제 답안 제출

**45** 보일러의 내부 부식에 속하지 않는 것은?

① 점식 ② 구식
③ 알칼리 부식 ④ 고온 부식

**46** 보일러 성능시험에서 강철제 증기 보일러의 증기건도는 몇 % 이상이어야 하는가?

① 89 ② 93
③ 95 ④ 98

**47** 보일러 사고의 원인 중 보일러 취급상의 사고원인이 아닌 것은?

① 재료 및 설계 불량
② 사용압력 초과 운전
③ 저수위 운전
④ 급수처리 불량

**48** 실내의 천장 높이가 12m인 극장에 대한 증기난방 설비를 설계하고자 한다. 이때의 난방부하 계산을 위한 실내 평균온도는?(단, 호흡선 1.5m에서의 실내온도는 18℃이다.)

① 23.5℃ ② 26.1℃
③ 29.8℃ ④ 32.7℃

**49** 보일러 전열면의 과열 방지대책으로 틀린 것은?

① 보일러 내의 스케일을 제거한다.
② 다량의 불순물로 인해 보일러수가 농축되지 않게 한다.
③ 보일러의 수위가 안전 저수면 이하가 되지 않도록 한다.
④ 화염을 국부적으로 집중 가열한다.

04회 실전점검! CBT 실전모의고사

수험번호 :
수험자명 :

제한 시간 : 1시간
남은 시간 :

글자 크기 100% 150% 200% | 화면 배치 | 전체 문제 수 : 안 푼 문제 수 :

답안 표기란

| 31 | ① ② ③ ④ |
|---|---|
| 32 | ① ② ③ ④ |
| 33 | ① ② ③ ④ |
| 34 | ① ② ③ ④ |
| 35 | ① ② ③ ④ |
| 36 | ① ② ③ ④ |
| 37 | ① ② ③ ④ |
| 38 | ① ② ③ ④ |
| 39 | ① ② ③ ④ |
| 40 | ① ② ③ ④ |
| 41 | ① ② ③ ④ |
| 42 | ① ② ③ ④ |
| 43 | ① ② ③ ④ |
| 44 | ① ② ③ ④ |
| 45 | ① ② ③ ④ |
| 46 | ① ② ③ ④ |
| 47 | ① ② ③ ④ |
| 48 | ① ② ③ ④ |
| 49 | ① ② ③ ④ |
| 50 | ① ② ③ ④ |
| 51 | ① ② ③ ④ |
| 52 | ① ② ③ ④ |
| 53 | ① ② ③ ④ |
| 54 | ① ② ③ ④ |
| 55 | ① ② ③ ④ |
| 56 | ① ② ③ ④ |
| 57 | ① ② ③ ④ |
| 58 | ① ② ③ ④ |
| 59 | ① ② ③ ④ |
| 60 | ① ② ③ ④ |

**50** 난방부하가 2,250kcal/h인 경우 온수방열기의 방열면적은?(단, 방열기의 방열량은 표준방열량으로 한다.)

① 3.5$m^2$
② 4.5$m^2$
③ 5.0$m^2$
④ 8.3$m^2$

**51** 증기난방에서 환수관의 수평배관에서 관경이 가늘어지는 경우 편심 리듀서를 사용하는 이유로 적합한 것은?

① 응축수의 순환을 억제하기 위해
② 관의 열팽창을 방지하기 위해
③ 동심 리듀서보다 시공을 단축하기 위해
④ 응축수의 체류를 방지하기 위해

**52** 다음 에너지이용 합리화법의 목적에 관한 내용이다. (  ) 안의 ㉠, ㉡에 각각 들어갈 용어로 옳은 것은?

> 에너지이용 합리화법은 에너지의 수급을 안정시키고 에너지의 합리적이고 효율적인 이용을 증진하며 에너지 소비로 인한 ( ㉠ )을(를) 줄임으로써 국민 경제의 건전한 발전 및 국민복지의 증진과 ( ㉡ )의 최소화에 이바지함을 목적으로 한다.

① ㉠ 환경파괴, ㉡ 온실가스
② ㉠ 자연파괴, ㉡ 환경피해
③ ㉠ 환경피해, ㉡ 지구온난화
④ ㉠ 온실가스 배출, ㉡ 환경파괴

**53** 보일러 강판의 가성 취화 현상의 특징에 관한 설명으로 틀린 것은?

① 고압 보일러에서 보일러수의 알칼리 농도가 높은 경우에 발생한다.
② 발생하는 장소로는 수면 상부의 리벳과 리벳 사이에 발생하기 쉽다.
③ 발생하는 장소로는 관 구멍 등 응력이 집중하는 곳의 틈이 많은 곳이다.
④ 외견상 부식성이 없고, 극히 미세한 불규칙적인 방사상 형태를 하고 있다.

계산기 | 다음 ▶ | 안 푼 문제 | 답안 제출

04회 실전점검! CBT 실전모의고사

수험번호 :
수험자명 :

제한 시간 : 1시간
남은 시간 :

글자 크기 100% 150% 200% 화면 배치

전체 문제 수 :
안 푼 문제 수 :

**54** 보일러에서 발생한 증기를 송기할 때의 주의사항으로 틀린 것은?

① 주증기관 내의 응축수를 배출시킨다.
② 주증기 밸브를 서서히 연다.
③ 송기한 후에 압력계의 증기압 변동에 주의한다.
④ 송기한 후에 밸브의 개폐상태에 대한 이상 유무를 점검하고 드레인 밸브를 열어 놓는다.

**55** 증기 트랩을 기계식, 온도조절식, 열역학적 트랩으로 구분할 때 온도조절식 트랩에 해당하는 것은?

① 버킷 트랩
② 플로트 트랩
③ 열동식 트랩
④ 디스크형 트랩

**56** 에너지이용 합리화법상 열사용 기자재가 아닌 것은?

① 강철제 보일러
② 구멍탄용 온수 보일러
③ 전기순간온수기
④ 2종 압력용기

**57** 에너지이용 합리화법상 시공업자단체의 설립, 정관의 기재사항과 감독에 관하여 필요한 사항은 누구의 령으로 정하는가?

① 대통령령
② 산업통상자원부령
③ 고용노동부령
④ 환경부령

답안 표기란

| 번호 | ① | ② | ③ | ④ |
|---|---|---|---|---|
| 31 | ① | ② | ③ | ④ |
| 32 | ① | ② | ③ | ④ |
| 33 | ① | ② | ③ | ④ |
| 34 | ① | ② | ③ | ④ |
| 35 | ① | ② | ③ | ④ |
| 36 | ① | ② | ③ | ④ |
| 37 | ① | ② | ③ | ④ |
| 38 | ① | ② | ③ | ④ |
| 39 | ① | ② | ③ | ④ |
| 40 | ① | ② | ③ | ④ |
| 41 | ① | ② | ③ | ④ |
| 42 | ① | ② | ③ | ④ |
| 43 | ① | ② | ③ | ④ |
| 44 | ① | ② | ③ | ④ |
| 45 | ① | ② | ③ | ④ |
| 46 | ① | ② | ③ | ④ |
| 47 | ① | ② | ③ | ④ |
| 48 | ① | ② | ③ | ④ |
| 49 | ① | ② | ③ | ④ |
| 50 | ① | ② | ③ | ④ |
| 51 | ① | ② | ③ | ④ |
| 52 | ① | ② | ③ | ④ |
| 53 | ① | ② | ③ | ④ |
| 54 | ① | ② | ③ | ④ |
| 55 | ① | ② | ③ | ④ |
| 56 | ① | ② | ③ | ④ |
| 57 | ① | ② | ③ | ④ |
| 58 | ① | ② | ③ | ④ |
| 59 | ① | ② | ③ | ④ |
| 60 | ① | ② | ③ | ④ |

계산기 다음 ▶ 안 푼 문제 답안 제출

04회 실전점검!
# CBT 실전모의고사

수험번호 :
수험자명 :

제한 시간 : 1시간
남은 시간 :

글자 크기 100% 150% 200% | 화면 배치 | 전체 문제 수 : 안 푼 문제 수 :

답안 표기란

**58** **에너지이용 합리화법에 따라 검사에 합격되지 아니한 검사대상기기를 사용한 자에 대한 벌칙은?**

① 6개월 이하의 징역 또는 5백만 원 이하의 벌금
② 1년 이하의 징역 또는 1천만 원 이하의 벌금
③ 2년 이하의 징역 또는 2천만 원 이하의 벌금
④ 3년 이하의 징역 또는 3천만 원 이하의 벌금

**59** **에너지이용 합리화법에 따라 고효율 에너지 인증대상 기자재에 포함되지 않는 것은?**

① 펌프
② 전력용 변압기
③ LED 조명기기
④ 산업건물용 보일러

**60** **에너지법에 따라 에너지기술개발 사업비의 사업에 대한 지원항목에 해당되지 않는 것은?**

① 에너지기술의 연구 · 개발에 관한 사항
② 에너지기술에 관한 국내 협력에 관한 사항
③ 에너지기술의 수요조사에 관한 사항
④ 에너지에 관한 연구인력 양성에 관한 사항

| 번호 | | | | |
|---|---|---|---|---|
| 31 | ① | ② | ③ | ④ |
| 32 | ① | ② | ③ | ④ |
| 33 | ① | ② | ③ | ④ |
| 34 | ① | ② | ③ | ④ |
| 35 | ① | ② | ③ | ④ |
| 36 | ① | ② | ③ | ④ |
| 37 | ① | ② | ③ | ④ |
| 38 | ① | ② | ③ | ④ |
| 39 | ① | ② | ③ | ④ |
| 40 | ① | ② | ③ | ④ |
| 41 | ① | ② | ③ | ④ |
| 42 | ① | ② | ③ | ④ |
| 43 | ① | ② | ③ | ④ |
| 44 | ① | ② | ③ | ④ |
| 45 | ① | ② | ③ | ④ |
| 46 | ① | ② | ③ | ④ |
| 47 | ① | ② | ③ | ④ |
| 48 | ① | ② | ③ | ④ |
| 49 | ① | ② | ③ | ④ |
| 50 | ① | ② | ③ | ④ |
| 51 | ① | ② | ③ | ④ |
| 52 | ① | ② | ③ | ④ |
| 53 | ① | ② | ③ | ④ |
| 54 | ① | ② | ③ | ④ |
| 55 | ① | ② | ③ | ④ |
| 56 | ① | ② | ③ | ④ |
| 57 | ① | ② | ③ | ④ |
| 58 | ① | ② | ③ | ④ |
| 59 | ① | ② | ③ | ④ |
| 60 | ① | ② | ③ | ④ |

계산기 | 다음 ▶ | 안 푼 문제 | 답안 제출

# CBT 정답 및 해설

| 01 | 02 | 03 | 04 | 05 | 06 | 07 | 08 | 09 | 10 |
|---|---|---|---|---|---|---|---|---|---|
| ② | ③ | ② | ③ | ④ | ② | ② | ④ | ② | ① |
| 11 | 12 | 13 | 14 | 15 | 16 | 17 | 18 | 19 | 20 |
| ② | ② | ① | ① | ④ | ① | ① | ① | ④ | ④ |
| 21 | 22 | 23 | 24 | 25 | 26 | 27 | 28 | 29 | 30 |
| ② | ② | ④ | ③ | ④ | ② | ④ | ① | ④ | ④ |
| 31 | 32 | 33 | 34 | 35 | 36 | 37 | 38 | 39 | 40 |
| ③ | ③ | ① | ① | ④ | ① | ④ | ② | ③ | ① |
| 41 | 42 | 43 | 44 | 45 | 46 | 47 | 48 | 49 | 50 |
| ④ | ④ | ③ | ③ | ④ | ④ | ① | ② | ④ | ③ |
| 51 | 52 | 53 | 54 | 55 | 56 | 57 | 58 | 59 | 60 |
| ④ | ③ | ② | ④ | ③ | ③ | ① | ② | ② | ② |

**01 풀이 |** • 보일러 폐열회수장치의 설치순서
과열기 → 재열기 → 절탄기(급수가열기) → 공기예열기 → 굴뚝
• 석탄, 연료를 절약하는 기기 : 절탄기(이코노마이저)

**02 풀이 |** 원심식 펌프
• 볼류트 펌프
• 다단 터빈 펌프(안내 날개가 부착)

**03 풀이 |** • 단요소식 : 수위 검출(소형 보일러용)
• 2요소식 : 수위, 증기량 검출(중형 보일러용)
• 3요소식 : 수위, 증기, 급수량 검출(대형보일러용)

**04 풀이 |**

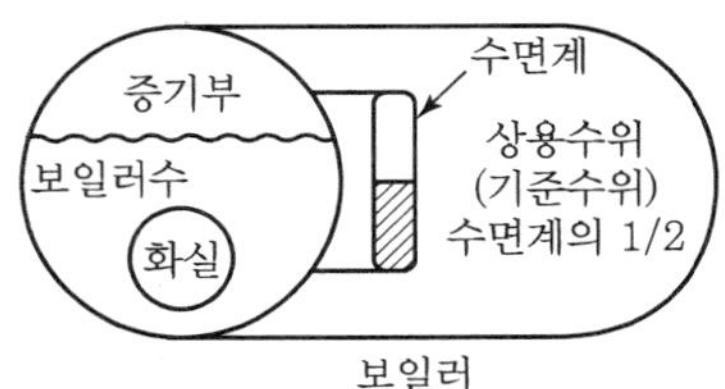


**05 풀이 |** $\text{효율}(\eta) = \dfrac{\text{출열}}{\text{공급열}} = \dfrac{5,120 \times (663.8 - 12)}{373.9 \times 10,500} \times 100$
$= 85\%$

**06 풀이 |** 증기원동소 보일러

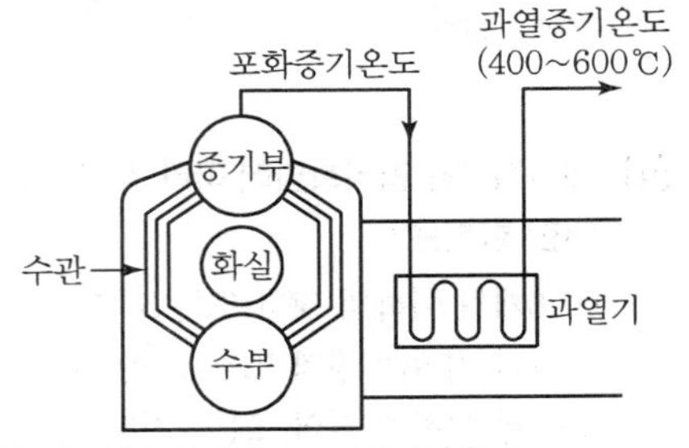


**07 풀이 |** $\text{현열}(Q) = G \cdot C_p \cdot \Delta t_m$
$3,000 = 500 \times C_p \times (50 - 20)$
$C_p(\text{비열}) = \dfrac{3,000}{500 \times (50-20)} = 0.2\text{kcal/kg} \cdot ℃$

**08 풀이 |** 단열 변화
동작유체의 상태 변화에서 에너지의 이동이 없는 변화

**09 풀이 |** 보일러 운전 초기에 프리퍼지(노 내 환기) 시간이 길면 불완전 가스 CO 등이 제거되어 가스폭발이 방지된다.

**10 풀이 |**

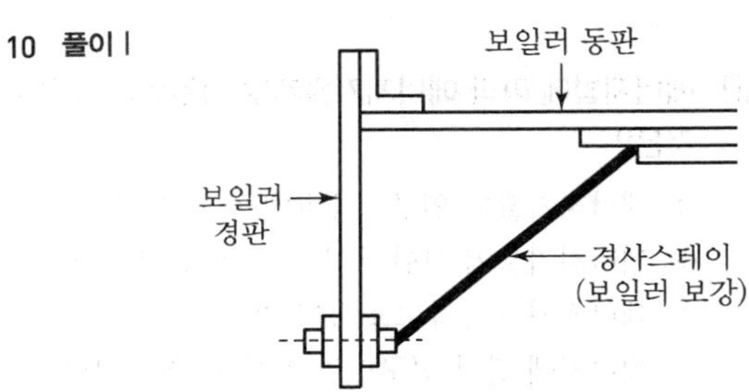


**11 풀이 |** • 보일러 1마력 : 상당증발량 15.65kg/h이 발생하는 능력(8,435kcal/h)이다.
• 보일러 상당증발량이 1,565kg/h 발생하면
$\dfrac{1,565}{15.65} = 100\text{마력}$

**12 풀이 |** 수관식 관류 보일러
• 증기드럼이 없다.
• 증기 발생이 빠르다.
• 초임계 압력(225.65kg/cm$^2$) 이상이 가능하다.
• 급수 처리가 심각하다(스케일 생성이 심하다).

**13 풀이 |** 증기트랩
- 증기트랩은 마찰저항이 적어야 한다.
- 온도차 이용, 비중차 이용, 열역학 이용 방식의 3가지 종류가 있다.
- 증기스팀 트랩은 관 내의 응축수를 신속하게 제거한다.

**14 풀이 |** 수위제어 검출기의 종류
- 전극식 : 수관식(관류 보일러용)
- 플로트식 : 맥도널 기계식
- 열팽창관식 : 금속식, 액체식

**15 풀이 |** ① 회분개질제 : 재의 융점을 높여서 부식방지
② 탈수제 : 중유의 수분을 제거
③ 연소촉진제 : 조연제로서 카본을 적게 하기 위한 산화촉진제

**16 풀이 |** 공기압식
- 전송 시 시간지연이 생긴다.
- 공기압은 0.2~1kg/cm²이다.
- 전송거리는 100m로 짧다.
- 공기압이 통일되어서 취급이 용이하다.

**17 풀이 |** 연돌의 높이가 낮으면 자연통풍력이 감소한다.

**18 풀이 |**

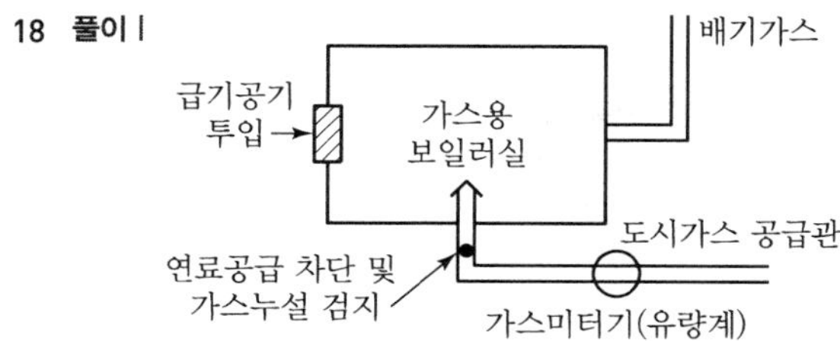


**19 풀이 |** 증발률 $= \dfrac{\text{시간당 증기 발생량}}{\text{전열면적}} = \dfrac{40 \times 1{,}000}{580}$

$= 69\text{kg/m}^2 \cdot \text{h}$

증발률이 큰 보일러가 좋은 보일러이다.

**20 풀이 |** • 공기비(과잉공기계수) : $\dfrac{\text{실제공기량}}{\text{이론공기량}}$
- 공기비는 항상 1보다 커야 한다.
- 공기비가 적으면 과잉산소가 적어서 질소산화물 NO, $NO_2$가 감소한다.

**21 풀이 |** 보일러 인터록의 종류

프리퍼지인터록, 압력초과인터록, 저수위인터록, 저연소인터록, 불착화 인터록(인터록은 구비조건이 맞지 않을 때 작동을 정지시키는 조작 상태이다.)

**22 풀이 |** 세정식은 가압한 물이 필요하므로 급수배관이 필요하다.

※ 세정식 집진장치(그을음, 매연제거장치)
- 유수식(물, 세정액 사용)
- 가압수식(벤투리형, 사이클론형, 세정탑, 제트형)
- 회전식

**23 풀이 |**

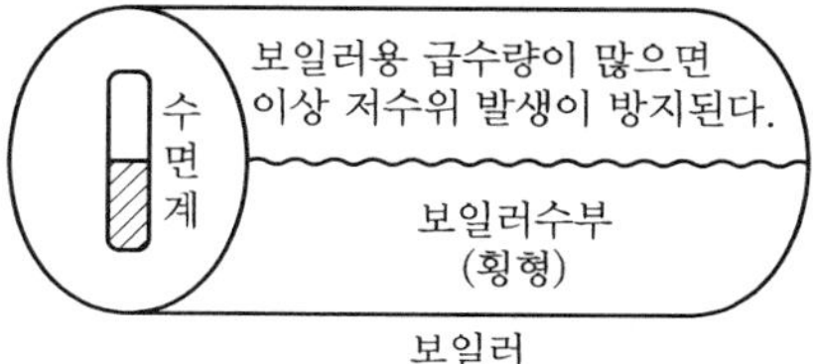


**24 풀이 |** 중력순환식 온수난방은 자연순환이므로 관경을 크게 하여야 마찰저항이 감소한다.

**25 풀이 |**

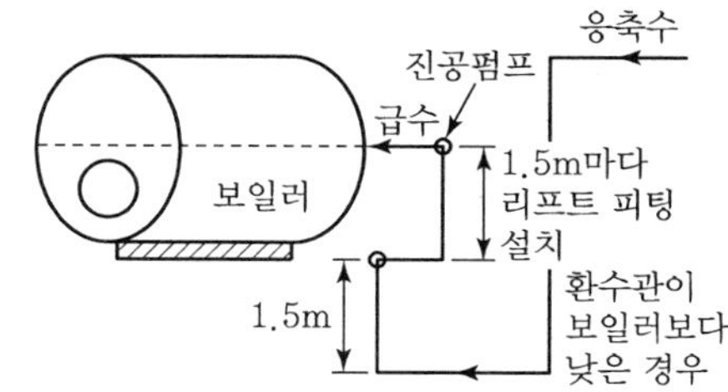


**26 풀이 |** 1단 흡상 높이 1.5m

응축수
진공펌프
급수
1.5m마다 리프트 피팅 설치
보일러
1.5m
환수관이 보일러보다 낮은 경우

**27 풀이 |** 관류보일러(단관식) $= \dfrac{\text{급수사용량}}{\text{증기발생량}}$ (순환비가 1이다.)

**28 풀이 |** 급수의 외처리법에서 증류법은 경제성이 없어서 선박용(바다의 배)에서만 사용이 가능하다.

**29 풀이 |** 공기비(과잉공기계수 : $m$)

$$m = \frac{\text{실제공기량}(A)}{\text{이론공기량}(A_0)}\ (\text{항상 1보다 크다.})$$

공기비가 1보다 작으면 불완전연소이다.

**30 풀이 |** 브레이스

진동억제(수격작용 시, 압축기 진동 시 사용)

**31 풀이 |**

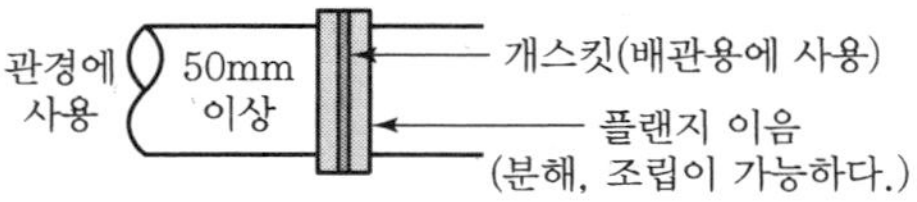

**32 풀이 |** 이온교환수지의 능력을 향상시키는 물질은 나트륨(염수) 용액이다.

**33 풀이 |** 공기빼기 밸브는 난방설비 배관이나 방열기에서 가장 높은 곳에 설치한다.

**34 풀이 |** 온수온돌 방수 처리는 지면에 접하는 곳에서 적절하므로 다층건물 전 층에 대한 방수 처리는 불필요하다.

**35 풀이 |** 노 내에 부압(負壓)이 발생하면 연소용 공기 투입이 원활하여 연소가 안정된다.

**36 풀이 |** ② SPLT : 저온배관용

③ SPP : 일반배관용

④ SPPH : 고압배관용

**37 풀이 |** 관경을 작게 하여도 되는 것은 강제순환식 온수난방법이다.

**38 풀이 |** 전열면적

- $10m^2$ 이하 보일러(15A 이상)
- $10m^2$ 초과 보일러(20A 이상)

**39 풀이 |** 온도가 높으면 열전도율(kcal/m · h · ℃)이 커진다.

**40 풀이 |** 규조토

단열 효과가 낮은 무기질 보온재로서 500℃ 이하의 파이프, 탱크, 노벽 등에 사용하는 보온재이다.

**41 풀이 |** 리프트 피팅(Lift Fitting)은 환수주관보다 지름을 한 치수 작게 하고 1단의 흡상 높이는 1.5m 이내로 하며 그 사용개수는 가능한 한 적게 하고 급수펌프 근처에 1개소만 설치하는 진공환수식 증기난방 시공법이다.

**42 풀이 |**

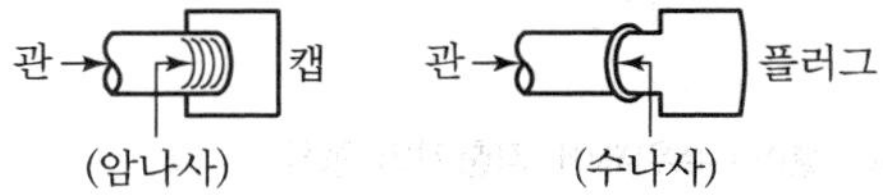

**43 풀이 |** 보일러 최고사용압력이 0.43MPa 이하일 경우 2배의 수압시험 압력이 필요하다.

∴ 0.35MPa×2배=0.7MPa

**44 풀이 |** 배기관

개방식(100℃ 이하 난방용) 팽창탱크에 설치되는 공기빼기 관이다.

**45 풀이 |**

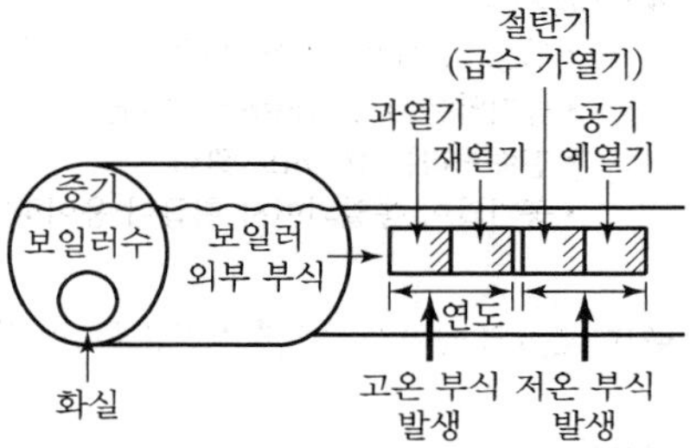

**46 풀이 |** 건조도(증기)

- 강철제(98% 이상)
- 주철제(97% 이상)

**47 풀이 |** 재료 및 설계 불량은 보일러 제조상 사고원인이다.

**48 풀이 |** 실내 천장고에 의한 평균온도계산($t_m$)

$$t_m = t + 0.05t(h-3) = 18 + 0.05 \times 18 \times (12-3)$$
$$= 26.1℃$$

**49 풀이 |** ④ 화염을 국부적으로 집중 가열하지 않는다.

**50 풀이 |** 온수 표준방열량$= \dfrac{\text{난방부하(kcal/h)}}{450(\text{kcal/m}^2\text{h})}$

$$\therefore\ \frac{2,250}{450} = 5m^2\,(\text{EDR})$$

**51 풀이 |** 편심 리듀서는 응축수의 체류를 방지하기 위해 사용된다.

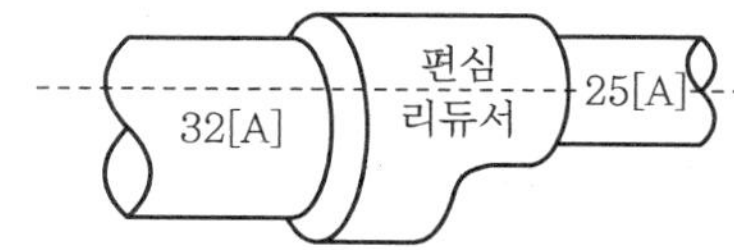


※ 응축수 흐름이 용이하다.

**52 풀이 |** 에너지이용 합리화법 제1조
- 환경피해
- 지구온난화

**53 풀이 |** 가성 취화 억제제
질산나트륨, 인산나트륨, 탄닌, 리그린이며 가성 취화 현상은 반드시 리벳과 리벳 사이의 수면 이하에서 발생한다.

**54 풀이 |**

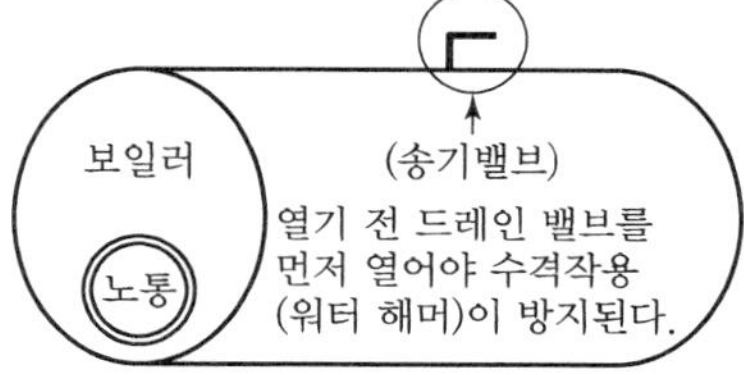


**55 풀이 |** 온도조절식 트랩
- 열동식(벨로스) 트랩
- 바이메탈 트랩

**56 풀이 |** 에너지이용 합리화법 시행규칙 별표 1에 의거 ①, ②, ④항 외 주철제 보일러, 소형 온수 보일러, 축열식 전기 보일러, 1종 압력용기, 요업요로, 금속요로 등이 열사용 기자재이다.

**57 풀이 |** 에너지이용 합리화법 제41조에 의거 시공업자단체(한국열관리시공협회 등) 설립, 정관의 기재사항, 감독은 대통령령으로 정한다(단, 시공업자단체 설립인가는 산업통상자원부령으로 한다).

**58 풀이 |** 에너지이용 합리화법 제73조에 의거 ②항에 해당된다.

**59 풀이 |** 시행규칙 제20조에 의거 ①, ③, ④항 외에도 무정전전원장치, 폐열회수환기장치 등이 인증대상 기자재이다.

**60 풀이 |** 에너지법 제14조에 의거 사업비 지원항목은 ①, ③, ④항 외 에너지기술에 관한 국제 협력에 관한 사항 등

05회 실전점검! CBT 실전모의고사

수험번호 :
수험자명 :

제한 시간 : 1시간
남은 시간 :

글자 크기 100% 150% 200% | 화면 배치 | 전체 문제 수 : 안 푼 문제 수 :

답안 표기란

**01** 수소 15%, 수분 0.5%인 중유의 고위발열량이 10,000kcal/kg이다. 이 중유의 저위발열량은 몇 kcal/kg인가?

① 8,795
② 8,984
③ 9,085
④ 9,187

**02** 부르동관 압력계를 부착할 때 사용되는 사이펀관 속에 넣는 물질은?

① 수은
② 증기
③ 공기
④ 물

**03** 집진장치의 종류 중 건식 집진장치의 종류가 아닌 것은?

① 가압수식 집진기
② 중력식 집진기
③ 관성력식 집진기
④ 원심력식 집진기

**04** 수관식 보일러에 속하지 않는 것은?

① 입형 횡관식
② 자연 순환식
③ 강제 순환식
④ 관류식

**05** 캐비테이션의 발생 원인이 아닌 것은?

① 흡입양정이 지나치게 클 때
② 흡입관의 저항이 작은 경우
③ 유량의 속도가 빠른 경우
④ 관로 내의 온도가 상승되었을 때

| | | | | |
|---|---|---|---|---|
| 1 | ① | ② | ③ | ④ |
| 2 | ① | ② | ③ | ④ |
| 3 | ① | ② | ③ | ④ |
| 4 | ① | ② | ③ | ④ |
| 5 | ① | ② | ③ | ④ |
| 6 | ① | ② | ③ | ④ |
| 7 | ① | ② | ③ | ④ |
| 8 | ① | ② | ③ | ④ |
| 9 | ① | ② | ③ | ④ |
| 10 | ① | ② | ③ | ④ |
| 11 | ① | ② | ③ | ④ |
| 12 | ① | ② | ③ | ④ |
| 13 | ① | ② | ③ | ④ |
| 14 | ① | ② | ③ | ④ |
| 15 | ① | ② | ③ | ④ |
| 16 | ① | ② | ③ | ④ |
| 17 | ① | ② | ③ | ④ |
| 18 | ① | ② | ③ | ④ |
| 19 | ① | ② | ③ | ④ |
| 20 | ① | ② | ③ | ④ |
| 21 | ① | ② | ③ | ④ |
| 22 | ① | ② | ③ | ④ |
| 23 | ① | ② | ③ | ④ |
| 24 | ① | ② | ③ | ④ |
| 25 | ① | ② | ③ | ④ |
| 26 | ① | ② | ③ | ④ |
| 27 | ① | ② | ③ | ④ |
| 28 | ① | ② | ③ | ④ |
| 29 | ① | ② | ③ | ④ |
| 30 | ① | ② | ③ | ④ |

계산기 | 다음 ▶ | 안 푼 문제 | 답안 제출

05회 실전점검! CBT 실전모의고사

수험번호 :
수험자명 :

제한 시간 : 1시간
남은 시간 :

글자 크기 100% 150% 200% 화면 배치

전체 문제 수 :
안 푼 문제 수 :

답안 표기란

06 다음 중 연료의 연소온도에 가장 큰 영향을 미치는 것은?

① 발화점 ② 공기비
③ 인화점 ④ 회분

07 공기예열기의 종류에 속하지 않는 것은?

① 전열식 ② 재생식
③ 증기식 ④ 방사식

08 비접촉식 온도계의 종류가 아닌 것은?

① 광전관식 온도계
② 방사 온도계
③ 광고 온도계
④ 열전대 온도계

09 보일러의 전열면적이 클 때의 설명으로 틀린 것은?

① 증발량이 많다.
② 예열이 빠르다.
③ 용량이 적다.
④ 효율이 높다.

10 보일러에서 배출되는 배기가스의 여열을 이용하여 급수를 예열하는 장치는?

① 과열기 ② 재열기
③ 절탄기 ④ 공기예열기

| | | | | |
|---|---|---|---|---|
| 1 | ① | ② | ③ | ④ |
| 2 | ① | ② | ③ | ④ |
| 3 | ① | ② | ③ | ④ |
| 4 | ① | ② | ③ | ④ |
| 5 | ① | ② | ③ | ④ |
| 6 | ① | ② | ③ | ④ |
| 7 | ① | ② | ③ | ④ |
| 8 | ① | ② | ③ | ④ |
| 9 | ① | ② | ③ | ④ |
| 10 | ① | ② | ③ | ④ |
| 11 | ① | ② | ③ | ④ |
| 12 | ① | ② | ③ | ④ |
| 13 | ① | ② | ③ | ④ |
| 14 | ① | ② | ③ | ④ |
| 15 | ① | ② | ③ | ④ |
| 16 | ① | ② | ③ | ④ |
| 17 | ① | ② | ③ | ④ |
| 18 | ① | ② | ③ | ④ |
| 19 | ① | ② | ③ | ④ |
| 20 | ① | ② | ③ | ④ |
| 21 | ① | ② | ③ | ④ |
| 22 | ① | ② | ③ | ④ |
| 23 | ① | ② | ③ | ④ |
| 24 | ① | ② | ③ | ④ |
| 25 | ① | ② | ③ | ④ |
| 26 | ① | ② | ③ | ④ |
| 27 | ① | ② | ③ | ④ |
| 28 | ① | ② | ③ | ④ |
| 29 | ① | ② | ③ | ④ |
| 30 | ① | ② | ③ | ④ |

계산기 다음 ▶ 안 푼 문제 답안 제출

05회 실전점검! CBT 실전모의고사

수험번호 :
수험자명 :

제한 시간 : 1시간
남은 시간 :

글자 크기 100% 150% 200% 화면 배치

전체 문제 수 :
안 푼 문제 수 :

답안 표기란

| | | | | |
|---|---|---|---|---|
| 1 | ① | ② | ③ | ④ |
| 2 | ① | ② | ③ | ④ |
| 3 | ① | ② | ③ | ④ |
| 4 | ① | ② | ③ | ④ |
| 5 | ① | ② | ③ | ④ |
| 6 | ① | ② | ③ | ④ |
| 7 | ① | ② | ③ | ④ |
| 8 | ① | ② | ③ | ④ |
| 9 | ① | ② | ③ | ④ |
| 10 | ① | ② | ③ | ④ |
| 11 | ① | ② | ③ | ④ |
| 12 | ① | ② | ③ | ④ |
| 13 | ① | ② | ③ | ④ |
| 14 | ① | ② | ③ | ④ |
| 15 | ① | ② | ③ | ④ |
| 16 | ① | ② | ③ | ④ |
| 17 | ① | ② | ③ | ④ |
| 18 | ① | ② | ③ | ④ |
| 19 | ① | ② | ③ | ④ |
| 20 | ① | ② | ③ | ④ |
| 21 | ① | ② | ③ | ④ |
| 22 | ① | ② | ③ | ④ |
| 23 | ① | ② | ③ | ④ |
| 24 | ① | ② | ③ | ④ |
| 25 | ① | ② | ③ | ④ |
| 26 | ① | ② | ③ | ④ |
| 27 | ① | ② | ③ | ④ |
| 28 | ① | ② | ③ | ④ |
| 29 | ① | ② | ③ | ④ |
| 30 | ① | ② | ③ | ④ |

**11** **목푯값이 시간에 따라 임의로 변화되는 것은?**

① 비율제어 ② 추종제어
③ 프로그램제어 ④ 캐스케이드제어

**12** **보일러 부속품 중 안전장치에 속하는 것은?**

① 감압 밸브 ② 주증기 밸브
③ 가용전 ④ 유량계

**13** **증기의 발생이 활발해지면 증기와 함께 물방울이 같이 비산하여 증기관으로 취출되는데, 이때 드럼 내에 증기 취출구에 부착하여 증기 속에 포함된 수분취출을 방지해 주는 관은?**

① 워터실링관 ② 주증기관
③ 베이퍼록 방지관 ④ 비수방지관

**14** **보일러 연소용 공기조절장치 중 착화를 원활하게 하고 화염의 안정을 도모하는 장치는?**

① 윈드박스(Wind Box)
② 보염기(Stabilizer)
③ 버너타일(Burner Tile)
④ 플레임 아이(Flame Eye)

**15** **증기난방설비에서 배관 구배를 부여하는 가장 큰 이유는 무엇인가?**

① 증기의 흐름을 빠르게 하기 위해서
② 응축수의 체류를 방지하기 위해서
③ 배관시공을 편리하게 하기 위해서
④ 증기와 응축수의 흐름마찰을 줄이기 위해서

계산기 다음 ▶ 안 푼 문제 답안 제출

05회 실전점검! CBT 실전모의고사

수험번호 :
수험자명 :

제한 시간 : 1시간
남은 시간 :

글자 크기 100% 150% 200% 화면 배치

전체 문제 수 :
안 푼 문제 수 :

답안 표기란

**16 보일러 배관 중에 신축이음을 하는 목적으로 가장 적합한 것은?**

① 증기 속의 이물질을 제거하기 위하여
② 열팽창에 의한 관의 파열을 막기 위하여
③ 보일러수의 누수를 막기 위하여
④ 증기 속의 수분을 분리하기 위하여

**17 보일러 점화 시 역화의 원인과 관계가 없는 것은?**

① 착화가 지연될 경우
② 점화원을 사용한 경우
③ 프리퍼지가 불충분한 경우
④ 연료 공급밸브를 급개하여 다량으로 분무한 경우

**18 팽창탱크에 대한 설명으로 옳은 것은?**

① 개방식 팽창탱크는 주로 고온수 난방에서 사용한다.
② 팽창관에는 방열관에 부착하는 크기의 밸브를 설치한다.
③ 밀폐형 팽창탱크에는 수면계를 구비한다.
④ 밀폐형 팽창탱크는 개방식 팽창탱크에 비하여 적어도 된다.

**19 온수난방의 특성을 설명한 것 중 틀린 것은?**

① 실내 예열시간이 짧지만 쉽게 냉각되지 않는다.
② 난방부하 변동에 따른 온도조절이 쉽다.
③ 단독주택 또는 소규모 건물에 적용된다.
④ 보일러 취급이 비교적 쉽다.

**20 다음 중 주형 방열기의 종류로 거리가 먼 것은?**

① 1주형 ② 2주형
③ 3세주형 ④ 5세주형

|  | | | | |
|---|---|---|---|---|
| 1 | ① | ② | ③ | ④ |
| 2 | ① | ② | ③ | ④ |
| 3 | ① | ② | ③ | ④ |
| 4 | ① | ② | ③ | ④ |
| 5 | ① | ② | ③ | ④ |
| 6 | ① | ② | ③ | ④ |
| 7 | ① | ② | ③ | ④ |
| 8 | ① | ② | ③ | ④ |
| 9 | ① | ② | ③ | ④ |
| 10 | ① | ② | ③ | ④ |
| 11 | ① | ② | ③ | ④ |
| 12 | ① | ② | ③ | ④ |
| 13 | ① | ② | ③ | ④ |
| 14 | ① | ② | ③ | ④ |
| 15 | ① | ② | ③ | ④ |
| 16 | ① | ② | ③ | ④ |
| 17 | ① | ② | ③ | ④ |
| 18 | ① | ② | ③ | ④ |
| 19 | ① | ② | ③ | ④ |
| 20 | ① | ② | ③ | ④ |
| 21 | ① | ② | ③ | ④ |
| 22 | ① | ② | ③ | ④ |
| 23 | ① | ② | ③ | ④ |
| 24 | ① | ② | ③ | ④ |
| 25 | ① | ② | ③ | ④ |
| 26 | ① | ② | ③ | ④ |
| 27 | ① | ② | ③ | ④ |
| 28 | ① | ② | ③ | ④ |
| 29 | ① | ② | ③ | ④ |
| 30 | ① | ② | ③ | ④ |

계산기 다음 ▶ 안 푼 문제 답안 제출

수험번호 :
수험자명 :

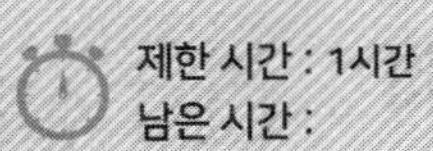


글자 크기 100% 150% 200% 화면 배치 전체 문제 수 : 안 푼 문제 수 :

답안 표기란

21 증기의 과열도를 옳게 표현한 식은?

① 과열도=포화증기온도−과열증기온도
② 과열도=포화증기온도−압축수의 온도
③ 과열도=과열증기온도−압축수의 온도
④ 과열도=과열증기온도−포화증기온도

22 어떤 액체연료를 완전연소시키기 위한 이론공기량이 10.5Nm³/kg이고, 공기비가 1.4인 경우 실제 공기량은?

① 7.5Nm³/kg
② 11.9Nm³/kg
③ 14.7Nm³/kg
④ 16.0Nm³/kg

23 연료의 연소에서 환원염이란?

① 산소 부족으로 인한 화염이다.
② 공기비가 너무 클 때의 화염이다.
③ 산소가 많이 포함된 화염이다.
④ 연료를 완전연소시킬 때의 화염이다.

24 보일러 화염 유무를 검출하는 스택 스위치에 대한 설명으로 틀린 것은?

① 화염의 발열 현상을 이용한 것이다.
② 구조가 간단하다.
③ 버너 용량이 큰 곳에 사용된다.
④ 바이메탈의 신축작용으로 화염 유무를 검출한다.

25 3요소식 보일러 급수제어방식에서 검출하는 3요소는?

① 수위, 증기유량, 급수유량
② 수위, 공기압, 수압
③ 수위, 연료량, 공기압
④ 수위, 연료량, 수압

| | | | | |
|---|---|---|---|---|
| 1 | ① | ② | ③ | ④ |
| 2 | ① | ② | ③ | ④ |
| 3 | ① | ② | ③ | ④ |
| 4 | ① | ② | ③ | ④ |
| 5 | ① | ② | ③ | ④ |
| 6 | ① | ② | ③ | ④ |
| 7 | ① | ② | ③ | ④ |
| 8 | ① | ② | ③ | ④ |
| 9 | ① | ② | ③ | ④ |
| 10 | ① | ② | ③ | ④ |
| 11 | ① | ② | ③ | ④ |
| 12 | ① | ② | ③ | ④ |
| 13 | ① | ② | ③ | ④ |
| 14 | ① | ② | ③ | ④ |
| 15 | ① | ② | ③ | ④ |
| 16 | ① | ② | ③ | ④ |
| 17 | ① | ② | ③ | ④ |
| 18 | ① | ② | ③ | ④ |
| 19 | ① | ② | ③ | ④ |
| 20 | ① | ② | ③ | ④ |
| 21 | ① | ② | ③ | ④ |
| 22 | ① | ② | ③ | ④ |
| 23 | ① | ② | ③ | ④ |
| 24 | ① | ② | ③ | ④ |
| 25 | ① | ② | ③ | ④ |
| 26 | ① | ② | ③ | ④ |
| 27 | ① | ② | ③ | ④ |
| 28 | ① | ② | ③ | ④ |
| 29 | ① | ② | ③ | ④ |
| 30 | ① | ② | ③ | ④ |

계산기 다음 ▶

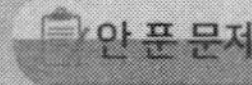

26 **보일러 연도에 설치하는 댐퍼의 설치 목적과 관계가 없는 것은?**
① 매연 및 그을음의 제거
② 통풍력의 조절
③ 연소가스 흐름의 차단
④ 주연도와 부연도가 있을 때 가스의 흐름을 전환

27 **통풍력을 증가시키는 방법으로 옳은 것은?**
① 연도는 짧고, 연돌은 낮게 설치한다.
② 연도는 길고, 연돌의 단면적을 작게 설치한다.
③ 배기가스의 온도는 낮춘다.
④ 연도는 짧고, 굴곡부는 적게 한다.

28 **파형 노통보일러의 특징을 설명한 것으로 옳은 것은?**
① 제작이 용이하다.
② 내 · 외면의 청소가 용이하다.
③ 평형 노통보다 전열면적이 크다.
④ 평형 노통보다 외압에 대하여 강도가 적다.

29 **보일러에 과열기를 설치할 때 얻어지는 장점으로 틀린 것은?**
① 증기관 내의 마찰저항을 감소시킬 수 있다.
② 증기기관의 이론적 열효율을 높일 수 있다.
③ 같은 압력의 포화증기에 비해 보유열량이 많은 증기를 얻을 수 있다.
④ 연소가스의 저항으로 압력손실을 줄일 수 있다.

30 **수트 블로어 사용 시 주의사항으로 틀린 것은?**
① 부하가 50% 이하인 경우에 사용한다.
② 보일러 정지 시 수트 블로어 작업을 하지 않는다.
③ 분출 시에는 유인 통풍을 증가시킨다.
④ 분출기 내의 응축수를 배출시킨 후 사용한다.

| 번호 | | | | |
|---|---|---|---|---|
| 1 | ① | ② | ③ | ④ |
| 2 | ① | ② | ③ | ④ |
| 3 | ① | ② | ③ | ④ |
| 4 | ① | ② | ③ | ④ |
| 5 | ① | ② | ③ | ④ |
| 6 | ① | ② | ③ | ④ |
| 7 | ① | ② | ③ | ④ |
| 8 | ① | ② | ③ | ④ |
| 9 | ① | ② | ③ | ④ |
| 10 | ① | ② | ③ | ④ |
| 11 | ① | ② | ③ | ④ |
| 12 | ① | ② | ③ | ④ |
| 13 | ① | ② | ③ | ④ |
| 14 | ① | ② | ③ | ④ |
| 15 | ① | ② | ③ | ④ |
| 16 | ① | ② | ③ | ④ |
| 17 | ① | ② | ③ | ④ |
| 18 | ① | ② | ③ | ④ |
| 19 | ① | ② | ③ | ④ |
| 20 | ① | ② | ③ | ④ |
| 21 | ① | ② | ③ | ④ |
| 22 | ① | ② | ③ | ④ |
| 23 | ① | ② | ③ | ④ |
| 24 | ① | ② | ③ | ④ |
| 25 | ① | ② | ③ | ④ |
| 26 | ① | ② | ③ | ④ |
| 27 | ① | ② | ③ | ④ |
| 28 | ① | ② | ③ | ④ |
| 29 | ① | ② | ③ | ④ |
| 30 | ① | ② | ③ | ④ |

수험번호 :
수험자명 :

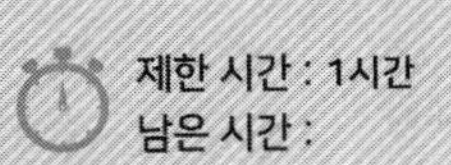


글자 크기  100%  150%  200% 화면 배치 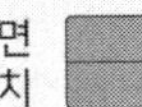 

전체 문제 수 :
안 푼 문제 수 :

답안 표기란

**31** 온도 조절식 트랩으로 응축수와 함께 저온의 공기도 통과시키는 특성이 있으며, 진공 환수식 증기 배관의 방열기 트랩이나 관말 트랩으로 사용되는 것은?

① 버킷 트랩　② 열동식 트랩
③ 플로트 트랩　④ 매니폴드 트랩

**32** 온수난방의 특징에 대한 설명으로 틀린 것은?

① 실내의 쾌감도가 좋다.
② 온도 조절이 용이하다.
③ 화상의 우려가 적다.
④ 예열시간이 짧다.

**33** 고온배관용 탄소강 강관의 KS 기호는?

① SPHT　② SPLT
③ SPPS　④ SPA

**34** 보일러 수위에 대한 설명으로 옳은 것은?

① 항상 상용수위를 유지한다.
② 증기 사용량이 적을 때는 수위를 높게 유지한다.
③ 증기 사용량이 많을 때는 수위를 얕게 유지한다.
④ 증기 압력이 높을 때는 수위를 높게 유지한다.

**35** 다음 중 저양정식 안전밸브의 단면적 계산식은?(단, $A$ = 단면적($mm^2$), $P$ = 분출압력($kgf/cm^2$), $E$ = 증발량(kg/h)이다.)

① $A=\frac{22E}{1.03P+1}$　② $A=\frac{10E}{1.03P+1}$
③ $A=\frac{5E}{1.03P+1}$　④ $A=\frac{2.5E}{1.03P+1}$

| | | | | |
|---|---|---|---|---|
| 31 | ① | ② | ③ | ④ |
| 32 | ① | ② | ③ | ④ |
| 33 | ① | ② | ③ | ④ |
| 34 | ① | ② | ③ | ④ |
| 35 | ① | ② | ③ | ④ |
| 36 | ① | ② | ③ | ④ |
| 37 | ① | ② | ③ | ④ |
| 38 | ① | ② | ③ | ④ |
| 39 | ① | ② | ③ | ④ |
| 40 | ① | ② | ③ | ④ |
| 41 | ① | ② | ③ | ④ |
| 42 | ① | ② | ③ | ④ |
| 43 | ① | ② | ③ | ④ |
| 44 | ① | ② | ③ | ④ |
| 45 | ① | ② | ③ | ④ |
| 46 | ① | ② | ③ | ④ |
| 47 | ① | ② | ③ | ④ |
| 48 | ① | ② | ③ | ④ |
| 49 | ① | ② | ③ | ④ |
| 50 | ① | ② | ③ | ④ |
| 51 | ① | ② | ③ | ④ |
| 52 | ① | ② | ③ | ④ |
| 53 | ① | ② | ③ | ④ |
| 54 | ① | ② | ③ | ④ |
| 55 | ① | ② | ③ | ④ |
| 56 | ① | ② | ③ | ④ |
| 57 | ① | ② | ③ | ④ |
| 58 | ① | ② | ③ | ④ |
| 59 | ① | ② | ③ | ④ |
| 60 | ① | ② | ③ | ④ |

계산기　다음 ▶　안 푼 문제　답안 제출

05회 실전점검! CBT 실전모의고사

수험번호 :
수험자명 :

제한 시간 : 1시간
남은 시간 :

글자 크기 100% 150% 200% 화면 배치

전체 문제 수 :
안 푼 문제 수 :

**36** **입형 보일러에 대한 설명으로 거리가 먼 것은?**

① 보일러 동을 수직으로 세워 설치한 것이다.
② 구조가 간단하고 설비비가 적게 든다.
③ 내부청소 및 수리나 검사가 불편하다.
④ 열효율이 높고 부하능력이 크다.

**37** **관속에 흐르는 유체의 종류를 나타내는 기호 중 증기를 나타내는 것은?**

① S
② W
③ O
④ A

**38** **보일러 청관제 중 보일러수의 연화제로 사용되지 않는 것은?**

① 수산화나트륨
② 탄산나트륨
③ 인산나트륨
④ 황산나트륨

**39** **어떤 방의 온수난방에서 소요되는 열량이 시간당 21,000kcal이고, 송수온도가 85℃이며, 환수온도가 25℃라면, 온수의 순환량은?(단, 온수의 비열은 1kcal/kg · ℃이다.)**

① 324kg/h
② 350kg/h
③ 398kg/h
④ 423kg/h

**40** **보일러에 사용되는 안전밸브 및 압력방출장치 크기를 20A 이상으로 할 수 있는 보일러가 아닌 것은?**

① 소용량 강철제 보일러
② 최대증발량 5T/h 이하의 관류 보일러
③ 최고사용압력 1MPa(10$kg_f/cm^2$) 이하의 보일러로 전열면적 5$m^2$ 이하의 것
④ 최고사용압력 0.1MPa(1$kg_f/cm^2$) 이하의 보일러

답안 표기란

| 번호 | | | | |
|---|---|---|---|---|
| 31 | ① | ② | ③ | ④ |
| 32 | ① | ② | ③ | ④ |
| 33 | ① | ② | ③ | ④ |
| 34 | ① | ② | ③ | ④ |
| 35 | ① | ② | ③ | ④ |
| 36 | ① | ② | ③ | ④ |
| 37 | ① | ② | ③ | ④ |
| 38 | ① | ② | ③ | ④ |
| 39 | ① | ② | ③ | ④ |
| 40 | ① | ② | ③ | ④ |
| 41 | ① | ② | ③ | ④ |
| 42 | ① | ② | ③ | ④ |
| 43 | ① | ② | ③ | ④ |
| 44 | ① | ② | ③ | ④ |
| 45 | ① | ② | ③ | ④ |
| 46 | ① | ② | ③ | ④ |
| 47 | ① | ② | ③ | ④ |
| 48 | ① | ② | ③ | ④ |
| 49 | ① | ② | ③ | ④ |
| 50 | ① | ② | ③ | ④ |
| 51 | ① | ② | ③ | ④ |
| 52 | ① | ② | ③ | ④ |
| 53 | ① | ② | ③ | ④ |
| 54 | ① | ② | ③ | ④ |
| 55 | ① | ② | ③ | ④ |
| 56 | ① | ② | ③ | ④ |
| 57 | ① | ② | ③ | ④ |
| 58 | ① | ② | ③ | ④ |
| 59 | ① | ② | ③ | ④ |
| 60 | ① | ② | ③ | ④ |

계산기 다음 ▶ 안 푼 문제 답안 제출

수험번호 :
수험자명 :

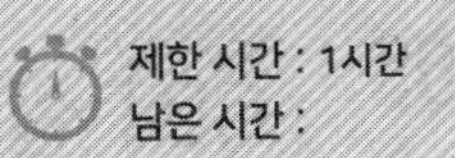


글자 크기 100% 150% 200% 화면 배치 전체 문제 수 : 안 푼 문제 수 :

답안 표기란

41 배관계의 식별 표시는 물질의 종류에 따라 달리한다. 물질과 식별색의 연결이 틀린 것은?

① 물 : 파랑
② 기름 : 연한 주황
③ 증기 : 어두운 빨강
④ 가스 : 연한 노랑

42 다음 보온재 중 안전사용 온도가 가장 낮은 것은?

① 우모펠트
② 암면
③ 석면
④ 규조토

43 주 증기관에서 증기의 건도를 향상시키는 방법으로 적당하지 않은 것은?

① 가압하여 증기의 압력을 높인다.
② 드레인 포켓을 설치한다.
③ 증기공간 내에 공기를 제거한다.
④ 기수분리기를 사용한다.

44 보일러 기수공발(Carry Over)의 원인이 아닌 것은?

① 보일러의 증발능력에 비하여 보일러수의 표면적이 너무 넓다.
② 보일러의 수위가 높아지거나 송기 시 증기 밸브를 급개하였다.
③ 보일러수 중의 가성소다, 인산소다, 유지분 등의 함유비율이 많았다.
④ 부유 고형물이나 용해 고형물이 많이 존재하였다.

45 동관의 끝을 나팔 모양으로 만드는 데 사용하는 공구는?

① 사이징 툴
② 익스팬더
③ 플레어링 툴
④ 파이프 커터

| 번호 | | | | |
|---|---|---|---|---|
| 31 | ① | ② | ③ | ④ |
| 32 | ① | ② | ③ | ④ |
| 33 | ① | ② | ③ | ④ |
| 34 | ① | ② | ③ | ④ |
| 35 | ① | ② | ③ | ④ |
| 36 | ① | ② | ③ | ④ |
| 37 | ① | ② | ③ | ④ |
| 38 | ① | ② | ③ | ④ |
| 39 | ① | ② | ③ | ④ |
| 40 | ① | ② | ③ | ④ |
| 41 | ① | ② | ③ | ④ |
| 42 | ① | ② | ③ | ④ |
| 43 | ① | ② | ③ | ④ |
| 44 | ① | ② | ③ | ④ |
| 45 | ① | ② | ③ | ④ |
| 46 | ① | ② | ③ | ④ |
| 47 | ① | ② | ③ | ④ |
| 48 | ① | ② | ③ | ④ |
| 49 | ① | ② | ③ | ④ |
| 50 | ① | ② | ③ | ④ |
| 51 | ① | ② | ③ | ④ |
| 52 | ① | ② | ③ | ④ |
| 53 | ① | ② | ③ | ④ |
| 54 | ① | ② | ③ | ④ |
| 55 | ① | ② | ③ | ④ |
| 56 | ① | ② | ③ | ④ |
| 57 | ① | ② | ③ | ④ |
| 58 | ① | ② | ③ | ④ |
| 59 | ① | ② | ③ | ④ |
| 60 | ① | ② | ③ | ④ |

계산기 다음 ▶ 안 푼 문제 답안 제출

수험번호 :
수험자명 :

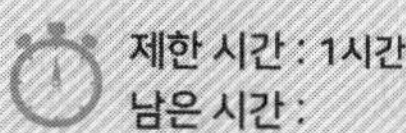


글자 크기 100% 150% 200% 화면 배치

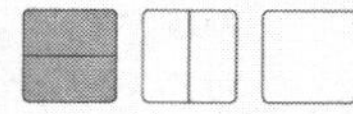

전체 문제 수 :
안 푼 문제 수 :

**46 보일러 분출 시의 유의사항 중 틀린 것은?**

① 분출 도중 다른 작업을 하지 말 것
② 안전저수위 이하로 분출하지 말 것
③ 2대 이상의 보일러를 동시에 분출하지 말 것
④ 계속 운전 중인 보일러는 부하가 가장 클 때 할 것

**47 난방부하 계산 시 고려해야 할 사항으로 거리가 먼 것은?**

① 유리창 및 문의 크기
② 현관 등의 공간
③ 연료의 발열량
④ 건물 위치

**48 보일러에서 수압시험을 하는 목적으로 틀린 것은?**

① 분출 증기압력을 측정하기 위하여
② 각종 덮개를 장치한 후의 기밀도를 확인하기 위하여
③ 수리한 경우 그 부분의 강도나 이상 유무를 판단하기 위하여
④ 구조상 내부검사를 하기 어려운 곳에는 그 상태를 판단하기 위하여

**49 보일러용 가스버너 중 외부혼합식에 속하지 않는 것은?**

① 파일럿 버너
② 센터파이어형 버너
③ 링형 버너
④ 멀티스폿형 버너

**50 보일러 부속장치인 증기 과열기를 설치 위치에 따라 분류할 때, 해당되지 않는 것은?**

① 복사식　② 전도식
③ 접촉식　④ 복사접촉식

답안 표기란

| 번호 | | | | |
|---|---|---|---|---|
| 31 | ① | ② | ③ | ④ |
| 32 | ① | ② | ③ | ④ |
| 33 | ① | ② | ③ | ④ |
| 34 | ① | ② | ③ | ④ |
| 35 | ① | ② | ③ | ④ |
| 36 | ① | ② | ③ | ④ |
| 37 | ① | ② | ③ | ④ |
| 38 | ① | ② | ③ | ④ |
| 39 | ① | ② | ③ | ④ |
| 40 | ① | ② | ③ | ④ |
| 41 | ① | ② | ③ | ④ |
| 42 | ① | ② | ③ | ④ |
| 43 | ① | ② | ③ | ④ |
| 44 | ① | ② | ③ | ④ |
| 45 | ① | ② | ③ | ④ |
| 46 | ① | ② | ③ | ④ |
| 47 | ① | ② | ③ | ④ |
| 48 | ① | ② | ③ | ④ |
| 49 | ① | ② | ③ | ④ |
| 50 | ① | ② | ③ | ④ |
| 51 | ① | ② | ③ | ④ |
| 52 | ① | ② | ③ | ④ |
| 53 | ① | ② | ③ | ④ |
| 54 | ① | ② | ③ | ④ |
| 55 | ① | ② | ③ | ④ |
| 56 | ① | ② | ③ | ④ |
| 57 | ① | ② | ③ | ④ |
| 58 | ① | ② | ③ | ④ |
| 59 | ① | ② | ③ | ④ |
| 60 | ① | ② | ③ | ④ |

계산기　다음 ▶　안 푼 문제　답안 제출

05회 실전점검! CBT 실전모의고사

수험번호 :
수험자명 :

제한 시간 : 1시간
남은 시간 :

글자 크기 100% 150% 200% 화면 배치 전체 문제 수 : 안 푼 문제 수 :

답안 표기란

**51** 가스 연소용 보일러의 안전장치가 아닌 것은?

① 가용마개
② 화염검출기
③ 이젝터
④ 방폭문

**52** 보일러에서 제어해야 할 요소에 해당되지 않는 것은?

① 급수제어
② 연소제어
③ 증기온도 제어
④ 전열면 제어

**53** 에너지이용 합리화법상 에너지소비효율 등급 또는 에너지 소비효율을 해당 효율관리 기자재에 표시할 수 있도록 효율관리 기자재의 에너지 사용량을 측정하는 기관은?

① 효율관리진단기관
② 효율관리전문기관
③ 효율관리표준기관
④ 효율관리시험기관

**54** 에너지이용 합리화법상 법을 위반하여 검사대상기기조종자를 선임하지 아니한 자에 대한 벌칙기준으로 옳은 것은?

① 2년 이하의 징역 또는 2천만 원 이하의 벌금
② 2천만 원 이하의 벌금
③ 1천만 원 이하의 벌금
④ 500만 원 이하의 벌금

**55** 에너지이용 합리화법상 목표에너지원 단위란?

① 에너지를 사용하여 만드는 제품의 종류별 연간 에너지사용목표량
② 에너지를 사용하여 만드는 제품의 단위당 에너지사용목표량
③ 건축물의 총 면적당 에너지사용목표량
④ 자동차 등의 단위연료당 목표주행거리

| 번호 | | | | |
|---|---|---|---|---|
| 31 | ① | ② | ③ | ④ |
| 32 | ① | ② | ③ | ④ |
| 33 | ① | ② | ③ | ④ |
| 34 | ① | ② | ③ | ④ |
| 35 | ① | ② | ③ | ④ |
| 36 | ① | ② | ③ | ④ |
| 37 | ① | ② | ③ | ④ |
| 38 | ① | ② | ③ | ④ |
| 39 | ① | ② | ③ | ④ |
| 40 | ① | ② | ③ | ④ |
| 41 | ① | ② | ③ | ④ |
| 42 | ① | ② | ③ | ④ |
| 43 | ① | ② | ③ | ④ |
| 44 | ① | ② | ③ | ④ |
| 45 | ① | ② | ③ | ④ |
| 46 | ① | ② | ③ | ④ |
| 47 | ① | ② | ③ | ④ |
| 48 | ① | ② | ③ | ④ |
| 49 | ① | ② | ③ | ④ |
| 50 | ① | ② | ③ | ④ |
| 51 | ① | ② | ③ | ④ |
| 52 | ① | ② | ③ | ④ |
| 53 | ① | ② | ③ | ④ |
| 54 | ① | ② | ③ | ④ |
| 55 | ① | ② | ③ | ④ |
| 56 | ① | ② | ③ | ④ |
| 57 | ① | ② | ③ | ④ |
| 58 | ① | ② | ③ | ④ |
| 59 | ① | ② | ③ | ④ |
| 60 | ① | ② | ③ | ④ |

계산기 다음 ▶ 안 푼 문제 답안 제출

**56** 저탄소 녹색성장 기본법령상 관리업체는 해당 연도 온실가스 배출량 및 에너지 소비량에 관한 명세서를 작성하고, 이에 대한 검증기관의 검증결과를 부문별 관장기관에게 전자적 방식으로 언제까지 제출하여야 하는가?

① 해당 연도 12월 31일까지 ② 다음 연도 1월 31일까지
③ 다음 연도 3월 31일까지 ④ 다음 연도 6월 30일까지

**57** 에너지이용 합리화법 시행령에서 에너지다소비사업자라 함은 연료 · 열 및 전력의 연간 사용량 합계가 얼마 이상인 경우인가?

① 5백 티오이 ② 1천 티오이
③ 1천5백 티오이 ④ 2천 티오이

**58** 사용 중인 보일러의 점화 전 주의사항으로 틀린 것은?

① 연료 계통을 점검한다. ② 각 밸브의 개폐 상태를 확인한다.
③ 댐퍼를 닫고 프리퍼지를 한다. ④ 수면계의 수위를 확인한다.

**59** 다음 중 보일러의 안전장치에 해당되지 않는 것은?

① 방출밸브 ② 방폭문
③ 화염검출기 ④ 감압밸브

**60** 에너지이용 합리화법에 따른 열사용 기자재 중 소형 온수 보일러의 적용 범위로 옳은 것은?

① 전열면적 24m$^2$ 이하이며, 최고사용압력이 0.5MPa 이하의 온수를 발생하는 보일러
② 전열면적 14m$^2$ 이하이며, 최고사용압력이 0.35MPa 이하의 온수를 발생하는 보일러
③ 전열면적 20m$^2$ 이하인 온수 보일러
④ 최고사용압력이 0.8MPa 이하의 온수를 발생하는 보일러

# CBT 정답 및 해설

| 01 | 02 | 03 | 04 | 05 | 06 | 07 | 08 | 09 | 10 |
|---|---|---|---|---|---|---|---|---|---|
| ④ | ④ | ① | ① | ② | ② | ④ | ④ | ③ | ③ |
| 11 | 12 | 13 | 14 | 15 | 16 | 17 | 18 | 19 | 20 |
| ② | ③ | ④ | ② | ② | ② | ② | ③ | ① | ① |
| 21 | 22 | 23 | 24 | 25 | 26 | 27 | 28 | 29 | 30 |
| ④ | ③ | ① | ③ | ① | ① | ④ | ③ | ④ | ① |
| 31 | 32 | 33 | 34 | 35 | 36 | 37 | 38 | 39 | 40 |
| ② | ④ | ① | ① | ① | ④ | ① | ④ | ② | ③ |
| 41 | 42 | 43 | 44 | 45 | 46 | 47 | 48 | 49 | 50 |
| ② | ① | ① | ① | ③ | ④ | ③ | ① | ① | ② |
| 51 | 52 | 53 | 54 | 55 | 56 | 57 | 58 | 59 | 60 |
| ③ | ④ | ④ | ③ | ② | ③ | ④ | ③ | ④ | ② |

**01 풀이 |** 저위발열량($H_l$) = 고위발열량($H_h$) − 600(9H+W)

$$= 10{,}000 - 600(9 \times 0.15 + 0.005)$$
$$= 10{,}000 - 600(1.35 + 0.005)$$
$$= 10{,}000 - 600 \times 1.355$$
$$= 9{,}187\text{kcal/kg}$$

**02 풀이 |** 압력계 부르동관의 파열 방지(6.5mm 이상 필요의 크기)를 위해 사이펀관 속에 물을 넣는다.

**03 풀이 | 집진장치(매연처리장치)**

- 건식, 습식, 전기식
- 습식 : 유수식, 가압수식, 회전식
- 가압수식 : 사이클론 스크러버, 충전탑, 벤투리 스크러버, 제트 스크러버 등

**04 풀이 | 입형 원통형 보일러(소규모 보일러)**

- 입형 횡관식
- 입형 연관식
- 코크란식

**05 풀이 | 캐비테이션(공동현상)**

펌프작동 시 순간 압력이 저하하면 물이 증기로 변화하는 현상으로 발생원인은 ①, ③, ④항이며 흡입관의 저항이 클 때 발생한다.

**06 풀이 |** 공기비(과잉공기 계수) $= \dfrac{\text{연료의 실제공기량}}{\text{연료의 이론공기량}}$

(공기비가 1.1~1.2 정도의 연료가 양호한 연료이다. 석탄 등은 공기비가 2 정도이다.)

- 공기비가 클 경우 : 노 내 온도 저하, 배기가스량 증가, 열손실 발생
- 공기비가 작을 경우 : 불완전연소, CO가스 발생, 연소상태 불량(공기비는 1 이하는 불완전연소)
- 가스 연료는 공기비가 가장 적다.

**07 풀이 | 공기예열기(폐열회수장치)**

- 전열식(관형, 판형)
- 재생식(융 스트롬식)
- 증기식

**08 풀이 | 접촉식 온도계**

액주식 온도계, 전기저항식 온도계, 환상천평식 온도계, 침종식 온도계, 열전대 온도계 등(접촉식은 비접촉식에 비해 저온측정용으로 알맞다.)

**09 풀이 |** 전열면적이 큰 보일러는 보일러 용량이 크다.

**※ 보일러 용량 표시**

전열면적, 보일러마력, 정격용량(상당증발량), 정격출력, 상당방열면적(EDR)

**10 풀이 |**

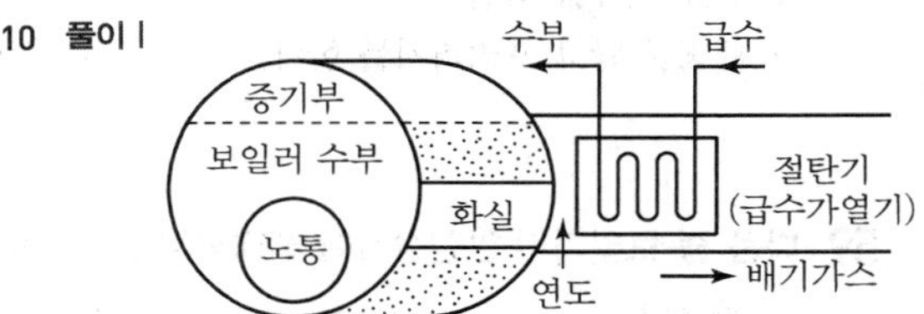


**11 풀이 |** 추치제어에는 추종제어, 비율제어, 프로그램제어가 있다. 이 중 목푯값이 시간에 따라 임의로 변화되는 자동제어는 '추종제어'이다.

**12 풀이 | 보일러 안전장치**

가용전(화실상부에 부착), 방폭문, 화염검출기, 압력제한기, 저수위경보장치 등

※ 가용전 : 납+주석의 합금(150℃, 200℃, 250℃ 3종류가 있다. 보일러 과열 시 용융하여 $H_2O$로 화염을 소멸시킨다.)

**13 풀이 |**

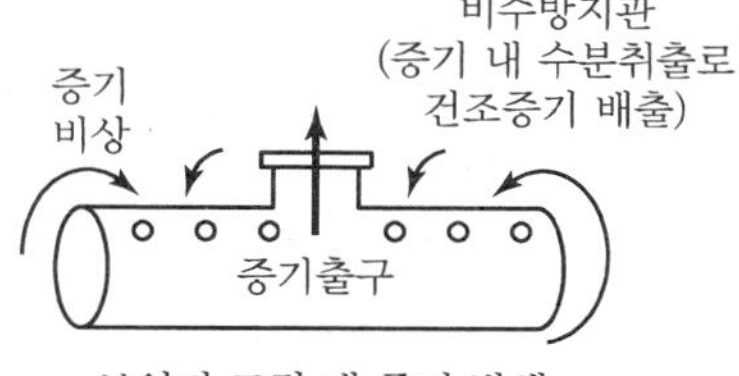


**14 풀이 |** 스테빌라이저(보염기)

공기조절장치(에어레지스터)로서 연소의 초기 착화 및 화염의 안정을 도모하는 장치로서 선회기방식, 보염판방식이 있다.

**15 풀이 |**

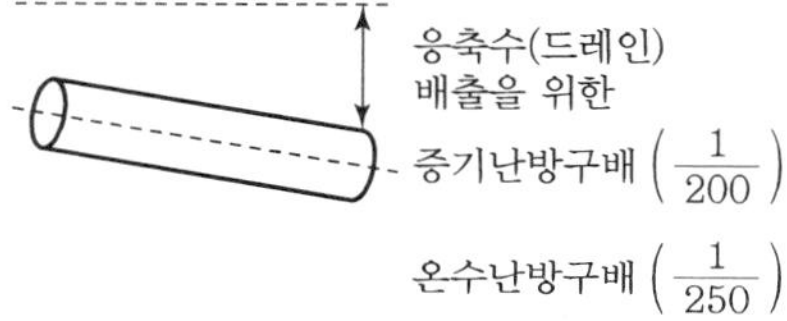


**16 풀이 |**

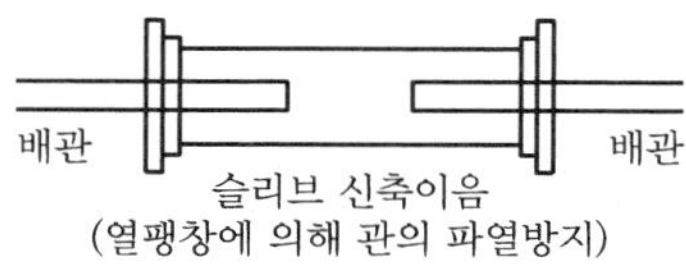


**17 풀이 |** • 연료 점화원 : 경유, LPG, 도시가스, 전기스파크 등
• 역화의 원인은 ①, ③, ④항이다.

**18 풀이 |** • 100℃ 이상 고온수난방용 : 밀폐형 팽창탱크 사용 (부피가 적다.)
• 100℃ 미만 저온수난방용 : 개방식 팽창탱크 사용 (용량이 커야 한다.)

**19 풀이 |** 온수난방

물은 비열(kcal/kg · K)이 커서 데우기가 어렵고, 또한 쉽게 냉각되지 않는다(증기난방은 예열시간이 짧다. 비열이 물의 절반으로 쉽게 냉각되어 응축수가 고인다).

**20 풀이 |** 방열기(라디에이터) : 주철제

• 2주형, 3주형
• 3세주형, 5세주형
• 길드형

**21 풀이 |**

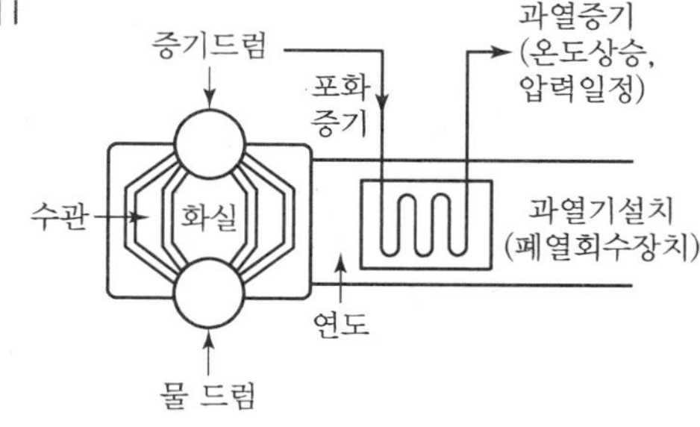


**22 풀이 |** 실제공기량$(A)$=이론공기량$(A_0)$×공기비$(m)$
$=10.5\times1.4=14.7\text{Nm}^3/\text{kg}$

**23 풀이 |** • 환원염 : 연소상태에서 산소($O_2$)가 부족한 화염
• 산화염 : 연소과정에서 산소($O_2$)가 풍부한 화염

**24 풀이 |** 스택 스위치(화염검출기)

연도에 설치하며 온수 보일러나 소용량 보일러 화염검출기로서 응답시간이 느리다.

**25 풀이 |** 보일러 급수제어

• 단요소식 : 수위 검출
• 2요소식 : 수위, 증기유량 검출
• 3요소식 : 수위, 증기유량, 급수유량 검출

**26 풀이 |**

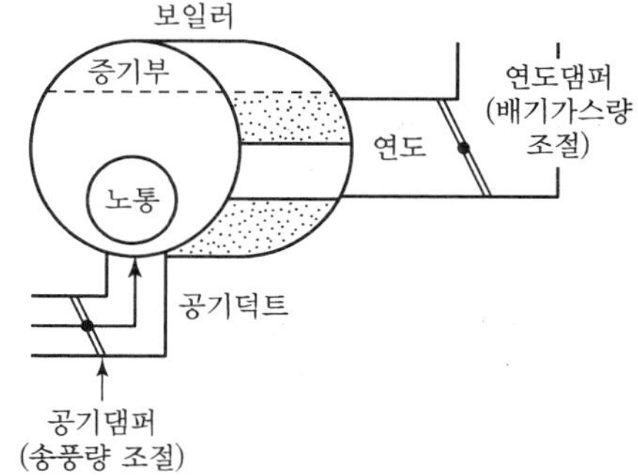

27 풀이 |

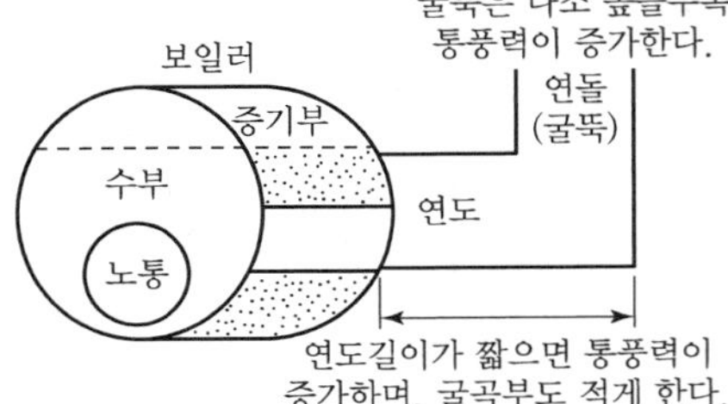


28 풀이 |

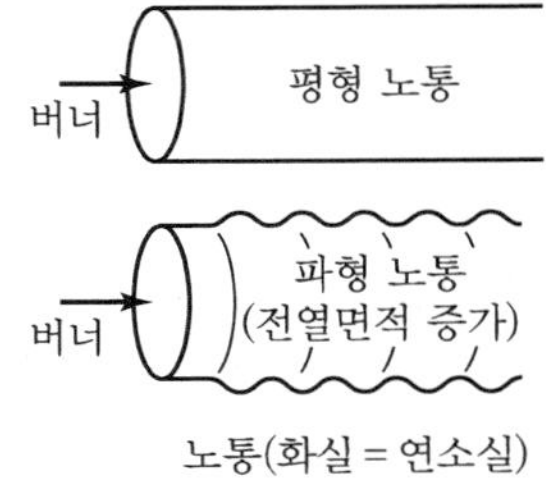


29 풀이 | 연도 내에 과열기, 재열기, 절탄기, 공기예열기를 설치하면 배기연소가스의 저항으로 압력손실이 증가하고 연소가스의 온도가 하강하며 절탄기 등에 저온부식이 발생한다.

30 풀이 | 수트 블로어(그을음 제거장치) 사용(압축공기 또는 고압증기 사용) 시는 보일러 부하가 50% 이상에서 작동시켜 화실 내 그을음 부착을 방지하여 전열을 양호하게 한다.

31 풀이 | 온도 조절식 증기트랩
- 열동식(벨로스식)
- 바이메탈식

32 풀이 | 온수는 비열(1kcal/kg℃)이 커서 예열시간이 길고 증기는 비열(0.44kcal/kg℃)이 적어서 예열시간이 단축된다.

33 풀이 | ② SPLT : 저온배관용 강관
③ SPPS : 압력배관용 강관
④ SPA : 배관용 합금강관

34 풀이 |

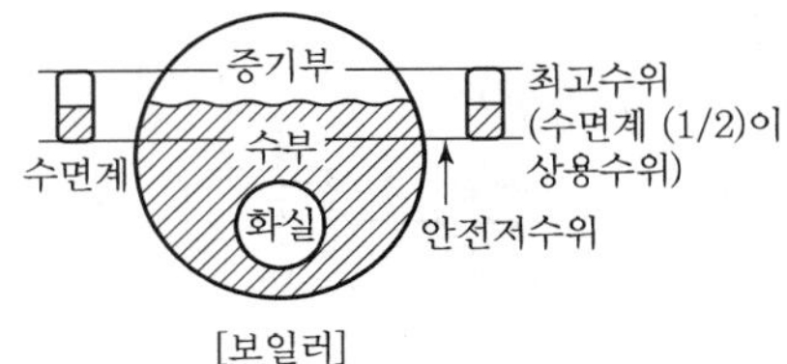


35 풀이 | ① 저양정식
② 고양정식
③ 전양정식
④ 전양식

36 풀이 | • 수관식 보일러는 열효율이 높고 부하능력(kcal/h)이 크다.
• 입형 보일러 : 원통형 보일러(효율이 낮다.)

37 풀이 | ① S : 스팀
② W : 물
③ O : 오일
④ A : 공기

38 풀이 | 황산나트륨($Na_2SO_3$)은 관수 중 산소(O)를 제거하는 탈산소제(점식의 부식방지)로 사용한다.

39 풀이 | 물의 현열 $=1\times(85-25)=60$kcal/kg

$$\therefore \text{ 온수 순환량} = \frac{21{,}000\text{kcal/h}}{60\text{kcal/kg}} = 350\text{kg/h}$$

40 풀이 | 최고사용압력 0.5MPa 이하의 보일러로서 전열면적 $2m^2$ 이하의 보일러가 20A 이상이다.

41 풀이 | 기름(오일)
진한 빨간색

42 풀이 | ① 펠트류(양모, 우모) : 100℃ 이하
② 암면 : 400~600℃
③ 석면 : 350~550℃
④ 규조토 : 250~500℃

43 풀이 | 증기는 가압한 후 증기의 압력을 낮추면 건조도($x$)가 향상된다.

**44 풀이 |**

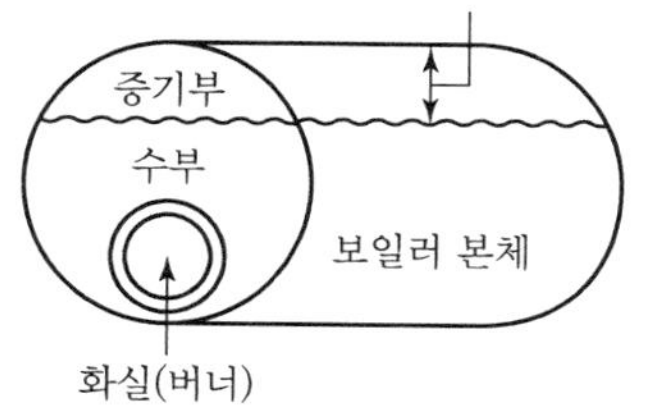


**45 풀이 | 플레어링 툴**

20mm 이하의 동관의 끝을 나팔 모양으로 만드는 동관의 공구

**46 풀이 |**

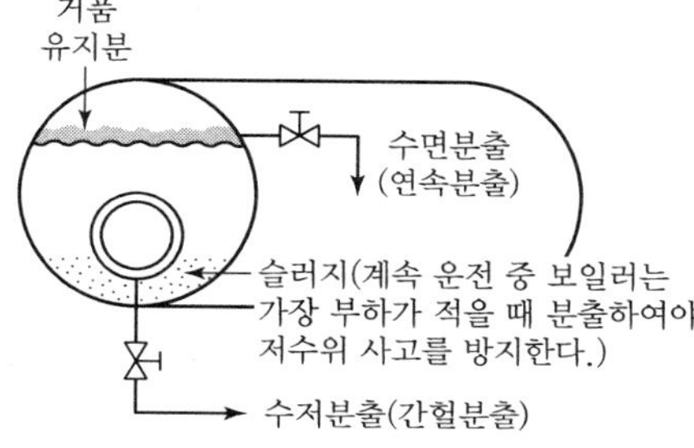


**47 풀이 | 연료의 발열량**

보일러 열정산 시 입열사항이다.

**48 풀이 |** 보일러 수압시험의 목적은 ②, ③, ④항이다.

**49 풀이 | 파일럿 버너**

화실 내부에서 점화용 버너로 사용된다. 일명 가스나, LPG, 경유 등을 사용하는 착화용 버너이다.

**50 풀이 | 증기과열기 종류**

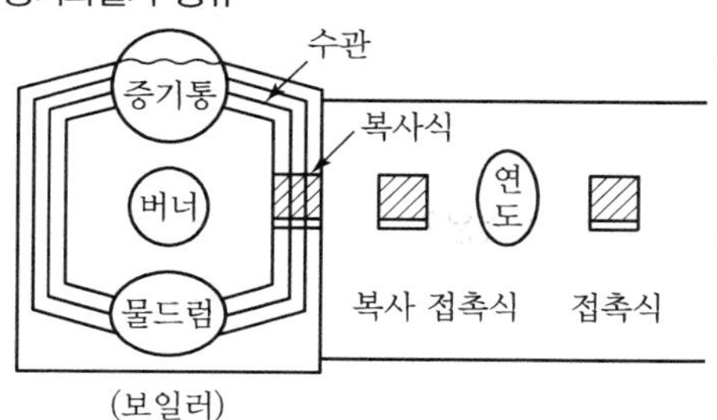


**51 풀이 |** 이젝터는 냉동기에 사용된다.

**52 풀이 | 보일러 자동제어(ABC)**

- 급수제어(FWC)
- 증기온도 제어(STC)
- 연소제어(ACC)

**53 풀이 | 효율관리시험기관**

에너지소비효율을 해당 효율관리 기자재에 표시할 수 있도록 에너지 사용량을 측정하는 기관이다.

**54 풀이 |** 검사대상기기(보일러, 압력용기, 철금속 가열로) 설치자가 조종자(자격증 취득자)를 채용하지 않으면 1천만 원 이하의 벌금에 처한다.

**55 풀이 | 목표에너지원 단위**

에너지를 사용하여 만드는 제품의 단위당 에너지사용 목표량

**56 풀이 |** 해당 연도 온실가스 배출량, 에너지소비량 명세서 작성 후 검증기관의 검증결과를 관계기관에 전자적 방식으로 다음 연도 3월 31일까지 제출한다.

**57 풀이 |** 에너지다소비사업자란 연료, 열, 전력의 연간 사용량 합계가 2천 티오이 이상인 사용 사업자를 말한다.

**58 풀이 |** 사용 중인 보일러는 점화 전에 공기댐퍼나 연도댐퍼를 다 열고서 프리퍼지(노 내 환기)를 실시한다.

**59 풀이 |**

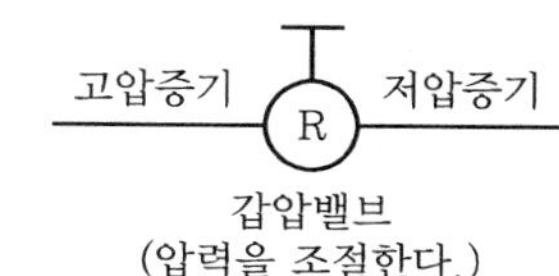


**60 풀이 | 소형 온수 보일러**

최고사용압력 0.35MPa 이하, 전열면적 $14m^2$ 이하 온수 보일러이다.

06회 실전점검! CBT 실전모의고사

수험번호 :
수험자명 :

제한 시간 : 1시간
남은 시간 :

글자 크기 100% 150% 200% | 화면 배치 | 전체 문제 수 : 안 푼 문제 수 :

답안 표기란

| | | | | |
|---|---|---|---|---|
| 1 | ① | ② | ③ | ④ |
| 2 | ① | ② | ③ | ④ |
| 3 | ① | ② | ③ | ④ |
| 4 | ① | ② | ③ | ④ |
| 5 | ① | ② | ③ | ④ |
| 6 | ① | ② | ③ | ④ |
| 7 | ① | ② | ③ | ④ |
| 8 | ① | ② | ③ | ④ |
| 9 | ① | ② | ③ | ④ |
| 10 | ① | ② | ③ | ④ |
| 11 | ① | ② | ③ | ④ |
| 12 | ① | ② | ③ | ④ |
| 13 | ① | ② | ③ | ④ |
| 14 | ① | ② | ③ | ④ |
| 15 | ① | ② | ③ | ④ |
| 16 | ① | ② | ③ | ④ |
| 17 | ① | ② | ③ | ④ |
| 18 | ① | ② | ③ | ④ |
| 19 | ① | ② | ③ | ④ |
| 20 | ① | ② | ③ | ④ |
| 21 | ① | ② | ③ | ④ |
| 22 | ① | ② | ③ | ④ |
| 23 | ① | ② | ③ | ④ |
| 24 | ① | ② | ③ | ④ |
| 25 | ① | ② | ③ | ④ |
| 26 | ① | ② | ③ | ④ |
| 27 | ① | ② | ③ | ④ |
| 28 | ① | ② | ③ | ④ |
| 29 | ① | ② | ③ | ④ |
| 30 | ① | ② | ③ | ④ |

**01 육용 보일러 열 정산의 조건과 관련된 설명 중 틀린 것은?**

① 전기에너지는 1kW당 860kcal/h로 환산한다.
② 보일러 효율 산정방식은 입출열법과 열손실법으로 실시한다.
③ 열정산시험 시의 연료 단위량은, 액체 및 고체연료의 경우 1kg에 대하여 열 정산을 한다.
④ 보일러의 열 정산은 원칙적으로 정격 부하 이하에서 정상상태로 3시간 이상의 운전 결과에 따라야 한다.

**02 보일러 본체에서 수부가 클 경우의 설명으로 틀린 것은?**

① 부하변동에 대한 압력 변화가 크다.
② 증기 발생시간이 길어진다.
③ 열효율이 낮아진다.
④ 보유 수량이 많으므로 파열 시 피해가 크다.

**03 분진가스를 방해판 등에 충돌시키거나 급격한 방향전환 등에 의해 매연을 분리 포집하는 집진방법은?**

① 중력식 ② 여과식
③ 관성력식 ④ 유수식

**04 증발량 3,500kgf/h인 보일러의 증기 엔탈피가 640kcal/kg이고, 급수 온도는 20℃이다. 이 보일러의 상당증발량은 얼마인가?**

① 약 3,786kgf/h ② 약 4,156kgf/h
③ 약 2,760kgf/h ④ 약 4,026kgf/h

**05 액체연료 연소장치에서 보염장치(공기조절장치)의 구성요소가 아닌 것은?**

① 바람상자 ② 보염기
③ 버너 팁 ④ 버너타일

계산기 | 다음 ▶ | 안 푼 문제 | 답안 제출

**06** 보일러의 상당증발량을 옳게 설명한 것은?

① 일정 온도의 보일러수가 최종의 증발상태에서 증기가 되었을 때의 중량
② 시간당 증발된 보일러수의 중량
③ 보일러에서 단위시간에 발생하는 증기 또는 온수의 보유열량
④ 시간당 실제증발량이 흡수한 전열량을 온도 100℃의 포화수를 100℃의 증기로 바꿀 때의 열량으로 나눈 값

**07** 액면계 중 직접식 액면계에 속하는 것은?

① 압력식 ② 방사선식
③ 초음파식 ④ 유리관식

**08** 분출밸브의 최고사용압력은 보일러 최고사용압력의 몇 배 이상이어야 하는가?

① 0.5배 ② 1.0배
③ 1.25배 ④ 2.0배

**09** 증기 또는 온수 보일러로서 여러 개의 섹션(Section)을 조합하여 제작하는 보일러는?

① 열매체 보일러
② 강철제 보일러
③ 관류 보일러
④ 주철제 보일러

**10** 증기난방 시공에서 관말증기트랩장치의 냉각레그(Cooling Leg) 길이는 일반적으로 몇 m 이상으로 해주어야 하는가?

① 0.7m ② 1.0m
③ 1.5m ④ 2.5m

| 번호 | | | | |
|---|---|---|---|---|
| 1 | ① | ② | ③ | ④ |
| 2 | ① | ② | ③ | ④ |
| 3 | ① | ② | ③ | ④ |
| 4 | ① | ② | ③ | ④ |
| 5 | ① | ② | ③ | ④ |
| 6 | ① | ② | ③ | ④ |
| 7 | ① | ② | ③ | ④ |
| 8 | ① | ② | ③ | ④ |
| 9 | ① | ② | ③ | ④ |
| 10 | ① | ② | ③ | ④ |
| 11 | ① | ② | ③ | ④ |
| 12 | ① | ② | ③ | ④ |
| 13 | ① | ② | ③ | ④ |
| 14 | ① | ② | ③ | ④ |
| 15 | ① | ② | ③ | ④ |
| 16 | ① | ② | ③ | ④ |
| 17 | ① | ② | ③ | ④ |
| 18 | ① | ② | ③ | ④ |
| 19 | ① | ② | ③ | ④ |
| 20 | ① | ② | ③ | ④ |
| 21 | ① | ② | ③ | ④ |
| 22 | ① | ② | ③ | ④ |
| 23 | ① | ② | ③ | ④ |
| 24 | ① | ② | ③ | ④ |
| 25 | ① | ② | ③ | ④ |
| 26 | ① | ② | ③ | ④ |
| 27 | ① | ② | ③ | ④ |
| 28 | ① | ② | ③ | ④ |
| 29 | ① | ② | ③ | ④ |
| 30 | ① | ② | ③ | ④ |

06회 실전점검! CBT 실전모의고사

수험번호 :
수험자명 :

제한 시간 : 1시간
남은 시간 :

글자 크기 100% 150% 200% 화면 배치

전체 문제 수 :
안 푼 문제 수 :

답안 표기란

**11** 보일러에 사용되는 열교환기 중 배기가스의 폐열을 이용하는 교환기가 아닌 것은?

① 절탄기 ② 공기예열기
③ 방열기 ④ 과열기

**12** 수관식 보일러의 일반적인 특징에 관한 설명으로 틀린 것은?

① 구조상 고압 대용량에 적합하다.
② 전열면적을 크게 할 수 있으므로 일반적으로 열효율이 좋다.
③ 부하변동에 따른 압력이나 수위 변동이 적으므로 제어가 편리하다.
④ 급수 및 보일러수 처리에 주의가 필요하며 특히 고압보일러에서는 엄격한 수질관리가 필요하다.

**13** 보일러 피드백제어에서 동작신호를 받아 규정된 동작을 하기 위해 조작신호를 만들어 조작부에 보내는 부분은?

① 조절부 ② 제어부
③ 비교부 ④ 검출부

**14** 다음 중 수관식 보일러에 속하는 것은?

① 기관차 보일러
② 코르니시 보일러
③ 다쿠마 보일러
④ 랭커셔 보일러

**15** 게이지 압력이 1.57MPa이고 대기압이 0.103MPa일 때 절대압력은 몇 MPa인가?

① 1.467 ② 1.673
③ 1.783 ④ 2.008

계산기 다음 ▶ 안 푼 문제 답안 제출

**16** 매시간 1,500kg의 연료를 연소시켜서 시간당 11,000kg의 증기를 발생시키는 보일러의 효율은 약 몇 %인가?(단, 연료의 발열량은 6,000kcal/kg, 발생증기의 엔탈피는 742kcal/kg, 급수의 엔탈피는 20kcal/kg이다.)

① 88%　② 80%
③ 78%　④ 70%

**17** 연소용 공기를 노의 앞에서 불어넣으므로 공기가 차고 깨끗하며 송풍기의 고장이 적고 점검 수리가 용이한 보일러의 강제통풍 방식은?

① 압입통풍　② 흡입통풍
③ 자연통풍　④ 수직통풍

**18** 가스용 보일러의 연소방식 중에서 연료와 공기를 각각 연소실에 공급하여 연소실에서 연료와 공기가 혼합되면서 연소하는 방식은?

① 확산연소식
② 예혼합연소식
③ 복열혼합연소식
④ 부분예혼합연소식

**19** 액화석유가스(LPG)의 특징에 대한 설명 중 틀린 것은?

① 유황분이 없으며 유독성분도 없다.
② 공기보다 비중이 무거워 누설 시 낮은 곳에 고여 인화 및 폭발성이 크다.
③ 연소 시 액화천연가스(LNG)보다 소량의 공기로 연소한다.
④ 발열량이 크고 저장이 용이하다.

**20** 드럼 없이 초임계압력하에서 증기를 발생시키는 강제순환 보일러는?

① 특수 열매체 보일러　② 2중 증발 보일러
③ 연관 보일러　④ 관류 보일러

답안 표기란

| 번호 | | | | |
|---|---|---|---|---|
| 1 | ① | ② | ③ | ④ |
| 2 | ① | ② | ③ | ④ |
| 3 | ① | ② | ③ | ④ |
| 4 | ① | ② | ③ | ④ |
| 5 | ① | ② | ③ | ④ |
| 6 | ① | ② | ③ | ④ |
| 7 | ① | ② | ③ | ④ |
| 8 | ① | ② | ③ | ④ |
| 9 | ① | ② | ③ | ④ |
| 10 | ① | ② | ③ | ④ |
| 11 | ① | ② | ③ | ④ |
| 12 | ① | ② | ③ | ④ |
| 13 | ① | ② | ③ | ④ |
| 14 | ① | ② | ③ | ④ |
| 15 | ① | ② | ③ | ④ |
| 16 | ① | ② | ③ | ④ |
| 17 | ① | ② | ③ | ④ |
| 18 | ① | ② | ③ | ④ |
| 19 | ① | ② | ③ | ④ |
| 20 | ① | ② | ③ | ④ |
| 21 | ① | ② | ③ | ④ |
| 22 | ① | ② | ③ | ④ |
| 23 | ① | ② | ③ | ④ |
| 24 | ① | ② | ③ | ④ |
| 25 | ① | ② | ③ | ④ |
| 26 | ① | ② | ③ | ④ |
| 27 | ① | ② | ③ | ④ |
| 28 | ① | ② | ③ | ④ |
| 29 | ① | ② | ③ | ④ |
| 30 | ① | ② | ③ | ④ |

06회 실전점검! CBT 실전모의고사

수험번호 :
수험자명 :

제한 시간 : 1시간
남은 시간 :

글자 크기 100% 150% 200% 화면 배치

전체 문제 수 :
안 푼 문제 수 :

답안 표기란

**21** 연료유 탱크에 가열장치를 설치한 경우에 대한 설명으로 틀린 것은?

① 열원에는 증기, 온수, 전기 등을 사용한다.
② 전열식 가열장치에 있어서는 직접식 또는 저항밀봉 피복식의 구조로 한다.
③ 온수, 증기 등의 열매체가 동절기에 동결할 우려가 있는 경우에는 동결을 방지하는 조치를 취해야 한다.
④ 연료유 탱크의 기름 취출구 등에 온도계를 설치하여야 한다.

**22** 보일러 급수예열기를 사용할 때의 장점을 설명한 것으로 틀린 것은?

① 보일러의 증발능력이 향상된다.
② 급수 중 불순물의 일부가 제거된다.
③ 증기의 건도가 향상된다.
④ 급수와 보일러수와의 온도 차이가 적어 열응력 발생을 방지한다.

**23** 보일러 자동제어의 급수제어(FWC)에서 조작량은?

① 공기량 ② 연료량
③ 전열량 ④ 급수량

**24** 물의 임계압력은 약 몇 $kgf/cm^2$인가?

① 175.23 ② 225.65
③ 374.15 ④ 539.75

**25** 경납땜의 종류가 아닌 것은?

① 황동납 ② 인동납
③ 은납 ④ 주석-납

| | | | | |
|---|---|---|---|---|
| 1 | ① | ② | ③ | ④ |
| 2 | ① | ② | ③ | ④ |
| 3 | ① | ② | ③ | ④ |
| 4 | ① | ② | ③ | ④ |
| 5 | ① | ② | ③ | ④ |
| 6 | ① | ② | ③ | ④ |
| 7 | ① | ② | ③ | ④ |
| 8 | ① | ② | ③ | ④ |
| 9 | ① | ② | ③ | ④ |
| 10 | ① | ② | ③ | ④ |
| 11 | ① | ② | ③ | ④ |
| 12 | ① | ② | ③ | ④ |
| 13 | ① | ② | ③ | ④ |
| 14 | ① | ② | ③ | ④ |
| 15 | ① | ② | ③ | ④ |
| 16 | ① | ② | ③ | ④ |
| 17 | ① | ② | ③ | ④ |
| 18 | ① | ② | ③ | ④ |
| 19 | ① | ② | ③ | ④ |
| 20 | ① | ② | ③ | ④ |
| 21 | ① | ② | ③ | ④ |
| 22 | ① | ② | ③ | ④ |
| 23 | ① | ② | ③ | ④ |
| 24 | ① | ② | ③ | ④ |
| 25 | ① | ② | ③ | ④ |
| 26 | ① | ② | ③ | ④ |
| 27 | ① | ② | ③ | ④ |
| 28 | ① | ② | ③ | ④ |
| 29 | ① | ② | ③ | ④ |
| 30 | ① | ② | ③ | ④ |

계산기 다음 ▶ 안 푼 문제 답안 제출

**26** **보일러에서 발생한 증기 또는 온수를 건물의 각 실내에 설치된 방열기에 보내어 난방하는 방식은?**

① 복사난방법
② 간접난방법
③ 온풍난방법
④ 직접난방법

**27** **보일러 연료 중에서 고체연료를 원소 분석하였을 때 일반적인 주성분은?(단, 중량 %를 기준으로 한 주성분을 구한다.)**

① 탄소
② 산소
③ 수소
④ 질소

**28** **보일러 자동제어 신호전달방식 중 공기압 신호전송의 특징 설명으로 틀린 것은?**

① 배관이 용이하고 보존이 비교적 쉽다.
② 내열성이 우수하나 압축성이므로 신호전달이 지연된다.
③ 신호전달거리가 100~150m 정도이다.
④ 온도제어 등에 부적합하고 위험이 크다.

**29** **증기의 압력을 높일 때 변하는 현상으로 틀린 것은?**

① 현열이 증대한다.
② 증발잠열이 증대한다.
③ 증기의 비체적이 증대한다.
④ 포화수 온도가 높아진다.

**30** **보일러수 중에 함유된 산소에 의해서 생기는 부식의 형태는?**

① 점식
② 가성취화
③ 그루빙
④ 전면부식

06회 실전점검! CBT 실전모의고사

수험번호 :
수험자명 :

제한 시간 : 1시간
남은 시간 :

글자 크기 100% 150% 200% 화면 배치 전체 문제 수 : 안 푼 문제 수 :

답안 표기란

31 ① ② ③ ④
32 ① ② ③ ④
33 ① ② ③ ④
34 ① ② ③ ④
35 ① ② ③ ④
36 ① ② ③ ④
37 ① ② ③ ④
38 ① ② ③ ④
39 ① ② ③ ④
40 ① ② ③ ④
41 ① ② ③ ④
42 ① ② ③ ④
43 ① ② ③ ④
44 ① ② ③ ④
45 ① ② ③ ④
46 ① ② ③ ④
47 ① ② ③ ④
48 ① ② ③ ④
49 ① ② ③ ④
50 ① ② ③ ④
51 ① ② ③ ④
52 ① ② ③ ④
53 ① ② ③ ④
54 ① ② ③ ④
55 ① ② ③ ④
56 ① ② ③ ④
57 ① ② ③ ④
58 ① ② ③ ④
59 ① ② ③ ④
60 ① ② ③ ④

**31** 증기주관의 관말트랩 배관의 드레인 포켓과 냉각관 시공 요령이다. 다음 ( ) 안에 적절한 것은?

> 증기주관에서 응축수를 건식환수관에 배출하려면 주관과 동경으로 ( ㉠ )mm 이상 내리고 하부로 ( ㉡ )mm 이상 연장하여 ( ㉢ )을(를) 만들어준다. 냉각관은 ( ㉣ ) 앞에서 1.5m 이상 나관으로 배관한다.

① ㉠ 150, ㉡ 100, ㉢ 트랩, ㉣ 드레인 포켓
② ㉠ 100, ㉡ 150, ㉢ 드레인 포켓, ㉣ 트랩
③ ㉠ 150, ㉡ 100, ㉢ 드레인 포켓, ㉣ 드레인 밸브
④ ㉠ 100, ㉡ 150, ㉢ 드레인 밸브, ㉣ 드레인 포켓

**32** 온수난방 설비의 내림구배 배관에서 배관 아랫면을 일치시키고자 할 때 사용되는 이음쇠는?

① 소켓
② 편심 리듀서
③ 유니언
④ 이경엘보

**33** 두께 150mm, 면적이 15m$^2$인 벽이 있다. 내면 온도는 200℃, 외면 온도가 20℃일 때 벽을 통한 열손실량은?(단, 열전도율은 0.25kcal/m · h · ℃이다.)

① 101kcal/h
② 675kcal/h
③ 2,345kcal/h
④ 4,500kcal/h

**34** 보일러수에 불순물이 많이 포함되어 보일러수의 비등과 함께 수면 부근에 거품의 층을 형성하여 수위가 불안정하게 되는 현상은?

① 포밍
② 프라이밍
③ 캐리오버
④ 공동현상

계산기 다음 ▶ 안 푼 문제 답안 제출

06 회

실전점검!

# CBT 실전모의고사

수험번호 :

수험자명 :

제한 시간 : 1시간

남은 시간 :

글자 크기 100% 150% 200% 화면 배치 전체 문제 수 : 안 푼 문제 수 :

답안 표기란

**35** 파이프와 파이프를 홈 조인트로 체결하기 위하여 파이프 끝을 가공하는 기계는?

① 띠톱 기계 ② 파이프 벤딩기

③ 동력파이프 나사절삭기 ④ 그루빙 조인트 머신

**36** 보일러 보존 시 동결사고가 예상될 때 실시하는 밀폐식 보존법은?

① 건조 보존법 ② 만수 보존법

③ 화학적 보존법 ④ 습식 보존법

**37** 온수난방 배관 시공 시 이상적인 기울기는 얼마인가?

① 1/100 이상 ② 1/150 이상

③ 1/200 이상 ④ 1/250 이상

**38** 다음 방열기 도시기호 중 벽걸이 종형 도시기호는?

① W－H ② W－V

③ W－Ⅱ ④ W－Ⅲ

**39** 배관 지지구의 종류가 아닌 것은?

① 파이프 슈 ② 콘스턴트 행거

③ 리지드 서포트 ④ 소켓

**40** 보온시공 시 주의사항에 대한 설명으로 틀린 것은?

① 보온재와 보온재의 틈새는 되도록 작게 한다.

② 겹침부의 이음새는 동일 선상을 피해서 부착한다.

③ 테이프 감기는 물, 먼지 등의 침입을 막기 위해 위에서 아래쪽으로 향하여 감아 내리는 것이 좋다.

④ 보온의 끝 단면은 사용하는 보온재 및 보온 목적에 따라서 필요한 보호를 한다.

| 번호 | | | | |
|---|---|---|---|---|
| 31 | ① | ② | ③ | ④ |
| 32 | ① | ② | ③ | ④ |
| 33 | ① | ② | ③ | ④ |
| 34 | ① | ② | ③ | ④ |
| 35 | ① | ② | ③ | ④ |
| 36 | ① | ② | ③ | ④ |
| 37 | ① | ② | ③ | ④ |
| 38 | ① | ② | ③ | ④ |
| 39 | ① | ② | ③ | ④ |
| 40 | ① | ② | ③ | ④ |
| 41 | ① | ② | ③ | ④ |
| 42 | ① | ② | ③ | ④ |
| 43 | ① | ② | ③ | ④ |
| 44 | ① | ② | ③ | ④ |
| 45 | ① | ② | ③ | ④ |
| 46 | ① | ② | ③ | ④ |
| 47 | ① | ② | ③ | ④ |
| 48 | ① | ② | ③ | ④ |
| 49 | ① | ② | ③ | ④ |
| 50 | ① | ② | ③ | ④ |
| 51 | ① | ② | ③ | ④ |
| 52 | ① | ② | ③ | ④ |
| 53 | ① | ② | ③ | ④ |
| 54 | ① | ② | ③ | ④ |
| 55 | ① | ② | ③ | ④ |
| 56 | ① | ② | ③ | ④ |
| 57 | ① | ② | ③ | ④ |
| 58 | ① | ② | ③ | ④ |
| 59 | ① | ② | ③ | ④ |
| 60 | ① | ② | ③ | ④ |

계산기 다음 ▶ 안 푼 문제 답안 제출

수험번호 :
수험자명 :

제한 시간 : 1시간
남은 시간 :

글자 크기 100% 150% 200% 화면 배치

전체 문제 수 :
안 푼 문제 수 :

**41 온수난방에 관한 설명으로 틀린 것은?**

① 단관식은 보일러에서 멀어질수록 온수의 온도가 낮아진다.
② 복관식은 방열량의 변화가 일어나지 않고 밸브의 조절로 방열량을 가감할 수 있다.
③ 역귀환 방식은 각 방열기의 방열량이 거의 일정하다.
④ 증기난방에 비하여 소요방열면적과 배관경이 작게 되어 설비비를 비교적 절약할 수 있다.

**42 온수 보일러에서 팽창탱크를 설치할 경우 주의사항으로 틀린 것은?**

① 밀폐식 팽창탱크의 경우 상부에 물빼기 관이 있어야 한다.
② 100℃의 온수에도 충분히 견딜 수 있는 재료를 사용하여야 한다.
③ 내식성 재료를 사용하거나 내식 처리된 탱크를 설치하여야 한다.
④ 동결 우려가 있을 경우에는 보온을 한다.

**43 수질이 불량하여 보일러에 미치는 영향으로 가장 거리가 먼 것은?**

① 보일러의 수명과 열효율에 영향을 준다.
② 고압보다 저압일수록 장애가 더욱 심하다.
③ 부식현상이나 증기의 질이 불순하게 된다.
④ 수질이 불량하면 관계통에 관석이 발생한다.

**44 다음 보온재 중 유기질 보온재에 속하는 것은?**

① 규조토
② 탄산마그네슘
③ 유리섬유
④ 기포성 수지

**45 관의 접속상태 · 결합방식의 표시방법에서 용접이음을 나타내는 그림기호로 맞는 것은?**

①
②
③
④

답안 표기란

| 번호 | | | | |
|---|---|---|---|---|
| 31 | ① | ② | ③ | ④ |
| 32 | ① | ② | ③ | ④ |
| 33 | ① | ② | ③ | ④ |
| 34 | ① | ② | ③ | ④ |
| 35 | ① | ② | ③ | ④ |
| 36 | ① | ② | ③ | ④ |
| 37 | ① | ② | ③ | ④ |
| 38 | ① | ② | ③ | ④ |
| 39 | ① | ② | ③ | ④ |
| 40 | ① | ② | ③ | ④ |
| 41 | ① | ② | ③ | ④ |
| 42 | ① | ② | ③ | ④ |
| 43 | ① | ② | ③ | ④ |
| 44 | ① | ② | ③ | ④ |
| 45 | ① | ② | ③ | ④ |
| 46 | ① | ② | ③ | ④ |
| 47 | ① | ② | ③ | ④ |
| 48 | ① | ② | ③ | ④ |
| 49 | ① | ② | ③ | ④ |
| 50 | ① | ② | ③ | ④ |
| 51 | ① | ② | ③ | ④ |
| 52 | ① | ② | ③ | ④ |
| 53 | ① | ② | ③ | ④ |
| 54 | ① | ② | ③ | ④ |
| 55 | ① | ② | ③ | ④ |
| 56 | ① | ② | ③ | ④ |
| 57 | ① | ② | ③ | ④ |
| 58 | ① | ② | ③ | ④ |
| 59 | ① | ② | ③ | ④ |
| 60 | ① | ② | ③ | ④ |

계산기 다음 ▶ 안 푼 문제 답안 제출

06회 실전점검! CBT 실전모의고사

수험번호 :
수험자명 :

제한 시간 : 1시간
남은 시간 :

글자 크기 100% 150% 200% 화면 배치 전체 문제 수 : 안 푼 문제 수 :

답안 표기란

46 보일러 점화불량의 원인으로 가장 거리가 먼 것은?
① 댐퍼작동 불량
② 파일로트 오일 불량
③ 공기비의 조정 불량
④ 점화용 트랜스의 전기 스파크 불량

47 보일러 내부 부식에 속하지 않는 것은?
① 점식
② 저온부식
③ 구식
④ 알칼리부식

48 보일러 내부의 건조방식에 대한 설명 중 틀린 것은?
① 건조재로 생석회가 사용된다.
② 가열장치로 서서히 가열하여 건조시킨다.
③ 보일러 내부 건조 시 사용되는 기화성 부식 억제제(VCI)는 물에 녹지 않는다.
④ 보일러 내부 건조 시 사용되는 기화성 부식 억제제(VCI)는 건조제와 병용하여 사용할 수 있다.

49 보일러 윈드박스 주위에 설치되는 장치 또는 부품과 가장 거리가 먼 것은?
① 공기예열기
② 화염검출기
③ 착화버너
④ 투시구

50 보일러 운전 중 정전이나 실화로 인하여 연료의 누설이 발생하여 갑자기 점화되었을 때 가스폭발방지를 위해 연료공급을 차단하는 안전장치는?
① 폭발문
② 수위경보기
③ 화염검출기
④ 안전밸브

| 번호 | | | | |
|---|---|---|---|---|
| 31 | ① | ② | ③ | ④ |
| 32 | ① | ② | ③ | ④ |
| 33 | ① | ② | ③ | ④ |
| 34 | ① | ② | ③ | ④ |
| 35 | ① | ② | ③ | ④ |
| 36 | ① | ② | ③ | ④ |
| 37 | ① | ② | ③ | ④ |
| 38 | ① | ② | ③ | ④ |
| 39 | ① | ② | ③ | ④ |
| 40 | ① | ② | ③ | ④ |
| 41 | ① | ② | ③ | ④ |
| 42 | ① | ② | ③ | ④ |
| 43 | ① | ② | ③ | ④ |
| 44 | ① | ② | ③ | ④ |
| 45 | ① | ② | ③ | ④ |
| 46 | ① | ② | ③ | ④ |
| 47 | ① | ② | ③ | ④ |
| 48 | ① | ② | ③ | ④ |
| 49 | ① | ② | ③ | ④ |
| 50 | ① | ② | ③ | ④ |
| 51 | ① | ② | ③ | ④ |
| 52 | ① | ② | ③ | ④ |
| 53 | ① | ② | ③ | ④ |
| 54 | ① | ② | ③ | ④ |
| 55 | ① | ② | ③ | ④ |
| 56 | ① | ② | ③ | ④ |
| 57 | ① | ② | ③ | ④ |
| 58 | ① | ② | ③ | ④ |
| 59 | ① | ② | ③ | ④ |
| 60 | ① | ② | ③ | ④ |

계산기 다음 ▶ 안 푼 문제 답안 제출

**51** 다음 중 보일러에서 연소가스의 배기가 잘 되는 경우는?

① 연도의 단면적이 작을 때
② 배기가스 온도가 높을 때
③ 연도에 급한 굴곡이 있을 때
④ 연도에 공기가 많이 침입될 때

**52** 에너지다소비사업자는 산업통상자원부령이 정하는 바에 따라 전년도의 분기별 에너지사용량 · 제품생산량을 그 에너지사용시설이 있는 지역을 관할하는 시 · 도지사에게 매년 언제까지 신고해야 하는가?

① 1월 31일까지
② 3월 31일까지
③ 5월 31일까지
④ 9월 30일까지

**53** 저탄소 녹색성장 기본법에서 사람의 활동에 수반하여 발생하는 온실가스가 대기 중에 축적되어 온실가스 농도를 증가시킴으로써 지구 전체적으로 지표 및 대기의 온도가 추가적으로 상승하는 현상을 나타내는 용어는?

① 지구온난화
② 기후변화
③ 자원순환
④ 녹색경영

**54** 에너지이용 합리화법에 따라 산업통상자원부장관 또는 시 · 도지사로부터 한국에너지공단에 위탁된 업무가 아닌 것은?

① 에너지사용계획의 검토
② 고효율시험기관의 지정
③ 대기전력경고표지대상제품의 측정결과 신고의 접수
④ 대기전력저감대상제품의 측정결과 신고의 접수

답안 표기란

| 번호 | | | | |
|---|---|---|---|---|
| 31 | ① | ② | ③ | ④ |
| 32 | ① | ② | ③ | ④ |
| 33 | ① | ② | ③ | ④ |
| 34 | ① | ② | ③ | ④ |
| 35 | ① | ② | ③ | ④ |
| 36 | ① | ② | ③ | ④ |
| 37 | ① | ② | ③ | ④ |
| 38 | ① | ② | ③ | ④ |
| 39 | ① | ② | ③ | ④ |
| 40 | ① | ② | ③ | ④ |
| 41 | ① | ② | ③ | ④ |
| 42 | ① | ② | ③ | ④ |
| 43 | ① | ② | ③ | ④ |
| 44 | ① | ② | ③ | ④ |
| 45 | ① | ② | ③ | ④ |
| 46 | ① | ② | ③ | ④ |
| 47 | ① | ② | ③ | ④ |
| 48 | ① | ② | ③ | ④ |
| 49 | ① | ② | ③ | ④ |
| 50 | ① | ② | ③ | ④ |
| 51 | ① | ② | ③ | ④ |
| 52 | ① | ② | ③ | ④ |
| 53 | ① | ② | ③ | ④ |
| 54 | ① | ② | ③ | ④ |
| 55 | ① | ② | ③ | ④ |
| 56 | ① | ② | ③ | ④ |
| 57 | ① | ② | ③ | ④ |
| 58 | ① | ② | ③ | ④ |
| 59 | ① | ② | ③ | ④ |
| 60 | ① | ② | ③ | ④ |

계산기 다음 ▶ 안 푼 문제 답안 제출

**55** **에너지이용 합리화법에서 효율관리기자재의 제조업자 또는 수입업자가 효율관리기자재의 에너지 사용량을 측정받는 기관은?**

① 산업통상자원부장관이 지정하는 시험기관
② 제조업자 또는 수입업자의 검사기관
③ 환경부장관이 지정하는 진단기관
④ 시 · 도지사가 지정하는 측정기관

**56** **에너지이용 합리화법에서 정한 국가에너지절약추진위원회의 위원장은?**

① 산업통상자원부장관
② 국토교통부장관
③ 국무총리
④ 대통령

**57** **증기 난방시공에서 진공환수식으로 하는 경우 리프트 피팅(Lift Fitting)을 설치하는데, 1단의 흡상높이로 적절한 것은?**

① 1.5m 이내
② 2.0m 이내
③ 2.5m 이내
④ 3.0m 이내

**58** **배관의 나사이음과 비교한 용접이음에 관한 설명으로 틀린 것은?**

① 나사 이음부와 같이 관의 두께에 불균일한 부분이 없다.
② 돌기부가 없이 배관상의 공간효율이 좋다.
③ 이음부의 강도가 적고, 누수의 우려가 크다.
④ 변형과 수축, 잔류응력이 발생할 수 있다.

06회 실전점검! CBT 실전모의고사

수험번호 :
수험자명 :

제한 시간 : 1시간
남은 시간 :

글자 크기 100% 150% 200% 화면 배치

전체 문제 수 :
안 푼 문제 수 :

**59** 보일러 외부 부식의 한 종류인 고온부식을 유발하는 주된 성분은?

① 황 ② 수소
③ 인 ④ 바나듐

**60** 에너지이용 합리화법에 따라 고시한 효율관리기자재 운용 · 규정에 따라 가정용 가스 보일러의 최저소비효율기준은 몇 %인가?

① 63% ② 68%
③ 76% ④ 86%

답안 표기란

| | | | | |
|---|---|---|---|---|
| 31 | ① | ② | ③ | ④ |
| 32 | ① | ② | ③ | ④ |
| 33 | ① | ② | ③ | ④ |
| 34 | ① | ② | ③ | ④ |
| 35 | ① | ② | ③ | ④ |
| 36 | ① | ② | ③ | ④ |
| 37 | ① | ② | ③ | ④ |
| 38 | ① | ② | ③ | ④ |
| 39 | ① | ② | ③ | ④ |
| 40 | ① | ② | ③ | ④ |
| 41 | ① | ② | ③ | ④ |
| 42 | ① | ② | ③ | ④ |
| 43 | ① | ② | ③ | ④ |
| 44 | ① | ② | ③ | ④ |
| 45 | ① | ② | ③ | ④ |
| 46 | ① | ② | ③ | ④ |
| 47 | ① | ② | ③ | ④ |
| 48 | ① | ② | ③ | ④ |
| 49 | ① | ② | ③ | ④ |
| 50 | ① | ② | ③ | ④ |
| 51 | ① | ② | ③ | ④ |
| 52 | ① | ② | ③ | ④ |
| 53 | ① | ② | ③ | ④ |
| 54 | ① | ② | ③ | ④ |
| 55 | ① | ② | ③ | ④ |
| 56 | ① | ② | ③ | ④ |
| 57 | ① | ② | ③ | ④ |
| 58 | ① | ② | ③ | ④ |
| 59 | ① | ② | ③ | ④ |
| 60 | ① | ② | ③ | ④ |

계산기 다음 ▶ 안 푼 문제 답안 제출

# CBT 정답 및 해설



| 01 | 02 | 03 | 04 | 05 | 06 | 07 | 08 | 09 | 10 |
|---|---|---|---|---|---|---|---|---|---|
| ④ | ① | ③ | ④ | ③ | ④ | ④ | ③ | ④ | ③ |
| 11 | 12 | 13 | 14 | 15 | 16 | 17 | 18 | 19 | 20 |
| ③ | ③ | ① | ③ | ② | ① | ① | ① | ③ | ④ |
| 21 | 22 | 23 | 24 | 25 | 26 | 27 | 28 | 29 | 30 |
| ② | ③ | ④ | ② | ④ | ④ | ① | ④ | ② | ① |
| 31 | 32 | 33 | 34 | 35 | 36 | 37 | 38 | 39 | 40 |
| ② | ② | ④ | ① | ④ | ① | ④ | ② | ④ | ③ |
| 41 | 42 | 43 | 44 | 45 | 46 | 47 | 48 | 49 | 50 |
| ④ | ① | ② | ④ | ③ | ② | ② | ③ | ① | ③ |
| 51 | 52 | 53 | 54 | 55 | 56 | 57 | 58 | 59 | 60 |
| ② | ① | ① | ② | ① | ① | ① | ③ | ④ | ③ |

**01 풀이 |** ④에서 열 정산 운전시간은 2시간 이상의 운전결과에 따라야 한다.

**02 풀이 |**

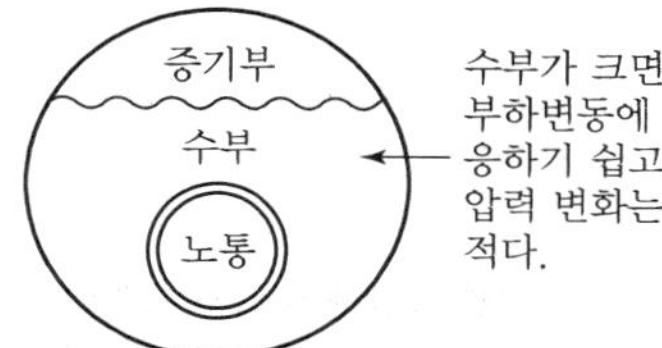


**03 풀이 |**

함진가스
방향전환 집진장치 (관성력식)

**04 풀이 |** 상당증발량

$$= \frac{\text{실제증발량(증기엔탈피} - \text{급수엔탈피)}}{539}\text{(kg/h)}$$

$$= \frac{3,500(640-20)}{539} = 4,026\text{kg}_f/\text{h}$$

**05 풀이 | 보염장치의 구성요소**

- 바람상자(윈드박스)
- 보염기
- 버너타일
- 컴버스트

**06 풀이 | 상당증발량**

시간당 실제증발량이 흡수한 전열량을 온도 100℃의 포화수를 100℃의 증기(상변화)로 바꿀 때의 열량(539kcal/kg)으로 나눈 값

**07 풀이 | 직접식 액면계**

- 유리관식(저압식)
- 부자식(플로트식)
- 검척식(막대자식)

**08 풀이 |** 보일러 분출밸브의 최고사용압력은 보일러 최고사용압력의 1.25배 이상이어야 한다.

**09 풀이 | 주철제(증기, 온수) 보일러**

전열면적의 증감은 섹션 수로 가감한다(저압, 난방용으로 많이 사용한다).

**10 풀이 |**

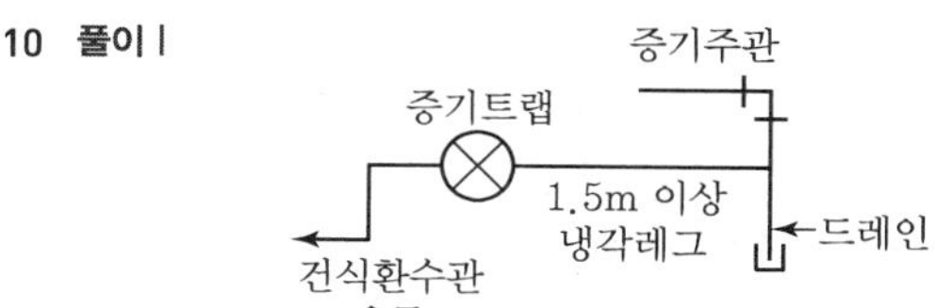


**11 풀이 | 방열기(난방용)**

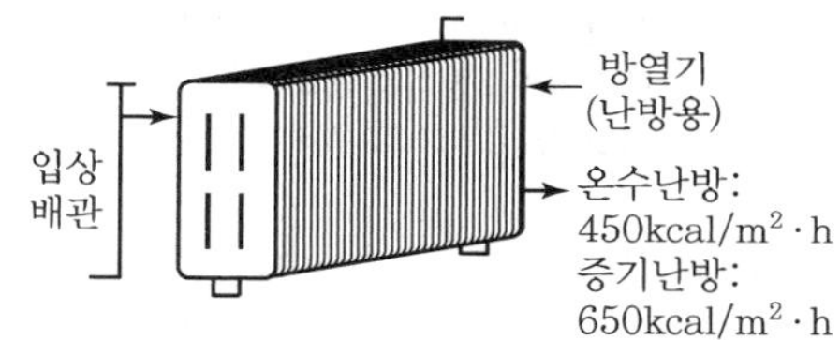


**12 풀이 | 수관식 보일러**

부하변동에 따른 압력, 수위 변동이 커서 제어가 곤란하다.

**13 풀이 |**

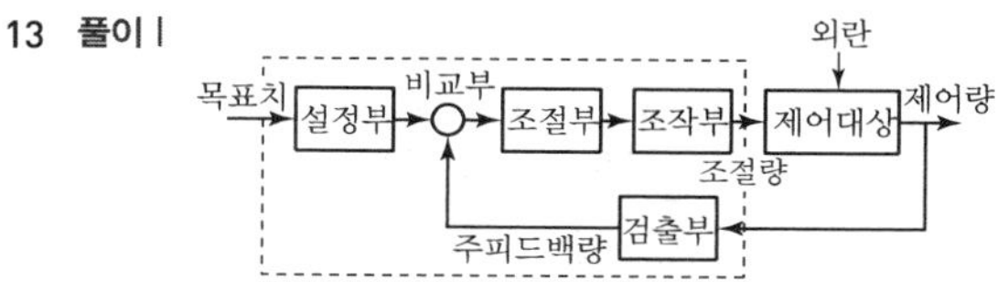


**14 풀이 | 수관식 다쿠마 보일러(직관식)**

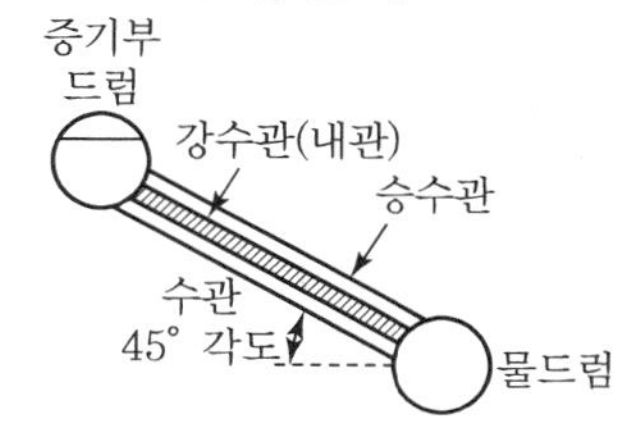

**15 풀이 |** 절대압력(abs) = 대기압력 + 게이지압력
= 1.57 + 0.103 = 1.673MPa

**16 풀이 |** 보일러 효율(%)

$$= \frac{\text{증기발생량(발생증기엔탈피} - \text{급수엔탈피)}}{\text{연료소비량} \times \text{연료의 발열량}} \times 100$$

$$= \frac{11,000(742-20)}{1,500 \times 6,000} \times 100 = 88(\%)$$

**17 풀이 |** 원통형 보일러

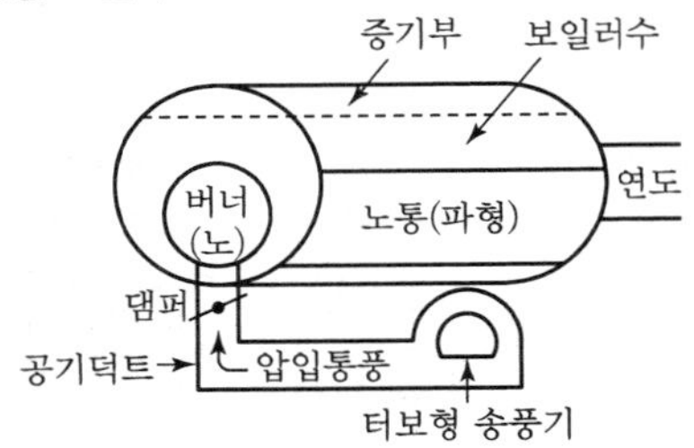


**18 풀이 |** 연소방식
- 확산연소방식 : 연료와 공기가 각각 연소실로 공급
- 예혼합연소방식 : 연료와 공기를 비율혼합하여 연소실로 공급(역화의 우려가 있다.)

**19 풀이 |** LPG(프로판, 부탄) 가스는 LNG(메탄) 연료에 비하여 2.5~3배의 소요공기가 필요하다.

**20 풀이 |** 관류 보일러(수관식)
증기, 물드럼이 없고 초임계압력하에서 증기 발생이 가능한 강제순환 보일러이다.

**21 풀이 |** 중유탱크(B−C유)

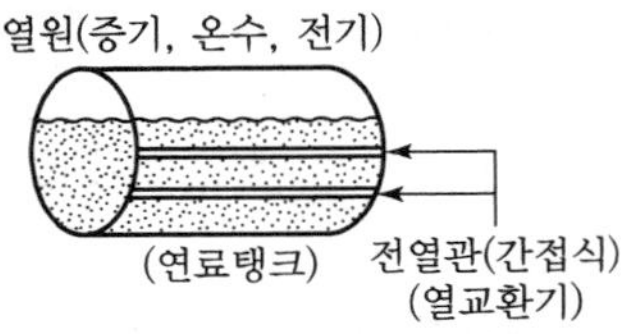


**22 풀이 |** 증기의 건도 향상
- 압력 증가
- 비수방지관 설치
- 기수분리기 설치

**23 풀이 |** 급수제어
- 제어량(수위)
- 조작량(급수량)

**24 풀이 |** 물의 임계압력
- 증발잠열이 0kcal/kg이다.
- 물, 증기의 구별이 없다.
- 225.65kgf/cm$^2$이다.
- 온도는 374.15K이다.

**25 풀이 |** ㉠ 경납땜(450℃ 이상)의 종류
- 황동납
- 인동납
- 은납

㉡ 연납땜(450℃ 미만)의 종류
- 주석−납
- 알루미늄
- 주석

**26 풀이 |** 방열기난방(증기, 온수난방)
대류작용을 이용한 직접난방법이다(라디에이터 난방).

**27 풀이 |** 고체연료 성분에는 탄소(고정탄소), 수소, 산소 등이 있는데, 이 중 탄소 성분이 가장 많다.

**28 풀이 |** 공기압식 신호전송
온도제어에 사용되며 위험성이 적다.

**29 풀이 |** • 증기압력이 높으면 : 증발잠열 감소
• 증기압력이 낮으면 : 증발잠열 증가

**30 풀이 |** 점식(피팅부식)
보일러 용존산소에 의해 생기는 점부식이다.

**31 풀이 |** 나관
보온하지 않는 관이다.

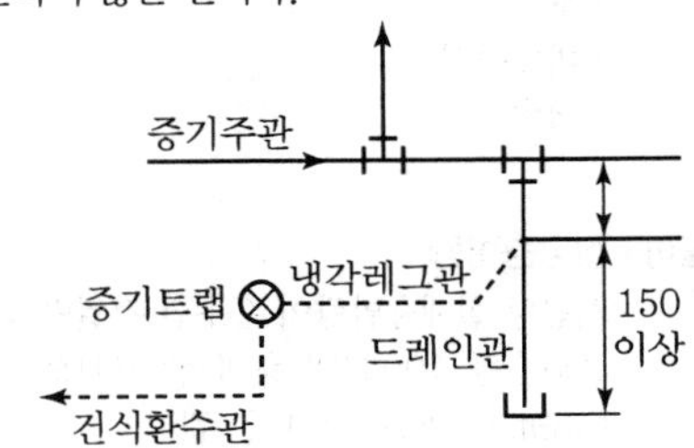

**32 풀이 |** 배관 아랫면

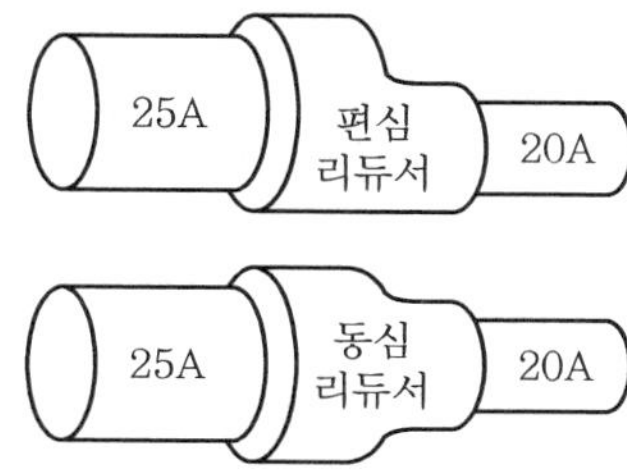


**33 풀이 |** 전도열손실량$(\theta)=\lambda\times\dfrac{A\times\Delta t}{b}$

$$=0.25\times\frac{15\times(200-20)}{\left(\frac{150}{1,000}\right)}$$

$$=4,500\,\text{kcal/h}$$

**34 풀이 |**

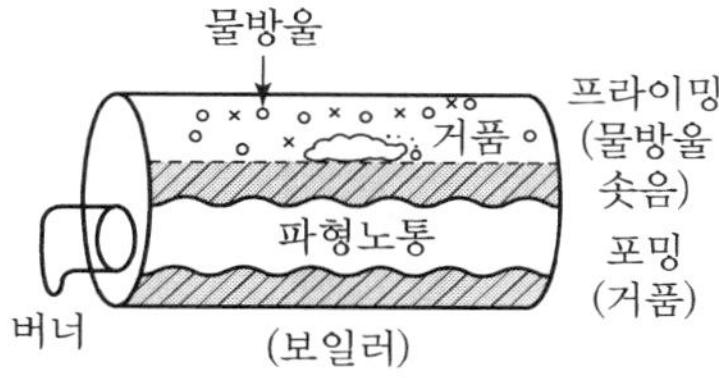


**35 풀이 |** 그루빙 조인트 머신
관과 관의 홈 조인트를 체결하기 위하여 파이프 관의 끝을 가공한다.

**36 풀이 |** • 밀폐식 보존법(건조식) : 6개월 이상 장기보존
• 만수 보존법(습식) : 3개월 이하 단기보존

**37 풀이 |**

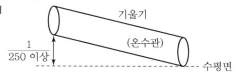

기울기
(온수관)
$\frac{1}{250}$ 이상
수평면

**38 풀이 |** • W : 벽걸이
• V : 종형(세로형)
• H : 횡형(가로형)

**39 풀이 |**

**40 풀이 |** 테이프 감기
아래에서 위쪽으로 감아나간다.

**41 풀이 |** 온수난방
소요방열면적 및 배관경이 커서 설비비가 많이 든다.

**42 풀이 |** 팽창탱크 상부 물빼기 관 설치는 개방식 팽창탱크에 필요하다.

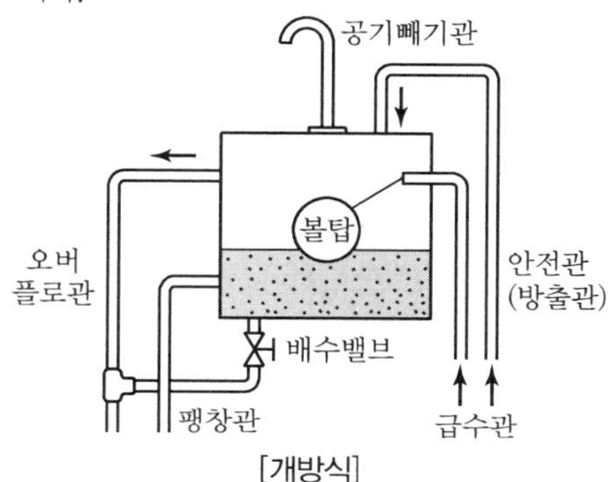

[개방식]

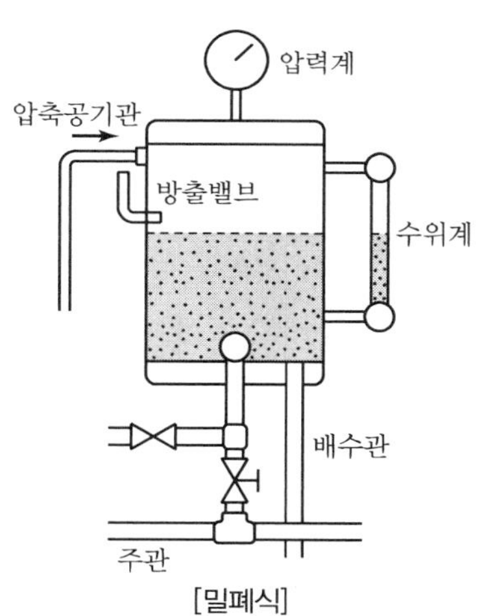

[밀폐식]

**43 풀이 |** 고압 보일러는 포화수 온도가 높아서 점식이나 거품현상이 더 심하게 발생한다(급수처리가 심각하다).

**44 풀이 |** 기포성 수지(합성수지)는 유기질 보온재이며, ①, ②, ③은 무기질 보온재이다.

**45 풀이 |** ① : 나사이음　　② : 유니언이음
③ : 용접이음　　④ : 플랜지이음

**46 풀이 |** 파일로트
점화용 버너(가스나 경유 사용)

**47 풀이 |** 저온부식
절탄기, 공기예열기에서 발생하며 외부 부식이다.
$S+O_2 \rightarrow SO_2$, $SO_2+H_2O=H_2SO_3$
$H_2SO_3+O \rightarrow H_2SO_4$(진한 황산 – 저온부식 초래)

**48 풀이 |** 기화성 부식 억제제(VCI)는 물에 용해된다.

**49 풀이 |**

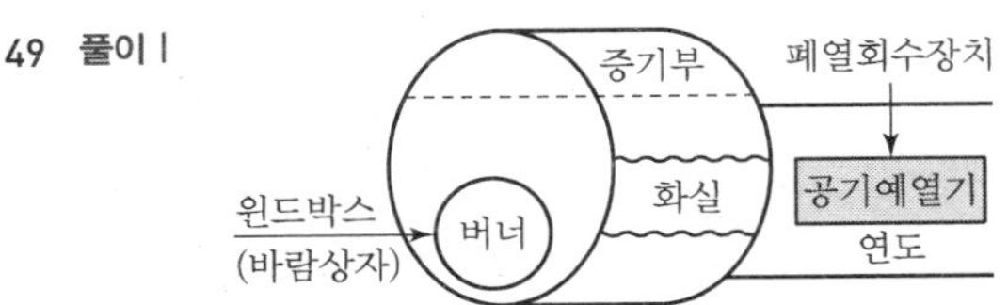


**50 풀이 |** 화실 내 실화 또는 점화가 제대로 작동하지 않으면 화염검출기 신호에 의해 전자밸브가 연료공급을 차단한다.

**51 풀이 |** 배기가스의 온도가 높으면 배기가스 밀도($kg/m^3$)가 가벼워져서 부력 발생으로 자연통풍력이 증가한다.

**52 풀이 |** 에너지다소비사업자(연간 석유환산량 2,000티오이 이상 사용자) 신고일자
매년 1월 31일까지

**53 풀이 |** 온실가스($CO_2$, $CH_4$ 등)가 지구온난화의 주범이다.

**54 풀이 |** ②는 산업통상자원부장관 소관 업무에 해당한다.

**55 풀이 |** 효율관리기자재의 에너지 사용량 측정기관은 산업통상자원부장관이 지정하는 시험기관이다.

**56 풀이 |** 국가에너지절약추진위원회 위원장은 산업통상자원부장관이다.

**57 풀이 |** 진공환수식 증기난방(리프트 피팅 1단의 흡상높이 1.5m 이내)

**58 풀이 |** ③은 나사이음 조인트의 단점이다.

**59 풀이 |**

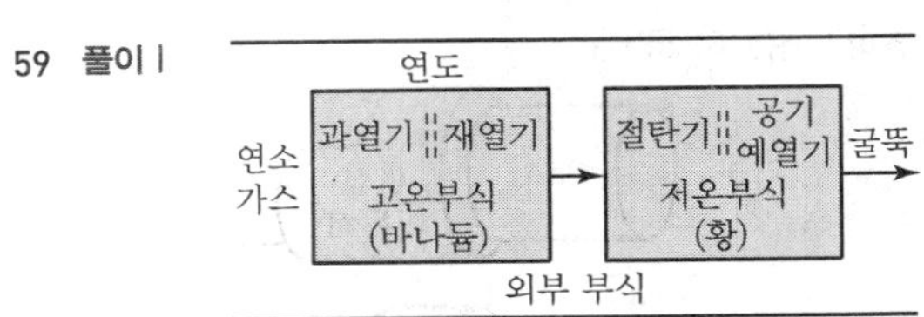


**60 풀이 |** 가정용 가스 보일러의 최저소비 효율기준은 76%이다.

MEMO

에너지관리기능사 필기+실기 10일 완성

CRAFTSMAN ENERGY MANAGEMENT

PART

# 05

# 실기 작업형

# 배관작업 유효나사길이 산출법

## SECTION 01 유효나사길이 산출법

### 1 Size별 나사부의 길이

| 관경 | 15A | 20A | 25A | 32A | 40A |
|---|---|---|---|---|---|
| 부속삽입길이 | 11mm | 13mm | 15mm | 17mm | 19mm |
| 나사가공길이 | 13mm | 15mm | 19mm | 21mm | 25mm |

### 2 동일 Size 부속의 공간길이

| 관경 | 15A | 20A | 25A | 32A | 40A |
|---|---|---|---|---|---|
| | A−a | A−a | A−a | A−a | A−a |
| 90° 엘보 | 27−11=16 | 32−13=19 | 38−15=23 | 46−17=29 | 48−19=29 |
| 45° 엘보 | 21−11=10 | 25−13=12 | 29−15=14 | 34−17=17 | 37−19=18 |
| 유니언 | 21−11=10 | 25−13=12 | 27−15=12 | 30−17=13 | 34−19=15 |
| 정티 | 27−11=16 | 32−13=19 | 38−15=23 | 46−17=29 | 48−19=29 |
| 소켓 | 18−11= 7 | 20−13= 7 | 22−15= 7 | 25−17= 8 | 28−19= 9 |
| 엔드 캡 | 20−11= 9 | 24−13=11 | 28−15=13 | 30−17=13 | 32−19=13 |
| 부싱 | 배관부속 부싱이 들어가는 경우의 공간치수 A+11−a′ | | | | |

### 3 용접용 배관 부속 끝단에서 중심축까지의 거리(A)

| 관경 | 15A | | 20A | | 25A | | 32A | | 40A | |
|---|---|---|---|---|---|---|---|---|---|---|
| | 38 | | 38 | | 38 | | 48 | | 57 | |
| 90° 엘보 | 20A×15A | | 25A×20A | | 25A×15A | | 32A×25A | | 32A×20A | |
| | 20A | 19 | 25A | 26 | 25A | 26 | 32A | 26 | 32A | 26 |
| | 15A | 19 | 20A | 26 | 15A | 26 | 25A | 26 | 20A | 26 |
| 리듀서 | 40A×32A | | 40A×25A | | 40A×20A | | 40A×15A | | 32A×15A | |
| | 40A | 32 | 40A | 32 | 40A | 32 | 40A | 32 | 32A | 26 |
| | 32A | 32 | 25A | 32 | 20A | 32 | 15A | 32 | 15A | 26 |

## 4 이경부속의 공간길이 산출법

| 구분 | 20A×15A | | 25A×20A | | 25A×15A | | 32A×25A | | 32A×20A | |
|---|---|---|---|---|---|---|---|---|---|---|
| 이경 엘보 | 20A | 29－13＝16 | 25A | 35－15＝20 | 25A | 32－15＝17 | 32A | 40－17＝23 | 32A | 38－27＝21 |
| | 15A | 30－11＝19 | 20A | 35－13＝22 | 15A | 33－11＝22 | 25A | 45－15＝30 | 20A | 40－13＝27 |
| | 40A×32A | | 40A×25A | | 40A×20A | | 40A×15A | | 32A×15A | |
| | 40A | 45－19＝26 | 40A | 41－19＝22 | 40A | 38－19＝19 | 40A | 35－19＝16 | 32A | 34－17＝17 |
| | 32A | 48－17＝31 | 25A | 45－15＝30 | 20A | 43－13＝30 | 15A | 42－11＝31 | 15A | 38－11＝27 |
| 이경티 | 20A×15A | | 25A×20A | | 25A×15A | | 32A×25A | | 32A×20A | |
| | 20A | 29－13＝16 | 25A | 34－15＝19 | 25A | 32－15＝17 | 32A | 40－17＝23 | 32A | 38－17＝21 |
| | 15A | 30－11＝19 | 20A | 35－13＝22 | 15A | 33－11＝22 | 25A | 42－15＝27 | 20A | 40－13＝27 |
| | 40A×32A | | 40A×25A | | 40A×20A | | 40A×15A | | 32A×15A | |
| | 40A | 45－19＝26 | 40A | 41－19＝22 | 40A | 38－19＝19 | 40A | 35－19＝16 | 32A | 34－17＝17 |
| | 32A | 48－17＝31 | 25A | 45－15＝30 | 20A | 43－13＝30 | 15A | 42－11＝31 | 15A | 38－11＝27 |
| 리듀서 | 20A×15A | | 25A×20A | | 25A×15A | | 32A×25A | | 32A×20A | |
| | 20A | 19－13＝6 | 25A | 21－15＝6 | 25A | 21－15＝6 | 32A | 24－17＝7 | 32A | 24－17＝7 |
| | 15A | 19－11＝8 | 20A | 21－13＝8 | 15A | 21－11＝10 | 25A | 24－15＝9 | 20A | 24－13＝11 |
| | 40A×32A | | 40A×25A | | 40A×20A | | 40A×15A | | 32A×15A | |
| | 40A | 26－19＝7 | 40A | 26－19＝7 | 40A | 26－19＝7 | 40A | 26－19＝7 | 32A | 24－17＝7 |
| | 32A | 26－17＝9 | 25A | 26－15＝11 | 20A | 26－13＝13 | 15A | 26－11＝15 | 15A | 24－11＝13 |

## 5 미싱절삭 후 파이프 잔여 나사산수

| 구분 | 작업 | 기준 |
|---|---|---|
| 15 파이 | 동력나사 절삭 시 | 다이스날 끝에서 3산 남았을 때 레버를 든다. |
| 20 파이 | | 다이스날 끝에서 2산 남았을 때 레버를 든다. |
| 25 파이 | | 다이스날 끝에서 0산일 때 레버를 든다. |
| 32 파이 | | 다이스날에서 1산 밖으로 일 때 레버를 든다. |
| 40 파이 | | 다이스날에서 2산 밖으로 일 때 레버를 든다. |

- 테프론은 절삭유를 깨끗하게 닦은 후 시계 방향으로 8~12번을 당기는 듯 하면서 감는다.
- 나사절삭 후 부속은 2바퀴~2바퀴 반 정도가 들어가도록 절삭한다.
- 동관은 실측을 원칙으로 한다.

**참고** 산출표나 나사절삭 기준을 참고하여 제작하여야 하며, 개인마다 상이하게 차이가 있을 수 있으므로 많은 연습을 통한 본인만의 습득이 중요합니다.

# SECTION 02 배관실제 절단길이 산출법

## 1 직선길이 산출

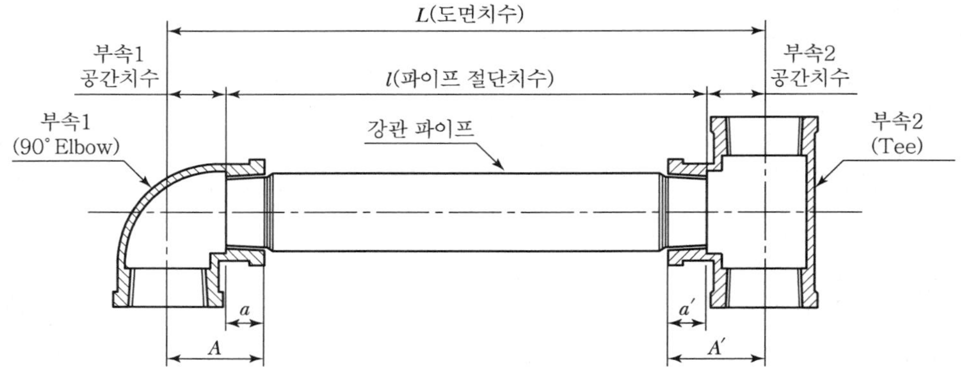


여기서, $L$ : 배관의 중심선 길이
$l$ : 관의 길이
$A$ : 이음쇠의 중심선에서 부속 끝 단면까지의 치수
$a$ : 나사길이

**참고 파이프의 실제(절단)길이**

- 양쪽 부속이 같은 경우 : $l = L - 2(A - a)$
- 양쪽 부속이 다를 경우 : $l = L - [(A - a) + (A' - a')]$

## 2 빗변길이 산출

1) $(L')^2 = {L_1}^2 + {L_2}^2$

$L' = \sqrt{{L_1}^2 + {L_2}^2}$

만약, $(L_1 = L_2)$

$L' = L_1\sqrt{2}$

따라서, 관의 길이

$l = L' - [(A - a) + (A' - a')]$

$= (L \times \sqrt{2}) - [(A - a) + (A' - a')]$

$= (L \times 1.414) - [(A - a) + (A' - a')]$

2) 동일부속($A = A'$)의 경우

관의 길이($l$)= $(L \times 1.414) - 2(A - a)$

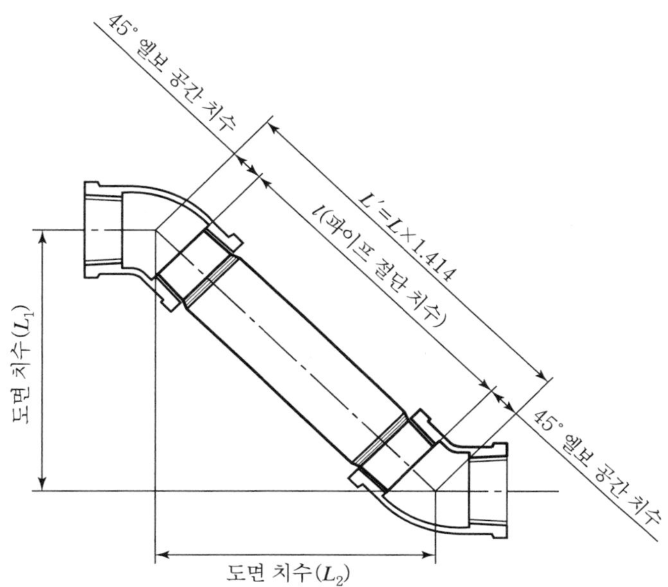


## 3 굽힘길이 산출

$$L = l_1 + l + l_2 \ \left(l = 2\pi R \frac{\theta}{360}\right)$$

따라서, $L = l_1 + 2\pi R \dfrac{\theta}{360} + l_2$

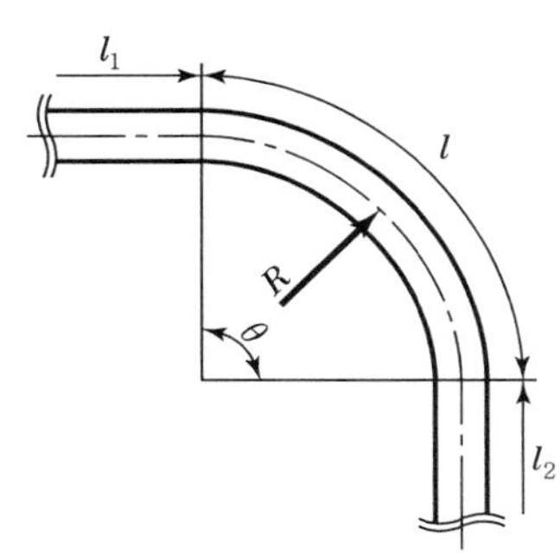

## 4 부싱 부품 결합 부분의 공간길이 산출

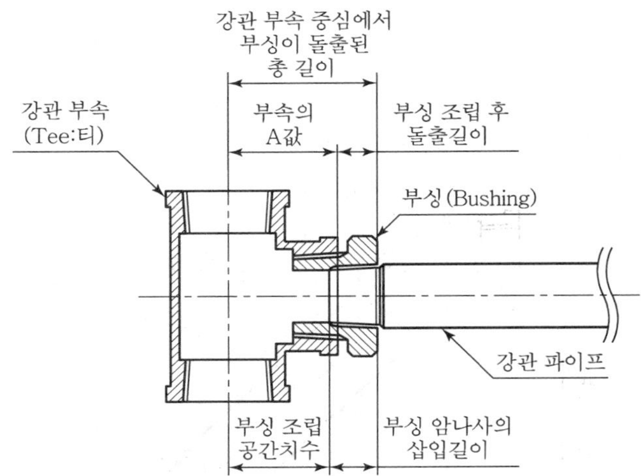


**참고** 부싱 조립 공간치수=[(부속의 A값)+(부싱 조립 후 돌출길이)−(부싱 암나사의 삽입길이)]

## 5 어댑터 결합 동관길이 산출

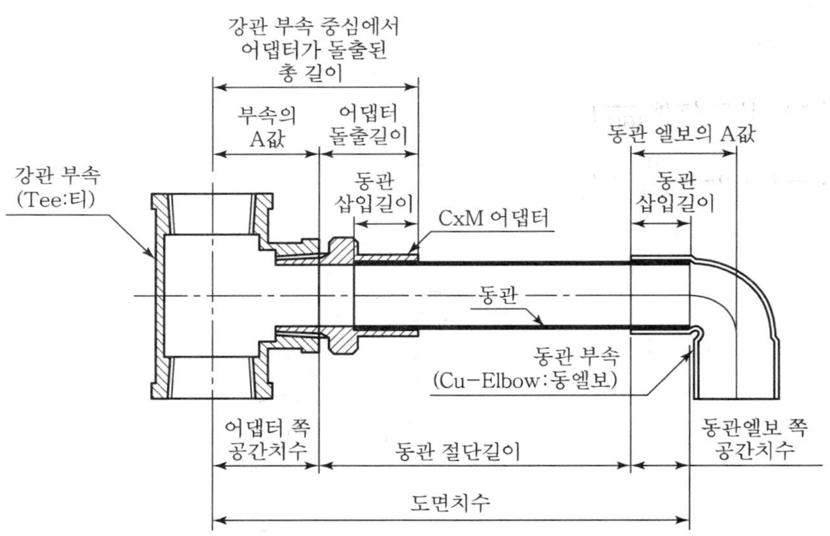


**참고** 동관 절단길이=도면치수−[(① 어댑터 쪽 공간치수)+(② 동관 부속 공간치수)]

① 어댑터 쪽 공간치수=[(부속의 A값)+(어댑터 조립 후 돌출길이)−(어댑터 동관 삽입길이)]

② 동관부속 공간치수=[(동관부속의 A값)−(동관부속의 동관 삽입길이)]

## 6 플랜지 용접 부분의 공간치수 계산

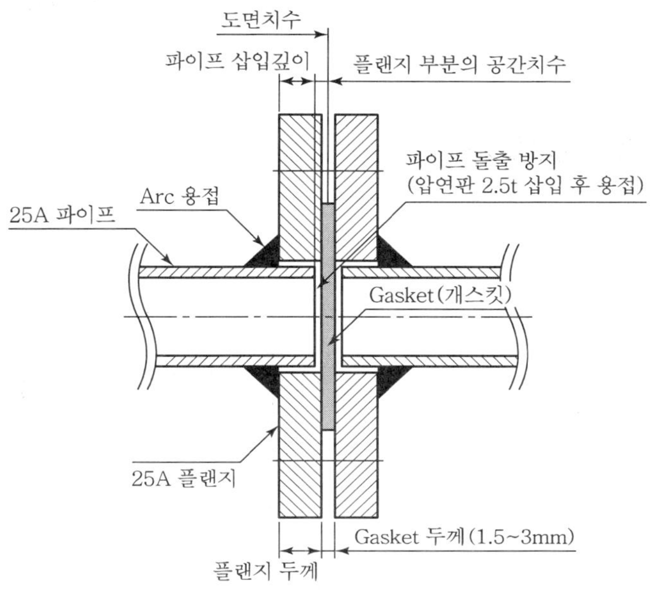


**참고** 플랜지 부분의 공간치수$=\frac{\text{개스킷 두께}}{2}+$압연판 두께

## SECTION 01 작업형 예습도면 1

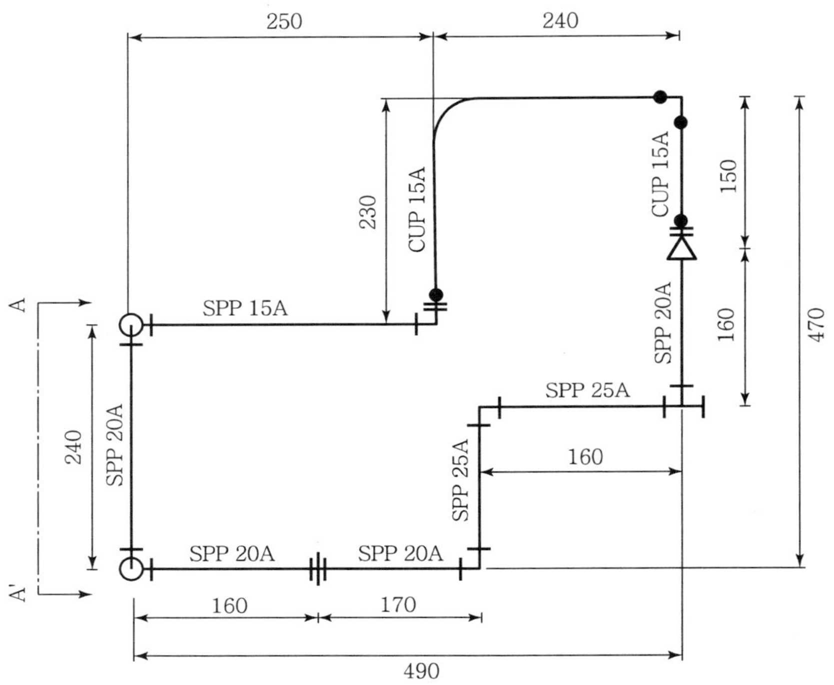


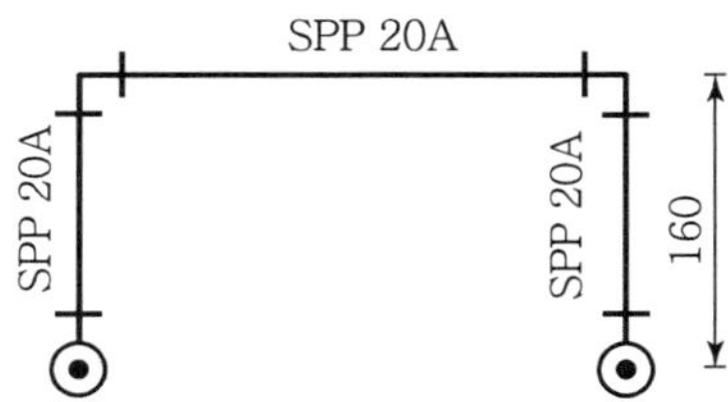


A – A' 단면도

## [작업순서 및 배관기호 설명]

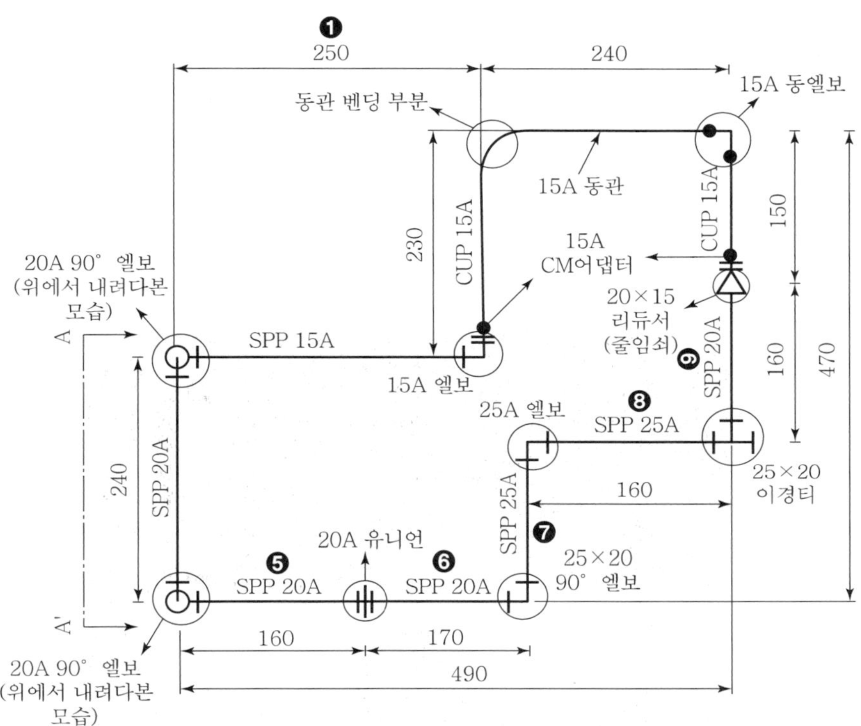


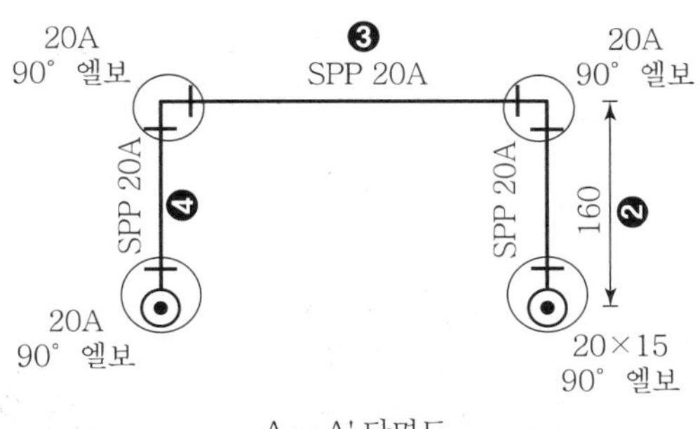


A – A' 단면도

| **치수계산**<br>① 250－{(29－13)＋(30－11)}＝215 mm<br>② 160－{(29－13)＋(30－11)}＝125 mm<br>③ 240－{(32－13)＋(32－13)}＝202 mm<br>④ 160－{(32－13)＋(32－13)}＝128 mm<br>⑤ 160－{(32－13)＋(25－13)}＝129 mm<br>⑥ 170－{(25－13)＋(35－13)}＝136 mm<br>⑦ 160－{(34－15)＋(38－15)}＝118 mm<br>⑧ 160－{(38－15)＋(34－15)}＝118 mm<br>⑨ 160－{(35－13)＋(19－13)}＝132 mm | (1) ①~⑤까지 조립한다.<br>(2) ⑥~⑨까지 조립한다.<br>(3) 한쪽을 바이스에 물리고 ⑤번과 ⑥번 사이 유니언을 파이프렌치 2개를 사용하여 완전하게 체결시킨다.<br>(4) 동관 부분을 실측하여 용접 · 조립한다. |
|---|---|

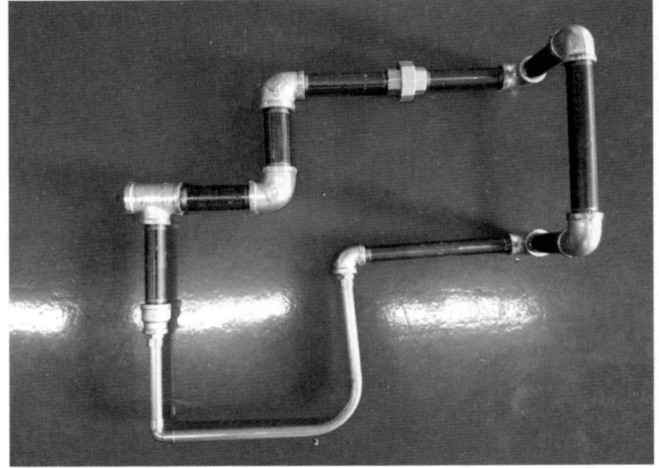

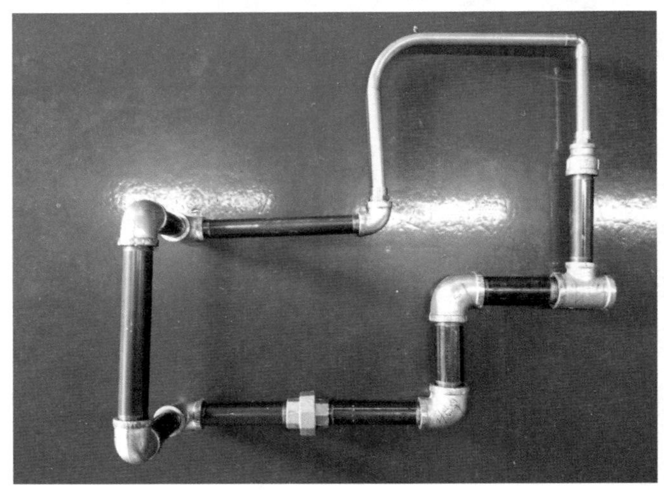

## SECTION 02 작업형 예습도면 2

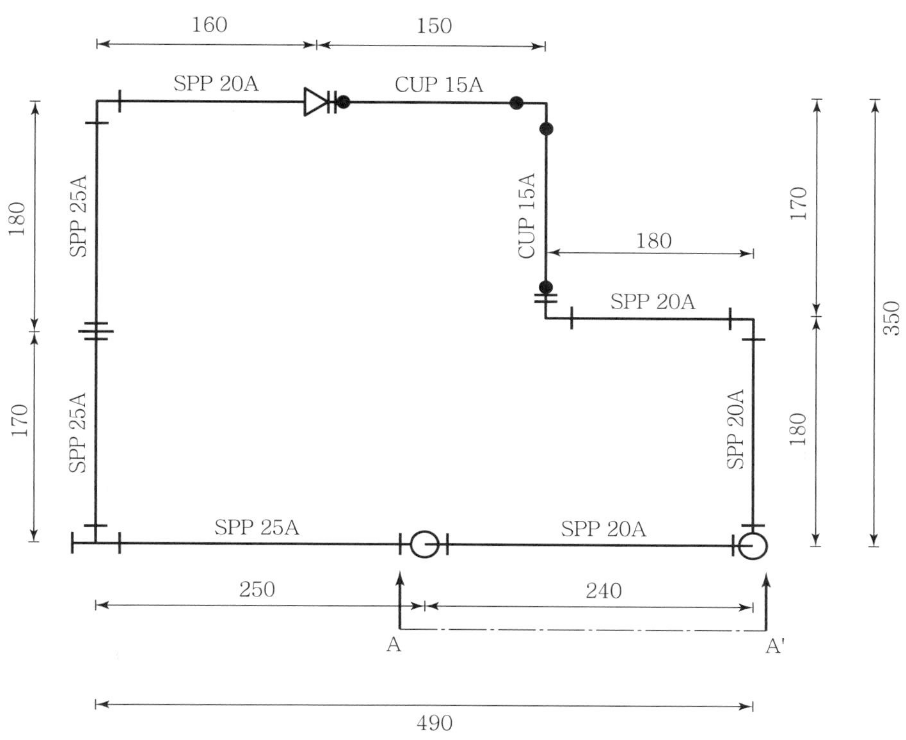


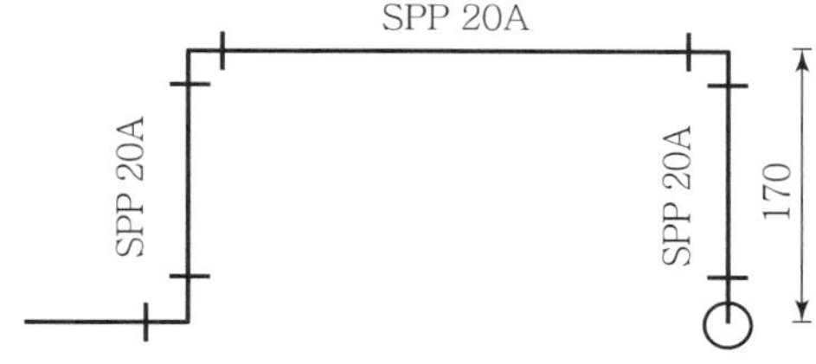


A – A' 단면도

## [작업순서 및 배관기호 설명]

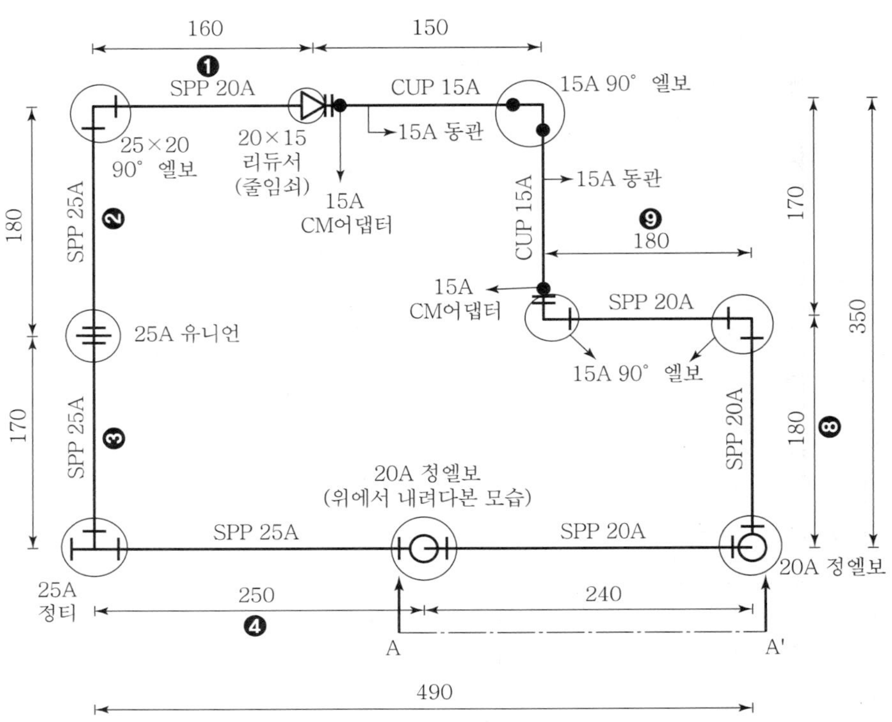


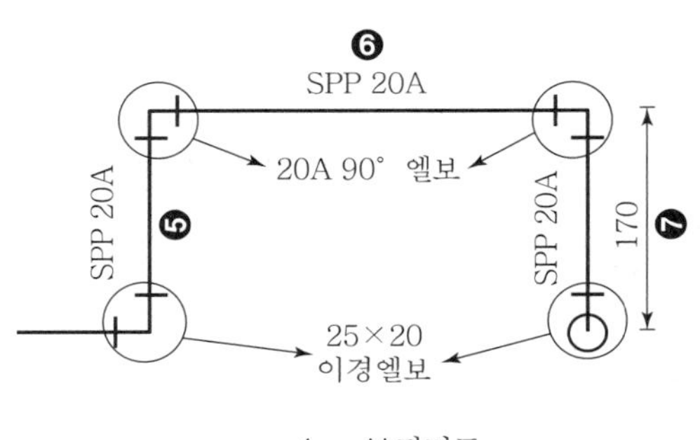


A – A' 단면도

<table>
<tr>
<td>

**치수계산**

① 160 − {(35 − 13) + (19 − 13)} = 132 mm<br>
② 180 − {(27 − 15) + (34 − 15)} = 149 mm<br>
③ 170 − {(38 − 15) + (27 − 15)} = 135 mm<br>
④ 250 − {(38 − 15) + (34 − 15)} = 208 mm<br>
⑤ 170 − {(35 − 13) + (32 − 13)} = 129 mm<br>
⑥ 240 − {(32 − 13) + (32 − 13)} = 202 mm<br>
⑦ 170 − {(32 − 13) + (32 − 13)} = 132 mm<br>
⑧ 180 − {(32 − 13) + (32 − 13)} = 142 mm<br>
⑨ 180 − {(32 − 13) + (29 − 13)} = 145 mm

</td>
<td>

(1) ①~②번을 조립한다.<br>
(2) ③~⑨번을 조립한다.<br>
(3) 한쪽을 바이스에 물려놓고 ②번과 ③번 사이의 유니언을 파이프렌치로 2개를 완벽하게 체결한 후 마무리한다.<br>
(4) 동관 부분을 실측하여 용접·조립한다.

</td>
</tr>
</table>

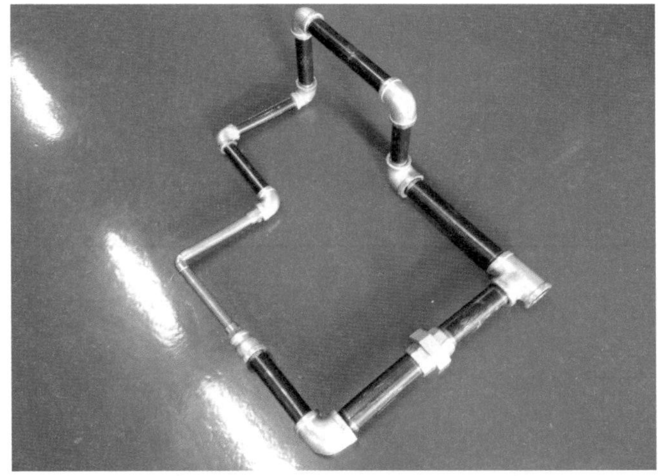

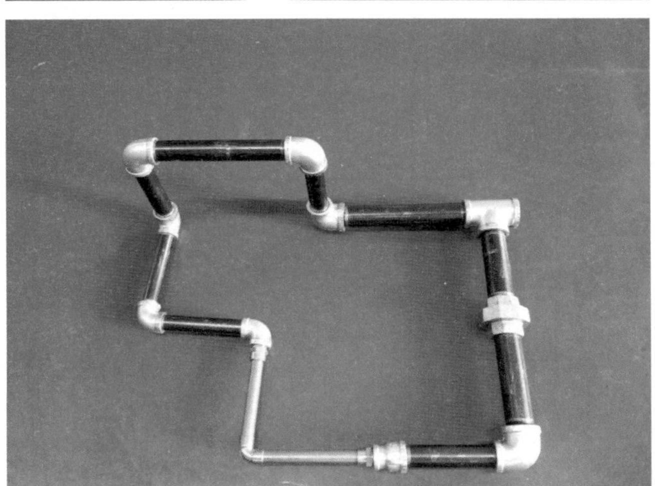

## SECTION 03 작업형 예습도면 3

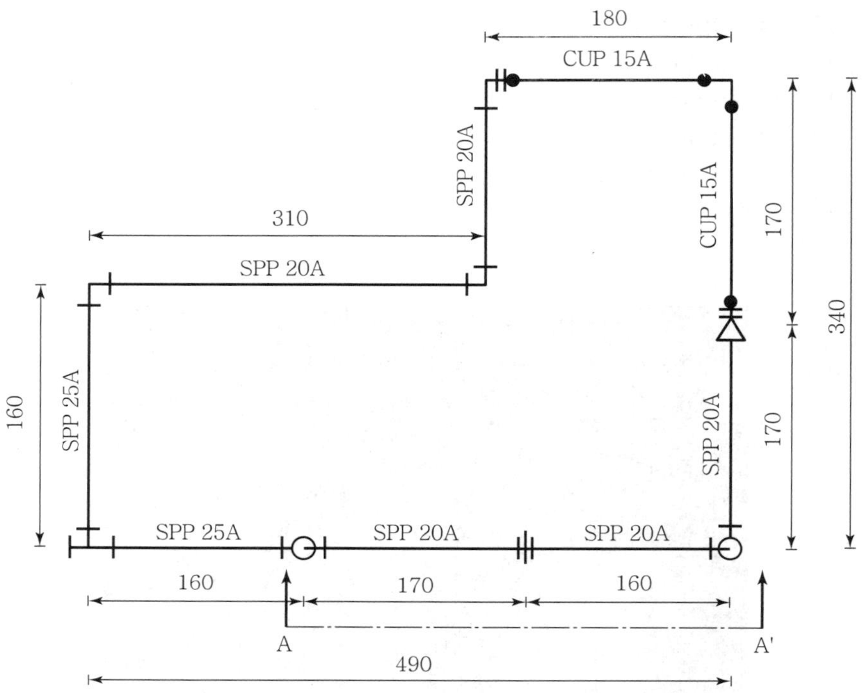


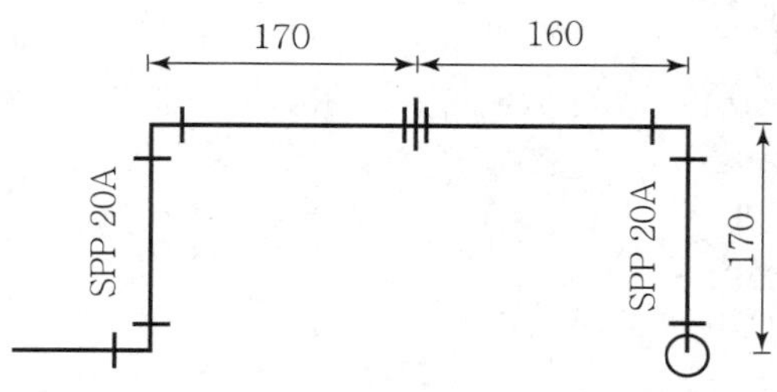


A – A' 단면도

## [작업순서 및 배관기호 설명]

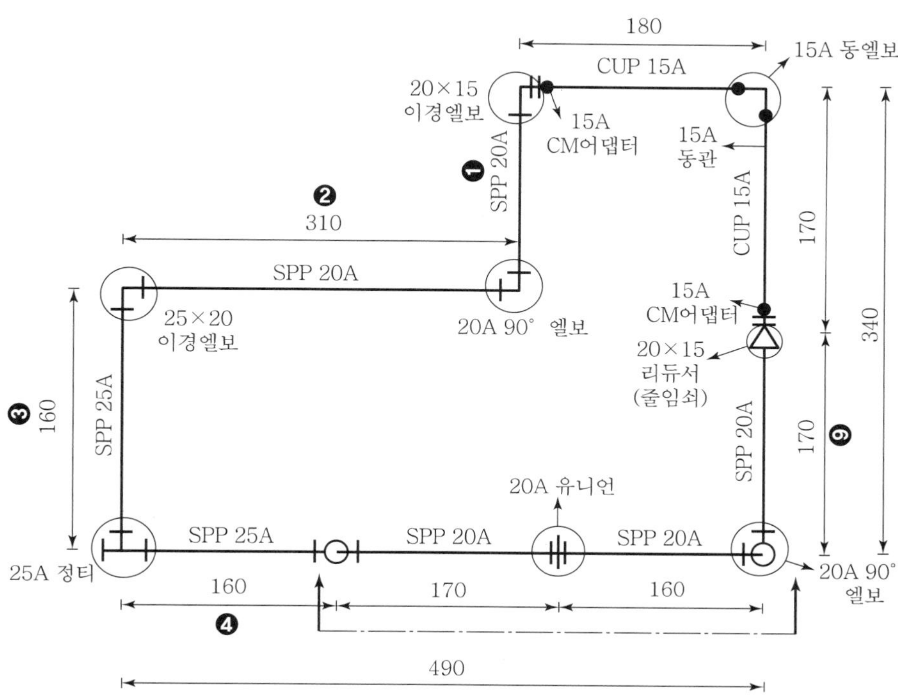


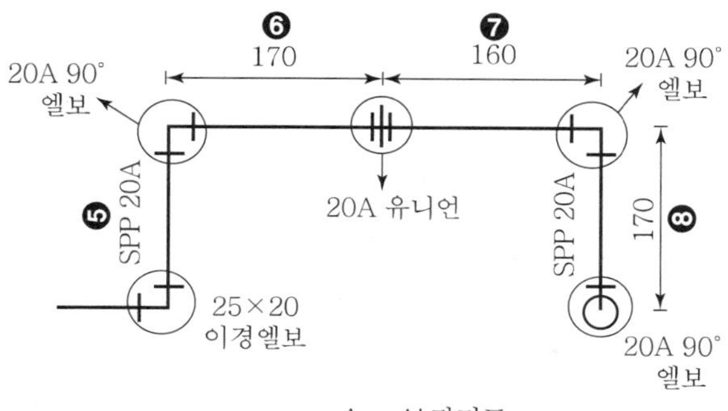


A – A' 단면도

<table>
<tr>
<td>

**치수계산**

① 340－160＝180－{(32－13)＋(29－13)}＝145 mm<br>
② 310－{(35－13)＋(29－13)}＝272 mm<br>
③ 160－{(38－15)＋(34－15)}＝118 mm<br>
④ 160－{(38－15)＋(34－15)}＝118 mm<br>
⑤ 170－{(35－13)＋(32－13)}＝129 mm<br>
⑥ 170－{(32－13)＋(25－13)}＝139 mm<br>
⑦ 160－{(25－13)＋(32－13)}＝129 mm<br>
⑧ 170－{(32－13)＋(32－13)}＝132 mm<br>
⑨ 170－{(32－13)＋(19－13)}＝145 mm

</td>
<td>

(1) ①~⑥까지 조립한다.<br>
(2) ⑦~⑨까지 조립한다.<br>
(3) 한쪽을 바이스에 물리고 ⑥번과 ⑦번 사이 유니언을 파이프렌치 2개를 사용하여 완전 체결한다.<br>
(4) 강관작업이 끝나면 남은 동관부분을 실측하여 용접·조립한다.

</td>
</tr>
</table>

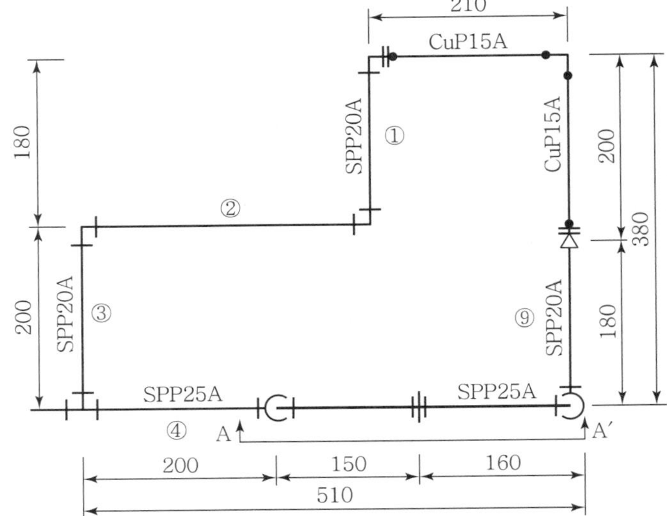


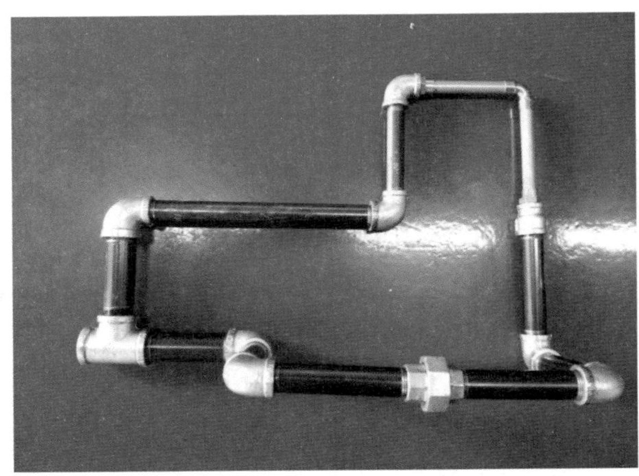

## SECTION 04 작업형 예습도면 4

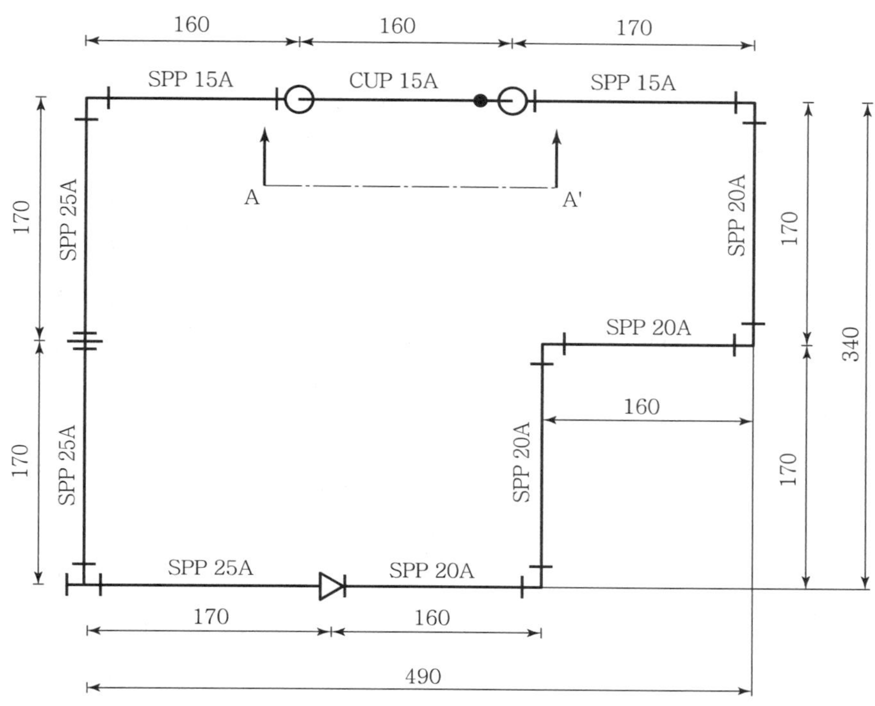


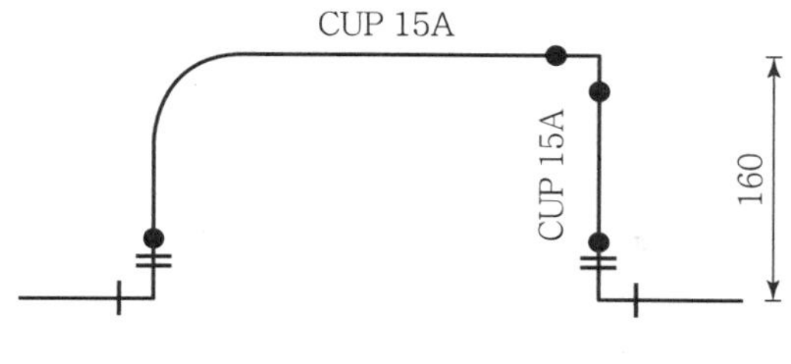


A – A' 단면도

## [작업순서 및 배관기호 설명]

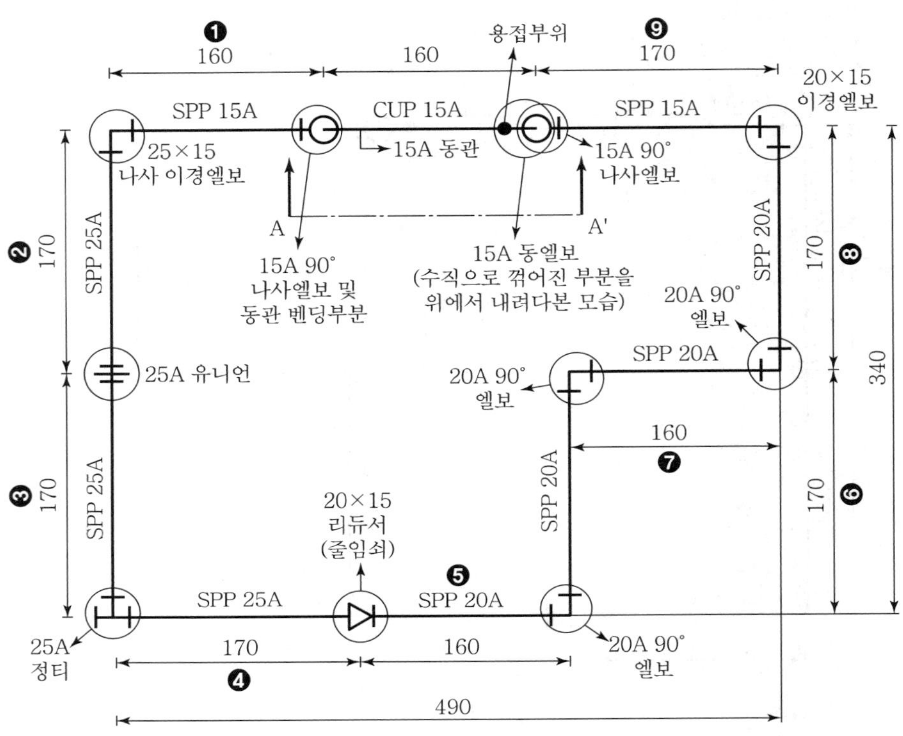


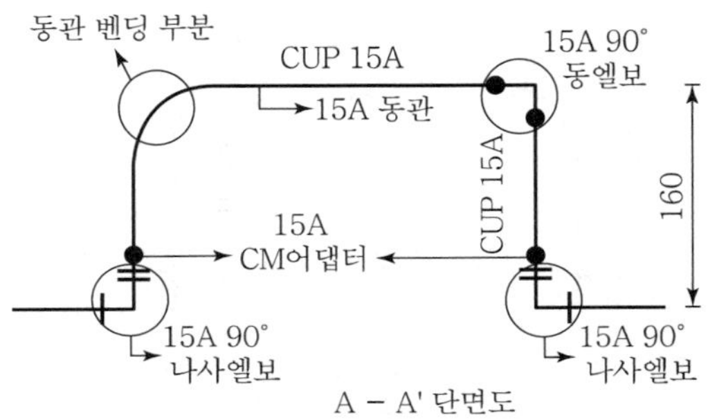

| 치수계산 | |
|---|---|
| ① 160 − {(33 − 11) + (27 − 11)} = 122 mm<br>② 170 − {(27 − 15) + (32 − 15)} = 141 mm<br>③ 170 − {(38 − 15) + (27 − 15)} = 135 mm<br>④ 170 − {(38 − 15) + (22 − 15)} = 140 mm<br>⑤ 160 − {(20 − 13) + (32 − 13)} = 134 mm<br>⑥ 170 − {(32 − 13) + (32 − 13)} = 132 mm<br>⑦ 160 − {(32 − 13) + (32 − 13)} = 122 mm<br>⑧ 170 − {(32 − 13) + (29 − 13)} = 135 mm<br>⑨ 170 − {(30 − 11) + (27 − 11)} = 135 mm | (1) ①~②번을 먼저 조립한다.<br>(2) ③~⑨번을 조립한다.<br>(3) 한쪽을 바이스에 물리고 ②번과 ③번 사이 유니언을 파이프렌치 2개를 사용하여 체결하여 강관조립을 마무리한다.<br>(4) 나머지 동관을 실측하여 용접·조립한다. |

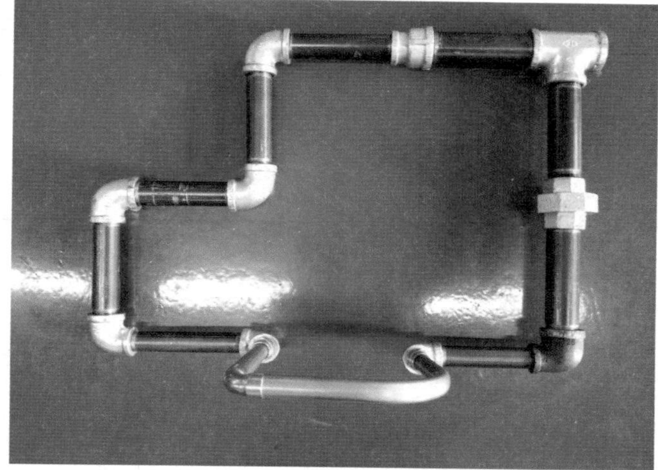

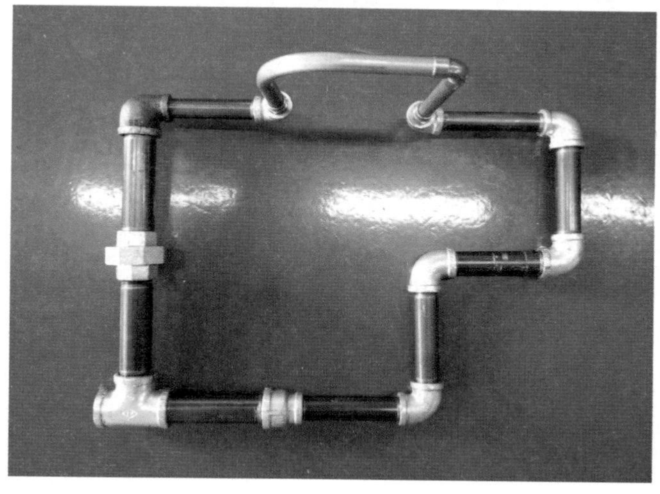

## SECTION 05 작업형 예습도면 5

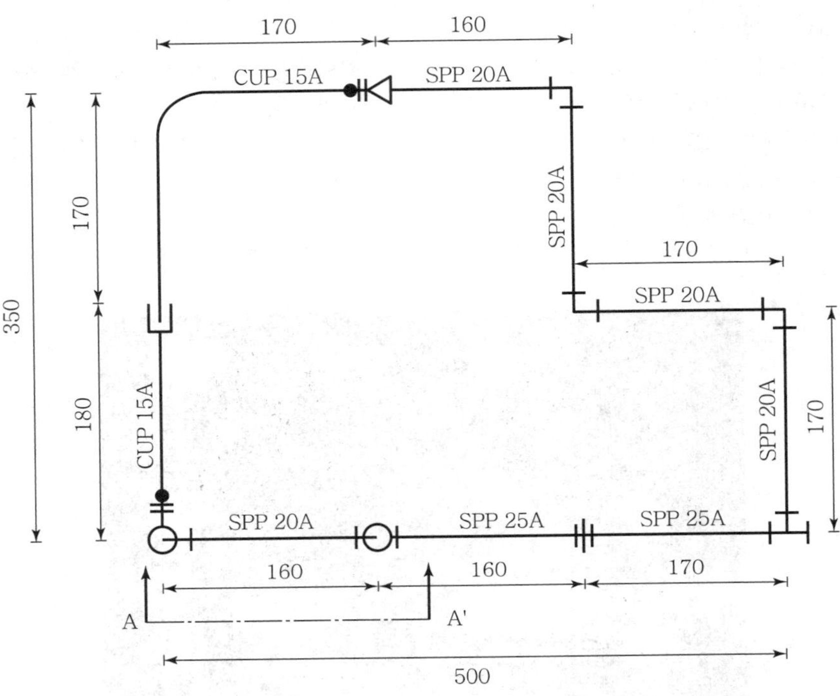


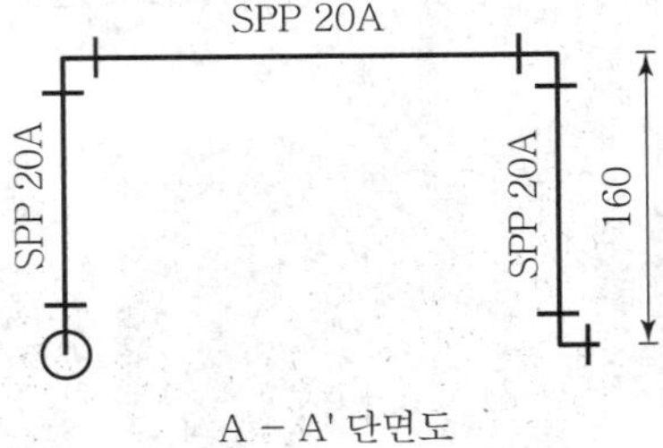


A – A' 단면도

## [작업순서 및 배관기호 설명]

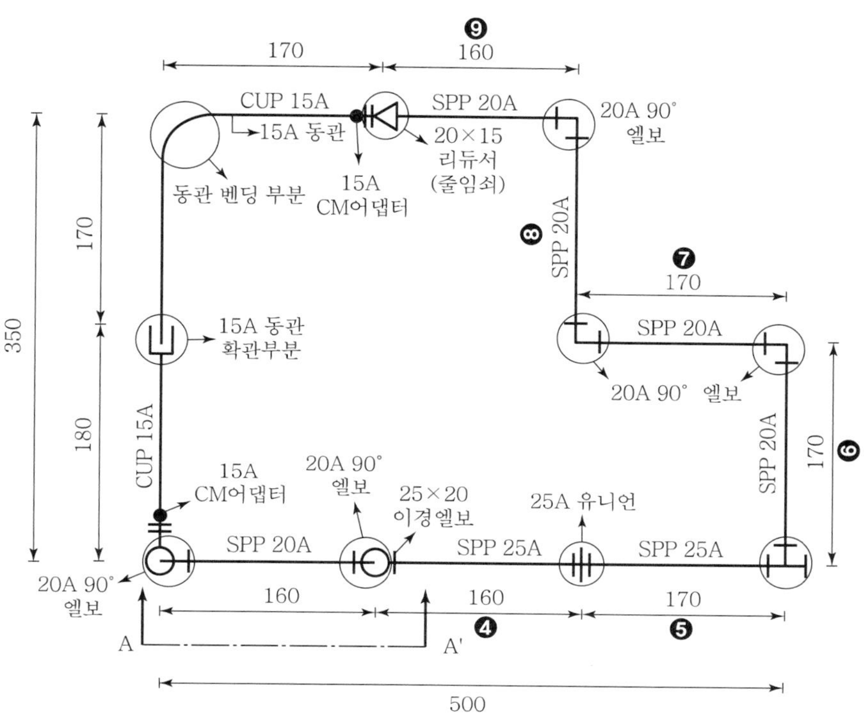


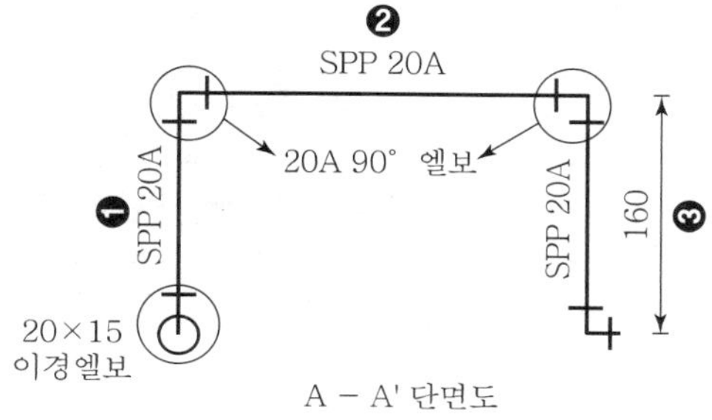


A – A' 단면도

<table>
<tr>
<td>

**치수계산**

① 160 − {(29 − 13) + (32 − 13)} = 125 mm
② 160 − {(32 − 13) + (32 − 13)} = 122 mm
③ 160 − {(35 − 13) + (32 − 13)} = 119 mm
④ 160 − {(34 − 15) + (27 − 15)} = 129 mm
⑤ 170 − {(27 − 15) + (34 − 15)} = 139 mm
⑥ 170 − {(35 − 13) + (32 − 13)} = 129 mm
⑦ 170 − {(32 − 13) + (32 − 13)} = 132 mm
⑧ 180 − {(32 − 13) + (32 − 13)} = 142 mm
⑨ 160 − {(32 − 13) + (19 − 13)} = 135 mm

</td>
<td>

(1) ①~④를 먼저 조립한다.
(2) ⑤~⑨까지 두 번째 조립한다.
(3) 한쪽을 바이스에 고정시키고 ④번과 ⑤번 사이에 유니언을 파이프렌치 2개를 사용하여 완전 체결한다.
(4) 그 다음 남은 동관 부분을 실측하여 용접·조립한다.

</td>
</tr>
</table>

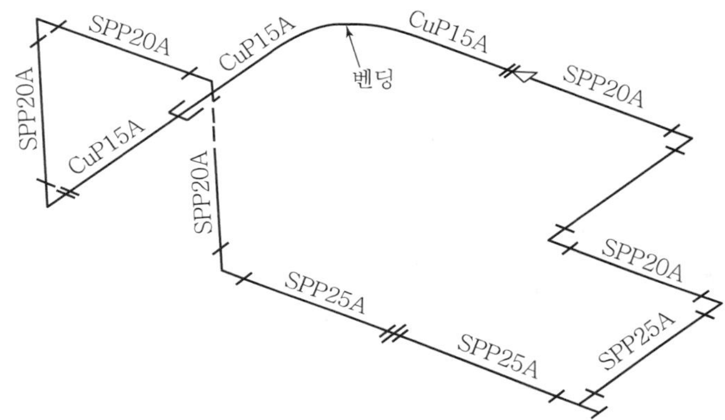


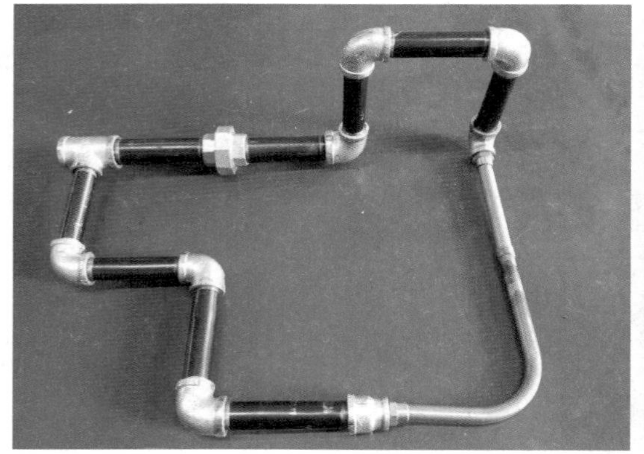

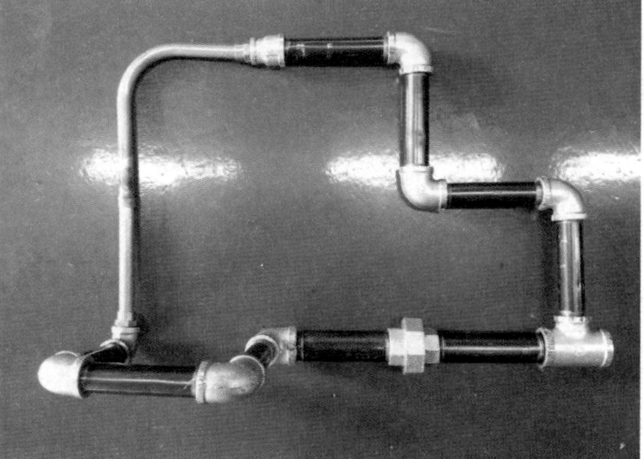

# CHAPTER 03 실기 작업형 배관부속 종류

## SECTION 01 배관부속 및 동관부속 명칭

| 90° 엘보(25×25) |

| 90° 엘보(20×20) |

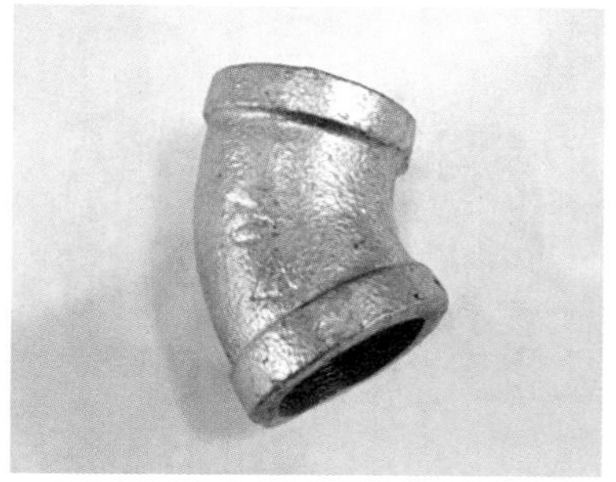
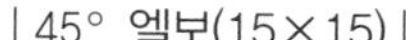

| 45° 엘보(15×15) |

| 45° 엘보(20×20) |

| 이경엘보(32×15) |

| 이경엘보(32×20) |

| 이경엘보(25×20) |

| 티(25×25) |

| 이경티(25×15) |

| 이경티(25×20) |

| 리듀서(25×20) |

| 부싱(25×20) |

| 부싱(20×15) |

| 45° 엘보+부싱 결합 |

| 티+부싱 결합 |

| 유니언(25×25) |

| 유니언(20×20) |

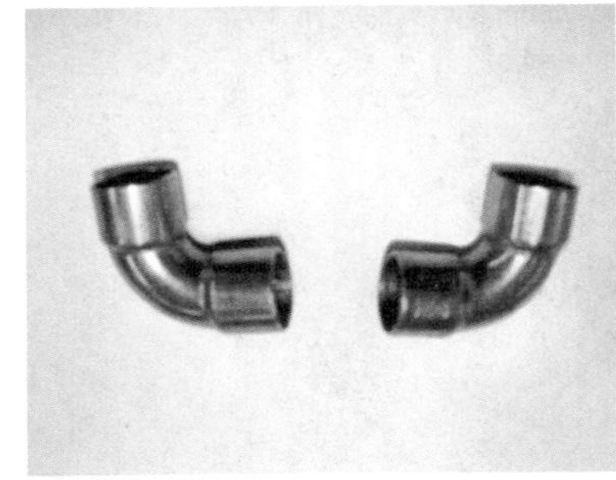
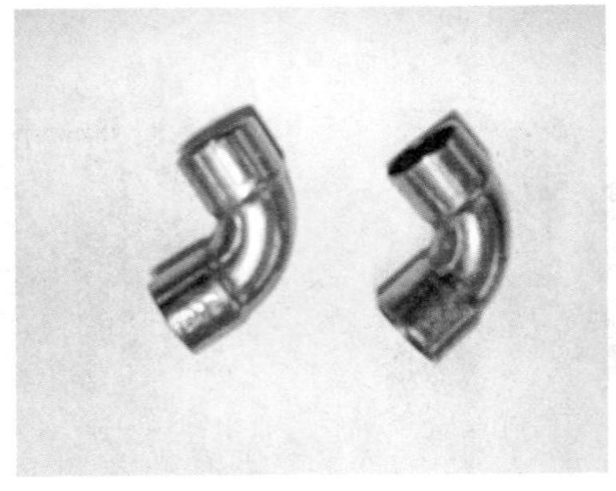
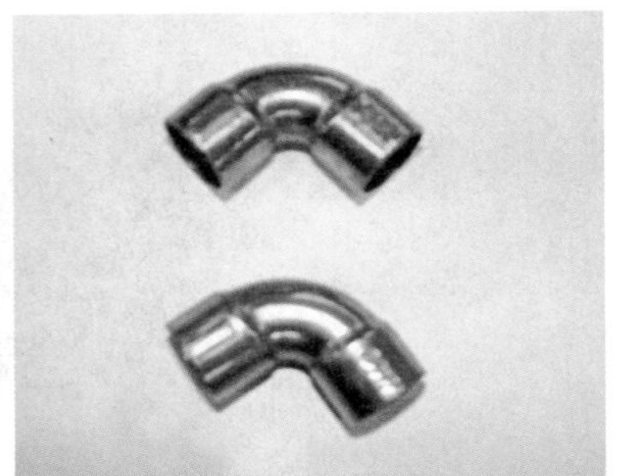

| 동관부속(90° 엘보) |

| 동관부속(어댑터 C×M형) |

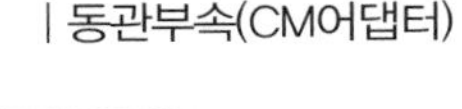

| 동관부속(CM어댑터) |

| 동관부속(CM어댑터) |

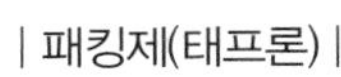

| 패킹제(태프론) |

| 동관부속(이경티, 정티) |

| 동관부속(리듀서 : 줄임쇠) |

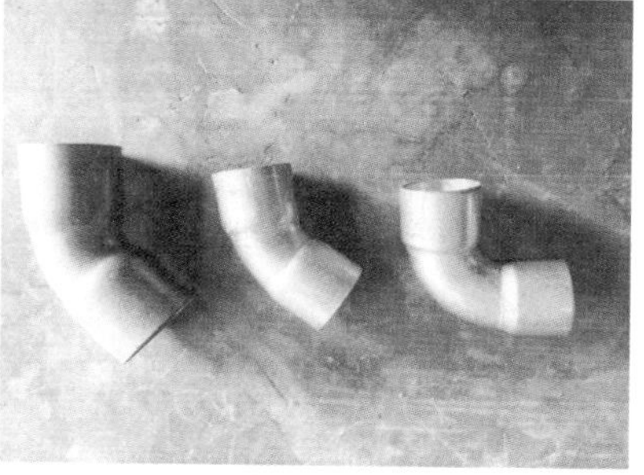

| 동관부속(45°, 90° 엘보) |

## SECTION 02 파이프머신

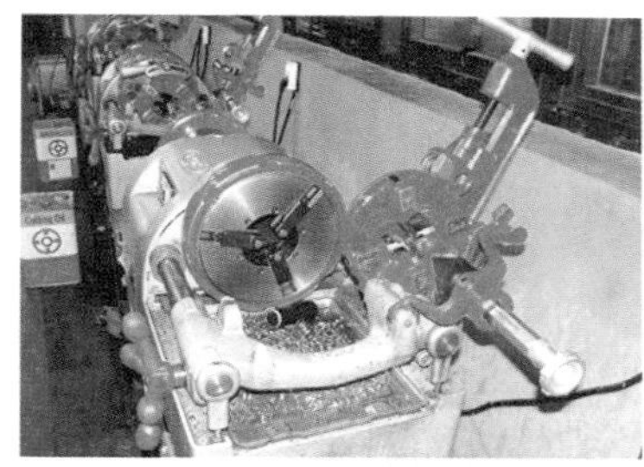

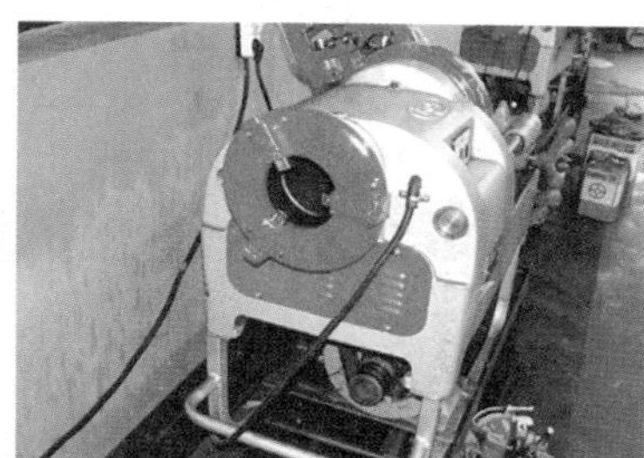

| 파이프머신(파이프 자동나사 절삭기) |

## SECTION 03 동관 용접을 위한 가스용접 자재

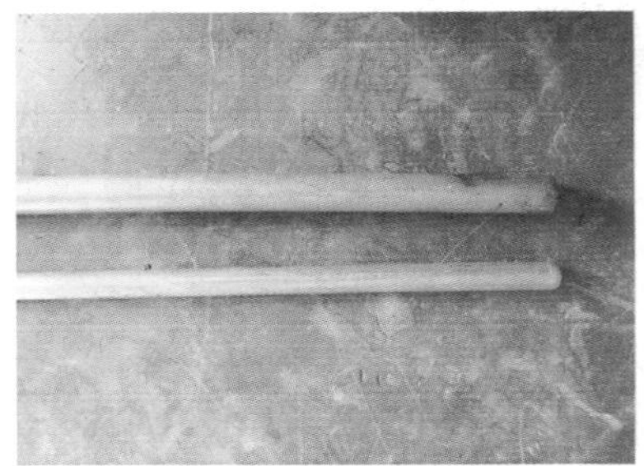

| 동관파이프 |

| 붕사 |

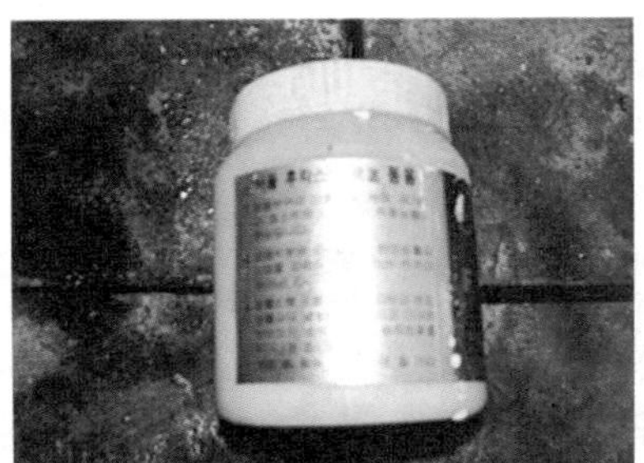

| 가스용접용(붕사) |

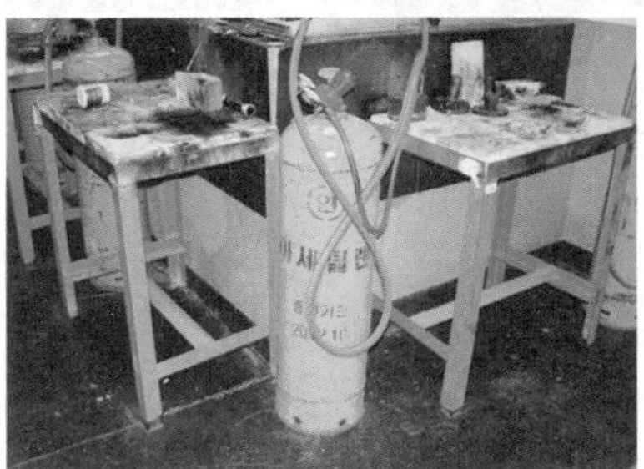

| 아세틸렌 가연성 가스 용기 |

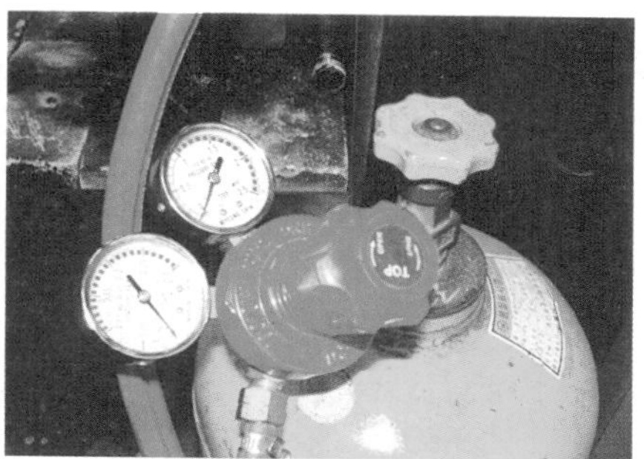

| 산소와 아세틸렌 연결(가스용접용) |

| 산소, 아세틸렌가스 용기 |

| LPG, 산소 가스용접 용기 |

## SECTION 04 작업형 공구

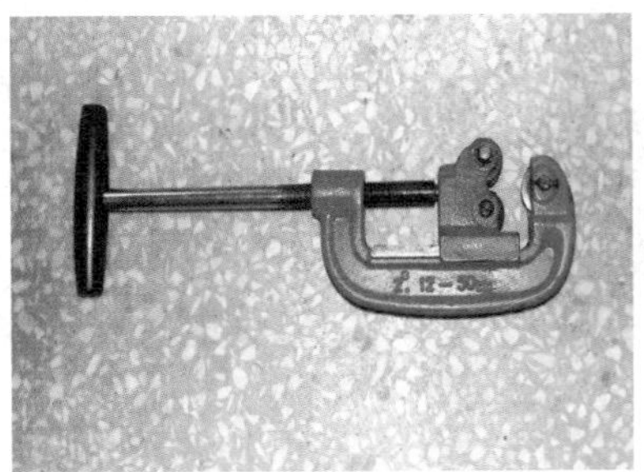
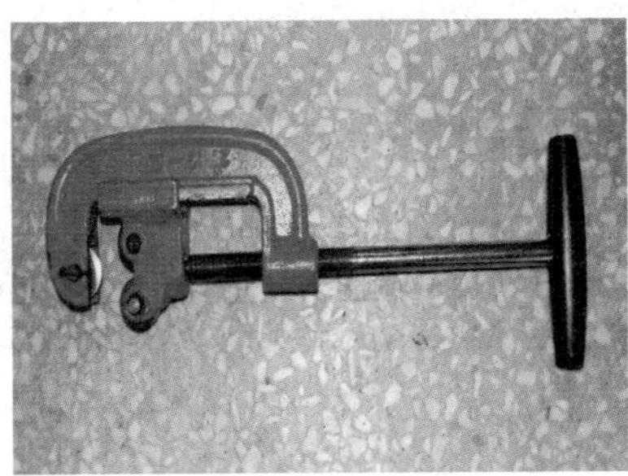

| 파이프커터기 |

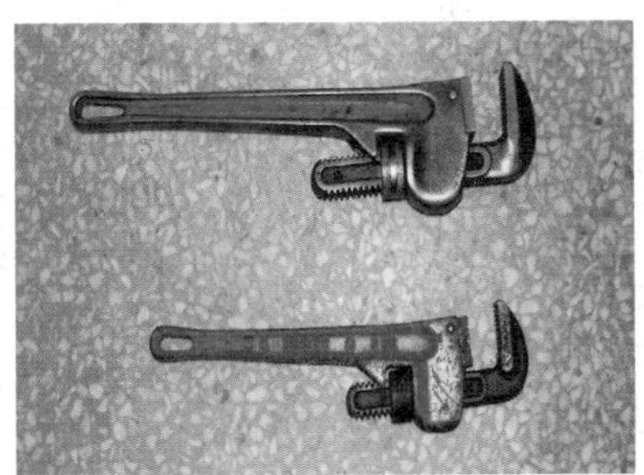

| 파이프렌치 |

| 파이프바이스 |

| 평바이스 |

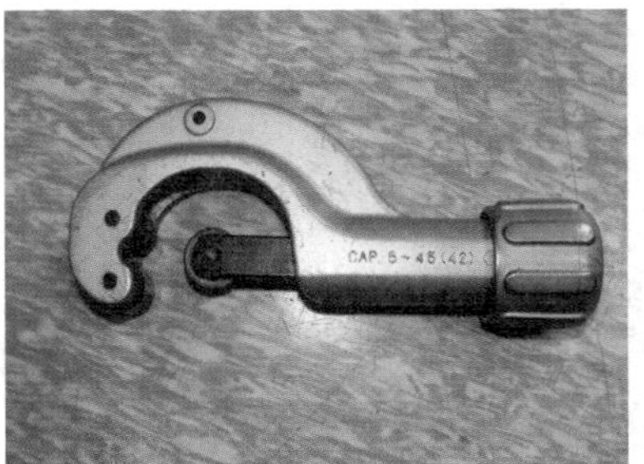

| 동관 커터기 |

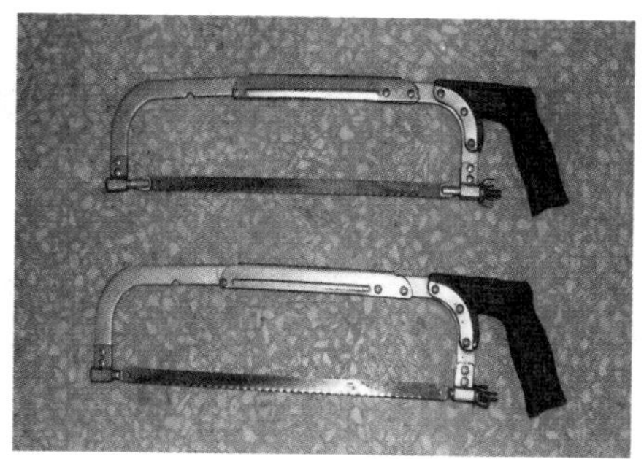

| 수동 나사절삭용 톱 |

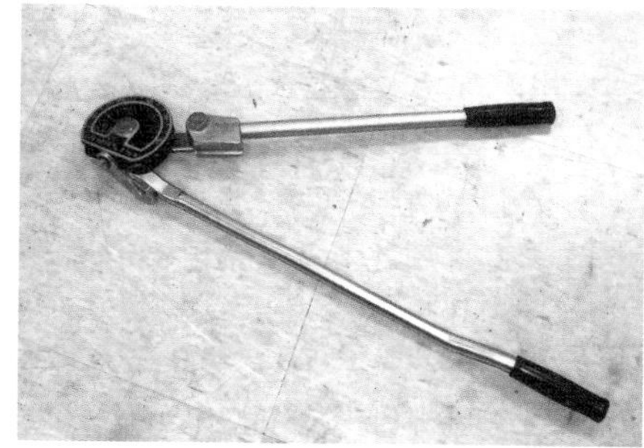

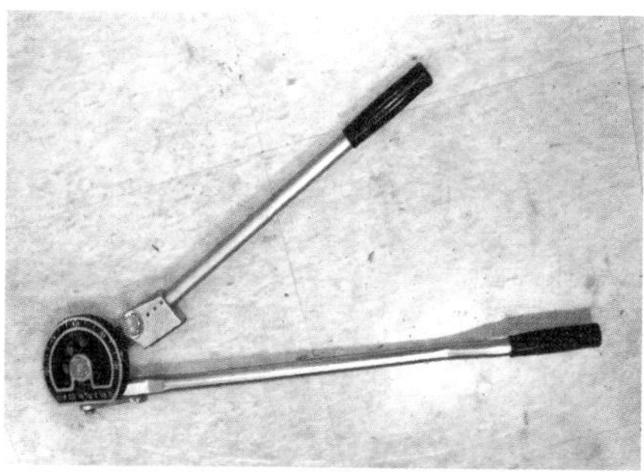

| 동관 일체형 벤더기 |

# 배관 도면, 적산 예상문제

## SECTION 01 작업형 시험 안내사항

작업형 실기시험 변경 내용

- 2021년도 기능사 제1회부터 배관적산작업이 추가되었으므로, 적산 답안지 회수 및 확인 후, 바로 종합응용배관 작업 실시
- 벤딩 작업 시 도면상 표기된 기계 벤딩(MC)과 상이하게 열간 벤딩한 경우 실격에 해당하여 채점 대상에서 제외

수험자 지참공구 목록 관련

- 개인용접기 지참이 불가하며, 용접작업은 시험장 시설을 이용해야 함
- 배관작업 시 시험장에 비치된 동력나사절삭기 또는 수험자 본인이 지참한 개인장비를 사용해도 되나, 동력나사절삭기(시험장 시설, 수험자 지참 장비 모두 해당)의 배관 커팅 기능은 사용할 수 없으며, 관 절단은 수험자가 지참한 수동공구(수동파이프 커터, 튜브 커터, 쇠톱 등)를 사용하여야 함
- 수험자가 별도로 지참한 공구 중 배관 꽂이용 등 단순 형태의 지그와 동관 CM 어댑터 용접용 지그는 사용 가능하나, 그 외 용접용 지그(턴테이블(회전형) 형태 등)는 사용 불가함
- 작품의 수평을 맞추기 위한 재료(모재, 시편 등)는 지참 및 사용이 가능함
- 그 외, 지참공구 목록에 명시되어 있지 않은 공구를 배관작업 시 사용함으로써 타 수험자보다 작업이 수월하여 형평성 문제를 일으킬 수 있는 공구는 사용 불가함(용접자석 등)

### 1 요구사항

- 과제에 대한 시간 구분은 없으나, 총 시험시간은 준수해야 합니다.
- 시험은 '(1과제)배관적산' → '(2과제)종합응용배관작업' 순서로 진행합니다.

#### 1) 배관적산(20점)

주어진 답안지의 배관적산 도면을 참고하여, 재료목록표의 (　　) 안을 채워 완성하시오.

→ 답안지는 감독위원에게 답안지를 제출하여야 하며, 감독위원 확인 후 바로 (2과제)종합응용배관작업을 진행합니다.

### 2) 종합응용배관작업(80점)

지급된 재료를 이용하여 도면과 같이 강관 및 동관의 조립작업을 하시오.

→ • 관을 절단할 때는 수험자가 지참한 수동공구(수동파이프 커터, 튜브 커터, 쇠톱 등)를 사용하여 절단한 후 파이프 내의 거스러미를 제거해야 합니다.

• 시험종료 후 작품의 수압시험 시 누수여부를 감독위원으로부터 확인받아야 합니다.

## 2 수험자 유의사항

1) 시험시간 내에 (1과제)답안지와 (2과제)작품을 제출하여야 합니다.
2) 수험자가 지참한 공구와 지정된 시설만을 사용하며, 안전수칙을 준수하여야 합니다.
3) 수험자 인적사항 및 답안작성은 반드시 검은색 필기구만 사용하여야 하며, 그 외 연필류, 유색 필기구, 지워지는 펜 등을 사용한 답안(1과제)은 채점하지 않으며 0점 처리됩니다.
4) 답안 정정 시에는 정정하고자 하는 단어에 두 줄(=)을 긋고 다시 작성하거나 수정테이프(수정액 제외)를 사용하여 정정하시기 바랍니다.
5) 수험자는 시험시작 전 지급된 재료의 이상유무를 확인 후 지급재료가 불량품일 경우에만 교환이 가능하고, 기타 가공, 조립 잘못으로 인한 파손이나 불량재료 발생 시 교환할 수 없으며, 지급된 재료만을 사용하여야 합니다.
6) 재료의 재지급은 허용되지 않으며, 잔여재료는 작업이 완료된 후 작품과 함께 동시에 제출하여야 합니다.
7) 수험자 지참공구 중 배관 꽂이용 지그와 동관 CM어댑터 용접용 지그는 사용 가능하나, 그 외 용접용 지그(턴테이블(회전형) 형태 등)는 사용 불가합니다.
8) 작품의 수평을 맞추기 위한 재료(모재, 시편 등)는 지참 및 사용이 가능합니다.
9) (1과제)배관적산, (2과제)종합응용배관작업 시험 중 한 과정이라도 0점 또는 채점대상 제외사항(11번 항목)에 해당되는 경우 불합격 처리됩니다.
10) 작업 시 안전보호구 착용여부 및 사용법, 재료 및 공구 등의 정리정돈 등 안전수칙 준수는 채점대상이 됩니다.

11) 다음 사항은 실격에 해당하여 채점대상에서 제외됩니다.

① 수험자 본인이 시험 도중 포기의사를 표하는 경우

② 배관적산작업에서 답안지를 제출하지 않거나 0점인 경우

③ 시험시간 내 작품을 제출하지 못한 경우

④ 도면치수 중 부분치수가 ±15mm(전체길이는 가로 또는 세로 ±30mm) 이상 차이 나는 경우

⑤ 수압시험 시 0.3MPa(3kgf/cm$^2$) 이하에서 누수가 되는 경우

⑥ 평행도가 30mm 이상 차이 나는 경우

⑦ 변형이 심하여 외관 및 기능도가 극히 불량한 경우

⑧ 도면과 상이한 경우

⑨ 지급된 재료 이외의 다른 재료를 사용했을 경우

⑩ 벤딩 작업 시 도면상 표기된 기계 벤딩(MC)과 상이하게 열간 벤딩한 경우

## 3 지급재료 목록

| 일련번호 | 재료명 | 규격 | 단위 | 수량 | 비고 |
|---|---|---|---|---|---|
| 1 | 강관(SPP), 흑관 | 32A × 600 | 개 | 1 | KS 규격품 |
| 2 | 〃 | 25A × 600 | 〃 | 1 | 〃 |
| 3 | 〃 | 20A × 1,500 | 〃 | 1 | 〃 |
| 4 | 동관(연질 L형, 직관) | 15A × 800 | 〃 | 1 | 〃 |
| 5 | 90° 엘보(가단주철제)(백) | 20A | 〃 | 3 | 〃 |
| 6 | 90° 이경 엘보( 〃 )(백) | 32A × 25A | 〃 | 1 | 〃 |
| 7 | 90° 이경 엘보( 〃 )(백) | 20A × 15A | 〃 | 2 | 〃 |
| 8 | 45° 엘보( 〃 )(백) | 25A | 〃 | 2 | 〃 |
| 9 | 티( 〃 )(백) | 32A | 〃 | 1 | |
| 10 | 부싱( 〃 )(백) | 25A × 20A | 〃 | 1 | |
| 11 | 리듀서( 〃 )(백) | 32A × 20A | 〃 | 1 | 〃 |
| 12 | 유니언( 〃 )(백) | 20A(F형) | 〃 | 1 | 〃 |
| 13 | 유니언 개스킷<br>(합성고무제품) | 유니언 20A용 | 〃 | 1 | 〃 |
| 14 | 동관용 어댑터(C × M형) | 황동체 15A | 〃 | 2 | 〃 |
| 15 | 동관용 엘보(C × C형) | 15A | | 1 | |
| 16 | 실링 테이프 | t0.1 × 13 × 10,000 | 롤 | 5 | |
| 17 | 인동납 용접봉 | BCuP−3<br>($\phi$2.4 × 500) | 개 | 1 | |
| 18 | 플럭스(동관 브레이징용) | 200g | 통 | 1 | |
| 19 | 산소 | 120kgf/cm$^2$<br>(내용적 40L) | 병 | 1 | 〃 |
| 20 | 아세틸렌 | 3kg | 〃 | 1 | 〃 |
| 21 | 절삭유(중절삭용) | 활성극압유(4L) | 통 | 1 | |
| 22 | 동력나사절삭기용 체이서 | 20A용 | 조 | 1 | |
| 23 | 〃 | 25A~32A용 | 〃 | 1 | 〃 |

# SECTION 02 배관적산 도면 및 적산문제 1

## 1 배관적산 도면

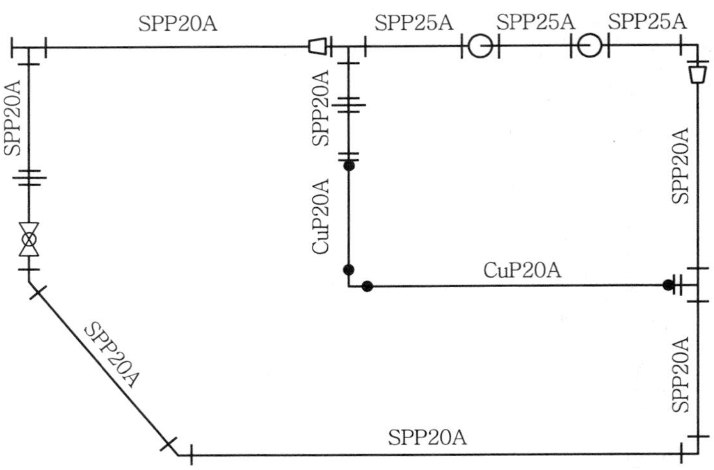


## 2 재료목록표

| 번호 | 재료명 | 규격 | 단위 | 수량 | 비고 |
|---|---|---|---|---|---|
| 1 | 90° 엘보 | (          ) | 개 | 5 | |
| 2 | 90° 엘보 | (          ) | 개 | 1 | |
| 3 | 45° 엘보 | 20A | 개 | ( ) | |
| 4 | 유니언 | 20A | 개 | 2 | |
| 5 | 티 | 25A × 20A | 개 | ( ) | |
| 6 | 티 | (          ) | 개 | ( ) | |
| 7 | 부싱 | (          ) | 개 | ( ) | |
| 8 | 볼밸브 | (          ) | 개 | 1 | |
| 9 | 동관어댑터(C × M형) | 20A | 개 | 2 | |
| 10 | 동관엘보(C × C형) | 20A | 개 | ( ) | |

## ❸ 적산문제 답안지

| 번호 | 재료명 | 규격 | 단위 | 수량 | 비고 |
|---|---|---|---|---|---|
| 1 | 90° 엘보 | ( 25A ) | 개 | 5 | |
| 2 | 90° 엘보 | ( 20A ) | 개 | 1 | |
| 3 | 45° 엘보 | 20A | 개 | ( 2 ) | |
| 4 | 유니언 | 20A | 개 | 2 | |
| 5 | 티 | 25A × 20A | 개 | ( 1 ) | |
| 6 | 티 | ( 20A ) | 개 | ( 2 ) | |
| 7 | 부싱 | ( 25A × 20A ) | 개 | ( 2 ) | |
| 8 | 볼밸브 | ( 20A ) | 개 | 1 | |
| 9 | 동관어댑터(C × M형) | 20A | 개 | 2 | |
| 10 | 동관엘보(C × C형) | 20A | 개 | ( 1 ) | |

# SECTION 03 배관적산 도면 및 적산문제 2

## 1 배관적산 도면

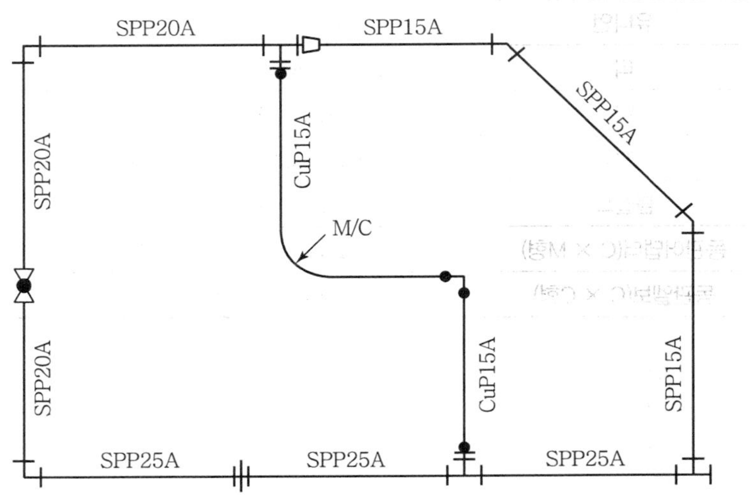


## 2 재료목록표

| 번호 | 재료명 | 규격 | 단위 | 수량 | 비고 |
|---|---|---|---|---|---|
| 1 | 90° 엘보 | 20A | 개 | ( ) | |
| 2 | 90° 엘보 | ( ) | 개 | 1 | |
| 3 | 45° 엘보 | 15A | 개 | ( ) | |
| 4 | 이경티 | 25A × 15A | 개 | ( ) | |
| 5 | 이경티 | ( ) | 개 | 1 | |
| 6 | 부싱 | 20A × 15A | 개 | ( ) | |
| 7 | ( ) | 20A | 개 | 1 | |
| 8 | 유니언 | 25A | 개 | ( ) | |
| 9 | 동관어댑터(C × M형) | 15A | 개 | ( ) | |
| 10 | 동관엘보(C × C형) | ( ) | 개 | 1 | |

## 3 적산문제 답안지

| 번호 | 재료명 | 규격 | 단위 | 수량 | 비고 |
|---|---|---|---|---|---|
| 1 | 90° 엘보 | 20A | 개 | ( 1 ) | |
| 2 | 90° 엘보 | ( 25A × 20A ) | 개 | 1 | |
| 3 | 45° 엘보 | 15A | 개 | ( 2 ) | |
| 4 | 이경티 | 25A × 15A | 개 | ( 2 ) | |
| 5 | 이경티 | ( 20A × 15A ) | 개 | 1 | |
| 6 | 부싱 | 20A × 15A | 개 | ( 1 ) | |
| 7 | ( 글로브 밸브 ) | 20A | 개 | 1 | |
| 8 | 유니언 | 25A | 개 | ( 1 ) | |
| 9 | 동관어댑터(C × M형) | 15A | 개 | ( 2 ) | |
| 10 | 동관엘보(C × C형) | ( 15A ) | 개 | 1 | |

# SECTION 04 배관적산 도면 및 적산문제 3

## 1 배관적산 도면

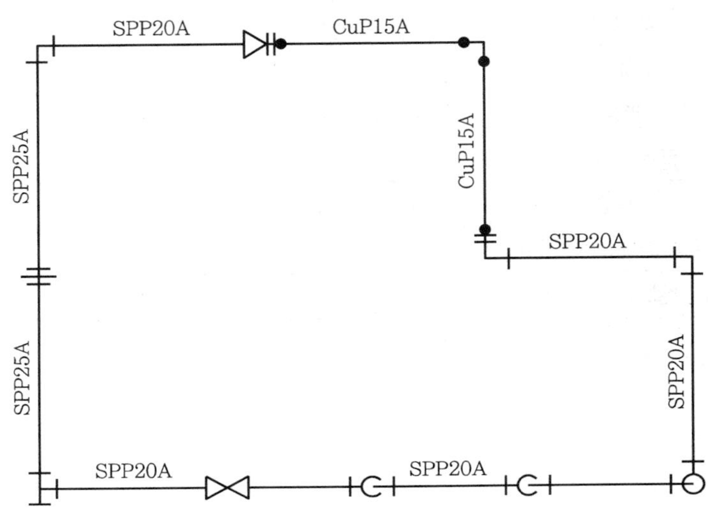


## 2 재료목록표

| 번호 | 재료명 | 규격 | 단위 | 수량 | 비고 |
|---|---|---|---|---|---|
| 1 | 이경티 | (　　　) | 개 | 1 | |
| 2 | (　　　) | 25A | 개 | 1 | |
| 3 | 이경엘보 | 25A × 20A | 개 | ( ) | |
| 4 | 리듀서 | 20A × 15A | 개 | ( ) | |
| 5 | 이경엘보 | 20A × 15A | 개 | ( ) | |
| 6 | 90° 엘보 | 20A | 개 | ( ) | |
| 7 | (　　　) | 20A | 개 | 2 | |
| 8 | 게이트밸브 | 20A | 개 | ( ) | |
| 9 | 동관어댑터(C × M형) | (　　　) | 개 | 2 | |
| 10 | 동관엘보(C × C형) | 15A | 개 | ( ) | |

## 3 적산문제 답안지

| 번호 | 재료명 | 규격 | 단위 | 수량 | 비고 |
|---|---|---|---|---|---|
| 1 | 이경티 | ( 25A × 20A ) | 개 | 1 | |
| 2 | ( 유니언 ) | 25A | 개 | 1 | |
| 3 | 이경엘보 | 25A × 20A | 개 | ( 1 ) | |
| 4 | 리듀서 | 20A × 15A | 개 | ( 1 ) | |
| 5 | 이경엘보 | 20A × 15A | 개 | ( 1 ) | |
| 6 | 90° 엘보 | 20A | 개 | ( 3 ) | |
| 7 | ( 45° 엘보 ) | 20A | 개 | 2 | |
| 8 | 게이트밸브 | 20A | 개 | ( 1 ) | |
| 9 | 동관어댑터(C × M형) | ( 15A ) | 개 | 2 | |
| 10 | 동관엘보(C × C형) | 15A | 개 | ( 1 ) | |

# SECTION 05 배관적산 도면 및 적산문제 4

## 1 배관적산 도면

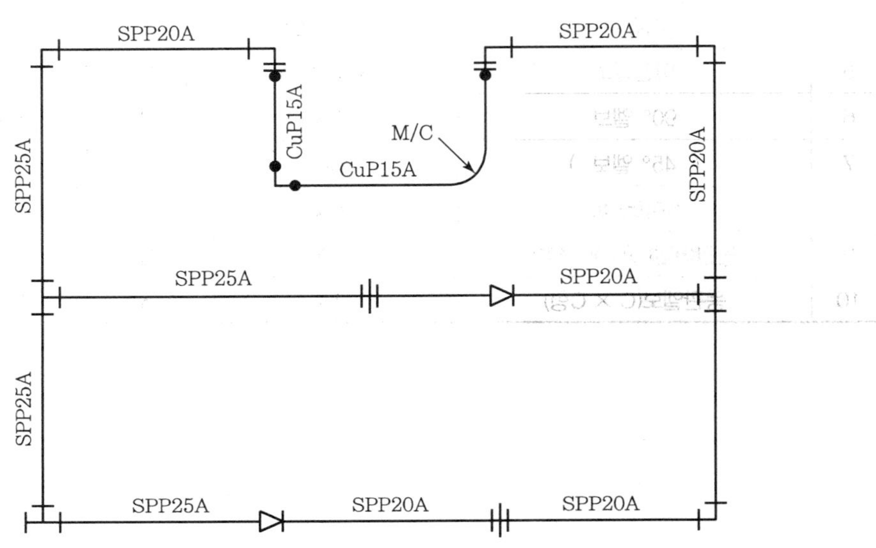


## 2 재료목록표

| 번호 | 재료명 | 규격 | 단위 | 수량 | 비고 |
|---|---|---|---|---|---|
| 1 | 90° 엘보 | 20A | 개 | ( ) | |
| 2 | 90° 이경엘보 | ( ) | 개 | 1 | |
| 3 | 90° 이경엘보 | 20A × 15A | 개 | ( ) | |
| 4 | 티 | 25A | 개 | ( ) | |
| 5 | 티 | ( ) | 개 | 1 | |
| 6 | 리듀서 | 25A × 20A | 개 | ( ) | |
| 7 | 유니언 | ( ) | 개 | 1 | |
| 8 | 유니언 | 20A | 개 | ( ) | |
| 9 | 동관어댑터(C × M형) | 15A | 개 | ( ) | |
| 10 | 동관엘보(C × C형) | 15A | 개 | ( ) | |

## 3 적산문제 답안지

| 번호 | 재료명 | 규격 | 단위 | 수량 | 비고 |
|---|---|---|---|---|---|
| 1 | 90° 엘보 | 20A | 개 | ( 2 ) | |
| 2 | 90° 이경엘보 | ( 25A × 20A ) | 개 | 1 | |
| 3 | 90° 이경엘보 | 20A × 15A | 개 | ( 2 ) | |
| 4 | 티 | 25A | 개 | ( 2 ) | |
| 5 | 티 | ( 20A ) | 개 | 1 | |
| 6 | 리듀서 | 25A × 20A | 개 | ( 2 ) | |
| 7 | 유니언 | ( 25A ) | 개 | 1 | |
| 8 | 유니언 | 20A | 개 | ( 1 ) | |
| 9 | 동관어댑터(C × M형) | 15A | 개 | ( 2 ) | |
| 10 | 동관엘보(C × C형) | 15A | 개 | ( 1 ) | |

# SECTION 06 배관적산 도면 및 적산문제 5

## 1 배관적산 도면

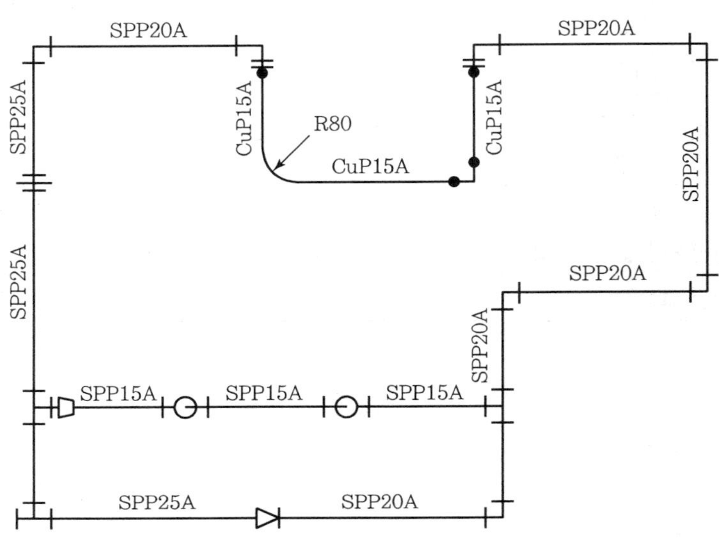


## 2 재료목록표

| 번호 | 재료명 | 규격 | 단위 | 수량 | 비고 |
|---|---|---|---|---|---|
| 1 | 티 | ( ) | 개 | 2 | |
| 2 | 이경티 | ( ) | 개 | 1 | |
| 3 | 90° 엘보 | 20A | 개 | ( ) | |
| 4 | ( ) | 15A | 개 | 4 | |
| 5 | 90° 이경엘보 | 25A × 20A | 개 | ( ) | |
| 6 | 90° 이경엘보 | ( ) | 개 | 2 | |
| 7 | 유니언 | 25A | 개 | ( ) | |
| 8 | 리듀서 | ( ) | 개 | 1 | |
| 9 | 부싱 | 25A × 15A | 개 | ( ) | |
| 10 | C × M 어댑터 | 15A | 개 | 2 | |
| 11 | 90° 동관엘보 | 15A | 개 | ( ) | |

## 3 적산문제 답안지

| 번호 | 재료명 | 규격 | 단위 | 수량 | 비고 |
|---|---|---|---|---|---|
| 1 | 티 | ( 25A ) | 개 | 2 | |
| 2 | 이경티 | ( 20A × 15A ) | 개 | 1 | |
| 3 | 90° 엘보 | 20A | 개 | ( 4 ) | |
| 4 | ( 90° 엘보 ) | 15A | 개 | 4 | |
| 5 | 90° 이경엘보 | 25A × 20A | 개 | ( 1 ) | |
| 6 | 90° 이경엘보 | ( 20A × 15A ) | 개 | 2 | |
| 7 | 유니언 | 25A | 개 | ( 1 ) | |
| 8 | 리듀서 | ( 25A × 20A ) | 개 | 1 | |
| 9 | 부싱 | 25A × 15A | 개 | ( 1 ) | |
| 10 | C × M 어댑터 | 15A | 개 | 2 | |
| 11 | 90° 동관엘보 | 15A | 개 | ( 1 ) | |

# SECTION 07 배관적산 도면 및 적산문제 6

## 1 배관적산 도면

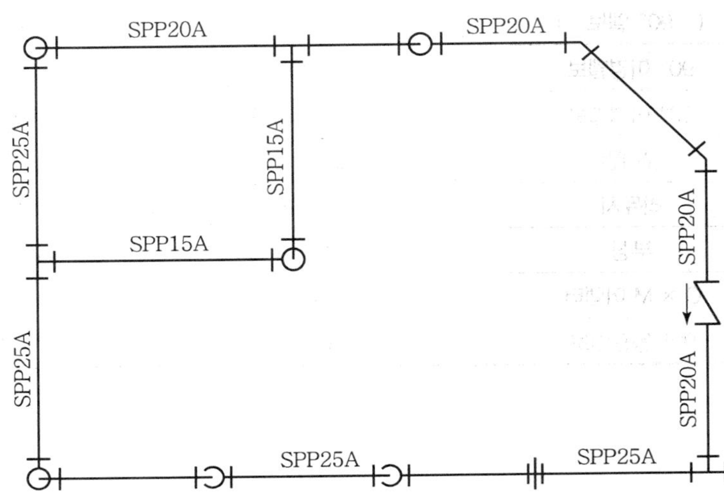


## 2 재료목록표

| 번호 | 재료명 | 규격 | 단위 | 수량 | 비고 |
|---|---|---|---|---|---|
| 1 | 이경티 | 25A × 20A | 개 | (  ) | |
| 2 | 이경티 | (        ) | 개 | 1 | |
| 3 | (        ) | 20A × 15A | 개 | 1 | |
| 4 | 90° 엘보 | 25A | 개 | 3 | |
| 5 | 90° 엘보 | 20A | 개 | (  ) | |
| 6 | 90° 엘보 | 15A | 개 | (  ) | |
| 7 | 90° 이경엘보 | 25A × 20A | 개 | (  ) | |
| 8 | 45° 엘보 | 25A | 개 | (  ) | |
| 9 | 45° 엘보 | 20A | 개 | (  ) | |
| 10 | (        ) | 25A | 개 | 1 | |
| 11 | (        ) | 20A | 개 | 1 | |

## 3 적산문제 답안지

| 번호 | 재료명 | 규격 | 단위 | 수량 | 비고 |
|---|---|---|---|---|---|
| 1 | 이경티 | 25A × 20A | 개 | ( 1 ) | |
| 2 | 이경티 | ( 25A × 15A ) | 개 | 1 | |
| 3 | ( 이경티 ) | 20A × 15A | 개 | 1 | |
| 4 | 90° 엘보 | 25A | 개 | 3 | |
| 5 | 90° 엘보 | 20A | 개 | ( 2 ) | |
| 6 | 90° 엘보 | 15A | 개 | ( 2 ) | |
| 7 | 90° 이경엘보 | 25A × 20A | 개 | ( 1 ) | |
| 8 | 45° 엘보 | 25A | 개 | ( 2 ) | |
| 9 | 45° 엘보 | 20A | 개 | ( 2 ) | |
| 10 | ( 유니언 ) | 25A | 개 | 1 | |
| 11 | ( 체크밸브 ) | 20A | 개 | 1 | |

# SECTION 08 배관적산 도면 및 적산문제 7

## 1 배관적산 도면

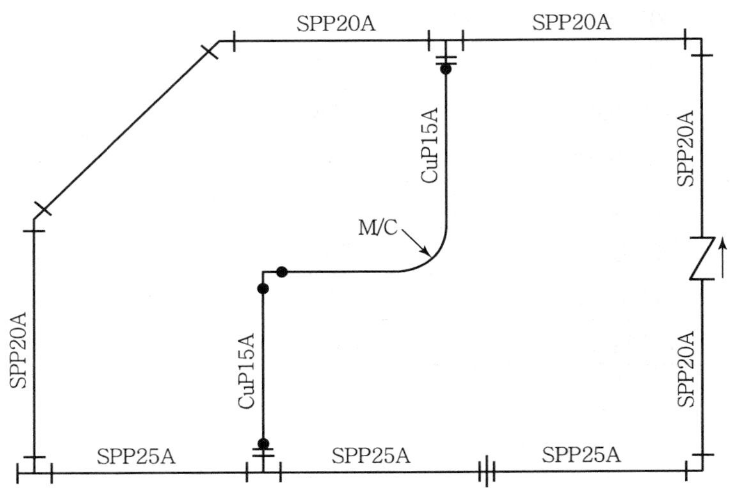


## 2 재료목록표

| 번호 | 재료명 | 규격 | 단위 | 수량 | 비고 |
|---|---|---|---|---|---|
| 1 | 90° 엘보 | 20A | 개 | ( ) | |
| 2 | 90° 이경엘보 | ( ) | 개 | 1 | |
| 3 | 45° 엘보 | 20A | 개 | ( ) | |
| 4 | 이경티 | 25A × 15A | 개 | ( ) | |
| 5 | 이경티 | ( ) | 개 | 1 | |
| 6 | 이경티 | 25A × 15A | 개 | 1 | |
| 7 | 체크밸브 | ( ) | 개 | 1 | |
| 8 | 유니언 | 25A | 개 | ( ) | |
| 9 | 동관어댑터(C×M형) | ( ) | 개 | ( ) | |
| 10 | 동관엘보(C×C형) | ( ) | 개 | 1 | |

## ❸ 적산문제 답안지

| 번호 | 재료명 | 규격 | 단위 | 수량 | 비고 |
|---|---|---|---|---|---|
| 1 | 90° 엘보 | 20A | 개 | ( 1 ) | |
| 2 | 90° 이경엘보 | ( 25A × 20A ) | 개 | 1 | |
| 3 | 45° 엘보 | 20A | 개 | ( 2 ) | |
| 4 | 이경티 | 25A × 15A | 개 | ( 1 ) | |
| 5 | 이경티 | ( 25A × 20A ) | 개 | 1 | |
| 6 | 이경티 | 25A × 15A | 개 | 1 | |
| 7 | 체크밸브 | ( 20A ) | 개 | 1 | |
| 8 | 유니언 | 25A | 개 | ( 1 ) | |
| 9 | 동관어댑터(C×M형) | ( 15A ) | 개 | ( 2 ) | |
| 10 | 동관엘보(C×C형) | ( 15A ) | 개 | 1 | |

# SECTION 09 배관적산 도면 및 적산문제 8

## 1 배관적산 도면

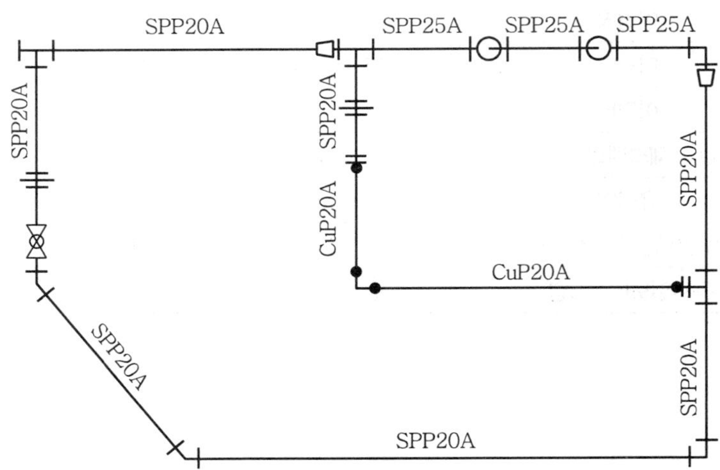


## 2 재료목록표

| 번호 | 재료명 | 규격 | 단위 | 수량 | 비고 |
|---|---|---|---|---|---|
| 1 | 90° 엘보 | 25A | 개 | ( ) | |
| 2 | 90° 엘보 | 20A | 개 | ( ) | |
| 3 | 45° 엘보 | ( ) | 개 | 2 | |
| 4 | 유니언 | 20A | 개 | 2 | |
| 5 | 티 | ( ) | 개 | 1 | |
| 6 | 티 | 20A | 개 | ( ) | |
| 7 | 부싱 | 25A × 20A | 개 | ( ) | |
| 8 | 볼밸브 | ( ) | 개 | ( ) | |
| 9 | 동관어댑터(C × M형) | 20A | 개 | 2 | |
| 10 | 동관엘보(C × C형) | ( ) | 개 | ( ) | |

## 3 적산문제 답안지

| 번호 | 재료명 | 규격 | 단위 | 수량 | 비고 |
|---|---|---|---|---|---|
| 1 | 90° 엘보 | 25A | 개 | ( 5 ) | |
| 2 | 90° 엘보 | 20A | 개 | ( 1 ) | |
| 3 | 45° 엘보 | ( 20A ) | 개 | 2 | |
| 4 | 유니언 | 20A | 개 | 2 | |
| 5 | 티 | ( 25A × 20A ) | 개 | 1 | |
| 6 | 티 | 20A | 개 | ( 2 ) | |
| 7 | 부싱 | 25A × 20A | 개 | ( 2 ) | |
| 8 | 볼밸브 | ( 20A ) | 개 | ( 1 ) | |
| 9 | 동관어댑터(C × M형) | 20A | 개 | 2 | |
| 10 | 동관엘보(C × C형) | ( 20A ) | 개 | ( 1 ) | |

# SECTION 10 배관적산 도면 및 적산문제 9

## 1 배관적산 도면

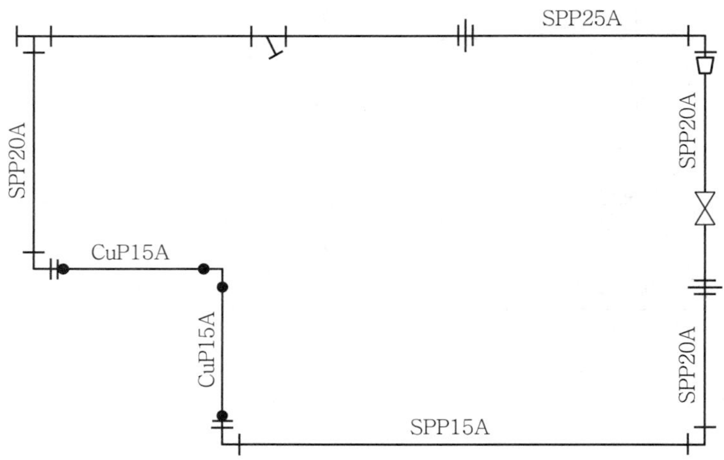


## 2 재료목록표

| 번호 | 재료명 | 규격 | 단위 | 수량 | 비고 |
|---|---|---|---|---|---|
| 1 | 90° 엘보 | 25A | 개 | 1 | |
| 2 | 90° 엘보 | 15A | 개 | ( ) | |
| 3 | 90° 이경엘보 | ( ) | 개 | 2 | |
| 4 | 이경티 | 25A × 20A | 개 | ( ) | |
| 5 | 게이트 밸브 | ( ) | 개 | 1 | |
| 6 | 스트레이너 | 25A | 개 | ( ) | |
| 7 | 부싱 | ( ) | 개 | 1 | |
| 8 | 유니언 | 25A | 개 | ( ) | |
| 9 | 유니언 | ( ) | 개 | 1 | |
| 10 | 동관어댑터(C × M형) | 15A | 개 | ( ) | |
| 11 | 동관엘보(C × C형) | ( ) | 개 | 1 | |

## 3 적산문제 답안지

| 번호 | 재료명 | 규격 | 단위 | 수량 | 비고 |
|---|---|---|---|---|---|
| 1 | 90° 엘보 | 25A | 개 | 1 | |
| 2 | 90° 엘보 | 15A | 개 | ( 1 ) | |
| 3 | 90° 이경엘보 | ( 25A × 15A ) | 개 | 2 | |
| 4 | 이경티 | 25A × 20A | 개 | ( 1 ) | |
| 5 | 게이트 밸브 | ( 20A ) | 개 | 1 | |
| 6 | 스트레이너 | 25A | 개 | ( 1 ) | |
| 7 | 부싱 | ( 25A × 20A ) | 개 | 1 | |
| 8 | 유니언 | 25A | 개 | ( 1 ) | |
| 9 | 유니언 | ( 20A ) | 개 | 1 | |
| 10 | 동관어댑터(C × M형) | 15A | 개 | ( 2 ) | |
| 11 | 동관엘보(C × C형) | ( 15A ) | 개 | 1 | |

# SECTION 11 종합응용 실전 배관작업 1

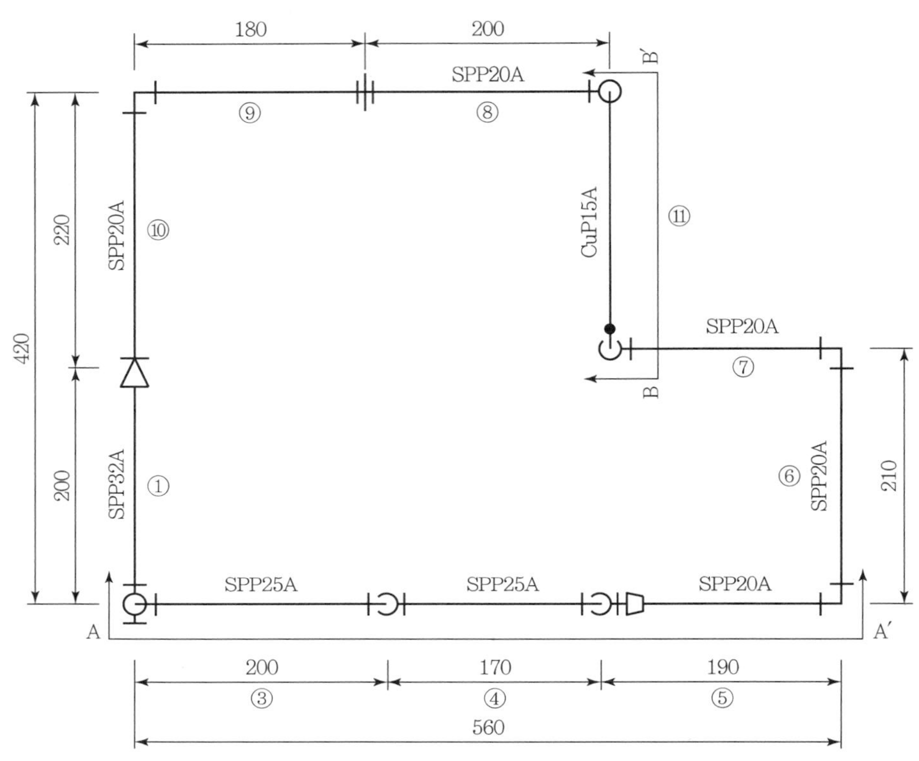


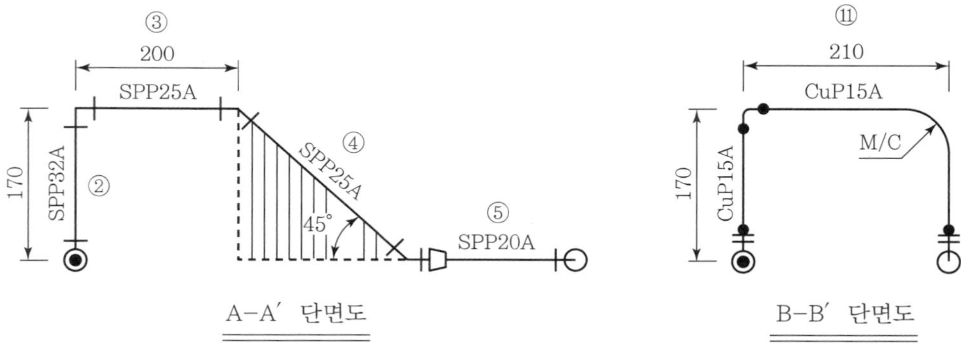


A-A′ 단면도

B-B′ 단면도

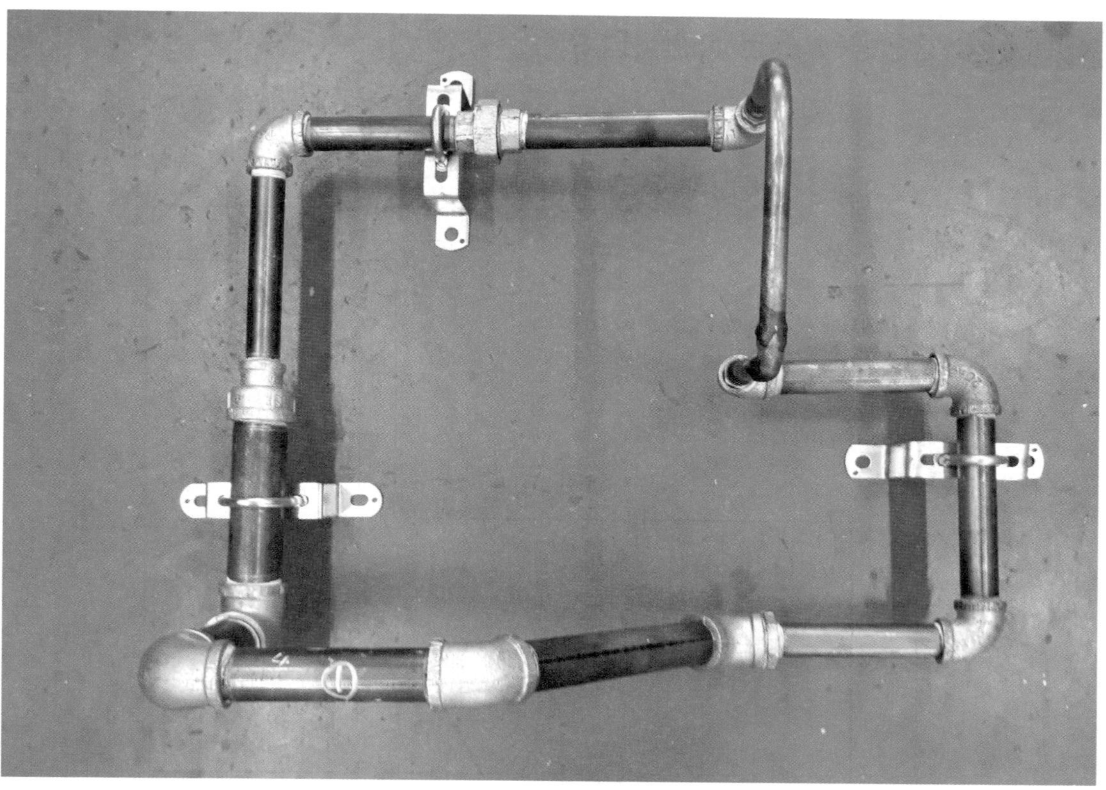

**치수계산(mm)**

① 200－(7＋29)＝164
② 170－(29＋23)＝118
③ 200－(27＋14)＝159
④ 170× $\sqrt{2}$ ＝240 (45°)
  240－(14＋14)＝212
⑤ 190－(25＋19)＝146
⑥ 210－(19＋19)＝172
⑦ 560－(180＋200)＝180
  180－(19＋16)＝145
⑧ 200－(16＋12)＝172
⑨ 180－(12＋19)＝149
⑩ 220－(19＋11)＝190
⑪ 210(실측)

# SECTION 12 종합응용 실전 배관작업 2

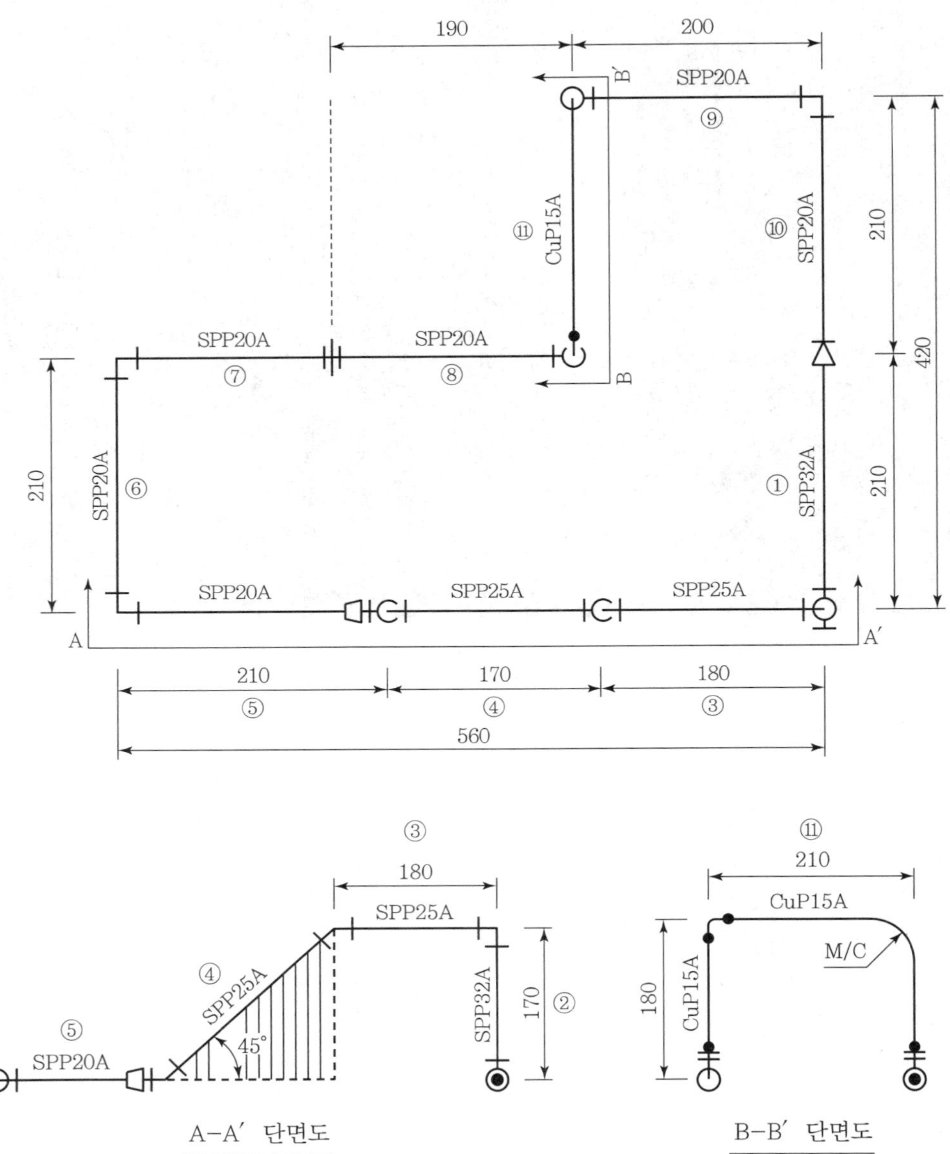


A-A′ 단면도

B-B′ 단면도

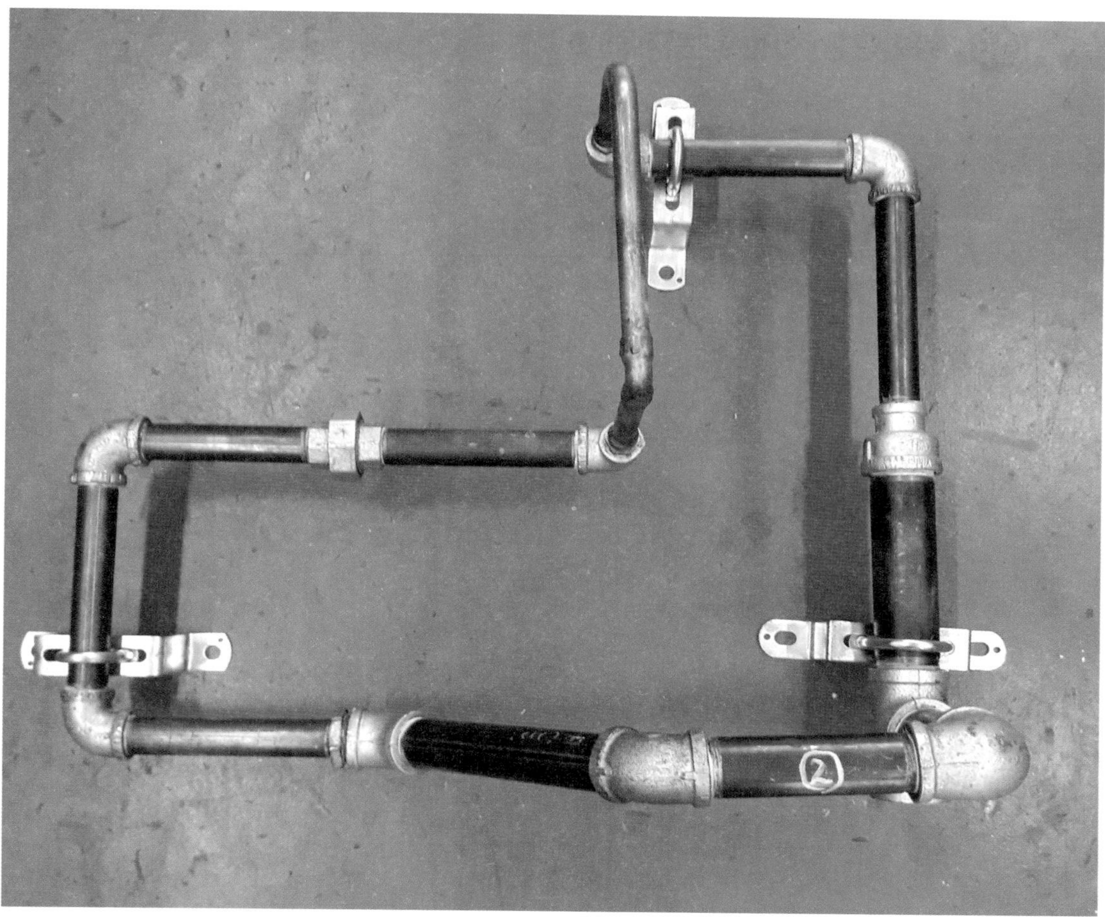


**치수계산(mm)**

① $210-(7+29)=174$
② $170-(29+23)=118$
③ $180-(27+14)=139$
④ $170\times\sqrt{2}=240\ (45^\circ)$
$240-(14+14)=212$
⑤ $210-(25+19)=166$
⑥ $210-(19+19)=172$
⑦ $560-(190+200)=170$
$170-(19+12)=139$
⑧ $190-(12+16)=162$
⑨ $200-(16+19)=165$
⑩ $210-(19+11)=180$
⑪ 210(실측)

# SECTION 13 종합응용 실전 배관작업 3

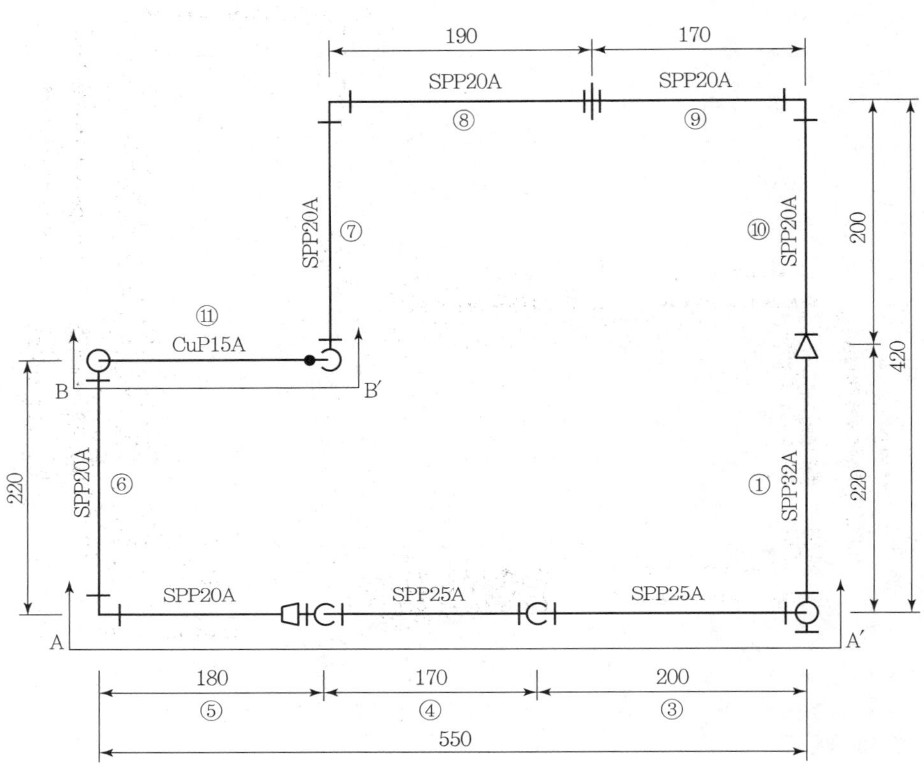


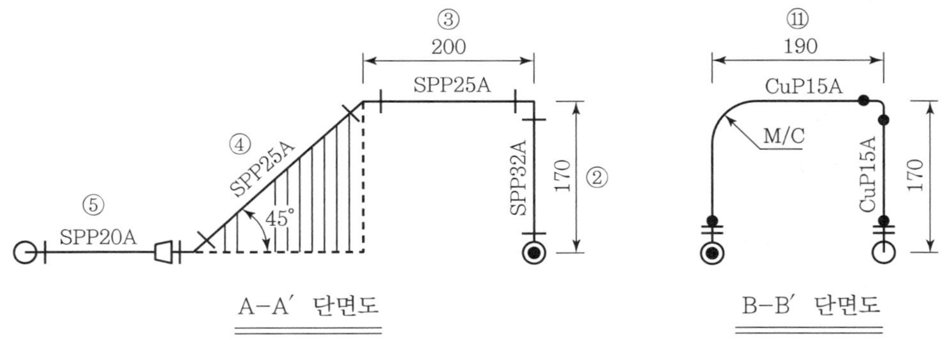

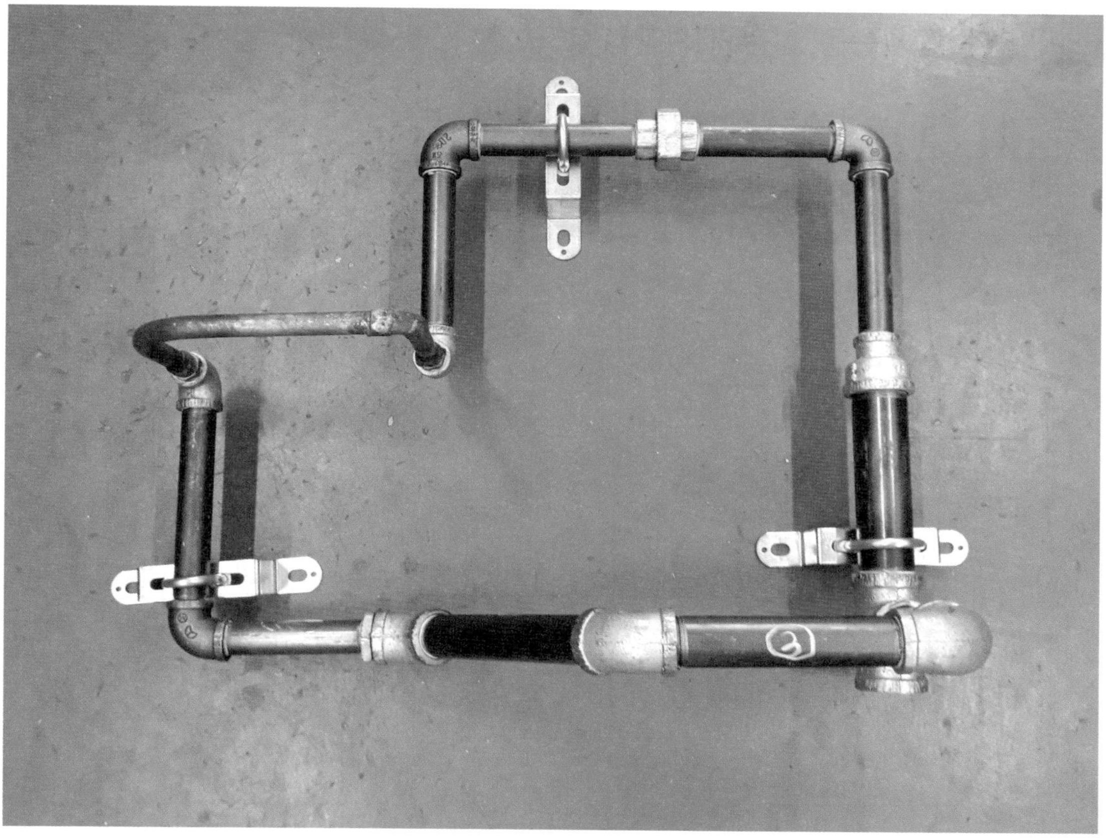

**치수계산(mm)**

① 220－(7＋29)＝184
② 170－(29＋23)＝118
③ 200－(27＋14)＝159
④ 170× $\sqrt{2}$ ＝240 (45°)
240－(14＋14)＝212
⑤ 180－(25＋19)＝136
⑥ 220－(19＋16)＝185
⑦ 200－(16＋19)＝165
⑧ 190－(19＋12)＝159
⑨ 170－(12＋19)＝139
⑩ 200－(19＋11)＝170
⑪ 190(실측)

# SECTION 14 종합응용 실전 배관작업 4

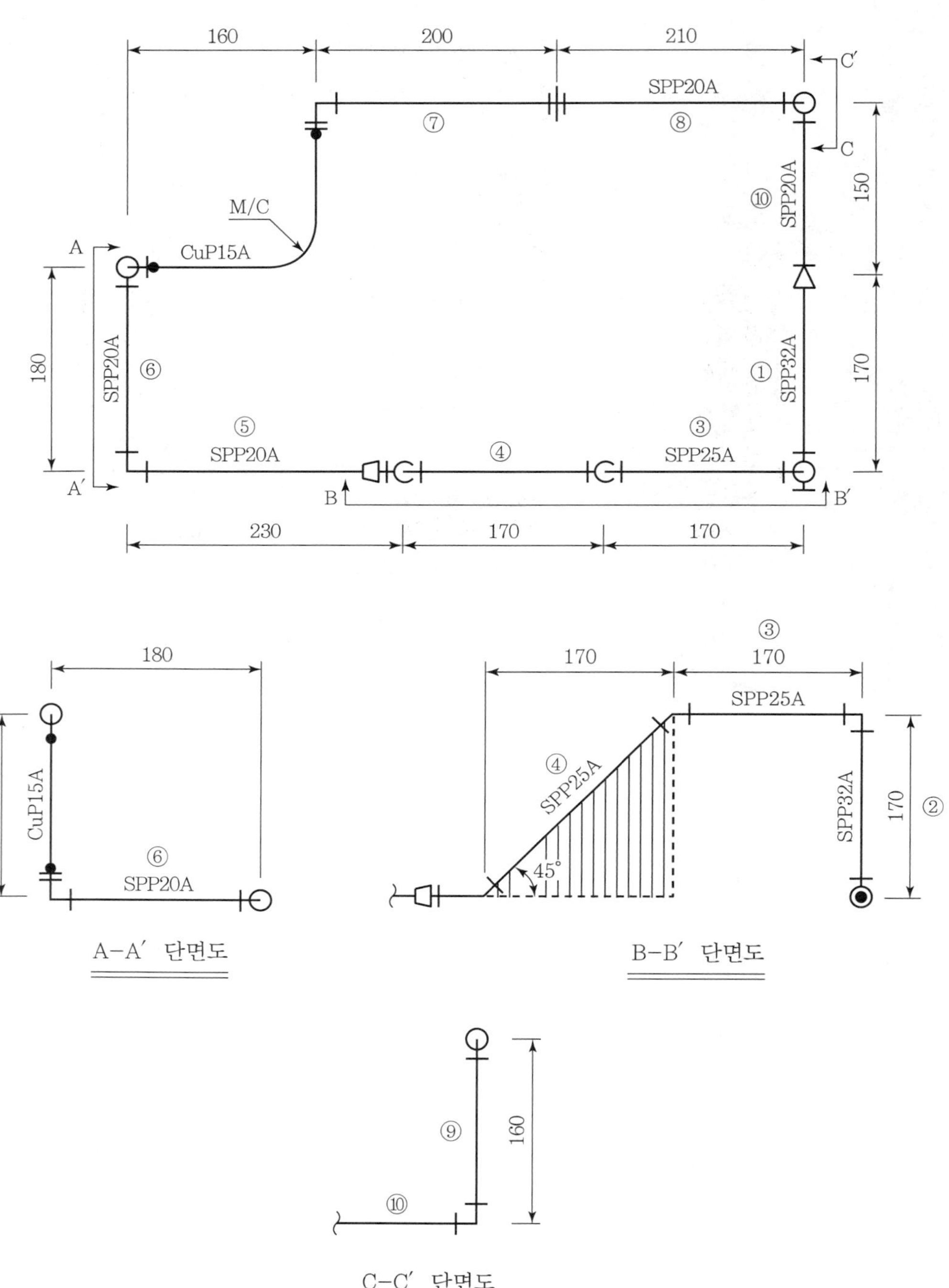

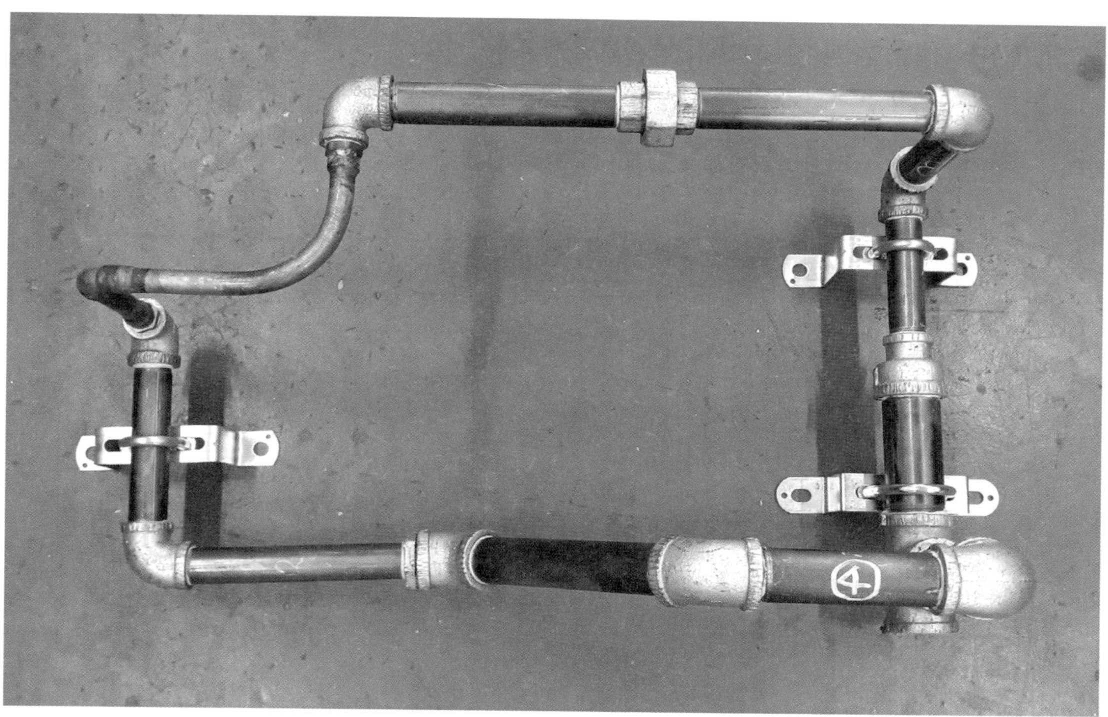


**치수계산(mm)**

① $170-(7+29)=134$

② $170-(29+23)=118$

③ $170-(27+14)=129$

④ $170\times\sqrt{2}=240\ (45^{\circ})$

$240-(14+14)=212$

⑤ $230-(25+19)=186$

⑥ $180-(19+16)=145$

⑦ $200-(16+12)=172$

⑧ $210-(12+19)=179$

⑨ $160-(19+19)=122$

⑩ $150-(19+11)=120$

# SECTION 15 종합응용 실전 배관작업 5

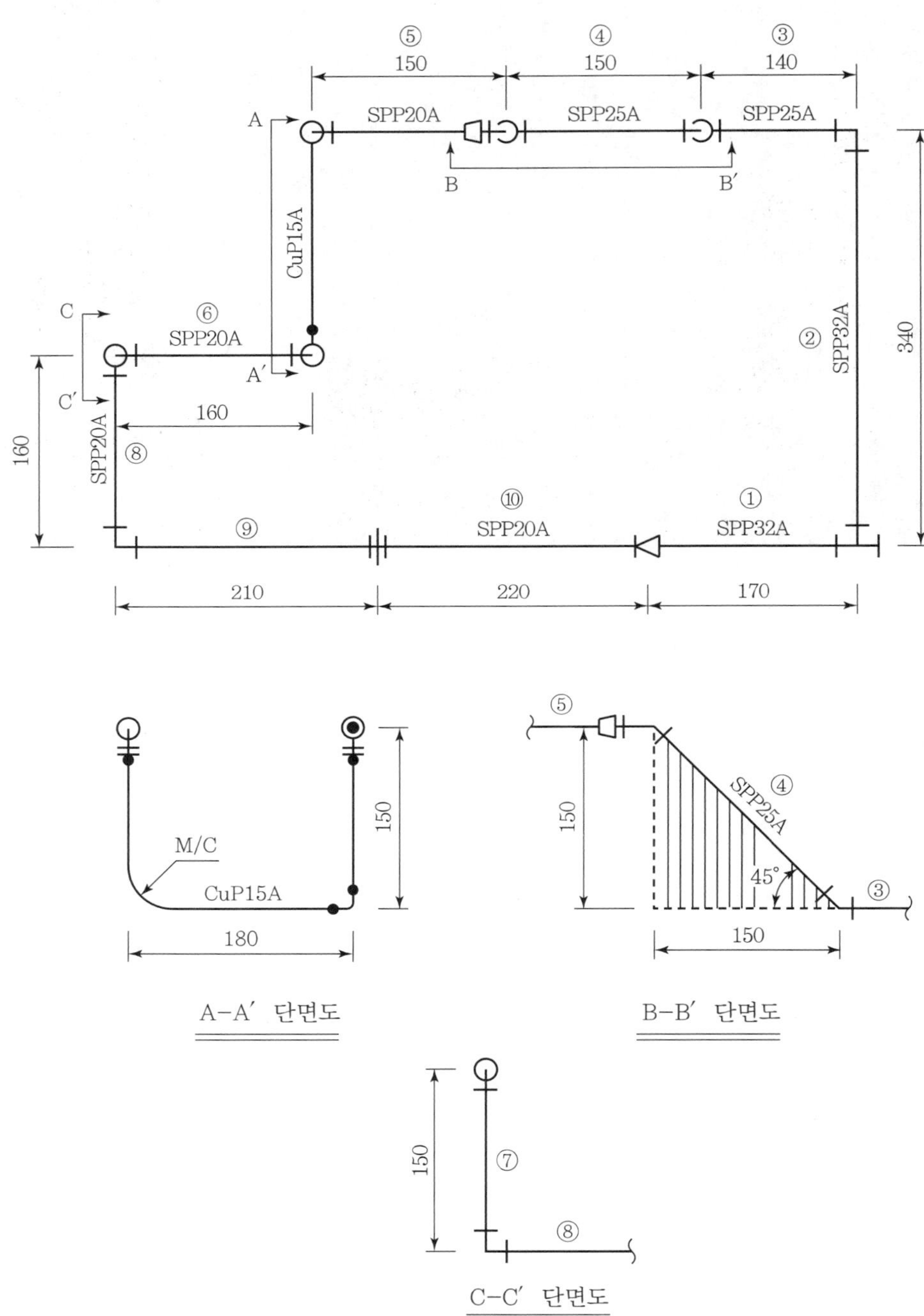

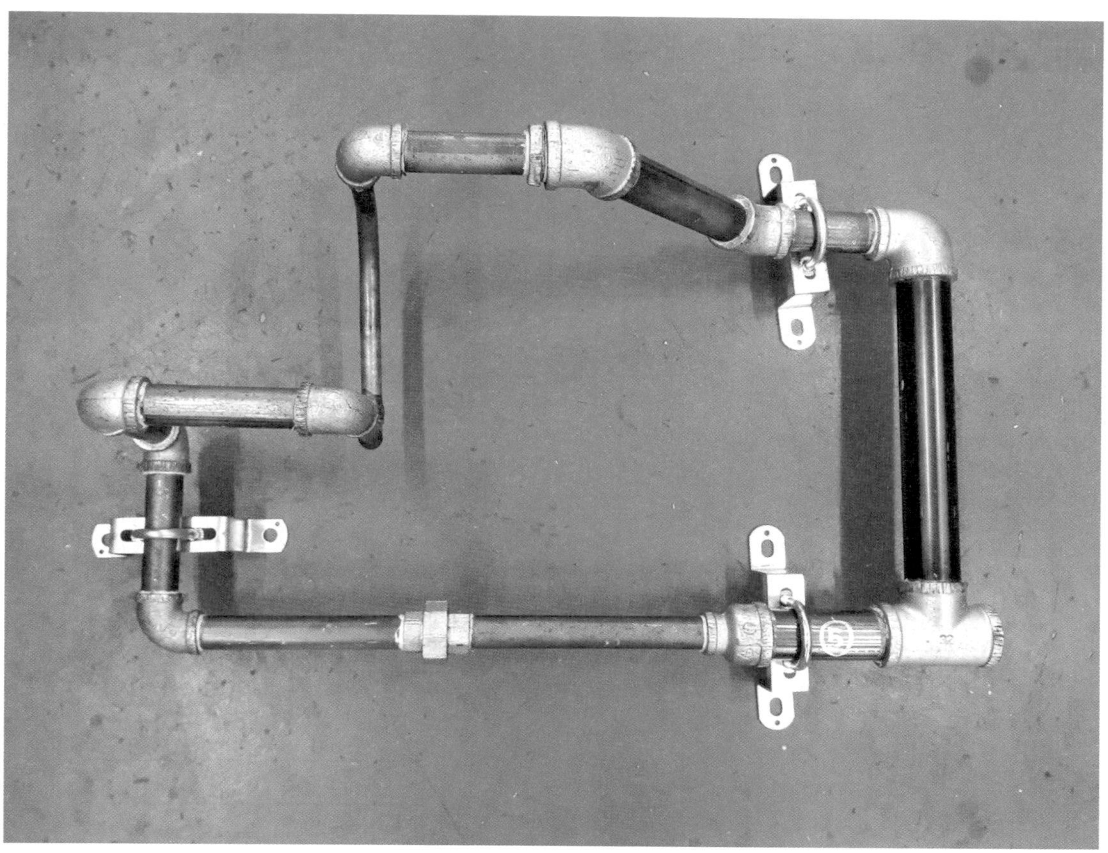

**치수계산(mm)**

① $170-(7+29)=134$

② $340-(29+23)=288$

③ $140-(27+14)=99$

④ $150\times\sqrt{2}=212\ (45^\circ)$

$212-(14+14)=184$

⑤ $150-(25+16)=109$

⑥ $160-(16+19)=125$

⑦ $150-(19+19)=112$

⑧ $160-(19+19)=122$

⑨ $210-(19+12)=179$

⑩ $220-(12+11)=197$

# SECTION 16 종합응용 실전 배관작업 6

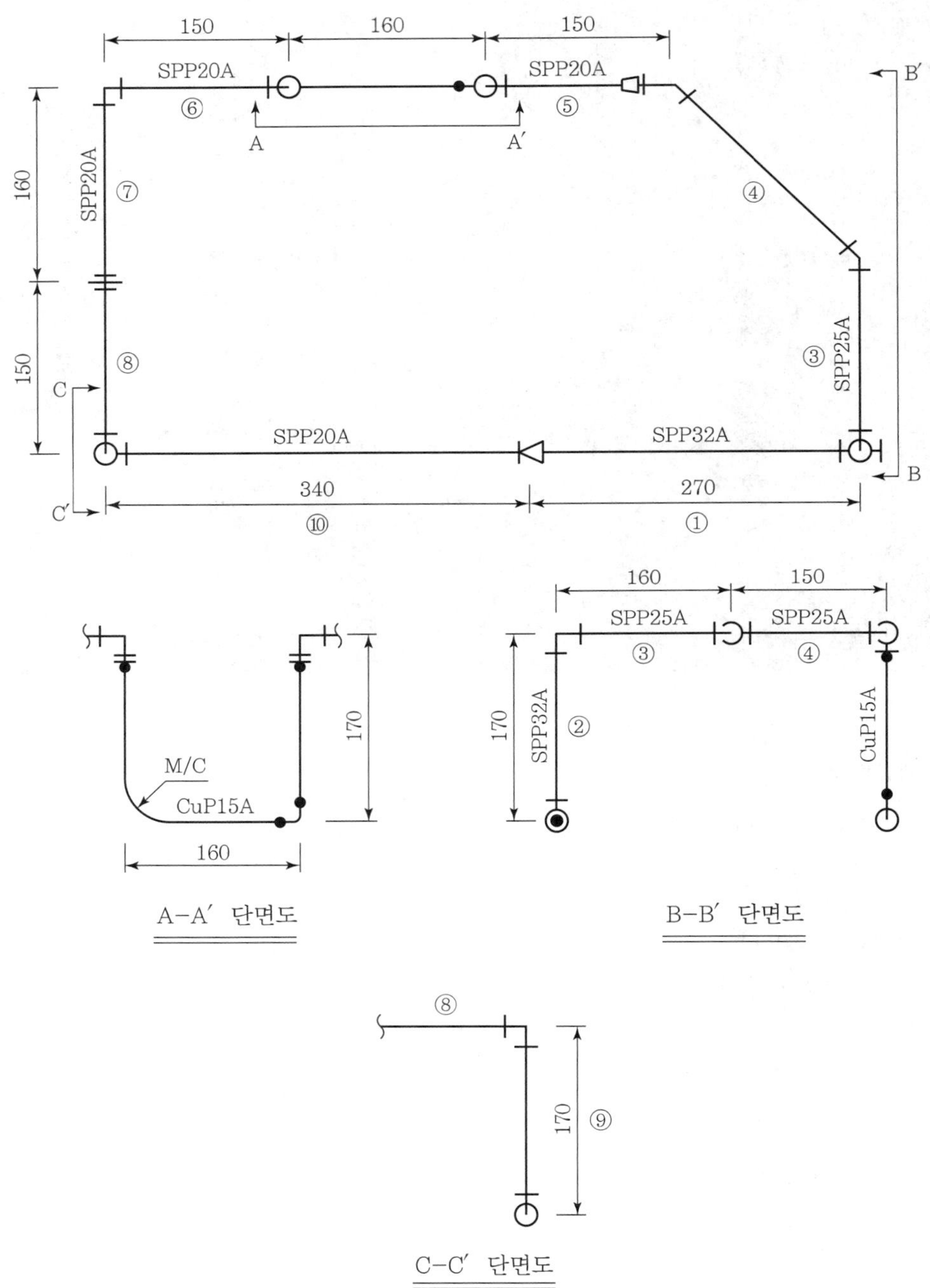

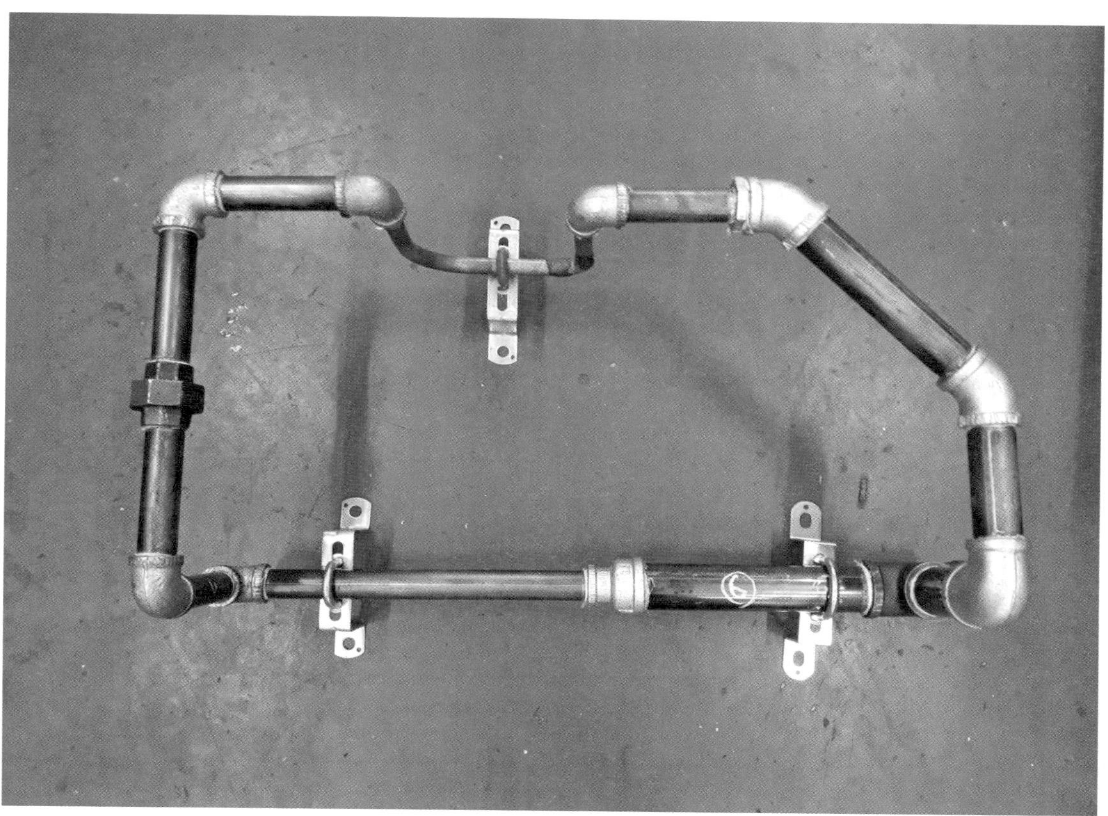


### 치수계산(mm)

① 270－(7＋29)＝234
② 170－(29＋23)＝118
③ 160－(27＋14)＝119
④ (340＋270)－(150＋160＋150)＝150
150× $\sqrt{2}$ ＝212 (45°)
212－(14＋14)＝184

⑤ 150－(25＋16)＝109
⑥ 150－(16＋19)＝115
⑦ 160－(19＋12)＝129
⑧ 150－(12＋19)＝119
⑨ 170－(19＋19)＝132
⑩ 340－(19＋11)＝310

# SECTION 17 종합응용 실전 배관작업 7

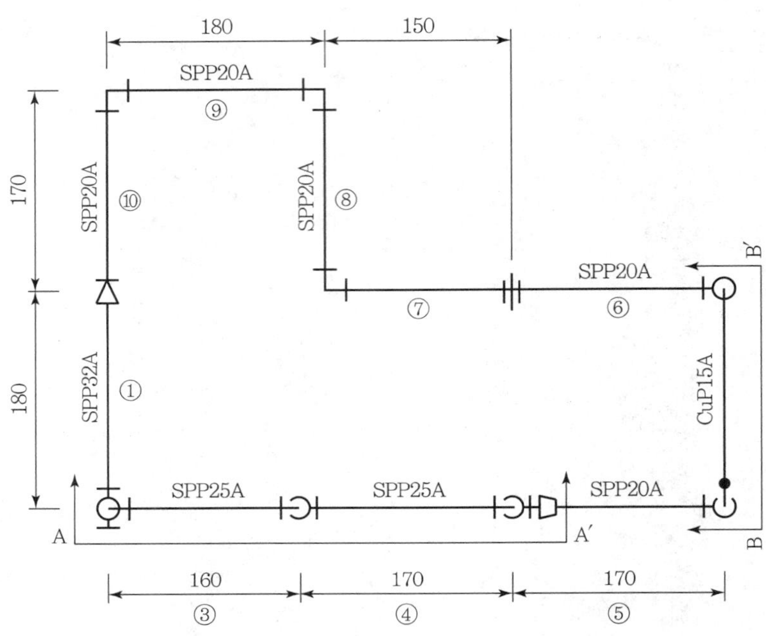


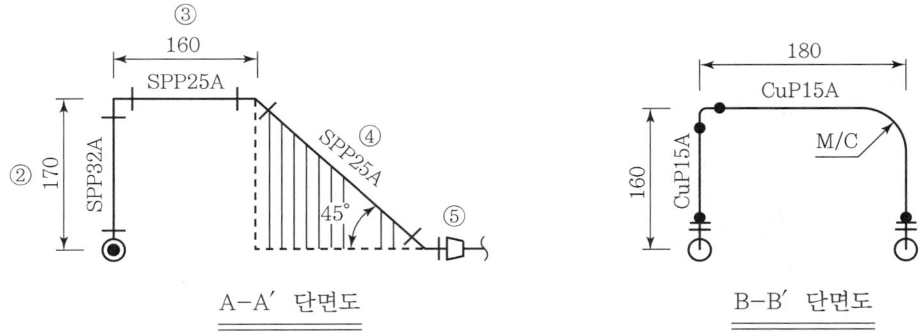

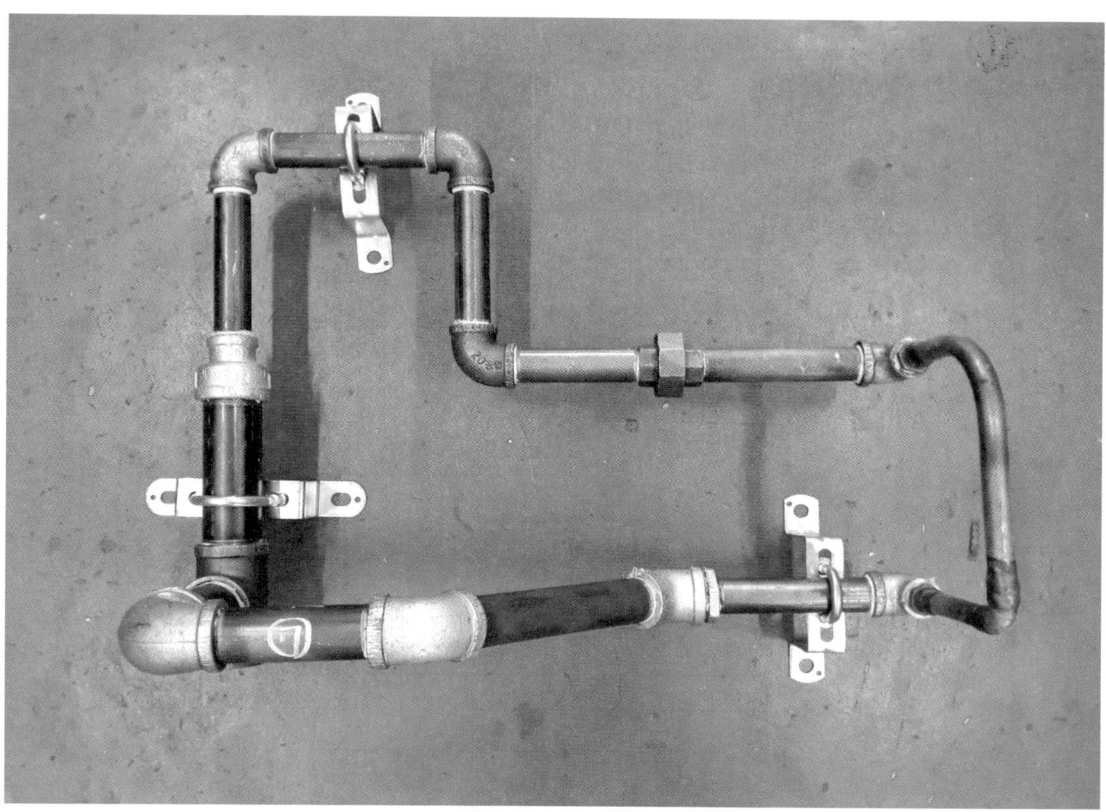

**치수계산(mm)**

① 180−(7+29)=144
② 170−(29+23)=118
③ 160−(27+14)=119
④ 170× $\sqrt{2}$ =240 (45°)
240−(14+14)=212
⑤ 170−(25+16)=129
⑥ (160+170+170)−(180+150)=170
170−(16+12)=142
⑦ 150−(12+19)=119
⑧ 170−(19+19)=132
⑨ 180−(19+19)=142
⑩ 170−(19+11)=140

# SECTION 18 종합응용 실전 배관작업 8

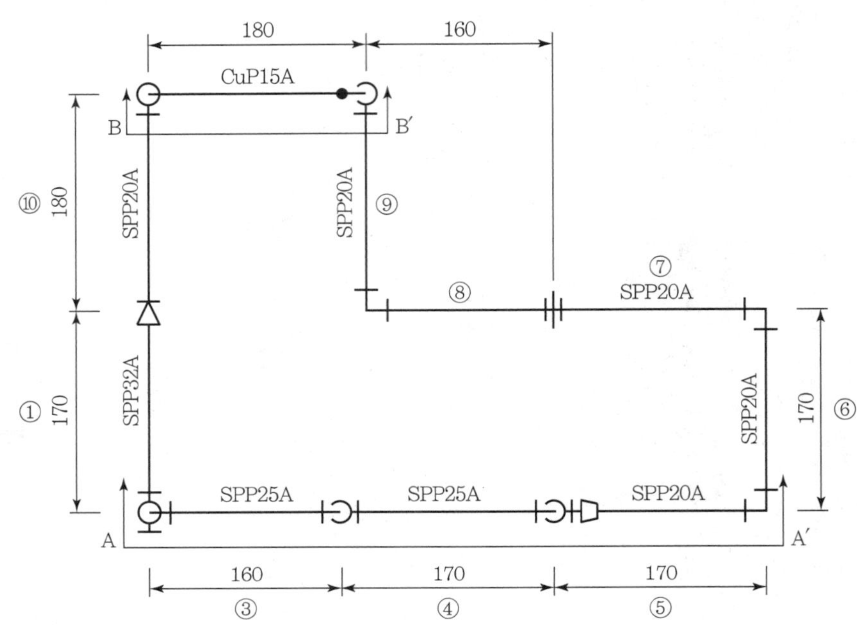


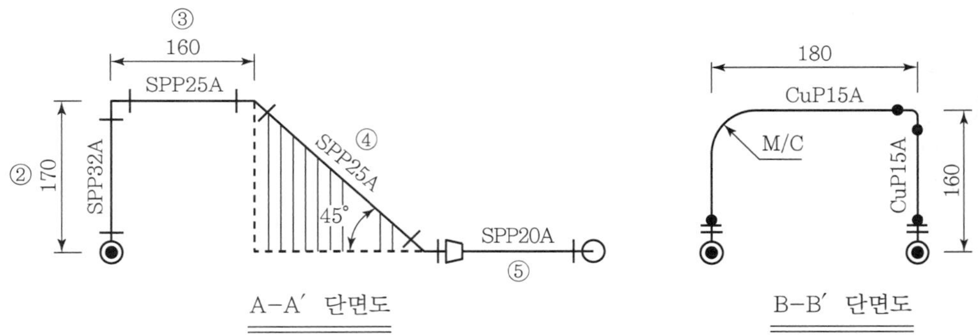

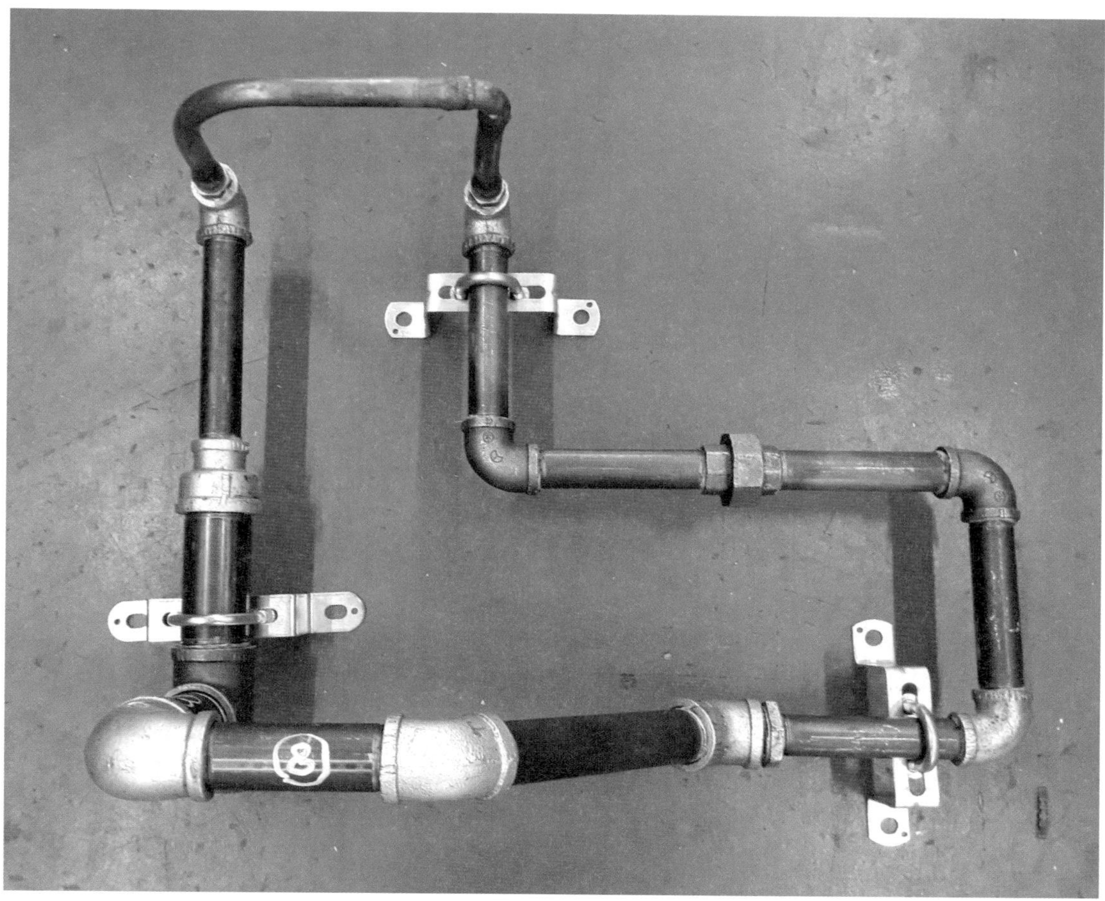


**치수계산(mm)**

① $170-(7+29)=134$

② $170-(27+23)=120$

③ $160-(27+14)=119$

④ $170\times\sqrt{2}=240\ (45^{\circ})$

$240-(14+14)=212$

⑤ $170-(25+19)=126$

⑥ $170-(19+19)=132$

⑦ $(160+170+170)-(180+160)=160$

$160-(19+12)=129$

⑧ $160-(12+19)=129$

⑨ $180-(19+16)=145$

⑩ $180-(16+11)=153$

# SECTION 19 종합응용 실전 배관작업 9

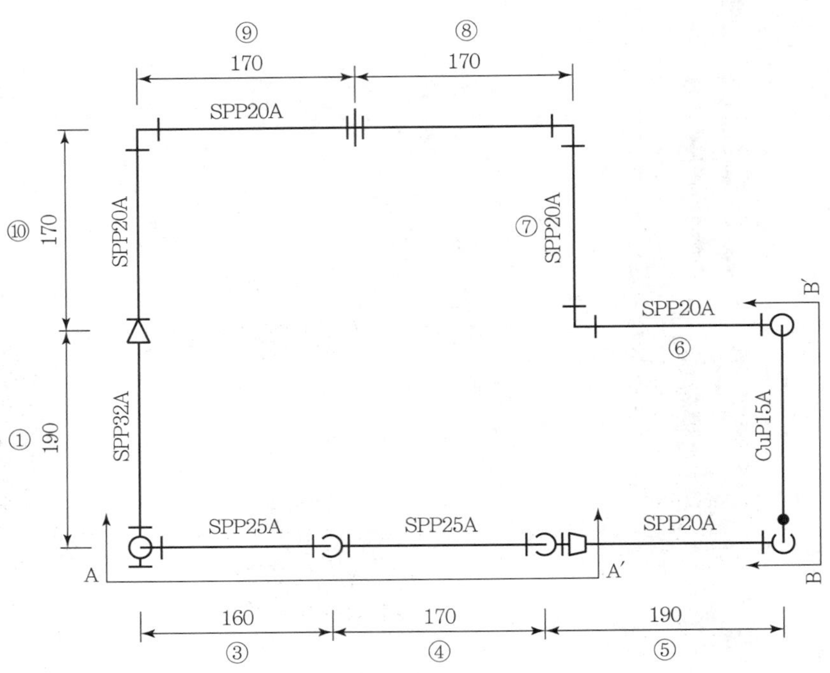


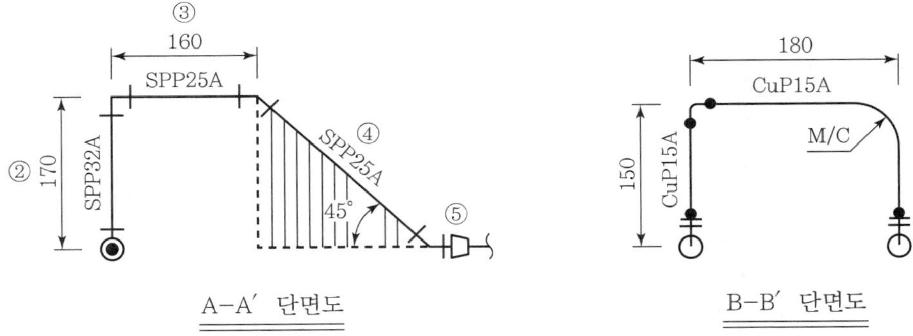

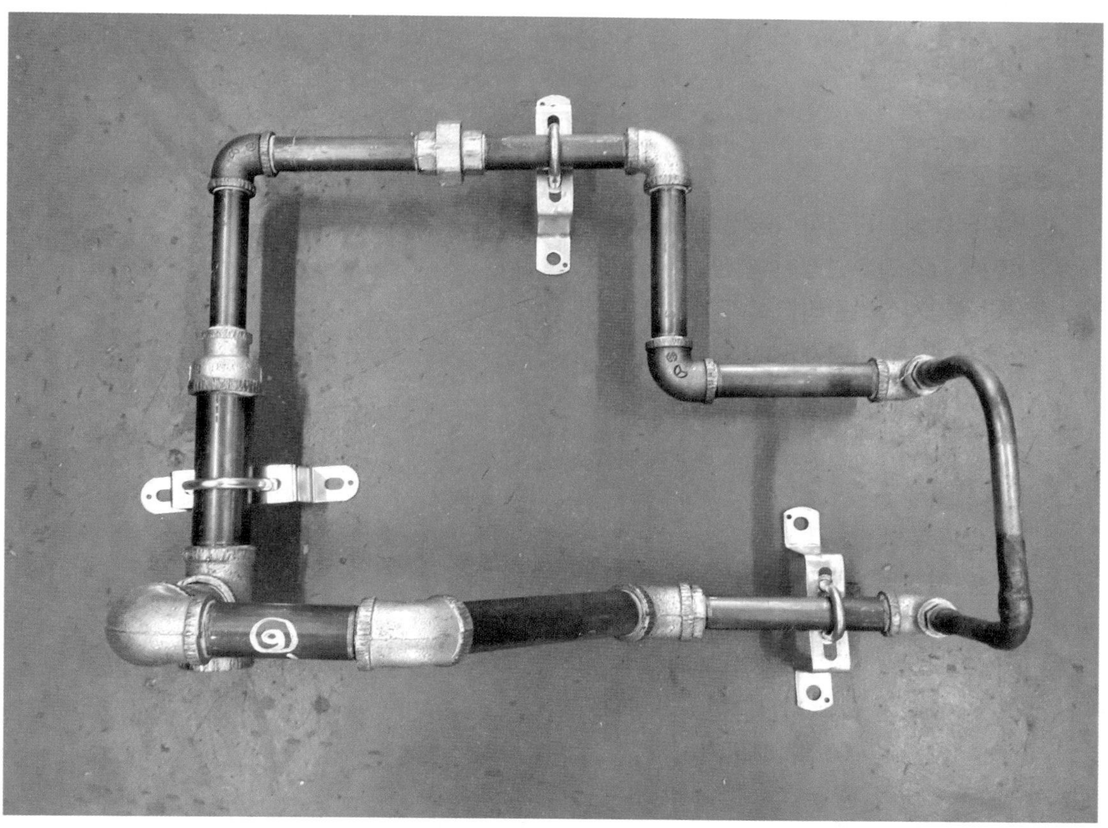

**치수계산(mm)**

① 190－(7＋29)＝154

② 170－(29＋23)＝118

③ 160－(27＋14)＝119

④ $170 \times \sqrt{2}$ ＝240 (45°)
240－(14＋14)＝212

⑤ 190－(25＋16)＝149

⑥ (160＋170＋190)－(170＋170)＝180
180－(16＋19)＝145

⑦ (190＋170)－180＝360－180＝180
180－(19＋19)＝142

⑧ 170－(19＋12)＝139

⑨ 170－(12＋19)＝139

⑩ 170－(19＋11)＝140

## 저자약력


### 권오수

- 한국에너지관리자격증연합회 회장
- 한국가스기술인협회 회장
- 한국기계설비관리협회 명예회장
- 한국보일러사랑재단 이사장
- 직업훈련교사

### 이원범

- 직업능력개발훈련교사
- 산업대학원 공학석사
- 에너지시스템공학 박사과정
- 폴리텍대학 산업설비과 외래교수
- 기술교육원 에너지진단설비과 외래교수
- 에너지관리기능장, 배관기능장

# 에너지관리기능사 필기+실기 10일 완성


**발행일** | 2012. 2. 20 초판발행
2020. 1. 10 개정10판1쇄
2021. 4. 10 개정11판1쇄
2022. 4. 30 개정12판1쇄
2023. 1. 10 개정13판1쇄
2023. 4. 10 개정14판1쇄
2024. 1. 30 개정15판1쇄
2024. 3. 30 개정16판1쇄
2025. 1. 10 개정17판1쇄
2026. 1. 20 개정18판1쇄

**저 자** | 권오수 · 이원범
**발행인** | 정용수
**발행처** | 예문사

**주 소** | 경기도 파주시 직지길 460(출판도시) 도서출판 예문사
**TEL** | 031) 955 - 0550
**FAX** | 031) 955 - 0660
**등록번호** | 11 - 76호





**정가 : 25,000원**

ISBN 978-89-274-5861-6 13530